启蒙数学文化译丛  丛书主编 汪 宇

The Development of Mathematics

数学的历程

〔美〕E. T. 贝尔（E.T.Bell）著

李永学 译

华东师范大学出版社

·上海·

图书在版编目（CIP）数据

数学的历程 /（美）E.T. 贝尔著；李永学译．—上海：华东师范大学出版社，2019
ISBN 978-7-5675-9347-3

Ⅰ．① 数…　Ⅱ．① E…　② 李…　Ⅲ．① 数学—世界　Ⅳ．① O11

中国版本图书馆 CIP 数据核字（2019）第 128806 号

数学的历程

作　　者　（美）E. T. 贝尔
译　　者　李永学
责任编辑　王　焰（策划）
　　　　　龚海燕（组稿）
　　　　　王国红（项目）
特约审读　冯承天
责任校对　樊　慧

出版发行　华东师范大学出版社
社　　址　上海市中山北路3663号　邮编 200062
网　　址　www.ecnupress.com.cn
电　　话　021-60821666　行政传真　021-62572105
客服电话　021-62865537　门市（邮购）电话　021-62869887
地　　址　上海市中山北路3663号华东师范大学校内先锋路口
网　　店　http://hdsdcbs.tmall.com

印 刷 者　山东韵杰文化科技有限公司
开　　本　710 × 1000　16开
印　　张　38.5
字　　数　627千字
版　　次　2020年12月第一版
印　　次　2020年12月第一次
书　　号　ISBN 978-7-5675-9347-3
定　　价　148.00元

出 版 人　王　焰

目　录

寄语本书的所有潜在读者

将近 50 年前，一位美国批评家评论了李（Marius Sophus Lie，1842—1899 年）在 1888 年发表的《变换群论》第一卷，用如下评述给他自己，同时也给我们奠定了基调。

> 可能其他任何一门学科都不会像数学那样，在研习与不研习它的人面前呈现出如此截然不同的面貌。对于不研习它的人来说，它古老、庄重而完整，是一个枯燥、无可辩驳、毫不含混的理论体系。而另一方面，对于数学家来说，这门学科却仿佛怒放的鲜花一般生机勃勃，它的分支随处伸展，追随着那些"可以获致却尚未获得"的知识，充满了新思想带来的刺激；它的逻辑深受非确定性的困扰；它的分析过程如同约翰·班扬[①]的道路，一边是沼泽，另一边是深渊；它不计其数的旁枝一直延伸到蛮荒之地的边缘。[②]

我们一旦超越了最基础的层次，可能就会同意，与那些对数学仅仅怀有敬畏之心的人相比，那些研习数学的人描述的事件更为精彩。因此，我们将跟随那些研习者，探索这条约翰·班扬之路，追溯数学的发展历程。如果我们有时候没有注意怒放的鲜花，那是因为我们需要全心全意地投入，以免失足落入深渊，或者在细枝末节的纠缠中误入蛮荒之地，以致误以为那就是数学本身或者是它的历史。至于用玫瑰重新装饰数学木乃伊的脸颊这些困难而又精细的工

---

① 约翰·班扬（John Bunyan，1628—1688 年），英格兰基督教作家、布道家。这里的"道路"暗指其著作《天路历程》。——译者注

② C. H. Chapman，*Bulletin of the New York Mathematical Society*，2，1892，61.

作，就留给文物研究者吧。

在后面的章节中，我们将根据两个因素决定材料的选取。第一个因素是回应许多与我联系的人（其中主要是大学生和学生导师）的要求，为他们提供一份数学发展历史的综合而广泛的记述，着重援引那些在数学发展的过程中或多或少存留下来的主要概念和方法。第二个因素则是若干年来我与一些数学家的个人联系——他们在纯数学和应用数学分支都进行过创造性的工作。

vi

他们想要的**不是**一部传统意义上的数学史，而是一部记述在数学发展史上产生关键作用的时代的著作。本书将用很大一部分篇幅进行学术性探讨，探寻为什么某些东西始终吸引着数学家、工程技术人员和科学工作者的兴趣，而其他东西却无人理会，或者被认为不再具有重要意义而遭到摈弃；与此同时，本书将尽可能回避过多的细节。许多计划学习数学只到微积分为止的人，或者在某种情况下计划学得更少一些的人，希望了解在17世纪思想界的杰出里程碑之后，有关数学一般发展的知识，作为他们的文化教育的一部分。而那些希望继续学习数学、科学或工程学的人也希望能从专业层面上学习更广泛的知识。他们还给出了两个额外的原因，其中第二个对每位职业教师都特别有益。他们相信，如果大致了解一下现存数学循之演变而来的主要方向，他们就可以更加明智地决定从哪一个数学领域获得持久的满足——如果有一个的话。

年轻一代在成长中已经厌倦了听人说教、指示他们应该如何思考和尊敬什么，他们提出这种要求的第二个原因很有自己的特色。这些年轻批评家对他们未来的教育者们很坦率；他们希望能够对别人答应教导他们的领域进行简单的个人探索——即使只是远远地眺望一下，以便抵挡那些诱骗他们上当的“二道贩子”的甜言蜜语，让那些趁学生们不熟悉行情，向他们随意兜售手中物品的阴谋无法得逞。自从1873年以来，我们似乎走过了很长的路；那时候，学究式的英国数学历史学家和不知疲倦的枯燥教科书制造者艾萨克·托德亨特（Isaac Todhunter，1820—1884年）提出了狂热盲从支撑下的顺从模式，作为知识分子应该遵从的准则：

> 如果他[指一个学习数学的学生]不相信他的导师所说的话——[在托德亨特在剑桥大学的时代]导师很可能是一位拥有成熟的知识、公认的

能力和无可指责品格的牧师——那么他的怀疑就是不理性的，这表明他缺乏尊重证据的能力，对于打算研习那条科学分支的学生来说，这种缺乏带来的影响将是致命的。

无论托德亨特的告诫可能有多么明智，那些认真学习数学或者其应用的学生当中，能够对学习的途径、易犯的错误和面临的盲区具有哪怕最模糊概念的人依旧少得惊人。因此，对于一位“拥有成熟的知识、公认的能力和无可指责品格”的教师来说，世界上最容易的事情，莫过于以整肃学生心灵的诚恳假象，向误入歧途的弟子兜售一门已经死去了40年甚至100年的课程。哪怕只是快速地瞥一眼当今20世纪（而不是公元前2100年）的数学的面貌，任何智力正常的学生都应该能够有效区分有活力的数学和已经死亡的数学。那么，他就不大可能像他那些轻信的伙伴那样溺毙在深谷之中，或者惨死于蛮荒之地。

许多人问到了数学在社会现象中的用途。数学的一个经典策略就是把一个未解决的问题转化成一个已经解决了的问题。数学与社会的问题大半可以合理地转化成自然科学与社会的问题。如果后一类问题尚无被广泛接受的解决办法，我们可以让前一类问题保留它们所表明的简化形式。通过这种方法，任何人都能够从他接受的自然科学的解决办法中得出自己的结论。这样提出的解决方法范围很广，可以从一个极端如柏拉图的唯实论，到另一个极端如马克思主义的决定论。偶尔有一些评论会让我们探讨另一个同样困难的问题：文明社会中充斥着狂暴、战争和民族嫉妒心，然而究竟是它的哪一部分在运用数学呢？那些想要把数学当作自己终生职业的人可能对这些离题的话很有兴趣。顺便一提，在这方面有人对我说，我的作品或许是为成年人准备的。但是生理年龄未必是衡量成年人的标准；除了数学方面的知识以外，一个一年级大学生在其他各方面可能并不比站在讲台上教导他的饱学之士更加幼稚无知。

本书在选材时参考了许多人的意见，他们都是通过自己的刻苦经历而深谙数学发现之意义的职业数学家。遵照他们的建议，本书**只考虑**过去6 000年发生的主流事件，而对收录的每一个事件也**只叙述主要的代表性情节**。任何一位数学工作者可能都会料到，遵照这样的意见，本书得出的结论有时会与纯粹的历史正统所尊崇的不尽相同。每当这种情况出现，本书都会给出其他观点的参考文献，从而让任何读者都能够形成自己的观点。在数学和它的历史中没有绝对的东西（或许这句话是个例外）。

viii 大多数分歧反映了对于数学进化的两种、有时是多种可能的解读。对于任何期待产生突破的传闻，每一个曾经试图自己推动数学发展的人都会比那些普通的旁观者持有更深刻的怀疑态度。通过他本人的以及那些健在者的经验，职业数学家怀疑，有了进展以后，之前那些看上去会发生的前景往往连正确的方向都没有找准。通过当前的许多例子他进一步知道，当事情最终真的开始有所突破时，在事后看来，它的发展路线却与原来那些它"应该"遵循的路线完全不同。

另一方面，在数学发现的间断点之间勾画一条靠不住的光滑曲线是最容易的做法。结果，从公元前 4000 年的埃及和公元前 2000 年的巴比伦，一直到 1934 年的哥廷根和 1945 年的美国，每一件事情都在有条不紊地出现。举例来说，卡瓦列里（Cavalieri）就与牛顿在微积分上混淆了；或者拉格朗日（Lagrange）与傅里叶（Fourier）在三角级数上混淆了；或者婆什迦罗（Bhaskara）与拉格朗日在费马（Fermat）方程上混淆了。职业历史学家有时可能倾向于过分强调曲线的光滑，可是职业数学家满脑子考虑的都是曲线上的奇异点在几何学上起到的主导作用，因此倾向于不连续性。多数研习数学的人与多数不研习数学的人产生意见分歧的根源，大多在于此。存在这种分歧并不是什么灾难。对于关心此事的众人来说，有不同的意见是件好事。

有成千上万已经故去或依然健在的数学家的名字未出现在本书中，在此我们不必向他们表示歉意。只有一本毫无意义的目录才有可能编录所有那些创造性地发展过数学的人的十分之一。现在每年都有 4 000 到 5 000 份致力于数学研究的论文和书籍发表，创造出许多新的数学；因此，试图尽量少地遗漏数学论题也是毫无意义的，即使上述那些没被提到名字的成千上万人中有成百上千人对那些论题产生过兴趣，甚至仍然感兴趣。但是，本书至少会提及那些被足够多有资格的人士视为极其重要的事件。任何希望追寻某些重大进展的历史细节的人将会发现，作为开端，那些由数学家写给数学家读的相关题材的学术性历史文献是极为丰富的。这类极为专业的历史著作有些长达数百

ix 页，有几份甚至有数千页之多；在参考文献中列举过其工作的人数以千计，他

们中的绝大多数都已经被人们遗忘了。然而,正如死后的空壳存留在庞大的珊瑚礁中的那些微型生物一样——它们有能力摧毁一艘军舰,这一群群默默无闻的数学家在数学的架构上留下了自己的东西,这些东西比他们本人短暂而寻常的生命留存得更为久远。

关于本书的记述结构,作者斗胆删除了数以百计的注释,将不可避免的注释压缩到了最低数量。有些注释给那些在相关数学问题上追寻进一步信息的读者提供了对此有创造性贡献的数学家的著作。在其他方面相同的情况下,注释中优先考虑的,是那些参考资料丰富、由对本题材有第一手知识的专家编写的著作。**注释用上标数字标明;为了方便参考,所有注释都集中放在索引之前。读者不必理会这些注释,除非你们打算探讨书中的某些问题。**

索引会很有用处。正文很少会重复人名首字母缩写和生卒年[①](除了极少数不进行大量无谓工作便无法得到的),它们都列入索引;本书内的相互参照等情况也用同一方法避免。

书中给出了人物的国籍;如果有不止一个国家认为某人拥有该国国籍,则书中给出他在其中做出了最多工作的国家。我曾在过去的一本书中(《数学大师》[*Men of mathematics*, Simon & Schuster, New York, 1937])把一个波兰人说成俄国人,结果几乎陷入了一场国际争端。我认为这本书中基本上不会出现这一类灾难性错误。我所说的那本书里包括过去 35 位著名数学家的详细传记。

文中在数学大事上附录的日期有两重作用:第一个作用不言自明,第二个作用是为了避免繁复的参考书目。如果某件事发生在 1636 年和 1868 年之间,任何对该事件极有兴趣的人,通常都可以通过该日期在书中提到的作者的作品集中找到相关情况;如果晚于 1867 年,无论作品集是否存在,读者都可以从每年的《数学进展年目》(*Jahrbuch über die Fortschritte der Mathematik*)中找到参考文献,其中还包括该作品的简单提要。从 1931 年起,《数学及其相关学科文摘》(*Zentralblatt für Mathematik und ihre Grenzgebiete*)也可起到同样的作用。从 1940 年起发行的美国《数学评论》(*Mathematical Review*)也具有

---

① 本书中 1941 年以后去世的数学家的卒年信息,为中译本编者所加。——编者注

与上述德国文摘期刊同样的综合作用。本书没有引用那些可能只会在专业图书馆里才能找到的相对稀缺的早期学术期刊,尽管它们时常被查阅。通过本书援引的德国与法国的数学百科全书,上述缺漏可以得到部分补充。其他出自 1637 年以前的参考书目将在适当的地方给出。

x

对于 1637 年以前的年代,本书在专业数学史学家对事件有基本一致的看法时参考他们的工作。他们的工作是一种困难而又精确的探求;如果说,他们在大学生或者专家都没多少兴趣的那些数学枝节的烦琐争论上花费了大量精力,那么,那些经筛选而幸存的部分显然是合理的事实,并无疑配得上获取它们所花费的庞大代价。没有这些学者的虔诚努力,数学家几乎会对他们研习的科学那颤巍巍的学步一无所知,可能也更加无所谓。的确,20 世纪一位知名的法国分析学家就曾宣称,除了一两个例外,无论他本人还是他的同行都对历史学家心目中的数学史毫无兴趣。为了强化他的论点,他还评论道:对一个数学家有意义的数学史,只不过就是那些堆积在期刊中涉及纯数学研究的成千上万的专业论文。他确信,只有这些才是真正的数学史,也只有这样的数学史才有可能被书写,写起来才有价值。幸运的是,我并没有尝试写一部数学史;我只是希望能鼓励一些人继续学习,同时由他们自己决定那位法国分析家是否正确。

对于纯粹历史性的参考文献,这里优先给出英文、法文和德文的资料,因为对数学有兴趣的人为了能充分阅读文献就要掌握这三种语言。如果对几何学特别有兴趣,意大利语也是必需的。意大利的历史作品包含在本书列出的历史著作参考文献中。

我十分感谢许多业内朋友,他们在各自不同的专业领域向我提出过建议,我试图在本书中把他们给予我的慷慨帮助转赠他人。在此特意感谢加拿大英属哥伦布亚大学的 W. H. 盖奇(Gage)教授,他为我厘清了许多难点,并大大改进了几个地方的表达方式。

我愿借此机会为那些潜在的读者做一点人们很少做的事情:向他们展示他们熟悉的数学是如何发展到现在这一步的,以及它将如何进一步发展。我相信,大学生们能够容忍这种相对于传统教科书的偏离。无论如何,我最想说的一件事是,我心中感觉更深刻的是自己的感激心情:只有本书的读者,他们

xi

才是最睿智的导师,才能对这本书进行审查。

令人不甚愉快的是,为了写这本书,除了数学名作之外,我还必须考虑许多其他著作。絮叨论战的历史学家、渊博的腐儒和争论不休的数学家们,他们之间经常严酷地对立或者刻薄地攻讦,在对那些人的著作进行了一次冗长而且并不总是愉快的研读之后,我把我学到的最重要的东西转交给读者,所有的努力应该都是值得的。我从来没有如此赞赏过它,它就包含在释迦牟尼给追随者讲授的最后一条戒律中:

不要轻信他人的话语。不要因为传统事物历史悠久而对之确信无疑,或者仅仅由于敬畏我的或任何其他导师的权威而对任何事情确信无疑。

E. T. 贝尔

第二版按语

这一版中添加了大约 50 页新内容。新添加的内容包括大量各种不同主题的简明阐述,内容从希腊数学到数理逻辑,其中还有关于符号体系、代数与微分几何、格,以及其他最近取得了新进展的课题的较长的说明。

E. T. 贝尔
加州理工学院
帕萨德纳,加利福尼亚
1945 年 7 月

第一章 概 述

3

历史上一切时期的所有文明人类都努力研究数学。如同语言和艺术一样，数学的史前起源无从考证，甚至文明的开端也仅能根据今日残存的落后种族的行为加以推断。不过无论其根源如何，数学演变成今天这样的形式，都是由数字与形状这两大主流逐步发展而来的。前者带动了算术与代数，后者则带动了几何。这两大主流在17世纪汇合，形成了日益宽阔的数学分析的河流。在以后的章节中，我们将回顾这条知识进步的伟大河流，追溯远古的源头，在它经历的那些古往今来的整体发展中尽量观察其中比较突出的事件。

为了避免在开头就产生一种可能的错误理解，或许应该在此特别指出，比起那些与平面图形和立体事物的形态相结合的性质，形状长期在数学上具有更为广泛的意义。较早的几何意义至今仍旧有效，而较新一些的意义则牵涉到数学上的关系与理论的结构。这种发展并不是来自对某些空间形状的研究，而是来自对几何学、代数和其他数学分支中存在的证据的分析。

对于数字和空间形状的认识并不是人类的专利。有几种高等动物表现出了对数字的基本感觉，而另一些高等动物则在认识形状上极有天分。例如，抱走母猫6只幼崽中的2只，它对此并无异议；但是如果抱走3只，它就明显地烦躁了起来。猫在算术上的发展与亚马孙河流域的一个土著部落相当：他们可以数到2，但对于所有更大的数字就不大清楚了，只能说成“许多”。

4

同样，那些能在心理学家设计的迷宫中找到出路的高智商老鼠通过了困难的拓扑学考试。对于人类的智力层次而言，要向聪明人展示他们空间直觉的局限，通常让他们尝试只用一个单面和一条边来构造出一个面就够了。

尽管在数学感觉方面人类与其他动物有共通的基础，但至少在 2 500 年前已经为人类所认识的数学却建筑在一个高得多的智慧平面上。

证明的必要性，数学的萌芽

在卓有成效地丈量、分配土地的古埃及人的经验主义与公元前 6 世纪的希腊几何学之间，有一条鸿沟。比较远的一边是前数学，在较近的这一边则是数学；横跨鸿沟的桥梁是演绎推理法，人们在日常生活的实践归纳中特地有意识地运用它。如果没有通过已知的假设进行明确阐述的最严格的演绎证明，数学就不复存在了。这并没有否认直觉、经验、归纳和纯粹的猜测是数学发明中的重要元素，仅仅是陈述一个标准。所有这些猜测，无论冠以谁的名字，其最终产品都将通过这一标准加以检验，看它究竟是不是数学。在此略举一例：有一条古巴比伦人知晓的有用规则是，长方形土地的面积可以通过“长乘以宽”计算。从经验上来说，这一计算结果可与最精确的实际测量吻合；但在通过清晰的假设加以推导证明之前，这条规则还不能算作数学的一部分。

或许很值得在此一提的是，在第二次世界大战期间，所谓的应用数学发展迅猛，这一发展带来的突然冲击令数学和其他科学的鲜明差别开始变得略微模糊了。半经验化的计算过程经战争证实具有非常实用的价值，因而获得承认并进入了完全的数学范畴。这种相对于传统要求的略微松动随即带来了技巧，它们在方法与理念上都更加接近工程学和自然科学。这一点受到了一些数学使用者的热烈欢迎，认为这是对科学中最贵族化的部分进行了一次早就该进行的民主化进程。而另外那些持更保守观点的人则哀叹严格演绎理想的式微：一件简单的事情引起无益的混乱，而这件事在经过了几百年毫无成效的争论之后，人们终于辨明了其中的简单原委。不过这些分歧却让人看清楚了一个事实：虽然当初设计大部分数学本意是为那些创造和保存事物的科学和艺术服务，而不是为了毁灭和浪费，但是现代的战争机器如果在数学上投入大量精力，就可以有效地做出摧毁、肢解与杀戮的事。

现在我们并不知道，原始经验的总结——归纳推断——与第一次从一系列公理出发的演绎证明之间的区分是从何时何地开始的，不过早在公元前550年，希腊数学家就已经对此有了清楚的认识。本书后面将要提到，我们可能有理由相信，大约公元前2000年的埃及人和巴比伦人已经意识到了演绎证明的必要性。因为甚至对于日常生活中的粗糙和原始的计算，证明都确实是必要的，从矩形的测量方式可以看出这一点。

对于一个长3英尺、宽2英尺的矩形，一个简单的证明支持基于直接测量而来的经验判断，即其面积是6平方英尺。但如果它的长是$\sqrt{3}$英尺、宽是$\sqrt{2}$英尺，人们则无法像以前一样，通过把矩形分割成单位正方形来计算它的面积了；所以，证明这样一个矩形的面积是$\sqrt{6}$平方英尺就是一个极度困难的问题，或者说，就连给出$\sqrt{2}$，$\sqrt{3}$，$\sqrt{6}$和“面积”的简明的实用定义都是极度困难的事情。通过使用越来越小的正方形作为单位面积，可以得到其面积越来越精确的近似值，但是我们很快就遇到了一个障碍：一旦超过某一限度，直接的测量便无法继续进行下去了。这里提出了一个对于正确认识数学的全部发展——无论是纯数学还是应用数学——都具有根本性重要意义的问题。

在继续探讨长$\sqrt{3}$、宽$\sqrt{2}$的矩形的问题时，我们不妨假定，一个相当精确的测量给出其面积为2.449 489 7。这一结果精确到了小数点后第七位，但这还不正确，因为其准确的面积$\sqrt{6}$无法以一个有限数位的小数表示。如果7位小数就是所要求的最高精确度，该矩形的面积就已经算得到了。这种精确度对于许多实际应用已经足够，包括准确的测绘。但在其他一些方面是不够的，例如在自然科学和现代统计学的一些领域。在我们可以放心地使用7位近似之前，还必须确知其误差范围。直接测量对我们没有帮助，因为在一个很快就会超越的极限之后，一切测量都在一个普遍的不确定值之内变得模糊不清。在可以继续进行下去之前，我们必须对面积的意义做一个可以广泛接受的约定。实践与理论两方面的经验已经告诉我们，一个一致、有效的矩形面积测量方法是“长乘以宽”，而这一规则是从较低层次的经验中抽象出公理，通过演绎得出，并被认为有效的。这最后一条也就是所有数学的方法论。 6

数学家们坚持用演绎推理去证明实际操作中归纳得出的切实可行的规则，因为他们知道，对不同经验层次上的现象的类比，不能就其表面价值来接受。对于分离与检验隐藏的假定，并追寻那些可能并不如表面看上去那么真实的假设中隐含的信息，演绎推理是迄今发明出来的唯一方法。在演绎法的技术性使用方面，现代数学所使用的工具比从古代至中世纪一脉相承的传统逻辑学更加锐利。

坚持使用证明还有另外一个迫切的实际原因。今天还颇为艰难的科技问题，可能明天就只不过是家常便饭；在现代文明所要求的科技精度上，大致猜测测量中一个无法避免的误差的数量级已经毫无意义了。一线的工程技术人员不可能是高超的数学家。但是，除非他们在技术工作中应用的这些规则已经由具备完善能力的专家运用数学和科学方法证明过了，否则使用这些规则就过于冒险。

坚持使用数学证明还有另外一个重要的社会原因，这或许能再次从早期的测绘史中看到。在古埃及，原始的土地测量理论已经足以满足当时的经济需要；如果没有它，已经非常粗糙的实际测量将会更加糟糕。尽管这种测绘学在实践和理论上都如此粗糙，它仍然让古埃及的数学家大伤脑筋。今天，一个17岁的男孩就可以胜任准确测量的日常工作；在我们的文明中，那些从原始测绘学和天文学进化发展起来的三角学应用已经与测量学不再有什么联系了，尽管它们对于我们还有极为重要的意义。这样的三角学中有一部分与力学和电气技术相关，剩下的与自然科学中最前沿的部分相关，正是基于这些自然科学的前沿部分，往后20年以至于上百年的工业才得以发展。

7

与大家可能设想的相反，现代三角学的发展并不为任何实际的需求而生。如果离开微积分和$\sqrt{-1}$的数学，现代三角学根本就无法存在。这里仅仅举出一个比较常见的应用例子。在过去150多年中，这种三角学在交流电的理论与实践上都起着无可替代的作用。在发电机出现于人类的幻梦之前很久，有关发电机设计的数学理论已经很完备了。这一数学理论的发展主要源于18世纪的数学分析家，他们致力于在数学上弄清一些古希腊和古印度的天文学家以及伊斯兰数学家留给他们的些许微薄的三角知识遗产。无论是18世纪的天文学或者其他任何学科都没有建议引进$\sqrt{-1}$，它完全是三角学的专属，因为没有其他任何学科运用过它产生的成果。

从巴比伦和古埃及的时代直至今天，数学都是为日常生活中的复杂事件提供有效近似的主要来源，这一点得到了普遍的认同。事实上，一个数学家可能认为，这种认同走得有点太远了。那些具有社会意识的教育家在大庭广众之下（学校内外）不遗余力地宣讲，使得几乎每个人都情有可原地相信了这样的观点，即生活的规则就是凭借经验得出的行事法则。怎么说呢，因为日常的测量只要求普通的智力，测量只是应用数学中一个不那么重要的分支，因此，只有那些相当平凡的人也可以掌握的数学才可能具有社会意义。但是，任何一种成长的经济体都不可能凭借由经验得出的行事法则来维持。如果想让一种正在飞速发展的学科具有新的应用价值，就必须找到具备必不可少的天分的人，来持续发展那些远远超出一般学院水平的艰难深奥的数学理论。这个活跃的数学领域里所需要的是想象力和严格的证明，而不是车间或者计算实验机房里的数字精度。

我们可以从一个来自普通事物的熟悉例子看到与计算截然不同的数学的必要性。一部航空天文历对于现代航空是不可或缺的，因此对于商业也是不可或缺的。今天人们已经大量使用机器来进行那些繁复的计算。然而归根结底，计算还是取决于行星的运行，而这些都是根据牛顿的万有引力理论给出的那些无穷（永无休止的）数字级数得来的。对于实际的计算，一台机器比任何人脑都更优越；但是任何现存的机器都不具备足够的思维能力，因而无法拒绝接受提供给它的错误信息。从一组怪诞的数据中，机器所能做的最好的事情就是给出最后的计算结果，让它看上去与别的数据给出的计算结果一样合理。除非在动态天文学中使用的级数收敛为有限的数字（也使用渐近级数，但不使用真正的发散级数），否则这种通过级数得来的结果便毫无用处。在未经训练的人看来，一个通过真正的发散级数计算得来的表格与其他表格毫无二致；可是如果一个从波士顿飞往纽约的飞行员相信这份表格，飞机就可能会飞临北极。机器虽然具有毫无错误的准确性和吸引人的外形，但即使最高精度的机器也无法替代人的头脑。进行研究工作的数学家和具有科学思想的工程师提供了头脑，其他的事情则由机器完成。

8

任何稍具常识的人都不会认为，每次出现新情况，应用复杂数学的尝试都必须以严格证明为前提。对于一些格外困难的问题——例如某些在核物理中出现的问题，人们所进行的计算是盲目的，没有考虑它们在数学上是否合理；

不过即使那些最大胆的计算者也相信，他们冒失的工作终有一天会由理性证明检验。这是数学家的工作，不是科学家的工作。而且，如果科学不想成为一堆相互间没有关联的事实的堆砌，就必须进行这一工作。

抽象的必要性

当人类认识到严格的演绎推理具有实际与审美上的价值之后，数学就在大约公元前6世纪初露端倪。当人类认识到，要精确地描述普通经验将非常复杂时，数学就真正登场亮相了。

这里我们依旧不清楚，这一结论是何时何地第一次得出的；不过从最迟公元前4世纪的希腊几何学家的工作中可以看出，他们已经接受了这一点。于是欧几里得(Euclid)在那个世纪叙述了我们熟悉的定义："一个圆是一个由一条线——称为圆周——组成的平面图形，图形内某一点——称为圆心——向圆周上每一点所引的直线段长度相等。"

没有记录表明有人曾经观察到欧几里得所说的这种圆形。但是欧几里得的理想的圆并不单单存在于学校教授的几何学中，而且也用在工程师们用来计算机器性能的手册上。欧几里得的数学上的圆是对于人类观察到的圆盘——诸如满月——形象的有意简化与抽象，对于不借助别的观察手段的肉眼来说，它们看上去是"圆形"的。

9

这种对于普通经验的抽象是数学实用性的主要来源之一，也是它的科学力量的秘密所在。除了那些内向唯我论者以外，我们的感官接触到的这个世界过于错综复杂，人类迄今想象到的一切准确描述都无力描绘出它。通过抽象和简化感官所接触到的证据，数学把科学和日常生活的世界聚焦到了我们短视的理解之内，让我们有可能理性地描述自己的经验，使之与实际观察相吻合。

有时抽象性被当成数学的缺点而遭到高声责难，但其实抽象性才是数学最主要的光彩，正是抽象性使数学的实际用途获得最可靠的保障——数学成为喷涌出众多绚丽非凡的事物的源泉。

历史和证明

无论如何看待数学的发展,我们都会面临一个不寻常的困难:有关证明问题存在着多种不同的陈述。在此举如下例子说明。

(1) 欧几里得的《几何原本》第一卷命题 47 证明了,一个直角三角形斜边的平方等于另外两边的平方和(即所谓毕达哥拉斯定理)。

(2) 欧几里得在他的《几何原本》第一卷命题 47 中证明了毕达哥拉斯定理。

在普通的论述中,人们通常认为(1)与(2)是等价的——都是对的或者都是错的。但在我们这里,(1)是错误的,而(2)是正确的。如果希望清楚地认识数学的发展,就必须看到辨明这两者的区别并非小事,这一点很重要。同样关键的是,要认清对此的理解比知道《几何原本》写作的时间(约公元前 330—前 320 年),或者比任何其他同类的古物研究关注的细节更为重要。简而言之,这一问题的关键在于,数学,它至少与历史同样重要,即使在数学史中也是如此。

陈述(1)是错误的,因为在《几何原本》中尝试进行的证明是站不住脚的。这一尝试的致命之处是,欧几里得在他的几何学中使用公理演绎推导这一定理时未加陈述地默认了一些假定。同样从那些假定出发,人们可以轻而易举地用无可辩驳的逻辑演绎出引人注目的矛盾结果,比如"所有三角形都是等边三角形"。因此,当一个希腊数学方面的杰出学者宣布,基于古希腊数学家"毫无瑕疵的逻辑","重新构筑他们主要学说的任何一个关键部分都是没有必要的,更遑论拒绝任何所谓靠不住的关键部分"的时候,数学家们必须在有证据的时候方能表示赞同。"他们主要学说中的关键部分"确实一成不变地流传至今,那就是坚持演绎证明的那一部分。但以欧几里得的上述证明为例,许多其他部分已经被详尽地推翻了;而且,如果有必要的话,进一步推翻更多部分也是轻而易举的。 10

陈述(2)是正确的,因为证明是否成立是一个时间的函数。自从 1821 年起,数学证明的要求标准便一直在稳步提高,而且,今天的人们已经不再追寻或者希望找到终极性了。在欧几里得的时代以及在他之后的许多个世纪里,那些证明毕达哥拉斯命题的尝试满足了所有当时对于逻辑和数学严谨性的要求。从表面上看，今天的一个有效的证明与欧几里得的证明并无重大差别；但是如果检查那些让证明成立的公理，我们就会注意到欧几里得忽略了几个地方。今天，一个受过良好数学教育的 14 岁孩子，可以不费力地从不到 50 年前还被完全接受的初等几何学的许多证明中找出致命的错漏。

显然，我们必须在"证明"这个问题上取得一些共识。否则，历史上的数学陈述就没有几个具有意义了。后面无论何时，当本书中说到某个结果被证明了的时候，读者都应该明白，这里所指的是陈述(2)中的含义，即当时的职业数学家接受该证明，认为它是成立的。举例来说，如果书中宣称，牛顿或欧拉的某件工作中包含了非正整数指数二项式定理的一个证明，这里指的不是陈述(1)中的含义，而是陈述(2)中的含义。这些伟大的数学家在 17 世纪和 18 世纪给出的证明在当时是成立的，虽然如果同样的证明来自一个今天初入大学的学生，就不会被一个称职的教师接受。

不言而喻，如今没有几个谦虚的数学家会指望自己的全部证明能从后继者的批评中全身而退。数学的繁荣发展来自理智的批评，指出过去伟大工作的瑕疵，从而启迪同样伟大的工作，这绝不是轻慢。

11 数学是否成立取决于时代，如果缺乏这种认识，历史上的小事就可能会引发一些有学术性却无谓的争论。因此如果一位一丝不苟的史学家宣布，由于"忽略"了可能存在的负数根——更不用说虚数根，欧几里得那个时代的希腊数学家未能运用他们的几何方法解二次方程，那其实是他自己忽略了整个数学历史上最有趣的现象之一。

在数学家们发明(或者说是"发现"，如果该发明者刚好是一位柏拉图主义实在论者)正有理分数和负数之前，一个带有理整系数的二次方程或者刚好只有一个根，或者刚好两个根，或者根本没有根。对于 $x^2=x+12$，一个离我们足够久远的巴比伦人给出 4 这个根，就已经算是完全解出了这个方程，因为 -3——我们现在知道它是另外一个根——对于他是不存在的。他的数系中不存在负数。数系后来持续扩大，满足了给所有代数方程足够的根的需求——根的数目与方程的次数相等，这是数学进程中的里程碑之一；竖立这座里程碑花费了数学文明史中大约 4 000 年的时间。而这一系统所必需的最后扩展则一直推迟到了 19 世纪。

今天,一位受过良好教育的代数学家如果希望以谨慎击败那些吹毛求疵、卖弄学问的批评家,他可能会指出,"$x^2=x$ 有多少个根"这个问题在没有指定那些根可能存在的定义域之前是没有意义的。如果定义域是复数范围,这一方程刚好有两个根,0 和 1。如果定义域是布尔(Boole)代数范围,则同样的二次方程(自 1847 年以来)就有 n 个根,其中 n 是任意等于或大于 2 的整数。我们不妨在此指出,与学校基础教科书中的二次方程理论一样,今天的布尔代数已经是代数的一个正统分支。简而言之,前人只能在他们所处的时代、在他们自己给出的限制内彻底解决问题,如果为此对前人横加指责,这就与哀叹我们自己无法想象今后 7 000 年间的数学一样毫无意义。

当我们探讨数学史实的时候,除非在心中牢记这种有效性对于时间的依赖,否则我们就会漏掉数学历史上最重要的一些事件。就以古希腊数学为例,由于上述事实,当时希腊数学中的绝大部分至今还是我们关键兴趣的起源。在可接受的证明依时间变化的曲线上的离散点——在这些地方严谨性的标准发生剧烈变化,或许就是数学发展上最大的兴趣所在。其中四次最剧烈的变化似乎就在:公元前 5 世纪的希腊,19 世纪 20 年代的欧洲和 19 世纪 70 年代的欧洲,最后一次是在 20 世纪,还是在欧洲。 12

这里没有暗示数学是变幻莫测的流沙的意思。数学依然像人类经历过的任何其他事物那样稳定,并且牢固地矗立于其基础之上;不仅如此,其稳定性与其基础的坚固还远远超越绝大多数其他事物。时至今日,历经 2 200 多年的风雨,欧几里得著作的第一卷命题 47 仍一如既往地屹立不倒。在合适的公理下它得到了严格的证明。我们的后人可能会从我们的推理中找出不足,并通过他们的努力创造新的数学,形成让他们满意的证明。但是除非整个数学的发展经受一次狂暴的基因突变,否则总有一些命题会得到承认,如同欧几里得在他的时代里证明过的那些一样。

并非所有过去的数学都经受住了时间的考验,哪怕是以一种经过合适改造的现代模式。许多数学被丢弃了,它们或者是无足轻重的东西,或者并不适当,或者过于烦琐;有些因为确实靠不住而被埋葬。对于数学来说,最不正确的写照或许就是:"它是一种从来没有被迫退却一步的科学。"如果那是真实的，数学就是一个公认无法成就完美的种族的一次完美的成果。与这种荒谬说法不同，我们将尽全力把数学描绘成一种尽管存在错误，却也部分地由于这些错误而如同人类一样持续成长和前进的事物。

五大源流

如果我们首先大致草拟一个在检查细节的时候保留着的主要轮廓，就可以使数学的形象显得更清晰一些。

有许多支流汇入了数字和形状这两条主流。起初它们只不过是涓涓细流，但其中有些很快壮大起来，成为独立的大河。特别是其中两支，它们几乎从最早有历史记录之时直至20世纪都一直影响着数学的主干线。按照1，2，3，…这样的自然数列举下去，数学家得到了**离散**这个概念。诸如$\sqrt{2}$，$\sqrt{3}$，$\sqrt{6}$一类无理数的发明，计算由曲线或不可通约的直线围成的平面图形面积的努力，13 同样还有表面积和体积的计算，以及为了条理清晰地说明运动、生长和其他敏感的连续变化而进行的长期苦斗，迫使数学家发明了**连续**的概念。

数学的全部历史可以解释成这两个概念争夺控制权的一场战斗。这种冲突可能仅仅是对于早期希腊哲学中相当突出的不和谐的反映，即以一压倒多的斗争。不过把这场斗争说成是战斗并不完全合适，至少在数学上不合适，因为连续和离散这两大概念经常互相促进。

一种数学思想类型的人更愿意让他们的问题与连续挂钩。几何学家、分析学家和那些在科学技术方面应用数学的人就属于这种类型。与之互补的另一种类型的数学思想则倾向于离散，这种人自然而然地把数论所有分支的内容带进了代数和数理逻辑之中。但是这两者之间并无明显的分界，数学泰斗们在连续和离散的领域同样得心应手地工作。

除了数字、形状、离散和连续之外，第五个源流在数学理论中有着首屈一指的重要意义，特别是自17世纪以来。从古代开始的天文学和工程学起，直至今日我们的生物学、心理学和社会学，由于科学变得越来越准确，它们对于数学创造力的要求也在持续增长；因此，从1637年起，科学技术是很大一部分数学分支得以迅猛发展的最重要诱因。而且，在18世纪后期至19世纪初期的工业革命之后，工业与发明变得越来越科学化，它们提出的问题时常超出了现有数学可以解决的范畴，因此也刺激了数学的创新。一个实例就是空气动力学中具有首要意义的湍流问题。与许多类似的状况一样，解决该学科中一个重要的技术难题的尝试，导致了纯数学的进一步发展。

时间坐标

在分别观察数学的种种进展之前，大致了解数学进程时间分布的情况是十分有益的。

数学产率遵循时间的曲线与生物生长的指数曲线大致相近：它在远古时代几乎不可见地开始发展，在逐渐靠近现代的时期以越来越快的速度起飞。这条曲线一点也不光滑，因为数学也像艺术一样，有自己的萧条期。由于穆斯林文明只能部分地平衡欧洲的数学野蛮主义，中世纪的数学产率有一次深度萧条，致使数学从公元前3世纪阿基米德的那个伟大时代一落千丈。但是尽管存在萧条时期，从过去到现在的总趋势来看，有效的数学还是在持续不断地向上发展着。

14

我们不应当期待数学发展的曲线与其他文明活动（比如艺术或音乐）的趋势非常近似。雕塑巨作一旦被打碎就很难修复，甚至会被忘却。然而那些最伟大的数学思想却可以劫后余生，在持续的潮流中继续向前；一时的潮流无法左右经典的巨著。用于表述数学创造的是人类有史以来发明的最普遍的智慧语言，它与有些文学作品不同，能够超越民族的趣味。今天除了屈指可数的几个专家以外，还有谁对古埃及有关两个小偷的短篇小说有兴趣，阅读它们时感到开心？有多少人具备足够的象形文字造诣，可以去探究那些或许对早已死去3 000年的人类有不知何种重大意义的东西？但是对于任何一个工程师，或者任何一个有过一些测量实践的学童，告诉他测量棱台体积的古埃及规则，他就会豁然领悟。这里保留的不仅是有效的数学创造；它们在发展之流中出现，本身就激发着数学思想的新潮流。

只要对自1800年起新创造的数学有某种程度的了解，大部分从事研究的数学家都会同意，从那以后数学发展相对于时间的曲线上升得比之前更为迅猛。任何希望与大部分数学家一样观察数学史的人，都需要对这一问题敞开思路。许多对超出微积分范围的现存数学没有第一手知识的人，根据很不恰当的证据相信，在离我们多少有些遥远的过去的某段时期，数学经历过它的黄金时代。数学家不这样认为。通常，那些熟悉数学并对它的历史至少有些了解的人，会把从 19 世纪起的近代视为数学的黄金时代。

数学发展方面有一种非正统却很有道理的时间线，将整个历史划分为长度不等的三个时期。我们可以把它们称为古代、中期和近代。古代从我们对其有可靠知识的最早年代开始，直到公元 1637 年；中期从 1638 年到 1800 年；近代从 1801 年至今，是今日的职业数学家所理解的数学，即现代数学时期。有些人可能更倾向于认为这一时期开始于 1821 年，而不是 1801 年。

15

对这些时期的准确划分有确定的理由。1637 年笛卡尔的杰作发表，标志着几何学进入了分析的范畴。大约半个世纪以后，牛顿和莱布尼茨的微积分，加上伽利略和牛顿的动力学，开始成为有创造力的数学家的共同财富。对于估计这一进步的宏大程度，莱布尼茨当然很有资格。传闻他曾经说过，从世界开始之日到牛顿的时代的所有数学中，牛顿的成就远远超过了其中的一半。

在 18 世纪，当时存在的所有数学分支都利用了笛卡尔、牛顿和莱布尼茨的方法。这个世纪意义最重大的特点或许是抽象性的开始，也就是开始在工作中追求彻底的普遍性。虽然充分认识到抽象方法的力量要等到 20 世纪，但是在拉格朗日有关代数方程的工作，以及最重要的是在他分析力学的工作中，他都对此做出了一些引人注目的前期成果。在分析力学的工作中，他用一种直接的、普适的方法统一了当时的力学；直到今天，他的方法还是自然科学中最有力的方法之一。在拉格朗日之前从未出现过这样的成果。

最后一个年份即 1801 年，标志着一个前无古人的创造性时代的开始，以高斯(Gauss)的杰作发表作为开端。另一个替代年份是 1821 年，那年柯西(Cauchy)开始第一次令人满意地处理微分学和积分学。

在完全掌握了中期发明的方法并将其发扬光大之后，几何学方面出现了一个很典型的发展时期，这可以作为 19 世纪数学产率大大加速的一个例证。罗巴切夫斯基(Lobachewsky)、鲍耶(Bolyai)、普吕克(Plücker)、黎曼(Riemann)、李，这五个人每一位在一部分生命中发明的新几何学都等于或者超过了所有古希腊数学家在他们最活跃的两三百年间全部工作的总和。我们经常听到这样的说法:单单 19 世纪的贡献就大约相当于此前历史上所有数学发明总和的五倍。这种说法是很有根据的,不但在数量上成立,而且那些成就的力度更具有无可比拟的重要意义。 16

即使我们假定,中期以前的数学家遭遇过所有先驱都碰到过的困难,我们也不需要放大他们的伟大成就,令其达到放之四海而皆准的程度。我们必须记住的是,近代的发展已经席卷并包括了在 1800 年以前的几乎全部有效的数学,让它们都成了普遍理论和方法的特例。当然,没有任何从事数学工作的人会认为,我们现在所处的时代像拉格朗日想过的那样,已经发展到了数学的极致,而他的时代正处于我们最近这段大爆发时期的前夜。但是有一个事实仍未改变,即我们的大部分前人都确实曾经达到了自己事业的最高点,正如我们也毫无疑义地会达到顶峰一样。但他们使用的有限的方法使他们无法进一步向前做出重大发展。以下事情是可能的,或者不妨说是我们希望出现的:虽然我们现有的工具已经超过了前人的工具,但 100 年之内它们还是会被更强有力的工具所替代。

七个时期

一种更为传统的时段划分是把整个数学的历史分为七个时期:

(1) 从最早期到古巴比伦和埃及时期。

(2) 从大约公元前 600 年到大约公元 300 年希腊人的贡献时期,其中最重要的是公元前 4 世纪至公元前 3 世纪。

(3) 东方与闪米特人——印度人、中国人、波斯人、穆斯林、犹太人等的工作时期,这一时期部分在时期(2)之前,部分在时期(2)之后,一直延伸到时期(4)。

(4) 大约从 15 世纪到 16 世纪,欧洲的文艺复兴和宗教改革时期。

(5) 17 世纪和 18 世纪。

(6) 19 世纪。

(7) 20 世纪。

这一划分大致与西方文明的总体发展及其从中东受惠的历史相当。可能(6)和(7)只能算作一个时期,尽管具有深刻含义的新潮流只在1900年以后不久才变得明显起来。下面我们将会看到,这七个时期中每一个时期都有哪些主要贡献。在此先给出几个预告性的评论,这可能有助于那些第一次接触这方面资料的人形成一个更为清晰的概念。

虽然在七个时期的三分之一时间里,近东人比欧洲人更加活跃,但今天存世的数学却主要是西方文明的产物。举例来说,中国古代数学的发展要么是没有进入过主流,要么就是通过未经记录的贸易进入主流的。即使那些确实是在中国发明的手段,它们要么属于无关紧要的数学,要么人们根本就不知道它们已经存在,直到欧洲数学家在欧洲独立地做出了可以证明的同样创造以后很久,人们才知道中国人早已做了同样的事情。举例来说,中国人可能已经知道方程的霍纳(Horner)数值解法了,霍纳却并不知道有这么一回事。而且事实上,即使霍纳和中国人都没有找到这一方法,也不会让数学蒙受多大损失。

欧洲的数学遵循了一条与几个国家的一般文化发展大致平行的曲线。所以,古罗马畸形发展的文明对数学毫无贡献;但当意大利创造出璀璨艺术的同时,她在代数上也同样成绩斐然;当英国在伊丽莎白时代的最后辉煌逐渐暗淡的时候,数学的统治地位便转向了瑞士和法国。不过常有的现象是,即使在政治上相对弱小的国家也会有孤立天才的偶然爆发,例如19世纪初期非欧几何在匈牙利的独立发明。一个国家的活力突然高涨有时也伴随着数学活力的增强,比如在法国革命后的拿破仑战争中,还有在1848年动乱后的德国。但是1914年到1918年的世界大战似乎对欧洲的数学进程有着阻碍作用,对于别的地方也有类似作用,但程度较轻。在俄国、德国和意大利发生民族主义事件之后的表现也是如此,这些事件加速了大约1890年自美国开始的数学的高速发展,把这个国家的数学推上了国际领先地位。

数学的辉煌与总体文化其他方面的辉煌的关系有时是反向的。这里可以给出几个例子,最重要的例子是数学的发展在中世纪的衰退。当哥特式建筑和基督教文明在12世纪(有些人会说是在13世纪)达到其顶峰时,欧洲数学却刚刚从它的最低点开始上升。而在1939年9月中世纪理想胜利的前几年里，某些欧洲国家陷入了数学和公正的科学曾经陷入的声名狼藉的境地。如果这在数学式简单体系外的无科学化建筑中成为一种新型自身崇拜的发端，那么它对8个世纪后的史学家来说，将会是一件非常有意思的事情。须知，在肮脏的洞穴里，我们邋遢的祖先经历了几十万年没有科学或者数学的寒暑；因此，并没有什么明显的原因，不会让我们的那些残忍成性的后代——如果他们会是这样的话——做同样的事情。

为了让读者对七个时期的大致规模有一个认识，我们先点明其中三个。后面将对所有七个时期作更详尽的说明。

在文艺复兴之前的所有时期中，对数学影响最持久的贡献当属希腊人发明的严格演绎推理。在数学重要性上仅次于此的是意大利人和法国人在文艺复兴时期对符号代数的发展。公元7世纪至12世纪的印度人几乎发明了代数符号方法；在穆斯林的经典时期，他们几乎倒退到了完全的修辞代数。第三个重大的进展在前面已经说过了，不过可以在此强调：在第五个时期的早期，即17世纪，数字、形状和连续这三大源流合为一股。由此产生了微积分和普遍意义上的数学分析；这也改变了几何，使得现代应用数学所必需的高维空间有可能在后来创立。这个方面的领头者是法国人、英国人和德国人。

第五个时期通常被视为现代纯数学的源头。它支撑着现代科学的开端，而另一个主要进展则是将新近创造的纯数学广泛应用于继牛顿的工作之后发展起来的天体力学，以及应用于其后不久在伽利略和牛顿的方法论影响下出现的自然科学工作。最后，在19世纪，大河冲破了堤岸，涌进了那些数学从来没有繁荣过的蛮荒之地，让那里也结出了丰硕的果实。

如果说20世纪的数学与19世纪的数学有着重大差别，那么其中最大的或许就在于：抽象性显著提高，从而使成果的意义更具普遍性；日益关注数学结构的形态学和比较分析学；批判性的洞察目光更加尖锐；初步认识到经典演绎推理的局限性。如果说，这里的“局限性”指的是大约7 000年来人类努力进行清晰思维之后的怅惘，那么这种想法是对读者的误导。然而，现在被接受的数学推理与20世纪前40年的工作有着明显区别，要对其进行批判性的评价，确实有必要广泛回顾更早期的数学，同时也给在数学和认识论上具有深刻意义且新颖得多的工作赋予灵感。它们似乎还导致人们永远抛弃了“数学是

19

永恒真理的反映”这种理论。

将数学的历史大致分成七个时期或多或少是一种传统，却无疑很有启迪意义，特别是在联系到我们称为文明的那种闪烁不定的光芒的情况下。不过前面所说的非传统的古代、中期和近代的划分，似乎更加真实地反映了数学本身的发展，也更加生动地显示了它的内在活力。

一些一般性特征

这七个时期中的每一个，都存在一个清晰的走向成熟的上升阶段，以及随之而来的在几个有限的数学思想上的回落。没有创造性的新灵感的滋润，这些思想中的每一个都注定走向衰落的命运。举例来说，在希腊时期，综合度量几何作为一种方法似乎达到了人类今天脑力所及的极限。受到 17 世纪的解析几何、17 世纪与 19 世纪的射影几何，以及最后的 18 世纪与 19 世纪的微分几何中一些想法的影响，它被改造成一种新的东西。

这种活力重注不仅对于数学的持续发展是必需的，对于科学的发展也同样如此。因此，对数学家来说，不可能凭借欧几里得和阿波罗尼奥斯(Apollonius，公元前 260？—前 200？年)的方法去领会应用于现代科学的几何学的那些微妙的复杂含义。而且，在纯数学中，19 世纪几何学中的很大一部分都被 20 世纪发展起来的有关抽象空间的更严格的几何学和非黎曼几何所替代。19 世纪结束之后，在远远不到 40 年的时间里，在那个英雄史诗般的几何年代里诞生的一些几何杰作似乎就已经开始变得多余和过时了。在经典微分几何和综合射影几何方面似乎也有许多同样的情况。如果数学继续向前发展，诞生于 20 世纪的新几何学可能同样会被取代，或者成为更少为人引用的文献。单就数学来说，终结只是幻象，只有死亡的数学才能看到它偶尔显现。

20

当一个时期结束的时候，总有一种倾向，试图过分精细地阐述仅仅是很难的事物。而这些事物在随之而来的时期或者被当作不会有持续价值的东西而受到冷遇，或者被当作练习而归入更强有力的方法之中。于是许多早期的解析几何大师呕心沥血，以少有的严格性钻研过的特殊曲线即使存在，也只不过作为练习题存活在基础教科书中。或许，所有数学公墓中最宏大的一座就是在力学中阐述那些有意让问题变得特别困难的专题论文，这些论文的解题思路，让人以为拉格朗日、哈密顿（Hamilton，1805—1865 年）和雅可比（Jacobi，1804—1851 年）都从未降生于世。

我们又一次接近了现代，新的数学领域越来越迅速地褪去华丽的外表，只是为下一代有着更好装备的勘探者留下一个假定的主矿脉，让他们可以接着探查。在这里，经济学中的收益递减规律在数学中一样起作用：如果应用工具没有根本的新改进，那么投入就无法与产出平衡。一个引人注目的例子是已经高度发展了的代数不变量这一 19 世纪的主要成果，另一个是同一世纪的多重周期函数的经典理论。前者对于广义相对论的出现有着间接贡献，后者启发了数学分析与代数几何学的许多工作。

最后应该特别提到整个数学发展中的一个现象。首先，数学的学科界限并非定义得很清楚。当知识增加了，各个学科便从原来的本体上分裂，形成独立的分支。在后来更为庞大的普遍化过程中，它们中的一些又被母体重新压倒，再次吸纳。三角学就是这样，它脱胎于测绘学、天文学与几何学，却在许多世纪之后，又被将几何学普遍化了的数学分析所吸纳。

这个一再重复脱离与回归的过程启发了一些人，让他们设想有一个包罗万象的、终极的统一数学。20 世纪初期，有些人一度相信，希望中的统一在数理逻辑上已经成功了。然而数学本身的创造力是形式主义无法限制的，因此它逃脱了这一命运。

数学的促动因素

21

上述简介中，有几处暗示经济在背后刺激了数学的发展。在 20 世纪的第三与第四个 10 年中，有人出于明显的政治原因，试图证明一切重大的数学，特别是应用方面的数学，都来源于经济。

在数学发展的过程中，如果以牺牲纯粹知识上的好奇心为代价，过分强调直接的实际价值，就至少失去了一半真相。对于任何略有所成的数学家，只要他的所学超出了微积分范畴，而且他的数学教育在更普遍的应用方面可以证明他的水平，那么，如果说在他创造数学的过程中，更经常地推动他的是经济原因而不是对数学的纯粹的智力爱好，那就是完全错误的。这一点对于服务于商业目的的应用数学，包括所有的保险业、科学和技术而言都是正确的，对那些在现阶段没有经济价值的数学分支来说自然更是如此。实例不胜枚举，不过在此列出四个肯定足够了：一个来自数论，两个来自几何学，一个来自代数。

远在多角数被归纳出来之前大约 20 个世纪——它们在保险业和统计学方面又要迟得多，而且这两种应用都是通过组合分析进行的，其中前者采用了概率的数学理论方法——数论学家广泛研究了它们令人十分感兴趣的怪异性质，并不知道很久以后的将来这些数字在应用方面大有用处。公元前 6 世纪，由于多角数可能具有的神秘特点，这些数字令毕达哥拉斯学派和感到困惑的后继者甚感兴趣。这里的刺激也许可以说是来自宗教。任何熟悉这些数字的已有历史并且知道柏拉图的对话的人，都可以从毕达哥拉斯学派粗糙的命理学开始到柏拉图的理念论为止，自行追溯数字神秘主义的脉络。这些庞大集合中没有任何一处与保险业或者统计学有相似之处。

后来的数学家，包括一位最伟大的数学家，都认为这些数字是智慧的好奇心的合理目标。费马是保险业的鼻祖之一，因为他与帕斯卡(Pascal)在 17 世纪共同奠定了概率论的数学基础。费马多年来以多角数和形数作为消遣，但无论是他还是帕斯卡，做梦都没有想过用数学方法定义概率。

22

第二个例子或许有些平庸：在大约 17 个世纪的时间里，从来就没有人想过被古希腊学者研究透彻了的圆锥曲线在弹道学和天文学上的用途，以及通过天文学在导航学上的用途。这些应用或许不借助古希腊的几何学也可以完成，因为当时已经有了笛卡尔的解析几何和牛顿的动力学；但实际情况是，人们是在大量借鉴古希腊的圆锥曲线之后，才首次找到了正确的方法。这里，最初的动力又是智慧的好奇心。

第三个例子与多维空间有关。在解析几何中，一个含有两个变量的方程代表一个平面曲线，一个含有 3 个变量的方程代表一个曲面。1843 年，凯莱(Cayley)把几何学的语言转用到带有不止 3 个变量的方程中，从而发明了具有任何有限维数的几何。这一普遍化是普通解析几何的形式代数直接提示的，由于其固有的趣味而被人们仔细研究。在这之后很久，它才在热力学、统计力学以及其他科学分支，包括理论统计学和工业统计学以及应用物理化学中得到了应用。顺便一提，值得注意的是，统计力学中的一种方法偶然使用了分拆的数论理论，这种理论可以决定某个给定的正整数分拆成正整数之和的方式有多少种。这一理论由 L. 欧拉于 18 世纪开创，在此后的 150 年间，它只不过是精通一种完全无用的数论的专家们的玩物而已。

第四个例子涉及从 1910 年开始发展的抽象代数学。任何一个现代代数学家都可以很容易地证明，他的许多工作都起源于好奇的人类所能想象出来的一个最荒唐无用的问题，也就是费马在 17 世纪的著名猜想：当 x，y 和 z 是非零整数时，如果 n 是大于 2 的整数，那么 $x^n + y^n = z^n$ 无解。近代代数中的这些部分很快就在自然科学特别是现代量子力学中得到了应用。这是在完全没有想到它会有科学应用的情况下发展起来的。的确，没有哪个与此相关的代数学家有能力让他的理论在科学上取得重大的应用成果，更完全没有人预见到，这种运用有一天会成为可能。直到 1925 年秋天，全世界只有两三位物理学家模糊地意识到这条新道路，然而自 1926 年开始，很大一部分物理学在以后的 10 年间跨入了这一新道路。 23

时代的积淀

在追随数学或者任何科学的发展过程中，首要的是必须记住，虽然某些工作现在被埋葬了，但它们并不一定已经死亡。每一个时代都留下了大批详细的结果，它们绝大多数现在只有古董的意义。对于那些更为久远的时代来说，这些东西作为数学的特殊历史上新奇有趣的东西保存了下来。中期和近代——从 17 世纪最初的几十年开始——数不清的定理，甚至是高度发展的理论，都被埋葬在专业杂志和学术团体的学报中，连专家都很少提到。许多这样的理论即使存在也已经被遗忘了。成千上万数学工作者湮没在这些垂死的文献中。在何种意义上，这些快被人遗忘的东西还具有生命呢？我们怎么能够深信不疑地说，这些辛苦劳动者的工作并没有被浪费？

这些有点令人沮丧的问题的答案，对于任何一个从事数学工作的人都是很明显的。所有这些杂乱无章的细节中，最后会出现一种普遍的方法或者一个新的概念。这一方法或者概念就是时代的积淀。使用这一普遍方法，同样可以得到它艰辛地从中取得的那些细节，而且会相对容易一些。可以看出，对于整个数学来说，这一新概念比那些从中抽象出来的模糊现象具有更加重要的意义。但这就是人类的头脑，它几乎总是在走一条最漫长的弯路，而不去选择那些可以直达目标的捷径。的确，有一些不顾人类追寻最曲折途径的倾向的探索者比他们的竞争者更幸运，在他们跌跌撞撞地误入其门之前，数学的目标经常是无法察觉的。简明和直接通常在最后才能够得到。

在描述这些事实的时候，我们可以再一次提到代数不变量理论。这一理论在 19 世纪第一次发展起来，当时几十上百位专心致志的数学工作者像奴隶一样地工作，详尽地计算那些特殊的不变量和协变量。他们的工作被埋葬了，但正是这一工作的繁复迫使这些数学家的后继者在代数方面走向简单：他们意识到，大量表面上孤立的现象其实只不过是表象下掩藏着的普遍原理的特例而已。如果没有这大量计算给予的推动，人们是否会去寻找这些原理，或者发现的数量是否会少得多，这至少是一件可以讨论的事情。历史的事实是，这就是人们寻找与发现它们的过程。

说到早期那个令人生畏的协变量和不变量的埋葬名单，其实我们无意暗示它们永远都毫无用处；因为与任何其他社会活动一样，数学的将来也是不可预测的。但当有一天需要它们的时候，后世的方法和原理可能会让人们能够更加轻易地得出所有这些结果；因此，今天继续往这一名单上添加内容就是在浪费时间和精力。

不变性的概念是这种巨大努力的积淀之一。从今天所能看到的情况来看，不变性可能会在今后几十年中照亮纯数学和应用数学的发展之路。在下面的巡礼中，我们将努力观察那些已经从大量细节中提炼出来的方法和概念，它们将来可能会有类似的持久性。重要的不是时期本身，而是那些时期没有湮灭的积淀。同样，当一个又一个时期变成了过去，那些时代的人们并不重要，虽然他们以希望、恐惧、嫉妒和不重要的争吵模糊了他们工作的永恒性和非感情化。数学中一些最伟大的成就完全是不知名人士的贡献。我们永远无法知道是谁第一个想象出了 1，2，3…这些数字，或者是谁第一个意识到，用单一的“三”抽离出 3 只山羊、3 头公牛、3 尊神、3 座圣坛和 3 个人之中相同的东西。

在科学的一般历史上，最近有两种在数学上对立的意见；在这里它们或许可以用于介绍本书下面一个部分。西班牙组织学家圣地亚哥·拉蒙—卡哈尔(Santiago Ramón y Cajal)在他1923年的《自传》中叙述了关于科学史的这样一段话：

> 除去所有这些对于自恋的谴责，最初与某个特定的名字联系起来的事实终究还是以匿名的形式告终，消失在普遍科学的瀚海之中。于是在剥去了感伤主义的外衣之后，那部充满个人品质的专著便成了与一般论文的抽象教义混同的东西。在事实的火热骄阳背后如果真存在什么东西，那就是知识历史的冷冽光芒。

以下一种意见非常中肯，它来自一个在引力的数学理论方面超越了牛顿的人。当提到牛顿在光学上的工作时爱因斯坦说：

25

> 穿越遗忘的筛子，牛顿的时代已经过去了很久，我们已经不再理解他那一代人那种犹疑不定的努力和痛苦；为了让我们的后来人欣慰，让他们更加高尚，只有少数几位伟大思想家和艺术家的工作保留了下来。牛顿的发现进入了那些可以接受的知识行列。

最后，我们将尝试关注一位并非数学家的医学博士和作家的观察，看一看其中包含的谨慎。哈拉代·萨瑟兰①如是说："透过夕阳的金色光芒，我们总有看到旧事的危险。"

---

① 哈拉代·萨瑟兰(Halladay Sutherland，1882—1960年)，苏格兰内科医生和作家。——译者注

26

第二章　经验主义的时代

如今我们无从得知，最初是在什么地方、什么时间，又是谁第一个意识到，掌握数字和形状的概念对于文明生活就如掌握语言一样重要。在埃及和美索不达米亚（即巴比伦，包括苏美尔和阿卡德），当历史记录开始时，就已经有了远远超过原始文化阶段的数字与形状；即使在这里，主要的时间问题还是存在争议。对于埃及，这个年代最早是公元前 4241 年前后 200 年，最迟是公元前 2781 年[1]，对于美索不达米亚大约是公元前 5700 年。两者都取自最早的历法计算，每个都或多或少地得到了天文学证据的佐证。

埃及人和美索不达米亚人的文明基础都是农业。在农业经济中，一套可靠的日历是必需品。使用日历意味着在天文学和算术的准确度方面远远超过了神话和偶然观察的器材所能达到的水准，而且绝不可能仅仅来自一年的观察。对于季节的周期性变化和天空方面的联系，那些从来没有被迫从事农业活动的原始人类只有最模糊的认识。到了公元前 5700 年，闪米特巴比伦人的苏美尔人祖先将春分点作为他们一年的开始。1 000 年以后，一年的第一个月以金牛座命名；在公元前 4700 年前后，太阳在春分点位于金牛座。因此，美索不达米亚的居民肯定拥有可操作的基础算术知识。

同一批数学先驱也发明或者参与推动发展了两大诅咒，它们持续地扰乱那些不谙科学的头脑，这两大诅咒就是命理学（数字神秘主义）和占星术。至

27

于占星术和天文学孰先孰后，这是一个尚无定论的问题。某种形式的算术肯定出现于命理学之前。

在埃及那边,早期的历史记录相对更加详尽一些。在竞争中思想更开放的埃及年代学者认定,公元前4241年是历史上最早的准确年代,亦即埃及历被采用的那一年。埃及历包括12个月,每个月30天,另外加上5天庆祝日,凑足365天。这一年代也受到非定论的天文学证据的支持,这一证据将天狗星索提斯(Sothis)——也就是我们的天狼星——偕日升的日期与尼罗河每年一度泛滥的日期联系起来。在这里,发展天文学从而也发展算术学的推动力又是农业的需要,当然,也不排除是出于占星术的需要。

对于孕育于农业、出生于天文学的数学的迅速发展,苏美尔的地理位置比埃及更为有利。埃及远离连接东西方的主要商业通道。苏美尔是闪族巴比伦的非闪族前身,它位于波斯湾北端,直接横跨商人们的必经之路。在苏美尔和古代美索不达米亚,商业对数学发明的刺激程度可能是后无来者的。在中世纪后期,欧洲的数学也因商业的发展而得利;但那种获益是在于知识的传播,而不是创造商业所需要的新数学。

对于数学的发展,原始工程学的需求可能比商业贸易更加重要。巴比伦人和埃及人都是不知疲倦的建筑者和熟练的灌溉工程师,他们在这些领域的广泛工作可能刺激了经验计算的发展。但是举例来说,如果因为埃及人曾经成功地建筑了巨大的金字塔,就由此推断他们在各方面都是在现代科学意义上得到承认的工程师,那么,这个结论下得就有些过分慷慨了。10 000名奴隶总还是可以完成一副头脑能够完成的工作;今天让我们印象深刻的古代工程表面上的辉煌,可能只不过是挥霍无度地使用肌肉却严格地限制头脑的一座纪念碑。那些以色列人和其他被埃及人驱赶着去做实际工程的人,似乎并不怎么佩服他们监工的工程技巧。

可靠的证据向我们展示了由非闪族苏美尔人的早期工作发展起来的巴比伦算术和测量学。这个天才民族还发明了一种绘画式字母,现已证实,它们后来进化成那种有效的楔形文字,足以表达他们的数学和测量。大约在公元前2000年,苏美尔人与更加孔武有力但在智力上并不怎么活跃的民族发生了政治同化。天文学和算术仍在继续繁荣,而且,具有重大意义的是,一种可以算作代数的东西以不可思议的速度发展了起来。这种代数的早期形式是数学历史上最卓越的现象之一。

28

根据所有与此相反的已知情况可知，别的早期文明可能也在数学方面做出了堪与美索不达米亚和埃及比拟的进展，不过这两种文明的记录主要由于物料使用上的巧合得以保存下来。由于埃及半干旱的气候和埃及人对于所有死者(包括牛、鳄鱼、猫和人类)异乎寻常的尊重，再加上古埃及莎草纸的保存——在另一种更严酷的气候下它们肯定无法保存下来，那些关于普通事物的记忆得以存留，在坟墓和庙宇的墙壁上色彩鲜明地保持了几千年之久。迄今为止人们所发现的最有趣的历史文件中有一部分得以保存，仅仅是因为埃及殡葬业从业者发现，毫无用处的莎草纸是极其优异的填充料，它们可以让神圣的鳄鱼显得丰满，栩栩如生。

巴比伦人使用了一种更经久耐用的媒介刻下他们的记录：在阳光下暴晒过或在窑里烤过的陶土板、柱和锥体。他们使用削尖的短棍——类似于今天学童在泥塑课上使用的一种器具，在柔软的陶土上刻下楔形文字，其后的焙烤就把这种记录固定了下来；这要比任何印刷机器在最坚韧的纸上留下来的字迹还更持久。战争与这个伟大文明的长期式微竟然同谋了一次，让这个文明最优秀的精粹中的一部分得以保存。经过焙烤的陶土板不怕潮湿、不会锈蚀、不惧压力，也不会受到虫蛀和昆虫的破坏，它们被埋藏在毁坏的庙宇和图书馆的泥土废墟下面。要摧毁巴比伦的数学记录，比一些痛恨科学的疯子消灭现代数学还更困难。没有理由认为我们已经发掘出了所有数学的砖石。

虽然这些记录本身是牢固、可信和无可置疑的，但对于它们的解释就不能这么说了。阅读苏美尔和巴比伦记录中最说明问题的部分是非常困难的，这件工作要求语言学、历史和数学天分的非同寻常的结合。直到现在，那些自1929年以来最后揭开了古巴比伦数学的盖子的学者对于其中几个很有趣的地方还存有争议。我们认为没有必要使用这些有争议的资料来说明巴比伦人曾经有怎样的成就，并为本书的目的给出足够的想法。即使去掉这样少数几个存有疑义的部分，剩下的资料也已经绰绰有余。

29

巴比伦和埃及的那些悠久岁月，是最终导向真正数学的经验主义的第一个也是最后一个伟大时代。如果抛开大量的细节，那里有5个划时代的里程碑得以保存，成为后世的指路标。让数字温顺地为天文学和商业服务；用经验测量法厘清了的形状的概念，并将之应用于天文学、测绘学和工程学；开始大规模地扩展在今天的数学中仍然使用的自然数系；一个比算术更强大的工具开始在并非刚刚起步的代数中得到运用；最后，或许意义最重大的是，测量中的实际问题强迫一些早期的经验主义者，至少是下意识地开始抓住了数学上的无限这个概念。从那一天直到现在，差不多 4 000 年的岁月，试图领会无限意义的斗争一直在延续，对这一斗争的记录就是数学分析。

另一件事对于人类的前途可能更加重要，它之于数学可能比所有技术发展都更重要，不过它的出现很大程度上是依靠这些技术的发展。人类开始意识到，他们说不定可以摒弃在人类初期创造出来的成千上万的不可靠的神祇，给客观存在的宇宙一个理性的解释。尽管最后是由古希腊最早最伟大的数学家清晰地表达了这种可能性，但是埃及和巴比伦的天文学家和科学家已经有所预见；正是从这里开始，我们人类成长起来了。

公元前 600 年之前的算术[2]

从 1929 年起，相对于过去知道的而言，我们关于古巴比伦数学的知识增加了许多倍，这在很大程度上归功于 O. 诺伊格鲍尔（O. Neugebauer，1899—1990 年）的开创性工作。除了它们本身的有趣点之外，这些新增加的东西对于希腊数学的起源极具启示性。如果事实正如现在看来的那样（可能性很大），公元前 6 世纪到公元前 5 世纪的希腊数学家直接受惠于巴比伦传统，那么，当前存在的数学发展就有大约 4 000 年很少间断的历史可以追寻。

30

这里给出一条线索作为预告，同时指出在以后的章节中哪些是应该注意的：通过第一个有记录的对相似图形的经验观察，到公元前 5 世纪毕达哥拉斯学派对于几何“量”的算术化；从那以后，则循着相反的路线，追溯希腊哲学家的反叛过程，直到公元前 4 世纪欧多克索斯（Eudoxus）的数字几何化；最后，在 17 世纪及其后，回归到解析几何和数学分析中的形状算术化。从现存的大量详尽资料中，我们将只挑选那些足够说明我们提及的这一发展过程的部分。必须首先注意那些早期证据的普遍性质。

巴比伦的数学记录覆盖了大约 2 000 年，从公元前 2186 至前 1961 年的第一个巴比伦朝代，直到基督时代快要开始，其中最多的是大约公元前 2000 至前 1200 年这段时期。大约公元前 2700 年萨尔贡(Sargon)统治时期汇编的日月食的记录也可以包括在内，不过最大的贡献还是出现在上述那个区间。之前已经说过，在大约公元前 3500 至前 2500 年间，苏美尔人做出了最初的贡献。大立法者汉谟拉比王时期(Hammurapi，大约公元前 2100 年)的丰富成果说明，当被更具侵略性的民族吞并时，苏美尔人的算术和代数已经很成熟了。但是，即使不从泥板数学文书史料上可靠的证据延伸到那些已不可考的古代，我们也拥有大量无可辩驳的事实，专家对这些事实的看法相当一致。很幸运的是，这些部分对于任何试图追溯关键数学发展的人正好最具重要意义。我们先来看算术。

最迟在公元前 2500 年，苏美尔的商人就已经熟悉重量和度量衡，包括单利和复利的残酷高利贷的算术，还有那些相当于今天的所谓商业文件的东西。在商业和交易中，他们的算术表明，他们是一些吝啬而又贪得无厌的家伙，甚至远在硬币发明之前就已经深谙财富的威力。他们的计算标度——他们将其传给了巴比伦人——是以 60 为基数的六十进制，不过也少量混杂着以 10 为基数的十进制。

31

根据推测，10 是用来纪念手指数数的，而 60 则来自 6×10，其中采用了 6，如此一来，那些很有用的分数 $1/2^a3^b5^c$(a,b,c 都是非负整数)就可以用有限项表示。现在还有一些六十进制的痕迹，运用在我们的时间计量以及与此对应的圆周分划上：一个整圆分为 6×60 度。但是现在人们通常不再认为苏美尔人选择 60 作为记数基数是出于这种考虑，而相信他们的选择受到黄道带影响的人就更少了。

位值系统用于基数的正、负幂。于是以合适的楔形文字符号表示，“17，35;6,1,43”(其中的分号标明分数部分的开始)就代表了“$17\times60+35+6/60+1/60^2+43/60^3$”。这种书写方法有时存在不明确之处，不过现代学者坚持不懈地扫清了这些问题，让剩余部分变得很清楚。按照当时书写者的喜好，一个空白的地方可能会代表一个不存在的 60 的幂，但也可能不代表。或许通过引入代表零的楔形文字可以克服这一特定的困难，可是实际上直到古希腊时代这一点才得以实现。

通常认为，零这个具有伟大实际意义的发明应归功于印度人；但是零是由印度人还是巴比伦人第一个发明的现在还存在争议。如果巴比伦人首先做出了这个发明——似乎非常可能，那么零就是一个很有意思的例子，说明数学概念可以在不同的文化中有相互独立的起源。零也出现在另外一个天才民族——中美洲的玛雅人的算术中。他们使用 20 作为基数，也有一个位值系统。玛雅的记数法出现于公元 200—600 年间。他们的历法周期回溯到公元前 3373 年，但是这并不代表玛雅人在那么早的时期就已经有了文明，甚至也不代表他们在那时已经存在了。

巴比伦人属于历史上最不知疲倦地整理算术表格的民族之一。由于乘法比除法容易，他们列出了 $1/n$ 的数值，其中 n 是与基数 60 相配的整数。其他"不规则的"倒数，如$\frac{1}{7}$，$\frac{1}{11}$，自然引起了更多的麻烦，但他们在编制问题时很巧妙地避免了这种尴尬的除数，因而在解决问题的过程中，自动免除了这一类麻烦，也就有效地避免了这样的困难。在巴比伦数学中，教师或者学生好像使用了一种曾经在数学物理中成为经典的技巧：给出答案，然后再找到原题。上述情况并非唯一的例子。同样也有诸如 7，10，$12\frac{1}{2}$，16，24 等乘数的乘法表格。如果正确地阅读，平方表也可以作为平方根表使用，立方表也有类似的情况。另外一份表格列出了 n^3+n^2 的数值，此处 $n=1,2,\cdots,30$。当我们接触到巴比伦代数时，将会看出这种奇怪的列表的奇特意义。

32

从所有这些以及与之有类似特点的大量其他例证可以看出，很显然，大约公元前 2000 年时的巴比伦人就已经是高度熟练的计算人士。说他们具有函数方面的直觉可能并不为过，因为一个函数可以被简单地定义为一个表格或者一个对应。

历史上，关于对数字的高速征服，最引人注目的事情就是它似乎被公元前 6 世纪的希腊人完全无视了。我们现在看来似乎是最简单、最自然的数学发展，在那时就是一场大灾难。这样的事实让人对早期希腊人被过分颂扬的智慧产生了一丝怀疑。不过由于强调这一点等同于亵渎历史，因此我们只建议那些具有足够数学知识的观察者自行检查证据，最终得出自己的结论，即使这样做存在着冒犯最神圣不可侵犯的传统的危险。

埃及的算术甚至更直截了当地表现出了它更加费力的经验起源。早在公元前 3500 年，埃及人能够轻松掌握的数字就已经上至几十万。在这个早期时代，他们的象形文字实际上记录了他们有一次捕获了120 000名俘虏、400 000头牛和1 422 000只山羊。这一记录出现在一支法老的权杖上，最后的数字可能只不过是征服者诗意放飞的想象，因为即使在今天，要在胜利和庆祝的短暂时间间隔点清那么多只羊，也必须动用美国人口普查局的专家。这种热情的夸张如同古印度人把他们的神的数量夸张到了无穷大一样，不过这至少表明，公元前 3500 年的埃及人已经完全克服了原始人类的那种对于勇敢想象数字的无力感。只有通过比较今天已经远远超越了野蛮人阶段的一些民族在算术方面的落后，还有如后所述的希腊人的情况，才有可能正确评价这一进步的意义。

33

埃及人使用的是十进制记数，却没有位值。公元前 1650 年的算术能够进行加、减、乘、除运算，并将其应用到许多关于这些运算的特别简单的问题上面。有关分数，$\frac{2}{3}$以一种特别的符号表示；其他的分数则以 $1/n$ 形式的分数之和的形式表达，其中 n 是整数。大约公元前 1650 年，书写员阿默士（Ahmes）从一份更早的著作中将一份文件抄录在莱因德纸草书上。从这份文件可以看出，除法要通过这些“单位分数”进行，其技巧是把 m/n（此处 $m>1$）表达为单位分数之和。例如，$\frac{2}{97}=\frac{1}{56}+\frac{1}{679}+\frac{1}{776}$。人们最早是如何得出这样令人好奇的解法的，似乎已无法知道了。它们或许代表了那些千百年来仔细保藏在表格上留待将来使用的古旧经验，就像我们今天保留对数表那样。阿默士进一步写下了一系列 $2/n$ 的变换，其中 n 是 5 到 101 之间的所有奇数。可以通过连续使用所谓光学方程 $1/x+1/y=1/n$ 的正整数解的方法获得这些变换，可是当时这样做的可能性极小。对此还有许多其他猜测，但没有任何一种获得研究这方面问题的大部分学者的认可。

所有那些解答了的问题都像小孩的把戏那么简单。有些问题无意中揭示了埃及人的礼仪和风俗，比如阿默士说到的用啤酒交换面包或者用面包交换啤酒这一类算术，令我们感到欣喜。在他们的学校里，埃及人或许没有我们现在这样要求严格，或许阿默士的著作只打算给数学专家阅读。那些不那么令人激动的问题牵涉到牛和各种鸟类——从鹅到鹤和鹌鹑——的分配。这一类问题更富于幻想，但显然对任何人都没有实用价值，它们让人联想起英国旧式考试中的问题，以及我们的"学院入学考试委员会"更加陈旧的做法。把面包分给几个想象的人物，让他们得到的数量依等差数列变化。除了有点傻以外，这类问题毫无新意。

在所有埃及算术发展中对数学思想最具重大意义的细节，是对计算结果偶尔的检验。这似乎说明，埃及人最迟在公元前 17 世纪就已经明白了算术中证明的价值。如果这是一个恰如其分的结论，那些古人已经在通往数学的道路上走了很远，却不知为何又停滞不前了。

人们说，埃及人的算术发展已经先进到足以应付他们日常生活的简单需要了。对于数学的进化来说，或许更有趣的是阿默士以及其他古人的问题——说它们是实际问题只不过是出于礼貌。这暗示着，古人出于自己的兴趣而对数字觉醒的好奇心，正是开创数学(无论是纯数学或是应用数学)之路最强有力的推动力之一。举例来说，阿默士要求一个数，这个数与它自己的五分之一的和是 21。对此他给出了一个非常冗长复杂的文字解。可以想象，这可能有一些实用价值，不过下一个在公元前 2200 年和公元前 1700 年之间出现的问题则毫无疑问是有实用价值的。用当今的符号来表示，这个问题是要找出 $x^2+y^2=100, y=\frac{3}{4}x$ 中 x 和 y 的值，这是联立方程组最早的例子之一。解这些方程的埃及人使用了后来被称为试位法的方法，这种方法一直保留到了 15 世纪。对今天的初学者来说，"代数"意味着一个代代相传的算法符号系统。尽管他可能没有意识到这一点，那些他正在熟练操作的标记法替他做了大部分的思考，而试位法则会严格地限制他的才智，使他在解决简单方程上的技艺进步变得微乎其微。由于这类原因，一个学习代数的现代学生有时候会相当困惑地得知，在 16 世纪的韦达(Vièta)之前，大多数人使用的方程修辞解法确实是代数。如果去掉今天的符号法，许多很基础的代数以及算术的难度都会超出几乎所有人的能力，只有那些在推理能力上最具天资的人才能理解。现代人轻易地动动笔，进行几次差不多可以说是机械的运算就可以得到结果；而那些穿过文字的莽林才得到同样结果的古人理应获得更多的尊重。

34

有关希腊时代以前的算术的梗概，我们保留了巴比伦数学家的两项杰出成果作为最后的内容。其中之一是他们的文字记录第一次提示了我们现代普遍意义上的数字概念，这一成果超前了25个世纪。在解一组含有两个未知数的两个联立方程的过程中，至少有3处例子说明，负数真正作为与正数对等的数字出现了。如果对相关资料没有更严谨的另一种解读——这种可能性看来十分微小，这就说明巴比伦人已经有了一种将负数视作数字的概念。

另外一项或许意义没有如此重大，却还是远远超越了它的时代，那就是公35 元前4世纪的巴比伦天文学家在乘法计算中清楚地使用了正确的符号规则。希腊人怎么会忽视所有这些成果，这真是个不解之谜。

不带符号的代数[2]

谈到大约公元前2000年的巴比伦代数，我们便来到了史学家认为在数学发展中最值得注意和期待的时期。

首先是证明的问题，没有这一点，合乎我们定义的数学便不存在。那些苏美尔人的巴比伦后继者有演绎推理的任何概念吗？在此无法给出明确的答案。时至今日(1945年)，并没有发现任何巴比伦人进行数学证明的记录。但也不能由此完全否认他们对于证明至少有一种说不出来的直觉，这方面的证据非常多。

通过无可辩驳的证据，在不失公正的前提下尽量从正面考虑这个问题，我们可以描绘一位今天的初等代数学教师的形象，他正在批阅一批二次方程的试卷。学生们的试题是解$12x^2-7x=-1$。有些学生套用了$ax^2+bx+c=0$的方程解$x=(-b\pm\sqrt{b^2-4ac})/2a$，满足于得到了一个解；其他学生用的是"完全平方法"；而一个有独创能力的天才则把各项都乘以x^2的系数，从而把整个方程"正规化"，因此得到

$$(12x)^2-7(12x)=-12,$$

得到了$12x$的值之后，他轻松地通过除法得到了x的值。不及他们之前3 500年的埃及数学家的是，这些学生没有一个人试图把x的值代回方程并加以检验，因为那个匆忙的教师忘了让他们检验。也没有任何一个人在解题

时给出了哪怕一个字的证明，来支持他的正式计算。他们全都走完了所有的步骤，得出了答案，就好像那位教师手里拿着一本打开的书，正在从头到尾地口述，指示他们下一步该干什么。

包括没有检验在内，与所有这一切相当的事情发生在大约公元前2000年的巴比伦写字板上。文字指示指引着解题者，让他们遵循着一条能够得到题解的道路前进，或者通过我们的标准公式，或者正规化方程，或者配平方。这就是公式指引的代数，没有代数符号。那些把这些范例刻进松软的陶土的书写员（或者指示他们这样做的人）当然在心里有一个一般的过程。可是我们必须承认，正确的普遍规则即使能够成功地应用于成百上千个特例，也不能算作数学证明。所有的巴比伦代数都有这样的特点：一个接一个数字问题的详尽解答全部遵照着一个特定模式的文字指示进行。从来没有给出过一个一般过程的模式。

36

巴比伦人解带有数字系数的三次方程的方法令人震惊，甚至更加显著、清楚地表现了巴比伦代数的经验特点——他们的社会观或许也如此。按照我们的表达术语，$x^3+px^2+q=0$ 可以通过把原方程各项乘以 $1/p^3$，简化成正规形式 $y^3+y^2=r$，其中 $y\equiv x/p$，$r\equiv -q/p^3$。如果得到的 r 是正数，就可以从表列数值 n^3+n^2 中得到 y 的值，再得到 x 的值，当然前提是 r 在表中存在。

从那些实际上以这种方式解出的方程，我们可以想象，抄写员是根据某种表列出的 r 数值来编写他的 $x^3+px^2+q=0$ 型方程的，因此这些方程能够解得出来，而且他得意扬扬地给出了答案。如果是这样，当莫测高深的导师从看不见的帽子里拿出数学兔子的时候，他的学生一定会像今天任何一个有些许数学智慧的学生一样，感到困惑不解。表面上光彩夺目的狡计如今已经不再被认为是规范的数学了。但是如果巴比伦和埃及的数学如人们所言，只不过是一个僧侣教派小心翼翼地保守的秘密，那么神秘感就消失了。希腊数学家给予文明的最大贡献之一，就是他们粉碎了那些标榜自我永恒的僧侣社会尽力扶持的神秘传统。毕达哥拉斯企图继续保持巴比伦和埃及神秘传统的努力很快就烟消云散了，任何有决心和足够智力的世俗人士都可以得到启蒙的机会，并进而学习数学。

有人猜测，这种把普通三次方程转化成上述正规形式的方法在巴比伦代数学家的能力范围之内。但我们不需要这么多假设，就可以承认巴比伦人实际所做之事让数学前进了一大步。因为，从一大堆表面上杂乱无章的现象中认识到统一的规律，就能够给数学发现赋予生命的精髓。把许多一般方程转化成为一种标准形式的方法，甚至是那种比较容易的反问题——构造一些特殊的方程，使之符合一个指定的解，也都只有掌握了数学精髓的智者才能做到。

37

这种转化、约化、普遍化以及在许多情况下用先进的知识加以提炼的方法就像一根红线，贯穿了数学的所有辉煌时代。一个相对困难的问题通过可逆变换约化成一个比较容易解决的问题；后者的答案带出了前者的答案，以及一切同类型问题的答案。三次方程的巴比伦约化似乎是这种方法的第一例记录。在 16 世纪早期的意大利代数和半个世纪之后韦达的重大进展中我们还会讨论这个问题。这里只再举几何学上的一个例子。在几何中，这种方法首先在中心射影中得到应用，由此 17 世纪的几何学家从圆的性质得到了圆锥曲线的性质。

我们一般认为，普遍归纳的方法会比罗列不同结果具有更久远的意义，无论那些不同的结果看上去多么绚丽多彩或者多么有用，也不管它们因为其用处而在哪个历史时代流行过。通过这种观点，我们或许可以断定，提出将三次方程正规化方法的巴比伦人的确是数学家。他们在代数方面拥有杰出天分——尤其当我们考虑到，在欧洲直到 16 世纪前都没有任何东西超越他们，不过还需要在某些特殊点上对其天分进行总结性的说明。

巴比伦的代数学家总是依赖于他们内容广泛的表格来求解带有两个未知数的联立线性方程组，还有形如 $xy=600$，$(ax+by)^2+cx+dy=e$ 的联立二次方程组，其中 a,b,c,d,e 有 55 组特殊的数值，每一组都导出一个 x 的二次项。他们也给出了一个导出一般二次项的问题，但不用说也知道，他们未能解出；对于一个来自棱台的普通三次方程也同样如此。x^2 的立方项也出现过。巴比伦人解二次方程通常得出一个根就满足了，尽管有一次给出了两个根（都是正的）。他们也不乏挑战多重未知数的勇气，因为有一个问题导致了带有 10 个未知数的 10 个线性方程。

或许，更引人注目的成功是对一个指数方程最初进行试值，然后用插值法决定在已知复利率时，要多长时间能让钱数变成原来的两倍。我们今天用对数解决这一类方程。可是如果就此推断巴比伦人明白对数，哪怕是以 2 为底数的对数，那就像某个经典段子一样异想天开了——那个考古学故事说，古埃及人熟悉无线电技术，理由是在他们的坟墓中没有发现一丁点电线。 38

另一方面，巴比伦人部分预见到了公元前 3 世纪阿基米德给出的一个几何级数的和，并通过一个普遍规则的特例，给出了前 10 项的正确结果。

巴比伦代数学家对无理数表现出的极其聪明的反应，对数学的未来有更重大的意义。他们的表格和方程告诉他们，并不是每一个有理数在表里都有一个对应的平方根。面对这一基本事实，他们持续地使用如下规则求其近似值：$(a^2+b^2)^{\frac{1}{2}}=a+\frac{b^2}{2a}$，或者$(a^2+b^2)^{\frac{1}{2}}=a^2+2ab^2$。其中第一个是有道理的，在差不多两千年后，亚历山大的希罗(Heron)重新提及了此事；第二个则是完全错误的，从量纲上来说就不可能。在此顺便一提，有道理的那个近似可以从牛顿的二项式级数中得到；这同样并不意味着巴比伦人已经想到这一点了。在以后对于二次不尽根的近似中，他们使用的是一种可以认为是转化成循环连分数的开头步骤的方法。对于$\sqrt{2}$他们给出了近似值 $1\frac{5}{12}$，精确到小数点后两位。当我们讨论毕达哥拉斯的时候就会看到，$\sqrt{2}$是数学史上最重要的转折点之一。

考虑到这种水平的工作在公元前 2000 年很大程度上就已经完成了，我们只能惊叹，因为我们实在不知道他们是如何完成的。那些特例的详尽的数值解没有说明是什么启发了这样规范的进展。诺伊格鲍尔强调说，这个方法基于精细的数字表格。不过至少我们可以估计，使用这种表格的高度技巧体现了从大量经验数据中发现规律的非凡能力。巴比伦人是世界上最早的精确天文学家，他们最早的观察与计算非常准确，西丹努斯(Kidinnu)于大约公元前 340 年，就在昼夜平分时(春分或秋分)岁差方面做出了重大发现，成为两百年后喜帕恰斯(Hipparchus)发现的前奏。我们似乎可以合理地认为，在没有文字记载的那些世纪对于行星的观察积累了数字数据，由此发展出了纯修辞代数，因为巴比伦代数完全没有符号。更引人注目的是，按照我们至今所知，那 39

些现在会被总结成公式的过程也从未有过文字规则。如果这些精细的过程完全通过口口相传,即使是记忆力超强的人也会相当有压力。

另外一个未解之谜甚至更让人困惑。一直到 1900 年,人们都习惯认为,代数的开端应该归功于公元 3 世纪的希腊人丢番图(Diophantus);其实,比他早两千多年的巴比伦人所做的工作,就比他的学说中最好的部分更出色。在这段时间代数埋藏在什么地方?人们一直在猜测,公元前 6 世纪到前 5 世纪的希腊人肯定已经知道了巴比伦人在代数方面的成就,因为同一批希腊人几乎肯定了解巴比伦人的经验几何学的很大一部分内容,我们很快会看到这一点。没有直接证据表明早期希腊人不知道巴比伦代数,但是间接的证据至少值得注意。因为假如早期希腊人真的知道巴比伦代数,却没有进行任何发展甚至没有尝试使用它,那么他们就会在数学史上被打上超级愚蠢者的烙印。然而通常大家都同意,早期希腊数学家和哲学家堪称有史以来最聪明的人类。

一个小小的假说可以避免这个尴尬的历史困境。古巴比伦人具有关于数字计算的罕见才能,而大部分希腊人第一次接触数字的时候却有一种神秘感或迟钝感。希腊人在数字方面缺乏的正是巴比伦人在逻辑和几何方面缺乏的,而巴比伦人短缺的方面正是希腊人所擅长的。只有到了 17 世纪及后来的现代数学人那里,数字和形状才第一次明确地被认为是同一种数学的不同方面。

我们还没有提到埃及人的代数学,因为在这方面他们或许比巴比伦人的早期工作落后得多。在公元前 1850 至前 1650 年之间,埃及人使用试验法或者中世纪称作试位法的方法解简单的一次方程。后一种方法,大概可以合理地说明埃及人明白比例的意义。史学家对此不持怀疑态度,如果确实如此,他们就可以分享巴比伦人的荣誉:发现了数学分析的一个主要来源。

40

走向几何与分析[3]

大约公元前 2200 至前 2200 年①的巴比伦测量学[2] 几乎与同时代的代数

① 原文如此。考虑到代数与之"同时代",而前文代数的时段为公元前 2000 年前后,推测此处应为公元前 2200 至前 2000 年。——译者注

同样让人吃惊。从数学的观点来说，由于没有使用证明，它与那个时候的代数有同样的特点。在计算长方形、直角三角形、等腰三角形、一边与底垂直的梯形以及（“如果把 π 值定为 3”）任何圆形的面积上都使用了正确的规则。π 的这一近似值很出名，因为它也出现在《圣经・旧约》中。没过多久，在公元前 1850 至前 1650 年间，埃及人得到另一个更为准确的近似值$\frac{256}{81}$，约为 3.16。如果能知道令人好奇的$\left(\frac{4}{3}\right)^4$是如何得来的，那将是一件很有趣的事情。

大约公元前 2000 年，巴比伦人测量立体形状时对有关长方体、圆柱和有梯形底面的正锥体的数值问题都给出了正确的答案。其中有些显然对于排水或灌溉系统中开挖沟渠的土木工程问题有应用价值。他们计算的棱台体积的规则是错误的。对此埃及人给出了正确的方法，这是前希腊时代数学最引人注目的成就之一，以后将专门讨论。

说到与此同时期的巴比伦人所知的纯几何定理，按照它们在历史上非同寻常的启发作用，我们在此选择三例。前面两个是：半圆上的圆周角是直角；使用某些数值如 20，16，12 和 17，15，8 的毕达哥拉斯定理（$c^2=a^2+b^2$，此处 c、a、b 分别是直角三角形的边长）。其中第一个经常被认为是初等几何学中最美的定理之一，据说它是希腊人泰勒斯（Thales）在公元前 600 年证明的。它可以立刻让人猜到圆的内接长方形。巴比伦人未曾对此加以证明。根据第二个例子，以及对某些直角三角形边长的数值计算，有人认为巴比伦人知道毕达哥拉斯定理的一般形式，但相关的证据还无法令人得出确定的结论。在 1923 年以前，人们一直认为埃及人至少在 $5^2=4^2+3^2$ 这一情况下知道这一定理，因为过去认为，埃及的“司绳”①在给建筑物定方向而需要摆出直角时使用过 5，4，3 的这种性质。但现在的说法是，尽管埃及人确实有可能这样使用过 5，4，3，但是对于毕达哥拉斯的 $c^2=a^2+b^2$，他们一个例子也不知道，因为没有任何文献证据说明他们知道。由于当且仅当 $c^2=a^2+b^2$ 时，c，a，b 才是一个直角三角形的边长，我们在这里就面对着一个有趣的历史之谜：埃及人是怎样猜到他们所需要的东西的。 41

① 负责测量土地的人。——译者注

无论是谁第一个猜到毕达哥拉斯定理，看到它，我们都会想起它是欧几里得度量几何学的基石，也是所有度量的基础之一。它与相似三角形一样，贯穿了整个数学的历史——不单单在几何学中，还在代数学、数论和数学物理中。

巴比伦人在纯几何学方面的第三个意义重大的经验定理是对于数学分析起源的最早记录：相似三角形中，对应角所对的边长度成比例。这一定理暗示着比率相等。据说巴比伦人就是追踪这一点才得到了一些有关比率的概念。可是在这里，如果要像刚刚处理毕达哥拉斯定理时对于不加辩护的埃及人那样，我们就不能宣称巴比伦人真的有关于比率的任何概念，哪怕是最模糊的概念。由于在数学中，"等比"和"比率"是不同的概念，可以在没有任何"比率"概念的情况下轻而易举地得到有关"等比"的广泛理论。"比率"具有比"等比"更高的抽象层次。欧几里得曾试图定义比率，可是并不很成功。德·摩根（De Morgan）是这样翻译他的定义的："比率是在内容上具有相同性质的两种数量之间的某种相关的本质。"幸运的是欧几里得从来没有被迫解释他这种模糊定义，因为他的"比率的理论"其实完全是比例的理论，也就是等比的理论。若说巴比伦人或19世纪以前的人曾经有一个靠得住的比率概念，那种说法是极不可信的。就我们现在所知，关于通常记为m/n的m与n之间的比率，仅当具有某种四则有理运算可以在其上进行的假定性质时，这一对数偶(m,n)的比率才是明确的。就已发现的文献证据来说，显然没有任何一点可以证明巴比伦人在某个时候接近过欧几里得的成就；虽然欧几里得没有给出一个明确的比率概念，但是从他的行动上看，他至少知道，"比率"和"比例"是不同的。不过在这件事情上，我们不打算像在埃及那个例子中做得那么准确；我们只不过想指出数学史上的关键时刻在哪里。巴比伦人给出了4个成比例的数字例子，因此向希腊人的比例理论迈出了第一步，后者一直延续到今天，实际上没有改变。

42

我们很快可以从与锥体的联系上注意到许多现代数学的另一个可能起源。但是从相似三角形演变而来的理论的历史非常清晰，而且对所有数学具有不寻常的重大意义，因此我们在此放下巴比伦人的测量学，任其成为他们的最高成就。

除了即将讨论的一个例外，埃及的经验测量学不如巴比伦那样令人瞩目。

从古埃及人令人惊讶的建筑学推断出他们是熟练的建筑工程师，因此至少是令人尊敬的几何学家，这似乎是说得通的。然而他们两者都不是。无限制的奴隶劳动表现出的野蛮力量使头脑成为多余。在发现他们是怎样升起庞大的石头来修建金字塔以前，人们推测埃及工头至少对基础的科学工程学有所认识。但是他们实际的做法[4]让他们降到了蚂蚁的智力水平。随着金字塔的台阶连续地升起，奴隶们千辛万苦地将成千上万吨沙砾覆盖在已经做好的塔面之上。成群结队的奴隶把石块沿着长长的坡道拖上去。完成了建筑工作之后，奴隶们再把掩埋着金字塔的沙山移开，送回他们最初拿到沙子的地方。他们的劳动展示了令人炫目的成果，闪耀着它全部的光彩。这是又一个里程碑，纪念人类暂时的统治者不可征服的精神和那些劳动者压不垮的脊梁。驱赶奴隶的埃及工头的睿智得到了强硬的狂热主义者的高度评价。

公元前3000—前2000年的埃及石匠和灌溉工程师在实际测量精度方面达到了很高的水准。例如人们宣称，大金字塔的一边和一个角的角度的最大误差远小于百分之一。另外，在700英里长的河流的所有弯道上，负责观察尼罗河的测量者成功地在同一个水平面上放置他们的水位测量仪。如果观察时间足够长，长达几百上千年，那么可以通过尝试法做到这一点，这不一定说明他们具有任何科学测量的知识。埃及人有的是时间。

在几何方面，他们似乎知道，任何三角形的面积都可以通过二分之一底乘以高的规则算出。他们也正确计算了圆柱形粮仓的体积。这些结果与已知的埃及人所获得的任何成就一样先进，只有一个例外，就是下面就要说到的他们在金字塔上面的工作。对于一个造就了壮丽艺术的民族来说，我们必须承认，埃及人在几何学方面的努力实在是不值一提，令人失望。这或许是我们唯一能够期待的事情，因为可以接受的艺术是由刚刚脱离了野蛮状态的民族创造的。

43

最伟大的埃及金字塔

任何版本的古代世界七大奇观的名单里都包括大金字塔。但是自从1930年莫斯科纸草书[5]被翻译出来后，另外一个任何埃及奴隶都从未建造出来的更伟大的金字塔就超越了大金字塔。埃及所有金字塔中最伟大的这座金字塔仅仅存在于一个无名数学家的头脑中，他发现或者猜到了前希腊几何最引人注目的结果。他给出了棱台体积的正确公式$\frac{1}{3}h(a^2+ab+b^2)$的一个数值例子，其中 h 是高，a 和 b 分别是顶面和底面边长。这一似棱体公式特例的数值应用出现于大约公元前 1850 年。我们无法知道这个公式是怎样得到的。有几个可能的猜想，但大多数试图重新构造这个公式的学者都不接受这个猜想。

如果那个得到了这一结果的无名埃及人证明了他的过程，他将在数学巨匠中排名极高。甚至这一过程的经验发现或者是其文字形式，都是他异乎寻常的数学洞察力的明证。在数学的一切伟大时代，隐含这一公式的基本方法都以某种形式重复出现。希腊人称之为穷竭法[6]；17 世纪的卡瓦列里称之为不可分量法，而且如同将在本书合适的地方讨论的那样，他也没有比不晚于公元前 1850 年的古埃及人更接近证明它。对我们来说这是极限的理论，以后将称之为积分学。我们认为没有埃及人证明过这一定理，甚至未曾有过证明它的不管多么小的可能性，其原因在数学史上多次出现；最后具有决定性的一次近在公元 1900 年。

我们可以通过一个比较简单的问题——求圆的面积，充分描述穷竭的完整方法。一个有 n 条边的正多边形内接于圆，另一个外接于圆，要求面积小于外接多边形的面积，大于内接多边形的面积。随着 n 的值增大，多边形的面积之差变小，当 n 趋于无穷大时，多边形面积之差达到极限，趋于零，或者说“穷竭”了，于是，达到极限的多边形的共同面积就是圆的面积。在这种方法的许多部分应用中只考虑内接多边形的面积。对任何一种变种来说，人们都必须知道正 n 边形的面积。一旦求得等腰三角形的面积，就可以立刻得出正 n 边形的面积。如果上述极限的确存在，并且可以求得，那么这个问题就得到了解决。

44

在某个阶段（比如 $n=96$，公元前 3 世纪的阿基米德就在这里停止了运算），根据计算得来的多边形面积可以得出圆面积的一个近似值。此外，这个近似值包括确定 96 条边的内接和外接多边形的面积的界值。但是得到精确面积公式的关键步骤，或者甚至是这一面积的定义，却只能是在当 n 趋近于无穷大时所得到的极限。

对于正棱台我们可以类似地使用内接和外接阶梯，它们的每一阶为正方形底的棱柱；可想而知，那位埃及人从容易计算的、只有几阶的阶梯的近似值中推断出了他的规则。的确，早期的金字塔就是这种类型，而且大金字塔本身在加上最后的料石光滑保护层之前也正好呈现这种形状。无论如何，这位埃及人得到了他的规则，他的直觉给了他正确的结果，而这一结果只能通过某种形式的积分学才可以证明。对于似棱体公式及其特例的一切证明，最终都要用到三棱柱的体积公式。阿基米德将这一公式向任何多边形棱锥的微不足道的推广归功于公元前 5 世纪原子论的创造者德谟克利特（Democritus）。希腊哲学家对德谟克利特等人使用的极限方法的批评，某种程度上导致数学在古代希腊按照其特有的路线发展；而这正是数学发展中的一个主要转折点。如果能够知道德谟克利特是否受到了那项埃及结果的影响，那将很有意思。他是早期希腊学者中游历甚广的一个，也颇爱夸口，吹嘘说尽管埃及司绳可能把他们知道的所有东西教给了他，他本人还是知道得更多。

45

或许有人会问，难道就没有可能，这位埃及人通过某种与德谟克利特定理不同的方法得到了他的规则？如果可以用基本方法证明，等高三棱锥体积之间的关系与它们底面积间的关系相同，那就是可能的。欧几里得在他的《几何原本》一书中用了穷竭法进行证明，其中暗含了连续的概念，因此不算是基础性证明。那些哲学家不遗余力地反对这一概念，结果让数学转入了一个狭窄的航道；对于一个现代数学家来说，这种行为显得非常专制而不自然。当我们追溯古希腊时代的数学思想时，将主要关注这一考量。

可以设想，对欧几里得有关三棱锥底面的定理进行严格的有限证明是可能的。缺少这一证明可能仅仅是因为数学能力不足，而不是源于数学的本质。如果这样一个证明是可能的，也许那位埃及人就真的能证明他的规则，或者至少意识到（无论这种意识有多么模糊）这个规则的一些数学根据。

C. F. 高斯（1777—1855 年，德国人）通常被认为是与阿基米德（公元前 287？—前 212 年，希腊人）和艾萨克·牛顿（1642—1727 年，英国人）并列的历史上最伟大的三位数学家之一，由于认识到可能存在对欧几里得定理的严格的有限证明所具有的基本数学意义，高斯在1844年呼吁数学界寻找一个不依赖于连续概念的证明。这说明，高斯并不认为这样一个证明是不可能的。1900年，M. W. 德恩(Dehn)证明了这样的证明是不可能的。

因此，对于他的规则，那位埃及人看来不会有任何一种貌似证明的东西。如果这仅仅是一个幸运的猜测，那么他在猜测方面做得非常出色，根本就不需要数学。有几位相当伟大的数学家强调过直觉在数学中的作用，认为它们是必需的火花，没有它们就不会有任何发现。有些人甚至将证明的作用几乎降到零，认为任何一个合格的雇佣文人在猜出结果之后都可以糊弄出一个证明来。以这种庸俗的标准来衡量，那位无名的埃及人的确是非常伟大的数学家。

巴比伦和埃及的贡献

有人说，如果一个学科与它的历史分家，没有任何一个学科的损失会像数学那么多。这种说法可能是真实的，不过还有另外一种说法可能同样真实：一门学科的历史与这种学科分家的时候，没有哪种学科的历史的损失会像数学史那么多。把这一点记在心中，我们回想起我们感兴趣的主要是数学思想的发展，而不是古董博物馆里的陈列品。现在是时候将这种首要的兴趣集中到我们的第一批样品上了。我们已经陈述了巴比伦和埃及的那些值得纪念的成就，现在让我们回头一瞥，忘记所有那些人类的艰辛探索(是它们曾让这些消亡已久的东西活在世上)，先完全从数学的角度评价那些成就。这些珍宝中的一件便足以代表它们全体。巴比伦人对圆的测量在数学与那些仅仅貌似数学的东西之间划出了一条清晰的独特界线。

46

在我们熟悉的计算半径为r的圆周长公式$2\pi r$和面积公式πr^2里，π是一个常数，它精确到7位小数的值是3.141 592 6。这个常数当然具有重大的实际意义。但对于数学史而言，π那漫长的编年史的重要意义却远远超过了对一个近似值的相当乏味的持续记录：从大约公元前2000年巴比伦人的粗糙的3，直到W. 尚克斯(Shanks)在1853年得出的小数点后707位，除了前几位之外基本用不着。

任何一个几何初学者都明白这个简略的陈述指的是什么：“古巴比伦人取

π的值等于3。”但是从字面上说，这一陈述隐晦地否定了数学的存在，让它的历史成为一派胡言。根据已知的情况，在古代希腊数学家之前没有任何人曾经“取π的值等于”任何数字。在证实了任意圆的周长与其半径之比和半径无关，或者任意两个圆的面积之间的关系和它们直径的平方关系相同(《几何原本》第十二卷命题2)之前，根本没有任何“π”的值可取。

根据实际测量圆产生的结果，一些经验工作者可以推断，任意圆的周长大于它直径的$3\frac{10}{71}$倍，小于$3\frac{1}{7}$倍，阿基米德已经证明这两个界值的存在。只有那些不具有成熟的科学头脑的人才会相信，在那些太大或太小的圆上，这些界值无法运用在其他圆上可行的测量方法来测量。当然任何具有最微弱的数学头脑的人都不会相信这些界值。在这里，从实际经验得到的归纳不够了，需要的是数学。

在π的这个特殊问题上，如果人们认为希腊之前的古人不需要数学——不仅仅是数值——精度，有从经验得来的相当近似的归纳就已经足够，我们可以就此给出几个回答，全部贴切地针对数学的整个历史。首先，在严格的实用方面，任何步入文明、使用日历的民族迟早都需要知道，或者至少会相信，的确存在某一常数——不妨设为c，圆的半径的c倍就是圆的周长。否则，当他们的天文学变得更精确的时候，他们就会一直生活在恐惧中，担心日历将开始灾难般地波动，并殃及商业和农业。

其次，数学精度和数值精度是迥然不同的，尽管有些具有实践头脑的人不这样认为。在古代，人们要求的是一个合理程度的数值精度。如果文明在公元前2000年到3000年的这段时间里凝固，不再继续发展，那么在数值计算中就不需要任何高于巴比伦人所需的精度。但是——仅仅指出随着文明的发展需要更高数值精度的三个例子——日历、地理和航行要求天文学的精度不断提高，而只有当算术和几何发展到了远远超过经验主义数学所能达到的最高精度之后，那种精度才会实现。一个公式是否有效取决于对它的证明。当文明超越了它的早期阶段之后，如果没有证明，即使在最狭隘的意义上，实际应用也无精度可言。

确切地说，明确区分阿基米德对圆的测量与巴比伦人对圆的测量之间的

47

第三种差别，就是科学思维与前科学思维之间的差别。一个满足于收集事实的头脑不是科学的头脑。一本数学手册中的公式就如同一本字典或者一部文学名著中的单词一样，都不是数学。在一些普适的原则孕育成功，从而可以用于给庞大的细节群体搭起框架之前，无论科学还是数学都尚未开始。

所有框架之中，第一个也是最广泛的框架是演绎推理，它把数字和形状统一了起来。没有确定的证据说明，在希腊人之前这种推理曾经用于数学。在希腊人试图统一他们对自然的观察的过程中，他们的知识远远超越了神话的范畴。他们对宇宙的遐想可能还过于天真，没有多少科学价值；尽管如此，这些遐想终究是有意识地脱离神话和迷信向科学迈出的步子。只有当他们有意识地认识到，无论从实用还是美学观点上来说，统一与普适都是需要的，那时数学与科学才成为可能。

48

这些话听上去或许相当独断，但它们并非作者本意。这仅仅是两种可能观点中的一个；我们建议读者从对立的方面考虑问题，持续地按照另一条思路前进，看一看在那种观点的指引下，能够对数学及其历史得出什么样的结论。同样的建议对整本书都有效，特别是以下的段落，许多人显然不会赞同其中的观点。我们的论证引导我们做出对于前希腊数学的评价[7]。

无论何时，在有证据证明希腊人在他们的数学概念中想到了数学是一门推理科学之前，可以继续认为，巴比伦人和埃及人最伟大的贡献是无意识地帮助了欧多克索斯和阿基米德，使他们有可能创造一个黄金时代。这就足以并且应该让我们一直保留着对他们的纪念，与数学同存。

第三章　牢固地确立

希腊，公元前 600—公元 300 年

从这里开始，我们将脱离传统的数学史料编纂法。那些寻找数学家生平和工作详细资料的读者可以在本书所引用的地方找到它们。[1] 如同在第一章中指出的那样，我们的主要关注点是，数学上那些过去的创造中存留下的东西，即使其形式有所改变，至少还可以辨认原形。因此，我们将从丰富的希腊数学宝藏中选取的项目并不总是与按照别的标准选取的最有趣的项目一致。替死去的希腊计算方法所写的一张空泛的讣告，可能首先成为我们选取和遗漏的东西中的第一个典型例子。

数学与计算

古希腊人把他们在有理数方面的工作分成计算术和算学两部分。计算术包括贸易、商业和科学，特别是天文学中应用的数字计算技巧。算学就是我们的高等算术或者说数论，考虑的是数字本身的性质。在这里，关于处理丢番图（生卒年代不详，约公元 250 年）之前的算学，希腊人做出了两个主要贡献。欧几里得证明了算术可除性的基本定理，从这一定理出发，高斯在 1801 年导出了算术基本定理：除了调换因子顺序外，一个正整数只有一种写成素数乘积的方式。欧几里得也证明了最大素数不存在。即使不是欧几里得本人首先发现了这些定理，他也至少在他的《几何原本》一书中给它们提供了证明。[2]

50 作为费马以及18世纪到20世纪其他人的数论的前奏，公元前6世纪到前5世纪的毕达哥拉斯学派的形数大概可以说是算学对于现代数论最富启发意义的贡献了。这些数字也在柏拉图的科学中取得了某些名声，《蒂迈欧篇》就是一个例子。其中特别应该提到的是三角形数，它们渗入恩培多克勒(Empedocles)化学的土、气、火、水四大元素中，部分地导致了这个形而上学的结论："所有物质从本质上说都是三角形。"人们认为，形数来源于正多边形的表现形式，是在每一个顶点上放上一块鹅卵石，然后以令其保持原有的规律和边数扩展而成的。这个可能的来源已经成为连接数字与空间的早期发现的一个例子。不管下面这种肤浅的联系是否超出了一个数学上的双关语，但这样用鹅卵石铺成的平方数，可能就是我们代数中保留的"平方"的来源。在代数里，几何的想象力不仅在退化，而且变得无关紧要。

音程定律是另一个可能得益于毕达哥拉斯学派研习的算学的数字项目，传统上人们将它归功于毕达哥拉斯本人。这个定律把拉伸情况相同的同种琴弦发出的乐音音高与琴弦的长度联系了起来。这一发现是数学物理的第一次发现，揭示了一种人们未曾预料到的数字、空间与和谐之间的联系。不足为奇的是，数字神秘主义的狂潮随之降临。结果是到处充斥着深奥的哲学和稀奇古怪的信条，它们从古代出现，一直延续到我们的时代；考虑到人类的轻信，这种情况或许是意料之中的。"音乐"作为标准的中世纪课程被保留下来，这也是毕达哥拉斯定律造就的。实际上，除了一种从现代观点可以看出的用途之外，乐声和数字是相互联系的这一划时代的发现的几乎每一种可以想象到的用途，都得到了开发。从实验中得来的这样一个事实变成了废弃实验、给独立的人为原因让路的机会。随之而来的后果是，这项从现代观点看来本可以开创一个科学时代的实验，反而让科学时代被阻碍了近两千年。

51 在计算学方面，数学家还是尽快忘记希腊人做出的一切比较好。他们让数字符号化的最佳尝试是一个幼稚的方案，几乎不比把数字的文字名称的首字母并排放在一起强多少。希腊记数法的发展虽说不多，却可能值得我们在数学的古文物研究中花费相当多的学问、时间和空间。在这里我们对它兴趣寥寥的原因是希腊记数法很快就消亡了——对于数学来说是幸运的。这里只需要叙述它的众多缺陷之一——它无法准确地表达大一些的数字。公元前3

世纪的阿基米德克服了这个困难，提出了一个可以数到10的8次方的方案。但是因为他刚好漏掉了记数法的数位系统，所以他的天才想法也消亡了。

人们认为，除了少数几个专家之外，希腊人自己在计算中也很少使用他们的字母数字，他们通常求助于算盘。希腊计算学的名声已经毁坏了。偶尔也有人想要恢复其名声，企图把它说成一个能够使用的体系，但那些尝试都基于对希腊人实际所做之事的错误理解；主流的观点依然认为，即使那些对希腊数学抱有怀旧与同情的历史学家也觉得希腊记数法是糟粕。无疑也有一些好的东西来自拿撒勒，但是从糟粕一脉相承沿袭下来的符号化数字那里，任何像样的算术似乎都不太可能横空出世，最深入地研究过这个问题的人断言，那种事情根本没发生过。

最终印度人解决了记数的问题[3]，确切的年代还有争议，不过应该在公元800年之前。由印度数字表示的、作为代表个位或十的某次幂不存在的符号而引入的零，被认为是整个人类历史上最伟大的实用发明之一。至少，中世纪欧洲的贸易商和商人从穆斯林那里学到了印度的数字系统后是这样想的。这种数字不仅刺激了商业，后来还极大地缩短了天文计算的时间，因此在文艺复兴时期及其后，日益广泛的航海事业所要求的表格能在合理的时间内计算出来，某种程度上也归功于这种数字系统。航海业的发展又加速了商业的发展，进而加快了计算的实际改良。简而言之，一个简单而普适的记数系统在实用上的重要意义无论怎么赞扬都不为过。不过在应用数学或纯数学领域，它的重要意义是很容易被夸大的。

只有在数学出现之后才有计算。对于现代数学的庞大领域，无论是印度的数字或者任何其他数字都没有重大意义。那里并不进行数字计算。　52

据说高斯曾经为与他地位相当的古人阿基米德未能预先构想出印度的记数系统而深感惋惜。高斯本人留下了非凡的天文学计算，因此他无法想象，如果阿基米德在这一点上成功了，19世纪的科学可能会发展到什么程度。如果这种说法是准确的，就极好地指出了不同学科的分界线。因为高斯的头脑中有计算天文学的观念；这是作为计算专家的高斯，而不是创造性数学家的高斯，在惋惜阿基米德未能成功地走出那简单而又关键的最后一步。

光自东方来

在比较早的时代，希腊数学的突然兴起与成熟被认为是奇迹。在20世纪研究巴比伦和埃及的纪录之前，人们觉得希腊数学似乎在大约3个世纪里一下子就成长了起来。今天我们知道，那些希腊著者对东方智慧表达出的尊敬都是恰如其分的，虽然他们在赞扬自己的时候亦是如此。那种突然的成熟已经不再不可思议。开始于伽利略和牛顿的现代科学也以同样的高速度发展，它的起源并不比希腊数学的起源看上去更好。

东方的学问传入希腊的道路还需要详加探讨。不过在公元前490年的马拉松战役、公元前480年的温泉关战役和萨拉米斯海战中，希腊人从陆地和海上击败了波斯，这可能是数学史上的一个转折点，就像它们是西方文明的转折点一样。那些战役至少证明，年轻的希腊与古代的波斯有密切接触，后者是埃及、巴比伦、腓尼基、叙利亚和小亚细亚帝国的继承人。

坚定的人类学学者相信，马拉松战役和萨拉米斯海战对于文明文化的发展具有纯粹的益处。而数学的历程暗示，它们可能是一条漫长的围绕起源的迂回之路的开端。与一些古希腊的名著相比，该起源中的很大一部分对于今天有着更重大的意义。

53 在那条东方到西方的通道发现以前，我们完全无法知道希腊数学从其前人那里得益多少。我们无意以任何形式贬低希腊的贡献，但是我们可以确信，那种自发形成的极端的奇迹并没有在希腊出现。这方面可以提及两种对立的人类学理论。按照第一种理论，高度相似的文化会在相似的环境中自发产生，无论地域相隔多远。按照第二种理论，所有的文明从不同的文化中心扩散发展，而这些中心又来自更遥远的中心，依此类推，最后，所有的文化都可以追溯到一个初始中心，通常认为是埃及。

第三种理论综合了以上两者各自的优点。在人们评论数学与科学领域经常有两到三人独立、自发地做出同样贡献时，自发理论经常可以找到回应。而扩散理论这样解释这种现象：通过观察——这是事实——这一类例子可知，这些发现通常受到所有发现者都可以接触的同一知识体系的启蒙。现在人们认为，正是某种大体与此相似的东西造成了希腊数学的突然兴盛。

负担得起前往埃及和巴比伦一游的好奇的希腊人都可以接触到东方的传世瑰宝。如果相信希腊的传统，我们就可以宣称，许多早期希腊人受到他们众所周知的有些孩子气的好奇心驱使，在东方进行了广泛的旅行，并从中得到了巨大的好处。刚刚苏醒的希腊头脑对于精确知识有一种无休止的饥渴，希腊数学足以证明这一点，同时也是对其智慧能力的最合适的衡量手段。

两项辉煌的成就

对于这些丰富的东方精神财富，任何人都能开口要、伸手拿。看来早期的希腊人对一切都开口要了，而且差不多全部拿回来了，自然也不乏“愚人金”之类的东西混杂其中。在他们充满青春活力的热切汲取中，他们错过了两个明显的机会，每一个都对科学、数学和哲学的未来有着可能极其重要的意义。

公元前 6 世纪的希腊本应是恰当的时间和地点，有望让人类一劳永逸地拒绝东方有毒的数字神秘主义。可是，毕达哥拉斯和他的追随者急切地全盘接受了这一切，把它当成更高等的数学和谐的福音。他们向一个已经非常庞大的体系中加入了大量自己的纯粹命理学的谰言，把古老衰朽的迷信带进了希腊思想的黄金时代，一直传到了公元 1 世纪颓废的数字解经法学者尼科马霍斯(Nicomachus)那里。尼科马霍斯利用这大量的原创谬论，进一步丰富了自己已经足够丰富的遗产，又将这些遗产留给昏暗中世纪的数学之光——罗马人波爱修斯(Boethius)筛选，因此看似尊崇的一派胡言让基督教时代的欧洲思想界布满了阴霾，促使犹太教法信奉者的数字解经法如同毒草一般泛滥成灾。[4]

54

在科学史和数学史中，人们习惯于不理会人类思想的这些怪异之处。可是在公正的旁观者看来，这只不过是那些令人不快的事实经过歪曲形成的图像，而这种图像则源于只叙述现在看来是成功的经历、不去理会失败经历的历史观。常有的情况是，在一个时代被认为有道理的东西后来变成了糟粕，而那些不再具有意义的东西却可能在科学或社会上具有头等重要性。一个恰当的例证是热学中的燃素理论；另一个是三位一体的无限神学，即从毕达哥拉斯学派一脉相承的神秘数字学；再有一个就是早已被不信奉神秘主义的数学家抛弃的柏拉图有关"数学真理"的理论。如果没有注意人类思想上发生的这些灾难,数学以及科学的发展看起来就像一条不间断的凯歌之路,一个从来没有任何歧途去消解那些光荣的单调进程。这种展示可能很令人欣慰,却必然不那么符合事实。

假如毕达哥拉斯学派找准时机拒绝东方的数字神秘主义,那么柏拉图臭名昭著的数字[5]、亚里士多德在数字魔术中的罕见游历、中世纪和现代命理学的天真以及其他同样毫无希望的伪数学旁支,或许都不会延续到今天,烦扰那些心怀疑虑的科学家和困惑的哲学家。20 世纪初期的数学天文学家[6] 也不会看到那种上帝乔装成数学家的奇景了。古代命理学的成果包括很大程度上启发了柏拉图的"永恒理念"。

从另一方面说,如果早期希腊人接受并理解了巴比伦代数,数学发展的时间可能会缩短一千多年。不过对一个刚刚开始在数学上成长起来的民族而言,一种包含一切的神秘哲学的吸引力恐怕比那种刻板的代数大得多。

55

在希腊黄金时代高峰期的一个更大的灾难无可估量地阻碍了数学和科学的发展。公元前 3 世纪及其后,一小批希腊数学家没有追随阿基米德的勇敢指引,去发展一种可用于自然界永无休止的运动的流畅又充满活力的数学,而是跟在柏拉图学派的后面徘徊,把他们的思想固化在几何形状之中,就像帕特农神庙那样完美、僵硬、死板。在希腊数学的整个历史中,除了无与伦比的阿基米德和几位不那么正统的智者外,其他数学家似乎都对数学中的无限概念怀有敌意或恐惧。数学分析在本该繁荣的时期反倒衰落了。

这些就是希腊数学账户中随时间流逝应记在借方的内容。债务是沉重的;但是除了那些信贷之外,其本身不太重要。在两千多年的时间里,注定只有古希腊这个民族,给人类思想带来了两种关于宇宙的观点,每一种都没有明显的含混。相对于他们取得的所有那些伟大的成功,这两项可以依赖它们自身的辉煌而矗立于此,以至高无上的品质,在那些虽然伟大却不是最伟大的成就中鹤立鸡群。

第一个是一种清楚的认识:通过演绎推理得出的证明能够为数字和形状的结构提供基础。

第二个是一个大胆的猜想,认为人类可以通过数学认识自然,而且,数学这种语言最适合将自然界的复杂现象理想化，转换成可以让人理解的简单结构。

绵延不绝的希腊传统把这两项成就都归功于公元前 6 世纪的毕达哥拉斯。当时有关这两项划时代进展的记录没有流传下来；与此同时，还有另一个同样稳固持久的传统观点，认为是公元前 6 世纪的泰勒斯首次证明了一个几何学定理。不过似乎并没有人提出，正是“古希腊七贤”中最早的泰勒斯，提出了那个绝对无误的方法，将定义、公理、演绎证明、定理等作为数学中的普遍方法。而且在将任何一项进展归功于毕达哥拉斯本人的时候，我们必须记住，毕达哥拉斯兄弟会即使不是世界上最早的非宗教科学合作社团，也是最早的之一；其会员甚至赞成把所有的共同工作都归到他们的导师名下。现在我们记住这一点就可以了：这两项成果都早在不迟于公元前 400 年就完成了，而且都是希腊的贡献。 56

希腊数学编年史

在详尽考察几个不只具有古物魅力的细节之前，我们将简要介绍希腊数学的几个主要学派，包括它们的年代、几个关键人物的名字、各自的主要进展。其中的一些不会再提到了。除了跟在人名后的年代以外，其他所有年代都是粗略的。

希腊数学的诞生、成熟与衰老贯穿了大约 10 个世纪，大约从公元前 600 年至公元 400 年。最早的时期，公元前 640 年至前 550 年，是爱奥尼亚学派的泰勒斯（公元前 624？—前 550？年）以及毕达哥拉斯（公元前 569？—前 500 年）的时代。这个时代最突出的成就是作为一个归纳体系的数学的建立，以及将自然现象数学化的计划。

公元前 5 世纪，意大利埃利亚的希腊智者们几乎没有创建任何数学学派，却对所有数学思想的发展都有极其重要的意义。芝诺（Zeno，公元前 495？—前 435？年）提出了关于无限可分的天才悖论，他对前人的推理产生了一些怀疑，并对数学随后进入典型的希腊化进程起了推波助澜的作用。因此，芝诺对于似是而非的推理的反对，标志着数学史上一个重大的转折点。

公元前420年至前300年，在雅典和库齐库斯的第三与第四个学派其实只是一个学派，只是地域上有不同。欧多克索斯（公元前408—前355年）是柏拉图的学生，一段时间里也是他的朋友。对于数学的整个前途具有头等重要性的，是欧多克索斯在他的比例理论中对这些哲学家的异议的处理。公元前4世纪希腊数学的这项工作本质上属于实数系的理论，直到公元19世纪后半叶才有实质的修改，因为那时数学分析领域出现的关键困难使人们有必要彻底地重新检查实数的概念。

这一时期，柏拉图（公元前429—前348年）被认为在数学上有着崇高地位，对于他做出的微薄贡献，这种评价显然过高了。专业意见一般认为，柏拉图把数学视为一种高级的哲学艺术的理想过于僵硬[7]，因而钳制并限制了那些比他更有能力的数学家。不过欧多克索斯的学生梅内克缪斯（Menaechmus，公元前375？—前325？年）——人们普遍认为他是亚历山大大帝的导师之一——开创了圆锥曲线几何。传统上认为柏拉图在这方面鼓励了梅内克缪斯。如果这是真的，柏拉图也算对数学有了一次重大贡献。

57

在这一时期，希波克拉底[8]（Hippocrates，公元前470？—前？年，来自希俄斯，注意不要把他与来自科斯的同名伟大医生混淆）给数学推理增加了一个基本工具。他在自己的几何学中使用这种工具，由此展示了间接方法（reductio ad absurdum，即反证法，或从想要否定的假说中推导出矛盾的结果）的威力。这种方法的普遍有效性一直没有人提出异议，直到20世纪，人们才对不加区分地将它用于关于无穷类的推理提出了反对意见。

第五个学派位于亚历山大大帝在公元前332年建立的城市，名为亚历山大第一学派，存在于公元前300年到前30年。希腊数学在这里达到了顶点。此后，除了丢番图（可能不是希腊人，生卒年代可能在2到4世纪）以外，其他人都有些叫人失望。在这个伟大的年代里，欧几里得（公元前365？—前275？年）将基本的平面和立体综合几何，编织成一个严密的演绎推理体系，这一体系在2 200多年里一直是学校里面的标准课程。欧几里得还把希腊算学系统化，使其变成他那个时代存在的形式，并写下了自己的几何光学著作。

生活在这一时期的还有阿基米德（公元前287—前212年），由于他不受限制地自由使用他的方法，可以说他是第一位现代数学家，因此也是古代世界最伟大的科学和数学天才。除了在17世纪英国出现的牛顿和在19世纪德国出现的高斯，没有任何人在精确科学方面能与这位古希腊人比肩。阿基米德对他那个时代的数学规范表现出了优雅的不在乎，并运用脑袋里想到的或者手上拿到的一切来发展数学。他与同时代的许多希腊人不一样，并不讨厌实验。他建立了静力学和流体静力学的数学科学模型。他不但为积分学做出了先期贡献，也在如何向阿基米德等角螺线做切线这个问题的研究上为微分学做出了先期贡献。

同时期的还有一位几何综合方法方面的超级大师。在圆锥曲线变量几何的方法上，阿波罗尼奥斯（公元前260？—前200？年）没有留给他的后继者多少未完成的工作。 58

在此期间，通过喜帕恰斯（来自罗德，公元前2世纪后半叶）的工作，天文学成了一门数学科学。从喜帕恰斯起，托勒密（Ptolemy，公元2世纪）、哥白尼（Copernicus，公元15世纪）、第谷·布拉赫（Tycho Brahe，公元16世纪），直到开普勒（Kepler，公元16世纪），天文学没有脱离喜帕恰斯用几何学描述行星运行情况的轨道。而牛顿在17世纪让这种几何学进化成了动力学。喜帕恰斯也是第一个系统地使用某种三角学的人，人们认为他制作了一种相当于基本正弦表的东西。

在这期间，由于埃拉托斯特尼（Eratosthenes）对地球表面的测量达到了当时的数据和仪器所允许的精度，测地学也发展了起来。值得记住的是，他在改革日历和从一切整数系列中筛选素数的方法上也颇有建树。

最后，在这个成果丰富的年代也出现了历史上最富天才的科学工程师之一，亚历山大的希罗（2世纪，或许他不是希腊人）。通常认为，希罗首创了三角形面积的计算公式①

$$[s(s-a)(s-b)(s-c)]^{\frac{1}{2}},$$

其中a,b,c是边长，$2s=a+b+c$；这个公式对三角学当然很重要，但是它特殊的历史意义却在其他地方。它标志着毫无顾忌地叛离正统希腊数学过于僵硬的优美形式，不过这种叛离很快就受到了遏止。没有人认为，一个学院式的希

① 希罗又译“海伦”，下面的公式通常称为“海伦公式”。——译者注

腊几何学家会像这个公式那样，把“表示 4 条线的数字相乘”，因为这样得来的乘积在欧几里得的三维空间中没有几何意义。工程师希罗不受这样的障碍束缚。他发现了，或者说传递了正确的结果——这或许是埃及人的风格，而他本人或许正是个埃及人——把它留给了后人，以证明自己的证明没有错误。然而如果像现在有人声称的那样把这个公式归于阿基米德，所有的神秘之处就全都消失了。

第六个也是最后一个学派，是公元前 30 年到公元 640 年的亚历山大第二学派。这里第一个年份标志着罗马吞并埃及，第二个年份[9] 则是穆斯林摧毁亚历山大城大图书馆的时间：这是罗马人残存的一点活力，是在希腊人的忽视和早期基督徒的不宽容之下残留的最后一点东西——有些人说这些东西其实本来就已经不存在了。然而远在这座图书馆消失之前，希腊数学就已经失去了大部分的创造力；我们注意到，相比第一学派的那些巨人，在亚历山大第二学派存在的 600 年间，只有三个人配得上数学家的称号。

59

由于公元 2 世纪的托勒密在偏心点和本轮上所做的工作，古代天文学达到了最高峰。在大约 14 个世纪里，托勒密对于太阳系以地球为中心的描述都被奉为至理。托勒密出于天文学计算的迫切需要使用了相当于正弦和余弦的相加公式的几何定理，并在他的计算中使用了弦的表格，从而几乎把三角学作为一门独立的数学分支分离出来，而几何学和算术很久之前就已经是数学科学的独立分支了。三角学未能成功地获得独立，是因为托勒密欠缺代数和计算术方面的知识。

几乎在这个创造时期即将结束的时候，一个迟来的几何学家帕普斯(Pappus，公元 3 世纪后半叶)或传承或自创了 3 条具有预见性的定理。他证明了椭圆、抛物线和双曲线的焦点-准线性质，从而预示了解析几何中所有圆锥曲线的二次一般方程的出现。他还实际上证明了，4 个共线点的交比(或称非调和比)是一个射影不变量，这就为 17 世纪和 19 世纪的射影几何给出了一个基本定理。最后，他使用了一种貌似积分学中数值运算的方法，得到了通常归功于 P. 古尔丁(Guldin，1577—1643 年，瑞士人)的定理，即一个平面图形 F 围绕一个固定轴旋转所得立体形状的体积是 AL；其中，A 为 F 的面积，L 为 F 的质心在旋转时走过的长度。显然，不充分利用微积分是不可能给出一个可接受的证明的。

最后,在丢番图的初等代数以及数论方面,数学也得到了复兴。但这时已经到了比较晚的时代,希腊的精神已经颓唐了,无法重回那种创新的时代,重新开始大约 2 400 年前在巴比伦的征途。如果真的存在一种叫作时代潮流的东西,它一定会展现出一个嘲讽的微笑,因为它正在准备着数学史上最酸涩的一次玩笑。不是丢番图,而是他在历史上的前辈——公元 1 世纪的命理学家尼科马霍斯,把算学传播到了基督教时代的欧洲。

从毕达哥拉斯到丢番图的数字

60

在前面的简介中,有几项东西对未来数学的重要性超过了其他东西,我们现在就来进一步分析。

毕达哥拉斯兄弟会对数学的理解很宽泛,而且充满了人文色彩。在他们的哲学思想中,数学尽管是很重要的一部分,毕竟仍是一种次级的存在,他们的全部哲学都指向一种理智的、文明的人生。算术、几何、天文学和音乐是他们的数学的四大组成部分。这四驾马车将历经数个世纪,以经过稀释的四艺的形式穿越中世纪,成为通才教育的七分之四,另外三门学科是文法、修辞和逻辑。然而在那个时候,毕达哥拉斯式的精神宽容已经僵化了,在毕达哥拉斯学派人士所能认识到的任何方面,人生都经常是既不理智又不文明的。

有关毕达哥拉斯本人的情况现在只剩下了传说。中年时他从自己的家乡萨摩斯移民,去了意大利南部的克罗托纳,就在那里完成了他的兄弟会最出色的工作。此外,传说中他被形容成一个虽然有点浮华却热情洋溢的神秘教义信仰者;他周游东方,用神秘的学说让每一个人——从铁匠到年轻妇女——都为之动容。在精神的宽容方面,他超越了他的时代几百上千年。其中一个标志是,毕达哥拉斯学派试图启发同时代人,他们允许妇女聆听大师的讲课;而说到毕达哥拉斯本人,他似乎用不着苏格拉底和柏拉图的那种奇特的雅典式男子汉气概。据说毕达哥拉斯和他的亲传弟子死于大火,而点燃这场大火的正是那些他们费尽艰辛,试图使之摆脱野蛮的无知、偏见和顽固的人。无论如何,毕达哥拉斯学派遭到驱逐,只能到别处继续撒播他们智慧的种子了。

人们已经充分注意到了毕达哥拉斯命理学带来的坏处。不过最终也慢慢从中发现了一些好东西。毕达哥拉斯学派从荒谬的假说中推导出，无论太阳还是月亮都只是通过反射一种中心之火的光芒来发光。在大约两千年之后，哥白尼(或者是他的爱多管闲事的编辑)在他呈献给当任教皇的书信中叙述道，是这个狂热的推论向他暗示了太阳系日心学说。

61 在轻而易举地发现了某些范畴内的正整数——如奇数或者偶数以及多角数——之间的关系以后，那些充满想象力的头脑就可能会把人类与超自然力量和数字联系起来。毕达哥拉斯发现，两根同样张力下弹奏的琴弦，当其长度之比是$\frac{2}{1}$，$\frac{3}{2}$，$\frac{4}{3}$的时候，会分别给出八度、五度和四度的音，这是数学物理上第一个有记载的实例，由此他得出了一个可以理解的推理："数字统治着宇宙"，所有事物的"本源"都是数字。实数中有关连续统的现代理论，就在这样一种对过于包容一切的普遍化的可原谅的热情中发展出来。

若要追寻从毕达哥拉斯直到今天的线索，我们就必须回去研究泰勒斯。他也从东方的智者那里学到了许多东西。有关他曾经预言了公元前585年的一次日食的说法不足为信。[10]不过另一件同样著名、在数学上更重要的传说[10]却可能是真的：泰勒斯在埃及的时候估算出了大金字塔的高度。这显然应用了相似三角形的理论，其中一个三角形的一条边是金字塔的影子，而对应边是他垂直竖立的竿子的影子。

无论这一传说是否真实，公元前5世纪的毕达哥拉斯学派在有关数字概念的发展上已经到了一个关键时期。因为他们接下去证明了，如果a，b，c和a'，b'，c'是相似三角形的对应边，那么$a/b=a'/b'$，$b/c=b'/c'$(在"概述"一章中有关历史与证明的评论尤其与此有关)。

到了公元前4世纪，人们认为，毕达哥拉斯学派的这一证明暗含了一个不易察觉的假设——用以描述a，b，c，a'，b'，c'各边长度的数字都是有理数，也就是说，每条边的长度都可以用两个整数的比(商)来表述。但是人们过去认为这些边长可以是任意有限的数值。因此他们就假定直线线段与有理数之间存在着一一对应关系。他们进一步假定，一个边长为有理数的正方形的对角线长度本身也是一个有理数。如果边长是1单位，那么对角线长是$\sqrt{2}$单位。然而毕达哥拉斯学派很容易地证明了，“当 m,n 为整数时，$\sqrt{2}$不能用 m/n 的形式来表达”。

如果能知道是谁最先证明了$\sqrt{2}$的无理数性质[11]，那将是一件十分有趣的事情，可惜我们或许永远也无法知道。在回答苏格拉底的一个问题时，泰阿泰德(Theaetetus)说：“当时塞奥多洛(Theodorus)给我们讲解平方根，诸如 3 尺和 5 尺的平方根，并表示在线性测量时(也就是与正方形的边长相比较的时候)，这些平方根与单位 1 是无法通约的；他选择了那些上至 17 的平方根数，但没有继续下去；因为这些平方根是无穷的，我们认为应该尝试去找一个能包含所有平方根的名词或类别。”可是这里没有解答究竟是谁第一个证明了$\sqrt{2}$的无理数性质那个恼人的问题；任何人都可以继续相信是毕达哥拉斯本人证明了这一问题，而不会有遇到无可争议的证据，表明该说法是错误的风险。我们需要记住的是，到了公元前 5 世纪末，毕达哥拉斯学派已经知道$\sqrt{2}$是无理数。他们独具匠心地通过连续求解方程 $2x^2-y^2=\pm 1$ 的方法求取$\sqrt{2}$的近似值。

62

现在有两条路可以选：要么认为，有些长度并不对应于任何数字；要么认为，$\sqrt{2}$和其他正无理数都是数字。通过选择第二条路，公元前 4 世纪的几何学家越过了整个人类思想史上一个划时代的里程碑。已经可以看到数学分析中的“大连续统”，即实数系的曙光了。同样，无穷大的悖论也可以看到曙光。除非这些新数字即正无理数可以与正有理数一起放入一个所谓“数字”或“数量”的统一范畴，让它们在加、减、乘、除的四则运算中成为一个自洽的体系，否则刚刚构想出的无理数就还只是虚幻的存在。而且对于有理数来说，在扩增了的数系中进行的运算必须给出与无理数放入之前一样的结果。在扩增了的数系中，自洽性的要求是自动产生的，因为人们已经一致认为，数学不应该抗拒严格的推理。

数系一直都没有扩展，这种现象到 17 世纪才有所改变，那时负数完全融入了实数系(不过人们那时并没有从数学上理解这一点)。最后一步大约发生在 1800 年，那时虚数与完整的实数系并列，从而创立了复数域($a+b\sqrt{-1}$，其中 a,b 是实数)。在这后来两次的扩展中，隐含的普遍化方法论和内部自洽性都与公元前4世纪毫无二致。看起来希腊人受到了他们潜意识中存在的数学感觉的指引。直到19世纪后期，才出现了明确的公式化表述，以及对扩展数学的方法论较为清楚的认知。我们很快会说到这一点。

63

按照希腊人的看法，对于无理数进入数系的问题至此只考虑了一半。他们用空间形象来思考，并把几何“数量”的概念普遍化，将有理数和无理数都包括了进去。他们并没有立即想到，另一半更困难的工作还没有进行。他们还必须证明，扩展了的数系能够自洽；他们一开始似乎完全忽略了这件事的必要性，或者认为这是不言而喻的。他们严格地检验那些看上去显而易见的事情——要给数学添加基本理论，这个方法几乎万无一失——发现问题完全没有那么明显。经过仔细检查，他们意识到了那些甚至今天也还没有完全解决的困难。我们已经强调过，欧多克索斯解决这些困难的方式标志着数学的漫长历史中的一个重大转折点。

如果没有数学意义上的连续性理论，无论希腊人还是其他任何人都无法理解几何学或者实数系。这刚好让澄清一些限制性过程成为必需的工作，例如在谈到埃及人测量金字塔时已经说过的穷竭法。在这些过程经过严格验证之前，谈论圆形面积或任何立体的体积、任何线的长度——无论直线还是曲线——都毫无意义，除非这些面积、体积和长度的数值都是有理数。因为无理数比有理数要多得多(由于连续统的威力)，可以说在欧多克索斯之前，测量学与比例的几何理论几乎不存在。

芝诺在他的四个天才悖论——或者如某些人所说，诡辩——中，引人注目地强调了进行大幅修改的必要性。数学诡辩是一种你不喜欢但无法驳倒的逻辑论证。芝诺的四大经典悖论引起了大量没有结果的争论，或许比历史上任何同样数量的伪数学论述所引起的都多。

芝诺对数学的贡献非常突出，了解这个人本身的一些情况一定很有趣。关于他的记录实在很少。传统上认为他是一个争强好胜的辩证学家，热衷于与众不同。他中年时“形象高贵，举止优雅”。他的悖论足以说明他独立的心性，据说正是他在心智上决不妥协的坦诚最终让他丢了性命。他参与了一股政治势力的阴谋却失败了，于是英勇不屈地面对折磨直至死亡。这里叙述他的第一个悖论应该足够说明问题。

64

芝诺主张,你无法到达一条跑道的终点,因为在越过任何给定的距离之前你必须先走完距离的一半,而在完成这一半之前还必须完成一半的一半,如此这般,永无止境。因此对于任何给定的线,上面都有数量无穷的点,而"你在有限的时间内无法逐一接触无穷多个点"。所以你永远无法达到另一面的终点。

在这个悖论和另外一个同类型的悖论(阿喀琉斯与乌龟赛跑)中,芝诺挑战了空间与时间的无限可分性。为了表明他在哲学上的公正,他从另一方面设计了两个同样让人恼火的悖论:如果有限的空间和时间仅仅包含有限数量的点和时刻,我们又可以推导出与经验抵触的结果。

数学曾经随意使用无限可分的概念。因此,芝诺的悖论除了给"从他的时代到我们现在所有关于空间、时间和无限的理论"提供了基础之外,还说明了公元前 5 世纪的几何学和测量学需要一个新的基础。欧多克索斯在他的可应用于任何实"数量"的比例理论中提供了这一基础。

在回顾欧多克索斯如何应对古代的这一危机之前,我们先看一下 19 世纪是怎样走出芝诺的困境的。通过简单地运用无穷级数,人们可以轻易证明,赛跑者将到达他的终点,阿喀琉斯也将超越乌龟。但是——一个极重要的保留——支撑现代收敛理论的连续性的逻辑传至 20 世纪时达到了空前的深度,19 世纪的数学分析学家在认为自己已经解决了芝诺悖论时也没有达到那样的深度。

欧多克索斯的理论基础是他对"相同的比率"的定义:若 m 与 n 是**任意(正)整数**,mX 和 nY 的关系(大于、等于或小于)与 mP 和 nQ 的关系(大于、等于或小于)一致,则称 P/Q 与 X/Y 的比值相同。如果 P/Q 与 X/Y 具有相同的比值,则称 P,Q,X,Y 为比例数。欧几里得在《几何原本》第五卷中阐释过这一理论。第六卷包含了在相似形中的运用。　65

有些现代批评家,特别是一些法国批评家,无法分辨实数系理论的希腊形式与现在流行的 J. W. R. 戴德金(Dedekind,1831—1916 年,德国人)理论的根本区别。这一批评始于 18 世纪 70 年代,直到 20 世纪还延续了很长一段时间,尤其是在第一次世界大战激起民族主义风潮期间。稍晚一些的批评家似乎不清楚,戴德金已经在 1876 年解决了他们的争论。具有历史价值的地方在于,今天的实数理论对于公元前 4 世纪是不够的。

欧多克索斯的比例理论间接地使埃及人关于棱台体积的经验公式得以成立，并使毕达哥拉斯学派有关相似形的工作得以完成。它还证实了穷竭法，并在1872年戴德金的工作之后，证实了在确定长度、面积和体积时可以使用积分。简而言之，它提供了数学分析中的实数系的基础。

作为一位伟大的希腊数学家，据说欧多克索斯也去过东方，这一点可能意义深远。他曾经是柏拉图的门徒和朋友，据说是因为柏拉图表现出了最不具哲学家风度的嫉妒和猜疑，他才脱离了柏拉图的雅典学园，在库齐库斯建立了自己的学派。不过对于写作了《吕西斯篇》和《会饮篇》的柏拉图，这种说法不大可靠。

以上有关"相同的比率"定义中的黑体部分描述了这个事实：与哲学相同，数学上的终极真理也难以到达。因为在20世纪，并不是所有具有数学思想的学派都承认，"任意整数"是演绎推理中的一个合理概念。这一词语隐含着要对所有整数 m，n 进行无穷多次试验，以检验不等式 $mX \gtreqless nY$ 与 $mP \gtreqless nQ$。因此如果存在一个绝对的有限主义者，他可能会说，欧多克索斯给出的是一个措辞不像芝诺那么强烈的跑道悖论，因为"在有限的时间内你无法检验无穷对整数"。但是，有影响力的数学学派没有理会这样的诡辩，它们继续创造着那些令人极感兴趣并具有清楚的科学功用的新数学。

66 我们已经走过了数学思想发展中这一突出的里程碑，在继续考察希腊人精心创作数字的下个阶段之前，让我们对此稍作前瞻。我们已经充分指出了它对于几何、测量学和实数系的特殊重要意义，任何对伟大的数学稍有感觉的人都会毫无保留地承认它的伟大。审视着这样的杰作，我们可以原谅数学家的一点骄傲之情，因为正是他们的团体创造了这件作品。但是，如果将希腊的杰作视为一座孤立雕像，如同为数学洞察力建造的永恒纪念碑，那将是对数学发展历程的一个完全错误的表述。数学的历史并不是一个接一个辉煌胜利的纪录。它更多的是一篇清醒的编年史，记录了处于严重劣势的人类智慧与人类头脑中不可避免的愚昧进行顽强斗争的历史。人类智慧竟然完成了如此艰难的伟业，这真是人类史上的一个奇迹。

虽然希腊人对不可通约数（无理数）发起攻击的详尽例子就呈现在数学家面前（带着儿童习字本式的细致和精确），他们还是跌跌撞撞地前行了两千年，才仿效希腊人的方法论，力争将负数、复数和正实数纳入一个单一的自洽体系。无理数最先出现在几何学中，负数出现在算术和代数中，虚数出现在代数中。当人们轻率地假定，已知某些运算规则在特定条件下产生一致的结果，这些运算规则在所有看上去相似的情况下都适用，负数和虚数就加入了这一数字体系。在希腊几何学中，这些规则用于证明相似三角形方面的问题，这些三角形的边长是有理数；其中不言而喻的假定是，这些规则对于所有的三角形都会给出一致的结果。在代数中，负数和虚数可以作为方程的根，以一种类似的方法进入数系；但是，正如毕达哥拉斯学派不情愿承认无理数的数字的地位，较早时期的代数学家们也不愿意承认负数和虚数是代数方程合理的解。

希腊人意识到他们面临着一个基本问题，于是把这个问题单独拿出来，进而解决它。或许决定性的一步就是他们大胆地假设：一个"数量"(具有几何意义的数)之所以成为"数量"，与它是有理数并没有必然的联系。他们按照经验和直觉中数量代表的意义将数量的概念普遍化。一直到 17 世纪，代数学家都完全没有意识到负数和虚数代表了一个问题。他们或是在解方程的规则使这些数暴露的时候盲目地处理它们，或是拒绝承认它们而不证明这种拒绝的正当性。与欧多克索斯同时代的人可能想知道，为什么有些方程只给出合理的根，而有些只给出一部分合理的根，还有些方程完全没有合理的根。在缺乏一般的数学好奇心方面，伊斯兰代数学家和欧洲文艺复兴时期的代数学家都是古埃及人的同辈。当然，他们吃惊了、困惑了；但他们就在那里止步不前，因为他们缺乏希腊人那种对于逻辑完备性和普遍性的直觉。

67

直到 19 世纪和 20 世纪，这些难题才得到了令人满意的处理，因为那时人们采用了与希腊人本质上相同的方法论。首先要搞清楚代数学家潜意识中努力要做的是什么。他们试图把所有的实数和所有的虚数都纳入一个由 4 种有理运算(加、减、乘、除)所架构的普通代数的封闭体系中，这样做并非出于数学上的理由。他们实际上继续使用了那个心照不宣的假定——这样一个封闭体系是一个数学事实，即它是自洽的。他们希望它是自洽的，因为只有这样才能证实他们的经验计算。他们没有取得任何进展，直到他们按照希腊人在几何学上树立的榜样，清楚地陈述了关于实数和复数的假设，从而定义了代数经验中的"数"。于是"数"的概念得到扩展，涵盖 4 种有理运算能够加以封闭性规范的所有集合。最后,我们会看到,人们在19世纪后期证明了,这种集合中最大的一个(在这一集合中,仅当x或y中至少有一个为0时,$xy=0$方成立),就是所有复数的集合:$a+b\sqrt{-1}$,其中a,b为实数;而这种集合也只有复数域本身,当然还有它的子集,比如全体有理数。

当我们认真思考,希腊人用了不到两百年的时间就意识到并且达到了他们的目的,我们可能会想,今天的数学是不是正在开启另外一个历时两千年的追求简洁的历程。尽管数学具有丰富的创造力,但它似乎已经失去了某种生机勃勃的直率。事情几乎总是这样:人们首先仔细考虑的往往是它的深奥和复杂;只有当一些相对质朴的头脑开始对一个问题发起攻击的时候,其内部的简洁才会得到揭示。

68

在与数字的进一步交锋中,希腊人发现了某些现代数学分支的许多基础知识,不过可能没有任何一项像欧多克索斯的工作那样具有持久的重要性。正如泰勒斯的相似三角形理论某种程度上引出了欧多克索斯理论,希腊的数论的一个来源是埃及。

埃及的司绳在给建筑物定向的时候通过作一个边长为3,4,5的三角形画出直角。一根长度为3+4+5的绳子在3和4的地方留下记号或打上结。用这根绳子和3根桩便可以通过明显的方法得到一个直角。对于$a^2=b^2+c^2$,除了特别的正整数解3,4,5以外,他们或许也使用了其他解——如果他们知道任何其他解的话。欧几里得的《几何原本》一书给出了a,b,c的一般正整数解(第十卷,引理,28)。这似乎是不定方程的第一个经过证明的完整整数解。无论是不是第一个,它都是现代数论中大量理论的萌芽,也(间接)是代数中类似理论的萌芽。为了使记录完整,我们必须注意到,自1923年起,习惯上认为埃及人从来没有使用3,4,5得到直角。这一否定判断的论据如下:司绳们使用他们的绳结并不是为了得到直角,而是为了其他目的,因此他们并没有通过绳结得到直角。进一步说,由于直角是用其他方法画出的,它们就不是这样画出的……诸如此类。我们只能说:在这里,历史可能比支持它的逻辑更为有力。

不定方程的整数或有理数解的问题属于丢番图分析范畴。这一名字是用来纪念丢番图的,因为他的13卷专著(只有6卷传世)是最早涉及这个领域的著作。[1] 这些极具启发性的残卷的拉丁文译本于1621年面世，它们直接启发了费马，使他开创了现代数论。它还启发了一些不那么讨人喜欢的东西。丢番图满足于问题的特殊解，他的大部分后继者也照此办理，结果今天丢番图分析被那些与精心培育的数学格格不入的东西缠绕着。丢番图仍然受人尊敬，可是丢番图的标准早已为人遗忘。至于专家对于丢番图分析的历史和实践方面的意见，有兴趣的读者可以参考L. E. 迪克森(Dickson)发表于1920年的《数论的历史》第二卷。

69

从另一个方面来说，丢番图的这项工作也是值得纪念的。这是希腊数学——如果确实是希腊数学的话——第一次展现了代数的真正天资。追随毕达哥拉斯学派的脚步，欧几里得给出了诸如 $a(a+b)=a^2+ab$ 和 $(a+b)^2=a^2+b^2+2ab$ 之类简单二次恒等式的几何对应形式，并用几何方法解出了 $x^2+ax=a^2$（其中 a 是正数）。丢番图实质上给出了例如 $x+y=100$，$x-y=40$ 之类含有两三个未知数的特殊线性方程的代数解。更重要的是，他开始在运算中使用符号。如果考虑到与今天所用的或者17世纪笛卡尔实际完善了的表示法相比，他的代数表示法几乎与希腊算术一样笨拙不便，那么他向前跨出的这一大步就更加引人注目。他用当时的技巧做出的成就无疑使他跻身伟大代数学家的行列。

他在运算方法上的进步意义深远。在代数中，一个式子，例如 $a+b-c$，让我们对给定的数字（或现代代数中的抽象符号）执行某种操作，上例中就是对 a，b，c 按照规定顺序进行加法和减法运算。这就是说，代数免除了文字指示，使用的是符号隐含的指示，不再是纯粹修辞的了。丢番图甚至发明了一种减法符号，并允许负数与正数一样在方程中起作用。他还对未知数和幂使用符号。所有这些都是向符号代数跨出的一大步。丢番图的代数一部分可能源自巴比伦，尽管其中关联尚无法考证。不幸的是，对于代数——广而言之对于数学——的发展，丢番图至少比阿基米德晚了400年。

为了结束对希腊算学的叙述，我们可以回到它在几何中的起源，并通过

---

① 这里的专著指《算术》。1968年，土耳其科学史学家福阿德·塞兹金(Fuat Sezgin)在伊朗东北部城市马什哈德发现了另外4卷阿拉伯语的《算术》。——译者注

20世纪算术和几何的一个插曲来品尝伟大数学的永恒韵味。

毕达哥拉斯定理$x^2+y^2=z^2$(此处x,y,z是直角三角形的3条边)是欧氏空间中的度量几何的基础。在黎曼1854年定义的空间内,以上带有两个变量x和y的二次代数型x^2+y^2被一个有n个变量的二次微分型所代替;$n=4$是与相对论有关的情况。在丢番图分析中,$x^2+y^2=z^2$的重要性得到了注意。这个方程还得到了普遍化处理,即求解含有n个带整数系数的未知数的普遍方程,得到其整数解。这一算术问题,加上将解析几何圆锥曲线论中的一般二次方程和二次型约化为规范形的问题,让人在19世纪想到了一个纯代数问题,就是将一个具有n个未知数的二次型约化为几个平方数的和(其中每一个平方数都乘以一个合适的系数)。巧合的是,这个问题在动力学中十分重要。

70

19世纪晚期(1882年),年仅18岁的闵可夫斯基(Minkowski)在丢番图问题上取得了引人注目的进展。在处理这一问题时,闵可夫斯基熟练掌握了二次型约化的代数理论。19世纪与20世纪之交,他对数学电磁学产生了兴趣,在特殊微分型上运用了他的代数技巧。正是出于这种奇特的兴趣,他作为理想人选,将1905年的爱因斯坦狭义相对论中的数学,重新组合为另一种形式同时又保留了它的吸引力。

埃及神庙的方位,以及时间与空间结合成为时空一体,这两件事跨越了四五千年纷乱的历史。而在数学上,这两件事情几乎发生于同一时代。

公理化方法

希腊人即便只给实数系奠定了一个基础,他们也必定在数学史上永垂不朽。实际上他们做的要多得多。的确,“希腊数学”不可避免地暗示了综合几何的诞生,而且许多人认为,希腊人最伟大的贡献在于他们对空间形状的解释。

几何从一个为实际工作而存在的经验体系发展成一种严密的演绎科学,这个过程特别迅速。传统上把几何学中最早的证明归功于公元前600年左右的泰勒斯。据说他证明了大约6个定理,其中一个是:圆的任一条直径平分该圆。150年后毕达哥拉斯学派在平面几何方面达到的水平,与今天一所美国

71

学校里学习第一个半年课程的学生相仿。除了其他细节，他们还知道毕达哥拉斯定理、平行线的性质、任意三角形(或许还有任意凸直线多边形)的内角和、相似形的主要性质；他们还对在几何上的加、减、乘、除知识有充分了解，知道如何求取平方根以及关于 $x^2+ax=a^2$ 的欧几里得解。当然，其中一些内容要受到对数系的理解暗中施加的限制的影响。毕达哥拉斯学派在图解算术与代数方面的工具几乎未加改变地传承了下来，至今仍在我们的绘图室中使用。

在立体几何方面，毕达哥拉斯学派至少知道 5 种正多面体中的 3 种，甚至可能全都知道。如果他们确实全都知道，那么他们关于数字是宇宙的统治者的信念可能遭受了一次打击，因为前 3 种正多面体天然存在于对任何几何学家都有吸引力的普通矿物质中，而具有五重轴的正十二面体和正二十面体在自然界中是不存在的。(硫化铜锑或称黝铜矿，和闪锌矿可形成正四面体结晶；方铅矿、岩盐和萤石呈正方体结晶；磁铁矿呈正八面体结晶。这些都不是罕见矿物。)

如果要证明仅可能存在 5 种正多面体，就需要完善的欧氏空间理论。人们认为，泰阿泰德约于公元前 4 世纪中叶完成了这一证明。同世纪的欧几里得在《几何原本》第十三卷中完成了这些立体形的基本理论，这是他的几何学的最高峰。像一些希腊人那样把这些立体形称为“柏拉图体”，不仅歪曲了历史，而且冒犯了数学本身。柏拉图确实从合适的正多边形出发，描述了这 5 种正多面体的常见结构。然而同样真实的是，他利用这些立体形作为讲坛，宣扬了毕达哥拉斯的命理学。

欧几里得《几何原本》的完成，标志着希腊几何学(圆锥曲线除外)达到了其严格的完美。它完全是综合的、度量的。《几何原本》对数学(也是对欧几里得)的持久贡献，主要不在于其丰富宝藏中的 465 个命题，而在于其提供的划时代的方法论。

通过清晰陈述的公理进行严格的演绎推理，大量孤立的发现由一个指导原则联系起来，成为一体，这是史无前例的。在欧几里得之前，毕达哥拉斯学派人士和欧多克索斯完成了这一宏伟设计的重要细节，不过终究要等到欧几里得，才不仅看到了所有的树木，而且看到了整座森林。因此，虽然欧几里得不是唯一的开创者，但他仍然是这一业绩伟大的完善者。如今这一工作被称

72

为公理化方法，是生机勃勃的数学的中枢神经系统。

有些奇怪的是，直到19世纪，欧几里得的方法才得到应用，在数学上实现了真正的价值。当然，综合度量几何延续了公理化传统。可是那显然只不过是惯性所致，因为在19世纪射影几何爆炸性地兴起几十年之后，这门学科才获得了一个有效的基础。而且，只是到了1830年，人们才开始认真地尝试为基础代数提供一个公理基础。直到1899年，在另一位伟大几何学家D.希尔伯特（Hilbert，1862—1943年，德国人）的著作中，欧几里得的方法论才终于让整个数学界完全感觉到了它的冲击。

在算术、几何、代数、拓扑学、点集论以及有别于20世纪前40年的分析学方面，都存在着具有创造力的讲求实效的公理化方法。与此同时，通过P. A. M.狄拉克（Dirac，1902—1984年，英国人）在19世纪30年代的工作，这一方法几乎在理论物理方面得到了普遍应用。E.马赫（Mach，1838—1916年，奥地利）在力学方面，A.爱因斯坦（1878—1955年）在相对论方面，都在更早期的科学论文中引人注目地使用了这一方法，表明了公理化方法不仅清晰，而且极具创造力。观念相对保守的数学家和科学家可能会觉得，受明确表达的一组公式化的假定限制的科学已经失去了一些自由，这种科学差不多已经死了。但是经验表明，人们只不过失去了犯下可以避免的推理错误的特权。或许这是人类的本性而已，公理化方法的每一次新的蚕食都会遭到某些人的强烈抵制，认为这是在侵犯神圣的传统。与这种方法对抗实际上正是与数学本身对抗。举例来说，在生命科学这样一块繁茂的荒野上偶尔播下几颗明白易懂的公理的种子或许真的为时过早，但是1937年J. H.伍杰（Woodger）已经开始在工作中尝试这样做了。如果毕达哥拉斯学派关于数学化科学的梦想得以实现，那么所有科学领域最终都将臣服于几何学从欧几里得开始已经臣服的律令。

73

飞离智力上的假道学

柏拉图（公元前430—前349年）去世的时间比欧几里得（公元前365？—前275？年）出生的时间早大约20年，因此那位几何学家有可能受到了这位哲学家的影响，但可能性不大。有创造性的数学家不会太注意那些除了基础数学词汇外没有多少数学知识的哲学家，这或许让人感到遗憾，但似乎就是真实的情况。

在过去的 2 300 年间，数学思想被迫经历的所有改变中最深刻的就是 20 世纪的论断，而且看来是最终的论断：柏拉图的数学概念过去是、现在仍然是荒谬的废话，它们对于任何人，无论是哲学家、数学家或仅仅是人类本身，都毫无价值。

然而并非所有人都不崇拜柏拉图式的实在论。一些数学成就非凡、有资格在这个问题上发表意见的人，对实在论数学的持续有效性表达了强烈的赞同。例如，G. H. 哈代（Hardy，1877—1947 年，英国人）曾经在 1940 年陈述了他的信念："数学的真实性存在于我们之外，我们的职责是去发现它、观察它；那些我们证明的定理，那些我们大言不惭地说成是我们'创造'的东西，其实只不过是我们的观察笔记而已。"我们可以回想起，正是那些与此类似的有关不可捉摸之物的信念，曾经在中世纪和文艺复兴时代引起了一些令人相当不快的误解。

柏拉图本人可能并不该对其对话中涉及数学的部分所具有的无法忍受的荒诞负责，它的背后总是有毕达哥拉斯若隐若现的身影。但是，正是对话中那些极具诗意的内容，保留了供后世数学家和哲学家赞美与仿效的古老的无稽之谈。这引发了几何学领域的大闹剧。在柏拉图的实在论中，世俗几何中的直线与圆本身并不重要，只有直线与圆所包含的永恒真理才值得哲学家思考。因此，在这种哲学中，数学中有用的抽象就蒸发了，成为如梦幻般美丽的虚无，无法对几何学做出第一次贡献。

对一个柏拉图几何学家而言，"原型圆"比永恒心灵里的其他任何曲线在真正的意义上都更圆；同样，没有任何"理念"比那永远持续的轨迹中的理想直线更直。这些都是不言而喻的。因此，地球上的几何学应该将它构建的一切都限制在直尺和圆规的范围之内。举例来说，如果要平分一个角就必须使用这些工具。因此，与直线和圆的几何学相比，有关椭圆、抛物线和双曲线的几何就成了声名狼藉的东西，至少在理念上不那么完美。使用任何上述两种神圣器械以外的机械装置的几何都受到了强烈的批判，因为它们"背离那些纯粹

74

智慧的理想对象"。

柏拉图蔑视应用数学，这一点也不让人吃惊。在他的数学哲学中，柏拉图是完美的智力贵族，比最纯粹的纯数学家还要纯粹。对于纯数学和应用数学都很幸运的是，这种过度的纯粹（更不要说假道学了），在真正的贵族阿基米德看来毫无吸引力。

在数学的发展历程中，阿基米德本身就是一个时代。他那十几个伟大的发现就足以让他不朽，而这些成就与他发明或者完善的那些方法相比仍然不免黯然失色；遗憾的是那些方法却随着他一起消亡了。千百年之后，科学和数学才超越了他。

由于普鲁塔克的偶然叙述，我们很熟悉阿基米德的生平传奇。阿基米德是叙拉古的僭主希耶罗（Hiero）的亲密朋友，或许也是他的亲戚。叙拉古是阿基米德的出生地和死亡地。在第二次布匿战争中，叙拉古被马塞勒斯（Marcellus）围困，阿基米德的机械装备延缓了罗马人的占领，可是未能击败他们。当这座城市在公元前 212 年沦陷时，一个罗马士兵杀死了这位毫无抵抗能力的年迈数学家。

罗马赢得了战争，最后摧毁了迦太基（"迦太基必须毁灭"①），并且继续进军，几乎达到了无法想象的辉煌高度，但是在科学或者数学方面他们没有做到这一点。罗马人就和那个杀死阿基米德的士兵一样讲求实际，他们是"刚健地生活、简单地思索"原则的第一批全力倡导者，也是首先认识到少数思想精英可以被那些只拥有金钱或者权力的人收买的重要族群。每当罗马人需要尚未被简化成最简单规则的科学或者数学时，他们就去役使一个希腊人。可是他们杀死阿基米德的时候犯了一个大错误。阿基米德当时只不过 75 岁，精力还很充沛。在被那个罗马士兵剥夺的 5 年或者可能更多的时间里，凭着真正具有实践精神的头脑，他或许可以教会罗马人一点什么事情，让他们避免智力的严重退化，不至于最终完全归于平庸。

75　阿基米德的所有工作都有一个特点，就是严格，充满想象和力量。称他为历史上第二位数学物理学家，最伟大的数学物理学家之一，可能是恰如其分

① 原文是拉丁语，这句话是罗马共和国时期政治家加图的口头禅。——译者注

的。第一位是毕达哥拉斯。在这方面阿基米德的能力几乎是独一无二的,因为他用他的物理来发展数学。通常的过程是用数学发展物理,他也极其擅长这种工作。从他伟大工作中选取下面一个例子可能足以说明整体的广博。

在应用穷竭法测量球体、圆柱体、圆锥、截球体、椭球体以及双曲线和抛物线旋转形成的双曲面(体)和抛物面(体)的表面积(体积)时,阿基米德证明了他是一个严格的数学大师和完美的艺术家。这些工作有些涉及(现代意义上的)计算定积分$\int_0^{\pi}\sin x\,\mathrm{d}x$,$\int_0^{c}(ax+x^2)\,\mathrm{d}x$。他在解决用平面切割球体、使各截体依一定比率递变的问题时,得到了一个形式为 $x^3+ab^2=bx^2$ 的三次方程,他可能是通过横断圆锥的途径以几何方法解出这一方程的。他著名的"牛群问题"可以说明他兴趣广泛,这个问题要求附带解出 $x^2-4\,729\,494y^2=1$ 中 x 和 y 的整数解。最后,在纯数学方面,阿基米德在求以他的名字命名的螺旋线 $\rho=a\theta$ 的切线过程中做出了微分学的前期工作。

他最具独创性的工作或许体现在应用数学方面。从我们已知的情况来看,他在这个领域是首倡者。梅内克缪斯等人成功地将穷竭法应用到了困难的问题上(阿基米德本人提到过欧多克索斯,并把陈述棱锥体积计算的结果归功于德谟克利特),但是过去从没有人把力学应用到数学上。在阿基米德之前,科学的力学根本就不存在。或许有过一些经验公式,但那完全是另一范畴的工作。他发现的浮力定律实际上创造了流体静力学的科学,他对杠杆原理的公式化表述也实际上创造了静力学。他的方法非常有效,这让他能够确定一个旋转漂浮抛物体在不同位置时的平衡和稳定位置。的确,阿基米德也遵照希腊的传统,让他的力学建立在公理的基础上。他对质心的确定大概与今天微积分课程中的那些方法一样难。举例来说,他找到了半圆、半球、截球体和旋转抛物体的正截体的质心。因此,穆斯林对阿基米德抱有近乎迷信式的尊崇就不足为奇了。两千年里没有谁能与他比肩。 76

从阿基米德最奇特的工作可以看出他漠视常规的崇高。下面是他解决的一个求抛物线部分截面面积的问题。证明当然是严格的。这相当于一个积分,在正式证明中有些像穷竭法的变种。而更令人感兴趣的是其非正式的证明方法。这一点发现于 1906 年,那时在君士坦丁堡发现了阿基米德描述他的启发法的一份工作。为了“发现”所要求的面积，阿基米德把这个几何学问题转化成相应的力学问题。在解决了后一问题之后，他说这一结果“实际上并未得到证明”。然后他继续给出了一个几何方法的证明，还顺便做出了历史上第一次无穷级数求和。这一级数是 $\sum_{n=0}^{\infty} 4^{-n}$，而且他利用了当 n 趋于无穷时 4^{-n} 趋于零的事实。此前他已经完成了一个有限项级数的求和：$\sum_{s=1}^{n} as^2$。

一项美妙绝伦的工作可以让我们看到，阿基米德不仅充满创新精神，而且极具洞察力。对于未经正式训练的头脑来说，这显然就像是在摆放一些给定的线段（无论它们有多么小），经过有限次之后，它们可以到达或者超过一条线上的任何一点。只有阿基米德明白，这是一个假定，应该清楚地陈述为几何学的一个公设。他确实是这样做的。在 19 世纪和 20 世纪建立的非阿基米德几何中，这个公设被否定了。如同欧几里得在清楚地陈述平行公设时的表现一样，阿基米德面对显而易见的事物具有真正数学家的谨慎。

现代数学与阿基米德同时诞生，又在随后整整两千年里与他一起死去。直到在笛卡尔和牛顿的时代，它才获得了重生。

从几何学到形而上学

我们已经指出了数学对古代哲学承担的负面义务。正如我们在讨论中世纪的欧洲时将出现的情况，在那片数学荒原上，这种负面义务可能发生了逆转。现在值得注意的是，从大约 1920 年起，希腊数学是如何间接地导致了一些非常引人注目的认识论研究的。

77 希腊几何学家留下了四个悬而未决的基本问题，它们在两千多年里令数学精英们一筹莫展。这四个问题对今天的数学而言都没什么重大意义，但在历史上，或许除了芝诺的问题以外，再也没有其他特别有创见的问题了。在解决前三个问题上的不断失败暴露了古人未曾想过的困难，因此必须进一步完善数字概念。对于第四个问题，经过了大约 2 300 年不成功的尝试后，人们最后才在数学方法论上取得了一个重大进步，那个进步今天看来似乎是很明显的，却让历史上许多最敏锐的思想家束手无策。

这些问题如下。适当参考柏拉图的著作，对于前三个问题，其中要求的作图都只能以有限多个直线和圆来完成。

问题 1：三等分任意角。

问题 2：求作一个体积为已知立方体体积两倍的立方体的边。

问题 3：求作一个面积等于任意已知圆面积的正方形。

问题 4：从欧几里得其他公设中推导他的第五公设。

第五公设实质上相当于下面的说法：过任何不在一条直线 L 上的点 P，在由 L 与 P 确定的平面上可以画一条不与 L 相交的直线，并且只可以画一条。

按照事先规定的方法，问题 2 相当于要求通过几何作图法得到方程 $x^3-2=0$ 的实根；问题 1 与此类似。1837 年，P. L. 旺策尔（Wantzel，1814—1848 年，法国人）得到了由上述几何方法求解含有理数系数的代数方程的充要条件，这两个问题才得以解决。有关的立方体都不满足条件，因此证明了头两个问题无解。

如果取消只允许使用有限多个直线和圆的限制条件，问题 1 和 2 的答案很容易得到，例如像希腊人那样通过圆锥曲线，或者使用联动作图工具。这两个问题的历史意义在于，在古希腊以后很长的时间里，它们推动人们研究带有整数系数的代数方程的根的算术本质。这样的根称为代数数，不是代数数的数称为超越数。

第三个问题触及了一个更加深刻的源头。根据旺策尔定理，如果问题 3 可解，它在代数上的对应物必须是满足定理中条件的有限个方程。在 78 $\pi(=3.14\cdots)$是一个超越数的情况下此题无解。1882 年 C. L. F. 林德曼（Lindermann，1852—1939 年，德国人）证明了 π 是一个超越数。他的证明与有理算学有着奇妙的联系，如果毕达哥拉斯泉下有知，一定会很高兴。

与问题 1 和 2 一样，如果修改条件，允许使用圆以外的其他曲线，问题 3 也是可解的。公元前 4 世纪希庇亚斯（Hippias）发明的割圆曲线（关于 ρ,θ 的极坐标方程 $\pi\rho=2r\theta\csc\theta$）就足以对付三等分问题。但是人们对此没有多少兴趣，化圆为方问题的重要意义是它与超越数的联系。

化圆为方问题暗含着一个无理性质的问题，它与那些让毕达哥拉斯学派认识到并非所有数字都是有理数的东西有本质上的区别；$\sqrt{2}$是代数数，而 π 不是。如果第一次探索数系的人认为所有实数都是代数数，或者至少超越数是极为稀少的，这可能不失为一个合理的猜测。康托尔(Cantor)在 1872 年证明了代数数是罕见的特例，超越数的数量比代数数多得多(靠的是连续统的威力)。在这三个问题中，追溯有多个直线和圆这个限制中暗含的意义是一种饶有兴趣的练习。

问题 4——证明欧几里得的平行公设——将在我们随着几何走进19 世纪的时候再次出现。意识到公设如同假设一样需要清晰的陈述，这是欧几里得一项更伟大的成就。

或许我们可以在这里描述在 1826 年最终解决了这一问题的方法论上的奇事，因为它是那种极其简单而又威力强大的方法，有人指出来之后它们显得非常明显，但是只有最具独创性的头脑才会首先想象出来。一个在千百年来让天才的最大努力归于徒劳的问题可能无解，或者没有意义，或者是不适定的。这个奇异事件只是简单地承认，事实上这一问题可能是无解、没有意义、不适定的，三者必居其一。如果承认了这一点，三者中最可能的情况就得到了数学层面的发展。

关于平行公设问题可以通过第三种可能性来回避：一种自洽的几何学在构建的时候不需要这条公设。对问题 1 和 2 不可能成立的怀疑被证实后，它们也就自行消解了，因为从假设的可能性中导出了自相矛盾之处。化圆为方问题遭受了同样的命运，但解决它却难了许多。

这件奇事在现代问题上的辉煌应用，是阿贝尔(Abel)在 1824 年证明了高于四次的一般代数方程无法用根式求解。他似乎是第一个将这种方法清楚地描述为一个普遍过程的人。历史上有一件很有意思的事，据说波斯诗人、数学家兼名酒、妇女和歌曲的鉴赏家莪默·伽亚谟(Omar Khayyam)在 12 世纪猜测，三次一般方程没有代数解。这次他弄错了，后面一章还会提到这一点。

79

大约从 1930 年起，维也纳学派的数理逻辑学家开始用这一方法研究哲学，特别是形而上学的经典问题，想证明这些问题或者是没有意义的，或者是不适定的。当然，历史可能会证明他们和莪默一样弄错了。毋庸置疑，这次研究工作受到了激烈的反对,那些不愿意掌握足够的基础符号学,因而无法读懂符号逻辑证明的人反对得尤其厉害。

因此,希腊几何的 4 个基本问题某种程度上引发了一场哲学上具有颠覆意义的运动。这场运动令一些现代人大为震惊,如果古希腊哲学家泉下有知,想必一样会惊愕不已。1945 年至少出现了一种前景,即这次刚刚开始的革命——如果如此称呼它是合适的——可能让人们必须重新审视一些已被接受的知识论。从第四个问题导出的 19 世纪的非欧几何摒弃了康德的数学真理观。

平面、立体和线性轨迹

在希腊数学行将结束的时候,帕普斯(可能是公元 3 世纪人[①])在他编纂的八卷《数学汇编》中向统一和普遍化迈出了迟疑的一步。这部八卷本的著作只有后六卷和第二卷的一个片断存世,却是他那个时代很大一部分数学知识的概要。缺失的部分可能整理的是算术;已知的六部包括了比例、立体几何的一部分、特选的高次平面曲线、等周问题、球面几何学、质心、具有二重曲率的特殊曲线及其正交射影,最后是力学,似乎表明了这位独具匠心的编纂者在几何学上的造诣。有资格的批评家认为,《数学汇编》中那些属于帕普斯独创的部分很出色;当然,这些部分向我们展示了观念上的大胆和方法上无拘束的自由,让我们更多地联想到阿基米德而不是欧几里得。如果帕普斯看到一条曲线可能自然导致具有运动学特征的一族曲线,他会毫不犹豫地投身于这项工作。或许在他之前已经有人怀疑,希腊几何学中的三大经典问题用欧几里得的方法无解,但是众所周知没有一个希腊数学家把欧氏几何内无解这种可能性作为实际假设来陈述。帕普斯却接受了这种怀疑,对高次平面曲线进行了大师级的研究——过去大约 500 年的经验表明,这些曲线应该足以解决上述问题。阿基米德螺线、尼科梅德斯(Nicomedes,公元前 2 世纪)蚌线、狄奥克

80

---

① 前文(第 52 页)作"公元 3 世纪后半叶",现在认为其生卒年为约 290—约 350 年。——译者注

莱斯(Diocles,同一世纪)蔓叶线、希庇亚斯的割圆曲线都被给予了完全的几何地位。帕普斯的工作表明,这些对于僵化的经典几何的反叛和陈旧的圆锥曲线一样有资格获得严肃的对待。蚌线的发明是为了解决三等分角问题,割圆曲线是为了解决化圆为方与求圆积分问题,蔓叶线则是为了解决经典的希腊问题——在两个代表直线线段的已知“数量”之间插入两个等比中项。蚌线和蔓叶线是代数曲线,割圆曲线是超越曲线。无论如何,这 3 种曲线都可以归入一组定义比较模糊的“线性”轨迹。这一定义不甚准确的轨迹组包括了所有非平面非立体的轨迹。

圆和直线是“平面”轨迹;圆锥曲线是“立体”轨迹,这样的命名无疑来自它们的起源:它们都是从(二次)圆锥截出的。顺便提一句,阿波罗尼奥斯的一个关键成就是用正圆锥取代了前人用以得到各种圆锥曲线的 3 种圆锥,而这些圆锥曲线都可从正圆锥截得。如果将圆锥曲线称为立体轨迹的理由是它们是圆锥表面的衍生物,那么帕普斯把割圆曲线归入线性轨迹那种模糊的不定状态就很奇特了。至于他的两项最突出的个人贡献,则是他把割圆曲线作为某些偏斜曲线的正交射影的两种定义。其中一种的曲线是由一个旋转的圆锥曲线体与一个底面为阿基米德螺旋线的圆柱体相交截得。这里的综合几何几乎就是阿基米德本人的恢宏风格的再现。

尽管在现代几何学家看来,这种把轨迹划分成平面的、立体的和线性的分类方法不是很有意义,但无论如何,它都是在混乱的可想象的平面曲线中引入某种体系的有意识尝试。在没有代数符号学的情况下,这样的尝试不怎么有道理,也不怎么有用,几乎可以说完全没有普遍性。如果像他的一些赞美者声称的那样,阿波罗尼奥斯是首先使用坐标的人,这件事本身就强调了用希腊几何学家使用的精巧的符号方法进行笨重的替换有不当之处。他们取得了辉煌的成就,在两千年甚至更长的时间以后,这些成就仍然有其价值,这是在向他们的成就致敬,而不是推荐他们使用的技巧。但是为了避免过分高估我们自己取得的成就而贬抑他们的成就,我们应该记住,我们至今未对不可数无穷大的超越平面曲线进行令人满意的分类。如果这样的分类并不是一个过时的问题,它将是分析学未来的一项任务,而不是几何学的。

81

一次错误的转向?

希腊数学可以说是我们人类的六七项最高智力成就之一。它最优秀的部分现在已经过去了两千多年。以 17 世纪初叶发展而来的数学观点回顾,我们将试图以一种"冷静的学术史之光"不动感情地看待它。它最伟大的两种成就——传统上把它们归功于毕达哥拉斯学派——仍一如既往地闪耀着明澈的光芒,与它们并列的就是欧几里得的贡献。除了超越自己的时代长达两千的阿基米德,其他人又如何?

无论是好是坏,我们在科学和数学上的技术发展与希腊人有着本质的区别。我们可以理解他们的数学,任何现代人都可以用自己认识到的价值来欣赏它。然而我们的数学已经超越了最基本的东西,在阿基米德之外的希腊人看来恐怕是神经错乱的确证。例如,一条直线对他们来说意味着一条可以延伸的有限线段;而在我们看来,一条直线被一次性地定义为从负无穷大直至正无穷大。

希腊人有限的思想模式不属于我们。在我们的时代,初等代数已经在 16 世纪和 17 世纪成熟,分析方法已经在 17 世纪引入,而数学正在回归那些距离巴比伦、埃及和印度更近的东西——自亚历山大城沦陷之后,数学再也没有像接近它们那样接近过希腊。除了证明方面的某些例子之外,我们在数学上的偏好与在宗教上的偏好类似:与希腊相比,我们更偏爱东方。

从长远观点看,希腊几何在某种程度上是一种策略上的失误,虽然说起来可能令人难以接受,但似乎确实如此。对于泰勒斯、毕达哥拉斯、欧几里得、阿波罗尼奥斯和他们的门徒来说,并没有必须要专门发展综合方法的理由。在他们刚踏上艰难的数学之旅时,他们的东方前辈们就清楚地向他们指明了两条可能的道路。然而不知是出于有意识的偏好,还是具有讽刺意味的不幸,他们全部选择了同一条道路,在障碍重重的进路上披荆斩棘,终于走到了死胡同的尽头。圆锥曲线综合几何就是这次旅程的终点。

82

只有当人们重新探索那条艰难的道路,或者暂时遗忘它,才有可能进一步取得重大进展——正是今天的数学所追寻的;直到 17 世纪,才有人探索希腊数学家在公元前 6 世纪没有踏上的那条道路。欧洲数学返回泰勒斯和毕达哥拉斯当年的起步之处，即东方人的思想，几乎完全绕过了希腊几何学家开创并巩固的整个版图。数学重新踏上了在 2 300 年前中断的征途，并且以不可思议的速度，在希腊思想所能够达到的最远疆域之外征服着一个又一个新的世界。

在我们看来，托勒密的《天文学大成》中的几何学似乎只不过是一次数学天才的超常努力。他的几何学和阿波罗尼奥斯关于圆锥曲线的 387 个命题是综合方法中的杰作。但是，如果要让伽利略和牛顿在 17 世纪奠基的新科学以合理的速度利用其机遇，那么每隔四五百年出现一两位数学大师就显得不够了。

读完牛顿的《自然哲学的数学原理》中的古希腊式证明，没有几位数学家会相信，人在一生中可以用希腊几何学方法发现其中所阐明的命题。即使是牛顿那样的头脑也有极限；他自己也承认，为了发现这些，他使用了数学分析的方法——微积分。用那种僵化的综合证明法来表述，一部分是为了让他自己确信无误，不过主要的原因还是为了让其他人理解。而且，我们可能有理由声称，《自然哲学的数学原理》是综合几何的一座纪念碑。但是无论我们的想象如何大胆也无法承认，拉格朗日、哈密顿、雅可比和李的动力学是对希腊几何的一个假设的应用，尽管这些 18 世纪和 19 世纪的创造显然是从《自然哲学的数学原理》的动力学发展而来的。最后，说到牛顿觉得适合转化成希腊式表达的方法时，我们必须说，在科学中，发现终归比严格的演绎证明更加重要。没有新的发现，演绎推理和归纳成为体系的工作就失去了对象。

83

回头看一眼公元前 6 世纪，我们可以试着想一下，如果希腊人走的是巴比伦高速公路，数学的历史会是何种面貌。与其他的“可能会如何”一样，这种想象也毫无意义；它可能只会向我们指出，选择这几条路中的哪一条进行探索，才会让我们得到更大的利益。

对于数字，东方人比希腊人有更广泛的兴趣。至少有些东方人不会被纯粹的数量吓倒；印度神话拥有数以百万计的神灵，拥有梵天、毗湿奴和湿婆“三相神”以及永世轮回，从中就能看到数学上的无限概念的影子。在这方面，埃及三相神表现出了一些看上去与现代无穷大概念矛盾的东西，因为其中蕴含着部分与全体的一对一关系；基督教神学中显然也出现了与此类似的情况，基督教神学是东方宗教的继承者,而不是已经死亡的希腊神话的继承者。在许多个世纪里,希腊人一直满足于一种记数法,这种记数法与东方最好的方法相比十分幼稚,这个微小却有着重要意义的事实,说明希腊人思想上缺乏数学分析的技巧。

现在我们无法确定,早期希腊人是否熟悉其他民族有关数字的进展和思考;不过从一些内部的证据来看,他们听说过这些东西的可能性非常高。希腊数学中包含了太多的东方内容,让知识的局部传播的奇迹显得可信。为了方便起见,我们在此假定,关于他们东方的邻居已经做过些什么,希腊人并非一无所知。

如果古希腊思想界认同巴比伦人的代数和算术,就会发现大量可以磨砺其逻辑敏锐性的内容,而且可能轻易写出一部演绎推理方面的杰作,他们信奉的逻辑比那部被过高评价的欧几里得的《几何原本》更可靠。初等代数的假说比综合几何方面的少一些,也简单一些。测量学与几何上的代数-分析方法刚好在希腊数学家的能力范围之内,因此他们可以在他们想要的严格程度上发展它们。如果他们真的这样做了,阿波罗尼奥斯就会成为笛卡尔,阿基米德就会成为牛顿。

84

然而事情并非如此,在那个时代和后来的很长时间里,希腊几何对完美的追求阻碍了数学的发展长达许多个世纪。最后穆斯林在中世纪替健忘的欧洲恢复了希腊几何,他们赞美它的价值,他们的许多天才耗费在翻译和评论上,而他们本来可以发展自己的算术、代数和三角学。如果法国哲学家柏格森(Bergson)的“生命冲动”或者黑格尔的历史哲学有任何一分真实,那么希腊几何对于两者都是一种辉煌的灾难。

无须赘言,这不是传统的结论。由于纯粹综合几何更加直观,自从牛顿的时代以来,其超越代数几何和解析几何的优越性就受到数不清的著名数学家——特别是英国学派的数学家的大力推荐。而且我们也发现,在 17 世纪和 19 世纪也有关于射影几何中的综合方法优于解析方法的争论。没有哪个职业数学家会否认图解的实用性和启发性,但这并不是争论的要点。有人说,在几何中,综合方法和解析方法就像人的一双手;如果所考虑的几何足够简单,这无疑是真实的。然而,如果我们检查一篇现代物理或者统计学相关的论文,即使其中的分析是用几何语言描述的，即使其中含有综合几何的证明，也绝对不会多。现在使用的几何学的绝大部分也是一样的情况。牛顿之后的动力学大师拉格朗日(1736—1813 年，法国人)就为他的分析力学中没有包含任何图解而深感自豪。

托马斯·杨(Thomas Young，1773—1829 年，英国人)替欧几里得、阿波罗尼奥斯和托勒密的几何方法所做的辩护是最积极的辩护之一，他是一个公认的天才，在医学、埃及古物学、弹性和光的波动理论上的成就众所周知。直至今天人们还经常重复他的论点，特别是在对学习科学的大学生进行的中级指导的过程中。带有历史性讽刺意味的是，杨的辩词第一次问世是在 1800 年，那一年标志着数学中期历史的结束与近代的开始。1855 年，他的辩词和一篇猛烈鞭挞拉格朗日分析力学的著作一起再版，而在同一年，近代数学的开创者高斯逝世。不过即使最终证明杨是正确的，他的辩词也只是旷野里的呼喊，鲜有人倾听。无论是好是坏，17 世纪的数学本身已经成了分析的科学，而希腊的方法只剩下了历史价值。

第四章　欧洲的萧条

85

数学史上习惯将贫瘠期的开始时间定为基督教欧洲黑暗时代的开始时间。但是数学的衰败在此之前很久就开始了，那时世界上最伟大的物质文明之一——罗马帝国正处于其辉煌的顶峰。在数学方面，罗马人十分愚钝。

除了那些笨拙的罗马数字——只有不辨龙蛇的慈善家才会把它们称为数学创造，罗马人再也没有创造过丝毫带有数学影子的东西。他们如狂风般横扫而过，从希腊人那里夺走了一点可用于战争、测绘和野蛮的武力工程的东西，然后就此满足了。当尤利乌斯·恺撒(Julius Caesar)在公元前46年改革历法时，提出在2月增加一天的闰年的不是罗马人，而是亚历山大的索西琴尼(Sosigenes)。罗马人对文明的贡献在于法律和政府，以及用剑维持的和平。

公元410年，武运昌隆的罗马开始垮台，外来侵略者闯入了恺撒的城市；为了抵抗汹涌而来的野蛮人，最后的守城卫队被从英国召回。大约60年后，罗马的辉煌不再，基督教欧洲从此陷入了500年的黑暗时期。

罗马守城卫队被召回之后5年，在希腊学术界最后的中心发生了一场暴动，预示了多个世纪的混乱，并标志着第一个数学创造的伟大时代的终结。

希腊最后的数学家中有一位女性——希帕蒂娅(Hypatia)。与她在亚历山大的男性同事一样，希帕蒂娅更多的是一位批评家与评论家，而不是创造者。她的死标志着非主流宗教信奉者的科学和数学的终结，以及信仰时代的开始。当希帕蒂娅在公元415年去世的时候，欧洲面临着比几何和算学

86

更紧迫的工作。来自北方的群氓需要教化，需要归化于一个比较温和的宗教。

在这个全新领域，对于充满激情的掌权者来说，显然必须首先扫清衰败的希腊文明的一切腐朽残存。难道不是希腊追求学问的精神和放浪形骸耗尽了罗马的阳刚之气吗？因此，必须将希腊的思想扫进历史。作为旧智慧的一个代表人物，希帕蒂娅是新进之路上一块引人注意的绊脚石。受到他们强硬的主教的鼓励，亚历山大那些乐于相助的基督教徒们有力地踢开了这块绊脚石。他们劝诱她进入一所教堂，并在那里以一种毫无必要的残忍方式杀害了她。[1]

在基督教的欧洲，数学还活着，却只是在苟延残喘。公元 8 世纪，先知穆罕默德的非基督追随者开启了下一个重大的时代。

从波爱修斯到阿奎那(Aquinas)的欧洲数学

在继续讲述那个可能扎根于贫瘠时期，却对数学思想具有某种启发作用的事件之前，我们必须首先对那个时期装点着数学的经典历史的博学欧洲人表示一下尊重，以平息传统的怒火。从一长串著名历史人物的名单中，我们选择了下述人物作为合适的例子，并标注了他们的名字、生卒年份(自此全部是公元后)以及他们活跃的地点：波爱修斯(约 475—524 年，罗马，意大利)、伊西多(Isidorus，约 570—636 年，①塞维利亚)、尊者比德(Venerable Bede，约 673—735 年，英格兰)、阿尔昆(Alcuin，735—804 年，生于约克，工作于法国)、热贝尔(Gerbert，950—1003 年，罗马)、普塞洛斯(Psellus，1020—1100 年，希腊，君士坦丁堡)、阿德拉德(Adelard，11 世纪初，英格兰)、切斯特的罗伯特(Robert，12 世纪初，英格兰，西班牙)。无须增加任何不必要的数学包袱，这个名单将会变得相当长。

若是没有托马斯・阿奎那(1226—1274 年，那不勒斯，巴黎，罗马，比萨，博洛尼亚)这个值得纪念的名字，任何有关中世纪欧洲数学家的统计都不算完

① "Isidorus"原文作"Isodorus"，疑误。其生年一说为 560 年。——译者注

整。虽然这位学院派神学中的牛顿式人物通常不被列入中世纪的数学家，不过我们将看到，说不定确实应该算上他。

在考察从比德到阿奎那的这段荒芜的记录时，我们高兴地想起，在欧洲文明腐败衰朽的同时，另一种文化——穆斯林文化[2]——保留了希腊的经典，发展了印度的代数和算术，从而为欧洲的文化复兴做了准备。不过我们接下来只关心基督教学者的贡献。 87

关于欧洲的历史背景，只要记住教会为统治人民而做出的不懈争斗，他们对少数人的教育，以及伴随着 11 世纪到 13 世纪的十字军东征而出现的启蒙运动，就足够了。十字军东征无疑加速了知识在觉醒的欧洲大地上的传播，这种传播始于 711 年穆斯林对西班牙的征服。自 12 世纪开始，这种影响在欧洲数学逐步变化的特征中得到反映。

12 世纪和 13 世纪哪个对于欧洲觉醒更加重要，中世纪史专家们对此有不同看法。不过即使存在差别，对于数学也是无关紧要的。那时发生了一件重要的事情，而且仅此而已。欧洲学者得到了许多拉丁文版的希腊数学经典著作，其中大部分是从穆斯林翻译的阿拉伯文或波斯文译本转译而来的。在怀着感激的心情记住这些翻译家忘我劳动的同时，我们也不应该忘记，翻译并不是创造。这些翻译中最优秀的部分也没有赋予数学任何新的东西；而那些最糟糕的翻译只不过增加了错误理解，因为这些翻译家或许是渊博的学者，却是糟糕的数学家。[3]

为了解数学跌落到了何种境地，并且猜测，假如那些对中世纪的一切都特别狂热的人得势，数学又会堕落到多么低的水平，我们现在回顾从波爱修斯到阿奎那的时期，指出一些巨匠到底做了什么。在他们自己半开化的时代中，我们援引的这些人有的是这种文明的出众的保护者。有的人帮助建立了基础学校，有的人教书，而那些更有思想的人则写了些内容贫乏的教科书，并且热心于发展神学命理学。在进入大萧条之前，波爱修斯在一次布道中描绘了哲学的慰藉，安慰了中世纪众多极其需要宽慰的人。热贝尔是一位比较开明的教皇——曾经有人不公正地指责他与魔鬼[4] 合作。他在 999 年走上圣坛，指引教会安然度过了那不祥的年份——1000 年。那一年，曾经广泛预告的撒旦灾祸并未降临。考虑到学术方面，这里必须顺便提到，一个中世纪史学派确凿地证明了,没有任何人预言过灾难,但是另一个同样积极的学派也确凿地证明了88有人预言过灾难。无论真相如何,热贝尔写下了除法和使用算盘计算的著作,搜集了多角数方面的一些小玩意,编纂了一本据说来自波爱修斯和另一个更不开明人士的几何著作,据说还在印度数字的推广方面有所贡献。人们也称誉他极其博学、具有敏锐的智慧。从他写的一些信件可以看出,他在最基本的算学方面很有造诣。如果热贝尔对数学的贡献就这样销声匿迹,其充分理由就是他没有做出什么像样的东西,尽管实际上任何一种数学史缺少了他光辉的名字都不算完整。中世纪那些热衷于教育事业的英雄正确地认为,同样的说法对于比德和阿尔昆[5] 也成立。作为这段记录的压轴,大家记得普塞洛斯主要是因为怀疑他是否对数学有过贡献。他对尼科马霍斯和欧几里得的介绍大概就是他有幸获得数学家名声的原因,但其真实性却无法确定。不过他那种版本的“四艺”倒是一直坚持到了 15 世纪。

说到阿德拉德和切斯特的罗伯特,我们前进到了下一个阶段。阿德拉德是不知疲倦的旅行家和认真勤勉的学者,他是数学经典著作的睿智的搜集者和翻译者。11 世纪藏书家的道路不像今天这样安全,为了获得那些令人垂涎的手稿,阿德拉德经常要冒险。人们认为他是欧洲第一批欧几里得著作拉丁译本中某一本的译者,同时他也翻译了一些花拉子密(Al-Khowarizmi)的天文学表格。普遍认为,阿德拉德对数学的原创贡献可能是在初等几何学方面解决了一个显然很不值得一提的问题。罗伯特则翻译了花拉子密的代数学。

阿德拉德的所有前辈总算让基督教欧洲的一些基本数学保持了生命的迹象。除此之外,这些值得尊重的人所做的最好事情只不过是在最简单的算学问题上笨拙地进行计算,或者以一种让一个希腊学校里的 14 岁男童都感到羞耻的精神尝试探讨初等几何学。欧洲数学的觉醒与这些人的努力毫无关系,即使数学史略去他们显赫的名字也不会有任何损失。但是无论对错,传统不允许我们这样做。因此我们朝着数学的谷底继续下行,追随博学的波爱修斯,直至万丈深渊。

波爱修斯的那些基础学校教科书给中世纪欧洲的数学进程定下了基调。89波爱修斯退回到毕达哥拉斯的综合法,清晰地阐明了算术、音乐、几何和天文学这极不自然的“四艺”。不考虑这些书的中世纪内容,与毕达哥拉斯的“四组合”①对应的这四艺的名字还是很响亮。可是如果毕达哥拉斯能够看到名称后面的东西,他可能会有些失望。以几何学为例,它勇敢地从欧几里得开始,结果却并没有走多远。只给出了《几何原本》第一卷中的命题,还有第三卷中的几个,第四卷只让那些有余力的学生自行阅读。在数学智慧处于最低潮时,受到充分教育后毕业的学生只不过能死记硬背地说出《几何原本》第一卷中前5个命题的发音。后来,当可以得到欧几里得的更多著作时,那些有雄心的准教士便受到鼓励去记住这些命题的证明。他们给第5命题起了一个很合适的绰号,叫作驴桥定理(*pons asinorum*)。没有几个人尝试去记住证明等腰三角形底边的两个角相等的那个冗长段落。

在算学方面,波爱修斯追随的是亚历山大的尼科马霍斯。正如我们前面看到的,尼科马霍斯追随的又是毕达哥拉斯最神秘的部分;他写过一篇很糟糕的有关数字基本性质的论文,但是那可能是与他很亲近的一位热衷于命理学的哲学家代为炮制的。顺便一提,这种随意炮制的东西被有些传统人士称为“数论”,数学家对此颇有微词。[7] 用占星术来混淆天文学还没有错得那么离谱。不过波爱修斯重建了埃拉托斯特尼的筛法,在形数方面提出了一些有趣的小东西。他对证明的兴趣似乎没有超过他的老师尼科马霍斯。一些爱好争论的人也认为,是波爱修斯为了改进算盘和商业上使用的计数板而颇有争议地引进了印度数字。所有这些的实际结果是一种繁杂的计算,只不过足以应付有关金钱方面的简单来往,也可以整顿历法,让人们不至于错过每年复活节的日期。如果称这一类东西为计算学——或者是低档的几何学,数学的范围就宽泛得可怕了。人们忘记了数学作为一个演绎系统的重要意义。科学贬值到了迷信的地步,毕达哥拉斯观点的另一半仅仅作为神圣与世俗的命理学的奇妙谬论而得以保留。数字的确统治了欧洲中世纪那黑暗的世界。

90

不过,博学的波爱修斯毕竟还是为学术做出了另一项贡献,它对数学发展的影响可能比他那些可怜巴巴的算学和几何学一向具有的影响都大。他用拉

---

① 四组合(tetrad,也作 tetractys)指由1、2、3、4个点排成4排构成的三角形点阵图案,是毕达哥拉斯学派重要的神秘符号。——译者注

丁文翻译了亚里士多德的逻辑体系的一部分，让欧洲的学者得以从中汲取教益。

此后的情况只是猜测。即便如此，这也不会像数学矮人的可怕记录那么令人压抑，或许也不是那么毫无意义。数学矮人的神圣生命和工作上的贫乏构成了人们熟悉的中世纪基督教欧洲的正式历史。

次数学分析

对于20世纪的现代科学家或数学家来说，投入了中世纪的大部分脑力能量的逻辑争论一直都显得无聊至极。然而在1914—1918年世界大战之后的20年间，中世纪的一切变得比现代科学兴起以来的任何时候都更有市场。出于充分的理由，许多人失去了对发展的想象。失望的理想主义者责备科学，有时发表反对数学的愤怒言论；他们在黑暗中摸索，倒退回了12世纪，甚至9世纪，追寻比任何科学都更令人满意的对于安全的权威化保证。如果这些毫无希望的往昔之旅的追随者拥有合适的装备，他们可能会把未来当成一个堪与巴比伦的发现相媲美的数学思想历史的宝库。他们可能会发现，在希帕蒂娅死后欧洲数学在地下潜行到了什么地方，以及在漫长的埋葬过程中它采取了什么样的形式。

有两件事情特别值得追溯，我们可能从中得到好处：其一是被认为由阿那克西曼德(Anaximander)在公元前6世纪提出的有关无穷的希腊哲学概念，它是怎样在斗争中发展并成为现代数学中的无穷的；其二是数学分析的诞生引起的密切相关的斗争。

在中世纪，数学的思想并没有死亡。它只是睡着了。在并不舒坦的休息过程中，它想象到了一些似乎是数学的东西；可是它没有力量摆脱睡梦醒过来。神学的隐晦细节和学术上不重要的争论消耗了一代又一代潜在的几何学家和数学分析学家的智力，这就是令睡眠中的数学受到困扰的梦境。

91 如果学者们有耐心以现代数学的眼光来探索中世纪的思想，可能就会发现，让数学思想从长时间的睡眠中惊醒的突发事件似乎是一个不那么突兀的中断。在中世纪，数学不知怎么地经历了一次深刻的基因突变。数学入睡的时候还是希腊的,醒来时却迅速发展成了某种非希腊的东西。穆斯林并不是这种变化的起因。他们的数学拒绝无限的概念,在精神上并不比巴比伦数学更接近分析学。

数学从古代思想向现代思想的转变看上去比科学更困难。中世纪晚期的数学家中,似乎并没有一个像科学界的罗杰·培根(Roger Bacon,1214—1294? 年)那样领先自己时代两三百年的明确实例。即使是培根,也只不过在科学方面完全觉醒,在数学方面却仍在沉睡,与他 13 世纪的欧洲对手一样对数学高唱颂歌。他在数学推理[8] 上仍然持有亚里士多德的学术观点,但他认为亚里士多德的逻辑令他迷惑:"因此我说,如果两种实体的质料是一样的,那么无穷多种实体的质料也可以是一样的……因此质料拥有无穷的威力。于是我们将会证明其无穷多的本质,因此这里必定存在神。"——当然,培根并不同意这一点。他谋求用欧几里得的公理化形式的论证来实现他的目的,虽然更加敏锐的学者并不赞同。他们没有像他那样假设"总体超过其任何部分"也适用于无限集合。

经常有人评论希腊艺术——从雕塑到建筑——与希腊数学的相似性。我们在此没有必要追溯这种相似;要么认为它不仅仅是一种似是而非的比喻,要么认为它没有什么意义而不予理会。在 O. 斯宾格勒(Spengler)为他的浮士德式理论利用希腊以来的数学之前,哥特式建筑与现代数学之间类似的对比也曾经让许多主要兴趣不在数学上的人感到印象深刻。1905 年亨利·亚当斯(Henry Adams,1838—1918 年)在谈到沙特尔的教堂时写道:"沙特尔表达了……一种激情,人类有史以来感触最深的激情——以卑微的自我在奋斗中领悟无限的感觉。"[9]

亚当斯还虚构了次数学分析的两位强大捍卫者之间一场令人信服的辩论,对中世纪将基本数学推理曲解为经院哲学的运用的行为,怀着同情进行戏仿。他们两人就是阿贝拉尔(Abélard,1079—1142 年)和尚波的威廉(William of Champeaux,1070—1122 年)。不过作为哥特式数学的最好样例,亚当斯引用的 11 世纪的伊尔德贝(Hildebert)大主教的话却更具启发意义:"上帝在一切事物之上,在一切事物之下,在一切事物之外,在一切事物之内;在事物之内却并不被其包含,在事物之外却并非事物的延伸,在事物之上却并非有意升

92

起，在事物之下却不受事物压迫；完全在上面掌控，完全在下面支持，完全在外部拥抱一切，完全在内部使其充实。”这完全违背了亚里士多德的逻辑，它对主词的论述彻底触犯了排中律。

在此之后，为了避免从中世纪的辩证法中重新挖掘数学的工作显得很虚幻，不妨回顾两个最重要的事实，以鼓励那些有志继续从事这项工作的人。数学无穷现代理论的奠基人格奥尔格·康托尔（1845—1918年，德国人）是密切追随中世纪神学的学生。从这层联系出发，似乎康托尔数学最强有力地吸引着传统宗教类型的思想。另一件意义重大的事实是，K.米哈尔斯基（Michalski，波兰人）在1936年发现[10]，奥卡姆的威廉（William of Occam，1270—1349年，英格兰人）提出过一种三值逻辑，这在一定程度上为1920年以来非亚里士多德数理逻辑家的多值逻辑研究做了前期工作。亚里士多德的逻辑是一种二值逻辑，命题被指派的逻辑“值”是“真”和“假”。在奥卡姆的逻辑中，允许出现亚里士多德的逻辑排除的中间状态。

翻译了亚里士多德著作的温和、博学的波爱修斯要为数学在中世纪的沉睡承担很大的责任——无论是什么责任。其他责任大概可以归于那些不知疲倦的逻辑学家，为了把神学和哲学焊接成一个自洽的整体，他们进行了好多个世纪的努力。最后托马斯·阿奎那成功了——嫉妒甚至嫉恨他的对手称他为“西西里的哑牛”，他却是他们之中真正的大师，然而那时人们对那个宏伟计划的兴趣已经减退了。受到穆斯林的刺激，基督教欧洲苏醒了，可能还发出了一声松了口气的叹息，然后转向了科学和数学。

展望前方，我们不由得想起，在1939年9月的第一个星期，中世纪思想又一次在基督教欧洲回归了自我。如果能够得知我们进化了的后人在2039年将如何回忆现在的科学和数学，以及什么样的人——如果有的话——将成为未来的穆斯林，那将是很有趣的。

第五章　通过印度、阿拉伯和西班牙的歧路

93

400—1300 年

7 世纪到 12 世纪之间穆斯林文化突然的崛起和同样突然的衰落是历史上最戏剧化的场面之一。[1] 我们在这里感兴趣的只是这段时期的这一文化对于数学有何种持续影响；尽管伊斯兰文明的突然闪光与欧洲的黑暗形成了鲜明对照，但我们决不能被晃花了眼睛，把穆斯林[2] 数学的成就看得比它实际上的更加璀璨。

到了 622 年，穆罕默德追随者们的旅途已经开始了一段时间。他们集结在绿色大旗之下，这是有记录以来规模最大的宗教复兴；唯一能与其匹敌的是 12 世纪和 13 世纪十字军的相应复兴，他们发誓要用十字架取代绿色大旗。从 635 年攻占大马士革起，胜利的穆斯林继续前进，围困了耶路撒冷，并于 637 年拿下了这座圣城。4 年后他们征服了埃及，顺便为摧毁亚历山大图书馆做了收尾工作。然而这些只不过是一种青春期的冲动，因为穆斯林不久就平静了下来，变成了历史上希腊学问最虔诚的倡导者。在征服了埃及之后，他们随即（642 年）拿下了波斯以及她的全部文明宝藏。

70 年后（711 年），征服者又进入了西班牙，在那里逗留了 8 个世纪，变得更加文明，直到那些终于被他们刺醒的欧洲人把他们赶了出去。除了播下数百年战争的种子之外，他们还给欧洲带来了印度和希腊的算学和代数，以及希腊的几何。750 年至 1258 年间，在阿拔斯（Abbasid）王朝的哈里发统治下，底格里斯河上的巴格达成了东方的文化之都，西班牙的科尔多瓦（Cordova）则

94

成了西方知识界的女皇。1212 年摩尔人战败后，犹太学者——其中许多人从宽容的穆斯林那里获得了知识——与基督教教师竞相传播科学和数学，经院哲学由此被束之高阁，成了无足轻重又不可遗忘的思想灾难。

最后一幕一直延迟到 1936 年，那些已经退化了的先知的追随者们得意扬扬地重返西班牙，他们头顶飘扬着红金两色的大旗，骚扰那些在大约 350 年前将其祖辈赶出去的人民的后代。在穆斯林长期不在的时代，西班牙没有对数学做出任何贡献。随着 15 世纪晚期犹太人被迫离开，对一切自由思想——无论是犹太人的还是非犹太人的——野蛮的压制取代了理智的宽容，留下 400 年的贫瘠作为科学的纪念碑。

代数的部分出现

这一时期最重大的进步或许就是作为数学一个独立分支的代数逐渐形成，它独立于算学和几何，却又与这两者密切相关。

三角学作为数学的一个独立分支也得到了明确认可；有些人认为，三角学是穆斯林最伟大、最具独创性的工作。的确应该承认三角学具有某种程度的独创性。但是出于我们后面可以看到的原因，三角学在向有效的符号体系发展中遭受挫折，它对现代数学的重要性比不上印度-伊斯兰的代数。在三角学能够在现代数学中发挥重要作用之前，它还需要一个像几何那样成为分析的过程。在 17 世纪之前看不到这种转变的任何迹象，实际上这一过程在 18 世纪才全部完成。尽管穆斯林的三角学经过了一些代数推理的加强与改良，并且在计算表格上广泛应用了印度-伊斯兰的算学，其本质仍旧是托勒密的体系。由于代数的真正本质是离散数学，它无法成为数学分析的一部分，因此它也就没有受到 17 世纪分析狂潮的影响。

95

穆斯林代数似乎是从晚期希腊进化而来的，从中可以看到丢番图和更犀利的印度方法。人们对印度代数的评价分歧很大，不过在下面两点上没有本质的不同。如果说证明与希腊人意气相投，那么它便与印度人的气质不合；希腊人在计算上很笨拙，印度人在这方面却得心应手。只有积极地对印度代数进行一番充满同情的研究，才能从中找出与证明相似的东西。虽然其中的规则陈述得很清楚，但是对规则的陈述并非证明。早期印度代数的第三个特点会让一个现代观察家感到极为新奇：他们的第一批熟练代数学家似乎发现不定方程（丢番图方程）比初等代数中的确定方程更容易。今天的情况则恰恰相反。

在这里，用一个印度代数的小样例就足以说明穆斯林所继承、保留和部分毁掉的东西的质量。公元 6 世纪，阿耶波多（Aryabhatta）为算术级数求和，求解了一元二次确定方程和二元线性不定方程，并使用了连分数。此后不久，在穆斯林即将开始他们旅程的 7 世纪早期，婆罗门笈多（Brahmagupta）的工作出现了，印度代数经历了一些人所谓的黄金时代。婆罗门笈多叙述了负数的通常代数规则，得到了二次方程的一个根，而最引人注目的是，他给出了 $ax \pm by = c$（a,b,c 都是整常数）的完整整数解。他还讨论了不定方程 $ax^2+1=y^2$。最后一个方程被错误地命名为佩尔（Pell）方程；1766 年至 1769 年间，拉格朗日受到它的启发，做出了他在纯数学上最伟大的工作。那是二元二次型和二次域的数论理论的基础。我们不久会提到它在数学史上的地位。

又一次令人感到奇怪的是，那些毫不犹豫地探讨真正困难问题的代数学家竟然看不到简单二次方程的完整意义。正如我们已经在关于欧多克索斯的评论中提到的，早期的代数学家由于希腊逻辑能力上的欠缺而止步不前。印度人缺少一个扩大的数系，不可能创造出类似于科学代数的东西。因此 9 世纪的摩诃毗罗（Mahavira）毫不犹豫地抛弃了他碰到的虚数，认为它们不可能存在，完全不打算探讨虚数为什么会出现。3 个世纪以后，婆什迦罗意识到二次方程按照表面形式应该有两个根，但是他没有接受负数根。 96

不过印度代数还是向可操作的符号表示迈出了犹疑的一步。除了那些我们已经注意到是符号表示的东西以外，下面可以加上一段，总结印度人迈向符号代数的主要发展。对于印度人在这方面到底走了多远，评论家有不同看法，不过以下内容似乎是已经获得承认的事实。6 世纪的阿耶波多建议使用字母代替未知数。7 世纪的婆罗门笈多在一些特殊问题上对几个未知数中的每一个都使用了简写字母，对平方和平方根也同样处理。在一个负数上加点来与正数区别；分数的表示方法和我们的一样，只是没有分数线，例如 $\begin{matrix}3\\4\end{matrix}$。一份可以看出是700年至1100年的手稿中写有一个交叉符号，外观与我们的加号一样，放在受其作用的数字后面，表示相减。12世纪的婆什迦罗在分数的表述上模仿了婆罗门笈多，习惯上也把一个方程中的一个成分放在另一个成分下面，而且还使用了一种系统的简化写法表示递变的幂。找不到对应于等号的表示法。婆罗门笈多还成功地约化了丢番图所作的3种一元二次方程，使其成为我们现在运用的标准形式。

应该如何评价这些方法，现在众说纷纭。最宽容的评价是，印度人理解了代数符号使用法的一般概念，把它当成一种按照固定的规则和标准方式进行操作的技巧：解决某种问题的技巧表现在这一问题的书写方式上。有关如何得到答案的全部步骤，相关的精细文字指示都在别处有所解释，这样就可以避免愚蠢的错误。哪怕就印度代数最好的部分而言，尽管它大量使用了简写，操作方向的指示仍然主要是修辞的，而不是完全符号化的。最不宽容的评价则否认印度代数中存在比丢番图的方法论更进一步的东西。印度人自己似乎没有留下任何支持第一种评价的记录。或许在他们的想象中，他们做过的事情的含义如此明显，完全没有必要去评论研究方法。对数学进行反思完全是一种现代的神经症状。

这里也存在那个伤脑筋的问题：印度人的代数中到底有多少是他们自己的，多少是希腊的？在有资格的学者就这个问题达成某种一致看法之前，其他人发表大相径庭的猜测是没有多少意义的。发现了巴比伦的代数之后，在有限时间内解决这种争论的机会似乎比以前更渺茫了。同样还有一种可能性——非常让人神往的可能性：应该考虑古代中国人。他们究竟有没有影响过苏美尔人？或者可能是苏美尔人教了中国人？或许他们都是印度人教的？或者他们都教过印度人？而叙利亚又扮演了什么样的角色？顺便说一下，有一种观点支持一种人们很愿意相信的猜想，可能值得注意。如果假定文明A比文明B更为古老，而且如果某种形式的问题在B讨论过，但是比在A讨论的时间晚一些，那么就是B从A那里得到了这种问题。这是根据文化扩散理论得出的结果。[4] 根据文化自发理论却无法得出这样的结论；即使根据扩散理论，也无法证明数据没有受到自发侵入的干扰。书面证据的缺乏更增加了这一问题的复杂性。

幸运的是，就我们直接关心的事情而言，即使不解决这些深刻的问题，也不影响我们为印度算学和代数对穆斯林数学的影响提供证据。穆斯林自己承认翻译过印度的有关著作。因此，说穆斯林受到印度的影响是有根据的。既然如此，我们就又一次注意到了人类本能的倾向：他们总是选择最远的路径达到目的。如同希腊人对巴比伦代数的无所谓态度一样，穆斯林最终也没有理会印度代数学和他们自己的代数学中有关使用操作符号的那些基本暗示，在书写时写下了一切，甚至包括数字的全称。在这方面，穆斯林的退步可以与数学史上任何其他退步相提并论。在吸收智慧的宝库、仔细检查大量有趣的数学现象的时候，他们完全错过了主要的东西。直到 1489 年，德国的 J. W. 维德曼(Widmann)发明了"＋"和"－"以后，代数才开始比丢番图和印度的时代更符号化。

在结束印度代数的主题之前，让我们谈一下人们通常认为的代数的最高水平是什么。我们将仔细地检查这一点，首先在一轮金色落日笼罩着的光环下面进行，然后以数学的那种冷静的方式进行。奇特的是，通过这两种方式所得到的图像完全不相似；至于愿意接受哪一种，可以让不同口味的人自行决定。

大约在 1150 年，婆什迦罗给出了一个"通过试验法得到的一套解来寻找 $Cx^2+1=y^2$ 的新解的方法"。[5] 这个问题就是解所谓的佩尔方程：找出 $Cx^2+1=y^2$ 的整数 x，y 解，其中，C 是给定的非平方整数，且 $xy\neq 0$。婆什迦罗也探讨了 $Cx^2+B=y^2$，其中，C，B 为非平方整数。他的这种非常基本的方法激起了最热情的称赞。如果在金色的光环下考虑这一方法，我们可以看到"[佩尔方程的]第一个深刻的工作归功于婆罗门学术界"[6]，并注意到，这一方程"让我们现代的一些最伟大的分析学家绞尽脑汁"。我们还看到，婆什迦罗对于该方程的探讨"如何赞扬都不过分，它当然是在拉格朗日之前数论方面所取得的最精细的成果"。[7]

98

以上三句引文的第一句是对事实的可证实的陈述。第二句的意思似乎暗示婆什迦罗的"深刻的工作"在质量上与"我们现代的一些最伟大的分析学家"的工作有可比性。第三句则将婆什迦罗的试探性的部分解说成在数论上更精细的成果，超越了欧几里得所做的对于 $x^2+y^2=z^2$ 的直接、完整解。

如果以毫不恭维的数学眼光看待，似乎如果婆什迦罗的运气足够好而能猜出一组解，他就可以发现其他任何数量的解。他并没有掌握任何能够判定给定佩尔方程是否有解的方法。而且，即使他根据一组有幸猜到的解进一步得到了其他解，也无法确定他是否得到了全部的解。他从一个最初的解中得到其他解的方法十分巧妙。可是他没有理会两个问题：解是否存在；除了那些已经找出的解，是否还有其他解。这两点是仅有的难点，也是具有数学价值的地方。

与婆罗门学术界的这个最高成就相比，我们不妨看一下“我们现代的一些最伟大的分析学家”之一在佩尔方程上“绞尽脑汁”时发生了什么。拉格朗日承认，他必须全力以赴才能完成他从事的工作。在1766—1769年间，他解决了方程解是否存在的问题，并给出了一个求取全部解的直接的、非试探性的方法。婆什迦罗是一位经验工作者，而拉格朗日是一位数学家。

不带感情色彩的结论是，婆什迦罗远远没有达到欧几里得所设立的标准。在拉格朗日于18世纪获得成功之前，从没有任何人达到过这个标准。这个结论似乎对于别的印度数学也是公平的。不过人们普遍承认，那些优秀的印度代数学家在操作技巧上远远超过了丢番图。这一点以及他们在创立一套操作符号表示法方面不成功的尝试，似乎才是印度人对数学发展的主要贡献。

99

穆斯林代数似乎曾经在希腊与印度的品位之间逡巡，但是它在最富创造性的时期选择了后者，结果陷入了修辞代数的困境，而修辞代数也由于它最著名的倡导者花拉子密的杰作在9世纪成了经典。

穆斯林把印度代数著作翻译成了阿拉伯文和波斯文；由于阿拉伯文不仅在学术界，而且在贸易和战争中都是一种重要语言，于是由穆斯林加以简化并有所系统化的希腊和印度代数就最终进入了欧洲。如果说12世纪和13世纪的十字军东征没有任何其他成果，它至少间接地促进了代数、三角学、古代经典以及传染病的传播。

伊斯兰教翻译家、评论家和相对次要的编著者可以列成一个令人叹为观止的名单，只需要在这里提到其中两个人。他们两个都表现出了一些独创性，而且两个人都深刻地影响了早期的欧洲代数学，特别是第一个人。他的接近完整的名字是：巴格达与大马士革的穆罕默德·伊本·穆萨·花拉子密(约卒于850年)。他大约在825年完成了第一部专著,其中出现了相当于我们的"代数(algebra)"的词al-jebr w'almuquabala,意思是"还原与平衡"。用现在的说法,这是指移动负数项,使整个方程都变成正项,然后合并未知数的同次幂项简化方程。这似乎是花拉子密自己的想法,这件工作从整体上说是综合希腊和印度的结果得出的。他在积极方向上的主要贡献是在方程数字解上使用印度数字的名称。

已经有人提到花拉子密在消极方向的重大发展。[8] 所有人似乎都不知道他为什么要恢复没有任何活跃符号表示的纯修辞代数。一个精神病医师可能会说,这是死亡的本能所起的作用。虽然代数受到了严重的压抑,终于还是活了下来,从而证明了若要夺取数学的生命,单单一次坚定的自杀尝试是根本不够的。大约在1010年,凯拉吉(Al-Karkhi)在一部被称为代数杰作的著作中延续了修辞代数的传统。如果这不是已经确认的事实,人们很难相信,中世纪欧洲的代数学家竟会如此坚持不懈地去发掘伊斯兰的修辞代数学家在表达什么。

100

无论是否公正,对于那些被告知"是阿拉伯人发明了代数"的普通初学者来说,没有符号表示的代数是相当令人失望的。对于一位普通绅士,甚至一位学者或者乡绅来说,虽然在18世纪略通拉丁文或者希腊语是比较优雅的一项才能,然而不幸的是,关于阿拉伯语专业知识一向并非如此。因此,有资格对穆斯林的代数形成个人评价的数学家或者数学史家始终寥寥无几;而在为数不多的愿意与不懂阿拉伯语的人分享自己发现的人中间,有些人用今天教导初学者的那种代数学符号表示法表达他们的研究结果。在某些方面,原文那些晦涩的复杂版本就好比身穿绫罗绸缎的乞丐。要理解原文与其现代变种之间的差别,感到好奇的人就必须让一个阿拉伯语的职业学者替他完全按照字面翻译一本穆斯林代数书的原文。作为代替物,现在可以参看从F.罗森(Rosen,1831年)翻译的花拉子密《代数》英译本中选取的一段。罗森的翻译忠实地重现了阿拉伯原文的措辞,因此可以让专家们欣赏其质量。这里引用的段落是从美国数学史家弗洛里安·卡约里(Florian Cajori)于1928年发表的《数学符号史》中选取的。罗森评论道:"该作品中的数学总以文字表达,只在插图以及几处边注中使用印度-阿拉伯字码[即数字]。"下面就是引文。

> 某平方数加上二十一迪拉姆①等于该数之平方根的十倍，求此平方数。解：将根的数目减半，其份额为五。将其自乘，乘积为二十五。从二十五中减去与平方数相关的二十一，其差为四。求四的平方根，得二。从根的份额，即五中减去二，其差为三。这就是我们要求取的平方数的根，则平方数是九。或者我们可以在根上加上根的份额，其和为七；这也是我们要求的平方数的根，则平方数本身为四十九。

符号法本身当然并不是数学，而且无论多么美好的合适标记法都不能让粗糙或者微不足道的推理看上去像是数学。有大量的数学文章里几乎没有使用多少符号学标记，而同样大量的符号学文章中几乎没有包括数学。不过从上面的样例中我们可以看到，完全避免使用符号标记并不总是一种值得模仿的优良风范，尤其不值得新手模仿。为了方便那些难以辨识眼前的代数的非专业人士，罗森将花拉子密用修辞方法表达的问题转化成相应的符号表示：

101

$$x^2+21=10x$$

$$x=\frac{10}{2}\mp\sqrt{\left[\left(\frac{10}{2}\right)^2-21\right]}=5\mp\sqrt{(25-21)}$$

$$=5\mp\sqrt{4}=5\mp 2=3,7。$$

这个方程在代数的早期历史中曾经多次出现。

据悉，花拉子密的著作对于基督教欧洲的数学觉醒起了很大作用；据说12世纪一篇花拉子密有关印度数字的散佚文章的拉丁文译本，帮助了欧洲人熟悉这一伟大发明。让我们给予这项传播工作足够的历史分量，将其与穆斯林代数相比，我们可以让读者从下面三段有关穆斯林数学的评价中找到自己的平衡点。[9]

“花拉子密是当时[9世纪早期]最伟大的数学家，而且如果我们考虑到所有相关情况，那么他也是有史以来最伟大的数学家之一。”下面两段话的侧重点在于穆斯林三角学，是这么说的：“他们[指穆斯林]的工作主要是传播，尽管他们在代数学方面也有相当多的独创发展，并在有关三角学的工作中表现出了一些天赋。”“如果将[穆斯林]所做的工作与希腊或者现代欧洲数学家的工

① 迪拉姆是在几个阿拉伯国家中使用的货币单位。——译者注

作相比，总体而言，无论在质量还是数量方面前者都是第二流的。”

在伟大的花拉子密完成他的工作三个世纪之后——这也是历史接近一个时代的终结的时刻，波斯的诗人兼数学家莪默·伽亚谟(约卒于1123年)达到了远远超过他所有前辈的数学水平。这位无所顾忌、或许有些愤世嫉俗的哲学家富于想象力。莪默不满足于罗列规则，而是把三次方程分类，并发明了一种用几何方法处理三次方程的数值解法，在已有的数系限制下其解是普遍的。据说其他人从阿基米德那里得到了灵感，在莪默以前很久就用圆锥曲线求解三次方程；但是穆斯林确实在9世纪就已经知道了这种方法。不过莪默的成绩之所以超越了一个忠实的传播者、熟练的操作家和代数分类学家，却不是由于他在数学技巧上的工作，而是他提出了三次方程无法用代数方法求解、四次方程无法用几何方法求解的错误猜想。

102

尽管莪默如此大胆而有创见，他仍然坚决拒绝接受负数根。他的双曲线也缺少了负区间的分支。于是，未能掌握数字概念又一次阻挡了代数和几何前进的步伐。

三角学的出现

按照三角学的字面意义“三角测量”，这门学科的历史与埃及一样悠久；当然，它在那时只是以最基本的形式出现。希腊天文学需要球面几何，它就与简化观察结合，让我们应该称为三角函数的计算变得必要。

托勒密于公元2世纪在他的著作《天文学大成》中总结了球面三角学的主要特性，并指出了一种计算正弦值，或者“半弦”的近似方法，从而可以得出一份粗略的正弦表。托勒密利用弦来做近似计算；因为这一几何方法所必需的插值点相距过远，其粗糙性是不可避免的。所以在传统上，平面三角学只不过是球面三角学的辅助计算手段而已，结果在数学上更重要的三角学内容的出现就不必要地延迟了。或许，印度和穆斯林的三角学发展的终极源泉并不是在测绘方面的应用，而是天文学对于更精细的插值法的需求。

大约4世纪，印度的一项工作无论在方法上或精度上都发展了三角学，令其显著地超越了希腊三角学的水平——它给出了一份正弦表，其中有每隔

3.75°角的计算，上至 90°。用表格进行计算的规则是错误的，但是这张表格的精度在那种观测不甚准确的年代或许已经足够了。无论如何，这种向经验主义的回归却有趣地反映了希腊数学处理方法与东方处理方法之间——在这种情况下，或许可以说是在东方处理与甚至最粗糙的现代实际应用之间——的本质区别。

103　穆斯林采用并发展了印度的三角学。天文学家巴塔尼(Al-Battani，卒于929 年)在 9 世纪做出了他们的第一个值得注意的发展。他并不是实际上第一个在三角学方面完全应用代数而不是几何的人，即便如此，这位天文学家兼数学家也是最早向那个方向迈进了一大步的人。除了印度的正弦以外，他还使用了正切和余切。后两者的表格是在 10 世纪计算的，同时出现的还有正割和余割，它们也成了有命名的三角比。因为函数概念要到 600 年之后才形成，因此他的工作与我们今天的初等三角学没有丝毫相像之处。

我们还需要提到另外三个人的名字，他们为三角学成为独立的数学分支做出了阶段性的贡献。10 世纪后半叶的阿布-瓦法(Abul-Wefa)开始系统化当时已知的全部三角学知识，并将其简化成一个明显很松散的演绎体系。第一份作为独立科学出现的穆斯林三角学著作是由波斯天文学家纳西尔丁(Nasir Eddin，1201—1274 年)完成的。这本书并不是短小信息的罗列，而是给出了大量具有真正数学天赋的证据。与丢番图的代数类似的是，这部著作的问世时间与这一文化时代的结束过于接近，因此未能在后来的数学发展上充分体现其分量，而欧洲人重复了其中许多工作，显然不知道这些工作已经有人做过了。

我们将在这里列出的最后一个名字引出了一小段或许值得探讨的有趣历史。比萨的列奥纳多(Leonardo，即斐波那契[Fibonacci])将在本书后面部分再次出现，此处我们只提及他在 1202 年出版了(1228 年修订)他的杰作《计算之书》这个事实。在很大程度上，是列奥纳多让觉醒了的欧洲知道了印度-伊斯兰的代数和印度的数字。在列奥纳多的作品中，除了其他具有重要意义的小公式，还有一个广为人知的代数恒等式：

$$(a^2+b^2)(c^2+d^2)=(ac\pm bd)^2+(ad\mp bc)^2。$$

如果能够知道列奥纳多在他东方之旅的什么地方得到了这个恒等式，那将是很有趣的，因为可以很清楚地看出，这里包括了正弦和余弦的加法定理。这后来成为算术二次型的高斯理论的出发点，而后者对现代代数的发展很有意义。在一致性、连续性和初始值方面增加合适的限制以后，且当 a，b，c，d 是一个变量的函数时，这一恒等式包含了整个三角学的内容。

处在十字路口的数学

104

当欧洲沉睡不醒并遗忘了希腊数学的时候，伊斯兰教学者正在勤奋地翻译他们所能发现的所有希腊数学家的经典著作。这些译作中的几部后来成了自生自灭的数学得以在基督教欧洲复活的最早来源。仅凭他们对于文明的这一适时的贡献，穆斯林无疑就当得起他们所接受的全部感谢。然而尽管显得失礼，任何数学家都必须抑制一下自己的感激之情，想到这样一个严酷的事实：学识与创新是完全不同的两种概念。

如果穆斯林所做的仅仅是保存与传播，在数学发展史上就几乎不值得叙述他们，哪怕是最简略的记录。这话直白得甚至有些粗野，然而从保持发展进程而不是阻碍发展这个唯一标准出发，这种说法是恰当的。衡量一个数学家的标准就是创新。除非某人给数学添加了一些新的东西，否则他就不是一个数学家。根据这一标准，那些进行了极有用处的翻译和评论工作的穆斯林不是数学家。记住，我们感兴趣的主要是那些具有持续存在意义的东西，由此，我们将从活着的数学的角度，简短地考察穆斯林在翻译与评论方面的工作，其中包括他们的一些三角学。

只有几个钻研数学史的专家曾经真正消化了一些希腊的杰作。这不仅仅是由于生命过于短促，人们来不及掌握那些精通阿波罗尼奥斯或者阿基米德著作的有用的数学，同时我们也可以想到，这也是一种没有意义的努力。这样做除了让人博学之外并无任何好处。那些希腊大师的著作在许多世纪前就已经在时代潮流的堤岸上历经冲刷，只有他们基本思想的精华以及初学者用现代方法更易习得的一些不多的结果保留了下来。因此，穆斯林在翻译和评论方面的贡献所留下的并不是数学上的意义，而仅仅是对于博学的纪念碑。人们可以争辩说，如果没有这些奄奄一息的希腊数学大部头，17 世纪的新数学就不会得到启示:没有阿波罗尼奥斯就不会有笛卡尔,没有丢番图就不会有费马,诸如此类。与此相反,我们必须记住,在包容一切的博学覆盖之下,首创精神会因窒息而死,而除了感情上的保留之外,已逝的过去能对数学做出的最大贡献就是埋葬那些已经死去的东西。这一辩论同样也无法给出客观的结论,因此我们将停止争论,而只叙述一件事实:数学家现在已经不再研究穆斯林保留下来的希腊经典著作了,而且250年来一直如此。

105

穆斯林在球面三角学上耗费了如此多的精力,它的命运可以说明,那些人们完全为了直接的实用目的而首先发展起来的理论必然会衰落。它们的实用性可能依然存在,但是它们曾经可能具有的有活力的科学意义却早已消亡了。在数学的活跃主流之中,无论从内容还是它可能具有的方法来看,球面三角学都已经不复存在。除非今天的一位大学生是为了某种特定的学科——诸如过时的位置天文学——而需要这门数学分支,否则他甚至根本不必知道世界上有球面三角学这样一门学问。在所有基础数学的学科中,球面三角学或许是其中死得最彻底的,也是最让人反感的——只要这个人对重要的数学有着哪怕最微弱的感觉。在极其稀少的情况下,有些乐观的热心人会尝试朝这架干枯的骸骨吹上一口带有生命力的仙气;可是经过几次敷衍了事的操作之后,这些尝试也就不了了之,然后球面三角学就又比以前死得更彻底。即便E.施图迪(Study,1862—1922年,德国人)在1893年用19世纪的代数与数学分析方法对这整个学科进行了深刻的修订,也没有在数学家圈子里引起多大的注意。

希腊人和穆斯林的平面三角学过去受到支持,主要是因为它是其老迈的球面三角学姐姐的有用仆人,而球面三角学受到尊重的原因在于她在天文学上有用处。当平面三角学成长起来的时候,天文学在科学中具有首屈一指的地位,而且是唯一要求相当数量的数学应用的一门学科。那时的天文学只需要三角学来解决问题。随着位置天文学在现代天文学中退居为从属的学科,出于那些与解三角形毫无关联的原因,三角函数就成为从天体力学到天体光谱学中无可替代的数学工具。

现代科学在伽利略之后进化的时候,天文学只是许多门科学中的一门而已,在科学文明中,一些别的科学或许比天文学更具有重大的应用意义。在这里,三角函数(或称圆函数)又被证明是不可或缺的,而且这又是出于与解三角形更加毫无关系的原因。正弦和余弦在科学上的重要性来自它们的两个性质：它们是最简单的周期函数，它们提供了一批正交函数的第一组例子。在穆斯林完成其工作好多个世纪之后，人们才认识这两种性质；其中的第二个要等到积分学的时代。正交性构成了正弦与余弦的现代应用，实际上使我们有可能解决一些由数学物理中的微分方程引起的重要边值问题。

106

很难想象一门自然科学没有了正交函数会变成什么样子；但是我们的后代可能会有不需要正交函数的自然科学，到那时，他们可能会像我们回顾前辈一样回望我们。但愿他们也会关注我们，就像我们关注印度人和穆斯林，关注他们发明、发展并传给我们进一步发展的东西。

当结束有关穆斯林的这一章时，我们看到他们正在古代与现代数学交叉的十字路口徘徊、犹疑不决。在他们能够做出决定，告别那些他们过去从孤寂中解救的东西而向前发展之前，数学的发展就已经超越了他们。

第六章　4个世纪的过渡期

1202—1603年

欧洲的13世纪到16世纪，是世界历史上的一段多事之秋。这4个世纪也包括了从古代数学向现代数学转变的最鲜明的过渡期，其间清晰可见的突破点就出现在1550年之后的半个世纪。1545年，当三次与四次方程的解决方法出现在意大利时，代数仍旧是希腊-印度-伊斯兰的传统风格。16世纪后半叶法国人(韦达)的工作则秉承着一种完全不同的精神，今天的数学家可以从中辨认出与自己相似的精神。不到50年的时间里，希腊和中东的传统就在创造性数学中消亡了。[1]

本章标题给出了1202年和1603年两个准确年份，这只不过是为了回顾这400年过渡期中两个最醒目的标志。第一个标志是列奥纳多的《计算之书》的出版；第二个则是韦达的去世，他是那个时代第一个偶尔以今天数学家的思维方式思考的数学家。

韦达在数学技巧上的成就牵涉到的层面相对狭窄，却并不影响他在数学发展上的重要性。他在数学上做出了相当大的成就，不过这不是最重要的，更重要的是他的思想的质量。不管17世纪早期的数学家回忆韦达时的看法如何，他实际上就是他们的先驱。他们迅速地超越了韦达所做的工作，但他们实现的超越只是程度上的，并不是本质上的。

在实际发生过渡的200年之前，过渡的时机在数学上就已经成熟。社会动乱延迟了数学的急剧变化，文明社会尽了最大的努力才在这场动乱中劫后余生。与此同时，更深刻的变革把当时那些肤浅的野蛮扫进了历史的垃圾堆，为更有人性的经济制度扫清了道路，而数学则有幸分享了这样一种制度。虽然这场过渡看似是一种奇迹，但如果我们在此简要重述一下造成延迟的主要事件及其后的数学发展，那么这次过渡就显得不那么惊人了。我们将顺便指出一些主要事件对于数学的未来有何种意义。

对立的潮流

任何古代世界的知识，都不可能在欧洲流传到公元1200年之后很久而不引发对立的潮流。大致可以说，冲突演变成了一场双方的斗争，其中一方是那些已经建立的权威，他们想要维持自己的既得利益不变，而且越来越没有耐心；而另一方是仅在探求自由与专制信仰的争论中充当最后仲裁人的权威——无论这争论是关于自然界的知识还是关于政府或宗教信仰。随着古代知识的迅速同化与“恒星演变”理论的出现，人们的思想不断拓宽，除非发生一场足以毁灭整个人类的灾难，没有什么东西能够阻挡发展的进程。而实际上，这样的灾难曾与人类擦肩而过。

在自由势力一方，巴黎大学(1200年)、牛津大学、剑桥大学、帕多瓦大学和那不勒斯大学相继于1200年至1225年间建立。尽管这些早期的大学与它们后来发展成的样子没有多少相似之处，它们仍是向着知识自由迈出的极为重要的一步。庞大的圣方济各会和多明我会也在13世纪建立，这些团体至少有一部分是从事教育事业的。

早期的大学由于过分严格地投入到经院哲学中，排除了一切认真研究数学的可能性；但是在巴黎大学，几千名热切的大学生蹲坐在发了霉的草堆上贪婪地汲取阿贝拉尔(1079—1142年)琐碎的辩证法和他为数学发出的人道主义抗辩，这种现象至少说明，人们抽象思维的能力并未泯灭。这些大学中的几所是教堂学校的直接衍生物，因此它们自然而然地偏向过去的那种教程。直到15世纪，只要知道一些零星的算学加上欧几里得的几个命题，就可以满足牛津大学学士学位所要求的通识教育的数学要求。

109

在整个这段时期，战争是压倒一切的事务。1204年十字军对君士坦丁堡的劫掠本身虽然十分野蛮，却在文化上有所收获，因为这令人信服地展示了贪婪与宗教结合所能形成的爆炸性化合物。摩尔人在西班牙受到惩治以后不久，宗教裁判所于1232年以其比较温和的形式建立，考虑到宗教大审判最后的结果是什么，这似乎是没有疑问的。对于1250年后两个世纪的封建制度的逐步解体以及随后在中等阶层和商人中间出现的微弱民主思想，民主国家间也没有太大的意见分歧。虽然在这个过程中文明几乎被粉碎了，但在这段关键时期顺利过渡之后，封建主义的崩溃和国家君主制的逐步凝结却加速了知识的成长。

在13世纪已经很明显的混乱和偏执到了14世纪就更加深化了。不过这幅景象并不是由单一色调勾画的。但丁(1265—1321年)和彼特拉克(1304—1374年)的名字让人感到了偶尔穿越幽暗的一线光明；而薄伽丘(1313—1375年)的名字却让人回想到，甚至在黑死病横行、剥夺了三分之一到一半欧洲人生命的时期(1347—1349年)，有些人还是能够欣赏一部低级趣味的故事。在不到三个世纪以后，受到一切偏执力量的所有武器围攻的科学，就将以自身的伟力，独自扫除这类瘟疫。

在这影响深远的世纪中，英法之间的百年战争也打得如火如荼——一种说法是从1338年至1453年，另一种说法是从1328年至1491年。无论哪种说法是正确的，大家普遍同意的是，在差不多两百年里，战争在基督教欧洲造成了畸形的繁荣。关于毫无怜悯的野蛮，对承诺的背信弃义、毫不脸红的堕落，14世纪到15世纪的那场著名的百年战争一直空前绝后，直至20世纪方有匹敌。并不是战争双方没有足够的意志力量，只不过是由于当时缺少毁灭性的手段，人类才免于经历完全回归野蛮时代的苦痛。任何带有一点文明影子的东西竟会在这样一次向野蛮时代的倒退中逃出生天，似乎完全不可思议。而事实上，奇迹居然发生了。如果有哪位诗人在那些最黑暗的年月里讴歌“世界的伟大时代重又降临”——像雪莱在工业革命导致最深重的污秽之前不久所做的那样，人们一定会说他是个疯子。

110

我们时代的一项伟大科学发明就在这个14世纪的前50年里悄然出现。它几乎没有掀起什么波澜，只在漫不经心的几年中被当成新奇的现象；然而整个欧洲十分突然地看到了火药所展示的超越限制的毁灭力。受到热情感激的炼金术士赠送的这个礼物，随即引发了在本质上改进战争艺术的要求，于是又需要更精细的纯数学和准确计算弹道所需要的更高级的动力学。如果没有膛外弹道学中的数学，老式的火药，甚至现代的高爆炸性能炮弹和火箭，都会比阿金库尔战役中英格兰射手手里的弓箭的效率还低。因此，通过压制数学就能够免除战争的设想似乎是不成立的。

尽管当时人们无法预见这一点，事实证明，与所有知识一样，数学在15世纪迎来了里程碑式的转变。1453年君士坦丁堡落入了土耳其人之手，东方文化在意大利受到了热情的欢迎。在这一时期，强大的美第奇家族通过资助学者和搜集手稿，为文明提供了卓越的贡献。在数学方面，这些慷慨行为带来的纯收获在于知识宝库的进一步积累。与此同时，发生了一件与图书馆的增加相比有无限大意义的事件，最后数学成了任何一个有能力学习它的人都可触及的东西。大约在1450年，活字印刷书籍的方法在欧洲出现。

在欧洲有了印刷术的头50年，仅意大利就出版了大约200种数学书籍。在随后的一个世纪，出版的数学书籍总数达到1 500多种。当然，其中主要是基础教科书；但是一本包含真正数学内容的书被印刷出来之后，它就不再是那些有经济能力占有一本珍藏手抄本的少数人的私产，而成为公众的财富了。这是促使数学传播的三大主要进步中的第二项。第一项我们已经提过了，就是从东方神秘过渡到希腊的自由思想。第三项则一直延迟到第二项之后400年才出现；直到1826年，几十种价格低、质量高的数学研究专业期刊中的第一种才出现。印刷术也从经济角度通过坚持一种统一、简单的符号体系，推动了数学的进一步发展。

111

在这个世纪行将结束时，美洲的发现（1492年）暗示了数学具有的从未有人预料到的可能性。横跨大洋的精确航海以及在海中通过天体力学研究得到的表格来定位的必要性，表明了1492年的航行与拉普拉斯（Laplace，1749—1827年，法国人）直到19世纪的前一个三分之一才完成的天体力学之间的联系。为了满足英国皇家海军对于可靠表格的要求，才有人在18世纪进行了一些有关月球理论的基础工作（欧拉的工作）。这些由哥伦布等人的航海带来的前进的动力，几乎同样能在探索、掠夺土地、商业和对制海权的野蛮争夺中找到。拉普拉斯在天体力学中发展了牛顿的引力理论，从而引出了19世纪到

20世纪的现代位势论和很大一部分物理的偏微分方程分析的现代理论。因此，一个现代数学家无论生活在美国还是中国，只要他把毕生精力都献给用越来越奇特的边界条件解决问题的位势论，他的工作中就有一部分应该间接感谢哥伦布。对于计算原子物理中微扰的数学物理学家也是如此，因为微扰理论首先是在天体力学中发展起来的。

16世纪也同样孕育着对数学的未来具有重大意义的事物。列奥纳多·达·芬奇(Leonardo da Vinci, 1452—1519年)、米开朗琪罗(Michelangelo, 1475—1564年)和拉斐尔(Raphael, 1483—1520年)，位于杰出人物中最前列的这三个人的名字让我们回忆起那个关键的时代——哥白尼(1473—1543年)的时代属于艺术；而托尔克马达(Torquemada, 1420—1498年)、路德(Luther, 1483—1520年)、罗耀拉(Loyola, 1491—1556年)和加尔文(Calvin, 1509—1564年)的名字可能会告诉我们，生活中更高尚的东西是什么。哥白尼去世仅仅两年之后，卡尔达诺(Cardan, 1501—1576年)在1545年发表了他的《大术》，这部著作是对他之前的所有代数学的总结，也是那个时代代数的皇冠。临死的时候，哥白尼在病床上收到了他具有划时代意义的《天球运行论》的印刷校样。

大家都非常熟悉哥白尼的工作对于所有思想界和社会团体的冲击，因此没有必要在这里评论。从数学的角度来说，哥白尼的理论不是对托勒密的全盘否定。希腊人的圆形轨道模式保留了下来，同样保留下来的还有托勒密的79个本轮中的34个，而且太阳本身也确实有一个小的轨道。尽管阿利斯塔克(Aristarchus)曾经猜到了太阳系的日心理论，哥白尼却为一个仅仅是预言家式的猜测提供了具有深刻独创意义的推理基础。如果要选取一个人作为现代数学物理科学的先驱来纪念，哥白尼有资格与任何人竞争这一名额。

112

不久我们又认识到了另外两件在数学和科学上有着突出重大意义的发展。物理学家通常认为斯蒂维纽斯(Stevinus，即布鲁日的西蒙·斯蒂文[Simon Stevin]，1548—1620年)在力学上是可以与阿基米德和伽利略相提并论的杰出人物。除了其他的贡献，他曾经在1586年提出了作为三角形等价形式的平行四边形力，并给出了一个静态平衡的完整理论。通常认为现代静力学是从斯蒂维纽斯开始的。关于在没有积分的情况下所能得出的流体压强，他也拥有最清楚的概念。附带说一下，我们还可以注意到，斯蒂维纽斯的前辈发展——权且算是发展吧——起来的力学得到的评价，没有其同时代的数学进展得到的评价高。有些人时常提出，某些不那么知名的人物曾经为斯蒂维纽斯——甚至偶尔也有说为伽利略做出了前期工作，但是如果重新考虑中世纪在静力学方面的贡献，就往往可以让这种对于"第一次"的过度争辩归于无效。这种情况的一个例子，就是突然之间名声大噪的约尔丹努斯·奈莫拉里乌斯(Jordanus Nemorarius，13 世纪前半叶)，人们把他捧为高级别的力学家。现在那些有耐心细读他的花言巧语的数学家和物理学家，则一致认为约尔丹努斯在力学上与他同时代的人一样无知。

这个时期的另一位科学巨人是英国女王伊丽莎白的内科医生威廉·吉尔伯特(Gilbert，1540—1603 年)，他的工作间接却深刻地影响了他死后两个世纪的数学。除了在理论上的一些尝试以外，吉尔伯特在 1600 年发表的《论磁》是有关天然磁石和其他磁石性质的一部彻底的科学专著。在仔细考量了牛顿的引力理论带来的结果之后，A. M. 安培(Ampère，1775—1836 年，法国人)、高斯、G. 格林(Green，1793—1841 年，英国人)等人在 19 世纪上半叶建立了磁学的数学理论。或许这一课题本身就比引力问题更困难，或者钻研这一课题的数学家不那么有能力，结果人们花了钻研引力问题所需时间的两倍才取得了突破。当然，对牛顿理论的直接应用可能诱使 18 世纪最重要的一些数学家远离了吉尔伯特的工作；另外也可能是人性的弱点在作祟，就是认为与可以拿在手上称重的磁石的吸引力相比，那些无法触及的天体的动力学更高级。因此，拉普拉斯把天体力学的崇高作为自己献身研究的主要原因，而他本质上是一个感性的人。但是他并非总是言行一致。

113

有一个今天通常不被职业数学家承认是数学家的人物，他在数学上的重要性超过了所有这些 16 世纪的科学家。伽利略(1564—1642 年，意大利人)生命中有 36 年正处于古代数学向现代数学过渡的时期。作为世所共知的现代科学奠基人，伽利略影响了所有的数学，无论是纯数学还是应用数学。

无论那些道德的传统卫士对此作何感想，16 世纪的人们并不缺乏科学的探索精神。或许可以在这里强调一次，虽然新科学正努力摆脱那些权威传统的桎梏争取自由——无论是来自学术界还是来自教会的，一些传统卫士有时对此很不以为然。人类天性如此，并没有什么不寻常的地方。双方都认为自己是正确的，而拥有一切力量、唯独缺乏不屈不挠的勇气的那一方也认为自己拥有一切权利。于是冲突无可避免。冲突是很残酷的，不过并未超过后来的另外一场冲突。那场冲突发生在20世纪的第三和第四个10年，与我们现在论及的这次冲突遥相呼应。在后一场冲突中的一些欧洲国家里，科学又一次发现自己正在为生存而斗争。

关于从古代向现代的过渡时期人们对科学的敌意，责备一个基督教派而不责备另一个是不正确的。任何愿意搜检故纸堆的人都可以自行证明，在那些欢迎科学或者想把科学一脚踢出去的人之间，教派之分并不是根本的差别。意见的分歧存在于更深刻的层次，是在老旧的心灵与青春的心灵之间，可以接受改革的人和食古不化的人之间那种永恒的、不可调和的仇恨。在16世纪与17世纪，青春的心灵最后赢得了自由，并在200多年里一直保持着它。在那些思想自由的短暂世纪里，科学和数学得以繁荣，大部分人的生命也因此变得比在黑死病和百年战争时期更有尊严了。

114

对于从1200年至1600年的400年间发生的从旧向新的狂暴过渡中的矛盾倾向，如果数学没有反应，那将是非常令人震惊的事情。但是对那场人类的愚蠢只负有部分责任的更大的灾难，这次的反应也许比实际发生的时间提早了两个世纪。

代数的一个终点

在这个时期，几何如同上个时期一样持续停滞不前。除了将希腊经典著作，诸如欧几里得(1482年)和阿波罗尼奥斯(1537年)这一类著作翻译为拉丁文本之外，几何方面的工作没有超出我们现在基础教科书上练习题的水平。希腊的方法看上去已经穷尽了，数学的进展全部在算术、代数和三角学领域。在这一时期开始的时候，算术和代数还混合在一个松散的整体中；在这一时期结束的时候它们已经很好地分开了。在此期间，三角学也从天文学中分离了出来，取得了自由。

前面已经提到过比萨的列奥纳多(约1175—约1250年)的《计算之书》

(1202 年)。这部由一个没有接受过学术训练的人所写的著作让欧洲最后转向了印度算术。列奥纳多本人的另一个名字——斐波那契(意思是波那契之子)在数学上更有名。作为一个货栈官员的儿子,斐波那契为了生意和兴趣在欧洲和近东旅行,观察并分析了用于商业的算术体系。

印度数字和印度-伊斯兰计算方法的明显优越性启发了斐波那契;而且,不顾保守的商人和当时相当于商会的组织愤怒地抗议,算盘和计数板终于(在大约 1280 年)被欧洲商业束之高阁。因此斐波那契间接地导致了基本计算的实际手工操作和商业算术洪流的泛滥,自 15 世纪以来,它们通过世界上的印刷机器滚滚而出。尽管它们有巨大的实际用途,但这些不可或缺的工作中没有一项对数学的发展做出过具有重大意义的贡献[2]。

斐波那契还通过他天才的理解详细阐述了东方的代数,但除此之外没有取得任何进展。他在 1220 年写的《实用几何》中也同样用富于启发的方式处理了初等几何学。他的首创性工作介于算术和代数之间。在《平方数书》(约 1225 年)中,斐波那契探讨了一些特殊的二次丢番图方程,例如 $x^2+5=y^2$, $x^2-5=z^2$ 等,这些方程实际上比一眼看上去的要难。如果用欧几里得在他的 $x^2+y^2=z^2$ 的整数解中设立的标准衡量,斐波那契的工作水准低得多。他似乎没有意识到,丢番图方程分析的真正难点在于发现全部解,而不是仅仅发现一部分解。这种无法把握一种问题普遍性的现象是区分古代与现代代数的特征,同样也是区分数学与经验主义的特征。低阶的数论有大约 2 000 年的沉闷历史,但欧几里得是其中的一个特例;甚至丢番图也像我们看到的那样仅仅满足于特殊例子。

115

虽然这只是一个不大的论题,我们还是必须提到斐波那契著名的循环级数,其定义为

$$u_{n+2}=u_{n+1}+u_n, n=0,1,\cdots, u_0=0; u_1=1,$$

这样给出的级数是 0,1,1,2,3,5,8,13,…。斐波那契是在解决一个有关兔子繁衍问题的时候遇到这个级数的(这个问题读者可以自行查找)。这些数字最简单的归纳式是 $u_{n+2}=au_{n+1}+bu_n$,其中 a 与 b 是整数常数。关于这些数字和它们最简单的归纳的文献很多,其中有些接近于古怪。最有趣的现代工作是由 E. A. 卢卡斯(Lucas,1842—1891 年,法国人)在 1878 年首先开始的。一些

唯美主义者——或者是学究式的，或者是浅薄的——曾经将斐波那契数应用在对油画和雕塑杰作的数学解析上，可是在有创意的艺术家看来，其结果并非总能令人满意，有时甚至十分可笑。还有些人在宗教、植物的叶序和海贝的螺纹中发现了这些变幻莫测的数字。

如果能知道是谁第一个从斐波那契数想象到了某种超越的东西，那一定很有趣。它们最简单的来源出自希腊用中外比(即所谓的黄金分割)分割线段的问题。据说有些希腊的瓶饰测量和神庙建筑的比例完全吻合黄金分割；一位著名的心理学家甚至宣称，他证明了，当人们看到一件据说是按照黄金分割比例创造的杰作时，他们心中产生的喜悦是眼睛里面的视杆细胞和视锥细胞的立体几何造成的必然结果。

从两件互不相干的工作，可以准确无误地看出斐波那契作为数学家的素质，这两件工作也暗示了在他之后由于社会动乱造成的数学发展的延迟。第一件是他有一次在他的数学中使用单独一个字母来代表数字。这可能是不同于以文字表达数字计算，表现代数一般性的最早明确记录。

116

第二件事表明，斐波那契是一位远远超越了他的时代的真正数学家。由于他无法给出 $x^3+2x^2+10x=20$ 的代数解，斐波那契就尝试证明，仅用直尺与圆规通过几何法求根是不可能的。使用那个时代已有的知识是不可能成功的。然后他继续进一步用数值近似法求根。直到19世纪，代数中才出现了这种证明不可能的尝试。

在整个过渡时期，代数主要考虑的都是解方程的问题。当二次方程问题在已知数系的限制下已经解决了之后，中心问题就是为一元三次和一元四次方程找到类似的，即“根的”解决办法。

在求解代数方程的工作中有两个完全不同的问题：仅仅对于给定方程的字母系数进行有限次数的有理运算和开方，来构筑所有那些系数的函数，最终将方程简化为一个恒等式；或者对含有数字系数的方程求出根的近似值。第一个问题称为方程的根式解，对于代数的发展更加重要。求取方程近似根的问题因为两个原因在应用上有着重要意义。如我们在很后面将看到的那样，对于次数超过四的一般方程求根式解是不可能的；三次和四次方程的显式根式解在数值计算中是没有用处的。

据说在 13 世纪和 14 世纪中国人已经有效地解决了求取方程近似根的问题。如果这项工作证明属实，就胜过了绝大多数欧洲人在数值解方面[3] 的成就，直到 1819 年 W. G. 霍纳(1773—1827 年，英国人)重新发明了几乎相同的方法。不幸的是，如同除了印度算术和代数之外的所有东方数学一样，中国人的这种方法虽然发明出来了，却可能从来没有对数学的发展产生过任何影响。它既没有在东方也没有在欧洲开启向前的发展，也无法说它进入了活跃的数学潮流。对于人类的意义是，它提供了(如果是真实的话)证据，说明数学天才并不专属于任何种族或民族。

117

三次与四次方程的根式解到 1545 年得到了本质上的解决(其中隐含的保留归因于当时缺乏对负数根和虚数根的理解)。这个最后胜利的历史中夹杂着一段暴力和欺诈，这即使对于随心所欲的 16 世纪也有点太过分了。卡尔达诺(1501—1576 年)的名字装点了每本中等代数教科书中有关三次方程解的部分，可是他的解是从塔尔塔利亚(Tartaglia)那里得来的；他答应后者保密，却将其作为自己的成果发表在 1545 年的《大术》中。这个有才华的代数学家也被尊称为占星家，他在这方面的杰作是基督的算命天宫图。据说除了其他那些容易让我们现代人的弱小心灵作呕的过分举动，卡尔达诺还割去了他任性的儿子的两只耳朵以示管教。

据说，塔尔塔利亚(名尼科洛[Nicolo]，1500—1557 年，意大利人；塔尔塔利亚是他的绰号，意思是“结巴”)曾经想用他在三次方程求解方面的工作让他的一项计划中的工作达到完美的地步。他的名字让人想起一个分开的上颚，传统上认为是一个能力低下的士兵用军刀劈刺造成的。当时该士兵正在履行自己的职责，参与屠杀塔尔塔利亚的家乡布雷西亚的居民。居民们躲到当地一所大教堂里避难。塔尔塔利亚当时只不过是一个 12 岁的男孩，被留下等死；多亏关爱他的母亲和舔他伤口的狗，他才幸运地生还了。成年的塔尔塔利亚为淘汰军刀做出了贡献，因为他在膛外弹道学方面做出了开拓性工作，并于 1537 年研究了投射物的发射距离，宣称当发射角为 45°时射程最远。

求解四次方程的工作也与当时的社会背景协调一致。做出这一贡献的主人公费拉里(Ferrari，1522—1565 年)在家庭关系上没有塔尔塔利亚那么幸运。据说他是被自己的亲姐妹毒死的。不过在文艺复兴时期的意大利，没有砒霜就好像嫩牛肉里面没放盐。

我们复述16世纪的这些意大利代数的传统秘闻，只不过是试图说明，即使在纯粹主义者可能会认为野蛮的时代，数学依旧可以生存并且繁荣；这也暗示，它可以在2 000年之后继续存活。我们无意滥用自己的伦理学妄评代数这场戏剧中的主人公，因为我们依照我们的原则生活，他们依照他们的原则生活。如果感到他们的内部关系奇特，觉得陌生，只要瞥一眼当今的国际关系，我们立刻就会释然了。在科学战线内部，对那些还在奋斗的年轻人来说，不幸的是，剽窃科学成果的事件依然存在。[4]

118

三次和四次方程的科学历史涉及的时间很长，可能至今还没有完全弄清楚。这段过程看上去如下所述。波洛尼亚大学的费罗(Scipio del Ferro，1465—1526年)在1515年求解了$x^3+ax=b$，并在1535年①前后将它的解告诉了自己的学生安东尼·菲奥尔(Antonio Fior)。然后，塔尔塔利亚解决了$x^3+px^2=q$，重新发现了费罗的解。菲奥尔不相信塔尔塔利亚能够解出三次方程，便向他挑战，要进行一次公开竞赛。竞赛中塔尔塔利亚解出了菲奥尔给出的所有方程，可是塔尔塔利亚给出的方程菲奥尔连一个都没有解出。

卡尔达诺不是一个蹩脚的抄袭者。他是第一个求出任意三次方程的3个(实数)根的人。当出现的根是(带有普遍意义的)复数立方根时，他承认存在不可约的情况(所有根都是实数)，从而做出了超越形式解的进展。由于他在1572年所做的工作，R. 邦贝利(Bombelli)最先认识到不可约情况下根的真实性。卡尔达诺也怀疑一个三次方程会有3个根，尽管他受到了负数和虚数的困扰。不过他最重要的进展是消去二次项。这其中包含着科学一般性的因素，但是他显然没有完全领悟这一点。

费拉里求解四次方程的工作(约在1540年)也出现在《大术》中。这里的解与现在代数教科书上的方法大致相同，它可以导出三次方程的求解。

这些三次和四次方程的求解方法，标志着丢番图和印度人的代数传统的确定的终结[5]。它们绝对是天才人物的神来之笔。现代数学非常不赞成单纯

---

① 原文如此。费罗在死前将解法传授给了菲奥尔，故疑应为1525或1526年。——译者注

的天才,它追求的是隐含的普遍原则。一个现代数学家从最少的假设出发,将某些特殊问题的解决办法表达为一种普遍理论的特例,这种普遍理论则与某种概念或者可以普遍应用的方法相统一。由天才人物孤立的奇思妙想获致的解更可能说明了理解的不充分,而不是证明了洞察力敏锐。某些特殊问题的天才解决者可能不失为数学团体中一名有用的成员;在这些问题上他发现了神秘现象,可以让比他更有能力的人剥去其神秘外衣,但是他自己不再被视为一个数学家;而把一个认为自己是数学家的人称为问题解决者,对这个人来说当然是一种无法原谅的侮辱。这是划分古代和现代数学的一条分界线。

119

我们或许应该问,为什么三次和四次方程的这些解法仍然存在于中学的代数课程中。任何有头脑的人都不会打算在数值计算中使用它们,而且它们鼓励使用巧妙骗局,实在是有害无益。这些16世纪的遗风应该废除,更多地介绍对二次、三次和四次方程的统一处理;自1770—1771年拉格朗日为自己定下论题,要找出为什么塔尔塔利亚、费拉里以及他们继承者的巧妙方法可以成功时,这种统一处理方法就出现了。该处理方法要比历史传统首肯的那些方法容易得多。

代数与三角学的开始

让我们略过大量次要的贡献,诸如二项式系数简表、帕斯卡算术三角形的前期工作、对于代数表示法的改进以及其他此类内容,来观察在代数和三角学方法上向着普遍性迈出的引人注目的第一步,并由此推及整个数学。那些最终通过缓慢积淀而加入基本数学行列的细节,即使经过修改,在重要性上也根本无法与努力在方法上达到统一的数学整体相比。这个方向的成功,一些差不多可以说是偶然成功——尽管谁都不明白,或者似乎也不在乎成功的原因——的小把戏堆砌成的博物馆变成了一门科学。

从特殊向一般的过渡最先在韦达(弗朗索瓦·韦达[François Viète],1540—1603年,法国人)的工作中清晰可辨。他和斐波那契一样,不是受过数学家训练或者以数学为职业的人。韦达的职业范围很广,从在军队中服役时的密码学者到政治家。他先后当过布列塔尼的议员、巴黎的政府高官,还曾经是国王枢密院顾问官。数学是他的娱乐。有些人诬蔑他的工作是夹杂着私人术语的冗长文章。即便这是真的，这点表面的瑕疵也无法掩盖韦达所发明的许多东西中普遍与统一的基本品质。

120　没有必要详细描述韦达的贡献。他对于二次、三次和四次方程的探讨就说明了其本质。他通过对未知数的线性变换消去了每一种方程的二次项。卡尔达诺已经如此处理过三次方程，韦达认识到这是通用步骤中的重要一步。对三次方程他又做了第二次有理变换，并在最后做了一次有关三次无理性的简单变换，这就得到了一个二次预解式，由此解三次方程被简化成了一些基本步骤；后来19世纪的方程理论证明，无论用何种方法，这些基本步骤都是不可或缺的。

在这项工作中我们也看到了线性变换理论的萌芽，它的衍生物通过以后的代数伸出了分支，然后以不变性的概念渗入了整个数学。在这里我们也看到了一种清醒的认识，就是把一个无法解决的问题简化，让它成为一系列已有定解的问题，以及有策略地进行统一与普遍化。韦达的四次方程的解法也有类似的科学性，并导向了已经熟悉的求解三次方程的问题。

在韦达的工作中，我们可以又一次看到数系有趣的妨碍作用。他很难理解负数根，尽管他注意到了已知方程的系数与其根的对称函数之间的最简单关系。他也考虑过把一个代数方程 $f(x)=0$ 中的多项式 $f(x)$ 转化成线性因式的形式。任何通向完整性或者是朝这个方向发展的证明都远远超过了那个时代的代数，而且实际上要到1799年才由高斯解决了这一问题——他给出了一个证明，证明结果在今天被承认是代数的基本定理[6]。

在韦达之前人们已经使用字母代替数字了，但是在大约1590年，他将这一方法作为一种普遍步骤应用于代表已知和未知数值。由此他完全意识到了，代数是比算术更具有抽象性的数学。这一发展是数学有史以来迈出的最重要的几步中的一步。只是到了19世纪，代数与算术才完全分离，那时的公理化方法使代数符号摆脱了任何必需的算术含义。

韦达改进了欧洲前辈的方法，给出了一个统一的代数方程数值解法。其本质意义在此提醒了人们，这种方法实际上与教科书中牛顿在1669年给出

121　的方法是相同的。尽管韦达的方法被其他人的方法取代，其历史意义却超

出了古文物研究方面的兴趣。如果这种方法再加上几个泰勒(Taylor)或麦克劳林(Maclaurin)级数中的项,那么除了可以应用于代数方程之外,它也照样可以应用于超越方程。

为应对一项挑战而探讨的一个45次代数方程表现了韦达的工作在三角学上的质量。韦达始终追寻那些隐含着普遍性的特殊问题,他曾经找出了如何把 $\sin n\theta$ (n 是正整数)表示为 $\sin\theta$ 与 $\cos\theta$ 的多项式的方法。他立即看出,对手的那个令人生畏的方程由与此对等的一个问题转化而来,那个问题就是如何把一个单位圆的周长平均分为45等份。要不是缺乏对负数的认识,韦达就会发现全部45个根,而不是他实际发现的23个了。比这一引人注目的壮举更重要的是,韦达在此告诉大家,三次方程可以用三角学方法求解。韦达的部分失败说明在他那个时代代数处在一种含混的状态,同时强调了,甚至到16世纪末,人们都没有清楚地认识到代数方程的根的含义。这种含混不清同样是由没有充分理解代数数系造成的。

韦达具有现代的或阿基米德式的自由思路,他在几何问题中应用代数和三角学——特别是在一切可能的情况下尽量使用代数来代替几何作图,就可以证明这一点。他在几何方面的确没有做出任何具有持久重要意义的发现,但是这无关紧要,重要的是他思想上的大胆。这种代数化的几何在其必要的限制条件下是系统的、普遍的,但是,如果把它称为解析几何的先驱,就远远超出了其应有的地位,似乎只能说它出现在真正的解析几何之前。解析几何的精神让数学分析和几何成为一个数学分支的两个互补的部分,韦达的工作中丝毫没有关于这一点的暗示。

韦达对三角学的主要贡献是他在其中系统地应用了代数方法。无论平面三角学还是球面三角学,他都自如地运用代数方法处理所有的6种三角函数以及过去得到的许多基本恒等式。

除了计算方面,韦达实际上已经完善了全部初等(非分析的)三角学。由于17世纪早期(1614年)发明的对数方法,所有计算工作都大大简化了。在对数出现以前,韦达于1579年扩充了G. J. 雷蒂库斯(Rhaeticus,1514—1576年,德国人)在1551年制订的数表,把雷蒂库斯的原来每10秒弧度一套数据增加到每秒弧度一套数据。刻意分开三角学与天文学的功劳通常归于雷格奥

122

蒙塔努斯(Regiomontanus,即约翰内斯·米勒[Johannes Müller],1436—1476年,德国人)于1464年的系统著作《论各种三角形》。

到了16世纪末期,初等代数还需要进一步完善,特别是在标记法方面,才能够成为我们教科书上的那种简单形式。不过到1600年,人们已经清楚地说明了未来发展的所有阳关大道。大量数学工作者遵循韦达指出的道路,取得了极大成功。他们许多人在把主要兴趣放在新数学上的同时,也顺带改进了代数标记法和技巧。在韦达之后,很长时间都没有再出现一位一流的代数学家[5],直到18世纪,拉格朗日的探索才使代数发展到了更深的层次。

为了总结韦达的工作,我们在此引用一位一流数学家的意见,他同时也是有关韦达在数学史上地位的数学史专家。德·摩根在1843年写下了下面的看法。

> 韦达是这样一位人物,即使我们略去几条他的成就不详细论述,也丝毫不会折损他的丰功伟绩——而这样的成就对于一个没有他那么伟大的人物来说可能是至关重要的。例如,他完全解决了直角三角形的解法,他在化圆为方近似问题上的几种表述,他在同一近似问题上的算术展开等。他的名声建立在两大基座之上。其一是对代数形式的改进,让他成为使这门学科变为一门纯粹符号化科学的第一人,因而让有能力的人们看到,他们可以在广泛的范围内容易地应用代数。其二是他在三角方面应用了他的新代数,并发展了三角学。在这一学科上,他首次发现了倍角间的重要关系;他还解经式地详评除法和求解所有方程的平方和立方根方面的古老规则……如果一个波斯人或者印度人在学习现代欧洲的代数时问:"这是我们假手穆罕默德·本·穆萨[Musa,即花拉子密]传给你们的科学,现在你们又回头来教给我们。不过作为单个的人来说,是谁迈出了可以最鲜明地标志这两者之间差异的关键一步?"答案必定是——韦达……那个断言卡尔达诺基本上掌握了韦达的代数的作者什么时候能够尝试一下,在半页纸上写下前者的成就,再把这半页纸与写下了后者成就的半页纸摆到一起,从而证明他的论断呢?

符号方法的发展

德·摩根所暗示的那种可以很容易操作的符号系统的重要性，就在于能让那些并非自己时代伟大数学家的人，毫不费力地从事他们最伟大的前辈都感到困惑的数学工作。举例来说，如果把工程师手册上的那些公式转换形式，用简单的修辞方式表达，允许使用缩略语，并用常规的记号表示经常出现的词语，恐怕阿基米德是能够理解的，可是在普通工程师看来它们就无异于鬼画桃符。一想到为了得到有用的信息，必须把这几个修辞公式结合起来，只怕现代的阿基米德都会望而却步。数学本身虽然不同于其应用，基本情况却是相同的。如果初等代数没有在 16 世纪末成为一门"纯符号科学"，那么解析几何、微分学和积分学、概率论、数论和动力学就不大可能在 17 世纪破土而出、蓬勃发展。现代数学发源于笛卡尔、牛顿与莱布尼茨、帕斯卡、费马和伽利略的发明创造，如果我们说，对于笛卡尔在 1637 年发表他的几何著作之后数学史无前例的发展速度，代数符号法的完善提供了主要贡献，恐怕也不算言过其实。因此，追随数学的进化，回顾初等代数符号法发展到今天这种成熟状态的各个阶段，注意一套有效的符号方法的缺失是怎样在数学的一些多产时期阻碍了其发展，就是一件很有意义的事情。两段概括性的评论也许能帮助我们厘清有些混乱的历史记录。

1842 年，G. H. F. 内塞尔曼（Nesselmann，德国人）在分析希腊代数的过程中注意到了代数的三个历史阶段，他很有概括性地将它们命名为修辞、简写和符号。在最初的修辞阶段，一个代数问题的陈述和解答都完全是文字的。我们不完全清楚为什么由此而来的结果还被称为代数，或许可以解释说，类似的问题与它们的解答在后来的简写阶段披上了一层至少可以让人想到符号方法的外衣吧。中间的简写阶段与第一阶段的区别仅仅在于用缩略语替换了那些相对常用的概念和操作。因此，简写"代数"是"数学是一种简略写法"这种欺人之谈的一个早期例证。如果代数只不过是一种简略写法，那么它对数学思想的基本点的贡献就不会给人留下很深刻的印象。在第三阶段即符号阶段，无论是其操作还是其概念，代数的表达完全符号化了，而且其作用远不止于此。

符号代数使用只要被动地加以注意就可以理解的规则，总结了一条条文字说理，用这样的过程代替了文字代数的过程，而后者让修辞和简写代数的修习者们不厌其烦地花费了大量的脑力。经过千百年来的试验方才获致的经验凝聚成机械的过程，通过最少的思维就可以应用和操作它们。如果有人抨击说这种差不多足以解决类似线性方程之类问题的手工技巧没有什么教育价值——这种攻击是时常发生的，那么它至少还有这样的好处：它可以解放数学家更具智慧的头脑，让他们得以探讨困难的问题，这些问题比任何让志向高远的希腊人、印度人、穆斯林和文艺复兴时代早期的代数学家困惑难解的问题还要困难。即使在初等数学中，现在仍然有足够的机会让生气勃勃并且多产的头脑一试身手。最后，代数中的符号推理在当前阶段隐含着广泛的普遍性和简洁的一致性。一个典型的例子就是1655年引入的负数和分数有理指数，它们在大约两个世纪后硬性规定的复数指数的令人满意的理论中达到了顶点，从而证实了它们的使用价值。

第二项概括性评论涉及数学符号方法的进化，隐含在对代数的三个阶段的认识中。随着代数发展，人们不再使用许多被视为同一类的成员的名字，而代之以一个对该类中所有成员都有意义的统一术语。而且，在一些情况下，只有这个类的许多成员在某些隐含的有理数性质(这些性质在发现时通常都很简单)下是统一的，它才具备统一性。当情况的确如此时，就可以给整个类赋予一个恰当的数字特征，以及一套满足有理算术演算的代数符号，将这个类在代数上的重要特征带入几乎是不自觉的操作技术中。例如，当人们最后意识到的时候，千百年来都遭到忽略的不那么明显的事实在今天似乎清楚了——$x, x^2, x^3, x^4, x^5, x^6, \cdots$各次幂在它们的指数1，2，3，4，5，6，…上是统一的，而未知数的幂的乘法可以用其指数相加的方法实现，数量难以想象的一大批命名混乱和效率低下的规则就此作古，数量上至少同样多的艰难思索也跟着它们随风而去。另一个类似的综合随着数字概念的成长而成长；这一综合同样起源于某种有理数性质，这种性质虽然被掩盖，却逐步被人类认识到了。此处仅举一个简单的例子：方程$ax^2+bx=c$和$ax^2=bx+c$，其中a, b, c都是正有理数。在负有理数得到人们正确而又自信(虽说不那么恰当)的处理之前，这类方程代表了代数学家的两大不同难题。运用负数之后可以把这两

125

个方程的解简化成一个单一方程 $ax^2+bx+c=0$ 的解，其中 a,b,c 都是有理数。

值得一提的是，在不到一个世纪之前的课本中，人们可以发现，这两个特殊的二次方程分别受到了独立处理，这是很奇怪的。不过当我们想起，高斯曾经坚持把 x^2 写作 xx，这或许也就不足为奇了；出于某种非数学的奇妙原因，比较这两种情况，谁也说不出哪种情况更浪费篇幅。对我们自己来说，我们称 x^2 和 x^3 分别是 x 的平方和立方，可能只不过是为了措辞方便，或者是由于一些古人在面积和体积的清晰术语方面特别有影响力而已。不过我们总是看到一些暗示：在不到几百年的时间里，平方和立方会从代数的辞典中隐退。在这期间，只要我们不用 x^4，x^5，x^6，…的一系列来自超空间几何的名字去折磨它（当然，如果我们要维持语言的纯洁性，这些名字本身还是必须保留的），就不会再有哪个学习代数的新丁会因为自己无法一眼看出平方同立方与 x 之间有什么关系而备受困扰了。但是，如同中世纪过于匆忙的忏悔者发现的那样，有时纯粹也会让人付出过多的代价。

正如我们已经提到的，巴比伦代数中没有使用符号，这就出现了如何认识修辞阶段和简写阶段的代数的问题。由于数学史专家们似乎一致同意，巴比伦人、埃及人、丢番图以及更讲究修辞的穆斯林都或多或少地涉猎过初等代数，因此是否使用符号就不是历史的标准，其中牵涉的并不单单是词语使用的问题。从符号使用在数学推理的发展中经常出现的决定性冲击似乎可以看出，问题的关键在于数学本身，而不是术语中的细枝末节。这里的代数概念比我们现在普遍以方程的解来定义的代数更古老。如果我们承认这一古老概念，就可以接受修辞阶段和简写阶段，承认它们是代数，而不需要进一步的资格；因此，这个一直发展到 19 世纪初的学科的整个历史就得到了某种误导性的统一和貌似有理的条理性。一个有些相似的代数概念指出，无论在文字上还是通过符号使用未知事物都应该是值得追寻的历史线索。可是其中内容太多，因为包括了按照预先给定的条件作圆之类的几何问题。为了充分缩小“未知事物”的范围，我们可以把它限制在数字范围——这是失去了它在解析几何上的说服力的限制。在其明显的意义上，所有的数学都是在寻求未知事物。除了可以让我们得到一个追踪符号学发展的线索之外，相对于其他过于数字

126

化的定义，这种有限制的范围定义还有一个显著的优势，就是它不会让代数学家或者分析学家声称所有数学其实都是他们的领域，就像有些几何学家已经声称的那样。

尽管存在这些反对意见，现有的数据似乎说明，为了追踪符号法的历史发展，无论以方程还是未知数作为线索都是一种方便的标准。而且在这种持续的发展中方程始终存在，仅仅这样一个事实就表明它是数学思想的一个最重要的方面，在始于 1801 年的近代时期许多研究关系的数学工作中它占据统治地位。在最初那些阶段，人们考虑的唯一关系是相等，经过三千年的探求，这个无所不在的概念才找到了它完全的代表形式。这或许可以成为当前数学最平常的方法进化缓慢的一个典型例证。

运算操作的符号化似乎比关系更容易。如果这是对事实的正确陈述，那么它与抽象的结构是一致的。但是在某一部分的成功显然不能明显刺激另一部分的创造力。直到不久前，符号方法的进展还处于杂乱无章的状态。

在现代数学中，一种有效的标记法的创造有时是偶然的，但通常是有意识的努力产生的成果。第一种情况的例子是$\frac{a}{b}$（不是 a/b），这项发明的全部价值是其创造者没有想到的。第二种情况，或许最惊人的例子是莱布尼茨关于 y 对 x 的导数$\frac{\mathrm{d}y}{\mathrm{d}x}$（不是 $\mathrm{d}y/\mathrm{d}x$）的表示法。在数学的历史上，没有任何人像莱布尼茨那样对一个理性地设想出来的符号如此敏感，对于数学符号的“哲学”，也没有人比他更不辞辛劳地探索。更近一些的例子是分数的 a/b 表示法和导数的 $\mathrm{d}y/\mathrm{d}x$ 表示法，这在某些方面说明了一种反向发展。人们抛弃了千百年来形成的习惯，以适应印刷机的缺陷——a/b 的现代发明者用这样一个重大原因解释他偏离习俗的举动。在我们当前的世纪，机器的缺陷同样会让人们愉快构想出的表示法“玩忽职守”（例如张量分析中出现的情况），直到印刷商认识到雇用有能力的工程师改良机器是有好处的。这是少有的例子中的一个，表明经济方面的原因简单又直接地与数学清晰的理想发生反应，而且这一反应对双方都有利。在$\frac{a}{b}$的情况中，其动机某种程度上是一种人道主义愿望，即缓和小孩子对粗鄙的分数的反感。

一个关于各种表示未知数的幂的方式的小样例，足以说明从修辞代数向符号代数演变的过程。公元前17世纪的阿默士曾使用一个被翻译成“一些”“某量”“许多”等词语的词来表示未知数。丢番图（公元3世纪）使用了一种简化表示来逐次代表未知数的幂：x^2 是“幂”，x^3 是“立方”，而“幂”和“立方”又（看来可能）用与之对应的希腊词的简写表示。不妨把这些简写记为 P 和 C；PP，PC，CC 则代表未知数的四、五、六次幂，依此类推。很明显，这种简化写法的背后有一个很基本的原理。用这种表示法同时代表几种不同的未知数时就会出现麻烦。运算法则方面的符号化发端也被归功于丢番图。他使用并列代表加法，减法则用一种特殊符号代表。这种符号的起源尚有争议，它可能是一个希腊词的首字母，或者是——如果真的不是来自一个缩略语的话——一个名副其实的运算符号。如果是后者，这就是向符号代数迈出的意义重大的一步。但是丢番图虽然用了希腊词“相等”中的头两个字母表示“等于”，在关系符号方面却无所建树。有些学者对于丢番图是否使用过任何符号表示法持怀疑态度，因为宣称丢番图使用过符号表示法，其根据仅仅是他死去大约一千年后有人写的一份关于他的数学成就的手抄本。

128

印度人和穆斯林都按照丢番图的方法，使用那种可以描述为加性并列的方法来表示未知数递增次幂。阿耶波多（公元5—6世纪）把未知数简写成 *ya*，其二、三、四、五、六次幂分别为 *va*，*gha*，*va va*，*va gha*，依此类推。他也提供了几种未知数的写法；其中 *ya*（第一个未知数），*ka*，*ni*，*pi*（第二、三、四个未知数）分别是黑色、蓝色这些色彩名称的缩写。运算符号则写在运算对象之后，用词语 *ghata* 和 *bha* 分别表示加法与乘法。这样，xy 就是 *ya ka bha*，其中 x 和 y 是未知数。取代相等的方法很合适，两个相等量的一个写在另一个的下面。表示“方根”的词是 *mula*；与其他词结合，就有 *varga mula*，*ghana mula*，分别表示“平方根”与“立方根”。*mula* 更可能是一个普通名词，而不是一个数学符号。一个更接近符号表示法的方式是一个数的负数，就是在这个数的上方画一个点或者一个小圆。说到穆斯林，则有花拉子密（9世纪上半叶），他用 *jidir*（根）来代表未知数，用 *mal*（幂）来表示其平方。凯拉吉（11世纪早期）用 *kab* 表示立方，然后通过并列组成了四、五、六、七等各次幂：*mal mal*，*mal kab*，*kab kab*，*mal mal kab* 等。穆斯林通常按照丢番图的方法，通过合并同类项来简化方程式。这两类人看来都被这种自然的简化方法引入了歧途。对一元方程意义重大的分类不是按照项数而是按照次数做的。后来的穆斯林虽然在原始符号方面很无能，却认识到了方程中二次方程之后的下一个问题是三次方程，这对他们来说可不是一件轻而易举的工作。

15 世纪后期，穆斯林通过在一个数字上面写下阿拉伯文"根"的首字母来表述平方根的方法，开始接近一种纯粹符号化的运算表达方法。我们或许可以将此视为简写表示与成熟符号表示之间的过渡阶段；在这个阶段，运算符号由特别设计的符号表示，这些符号的原始文字形态（如果有的话）已无法辨认。最后一种情况的一个例子是现在通用的等号。如果不是确切知道是雷科德（Recorde）在 1577 年出版的《砺智石》一书中发明了这个符号，人们很可能误以为它是中世纪速记法中一个词的变种。雷科德用"＝"表示相等是因为他似乎觉得，没有什么比"一对平行线段""更为相等"了——这让人不禁联想到有关"威廉和约翰"的评论：双胞胎"是非常相像的，特别是威廉"。但是雷科德具有符号学家对于终极完美的直觉，无论多么自负，他还是尽量设法与那些持简写观点的同代人保持良好关系。埃及人曾经在他们的象形文字中使用了僧侣书写体形式表示"相等"，希腊人使用的是他们这个词的头两个字母，阿拉伯人则用了他们的词中最后两个字母，直到他们倒退回完全的修辞代数时才完整写出"相等"一词。最后还是要由雷科德来采取正确的行动。

129

方程经历这三个阶段的情况，与更具有演算意义的幂表示法类似。在沃利斯（Wallis）于 1655 年用 x^{-n}，$x^{1/n}$分别表示 $1/x^n$ 和$\sqrt[n]{x}$时，幂表示法的逐步进化达到了高潮。希腊人的方程是半修辞半简写的，现在找不到多少代数符号表示法的痕迹。花拉子密的方程是纯修辞的；他的一个方程的拉丁文译文是"*census et quinque radices equantur viginti quatuor*"，即"未知数的平方（*census*）加上 5 个未知数（*radices*）等于 24"，也就是 $x^2+5x=24$。从下面的一个例子可以看出，16 世纪和 17 世纪的欧洲人在书写方程式上逐步达到了完全符号化。1545 年，卡尔达诺把 $x^3+6x=20$ 写成"*cubus p̄ 6 rebus aequalis* 20"，从中看不出 *cubus* 和 *rebus* 是同一个未知数的三次和一次幂。这里的 *p̄* 是"加"的意思。韦达用 C，Q 和 N 分别代表"cube"（三次方）、"square"（平方）和"number"（数字，即未知数），他也没有指出这些符号在 $IC-8Q+16N$ aequ. 40 中都代表同一未知数。最后,笛卡尔在 1637 年解决了这个问题(不过他没有用 x^2,用的是 xx),用 x, xx, x^3, x^4, x^6,…分别代表韦达的 N,Q,C,QQ,QC,…,于是用我们今天熟悉的统一形式表达了所有正整数次幂。经过几千年的努力,事情完成之后的结果看上去就是如此简单。

数学符号的发展也许可以(并且曾经)写成好多本书。或许差不多每个读过这些书的人都会同意,缺少合适的符号表示法限制了希腊算术学家和代数学家思考那些可能成为他们的问题的特殊例子,并使印度人和穆斯林未能创造出一种普通青少年都能掌握的初等代数。 130

131

第七章　现代数学的起步

1637—1687 年

历史的简述有时可能诱使我们用确切的年代将人类的历史进程人为地划分成每 100 年或每 50 年一个阶段。在刚刚走过了这样一个关键的 50 年之后，我们或许有理由怀疑，另外一个这样的年代更多的是想象而不是真实。即便如此，人们通常认为，从 1637 年至 1687 年的 50 年是现代数学的源头。1637 年是笛卡尔的《几何学》出版的时间，1687 年则是牛顿的《自然哲学的数学原理》出版的时间。[1]

我们将用对待希腊的黄金时代一样的方式讲述这个丰饶的时期，仅仅选取那些对所有数学的发展而言，其重要性超过众多有趣细节的贡献。有些略去的事件将在后面的章节中提到，它们可能会自然而然地融入其中，不会打断主要脉络的连贯性。我们将看到，在这一时期，无穷级数有了引人注目的发展，但其重要性与微积分相比只能屈居二流。我们要用现代工作的眼光最恰如其分地描述莱布尼茨在符号逻辑上的贡献，这将在最后一章中提及。也许值得在此专门提出一次：数学本身使其创造者黯然失色；我们的兴趣主要在于数学本身；我们在此提到的每一个人所做的工作都不止这里所描述的几件，但是长期以来，只有古物研究者对许多被略去的工作有兴趣。

132

相比其他人的工作，我们要在这里回顾的一些人的工作与现代数学的创建有着更直接的联系；因此，我们将更加广泛地关注他们，可能超出了纯粹不偏不倚的立场。就像毕达哥拉斯一样，随着时间的流逝，他们作为个人无疑会消失，只存在于数学中；但是现在他们与我们如此贴近，不仅仅是一些依附于数学的抽象名字。

这些现代数学的杰出首创者并不只是一群人中的六七个卓越的人物，他们的成就高踞于绝大多数前辈和后来人之上。这些人现身之后，其他人要想在数学上取得显著的成就就更困难了，只因为他们利用自己强大的方法，突然间提升了数学的整体水平。举例来说，在笛卡尔给了几何学家翅膀之后，他们就不必被迫在 5 个圆锥曲线和几个简单的高次平面曲线上爬行了。是否这些人中最有独创性的也要感激他的前辈中最卑微的人，这一点是可以讨论的。但是他们在观念的普遍性上有无可比拟的优势，几乎让我们认为他们都是周围环境的偶然事件引发的突变的产物，而不是有序、渐进的缓慢进化的最终产物。

五大主要进展

现代数学起源于 17 世纪的五大主要进展：费马（1629 年）和笛卡尔（1637 年）的解析几何；牛顿（1666 年与 1684 年）和莱布尼茨（1673 年与 1675 年）的微积分；费马和帕斯卡的组合分析（1654 年），特别是他们有关概率的数学理论；费马的数论（约 1630—1665 年）；伽利略（1591 年与 1612 年）和牛顿（1666 年与 1684 年）的动力学以及牛顿（1666 年与 1684—1687 年）的万有引力。

与上述五大进展一起的还有另外两个新方向的分支，它们对以后的进展产生了影响，因此值得在此一提：笛沙格（Desargues）和帕斯卡的综合射影几何（1636—1639 年）及莱布尼茨开启的符号逻辑（1665—1690 年）。

在这个世纪的前 50 年，对科学的反动敌意继续进行着它们注定要失败的斗争，并在 1633 年宗教裁判所对伽利略的谴责声中达到了徒然的高潮。只过了 4 年，在荷兰安全无虞的笛卡尔就出版了他的杰作。这一时期和其后不久建立的科学团体部分抵消了对科学的不宽容态度，这里只需要提到其中影响力最大的三个。其中一个是 1662 年在伦敦成立的皇家学会，牛顿在 1703 年至 1727 年间任主席。1666 年法国科学院（巴黎）在一些学者举行的非正式会议上成立，这些学者包括梅森（Mersenne）、笛卡尔和米多尔热（Mydorge），他

133

们主要是数学家。1700年在莱布尼茨倡导下柏林科学院成立，莱布尼茨是首任院长。巴黎和柏林的科学院对纯数学的兴趣一直比英国的皇家学会更加浓厚。

在17世纪和18世纪，无论如何评价这三个科学团体和其他团体对科学发展的重要贡献都不算过誉。它们对科学的共同作用远远超过了大学。它们的一个主要作用就是发布团体成员的研究成果。比这更重要的是，在依旧受到宗教偏执威吓和充满学术偏见的社会中，每一个科学团体都提供了活生生的榜样，那就是一群睿智而有影响力的人。到了17世纪末，科学成长壮大，已经无惧那些肆意攻击了；于是内耗就开始产生作用，由于互相争斗，科学缺少了联合起来对付共同敌人的能力。

数学迅速发展的一个引人注目的特点是连续和离散的部分都在同时进步。在连续方面的发展大概是可以预期的，而在另一方面的发展却看似是偶然的现象。无论是算术排列组合那样多少有些无足轻重的小玩意，还是在靠碰运气取胜的游戏中的非系统观察，都不足以解释完备的概率论基本原则的横空出世。

在所有这些新知识中最丰富的是微积分；正当几何跨入分析领域的时刻，它从连续——除了孤立的奇异点之外——的函数中获取了大部分的生命力。于是它提供了无穷数量的曲线和曲面供几何学家利用；几何学家又运用微积分的方法来发现和研究那些从方程上不能直接看到的例外点，诸如尖点和拐点。

134　毫不让人意外的是，在成为公共财富之后的一百多年里，微积分及其在几何、天体力学和力学方面的应用吸引了几乎所有最有能力的人，而组合分析、数论、代数(除了表示法方面的进展和笛卡尔在方程方面的工作以外)、符号逻辑和射影几何则相对受到了忽视。在两千多年的时间里，几何与天文学一直在大师们的著作中统治着数学传统。现在，经典几何与天文学上的所有难题终于有了普遍的解决方法，有了将它所碰到的一切都变成金子的哲人石。那些连为阿基米德作图时在地上撒沙子都不够资格的人，轻而易举地解决了可能让阿基米德都束手无策的问题。莱布尼茨在1691年夸口说："我[和牛顿]的新微积分……通过一种分析的方法给出事实真相，而无须费力想象——这种想象常常只在偶然的情况下才能成功。这让我们拥有了比阿基米德更多的优势，正如韦达和笛卡尔曾经给我们提供了比阿波罗尼奥斯更多的优势。”这话并没有夸张。

牛顿和莱布尼茨的微积分终于提供了人们长期梦寐以求的工具，可以研究一切形态的连续性，无论是在自然科学还是纯数学的领域。所有连续的变化，无论是动力学上的还是热流与电流上的，现在都可以用微积分及其现代新发展从数学上加以探讨。在力学、天文学和自然科学中，最重要的方程是微分方程和积分方程，这两者都是17世纪微积分的自然发展。在纯数学领域，微积分忽然发现了人们从未梦想过的新大陆，有待人们去探索和整理；例如人们必须创建那些满足微分方程的新函数，无论这些微分方程是否带有事前规定的初始条件。所有这些方程中最简单的一个，$dy=f(x)dx$，就在某种意义上定义了积分学；而与之对应的积分$\int f(x)dx$本身就暗示了根据$f(x)$的形式而变化的一系列的函数变种。

在离散数学领域，连续的重要性退居次位。组合分析主要关心的是一类离散物体的子类之间的关系，例如在一个已知可数类的成员之间排列与组合的相互关系。费马和帕斯卡于1654年在概率论方面的工作把组合分析从数学娱乐的水平提升到了严格的实用数学的水平；而从概率的数学理论诞生到应用概率成功计算出死亡率表，这中间只花了大约50年时间。在现代组合分析中，要获取那些超出实际精确计算范围的公式的可用约值，微积分也是不可或缺的。[2]

135

费马创造的现代数论是离散数学领域的另一个巨大进展，但是它在很长一段时间里只局限于研究全部有理整数类的子类间的关系。从大约1850年起，许多数论学家扩展了费马及其后继者的经典理论，将其推广到了一个比原来宽广得多的有理整数类范围。数论对所有数学的贡献都是在发明新方法的过程中间接实现的，尤其是在现代高等代数中，其次是通过适用于有理整数相关问题的数学分析。反过来说，如果不是数学分析提供了可能性，现代数论的大片领域根本就不会存在。

关于数学被淘汰的部分和保留下来的部分，综合射影几何与符号逻辑的经历是有趣的写照。我们将在后续章节中提到这两种学科，这里只想谈谈它们的命运和 17 世纪其他创新的相同繁荣之间显著的区别。综合射影几何在被笛沙格与帕斯卡发明之后一直很沉寂，直到 19 世纪初情况才有所改变，那时它极受那些不喜欢数学分析的几何学家青睐。莱布尼茨有关数学科学演绎的幻梦一直休眠到 19 世纪中期，甚至在那时，也只有少数人对此感兴趣，尽管莱布尼茨预言过符号逻辑对于所有数学的重要意义，而且他本人也在类代数方面做了一些引人注目的工作。直到 20 世纪的第二个 10 年，数理逻辑才成为数学的一个主要分支。综合射影几何最终完全退出了历史，人们可以听到它无可奈何的哀叹：尽管经过重大革新，但它本质上还是古希腊的方法，在与笛卡尔及其后继者创造的分析法的竞争中根本无能为力。

综上所述，十分清楚的是，继阿基米德、欧几里得和阿波罗尼奥斯的时代以后，笛卡尔、费马、牛顿和莱布尼茨的时代是数学的第二个伟大时代。如果只能用一个词来说明新旧数学的根本区别，我们大概可以说：旧数学的灵魂是综合，而新数学的灵魂是分析。

136

“前期工作”

在继续讲述具体的进展之前，我们必须处理一个纯粹的历史问题，此后将不再讨论它。这个问题与大量因流产或绝嗣而没有进入现存的数学的那些想法有关。

在 17 世纪每项主要进展的背后，都有许多在这个大方向上前进的小步骤，这种小步骤中的一些局部进展差点达到它们自身都未察觉到的目标。至少我们现在很容易这么想。回顾这些努力时，一些内心慷慨的人可能会认为，如果没有这些停滞的步骤，最后的成功可能会长时间地推迟甚至根本无法实现。但是在解析几何与微积分的具体实例中，对相关数学（而非情感）的考察，让大多数专业人士确信这种所谓前期工作是虚幻的。特别值得注意的是，这是亲手创造数学的人们的意见，他们从令人窘迫的经验中知道，回顾时能够看清许多前瞻时完全无法看到的东西。

追溯过去，我们能够追踪解析几何进化的轨迹，例如，我们可以回到喜帕恰斯的时代，甚至回到古埃及人的时代。如同每个记录行星位置的天文学家一样，喜帕恰斯使用坐标，特别是纬度与经度。但是使用坐标并没有赋予任何人发明解析几何的优先权，甚至广泛地使用图形也不代表拥有这种优先权。任何一个学习了头三个星期解析几何课程的聪明学生都能理解，解析几何与在画图时使用坐标之间相差十万八千里。这些事情都发生在解析几何之前，只在这层意义上，才能说这种相对幼稚的活动是解析几何的前期工作。这也是大部分职业几何学家的看法，他们在这方面的资格或许不亚于任何人。

我们只能建议读者在别的地方[3] 阅读详细参考资料，这些资料评价了一系列充满感情的断言，并加以反驳。这些断言说，一些早期数学家为笛卡尔和费马分别独立发明的解析几何"做出了前期工作"，其中尤其包括阿波罗尼奥斯、尼科尔・奥雷姆(Nicole Oresme，14 世纪)和开普勒。为了保持平衡，并在整合数学史上众多不同专家意见之后表述一个不偏不倚、绝对公平的明确例子，我们给出另一条评价这些"前期工作"的参考资料，它支持完全相反的结论。[4] 从两方面都很容易找出几十条意见；不过选出的这两条足以让任何有兴趣的读者熟悉这个问题，并从中得出自己的认真评价。

137

这些 17 世纪的主要进展中，每种都有某个确定的步骤，这一步骤让人从困惑中发展出一种新的方法。牛顿本人就曾经这样谈到在微分学上给了他灵感的东西："费马画切线的方法"。

不过，在微积分上确实有一位"前期工作者"——B. 卡瓦列里(1598—1647 年，意大利人)，他所做的"前期工作"有持续的恶作剧效应，因此值得我们在此多费笔墨，而不是一笔带过。卡瓦列里有关不可分量的方法持续地搅扰着千百位讲授初等微积分的教师的心神，让他们必须从自己学生的心灵中根除无穷小量的异端概念。

在美国，可以从一代学院教师那里找到许多这种基本的模糊概念的痕迹——他们在自己学习的立体几何基础课程中受到了卡瓦列里不可分量法的填鸭式灌输。他们的初等几何课程包含一部分诱骗式的内容，有些教科书作者称之为卡瓦列里体；而这些不可分-可分的非实体与其他荒诞事物混合成的反复教诲，在三维空间测量中形成了灾难性的荒谬后果。

卡瓦列里没有给微积分做什么前期工作，而是对微积分犯下了不可饶恕的罪行。如果不是他弄出了不可分量，且这种理论被几十位原本很有理性的人吸收，而他们后来又成了学院里的教师，那种一个无穷小量是一个“小零”的普通谬论会早两代人的时间消亡。

卡瓦列里的无穷小量在历史上的作用是无可否认的，或许有些历史学家就因此姑息了其臭名昭著的过错。它们受到了坎特伯雷大主教托马斯·布雷德沃丁(Bradwardine，13世纪)博学的苦心著作和托马斯·阿奎那的次数学分析的启示。由于卡瓦列里从来没有明确地定义他的不可分量，原谅他的那些人可以随意地把它解读为他们认为应该有实际上并没有的内容。但是如果说他在1635年发表的神秘阐述有什么意义的话，其意义就在于他把一条线看作由点组成，就像一根绳子由可数却无量纲的珠子组成；类似地，他把一个表138面看作由没有宽度的线组成，一个立体则是由一叠没有厚度的表面组成的。即使这需要耗费4年时间，一个勤勉的教师也应该从他的学生那里剔除这种东西。

一种对不可分量有利的历史论点是莱布尼茨了解这些东西。即便如此，也无法让卡瓦列里成为微积分的前期工作者。我们不久就会看到，牛顿清楚地认识到不可分量在理论上站不住脚；而且，尽管他没有完全厘清自己的难题，却没有把谬误当成有效的推理。这就是一个想象到了微积分的人与一个没有想象到微积分的人之间的差别。读者可以很容易找到对卡瓦列里的工作有相反评价的论著。

笛卡尔、费马与解析几何

勒内·笛卡尔(1596—1650年，法国人)更广为人知的是他的哲学家而不是数学家身份，尽管他的哲学观点很有争议而他的数学成就没有争议。

笛卡尔出身于法国的一个小贵族家庭。他的母亲在他出生后不久就去世了，不过一位非同寻常的仁慈父亲和极有能力的保姆弥补了这一缺失。笛卡尔在拉弗莱舍的天主教耶稣会会士学院接受了人文学科的广泛教育，之后又在巴黎生活了两年并自学了数学，然后于1617年在荷兰的布雷达加入了奥兰治亲王莫里斯的部队，成为一名文职军官。1621年笛卡尔退伍，部分原因是他已经看够了军旅生涯，无论是主动或是被动的；另一部分原因，据他所说，是他在 1619 年 11 月 10 日夜里做的三个梦。这三个梦预示着他的哲学和解析几何的起点。

他余生的许多时间是在荷兰度过的，为了避免可能的宗教迫害，他在那里比在法国更安全。这是他多产的年代，虽然他希望过平静的生活，却无法隐藏他伟大的思想。无论在什么地方，那些思想与他类似又敢于像他那样思索的人都在议论着他正在思考什么的传闻。巴黎的 M. 梅森神父（1588—1648 年，法国人）是法国知识界与保持合理谨慎的笛卡尔之间的牵线人，主要通过他的努力，笛卡尔的名声传遍了整个欧洲。

1637 年，笛卡尔出版了奠定他伟大数学家声誉的著作《谈谈方法》，其中第三个也是最后一个附录《几何学》中包含了那项足以颠覆数学基础的发明。

139

在生命的最后几个月，他成了年轻而倔强的瑞典女王克里斯蒂娜（Christina）的私人教师。斯德哥尔摩严酷的寒冬和他的皇室学生不体谅人的要求造成了他的死亡。在笛卡尔的年代，实验科学刚刚开始向傲慢的纯思维理念挑战，与那个时代的理念一致，他用在哲学上的精力多于用在数学上的。不过他极为欣赏自己在几何方面的新方法。在 1637 年给梅森的一封信中，笛卡尔说“我并不欣赏自我赞扬”，然后接着说：“……我似乎觉得，在有关曲线的本质和性质以及如何检查这些曲线的第二卷中，我给出的东西远远超出了普通几何学的范畴，就像西塞罗的修辞远远超越了儿童初级识字课本的程度。”[5]

有关几何学的这篇著名附录[5]由三卷组成，其中第二卷最重要。第三卷主要研究代数。用当前使用的术语重新叙述一下笛卡尔所做的发展的基本特点应该就足够了。[6]

一个平面曲线是由一些特殊性质定义的，这条曲线上的每一点都包含这些性质。例如，一个圆是一点在平面上的轨迹，该点与一个固定点的距离是一个常数。曲线上任一点都由其坐标 x 与 y 唯一确定；当那些定义这条曲线的特殊几何性质可以表达为一种由函数 f 标志着的坐标 x, y 之间的关系时——此处 x 与 y 代表曲线上任意一个点，那么这个有关坐标的方程 $f(x,y)=0$ 就完全代表了这条曲线。

于是在平面曲线和具有两个变量 x, y 的方程之间建立了一一对应关系：

每一条曲线都对应着一个确定的方程 $f(x,y)=0$，而每一个方程 $f(x,y)=0$ 都有一条确定的曲线与之对应。

进而言之，方程 $f(x,y)=0$ 的代数及分析性质与曲线的几何性质之间有类似的对应关系。就这样，几何被约化成了代数与分析。

反过来说，分析可以用几何的语言描述，对于分析和数学物理这都是一个多产的源泉。

笛卡尔用分析的方法改写了几何，其中隐含的意义不言而喻。这种新方140法不但让人们能够系统研究已知的曲线，而且更深层的意义在于，它有潜力跨越综合方法概念的领域，进而开创一个全新的几何天地。

笛卡尔也看到了，他的方法同样可以有效应用于曲面；这里的对应关系则是在几何定义的曲面与带有 3 个未知数的方程之间。但是他没有发展这项工作。一旦扩展到了曲面，几何学就没有理由在 3 个未知数的方程面前止步不前；而把方程系统扩展到带有任意确定数目未知数的普遍化工作，在 19 世纪就轻而易举地完成了。最后，在 20 世纪，这方面可能有的最大扩展确立了无限不可数维空间。最后说到的空间并非数学的想象，它们是现代物理复杂分析中许多工作的极其有用的框架。从笛卡尔到高维空间创造者之间的道路笔直而通畅；引人注目的是，不知为何，人们没有更早地进行这次旅行。

可以顺便提到另一条从笛卡尔到今天的笔直的道路。平面(曲率为零的曲面)上任意两点(x_1,y_1)，(x_2,y_2)之间距离平方的公式$(x_1-x_2)^2+(y_1-y_2)^2$暗示了在微分几何中任意维的任意空间内——无论平面或曲面，连接相邻点的线元的平方的相应公式是二次微分型。这一漫长进化的出发点是毕达哥拉斯定理。

笛卡尔的表述方式在细节上与现在通用的有些差别。他只用了一条 x 轴而没有提及 y 轴。他通过方程计算出了每一个 x 值对应的 y 值，从而得到了 x 和 y 的坐标。使用两条坐标轴显然不是必需的，却是方便的。用我们今天的术语来说，他使用了直角轴和斜轴的对等物。但是在一个重要方面，他的进展受到了不必要的限制。他只是在第一象限上考虑方程，因为他就是在那里把几何转化成代数的。这个一贯却不必要的限制导致了在把代数转化回几何时令人费解的异常现象。在解析几何发展和人们勇敢地使用负数的过程中,这一限制解除了。到了欧拉在 1748 年整理前人的工作并加以发展时,实际上无论是平面还是立体解析几何都已经完善了,只是需要在 1827 年引入齐次坐标。

141

笛卡尔的新方法并没有完全得到同代人的赞赏,部分原因是他刻意采取了一种相当晦涩的风格。当几何学家看到了解析几何的确切意义之后,它就迅猛发展了起来。然而直到微积分发明以后,解析几何才真正找到了自己的天地。早在 1704 年,牛顿已经能够把所有的三次曲线归为 78 个种类[7]——除了 6 种之外他全部列举过。高等平面曲线几何上相对早期的这项工作格外引人注目,是因为它讨论了曲线在无穷远处的性质以及牛顿未加阐述的断言,即所有这些种类的曲线都可以通过曲线 $y^2=ax^3+bx^2+cx+d$ 的射影("影子")得出。如果我们想到,仅仅在牛顿发表这一工作的 67 年前,几何学家还一直在用阿波罗尼奥斯的综合方法艰苦地解剖其他那些"影子"——圆锥曲线,根本就无从梦想牛顿的三次曲线,我们就会认识到笛卡尔在几何学上引发的革命有多宏大。

根据笛卡尔对他的方法的解释,他显然对难以理解但却是分析基础的"变量"和"函数"都有着直觉上的把握。而且他还凭直觉知道了连续变化的概念。在他之前韦达曾经用字母表示任意常数;笛卡尔知道他的方程中的字母代表的是变量,而且清楚地认识到了变量与任意常数之间的差别,尽管他没有正式定义变量和常数。这一发展对于他死后 16 年就出现的微积分的意义是很明显的。

从他两项次要的却对几何学很重要的工作中,可以看出笛卡尔在普遍化上的发展。他按照代数曲线的次数分类,并意识到,两条曲线的交点可以通过求解它们的联立方程得出。最后一项其实是超越了所有过去使用过坐标的人的重大进展:笛卡尔看到,可以将无穷多的不同曲线用于同一个坐标系。在这个特定方面他远远超过了费马,后者显然忽视了如此关键的事实。或许费马认为这是不言自明的,但是他的工作中没有任何地方可以毫不含糊地说明这一点。

笛卡尔还在继续追求普遍性,他把所有的曲线分成两大类,分别是"几何曲线"和"力学曲线"。这很有趣,却不那么有启发。他按照(用我们的术语来

142 说)一条曲线的导数(dy/dx)是代数函数还是超越函数来定义它是几何曲线还是力学曲线。这种分类方法很早以前就被废弃不用,却让我们看到了笛卡尔思想特点的一个有趣侧面。超越曲线的当前定义是牛顿在他有关三次曲线的工作中给出的,即一条与某直线有无数个交点的曲线。

此处不需要描述笛卡尔找出切线与垂线的方法,因为这并没有什么启发意义。费马的方法经牛顿改进,迅速取代了这种方法。费马求取切线的方法相当于找到一条割线的极限位置,与今天用微积分所做的完全一样。当我们想到,如果已知其斜率 dy/dx,可以通过简单的欧几里得作图法画出在一点(x,y)上的切线,这个概念在历史上的重大意义就很清楚了。人们认为费马为牛顿发明微分学做出了前期工作,其根据就是费马有关切线的方法。这也是与笛卡尔有着持续争论的问题。

我们转而讨论费马以及他在解析几何这一发明中的作用。他的工作是在笛卡尔之前完成的,这一点现在已经没有疑问了。但是他 1629 年的工作到了 1636 年才传达给别人,而且是在他死后的 1679 年发表的。因此他的工作不可能影响到笛卡尔的发现,费马自己也从来没有暗示过有这样的事。

如同牛顿和高斯一样,费马是那种相对稀少的一流天才人物,只要科学工作本身出了成果,他就觉得有了回报,而对公众宣传没有兴趣。在现代经济条件下,除非一个科学家想在黑暗中饿死(当然没几个人想这么干),否则掩盖自己的锋芒是十分不明智的。当然,现在很难说面临饥饿的可能性对于过去那些更超然的科学家有何种影响。他们中的一些人有可靠的经济来源,做不做科学工作对生活都没什么影响。而对今天的人们来说,科学或者数学是他们唯一的生活来源;因此,若用一种过去可能从未存在的假定来衡量他们的职业道德,这恐怕是一种扭曲的尺度。因为我们现在还没有证明,精神世界的充实是否可以对抗肚腹的空虚并战胜后者。在费马的事例中,不知是由于终身的经济保障还是过分的谦逊,他认为发表成果是非常微不足道的事情,结果他超人的天才在他自己的时代里完全不为人知。那时候几何学家追随的是笛卡尔而不是费马。

143 皮埃尔·德·费马(1601—1665 年,法国人,出生日期有争议)把数学视为一项业余爱好。与韦达一样,他从事的是法律工作。作为图卢兹地方议院的法律顾问，他过着一种平静而有规律的生活，因而有足够的业余时间从事喜爱的研究。除了是一流的数学家以外，费马也是有造诣的语言学家和古典学者，因此他可以阅读第一手的古希腊数学杰作。

在大约 30 岁之前，费马从来没有觉察到自己超常的数学能力，甚至 30 岁时，他似乎也很少意识到他的数学能力何等伟大。从他的信件中我们会产生这样的印象，他认为自己是相当有天分的人物，能够偶尔做出比阿波罗尼奥斯和丢番图好一点的工作，却完全无法与那些古代大师相提并论。只要不是打算刺激人，这样真诚的谦虚是非常迷人的：今天的数论学家肯定愿意出大价钱来换取一个机会，一瞥费马肯定发明了却没有发表的东西。费马对于发表成果漠不关心，好在他通信时从不吝惜笔墨，因此部分补偿了数学界的损失。

我们已经谈过用一个坐标系来描绘任意数量的曲线的成果，除此之外费马的解析几何[8] 似乎与笛卡尔的同样普遍。他的解析几何也更完整、更系统。[9]到了 1629 年（来自费马本人的记录，因此无可置疑），他已经发现了直线的一般方程、圆心在原点的圆的方程，以及椭圆、抛物线和等轴双曲线的方程，其中最后一个涉及其渐近线——坐标轴。

1638 年，在笛卡尔发表了他的几何著作之后，费马在与他的通信中说到了现在公认的求切线的方法。这一方法起源于费马对极大值与极小值的研究，在研究过程中，费马采取了基本上与今天的微积分方法相同的途径。他的方法相当于：求 $f(x)$的导数 $f'(x)$并令其为零，从而得到 $f(x)$取极大值或极小值时的 x 值。从几何上说，这就相当于找到在曲线 $y=f(x)$的那些切线平行于 x 轴时的点的横坐标。他没有像一个完整的讨论所必须做的那样，继续求取 $y=f(x)$的二阶导数，或运用与此等价的几何方法去确认令 $f'(x)=0$ 的点给出的是极大值或极小值。他同样也没有单独研究这种在极大值和极小值问题上含糊出现的求导数的计算。笛卡尔或者是没有掌握费马方法的高超之处，或者是因费马的高超而苦恼、不愿意承认。总之，笛卡尔在他们两人争辩有关切线的问题时有些刻薄。　144

关于极大值和极小值的工作，费马至少有一项积极的成果保存了下来，那就是光学[10] 上最短时间[11] 的费马原理。这是自然科学中伟大的变分原理中的第一个（1657 年，1661 年）。

现在就要转而讨论牛顿及其微积分了，所以我们可以在这里简单地考虑一下，以上这些有关费马的叙述隐含了些什么。如果我们接受这些成就的全部价值，就让费马成了微分学的一个发明人。18 世纪最伟大的数学家拉格朗日就是这样接受其价值的。但这一结论并非没有争议。

意见的分歧似乎取决于费马对曲线上最初“邻近”，却最终重合的那些点的含蓄理解。为使 $f(x)$ 达到极大值或极小值，费马用 $x+E$ 代替了 x，其中 E 是接近但不等于零的数。然后他让 $f(x)$ 等于 $f(x+E)$，简化了代数，除以 E，并最后让 E 等于零。[12]

如果这是合法的微分学，那么费马就是这种微分学的发明人。如果这不是微分学，它似乎也不比历史上的其他竞争者更不合法。牛顿在 1704 年的详细阐述中解释了 x^n 的“流数”（此处 n 是任意有理数），其中使用了 1676 年他的二项式公式，展开了 $(x+0)^n$，从而确立了 $(x+0)^n-x^n$ 的差值。然后他说：“现在让我们忘掉所有这些推导[即 $(x+0)^n-x^n$ 和 0]，它们最终的比率将是 1 比 nx^{n-1}。”这就是他的“最初比与最终比”的方法。用我们今天使用的莱布尼茨式表达来说，牛顿就这样发现了 $\mathrm{d}x^n/\mathrm{d}x=nx^{n-1}$。

结论似乎是，要么在 17 世纪没有任何人发明了微分学，要么费马是微分学的发明人之一。援引牛顿有关极限的概念无助于澄清这一问题，因为在他发表的东西里面，他并没有发展一种极限的理论。在这一有争议的问题上，每个人都必须在认清了证据之后发表他的理解。

在结束关于解析几何发明者的部分之前，我们可以叙述笛卡尔的三件发明，尽管只有第一件与几何相关。笛卡尔发明了幂表示法 $x, xx, x^3, x^4, \cdots$，而且最后突破了古希腊在几何学上只承认上至一、二和三次幂的传统（“长度”、145 “面积”和“体积”）。在笛卡尔之后，几何学家意识到了欧氏空间中数字的可表示性——因为一个方程中的所有项都与分析中的几何解释无关，就能不再有顾忌地自由使用三次以上的幂。[13]

待定系数原理也是由笛卡尔首先陈述的。现在任何称得上是对该原理的证明的论述，都超出他那个时代的数学水平大约 200 年。第二个关于代数的杰出发明每本方程理论教材都会提到，就是著名的符号规则。这是第一个有关代数方程根的本质的普适标准。即使它并不总是给出有用的信息，也极好地说明了笛卡尔在普遍化上的天赋，正是这种天赋成就了他这样一位数学家。

牛顿、莱布尼茨和微积分

关于牛顿微积分的历史，在其同代人与他之前不久的前人的著作中找到“前期工作”的企图，或许比数学上其他任何主要发展中的类似意图都更强烈。我们现在知道了微积分的内容及其在几何和基本运动学方面的作用，就可以回顾那些领域的各个发现，并从中找出我们现在所理解的向微分学迈进的步伐。然而这些发现者有时令我们十分惊愕，他们竟然完全错过了现在看上去如此简单直白的事情。在做出下面的每个发现时，他们都没有继续向前迈出现在看来似乎是一小步的那一大步；假如为那些他们本可以迈出却未能成功的步骤而赞扬他们，这只不过是纯粹出于感性的浪漫主义而已。

为了练习区分数学上的洞察与事后的肤浅预言，学习微积分的学生可能希望用艾萨克·巴罗（Isaac Barrow，1630—1677 年，英国人）的“微分三角”检测一下他们的评判能力。这有些像费马的风格。我们不理会这一点，而是坚持普遍接受的传统，保持这一假说，即牛顿确实在他的微积分中做了些新工作。

艾萨克·牛顿（1642—1727 年，英格兰人）是一位自耕农的遗腹子，出生于离林肯郡的格兰瑟姆不远的地方，并在那里度过了他的童年。童年时期他只是被动地学习课程，到了十几岁时却突然开了窍。他早期发明的那些让自己和童年伙伴高兴的玩具展现了他不容置疑的实验天赋。有趣的是，牛顿和笛卡尔幼时都很纤弱，因此有时间思考，并发展自己的个性；而那些更粗犷的男孩正忙于相互争斗，争当孩子王。他们在成人的时候都成了刚强的男子汉，笛卡尔是通过军旅训练，牛顿则秉承了农民祖先的刚毅。

146

散漫地尝试学习了点农活之后，牛顿在 1661 年（时年 19 岁）被送到了剑桥大学三一学院求学。据我们所知，他的大学生涯并不特别出众。在去剑桥之前他浏览过欧几里得的《几何原本》，据说还戏称这本书为“一本小玩意”。但是后来他明白了欧几里得的本意之后，就修正了当时的草率断言。他在自己的著作中提到欧几里得时带着明显的尊重。他至少赞扬了《几何原本》第十卷，因为这一卷让他感到困惑的内容“非常少”。牛顿第一次阅读解析几何时觉得它很难，这一点应当能鼓舞聪明的初学者吧。

对于数学或许幸运的是，1665 年至 1666 年大学因大瘟疫被迫关闭，牛顿的学业中断了。牛顿回到了故乡，但是没有务农。在 24 岁之前，他已经有了流数（微积分）和万有引力定律的基本思路。

1667 年回到剑桥之后牛顿被选为三一学院的职员，1669 年，巴罗为他让贤辞职，牛顿继任其卢卡斯数学教授一职。1669 年他开始讲授有关光学的课程，他的名声第一次超出了自己亲密朋友的圈子。

我们在这里主要关心的是牛顿的微积分，因此只总结他职业生涯的主要情况，有关这方面的完整资料可以在别处方便地得到。那些资料还描述了他在光学方面划时代的工作，不过这些工作更多的是物理研究而非数学，所以在此不加讨论。

1672 年，牛顿成为皇家学会成员，时年 30 岁，从 1703 年起直至去世他一直任该学会的主席。他的《自然哲学的数学原理》被有资格的人士普遍评价为单人做出的对科学的最伟大贡献，该书是 1684 年至 1686 年间在天文学家 E. 哈雷（Halley，1656—1742 年）的鼓励下写成的，并由哈雷于 1687 年出资发行。

1689 年和 1701 年，牛顿两次被选为议会的剑桥大学代表。他对辩论并无兴趣，但他认真地对待自己的责任，并反对英王詹姆斯二世专制干预大学，参与了争取大学权益的斗争，表现出杰出的勇气。1692 年他 50 岁的时候不幸身患重病，结果失去了从事科学工作的兴趣；但他还保持着无与伦比的睿智，直至生命的尽头。

147

部分出于他自己的愿望，部分由于一些朋友强烈希望看到他受人尊重，牛顿在厌倦了科学工作之后加入了公众生活，并于 1696 年被任命为皇家铸币厂监管。在顺利领导了铸币改革之后，他于 1699 年被提升为皇家铸币厂厂长。1705 年他被英国女王安妮册封为爵士。1727 年，牛顿去世，葬于威斯敏斯特教堂。

牛顿极其不愿意发表成果，这反映了他某些方面的性格。虽然牛顿完全不是害羞或者胆怯的人，但是他强烈厌恶任何可能引起争议的东西。在其科学生涯的最初阶段，他的光学工作引发了一场不理智的争论，这告诉他即使在科学领域，科学家也不总能保持应有的客观；他带着吃惊的厌恶，决定退出争论。

牛顿对保存他科学成果的事情漠不关心，这种糟糕的态度却也不是装模作样。如果没有哈雷明智的怂恿和激励，或许他永远不会写出《自然哲学的数学原理》一书。与他的科学和数学著作相比，牛顿本人对他晚年用业余时间写的那些神学著作给予了更高的评价。他在光学上做的工作证明了他是科学史上最敏锐的实验工作者之一；那么，他耗费了许多时间和相当多的金钱，去研究我们现在叫作炼金术而在他那个时代是正统化学的东西，就是非常自然的了。

牛顿的一些忙碌的朋友唆使他影射莱布尼茨剽窃了他的微积分，于是他卷入了历史上最具灾难性的数学争论，这对一个仇恨无益争论的人真是具有讽刺意味的不幸。我们不打算讨论此事，只是略微提及，现在几乎没有争议的意见是，莱布尼茨在牛顿之后独立地发明了他的微积分。想到是由一位英国数学家——那位生来不认同主流思想的奥古斯都·德·摩根（1806—1871年）首先对这场争论进行司法检查，并在某种程度上给了莱布尼茨公正的评判，英国人一定会觉得松了一口气。

148

这场争论对此后一个世纪的英国数学产生了恶劣的影响。对牛顿爱国主义式的忠诚蒙蔽了英国数学家的眼睛，以致他们看不到莱布尼茨的表示法明显优于牛顿的点式表示法 $\dot{y}, \ddot{y}, \cdots$，结果在 18 世纪初期把数学的领先地位让给了瑞士和法国。那些不是牛顿同胞的欧洲大陆数学家成了他在科学上的继承人。最后在 19 世纪 20 年代，剑桥大学的年轻数学家们意识到，那些保守前辈的狭隘民族主义并没有给牛顿的光辉记忆增添光彩。于是他们接受了欧洲大陆在微积分上的改进，同时引进并仔细检查了解析几何和莱布尼茨表示法。剑桥又一次在数学上复活。

然而作为数学天文学家的牛顿还在持续统治着英国数学，至少在多数人认为的数学方面是这种情况。最广为人知的英国精确科学工作者不是英国的数学带头人，而是那些被英国以外的人归类为数学物理学家和理论物理学家的人。这两者的差别并不单单是学术上的。数学家创造新的数学，或者对已经存在的数学进行重大改进与统一。通常说来，数学物理学家没有多少时间进行纯数学的探求，他们仅将数学作为几种有用工具中的一种加以运用。理论物理学家用于数学研究的时间就更少了。

作为在三大领域——纯数学、数学实用和实验工作——都登峰造极的学者，牛顿几乎是一个绝无仅有的例子。大家认为与他类似的人还有两位，其中人们通常认为阿基米德可以与他相提并论，而高斯在纯数学方面高于牛顿，在其他方面则较为逊色。

牛顿在微积分方面的竞争者在志趣和性格上都与牛顿有令人吃惊的差别。G. W. 莱布尼茨(1646—1716 年，德国人)出生于一个学者家庭，拥有在希腊和拉丁经典著作熏陶下成长的人所应有的一切优势(以及劣势)。与牛顿不同，莱布尼茨极其早熟。他早年掌握的语言、哲学、神学、数学和法律知识，预示着他以后在各种知识领域都将出类拔萃——也包括了外交，这一点似乎令人遗憾。

莱布尼茨是那种历史上罕见的人物，说他们具有全能的头脑并不夸张。他的天分都在智力方面，几乎没有什么艺术方面的才能，由于缺乏对实在事物的感觉，他有时在科学方面无能为力。与跟科学无缘的笛卡尔一样[14]，今天我们知道得最多的或许是莱布尼茨的哲学；但是对一个具有现代科学头脑的人来说，他的单子论与柏拉图的永恒理念一样荒谬绝伦[15]。他持续不断地思考。任何东西都可以吸引他那永无休止的好奇心，没什么是他不感兴趣的。或许这个世界是幸运的，因为对金钱和短暂荣誉的追求以这样或那样的形式消耗了他很大一部分智慧。

作为对他关于法律教学的一篇革命性论文的奖励，莱布尼茨在 21 岁时被美因茨选帝侯任命为总代理与法律顾问。从那时起直到选帝侯于 1673 年故去，莱布尼茨的大部分时间都花在为前者的外交使命而奔波的旅途上。此后莱布尼茨成了汉诺威公爵不伦瑞克(Brunswick)家族的图书馆馆长、历史学家和政治事务总管。

在执行政治或外交使命访问法国和英国的过程中，莱布尼茨会见了法国和英国的科学带头人，他透露了自己的想法，与他们交换观点。其中的一次交换后来证明对微积分的发展具有深刻的意义。如果我们追寻的不仅仅是数学分析,而是所有数学的现代工作的起源,只需要看看下面的事件就足够了。

莱布尼茨于1672年在巴黎见到了荷兰的伟大物理学家和数学家克里斯蒂安·惠更斯(Christan Huygens,1629—1695年),在此之前他对当时的现代数学没有多少概念。他拥有的第一手数学知识大多来自古希腊。惠更斯开导了他,并接手了他的数学教育。莱布尼茨证明了自己是极其聪颖的学生。两人成了好朋友,在惠更斯1695年去世前一直保持着通信联系。莱布尼茨恳求惠更斯对他的研究课题发表批评意见,惠更斯自然也欣然应允。

以下仅是猜测,不过从莱布尼茨富于野心的性格和他解决一切问题的哲学倾向来看,可以想象他那个用通用符号进行推理的大胆计划,就是为了在笛卡尔本人的领域里击败他。那位通晓哲学的法国人将所有几何学转化成了一个通用的方法;而这位更加精通哲学的德国人用类似方式将一切种类的推理都转化成一种通用的"文字",或者用今天的话来说,就是一种符号化的数学科学。莱布尼茨在1679年至1680年对惠更斯透露了他的计划,但那位物理学家对此不以为意。[16]

150

糟糕的是,莱布尼茨不幸选择了一个不太重要且异常无趣的几何问题来阐述他想做的事情[17],这让惠更斯完全误解了他的意思。于是他的言辞变得有些激烈了起来。惠更斯本人具有一种透过万木看到整片森林的科学眼界,这次他看不清莱布尼茨的意图就越发奇特了。或许他有些反感莱布尼茨那种夸耀的态度。由于误解了那位哲学家兼数学家想要做的事,惠更斯这次罕见地沦为一个在细枝末节上吹毛求疵的批评家。

初看之下,莱布尼茨对符号逻辑的尝试似乎与微积分的发展无关。但是这种想法比什么都错得更离谱。我们很快会看到,牛顿早期接触到连续性的时候,就曾经迷失在芝诺的跑道上,尽管他可能并未听过芝诺的悖论。这些古老而熟悉的谜题虽有变化却没有本质上的改变,从17世纪的牛顿到19世纪的魏尔斯特拉斯(Weierstrass),它们困扰着每一个数学家——只要这些数学家不仅试图通过普通的微分和积分过程得到有用或者有趣的结果,同时还想理解微积分本身。微积分对牛顿或者魏尔斯特拉斯来说是困难的,它只对那些过于轻巧地理解微积分的人才是容易的。

现代对连续性基本问题的探讨揭示了一些难题的本质,那些难题困扰着牛顿、莱布尼茨和他们那些思想更深邃的后继者。似乎可以很有把握地说，如果没有莱布尼茨所倡导并着手创造的那种数理逻辑，20 世纪那些对数学分析以及整个数学的坚实基础进行的批判性研究都是不可能的。

莱布尼茨设想出一个演绎推理的"演算"计划；尽管他自己迈出的步子不大且带着犹豫，但他的大胆概念毕竟鼓励了其他人继续深究。因此，坚持认为作为数学家的莱布尼茨只是牛顿的一颗主要卫星，这种做法未免过时。

历史的传统定论已经被复述过无数次，莱布尼茨的 d 表示法远远优于牛顿的点式表示法，这是无可争辩的事实。不过如果我们认可高斯的说法[18]，相信数学概念比表示法更重要，那么我们就必须把强调的重点放到别处。从现代数学的立场出发，莱布尼茨最大的贡献并不是对于微分学和积分学的改进（尽管这也很伟大），而是他的推理演算。他有他自己的闪光点。

151

关于外交家莱布尼茨这里不需要多说。对于操纵以国际权力均衡之名受到后世玩弄人间命运的杂耍师们崇拜的那种不稳定平衡，莱布尼茨可谓个中圣手。作为外交家的莱布尼茨，与那些翻云覆雨之技艺的著名后继者相比，在不道德的程度上毫无二致。他只不过比他们大多数人更有能力一些。与他们中有些人不同，莱布尼茨没有在心存感激的王子们授予的厚重荣誉下死去，他去世时被那些多亏他才赢得小小前程的人忽略和遗忘了。在他所服务的公爵离开汉诺威前往英国，成为英王乔治一世的同时，莱布尼茨被遗弃在图书馆里，继续着不伦瑞克家族的历史，当然，这是与古往今来的最高智者之一很相称的职务。当他下葬的时候，只有他的秘书跟到了墓地。

这就是最终创造了微积分的两个凡人。

牛顿版的微积分

从 1665 年至 1666 年，牛顿似乎是从运动的直觉概念中抽象出了第一个版本的微积分。一条曲线被想象成一个"流动的"点运行的轨道。这个点在"无限短"的时间内走过的"无限短"的路程被称为"动量"，这一动量除以上述无限短的时间所得的就是"流数"。如果"流动量"是 x，其流数便表示为 $\dot{x}$。用我们今天的术语来说，如果 x 是时间 t 的函数 $f(t)$，则 $\dot{x}$ 就是$\mathrm{d}x/\mathrm{d}t$，即在时

间 t 时的速度。类似地，$\dot{x}$ 的流数即 $\ddot{x}$，也就是我们的 $\mathrm{d}^2x/\mathrm{d}t^2$；$\dddot{x}$ 是 $\mathrm{d}^3x/\mathrm{d}t^3$，依此类推。[19]

在这个初版微积分中，牛顿把我们的 $\mathrm{d}x/\mathrm{d}t$ 视为两个“无穷小量”的实际比率。他还没有找到通往我们今天所认识的极限概念的途径。下面选自他写于 1687 年的《自然哲学的数学原理》中的段落，说明牛顿本人并不满意自己对于流数法的改进。

> 可以反对这种看法，认为转瞬即逝的微小量之间不存在最终比率，因为这一比例[比率]在这些量消失之前并不是最终的；而一旦它们消失，比率也不存在了。但是出于同样的论据，另一种观点也可以成立，就是说当一个物体的运动结束时它来到某一个地方，这时并不存在最终速度：因为在这一物体来到这个地方之前这并不是它的最终速度；当它来到时，速度就不存在了。但是对此的答案是简单的……存在着一个极限，在运动结束的时候物体的速度可以达到这个极限，却不能超过它。

这就是芝诺和那只乌龟知道却未能澄清的事情。如果认为亚里士多德也可以写出上述引文，那不是贬低牛顿；事实上，这一段文字与亚里士多德有关无穷、连续、运动的讨论[20]以及芝诺的悖论非常相似。让我们继续看一下牛顿谈及欧多克索斯的一段话：　152

“也可以提出，如果转瞬即逝的微小量之间的比率已知，那么就可以知道它们的最后数量；因此所有的数量将由不可分量构成，这与欧几里得在《几何原本》第十卷中有关不可通约数的证明相反。”——这同样可以与亚里士多德的言论相比较。

从上面最后一段可以清楚看出，牛顿对欧几里得的理解比卡瓦列里透彻。这同样暗示，那些聪明的初学者认为极限和连续很难并不仅仅是存心的不通情理。牛顿在 1704 年第三次尝试时回头探讨了连续性，把核心困难转移到了一种未经分析的“连续运动”上：

“我不把此处的数学量看作由非常小的部分组成，而是把它们描述为一种连续的运动。可以把线描述为由点的连续运动形成的，而不是由并列的部分组成的……”

就是这一类考虑，与其他的考虑一起让19世纪的分析学家陷入了绝望，从而逼迫他们尝试给微积分建造一个有意义的基础。虽然牛顿决心抛弃"非常小的部分"，但他无法完全避开"非常小的数量"，这一点总是让他感到恼火。在《自然哲学的数学原理》第一卷第一部分的引理1中，他开始发展有关极限和连续性的理论：

"在任何有限的时间里，数量以及数量的比率都倾向于连续性地走向均等；而且在这段时间结束之前它们会比任何给定的差别都更互相接近，最后达到终极的相等。"

莱布尼茨的版本

莱布尼茨更加倾向于使用一种微分，就是那种今天时常被务实的工程师误解的高度模糊的概念。于是为了求出 xy 的微分，他从 $(x+\mathrm{d}x)(y+\mathrm{d}y)$ 的乘积中减去 xy，并略去 $\mathrm{d}x\mathrm{d}y$，因为他考虑到它与 $x\mathrm{d}y$ 和 $y\mathrm{d}x$ 相比是可以忽略不计的微小数值。虽然他没有对此给出站得住脚的正当理由，但是他由此得出了正确的结果：$\mathrm{d}(xy)=x\mathrm{d}y+y\mathrm{d}x$。

153

他引进当前使用的导数表示法和积分符号 $\int$ 的理由就从容得多。"$\int$"其实就是把 *summa*（和）中的 *s* 拉长了。莱布尼茨和牛顿都很熟悉微积分中积分就是求和，以及求积分就是求微分的逆运算这些基本定理。他们也建立了积分的基本公式。有趣的是，在莱布尼茨的第一次尝试中，他没有得出乘积微分的正确结果。

严格性，前期工作

人们普遍认同，关于极限、连续、微分和积分的相当有效却未必是定论的观点由柯西首先在1821年至1823年创造，到19世纪和20世纪才形成。这引出了一个极有趣的问题：那些18世纪的分析学大师——诸如伯努利（Bernoulli）家族众人，欧拉、拉格朗日、拉普拉斯等人——如何在纯数学和应用数学的极大部分工作中持续得出正确的结果？这些伟大数学家在微积分的最初阶段误认为是有效推理的东西，在今天已经普遍被认为是不妥当的。

我们无法对此给出一个简短的回答；但是历史表明，远在数学学说本身能够提高任何理性的基准之前，人们就可以用直觉的方式把握这些学说中本质的、有用的部分。按照现在的标准，在牛顿与柯西之间的那些有创造性的数学家得到的结果大部分是正确的，这是因为虽然他们尝试严密逻辑的效果不佳，但他们却本能地理解了在他们的数学中可以自洽的部分。

就像我们无法以简短的回答处理前人的好运一样，对于我们自己的好运也没有这样的简短回答。与他们一样，我们也不断地得到有意义的结果，尽管我们清楚地知道，在我们的分析基础上也有许多费解的地方。现在大家普遍承认，无论是柯西还是他更严密的后继者魏尔斯特拉斯所做的改进都还有改善的余地，我们也可以自信地认为，最后的改进不会在我们这一代完成。

无论有关牛顿的微积分还可以说些什么，有一点都是肯定的，即他把一种最有效的探索与发现之法留给了数学和精确科学。微积分与他自己的万有引力结合，在不到一个世纪的时间内，让人们对太阳系的广泛理解超过了几千年来的前动力学天文学的积淀。而当微分方程和牛顿的反正切方法运用到自然科学上的时候，一个人们从未想象过的新领域就揭开了面纱。伽利略的实验方法与牛顿和莱布尼茨的微积分相结合，创造了现代的自然科学及其在技术上的应用。

154

为了结束关于微积分的诞生的叙述，我们将在一个课题中（该课题是对分析基础做出的现代攻击的基础）列举一项真正的前期工作，以弥补我们对那些伪前期工作的有意忽略。

早在1638年伽利略已经注意到，1，4，9，16，25，…这些平方数的总数与所有正整数的数目完全一样。这可以很明显地从以下数列中看出：

$$1,\ 2,\ 3,\ 4,\ 5,\ 6,\cdots,n,\cdots$$

$$1^2,\ 2^2,\ 3^2,\ 4^2,\ 5^2,\ 6^2,\cdots,n^2,\cdots$$

因此他认识到了有限类和无限类的一个根本差别，这一点后来在19世纪后期成为共识。在无限类中，整个类与这个类的一个子类间存在着一一对应关系。或者可以等价地说，无限类的一个部分有着与整个类同样多的东西。在有限类中没有这样的情况。

一个其元素与整数1，2，3，…有一一对应关系的类被称为可数的。任何线段，无论是有限长还是无限长，其上所有的点组成一个不可数集合。一门微积分的基础课程(通常是第二门课)以点集理论开始。伽利略没有陈述可数类与不可数类的差别；波尔查诺(Bolzano)在大约1840年，康托尔在1878年先后注意到了这一差别。由于伽利略对所有无限类最重要的性质的认识，他算得上是微积分历史上真正的前期工作者。另一位前期工作者是阿基米德。

概率的数学理论的出现

靠运气取胜的游戏或许与人类想从无中生出有的愿望一样古老；然而直到费马和帕斯卡在1654年把运气归结为法则，人们才认识到它们在数学上的含义。通过不厌其烦地穷举可能出现的情况，伽利略曾经正确地解答了一个博弈方面的问题，但是没有进一步发展出普遍的原则。卡尔达诺除了别的成就之外还是一个鲁莽的赌徒，他清楚地知道曾经启发了概率论数学理论创始人的"点数问题"。但是他在运气的科学上没有做任何重要的事情，因此人们通常认为帕斯卡和费马是数学概率论的奠基人，这一点并无疑义。

155

在那个划时代的问题中，两个玩家中首先赢得 n 点的人获胜。如果游戏在一个人获得 a 点而另一个获得 b 点时停止，他们两人应该按什么比例分割赌注？这个问题可以简化为计算每一个人在游戏停止时获胜的概率。问题假定，两个游戏者得到一点的机会是相等的。

这个问题是由十分聪明却沉迷于赌博的绅士安托万·贡博(Antoine Gombaud)和舍瓦利耶·德米尔(Chevalier de Méré)向帕斯卡提出的，帕斯卡又把问题寄给了费马。两人都正确地解答了这个问题，只是用了不同的推理。帕斯卡的工作中有一个疏漏，费马做了纠正。于是有关运气的数学诞生了，今天它是一切统计分析的基础——从股票市场的趋势与保险业，直到生物统计学中的智力测验。

因为现代物理中的不确定性无疑在增加，概率数学的科学重要性也在持续增长。牛顿力学可以应用于完全确定的科学，其中使用的微分方程暗示着在力学上确定了宇宙未来的历史。对于实验结果的科学解释，特别是原子物理中的实验结果，牛顿、拉格朗日、拉普拉斯和他们的后继者从伽利略的力学和天体力学得来的严格力学方法已经不敷使用，需要统计和概率数学越来越多地进行补充。这种必需的数学完全是在数学概率论的基本原则基础上发展起来的，费马和帕斯卡以其不凡的见识在大约 3 个月的勤勉工作中奠定了后者的基础。[21]

分析学后来在概率论中的运用，主要是为了在组合问题，甚至是很简单的组合问题中获取可用的大数近似值，由此使现代理论高度技术实用化。不过除了涉及概率意义的认识论困难以外，其基本原则仍然与那些于 1654 年在中级代数课本中所陈述的相同。在这方面我们应该提到，多才多艺的惠更斯听说了帕斯卡和费马做的工作，并在 1654 年发表了最早的概率论论文之一。[22] 他创造了数学“期望”这一概念。

156

概率论的数学基础在 17 世纪奠定之后一直相对稳固，一般来说离散数学需要的修正比分析学要少一些。

现代数论的起源

我们将以古希腊算学的意义来理解算术。“高等算术”和“数论”对等，不幸的是，对等的也有其杂化学科“数理论”以及带着雅利安语系形容词和副词的“数理论的”和“数理论地”。在费马之后，居于这一经典理论最前列的倡导者高斯情愿使用比较简单的“算术”，最长也只是“高等算术”。

现代数论大约在 1630 年至 1665 年间从费马开始。费马在其他数学领域也做出了重要贡献，不过人们通常认为他个人最大的贡献在于数论。

这一广泛的数学分支与其他分支的差别就在于缺少通用的方法，甚至详尽的定理也比诸如代数或者分析中的更难以确定。例如，在代数中对于一元代数方程的解法有一套完整的理论，而事实上是两套完整的理论。在数论中，与此对应的最简单的问题是含有整数系数的二元方程的整数解，可是在这方面完全没有一套完整的理论。这种发展是自费马以来一脉相承的，我们在后面的章节还会说到它。

费马的许多发现，或是作为夹注记录在他的藏书中（在数论上的发现就写在巴谢[Bachet]所译的丢番图著作中),或是通常不加证明地与他的通信者交流。他提出的有些定理是用来向英国数学家挑战的问题。例如,他要求证明,对于方程 $x^2+2=y^3$ 来说,$x=5$,$y=3$ 是唯一的正整数解。

下面来说一下费马的两大发现,这两个发现似乎对他那个时代之后的数论和代数造成了最深刻的影响;另外还有他发明的数论的一个普遍方法,这些就足以说明费马的贡献。

157 费马叙述说,如果 n 是一个正整数且不能被正素数 p 整除,则 $n^{p-1}-1$ 可以被 p 整除。中国人"似乎早在公元前 500 年就知道了"[23]这一定理在 $n=2$ 时的特例。任何学习代数方程理论、现代代数或数论的学生都会想起这一经常出现的基本定理。第一个公开发表的证明是欧拉在 1738 年给出的,也是他在 1732 年发现的;莱布尼茨在 1683 年得出过一个证明,但是没有发表。根据规则,数学发明的优先权给予首先发表者。

费马的第二个著名断言是他的"最后定理",其中说 $x^n+y^n=z^n$ 在 $xyz\neq 0$,$n>2$ 时,对于 x,y,z,n 都是整数时不成立。他在 1637 年声称他已经发现了一个奇妙的证明;无论他是否做过这项证明,直至今日(1945 年)也没人能证明这一定理①。现在去证明这个定理在一些 n 的特例下成立似乎已经没有多大意义,因为在这方面我们已经知道了很多,足以相当可信地说明这一定理的正确性。但是为了给未来可能出现的反证买份保险,我们必须在此强调,数论是数学中最后一个承认未经证明的猜想或者合乎道理,或者十分有益的领域。数值计算方面的证据不起多大作用[24],一个信誉良好的数论学家允许自己享受的唯一奢侈品就是证明。

如今普遍一致的意见是,无论这一著名的"最后定理"正确与否,今天它都没有太大的意义。不过它在数论和现代代数发展上的重要性却是十分巨大的。我们将在合适的地方加以讨论。

费马的普遍方法即"无穷递降法"极为精巧,但是有一个不足之处:它应用起来往往极端困难。费马在研究下述定理的过程中发明了"无穷递降法":以 $4n+1$ 形式存在的每一个正素数都是两个整平方数之和。假设对于有些这样

① 该定理已于 1994 年被彻底证明。——译者注

的素数 p 这一定理不成立，费马据此推导出，该定理对于这样的素数中较小的一些也不成立。由此他证明了，在假定定理不成立的前提下，5 不是两个平方数之和。但是 $5=1^2+2^2$，因此定理成立。

数论最迫切需要的就是发明适用于不寻常的问题的普遍方法。而且，"一个问题的数论解法在于给出有限数目的纯算术操作（不包括所有试探性的过程），在这些过程中所有数字都满足问题的条件，而且所得到的也仅仅是那些纯算术论操作"[25]。在 18 世纪的欧拉之后、拉格朗日之前，谁都没有哪怕稍微接近过这种理想境界。 158

综合射影几何的出现

17 世纪综合射影几何的突然兴起，现在看来似乎是希腊精神的一次迟来的复苏。前文已提到，公元 4 世纪的帕普斯为交比的首要性质作了前期工作；更早一些（公元 1 世纪）的梅涅劳斯（Menelaus）甚至可能已经证明了一个现在可以做类似解释的定理。但是只有当 G. 笛沙格（1593—1662 年，法国工程师与建筑师）于 1639 年发表了古怪的《草稿》（缩简书名）之后，综合射影几何才发展成了一门新的独立的几何学。

毫无疑问，文艺复兴时期的艺术家在透视图方面取得的巨大进展，必然导致以透视为特例的几何理论出现；身为建筑师的笛沙格无疑受到了那个时代超现实派的影响。无论如何，他为了启示自己而发明的最不可思议的技术术语让他的门徒困惑，他的著作方法看上去更像艺术家，而不那么像几何学家。幸运的是，笛沙格语是一种早已死去的语言。用当前的术语来说，"透视"的意思是，不变性在有关的某一（1，2，3，…n 维）空间中对于所有线性齐次变换的群 G 成立，但在对于任何包含 G 为子群的群的所有变换中不成立。

按照他自己的风格，笛沙格讨论了交比、极点与极线、开普勒的连续性原理（1604 年，该定理陈述了一条直线在无穷远处终止，各条平行线也在那里相交）、对合、正切在无穷远处的渐近线、他著名的三角形透视定理以及圆锥曲线内切四边形的一些性质。笛卡尔对笛沙格的发明评价极高，不过对几何学的前途极为幸运的是，他仍然毫不犹豫地倡导自己的几何学。

笛沙格最热情的皈依者正是那位参与创造了概率的数学理论的帕斯卡。B.帕斯卡(1623—1662年)是一位相当重要的数学家,虽然他和笛卡尔、莱布尼茨一样,大众记得他主要是因为其他事情。他作为宗教家的虔诚使他作为159数学家和物理学家的成就相形失色,只要有一个人听说过帕斯卡的《圆锥曲线论》,就会有一百万人至少读过一页他的《思想录》。如果帕斯卡与莱布尼茨有什么不同,那无疑是他真的比莱布尼茨更早熟。童年时他就不只是一块汲取别人的知识的海绵,而是有创造性的数学家。12岁时他就重新发现并自己证明了初等几何中相对简单的定理。4年以后,他完成了那篇有关圆锥曲线的著名论文,其中发展了他在《神秘的六边形》一文中的结果——内切于一个圆锥曲线的六边形的对边相交于共线点。帕斯卡将他的数学天分和物理天分结合起来,在19岁时(1642年)发明了一个加法器,这是今天使用的所有加法器的鼻祖。大约30年后莱布尼茨大力改进了加法器,新机器可以做加法和乘法。

帕斯卡承认笛沙格在射影几何方面对他的启发,而且对此十分感激。或许在他的全部数学贡献中他主要是一个杰出的评论家,而不是一个勇敢的创新者。在39年生命中的大部分时间里,他患有身体和精神方面的疾病,因此显然无法集中精力发明任何综合方法;他的光辉在别人思想的零星启发下被分散进而消失了。他大部分的心思都在那个时代的宗教争论上,或者在徒劳地试图平息自己内心的冲突。除了"神秘的六边形"和在概率学上的贡献之外,我们无法说帕斯卡的贡献在数学表面上留下了比短暂的影子更多的东西。数学的主流流淌的深度比他梦想过的深得多。

在综合射影几何退出这一领域之前大约125年,P.德·拉·伊雷(de la Hire,1640—1718年,法国人)在1685年发表了引人注目的《圆锥曲线》,与其分析学对手打了一场可怕的生存之战。拉·伊雷用综合方法证明了300多个射影定理,并在一份令人震惊的附录中表明,利用射影方法可以得到阿波罗尼奥斯在圆锥曲线上的全部定理。然而即使是这样引人入胜的技巧也无法让几何学家认同,综合方法可以与分析方法一样灵活、柔韧。柏拉图的几何学家脑海中深藏射影几何的永恒理念,圆锥曲线无疑就是他的原型圆理想化的结果;可是毕竟不是所有平面曲线都是圆锥曲线。在拉·伊雷针对笛卡尔的解析几何发动那场最后挣扎的绝望战争时就已非如此。综合射影几何暂时沉睡了，而笛沙格和拉·伊雷的论文则成了收藏家的珍藏品。 160

17 世纪的另一个偶然的进展——莱布尼茨的通用文字也被遗忘了一阵子，不过我们将在以后的章节中提到。我们下面将要谈到应用数学的起源，在牛顿死后长达一个世纪的时间里，应用数学都是牛顿最杰出的后继者的主要工作。

现代应用数学的起源

我们已经在"概述"中论及科学和技术受益于纯数学的现象。现在检查收支总账的另一方面，所要用的篇幅似乎将比那些熟悉这些事实的人所需的更长。我们这样做，是因为非常敏感的数学家有时会过分夸大他们的创造物所包含的自由和纯粹的想象力，并且只讨论大家都承认的科学从数学那里得到的好处。我们在后面会看到更详尽的细节，历史的来往进账表明，科学与现代数学是紧密共生的，相互之间完全不存在亏欠的问题，每一方都从对方那里随意支用，然后又百倍地偿还。

数值计算介于纯数学和应用数学之间，数值计算的完善对应用数学比对数学本身更重要。举例来说，对数加速了天文学的实际发展，但是即使是对文明最高效的仆人，她也不是必需品。无论多少手工计算都无法阻挡开普勒的固执；宣称对数让现代天文学或任何其他科学成为可能，这是忘记了人类的狂热，或者说是倔强，他们为了追求一个认定的想法能够忍受任何有限的惩罚。不过对数无疑加速了 18 世纪和 19 世纪的科学发展，令科学在对文明的最后贡献——或是毁灭文明也未可知——的道路上挺进，任何关于现代应用数学的描述都必须包括对数。因此，可以名正言顺地把 17 世纪发明的对数也纳入应用数学的范畴。

现代应用数学起源于牛顿在他的《自然哲学的数学原理》一书中发展起来的万有引力理论。牛顿之前的天文学是纯粹的描述学科。人们对行星运动的描述越来越精确，从巴比伦人到托勒密，行星的运动都被归入日益复杂的几何框架中。哥白尼简化了这种几何。但是他没有从中抽象出物理假说和可以推 161

导出几何学的统一公理。在这些公理得到有利的陈述之前，为了确定事实必须进行精确的观察。第谷·布拉赫（1546—1601年，丹麦人）提供了大量通过精确观察得到的数据，约翰·开普勒（1571—1630年，德国人）短暂地担任过第谷勤勉的助手，并将这些数据归为以开普勒命名的三大运动定律。这三大定律的前两个发表在1609年，第三个发表在1619年：一个行星的轨道是椭圆形的，太阳位于椭圆的一个焦点上；在相等的时间内，连接太阳和一个行星的连线所扫过的面积相等；行星的周期的平方与它们到太阳的平均距离的立方成正比。

开普勒定律是几千年来有关天体的经验几何的顶点。它们是通过大约22年持续不断的计算发现的结果。当时没有对数，一个又一个有希望的猜想被无情地抛弃，因为它们不符合观测精度的严格要求。开普勒的唯一支撑是他毕达哥拉斯式的信心：自然界中必然存在着可以发现的数学和谐。他在可以击倒普通人的迫害和家庭悲剧的打击下仍坚持不懈的故事，是科学史上最英勇的事迹之一。

对数的发明也在同一时期，它让开普勒所经历的这些非人的劳动缩减到可控的范围。对数的历史是人类不屈不挠的精神的另一篇史诗，其辉煌程度仅次于开普勒的事迹。默奇斯顿的纳皮尔男爵（Napier，1550—1617年，苏格兰人）在履行领主的职责，以及徒劳地证明当任教皇是敌基督者之余，发明了对数。

当我们想起在笛卡尔发明幂的$n, nn, n^3, \cdots$表示法之前，纳皮尔就去世了，我们就不会对他花费了20年时间才推导出对数及对数的性质而感到吃惊了。

> 纳皮尔通过在不同的两条直线上运动的两个点的概念解释了两个数列——一个依算术级数变化，另一个依几何级数变化——相互关联的基本想法。这两点中的一个匀速运动，另一个加速运动。如果读者具有所需要的现代知识，可以尝试用这种方法自行证明一个对数计算的基本规则，通过这一练习，他将充分了解对数发明者的发人深省的天才。（G.克里斯特尔）

162

此外,纳皮尔的 n 的对数是我们的 $10^7\log_e(10^7 n^{-1})$,此处 e 是自然对数的底。

在微积分发明之后,对数函数的研究在数学中有了比使用它进行对数计算更重大的意义,这种研究当然是随着简单的微分方程 $dy=y\,dx$ 而来的。

1594 年纳皮尔向第谷预告了他的发明,并于 1614 年发表了《奇妙的对数表的描述》。1624 年 H. 布里格斯(Briggs,1561—1631 年,英格兰人)发表了对数表,开普勒也做了同样的事情。其他对数表也迅速出现了,到 1630 年,对数已经成了每个进行计算的天文学家的装备。

对那些有关优先权方面的争吵有兴趣的读者,我们大概可以指出,对数是数学史上最不正规的战场之一。有关这一争议,说一下 1914 年的一份裁决大概就足够了。纳皮尔在发表结果方面的优先权是无可争议的;J. 比尔吉(Bürgi,1552—1632 年,布拉格人)独立发明了对数,并在 1603 年至 1611 年间制作了一份对数表,而"纳皮尔或许早在 1594 年就做过对数方面的工作……;因此,纳皮尔开始研究对数的时间可能远早于比尔吉"。[26] 至于对数在数学发展上的任何重要意义,仅有的事实已在前一段的最后一句中陈述。

这样的争论以及另一个关于微积分的争论,让不止一位科学家嫉妒一万年之后的后继者,牛顿和莱布尼茨、纳皮尔和比尔吉以及其他几十位个人名声不是很响亮的竞争者,在后继者眼里都会是像毕达哥拉斯那样模糊的半神般的人物。

开普勒定律所表现的和谐几何挑战着数学天才,要他们提出一种可推导出开普勒定律的假说。作为这些天才中的一个,极具创造力的 R. 胡克(Hooke,1635—1703 年,英国人)——牛顿单方面认定他是自己的对手和讨厌的骚扰者——曾经猜测并可能证明过,开普勒的定律隐含一种引力的平方反比定律,但是根据这个定律无法确定轨道的形式。1684 年,牛顿在回应友人的请教时重写了一个证明——所求轨道是一个椭圆,他之前做出过这一证明,却不知放到了什么地方。这件事似乎是他写作《自然哲学的数学原理》的起因。牛顿的万有引力假说是:宇宙间任何两个质量为 m_1 与 m_2、相互距离为 d 的物质质点相互吸引,其吸引力与 m_1m_2/d^2(m_1,m_2,d 以及吸引力都以合适的单位测量)成正比。据此他推导了开普勒的定律。

163

如果没有一种合适的动力学，这种推导是不可能的。这种动力学是由伽利略[27]和牛顿本人给出的。如同毕达哥拉斯曾经把形状的直觉观念转化为几何，从欧多克索斯和喜帕恰斯到哥白尼和开普勒的伟大几何天文学家把行星的运行转化成几何一样，伽利略也把所有的运动转化成了数学。他超越了前人，主要是因为他用实验帮助推理，在进行数学化之前通过准确的、可控的观察确定了与落体相关的事实。

对有些人来说，任何人相信不通过实验就可以推导出落体的行为，似乎都是不可想象的。但是历史上一位最伟大的哲人亚里士多德就对他的逻辑有足够的自信，认为它可以为一个不太尊重独立智慧的宇宙制定规则。其他人[28]不觉得像亚里士多德的这类尝试有何不妥，他们用对复杂的数学重言式之创造力的热切信仰，取代了亚里士多德的古典逻辑学和中世纪式的信仰。或许由此判断哪一方正确还为时过早，如果有一方正确的话；然而事实是，我们的物质文明变成今天这个面貌，是因为伽利略式的科学，而不是亚里士多德式的逻辑和形而上学。

传说伽利略在比萨斜塔向下抛弹丸来证明亚里士多德的经院哲学是错误的，无论事实上是否真有过这个实验[29]，伽利略在1591年就已经知道，从同样高度同时落下的1磅重的弹丸和10磅重的弹丸将同时到达地面。关于斜面运动的实验给了他进一步的证据，那些数据可以归入他力图构建的运动的数学理论。当探索性的假说得到实验验证的时候，动力学的主要定义和公理就出现了。

伽利略特别将距离、时间、速度和加速度的概念数学化，让它们成了今天仍然在经典动力学中使用的科学化（实验可测的）概念。他谋求构造能够回应可重复的观察的定义。他也理解对应牛顿第一运动定律的惯性现象：任何物体在不受外力作用迫使其改变运动状态的情况下，将保持静止状态或匀速直线运动状态①。这一假说与伽利略的前人的朴素直觉相抵触，也与长期以来的常识有所不同。

164

---

① 伽利略的“匀速直线运动”实际指“匀速圆周运动”，在这一点上他还留有古希腊的一些观念。——译者注

伽利略至少还明白牛顿第二运动定律中的一些特例：动量的变化率与作用在其上的力成正比，并发生在该力作用的方向上。这里重要的数学概念是变化率；因为变化率是导数，因此把速度、加速度和力带到了微积分的范围内。我们已经知道，牛顿在考虑流数问题的时候可能就想到了速度。

“在1665年和1666年发生瘟疫的那两年里，”牛顿叙述道，他从开普勒的第三定律推导出，“行星保持围绕轨道运行所需要的力，必定与它们到所围绕中心的距离的平方成反比；于是[我]把月球沿轨道运行需要的力与地球表面的吸引力相比较，发现它们相当吻合。”[30]

有关引力的数学理论的进一步发展暂时停止了，原因是当时牛顿缺少积分的定理：两个均匀球体之间的引力，可以按照其质量集中于球心来计算。一旦证明这一定理，牛顿的万有引力定律就可以实际应用。如果有一把开启动力天文学的万用钥匙，那就是它了。使用这把钥匙，牛顿在1685年继续打开天界的大门。他也第一次提出了合理的潮汐理论。

牛顿天体力学是对自然现象的第一次伟大综合。从其本质来说，天体力学中如果没有伽利略和牛顿的动力学或者牛顿和莱布尼茨的微积分，那是无法想象的。伽利略的科学方法为甚至更深奥的数学综合（如热、光、声和电理论）提供了模型。由伽利略和牛顿发明的现代科学的发现与探索方法融合了实验与数学，本质上与伽利略在《关于两门新学科的谈话》和牛顿在《自然哲学的数学原理》中提出的原则是一致的。

165

如果有一天，无数群氓拥戴的以救世主自居的无知者败坏了科学，重温旧话的时刻就到了——尽管可能是老生常谈：没有实验与数学的结合，我们的文明就不会存在。不那么老生常谈的是我们在更近的年代观察到的现象：正是由于这一结合，我们的文明有可能会不复存在。而且，当面对事实的时候，我们注意到许多观察者持这种观点：自阿奎那的时代开始，10个有足够的活力去害怕或者痛恨什么东西的人中，就有9个人害怕科学，或者悄悄地痛恨科学。自伽利略和牛顿的时代开始，科学勉强得到容忍，原因仅仅在于它能增加物质财富。如果科学死亡了，数学会随着它一起消亡。

为了表明动力学和牛顿理论如何深刻地影响了分析，我们可以举出几个特殊例子，其中一些将在以后的章节中更详细地探讨。由于地球不是一个球体而是一个椭球体，它对它之外的一个质点的引力就不能像全部质量都集中在球心那样准确地计算出来。当天文学在牛顿之后变得更为精密时，计算时必须考虑到相对于完美球体的微小偏离，于是就必须发明新的函数——诸如勒让德(Legendre)在位势论中的那些函数。这样，伽利略有关固定摆长的单摆的振动时间这样一个基本的动力学问题，就立刻在普遍意义上导致了一个椭圆积分。这样的积分又反过来催生了双周期函数的庞大理论。到了 19 世纪后期，人们又认识到，这些都不过是自守函数的特例，自守函数的理论还远没有完善。

所有较早的函数加在一起，让拉格朗日、柯西和其他 18 世纪后期和 19 世纪初期的数学家们知道了函数的一般理论，函数一般理论以复变量的形式达到了高潮。傅里叶遵循伽利略-牛顿的控制观察加数学的传统发明了热的解析理论(1822 年形成其最后形式)，它是实变量函数理论和重点检验数学基础的许多现代工作的最终来源。最后，一个质点系(尤其是三个质点组成的质点系)内各质点间引力的相互作用问题，产生了微扰理论及其一切复杂的分析；而在 19 世纪部分拓扑化了的三体问题，则是现代周期轨道理论的源泉，拓扑化的定性动力学就由周期轨道理论发展起来。

166

通过与力学的连续结合，几何本身也丰富了起来。17 世纪天文学对于精确测量时间的需求启发惠更斯在 1656 年建造了第一个摆钟。他顺便研究了复摆(在小范围内)的振动，它是在质点动力学范围外运用数学工具讨论的第一个动力学问题。由制造实用的钟表，惠更斯开始进行他在测时法方面的伟大工作(1673 年)[31]。在这方面他定义并研究了渐屈线和渐伸线。摆线就是在这种背景下展现了重要的意义，它有时被称为“几何的海伦”，部分原因在于其优雅的形态和优美的性质。惠更斯证明了摆线是等时曲线这一引人注目的定理。在更近一些的年代里，19 世纪的普吕克的四维几何是用直线而不是点作为空间的不可约元素，它在刚体动力学中找到了合适的解释。反过来，这种动力学提出了许多在直线几何学中可以研究的课题。不过自然科学对几何学的最大效劳，则是 20 世纪第二个 10 年中爱因斯坦的广义相对论和引力的相对性理论推动了微分几何的突然加速。在凡尔赛的那些贪婪的人结束了他们的工作之后，在那奇妙而充满信心的几个月里，人们经常说，爱因斯坦的工作将比有关世界大战的记忆更持久——正如在那些专业历史学家的意识中，阿基米德的科学和数学比布匿战争更长久一样。20 年后，人类完全从乐观主义的攻击中恢复了。

现在让我们离开 17 世纪的数学，投身于从那个永不枯竭的源头奔涌而出的洪流。

167

第八章　数的扩展

为了追溯数学自 1727 年牛顿逝世以来的发展过程，我们可以选择数论、代数、几何或者应用数学中的任意一个作为开端。从巴比伦到哥廷根，数论都在历史顺序上排在其他学科之前，因此我们第一个讨论它。对其他论题更有兴趣的人可以直接跳过。

本章和以下五章要描述的数字成长的详细过程相当复杂，因此我们首先指出将要观察的主要特点。

四个关键时期

经过起初混乱而犹豫不定的大约四个世纪的普遍化，数学在 20 世纪形成了分析、代数、数学物理以及数论的数系。这最后的进展为数学留下了三大主要收获：代数和分析的一般复数及其子类代数整数，代数、几何和物理的超复数系，出现在现代实变函数与复变函数理论中的实数连续统。五个发生了最根本变化的时期是：1800 年前后各 5 年、19 世纪 30 年代后期和 40 年代初期、19 世纪 70 年代以及 1900 年前后各 10 年。

高斯于 1801 年使用了一种被他称为同余的特殊对等关系，为一个整数无限类在它的一个有限子类上设立映射，这是现代抽象数论和代数的开端；上述第一个时期与这个事件交织在一起。在这段时期的早期阶段，映射（同态）的

168

一般方法的内涵并没有得到明确的公式化，也没有孤立出来成为独立的研究；

这种状况延续到了20世纪,那时,映射成了抽象代数、拓扑学和其他学科的基础。

19世纪30年代的英国代数学家清楚地认识到了初等代数的纯抽象和形式特点。在此之后,19世纪40年代出现了哈密顿的四元数和格拉斯曼(Grassmann)的普遍得多的代数——后者发展出数学物理的向量代数。从纯数学的观点来说,这段时期的持久遗产是广泛普遍化的数字概念。

在康托尔、戴德金、梅雷(Méray)和魏尔斯特拉斯的工作中,19世纪70年代人们见证了实数系的现代探讨的开端。19世纪后期,分析的数论化和现代批评运动拉开了序幕。现在看来,这段疾风暴雨的时期中最持久的存留物是在20世纪前40年得到巨大扩展的数理逻辑。

越过第三个时期进入第四个时期之后,在大约1897年第一次出现了有关无限的现代悖论。后者是数理逻辑的突然发展的主要原因,而数理逻辑对所有数学特别是数字概念有强烈的影响。

我们将有机会经常提及至今尚无定论的问题,这些问题与数字和实数的连续统的本质有关。不能因为找不到一个问题的解决方法就相信它是无法解决的。那些仍在阻挡我们清楚认识数字本质的障碍可能明天就被清除了。无论如何,任何有关数字的未解问题都没有挡住纯数学或是应用数学的发展进程。相反,这些未解困难曾经在纯数学领域启发了许多有价值的工作;而在应用数学方面,事实证明甚至最严肃的怀疑也与获得可由实验检验的科学结论完全无关。

随着数在纯数学方面的发展,我们将在后面一章回归科学对数学的冲击这个问题。我们将看到,应用数学家已经通过他们勇敢使用分析的方式获得了承认——尽管可能还没有达到严密的逻辑要求。

在阐述细节时,我们将不时提请读者注意观察那些有特殊重要性的地方。169 在此可以强调一个普遍的观察结果。数学自1800年进入近代时期后,抽象性和普遍性呈现出稳步增长的趋势。到了19世纪中期,数学精神发生了深刻的变化,如果18世纪的重要数学家能看到半个世纪后数学发展的结果,恐怕很难认为那也是数学。当然也有人执着于旧观点,但是正在创造新数学的人已经摒弃了旧观念。再过四分之一个世纪,如果一个一流数学家还探讨欧拉在其大部分工作中都会遇到的特殊问题，那几乎是一种耻辱。为创造普遍方法和范围广阔的理论而具有的抽象性和普遍性成了时尚。这在18世纪曾经有一个先例，那就是拉格朗日的动力学。还有另外一条在复杂的发展过程中穿针引线的线索。这条线索可以带着我们一直回到毕达哥拉斯，由于它具有这样的启发性意义，我们将在下文联系前面的梗概单独描述它。

毕达哥拉斯的探险

在整个数学发展中吸引最普遍兴趣的特点，或许就是人们在创造力最强的时期远远背离了毕达哥拉斯将所有数学放在"自然"数1,2,3,…的基础上的计划，以及最后在为满足分析、几何、物理、代数和数论的需要而扩展自然数之后不久又回到毕达哥拉斯。毕达哥拉斯计划的黄金时代或许一直延续到了19世纪的后半叶。在此之后，现代批评运动力求将自然数以及它们获致的所有扩展都归入数理逻辑的范畴。在19世纪从无限类理论推出数字的尝试已经强烈暗示了这项后来的计划。

这种背离毕达哥拉斯又回归他的思想的圆周运动被认为是思想上的一次伟大探险，这次探险沿着一条毕达哥拉斯没有能力想象的切线升空，我们务必对其进行详尽的考察。我们将在下面的5章进行这项工作。我们把现代数学视为一个越来越具有自我意识，开始对自己在18世纪的天真行为有所批评的整体，它在1820年至1830年的10年间安然度过了自己的青春期。此后数学对不加批判的分析越来越不感兴趣，尽管它能用拉普拉斯的天体力学(1799、1802、1805年)给出有关天体的极其准确的结果，也能通过傅里叶的热传导解析理论(1822年)的直观计算，得到有关地球的准确结果。18世纪和19世纪初期的大部分伟大数学家在思考的时候更像工程师，而不像现代数学家；一个在直觉的灵光一闪中揭示的公式，或者从松散的推理中急匆匆得来的公式，只要它们是有效的，就与其他公式一样美妙。他们的公式惊人地有效。高斯(1777—1855年)是第一个在分析学中成功反抗直觉的伟大数学家。拉格朗日(1736—1813年)曾经这样尝试过，却没有成功。

170

最后一次大麻烦的焦点出人意料地集中在貌似无害的自然数1,2,3,…

上面；自毕达哥拉斯的时代起，数学就热切地把它们当作从天而降的甘露和食粮。L. 克罗内克(Kronecker，1823—1891 年，德国人)是公认的毕达哥拉斯主义者，同时也是 19 世纪有影响的代数学家和数论学家，他确实曾经自信地宣告："上帝创造了整数，其他的都是人的工作。"到了 1910 年，一些更谨慎的数学家倾向于把自然数看成魔鬼发明的最有效的网，用于捕捉那些没有危机意识的人。一个更加神秘的学派中的成员认为，自然数并不像上述两种人宣称的那样具有超自然的性质；他们宣称，这一"无穷的序列"1，2，3，…是赐予卢梭的自然人的一种值得信任的"直觉"。没有人咨询过亚马孙河流域部落的意见。

1900 年后不久，由于这些数学家与其他数学正统派组成的敌对阵营之间发生的冲突，毕达哥拉斯的计划暂时搁置了。参与争论的各方联合起来把逻辑折磨成新奇的形式，以便让逻辑最终暴露出它在自然数中，或者是在毕达哥拉斯有关它们的梦想中的真实含义——如果这种含义真的存在。这些数字真的向人们透露数学和自然的真相了吗？或者它们并没有这样做，"真"只不过是一种自洽的描述而已？如果它们没有揭示真相，那么建立在自然数基础上的数学从这个意义上来说为"真"，这对于人类的需求来说还是必要的吗？无论第一个问题的答案可能是什么，第二个问题的答案似乎是一个断然的"不"字。大量现在已知是无效的数学推理，却在过去引出了极为有用的结果。不过，我们在这里关心的东西与这些深刻的问题无关。所有这些问题可能都没有什么意义。我们关心的是技术数学，它酝酿了这些探索以及许多别的与此类似的探索。但是我们可能注意到，数学并非如有些充满敬慕的崇拜者宣称的那样，是一个静止不动的庞然大物、一个不再变化的完美体系、一个庄严的偶像。

171

从 16 世纪开始的数字的扩展是全部数学的突出增益。按照有资格评价专业证据的人的意见，这些扩展很可能在今后的许多年里仍然有价值。由于未加批评地接受了导致数系持续扩大的形式主义，20 世纪初期所有数学领域突然发生了"危机"。产生危机的原因是在形成缜密的逻辑中过于大胆地使用了无限类。如我们将看到的那样，无限类从两个截然相反的点上突破了数字的范畴，其中一点是算术中的有限基数，另一点是分析中的连续统。在数论中同样如此。戴德金在大约 1870 年对有理整数进行的普遍化,有理整数唯一分解成素数直到代数数——与之对应的是唯一分解成素理想,这些引入了代数整数的可数无限类。与此同时,有理数的不可数无限类伴随着康托尔和戴德金的理论而出现,而设计它们是为了给分析中的实数连续统提供自洽的基础。因此,有关无限的数学这个阻碍毕达哥拉斯的核心障碍,在毕达哥拉斯成为传说人物之后的两千多年里,让他的后继者止步不前。欧多克索斯似乎不得不设计了一条绕过这一障碍的路——或者可以穿过其最难以通过的部分;那些构筑了现代连续统的人则基本上沿着这同一条道路前进,只不过力图清除障碍,并给它一个更坚实的基础。那些初看十分可靠的东西在仔细检查之后似乎只不过是幻影。这条道路仍在修筑之中。

为了给后面章节铺垫并结束这一预告,让我们回顾 H. 庞加莱(Poincaré,1854—1912 年,法国人)在 1908 年引起的显著变化。这在某种意义上总结了 2 300 年来的进展。在 19 世纪末期,庞加莱是自信的数学的主要预言者。1900 年他宣布,通过 19 世纪以无限类理论(集合论)为基础的分析中的连续统,数学的全部费解之处已经最终肃清。他声称,所有数学最后都与自然数和传统逻辑的三段论相关。毕达哥拉斯的梦想终于实现了。庞加莱向人们保证,缺乏勇气的数学家们可以勇敢地前进,相信自己脚下的基础绝对牢固。

172

多灾多难的 8 年改变了这位预言家的观点:“后世将把集合论看成人类曾经罹患的一种疾病。”

在庞加莱发表了有些尖刻的判断之后 30 年,数学借以恢复的那个理论仍然很繁荣。这当然否定不了什么;两千年来,欧几里得几何在一代又一代数学家心里一直没有改变,这些数学家认为它是完美无缺的。我们在这里重提这个预测和它可能延迟实现的事实,只是为了公正地展示 16 世纪以来数字的伟大收获。如果在数学连续的发展中很少——如果有的话——有最终的结论,那么这种持续的生长的确让一些能够坚持下来的东西成熟了。但是如果假装说,对于我们的长辈而言足够好的数学对于我们也很好,或者坚持说可以让我们这代人满意的数学也同样能让下一代满意,那就太不负责任了。

通过逆运算和形式体系实现的扩展

自然数系的最早扩展是巴比伦人和埃及人的分数。这些扩展描绘了通过那些人们已经理解和接受的数学，创造新数字的主要方法，即逆运算。为了解决“6必须乘以什么数才能得到2”这一问题，必须发明一种新的“数字”——分数$\frac{1}{3}$。这里直接的运算操作是乘法，但其逆运算是除法。其他的基本逆运算对有加法与减法，更高的还有乘方与开方。

古人知道所有这些基本运算。有理运算中的乘法与加法的逆运算——除法与减法，让普通的分数和负数成为必需；乘方的逆运算部分地与无理数，包括纯虚数和一般复数的发明有关。可以将求解一个代数方程或带几个未知数的方程组，重新叙述成一个要求重复地进行加法和乘法的逆运算的问题。直到大约1840年，代数方程或许都是自然数扩展最主要的来源。

考虑这个扩展过程，它一直扩展直到包括一般的复数；我们将采取一种观点，这种观点从历史角度上可能讲不通，却可以通过数学加以证明：仅仅是偶然的邂逅——例如遇到负数——并不能算作数学发现。同样，拒绝接受方程的虚数根也不能让任何人拥有发明复数的优先权。在人们有意识地尝试了解负数与复数，并为任何可能的运用制定无论多么粗糙的规则之前，这两者都不能被认为是数学实体，正如不能认为尚未孕育的孩子是一个人。从数学的角度说，这些数在上述条件满足之前还不存在。

职业历史学家对负数发展的一些细节的意见基本一致。公元4世纪的丢番图知道作为一个线形方程的形式解-4，却因认为它荒谬而拒绝接受。据说在7世纪初叶，婆罗门笈多曾经叙述了乘法的符号规则；他舍弃了一个二次方程的负数根。在9世纪摩诃毗罗重新叙述之后，符号规则在印度成为共识。在大约同一时期，花拉子密似乎并未就此取得任何进展，只在一个二次方程的解法上展示了一个正根和一个负根，并且没有明显地舍弃负根。

在欧洲人中，斐波那契(1175—1250年，意大利人)在13世纪初期拒绝接受负数根，却在一个关于钱财没有进益而有损失的问题上解释了一个负数。有人声称印度人也有这样的事迹。L.帕乔利(Pacioli，1445？—1514年，塔斯卡尼人)在15世纪后半叶得到了有关符号法则的知识,其证据是(7－4)(4－2)＝3×2＝6。M.施蒂费尔[1](Stifel,1487?—1567年,德国人)是那个时代的杰出代数学家,他在16世纪中叶称负数是荒谬的。卡尔达诺在1545年发表的《大术》中把"负负得正"这一符号规则陈述为一个独立的命题;据说他也曾意识到负数是"实际存在"的,但是这种说法的证据很值得怀疑。实际上他称负数是"虚构的"。

174

邦贝利曾经在1572年表明,他在类似于 $m-n$ 的情况下明白加法法则,此处 m 和 n 都是正整数。在大约同一时段韦达拒绝接受负数根。最后,J.赫德(Hudde,1628—1704年,荷兰人)在1659年用一个字母表示正数或负数。这里可以提一件历史奇事,T.哈里奥特(Harriot,1560—1621年,英格兰人)是第一个重现了古巴比伦盛宴的欧洲人,他允许一个负数作为方程中的一个成员参与运算。但是他拒绝承认负数根。

除了一个例外,以上名单中列出的都可以说是形式上的部分扩展。这一扩展并不完全,因为在17世纪之前没有人自由使用负数。扩展只是形式上的,因为它只是对计算规则的机械运用,人们已经知道这些规则在运用于正数时可以给出无矛盾的结果;在对负数的操作中也假定它们是合法的。19世纪30年代,这种没有根据的假设在臭名昭著的"形式不变性原理"中被人为地提升到了一种普遍教义的崇高地位。到了17世纪中期,对负数不加限制地使用给了数学家一个实用主义的典范,让他们看到,普通代数学中的规则能够带来无矛盾的结果。然而人们没有进行任何更深刻的尝试,没有在这种不稳定的形式下铺设一层公理的坚实基础。

负数的早期历史中的一线数学智慧之光来自斐波那契,他建议,一笔负数的款项可以当作损失处理。这是以一种让人可以接受的与过去规范一致的形式来解释形式上的结果,似乎是走向负数发展第二阶段的第一步。这标志着两种各不相同却互补的数学哲学的开始:如果人们已经接受一个体系,承认它是自洽的,那么任何数学形式上的产物,当它可以与已有体系中的某物相对应,就是可以接受的;所有数学都是一种形式体系,这种形式体系的含义不超出定义它的那些公理所隐含的意义。举例来说,如果欧氏几何被认为是自洽的,而且如果可以用这种几何来解释复数在形式代数中的运算,那么复数形式

175

就可以被接受。这是按照第一种哲学得出的，斐波那契在遇到负数时本能地、下意识地采取了这种哲学。第二种哲学是由现代基础课本中的代数规则描述的，在这些课本上印着 $a,b,c,\cdots,+,\times,=$，而且假定 $a=a,a+b=b+a$，等等。

每一种哲学都极大地丰富了数学。第一种哲学追求解释，或许可以称之为综合的；第二种以某种有自己的公理空间的形式体系开始和结束，[2] 或许可以称之为分析的。这种称呼只是为了方便，无意使用康德的术语，尽管这种相似会对人有些启示。数系的发展是对综合与分析两种方法不断相互影响的记录。对应用数学来说，由于四元数和向量代数是从普通复数的几何解释发展起来的，因此占优势的是综合哲学；而与纯数学紧密相关的只有分析哲学。

数学历史上最令人惊异之处，莫过于从综合与分析两个角度理解复数的时间都早于负数。因此我们将首先追溯复数形成成熟的数学理论所经历的主要步骤。负数的问题将随之附带处理。

从操作到解释

复数的早期历史与负数的早期历史十分相像，人们只是盲目地使用，而未尝有任何认真的解释与理解。摩诃毗罗在 9 世纪的一次极为睿智的评论代表着对虚数的第一次清晰认识：负数必然是没有平方根的。他具有足够的数学洞察力，因此把这件事搁置下来，没有继续对难以理解的符号进行无意义的操作。柯西[3] 在将近一千年后于 1847 年观察到了同一现象："[我们舍弃了] $\sqrt{-1}$这个符号，我们完全无法接受这一符号，而且要毫不留情地抛弃它，因为人们不知道这个所谓符号有何意义，也不知道应该赋予它何种含义。"这已经不仅仅具有历史意义了。这些感性的看法是克罗内克 1882 年至 1887 年的研究计划的出发点，这项研究要为自然数的所有扩展找到一个统一的起源。 176

在摩诃毗罗之后，下一次进步是向着数字的分析哲学的方向。卡尔达诺在 1545 年认为虚数是杜撰的，同时又在形式上使用它们，例如，他把 40 分解成共轭复数因数 $5\pm\sqrt{-15}$，却不去质疑这种形式是否合乎情理。更恶劣的纯形式应用案例当属 A. 吉拉德（Girard，1590？—1633？年，荷兰人）的一个完全无正当理由的共轭复数。在注意到一些较低次的 n 次方程有 n 个实数根、一些二次方程有两个虚数根之后，吉拉德提出任何 n 次方程都有 n 个根；同时为了弥补缺少实根的尴尬状况，他提出了猜想，认为缺数恰好可以由复数根补足。

1676 年的莱布尼茨[4] 并没有比卡尔达诺走得更远。他对 x^4+a^4 进行了形式上的因式分解，并成功让自己相信他在不可约的情况下取得了引人注目的进展，即实际替换了一般三次方程中卡尔达诺的解，从而满足了这一方程。对于将特殊实数根表达成一些共轭复数的类似证明，他也同样感到吃惊。而历史上关于莱布尼茨在复数上的行为真正让人震惊的是，不到3 个世纪之前，历史上最伟大的数学家之一本来应该认为这些无意义的操作都是数学，或者认为其结果比把一个玻璃杯连续颠倒两次的结果更出人意料。一个像莱布尼茨这样水平的数学家、逻辑学家、哲学家竟能如此自欺欺人，这证实了高斯的评论——“$\sqrt{-1}$的真正形而上学意义”是难以捉摸的。这同样说明，自从那个值得纪念的 17 世纪以来，数学真的有了发展。

到了 18 世纪，盲目的形式主义终于给出了一个具有重大意义的公式。大约在 1710 年，R. 柯特斯(Cotes，1682—1716 年，英国人)提出了一个相当于今天在三角学中通常称为棣莫弗(De Moivre)定理的公式——牛顿曾经这样哀悼他：“如果柯特斯还活着，或许会让我们知道一些事情。”以现在的表示法叙述，如果用 i 表示[4a] $\sqrt{-1}$，柯特斯的公式[5] 就是 $\mathrm{i}\phi=\log_e(\cos\phi+\mathrm{i}\sin\phi)$。1730 年的棣莫弗定理，$\cos n\phi+\mathrm{i}\sin n\phi=(\cos\phi+\mathrm{i}\sin\phi)^n[=e^{n\mathrm{i}\phi}]$($n$ 是大于零的整数)，是一个直接的形式结果。欧拉在 1743 年和 1748 年将最后部分扩展到了任意 n 值，他也给出了 $\sin\phi$ 和 $\cos\phi$ 的指数形式——这在柯特斯的结果中是很明显的。于是到了 1750 年，三角学成了数学分析的一个分支，而这时需要的工作，就是在适当注意收敛的情况下导出分析的公式，并创造一套能够自洽的复数理论。第一件要做的工作在 19 世纪的第三个 10 年由柯西完成，第二件则在 18 世纪最后一个 10 年由韦塞尔(Wessel)完成。于是在披了大约一千年毫无意义的神秘面纱之后，所谓“虚数”终于融入了不神秘的数学。

在继续讲述韦塞尔和他的后继者之前，我们回顾一下，在刚才描述的事件

177

中迈出的值得注意的两步。约翰·伯努利观察到了反正切函数与自然对数之间的联系。这是朝着柯特斯的方向发展的一步。更重要的是 J. 沃利斯(1616—1703 年,英国人)在 1673 年向复数的几何解释跨出的一大步,沃利斯是一位有独创精神的数学家,也曾是备受欢迎的布道者。沃利斯的说法与通常对复数的几何解释只有毫厘之差。然而在数学上,毫厘的差距可能像轮船的缆绳那么粗,人们通常不会把韦塞尔的发明算到沃利斯头上。实际上,沃利斯使用直角坐标系中的点(x,y)来代表复数 $x+\mathrm{i}y$,他漏掉的只是用 y 轴作为虚数轴。

最后一步是由挪威测量学家 C. 韦塞尔[6](1745—1818 年)完成的,他还在 1797 年构筑了关于复数的前后一致的有用解释。但是他很谦虚,把他完全成功的努力说成是"一次尝试"。他的理论充分地解释了文本中习惯误称为"阿尔冈图"的平面,并在复数的形式代数与那个图的性质之间建立了映射关系。J. R. 阿尔冈(Argand,1768—1822 年,法国人)在 1806 年独立得到了类似的结果。

韦塞尔做出了决定性贡献,不幸的是(1799 年),他把结果发表在一份数学家通常不大阅读的学术杂志上。1897 年——在韦塞尔把他的文章发给丹麦皇家研究院整整一百年之后,一份法文译本为作者争取了死后的名声(无论有什么样的回报)。从其产生的影响看,一份本来可以加速数系发展的工作好像压根没被写出来;最后还是由于高斯的伟大权威,复数才在 1831 年被视为数学界受人尊重的成员。

韦塞尔的解释暗示了两项可能的普遍化。复数的几何显然可以转化成对平面内的旋转与伸缩的描述。数系是否可以进一步扩展,进而描述三维空间内的旋转?或许复数本身足以达到这个目的?第一个问题的答案是肯定的,第二个的答案却是否定的;但是当韦塞尔的解释在 1799 年发表时,几乎没人预料到这一点。 178

W. R. 哈密顿(1805—1865 年,爱尔兰人)成功地采用了几何的方法,但是几何方法并不是通往问题核心的"自然"途径。我们将会看到,哈密顿满足于将代数方法引入三维空间。但是在数学中,3 并不比其他基数更神圣,真正困难的问题是把复数扩展到 n 维"空间"。

欧几里得计划

高斯为自己 1799 年的博士论文选择的题目是证明代数基本定理：一个代数方程有一个形式为 $a+bi$ 的根，其中 a,b 是实数。（要得到这一定理的准确陈述，可以参考任一本有关方程理论的课本。以上陈述与本书中的其他陈述一样，只是为了引出该定理。）吉拉德提出猜想之后，许多人尝试给出证明，包括 1746 年达朗贝尔（D'Alembert，1717—1783 年，法国人）的文章和 1749 年欧拉的文章。这些尝试都是错误的，其中也包括高斯的第一次和第四次尝试（1799 年）[7]。可以顺便一提，人们已经不再认为这一基本定理的经典形式属于代数范围——如同在复变函数理论中所证明的那样。在现代代数学中，它已经被一个几乎无足轻重的陈述取代。[8] 这一现代处理的基本想法可以追溯到伽罗瓦（Galios，1811—1832 年）、戴德金（1831—1916 年）和克罗内克（1832—1891 年），但是没有到高斯。

自牛顿以来最伟大的数学家的第一次严肃研究让他自己相信，令人满意的复数理论尚未确立。在不知道韦塞尔工作的情况下，高斯独自得到了一个几何表示。[9] 但是，提出“数学是科学的女王，数论是数学的女王”这一成熟观点的高斯，并不满足于对一个（他认为）纯粹数的问题给出一个有用但不相干的几何图像。到了 1811 年，高斯确信“形式上的”处理本身就可以提供一个合理的复数理论；而且他差点就让自己接受了那个神秘的不变性原理——这一原理在大约四分之一个世纪以后指引其他人达到了他们希望达到的结果。不过在 1825 年他承认，“$\sqrt{-1}$的真正形而上学意义”是难以捉摸的。

179

高斯所说的形式上的处理，指的是从算术的公理来推导复数的性质。他以欧几里得从定义和清晰的假设出发的方式寻求证明。我们将在以后再次讨论不变性原理。

高斯在 1831 年发明了在复数上称为“真正形而上学”的东西，比哈密顿向爱尔兰皇家学会寄出他独立发现的同一方法要早 6 年。这一“真正形而上学”完全排除了几何直觉，将 $a+bi$（其中 a,b 是实数）定义为服从能够充分必要地给出所需的复数性质的公理的数偶 (a,b)，而这些性质是通过代数操作得到的。例如，等式 $(a,b)=(c,d)$ 被定义为 $a=c,b=d$；而加法 $(a,b)+(c,d)$ 的定义是$(a+c,b+d)$;乘法$(a,b)\times(c,d)$的定义是$(ac-bd,ad+bc)$。在这里神秘的i消失了,德·摩根以及其他人称为实数偶(a,b),(c,d),…的“双重代数”代替了复数的代数,这些实数偶只服从算术和普通代数的已被接受的法则,如$a+b=b+a$,$ab=ba$,$a(b+c)=ab+ac$,等等。

1837年,高斯过去在大学里的老朋友W.鲍耶(1775—1856年,匈牙利人)给他寄了一封信,这成了高斯透露对哈密顿方法的预期的契机。在信里鲍耶责备高斯宣传了一种复数的几何理论。鲍耶争辩说,几何在数论基础中没有地位,复数应该与据信在数论中地位已知的实数相关联。高斯回答说,他的观点与鲍耶完全相同,而且在1831年做了鲍耶所要求做的事情。他一直保持这种观点,并在距离他去世仅仅5年前强调说,“抽象”的公理化方法是他所希望的解决复数问题的途径。这一方法在大学代数课本中已经很普通。 180

如果任何第一次见到数偶代数或数偶数论的人认为这是一种狡诈的欺骗手法,或者至少认为这是在据信为实数的树丛中敲打虚数魔鬼的做法,都是可以原谅的。熟悉它之后,错误的理解就会得到改正;而且当发人深省的数偶(a,b)表示法扩展到三元组(a,b,c)甚至更多元,成为n个实数或元素组成的有序组,并遵循恰当定义的加法与乘法法则时,哈密顿简单发明的创造性威力就清楚地显示出来了。当哈密顿用(a,b)代替$a+bi$时,多重代数以及对科学不可计数的应用就已经遥遥在望了。他本人在自己的四元数中精心制定了四元数组(a,b,c,d)的代数与几何;几乎与此同时,格拉斯曼以更普遍的观点创造了n元数组$(a_1,a_2,\cdots,a_n)$的代数。我们将在以后的一章重提这个话题,不过,现在我们将继续追寻高斯和哈密顿恢复欧几里得方法的结果。在大约2 300年茫然的徘徊之后,数论和代数学家终于睁开眼睛看到了欧几里得做过的事情:定义、公理、推理、定理。然后他们就又向前迈进了一大步。

欧几里得的几何是与直觉能够看到的、与普通经验联系的“真实世界”并无必要关联的理想空间,或许欧几里得清楚这一点;然而即便如此,他却没有把他哲学的重要性完整地传递给他的后来人。欧几里得的几何,或者任何其他以演绎模式构筑的数学体系,现在几乎都普遍被认为是建筑这一体系的数学家自行构建的任意创造,无论开始的刺激是现实世界的经验结晶而成的抽象,还是如同从数偶向n个实数的有序组发展的那样,起源于代数符号形式上的扩展。欧几里得计划背后的哲学在今天可以认为是分析型的。

纯形式代数的概念首先出现在那个最尊崇欧几里得的国家，这似乎是十分合适的事情。正是一位英国人 G. 皮科克（Peacock，1791—1858 年）——他曾是剑桥大学的罗恩定（Lowndean）教授，后来担任伊利学院院长——第一个[10]在 1834 年和 1835 年将普通代数[11]理解为欧几里得模式的抽象公理演绎科学。

181

在人们普遍接受的意义上，皮科克并非一位广为人知的"重要"数学家，因此下面一段话可能公正地评价了他在数学上的地位："他是 19 世纪上半叶英国所有数学改革中的主要活动家之一，尽管他没有做出任何具有特殊价值的独创性工作。"[12]他只是第一批对代数和数论的整体概念进行革命性改造的人中的一个。

英国学派发展了皮科克倡导的欧几里得计划，其中值得注意的人物是 D. F. 格雷戈里（Gregory，1813—1844 年，苏格兰人）和 A. 德 · 摩根；但是直到 H. 汉克尔（Hankel，1839—1873 年）在 1867 年以深邃的洞察力和德国式的彻底精神对其进行详细解释之前，这一计划并不太为人所知。汉克尔同时还改革了形式运算的不变性原理，皮科克曾经以不太容易理解的方式陈述过这一原理："用普通算术的一般术语陈述的等式，在字母不再代表简单'数量'时仍然相等，而当运算的解释改变了的时候也同样如此。"举例来说，如果 a，b 是复数，$ab=ba$ 仍然有效。

即使把这一原理作为一种启发式的指导，人们也很难看出它的意思或它可能具有的价值。如果利用它的表面价值，这一原则将禁止 $ab=-ba$，后者是人们所能想到的一个对初等数学的规则具有最大建设性破坏的式子，每一个学习物理的学生都会由向量分析了解这一点。作为对名声扫地的不变性原理的临别致言，我们注意到，因为 $2\times3=3\times2$，这一原理的直接结果就是$\sqrt{2}\times\sqrt{3}=\sqrt{3}\times\sqrt{2}$。不过证明诸如此类简单陈述的必要性激励了戴德金，使他在 19 世纪 70 年代创建了实数系方面的理论。按照对自然数独一无二的补充，"无论什么都是可以证明的，在科学上永远不要相信没有证明过的东西"。[13]

为去除虚数并将复数理论简化成实数对而发明的数偶工具也拒绝了有理分数和负数。于是对于负数，$-n$ 就被$[m,m+n]$代替，其中 m 是一个任意正数；零是$[m,m]$，而n是$[m+n,m]$。由于在标准的教科书中可以找到细节，在此就不赘述了。要把所有“数字”简化成自然数1,2,3,…的最后与最困难的一步涉及实无理数。这就把分析数论化了。 182

在这最后一步与皮科克、德·摩根、哈密顿等人将代数和数论形式化之间，自然数朝另一个方向有了巨大的扩展，这就是由高斯在1831年发起，并持续到20世纪的向代数数的迈进。与此同时，数偶在多重代数上的普遍化也得到了发展。另一种数论化由高斯在1801年的工作开始，因克罗内克在1882年至1887年的工作达到一个高潮，它在不期然间为将所有数字简化成自然数提供了另外一种含义。我们将在下一章描述它。

对于最终把所有数学都简化为纯形式的欧几里得计划，在19世纪就已经有反对者与死硬支持者，而且直到今天依然如此。为了描述预言的讽刺意味，我们重复一位著名分析学家P.杜布瓦-雷蒙（P. du Bois-Reymond，1831—1889年，德国人）在1882年发出的充满激情的攻击。杜布瓦-雷蒙极有见地的研究工作为数学分析在19世纪的第二个英雄时代的发展做出了重大贡献——第一个英雄时代是牛顿和莱布尼茨的时代。杜布瓦-雷蒙相当激烈地宣称，这一形式主义计划将用“一种对符号的单纯玩弄”来代替数学，“而在玩弄符号的时候将随心所欲地赋予它们各种意义，就好像它们是棋盘上的棋子或者扑克牌一样”。他接着预言，这样一种“毫无意义”的结果将浪费无效的努力，让高斯描绘的科学的女王——数学死去。自从1920年以来，作为一个高产的学派，数学恰恰成了这位预言家担心成为的那个样子。那些自称形式主义者的人在他们永无休止的象棋对弈中喧闹无度，为除了游戏的规则以外别无意义而欢欣鼓舞。至少在数学和科学方面，最终的真相与永恒的真理在20世纪黯淡无光。

于是对于数字意义的一次探求就这样宣告结束，人们通过与欧几里得一致的途径得到了让一些人困惑的结论。这门令人尊敬的科学或许有些瘫痪了，但D.希尔伯特（1862—1943年，德国人）在努力为它打造一层牢固地基的时候仔细研究了初等几何的公理，这让他对普通数论的基础进行了一次类似的检查。1900年希尔伯特在第二届国际数学家大会上发表讲话时说，他注意到了[15]证明几何公理无矛盾性的一个方法：可以构筑一个合适的数域，使其中 183

的数字与这些几何公理建立相应的类似关系。由此，由几何公理得出的结论中的任何矛盾，都必须可以由那个数域内的数论认识。于是，几何公理的自洽（无矛盾）性就与数论公理的自洽联系到一起了。接着，希尔伯特强调了一个问题——1900 年的未解决的重要数学难题：从数论的公理出发，证明通过有限次逻辑演绎不可能得出矛盾的结果。直到 1945 年，这个问题仍未得到解决。解决这个看似基本的问题的尝试，某种程度上促使数学哲学的形式主义学派的产生——那些下象棋的人，由那个时代最著名的数学家希尔伯特所领导。

自然数对所有数学而不只是数论及其在代数上的扩展具有根本的重要性，欧几里得的方法论在现代数学中与在古代一样重要，有关这两点已经谈得够多了。在继续讲述数字的进一步扩展以前，有必要概略地说明从毕达哥拉斯到今天的数学。

从毕达哥拉斯到 1900 年

只要略微回顾一下试图把虚数归入一个自洽数系的纷乱努力，我们就可以注意到伴随着这场斗争数学信念产生了有趣的波动。毕达哥拉斯学派面对虚数体会到了突如其来的挫折，那实际上摧毁了希腊正统数学中的测量学。这时，对数字独立于几何表示法的研究已经基本停顿，只有欧几里得对算学的总结得以部分保留。只有当数字可以经过几何化而代表某种“数量”时，学院式的希腊数学家才对它们感到心安理得，虽然当年“数量”只是一个模糊的概念，他们从未质疑过它是否站得住脚。这样就相当于认为，只有通过形状才可以理解数字，这与毕达哥拉斯学派起初的主张背道而驰，也与笛卡尔以来的大多数数学家的信念截然相反。

184　韦塞尔和阿尔冈勾画的图像是在不合理地回归笛卡尔数学。除非假定其潜在的几何建立的基础没有矛盾，否则复数的几何表现形式就什么都无法证明。我们已经看到，高斯最初也想用几何方法给虚数正名，后来却认为这是一个错误。在所有这些早期的发展中，不可撤销的法庭的最后上诉都不加质疑地接受了几何。然而随着知识水平日渐提高，数学家们意识到，几何的合理化只不过是经过伪装的数论，是作为点的坐标进入复数平面的实数。因此，复数的几何解释就失去了基础，除非实数系本身建立在自洽的稳固基础上。希尔伯特在 1899 年对此进行了更深层次的讨论，他在所有几何范围内重新启动了毕达哥拉斯计划，将形状与数字挂钩，并要求在实数系内，或者在它的子数系即有理整数集内证明其无矛盾性。

哈密顿脱离几何信奉了数偶，因此也成了毕达哥拉斯学派的一员。他的方法对于以后向超复数的进展更具建设性。但是他不像希尔伯特那么挑剔，他把实数系的自洽视为理所当然。

如同抽象代数的探讨那样，现代研究试图通过假设"坐标"a，b 定义在一个假定的抽象域内，让哈密顿的数偶(a,b)不再带有任何数论的含义。它作为毕达哥拉斯学派所理解的数字的最后残迹，在"毫无意义的符号"a，b 及其同样"毫无意义的几何规则"中结成了精华。但是，即使认为用一套公理可以完全定义它们推导出来的数学体系，实际操作也无法证明，这些规则永远不会产生矛盾。

从形状向数字逃逸，又从数字回归形状，然后再次归于数字，在这个过程中，人们最终进入了完全抽象。从毕达哥拉斯到希尔伯特，数学家追求通过演绎推理证明他们的创造物的合理性。希尔伯特第一个认识到，在应用到所有数学领域的演绎推理本身被证明不会产生矛盾性之前，这种来回跳跃是徒劳无益的。这是在考验整个毕达哥拉斯计划，因为毕达哥拉斯学派的核心假设就是假定可以通过演绎推理无矛盾地描述数字和形状。那么最后的问题就是，如果数学演绎不会导致诸如"A 等于 B，但同时 A 又不等于 B"之类的矛盾，那么它在何种程度上可以信任？在莱布尼茨预见到的符号语言推理上，人们正在辩论这个问题。我们将在最后一章给出其中的一些结论。

185

在现阶段，我们注意到以下事实就足够了：现代数学对这类问题的有益讨论是它比过去的形式更有力量的象征之一。而且无论这场讨论的结果是什么，复数是公认有用的东西，无论它是作为平面上的一个点的附属物还是作为数偶，无论在纯数学还是在应用数学领域，它的用处无疑都不会受到太大影响。

186

第九章　走向数学结构

1801—1910 年

在 1801 年和 19 世纪 30 年代，3 种研究数字的新方法暗示了数学结构的普遍概念，并展现出数学整体中意想不到的领域。在 1801 年出现的是同余概念，高斯在被众人誉为杰作的《算术研究》中提出了这个概念，著作发表时高斯年仅 24 岁。L. 克罗内克(1823—1891 年，德国人)在 19 世纪 80 年代提出了所有数学都以自然数为基础的革命计划，从《算术研究》以及 E. 伽罗瓦(1811—1832 年，法国人)1830 年至 1832 年在代数方程理论上的革命性工作中，可以找到该计划被部分执行过的痕迹。

上述方法也是代数和几何理论的现代抽象发展的起源之一，在这些理论中，数学系统的结构[1] 是研究的课题，而研究所追求的，是以最少的计算得到数学对象之间的关系。在现阶段，可以在任何一种直觉的意义上去构想“结构”，它在 1910 年由数理逻辑家赋予了准确的定义。可以把结构与形态学和比较分析学等相比较。我们将通过在 19 世纪发生的代数和数论之间的结合来探讨数学结构。

抽象概念与最近的时期

从作为整体的数学的角度看，在 20 世纪数学结构的迅速发展中达到高潮的推广与抽象的方法，无疑是所有扩展数字概念的尝试所做出的最大贡献。

187

但是在从自然数 1,2,3,…到其他类型的数字的每个发展阶段,与数论相邻的几个数学领域都变得更广泛和丰富。

数学其他领域的新发展反过来又惠及数论。举例来说,高斯在 1831 年提出了广为人知的普通复数的第一个令人满意的理论,意在提供简单的方法来解决丢番图分析中的一个特殊问题:如果 p,q 是素数,p,q 必须满足何种条件,才能使方程 $x^4=qy+p$ 和 $z^4=pw+q$ 至少有一个有 x,y,z,w 的整数解?复数理论要求必须从根本上修正和推广算术可除性的概念,这反过来提示了对代数几何中的某些部分(簇相交)进行重新定义。而后者部分地导致了 20 世纪代数数论(或数论代数)的进一步普遍化(模系统)。

19 世纪 40 年代及以后,在大量向量代数(为自然科学的应用而发明)的诞生过程中还能观察到类似的情况。其中第一个是直接从一般复数的向量表示发展而来的。19 世纪 40 年代,向量代数从平面向多于二维的空间扩展是代数中超复数系的一个来源,这些又再次为数论提供了新的整数类型。相应的数论的发展反过来对其源头的代数产生了影响,尤其是在 20 世纪。因此,如果说数学的任何分支单独导致了自 1800 年以来从特殊和具体向抽象与普遍的持续发展,这种说法是不正确的。这种向前的运动是普遍的,一个分支的主要发展会引起其他部分的进展。

在理解这种发展时,应提防一种最可能发生的错误理解。非职业数学家有时容易混淆普遍性与模糊、抽象与空洞。在我们将要关注的数学普遍和抽象的过程中,出现的情况则完全相反。对这些普遍与抽象进行合适而又准确的特殊化,可以得到从中发展出来的特殊例子。例如,超复数理论就包括一个详尽特例——普通复数;一旦超复数系的普遍理论得以精确确立,普通复数的专门理论就自然随之诞生了。而且,每次普遍化都另外给出了一个完整的数学领域,这一领域不同于这一普遍化过程发展中的其他特例。 188

我们已经在"概述"中谈到,将整个数学史划分成远古时期到 1637 年的古代、1638 年至 1801 年的中期以及 1801 年至今的近代,就将数学的发展分成三个有着明显标志的时代。随着数论和代数的迅速发展,我们将看到,在从中期向近代发展的过程中,数学思想的特征及目标发生了深刻的变化。可能在数的概念的发展中最容易观察到这种变化。它在本章及后面章节中是最值得关注的。或许可以用几何而不用数论来展示这种改变。不过,由于经过改变的代数和数论在几何的发展中起重大作用,因此首先考虑代数与数论似乎更加自然。但是我们必须记住,在数论和代数变成18世纪的数学家不认可其为数学的形式时,几何与分析还在进行相应的转变。

前 景

19世纪30年代,在代数中的抽象方法发展的同时,N. I. 罗巴切夫斯基(1793—1856年,俄国人)1829年发表的非欧几何引发了几何的划时代发展。这项进展发源于1800年或者更早的高斯及其他人的准备工作。由于这项工作属于几何范畴,我们将在以后相关内容里加以讨论。这里重要的事实是,几何学家和代数学家几乎同时认识到了,数学系统并不是由超自然力量强加给人类的,而是想象力丰富的数学家的自由创造。罗巴切夫斯基的新几何是被视为这种自由创造的最早数学系统。它首次证明了一个系统中的某个公理(欧几里得平行公设)是完全独立的,传统和常识都认为该系统必须包含那个公理。这根本的一步所具有的方法论意义慢慢才被重视,代数和数论在一个平行方向上几乎同时取得的进展,似乎比几何更直接地影响了现代数学抽象观。

189

19世纪30年代,英国学派明确承认普通代数是一种纯形式的数学体系,这很快引发了一场数论和代数革命,其意义堪与突然降临的非欧几何相比。

1843年,哈密顿在他发明的四元数中摒弃了乘法交换"律"(公理),从此打开通往各种代数的大门,有理数论和普通代数中原以为不可改变的"定律"一个个要么被修正,要么因为限制条件太多而被彻底抛弃。到了1850年,大多数有创造性的数学家都很清楚,普通代数中的公理(在1843年还被认为对于符号推理的自洽必不可少)不再是无矛盾的代数所必需的,就像欧几里得的平行公设也不再是自洽的初等几何的必需品。许多人惊讶地发现,经过修改的代数(如哈密顿的四元数)适应了力学、几何学和数学物理。专制传统的死亡之手被推到了一边,数学自由了。正如数字概念最勇敢的扩展者之一G. 康托尔(1845—1918年,德国人)在四分之三个世纪以后所说,"数学本质就在于它的自由”。没有哪个数学家在1801年能有这等设想,即便高斯也不能。19世纪30年代和40年代的几何和代数革命取得的成果,让人们可以构想自由。

从超自然主义到自然主义

有三句格言反映了19世纪数学发生的转变——从所谓柏拉图式超自然主义转向现代自然主义。第一句表达了希腊人对综合几何的尊崇,第二句反映了19世纪早期人们对数论和数学分析的崇拜,第三句表明人们终于承认数学是人创造的。第二和第三句都仿照第一句,是用古希腊语表达的。

190

据说,柏拉图曾经断言,“神总在进行几何化工作”;伟大的数论学家和分析学家C. G. J. 雅可比(1804—1851年,德国人)宣称“上帝总在进行数论化工作”;而完全的数论学家J. W. R. 戴德金(1831—1916年,德国人),则在他论及数字本质的论文(《数是什么? 数应该是什么?》,1888年)中,写下了“人总在进行数论化工作”作为座右铭。

有一个命题如今不像最后那句格言那样引起争议,这个命题说:“人类在19世纪的后50年尝试进行数论化工作,20世纪早期这个行动面临失败。”这个命题没有原命题简洁,却更接近历史事实。不过,人类尚未完成将数学和宇宙数论化的毕达哥拉斯计划,这一点始终是持续刺激人们创造新的、有趣的或有用的数学的动力。

在19世纪,从不充分的数据中提炼出来的普遍化方法,被自然科学用来溶解宇宙,破解宇宙奥秘。有些溶剂非常强大,把自己都溶解了。自然科学通过令人不安的经验,知道了宇宙一时半会不会被溶解,于是对自己的作用有了更谦虚的认识。经过严肃的反省之后,自然科学在20世纪早期满足于做出受教育的人可以理解的一致性描述。大约在第一次世界大战期间,溶解宇宙的做法暂时不那么风行了。

与此同时,数学在试图用毕达哥拉斯无所不包的普遍化理解自己的庞大王国的失败斗争中,也经历了类似的困境。现在还无法预测其结果,但是我们可以提出两个合理的猜测。

由数推导出所有数学的毕达哥拉斯计划还将持续多年,以便引导新事物进入数学的大门;它基本上仍像毕达哥拉斯学派在他们不那么神秘的时刻构想的那样。举例来说,如果我们的后继者可以用数以外的事物更好地描述形状,那目前我们对那种事物还一无所知,除非它是符号逻辑或者拓扑学——这两者本身已部分数论化了。

我们还可以猜测,数学将与自然科学一样,在严肃的自我分析之后不那么膨胀。与过去相比,未来的数学没有那么多的主义色彩,有关不朽与永恒真理的华而不实的断言也更少。数学的自我意识不再那么强,不那么严格自我反省,而更富于创新精神。它将听任形而上学家对它可能施加的折磨而没有感觉,因为它会继续充满活力,为那些创造了它的人服务,满足人类的需要,而不是成为僵死的哲学的玩物。这种折磨的工具本身——例如符号逻辑,是人们把数学设计成更直接可用的发明时产生的副产品。

191

那些更直接可用的发明在科学文明中具有更重要的意义,它们的副产品常常有一种发霉的经院哲学的冰冷气息。伽利略和牛顿的后继者认为他们已经将中世纪的精神永远封存在科学中,但在 20 世纪关于数的本质和意义的争论中,它又开始蠢蠢欲动。目前先把这些放到一边,继续讨论 1801 年更有益处的数论,它在一个世纪后融入了形而上学。可是历史不会允许我们回归这些争论。我们对随后发生的事件的态度与莫里哀所蔑视的那种"普通的敏感的人"相同,他们只是试图通过科学使自己与种族不那么野蛮,愿意把那些职业人文主义者所谓的"真正重要的问题"留给上帝和哲学家去解决。

从 1801 年至 1887 年的同余

如同"分析""形式""理想""函数的""分析的""正规""共轭""模""积分"和十几个其他词汇一样,"全等"是被用滥了的专业数学词语之一,它们被发明出来,似乎就是为了用自己互相没有关联的含义让非专业人员迷惑的。高等几何中的"合同"说的是直线或者圆的变换,这与初等几何中三角形的全等并无联系;而我们现在关心的数论中的同余又与其他地方的全等①毫无共通之处。

① "合同""全等""同余"在英语中均为"congruence"。——译者注

同样，射影几何的理想元素也与数论和代数中的理想没有关系。

1801 年，高斯定义：当且仅当两个有理整数 a,b 被有理整数 m 所除之后得到同样的余数时，a,b 关于模 m 同余。他把这一说法表示为 $a \equiv b \bmod m$。用另一种方法的等价陈述是：如果 $a \equiv b \bmod m$，则 $a-b$（或者 $b-a$）是 m 的倍数，反之亦然；而如果 $x \equiv 0 \bmod m$，则 x 是 m 的整倍数。

192

拉普拉斯曾经评论说：在数学中，一种设计得很出色的表示法有时意味着打赢了战役的一半。高斯这个简单却深刻的发明就是该评论的一个最好的阐释。把"x 可以被 m 整除"写成 $x \equiv 0 \bmod m$，这立刻向高斯提示了代数方程和数论整除性之间极为丰富的类比。而最后一个概念恰恰是整个数论中最核心又最难以解释的概念之一。不过对我们当前的目的而言，同余在学术方面的意义不算头等重要，重要的是另一种只有高斯的继承人才能理解的远为深刻的意义。即使高斯真的预测到这一点，他对此也并未留下任何记录。

为了指出这一点对于理解现代数学思想是至为重要的，我们必须暂时回到假设的史前，那是比毕达哥拉斯的时代远为古老，甚至比萨尔贡更古老的岁月。用当时原始人的行为来判断抽象，对满不在乎的卢梭式野蛮人来说这显然不是一种"自然"的方法。数字开始的时候是与父亲和母亲一样具体的名词，而父亲和母亲或许是"一"和"二"的早期例子。

关于意识到"二"可以应用到一对父母、一根棍子和一块石头，或者任何其他数不清的例证，人们已经找不到任何从具体向抽象的实际变化方式的痕迹了；我们能够做的只不过是去想象，当原始人类第一次感受到自然数是无穷的这个令人震撼的可怕事实时，他们那种沮丧的心情。但是尝试应付这种第一次感受到的决堤般庞大知识的痕迹却作为符号保留着，那就是我们无法理解的数字神秘主义。以同情的态度看待，所有这些史前的愚蠢行为都是人类第一次摸索着 $1,2,3,\cdots,n,n+1,\cdots$ 这个永无止境的数列中，数字自由地从"n 到 $n+1$"生成出来的结果。如果这些数字无尽的增殖能力受到某种限制，它们就不会那么令人害怕了。

第一个认识到"奇数"和"偶数"的区分对理解所有自然数已经足够的人，一定产生了一种几乎是超自然的感觉。无论如何，那时对他来说，这个无穷数列已经不再比可以分为"男人"和"女人"的人类本身更神秘。因此，数学上将自然数仅仅分成两类的有用分类，凭借把奇数称为男的、偶数称为女的这种方法，能够更具体地满足原始人的头脑。自此之后，数论就与命理学一起，在愉快而成果累累的共生中繁荣起来。无论在今天看来那种早期结合生成的命理学成果有多么荒谬，驱使它产生的都是一种要在有限期间内理解无限整体，进而让无限整体为有限规则所理解的强烈欲望。

193

高斯式的同余证明了，在一切把有理整数 $0, \pm 1, \pm 2, \pm 3, \cdots$ 分成有限类的方法中，它是最富成果的，任何数论的基础课本都可以证实这一点。高斯发明了映射方法，通过把第一个集合中的事物按照某种关系——比如具有反射性、对称性与传递性方面的抽象性质——分类，从而将一个事物的集合(有限的或者无限的)映射到另一个集合中；他没有料到，映射方法由于分享了他的同余关系而成了代数理论结构的一个指导性原理。它逐步发展，并加上了其他想法，数学超越了毕达哥拉斯的梦想，并在群论、场论、点集论、符号逻辑等方面逃脱了自然数的羁绊，进入了与数字无关、以关系之间的结构为议题的研究。

以上提及的概念是现代数学的基础，因此我们回顾一下它们的定义。对于某种事物(这些事物完全不必是任何种类的数字)的一个给定集合，一个标记为～的关系对于其中的元素 $a, b, c, \cdots$ 是二元的，对于其中任意元素 a 和 b，$a \sim b$ 或者为真或者为假。若 $a \sim a$ 对于集合中所有元素都成立，则称～是反射的；若 $a \sim b$ 蕴涵 $b \sim a$，则称～是对称的；最后，若 $a \sim b$ 与 $b \sim c$ 一起蕴涵 $a \sim c$，则称～是可传递的。这样一种像～的关系称为该集合的"等价关系"。如果 $m, a, b, c, \cdots$ 是有理整数且 $m \neq 0$，而且 $a \sim b$ 可写为 $a \equiv b \bmod m$，则容易证明，这一高斯同余是一种等价关系。进而言之，同余的性质保留在加法与乘法运算的结果中：如果 $x \equiv a \bmod m$，$y \equiv b \bmod m$，那么 $x + y \equiv a + b \bmod m$，$xy \equiv ab \bmod m$。

任何等价关系都把它所在的类分为子类(无论有限类还是无限类)，整个类中所有与某个特定成员具有等价关系的成员(因此相互间有传递性)，也仅有这些成员，都包含在一个特定的子类中。可以将子类的任何一个成员看作该子类整体的代表。与正整数模 m 相关的同余将全部有理整数准确地分成 m 个类，可以将这些类的代表视为 $0, 1, 2, 3, \cdots, m-1$。全等是现代映射方法

194

将无限的整体映射到一个可理解的有限集合中的典型例子，而且是历史上的第一个例子。高斯及其继承者发展的数论同余属于高等数论，我们以后将讨论它。现在我们对于同余的兴趣在另一个方向，在这个方向上，它对整个数学思想的重要性超过了它对数论的技术应用。

在前一章中我们注意到了柯西(1847 年)对符号 i$(\equiv\sqrt{-1})$的排斥。高斯的同余向带有一个变量(更合适的称呼是"未定量")x 的多项式的直接推广，给柯西提供了一种他热烈希望的遁词，可以让他进入那种虚幻的"现实"。若

$$F=\sum_{r=0}^{m}A_r x^{m-r} \quad 与 \quad M=\sum_{s=0}^{n}B_s x^{n-s}$$

都是多项式，其中 $m\geqslant n$，且 $A_0B_0\neq 0$，则有刚好一个次数小于等于$n-1$ 的多项式 R，与刚好一个多项式 Q，使 $B_0^{m-n+1}F=QM+R$。柯西写下了这种形式的一个特例，此处 $B_0=1$ 作为同余，$F\equiv R \bmod M$，并在此类多项式同余的较容易的发展中模仿了高斯的理论。

对于特殊模 $x^2+1(=M)$，柯西发现，他的"余数"R 具有一切复数形式上的性质，他的"x"则取代了"i"的位置。因此他能够建立起完整的"实"代数，从理论上说与复数完全一致(具有同样的结构)。稍微想一下就可以明白，为什么他精巧的设计能够成功。这种方法提供了一种哈密顿的数偶的替代方法。

柯西已经走了这么远，却没有继续把复数从他的"实在的""存在的"数中驱逐出去，这相当令人惊讶，因为它们肯定与 i 在毕达哥拉斯心目中一样"不实在"，是"不存在"的。足够自然的是，1821 年柯西已经第一次令人满意地定义了极限和微积分中的连续，但是在 1847 年他没有注意到，带有无穷多不可数的无理数的实数连续统有改革的必要。一个彻底的毕达哥拉斯学派人士会把实无理数和 i 一起赶出去。

195

柯西把他的发明推广到了他所说的代数关键方面，然而这些都是在 1844 年H. G. 格拉斯曼(1809—1877 年，德国人)的工作中已经清楚解决的代数问题[2] 的非常特殊的例子[3]，因此他实际上没有找到正确的目标。高产的柯西转向了与他的热情更吻合的分析，在那里开始了新的创造。他新颖的建议在 40 年后才受到关注，经过极大改进之后，于 1887 年重新出现在克罗内克的

数论计划中。[4]

这一次，现代毕达哥拉斯学派的人士终于出现了。据说高斯曾经把“外部的真实”归于“空间”和“时间”，把“精神创造”的理想化的纯粹留给了数字。而克罗内克否定了这种哲学，坚持认为几何与力学可以通过与数字的关系完整地表现——说到数字，他指的是正整数 1，2，3，…。因此对他来说，与动力学结合的连续的“空间”和“时间”只在这种上帝赐予的自然数的不可改变的非连续状况下才有意义。连续是没有意义的，一切都是离散的。

为了显示他的颠覆性计划可以进行，与柯西通过模 i^2+1 驱除了虚数 $a+bi$ 完全一样，克罗内克通过与模 $j+1$ 的同余驱除了负数。对克罗内克来说只有自然数才存在，因此他用类似的魔法也赶走了有理分数，(实际上)为每个令人不快的分数引进一个新符号，或者说“未定量”。例如，为了粉碎 $\frac{3}{4}$，只要对一个联合模 $4k+3j$ 使用同余就足够了。而无理数，就拿 $+\sqrt{-2}$ 来说，可以通过一个新的未定量 t 和一个附加模 t^2+2 驱除。数论、代数和分析开始变得复杂起来了。但那并不重要。

在上面引用的工作和早些时候(1882 年)的另一份长篇论文中，克罗内克比较详细地阐述了在现代数学中应该如何实现毕达哥拉斯计划。这份计划是否值得实行是无关紧要的。克罗内克主要关心的是向世人证明，毕达哥拉斯的观点是可以实现的。这件事一经证实，不谨慎的凡人就可以得到许可，以惯用的方式和通常的表示法使用负数和无理数，但是他们必须承认，他们那种可以使用的数学不过是唯一真正的数学——克罗内克的模系统——的方便的简写形式。

196

如果高斯泉下有知，得知“n 可以被 m 整除”写为 $n\equiv 0 \bmod m$ 这样的简单发明引出了这样令人沮丧的结果，他会作何感想？知道这一点一定很有趣。知名的数学家对此多有评论，从“无政府状态”到“骗人的鬼话”，不一而足。不过，如果克罗内克能够活着参与 20 世纪有关经典分析一致性的那场辩论，他大概就可以通过损害 19 世纪分析学家的利益而得到报偿了。在 20 世纪 40 年代，已经没有几个人会写出坚定的保守主义者 E. W. 霍布森(Hobson，1856—1933 年，英国人)在 1921 年写下的这段话：

> 克罗内克的理想……即分析中的每个定理都应该根据与正整数的关系加以陈述的理想……如果可能实现，将相当于倒转科学追求的实际历史进程；因为所有实际发展都与数字表达法的持续普遍化息息相关，尽管现在认为，这些普遍化的基础最终是整数。在分析中正式使用数字表达的扩展带来了不可估量的优点，放弃这些优点只能说是数学虚无主义的一种表现。

除了作为一位毕达哥拉斯主义者外，克罗内克的努力还留下了一件有用的遗产，那就是有关模系统的理论。这给代数数提供了另一条可采用的途径，尽管人们通常走的是戴德金的那条。

1882 年克罗内克在代数工作上的一个基本副产品，是为任意数目变量的多项式系统的消去法提供了一种生机勃勃的理论。该理论结束了许多无法令人满意的尝试，特别是那些代数几何学家的努力，他们致力于有效地证明诸如 1840 年的 J. J. 西尔维斯特(Sylvester，1814—1897 年，英国人)和 1764 年的 E. 贝祖(Bézout，1730—1783 年，法国人)发展起来的那种看上去特别简单的形式方法。L. 欧拉(1707—1783 年，瑞士人)也独立地发明过贝祖的方法。一般课本上的讨论还在遵循 1764 年的精神，尽管也有些可敬的例外。

克罗内克把所有数学化为自然数的做法，同样遭受了冷嘲热讽，这种企图似乎迟早会使人类一举求解宇宙的尝试化为乌有。就像他检验其他数字发现它们没有意义，自然数有一天可能也会受到这样的考验。任何野蛮人都可能提出这样的想法；但这个工作还是留给了 20 世纪早期的数理逻辑家们，他们彻底地证明了这种可能性。

197

一个转变时期

我们必须在此简短地介绍一下 E. 伽罗瓦和 N. H. 阿贝尔(Abel，1802—1829 年，挪威人)，他们无意中加入了克罗内克的毕达哥拉斯主义的发展。伽罗瓦本人并没有拥护这一信念，阿贝尔也是如此。然而克罗内克在试图弄清并解释伽罗瓦方程的理论时(它的年轻作者在 1832 年留下的内容残缺不全且难以理解)，学到了一些技巧。代数数的两位奠基人克罗内克和戴德金(第三位奠基人是E. E. 库默尔[Kummer,1810—1893年,德国人])都部分受到了自行研读的伽罗瓦理论的启示,才在代数和数论方面开始了他们自己革命化的工作。克罗内克也是在对阿贝尔方程展开了深刻研究的基础上,开始了他的一些代数数论化研究。

伽罗瓦和阿贝尔标志着现代解读的代数开端。对比高斯与阿贝尔、伽罗瓦两人的代数,我们可以清楚地看出从许多高度完善的孤立定理向抽象与涵盖广泛的理论的转变。我们不久就可以在其他领域看到类似的发展。这个转变大约发生于1830年,与英国代数学家对抽象途径的发展齐头并进。

有趣的是,现在看来,比高斯年轻34岁却比他早死23年的伽罗瓦似乎比高斯更接近现代。只需一个例子就足以说明这两位数学家在思想上的根本差别。

高斯在19岁那年发现了完全用尺规作图法作正多边形的奥秘,这个出色的发现是他把数学当成自己毕生事业的契机。高斯证明了,当且仅当正n多边形的n形如$2^s p_1 p_2 \cdots p_r$时,这种作图才可以做到;其中$s \geqslant 0$,$p_1, p_2, \cdots, p_r$为r个可以写成2的幂加1的不同素数。这一定理的代数等价形式与二项式方程有关,在《算术研究》的第七篇即最后一篇中得到了部分发展。这项工作标志着一个时代的数学观的结束。

198 高斯研究了形如

$$x^n - 1 = 0$$

的二项式方程,结束了他有关代数方程的解的性质的研究。伽罗瓦在1830年领会并解决了这一普遍问题,还证明了许多命题,其中包括任意代数方程有根式解的充要条件。高斯之后的数学(在他生前也有一部分)相对于他所理解的那种数学,变得更普遍、更抽象。如果有人探讨一个包括一些特例问题的普遍课题,探讨那些特例问题的兴趣就会大大减少。或者换一种方式说,高斯之后的数学向构筑涵盖广泛的理论和普遍方法的方向转变,这些理论和方法至少在理论上包含无限的特殊例子的详尽解法。在这种意义上,伽罗瓦比高斯更接近现代。出于同样的考虑,高斯也没有阿贝尔那样接近现代,后者比他晚生四分之一个世纪,比他早死26年。

阿贝尔这边的理由与伽罗瓦的类似。以阿贝尔命名,由克罗内克做了最多独立工作的阿贝尔方程，是高斯在其正多边形问题上讨论过的方程的普遍形式。即使高斯曾在什么时候考虑到该方程还有一个普遍形式，他也没有留下任何尝试探讨这个更普遍的问题的记录。当阿贝尔面对二项方程时，他立刻就透过这个特例，见到了背后的抽象普遍性，并详细探讨了普遍理论。在椭圆函数的情况下，这两个人的研究途径也有类似的差别。

通过这些比较可以看出，高斯更接近的是18世纪而不是20世纪。他的雅典式座右铭是"少，却成熟"，这无疑与他本人发表的杰作中的经典完美性相一致。然而正是这种完美（让人想起希腊人最死板的一面），让年轻、缺乏耐心的数学工作者望而却步；对于他们来说，时间是他们与天才所订契约的本质，他们力图绕过障碍，踏上更平坦的道路。尽管他们谈到大师时语气尊重，并且徒劳地设法获得他的认可，但他们很少会追随他的足迹前进。

代数的解放

在19世纪30和40年代哈密顿和格拉斯曼的超复数系中，代数第一次得到了自由。

这两位代数的解放者属于19世纪的主要数学先知。他们都是除了数学之外还在许多别的领域拥有杰出天资的人。哈密顿13岁时就是很有成就的古典学者，而且除了欧洲语言之外，他对东方语言也极有造诣；格拉斯曼是杰出的梵文学者。27岁时，哈密顿从他庞大的光学光线体系理论中推导出了锥形折射的数学预言，这一结果让他名噪一时；30岁时他实际完成了动力学方面的基础工作，这是一个超越了拉格朗日的进步，其程度可以与拉格朗日超越欧拉相比。到1843年哈密顿38岁时，他克服了阻碍他的困难，把共面向量代数推广到三维空间向量和旋转的理论上。他发现，在自洽的代数中，乘法交换律并不是必需的。此后，哈密顿将科学生涯贡献在详细研究四元数理论上，因为他有一种错误的希望，期待这种新的代数能够最终成为继微积分之后对数学最有用的进展。 199

哈密顿赢得了数不尽的荣誉；但是格拉斯曼就没那么走运了，他没有得到任何荣誉。他们两人的个人生活都不甚愉快。哈密顿的家庭生活不幸福，身体又虚弱，他深受困扰；格拉斯曼则靠基础教学——一个显然不适合他的职业——养活自己、妻子和9个孩子。格拉斯曼是一个坚定不移的虔诚信徒，他相信即使他的同代人不能赏识他的辉煌成就，上帝也会赏识。他只有微薄的薪水，他必须教养的那些小捣蛋鬼给了他无尽的折磨，但他只是默默地忍受，从来没有抱怨。他的业余爱好才是他真正的生命：梵文经典、哲学、语言学、和声学、语文学、物理学、神学和政治是他广博的兴趣中的几种。不过格拉斯曼在1840年至1844年创造的"数学的一个新分支"[5]，是这些爱好中带给他最长久满足的成果——可能仅次于神学。在这里，他创造性的想象和倔强的独特思维得到了自由发挥。他于1844年首次发表了扩张理论（《线性扩张论》），哈密顿的四元数是其中蕴含的一个细节；此前大约一年，哈密顿在定义四元数单位i，j，k的方程 $i^2=j^2=k^2=ijk=-1$ 中发现了旋转问题的线索。

人们经常发现，既当数学家又当哲学家，对一个数学家并无益处。这是否为普适定理尚不得而知，不过对不走运的格拉斯曼来说显然是适用的。为了200让自己的理论达到它所能支持的最大程度的普遍意义，他尽力在哲学的意义上加工它，进行了最大程度的抽象。这是数学上的一场大悲剧。高斯读完《线性扩张论》后，给予了有条件的肯定。他说这份工作与他在几乎半个世纪前所做的工作选择了部分相同的方向。但是即便对高斯而言，这部著作所使用的"奇特的术语"也过分哲学化了，尽管高斯本人在哲学方面并非未入门的业余人士。

在此期间，高斯本人也独立发现了哈密顿的四元数。在一份时间应该是1819年的从未发表过的简短摘要上，[6] 高斯写下了被他称为空间变化的基本方程，这实质上就是四元数。

为了让那无可比拟的普遍理论得到承认，格拉斯曼继续努力。在第一本书出版18年之后（1862年），格拉斯曼拿出了一部经过彻底更新和大幅扩展、在某种意义上不那么难懂的著作。[5] 然而作为一个曾被认真地称为哲学家的数学家，他从数学家同行那里听到的评价跟过去比不会有多少改变。这本书的第二版与第一版类似，也被暂时遗忘了。格拉斯曼放弃了数学。或许直到20世纪，人们才完全认识了他的理论眼界。张量演算代数作为格拉斯曼工作中的一个隐藏细节，直到 1915 年至 1916 年应用到广义相对论上之后才广为人知。

阻碍哈密顿在三维空间创造向量代数的核心困难是交换律。关于他在进行了大量无效劳动之后如何灵光一闪，才看到了穿越重重障碍的通道，他自己的生动描述中都有记载，也很容易找到，我们就不必在此重复了。不过对于所有大学生，特别是那些认为数学发明是从天上掉下来的大学生来说，这件事很值得认真思考。

在哈密顿取得成功之前，杰出人士没有找到能在空间保持一致性的旋转和向量的代数。这里举一个例子，A. F. 莫比乌斯(Möbius，1790—1868 年，德国人)[7] 1823 年做过高斯的学生，他在 1827 年的重心计算中，向着希望得到的四基本单位代数前进了一大步；高斯称赞这项工作是本着真正数学精神的创造。但是莫比乌斯面对乘法交换律畏葸不前，没有足够的勇气否定它。尽管如此，他的新算法系统在解析射影几何的发展中有重要的作用，尤其对齐次方程的使用很重要；他还是二元性的几何原理的一个独立发现者。[8] 因此他的努力并没有浪费。

201

哈密顿的四元数 $a+b\mathrm{i}+c\mathrm{j}+d\mathrm{k}$($a,b,c,d$ 都是实数)中的 4 个基本单位 1，i，j，k 对于空间的旋转和伸展所起的作用与平面上 1 和 i 所起的作用是一样的。虽然复数乘法遵守交换律，四元数却不遵守。今天的数学家已经熟悉了代数中严重违反普通代数公理的许多种情况，但他们仍然高度评价哈密顿的巨大成功，因为他一闪念的智慧超越了许多个世纪的传统。他的洞察力可以媲美非欧几何的奠基人，或者那些在看似毫无规则可循的代数整数上重建了算术基本定理的数论学家。

这些对传统正宗的严重叛离推动数学向前发展，似乎一步就跨越了百年，甚至更多。为了让新发现的领域硕果累累，辛苦细致的培育是不可避免的，不过这样的工作有基本技能的人就可以胜任，而全新的发现(或者发明)只有那些自认为保守、骨子里却渗透着叛逆精神的人才能够做到。他们可能会为他们的勇气而失去科学上的声誉或者体面舒适的生活；因为越轨者可能只是一群无害的革新者，敢于站在一群可敬的平庸之辈对面，可是在科学领域，越轨者的道路有时和在其他地方一样艰难。格拉斯曼为其鲁莽付出了沉重的代价：18 年默默无闻，余生在科学上不受赏识。很早就创建了非欧几何的高斯情愿保持自己心灵的平静，而不愿意引起他所说的“古希腊人的喧嚣”，从未发表过他的珍宝。哈密顿在光学和动力学上赢得了不朽的成功，然而当他把一切卓越天赋都贡献给四元数时，他受到了同代人的冷遇，在有生之年也只在代数上有一位合格的门徒。P. G. 泰特（Tait，1831—1901 年，苏格兰人）放弃了数学上的一切去追寻四元数。

在他最初的发现之后 10 年，哈密顿发表了他的《四元数讲义》(64＋736＋

202

lxxii 页)，其中展示了四元数在几何和球面三角学上的应用。此处的几何是三维欧氏几何。此后，他精心写就的长篇巨作《四元数基础》(印得密密麻麻的 lvii＋762 页)又在 1866 年，也就是他死后的第二年问世。如果有什么可以让几何学家和物理学家相信，四元数正如哈密顿预言的那样是打开几何、力学和数学物理大门的主要钥匙，《四元数基础》本来可以做到这一点。在这部哈密顿自认为是杰作的书中，他实际上给出了四元数在这些学科上数以百计的应用实例。

人们提出了许多四元数未能实现哈密顿预言的原因。其中一个包含许多其他原因的充分解释是，对于那些哈密顿本来可以帮助的忙碌的科学家来说，四元数的计算过于艰深。要掌握这种方法的各项诀窍需要很长时间。但是这项工作不仅提出了有可能创造一种特别适合牛顿力学和一部分数学物理的代数，有理由相信，当人们迫切需要这种代数的时候，它会应运而生。也可以合理地推测，无论这种有希望诞生的代数采取何种形式，它都会像四元数一样摒弃乘法交换律。

因此从长远的观点看，哈密顿的大量劳动留下的永恒遗产是，它证明了确实存在一种自洽的代数，在其中乘法交换律不再成立。这一点如同非欧几何的创建一样，鼓励数学家在其他领域打破习惯上的铁律，开创挑战庄严传统的新数学。有一个突出的例子涉及代数的构建，事后证明其对代数和数系的发展具有根本重要性。在这种代数中，$ab=0$ 并不意味着 a 或者 b 中必有一个为 0；或者虽然 $a^n\neq0(n=0,1,\cdots,m)$，但是 $a^{m+1}=0$。前者的一个简单例子出现在布尔代数(属于逻辑代数范畴)中，那里陈述的事实是亚里士多德矛盾律的符号表达形式。线性结合代数为我们提供了任意多种含有“零除数”的代数——如同上述的 a,b;同样有任意多种第二种情况的代数。所有这些普通代数的变种都源于 18 世纪 40 年代哈密顿和格拉斯曼的工作。

格拉斯曼的眼界远比哈密顿更宽阔。若要了解超过的程度,我们必须记住,早在 1844 年格拉斯曼第一次发表他的《线性扩张论》时,除了 A. 凯莱以外的所有人都还被禁锢在欧几里得的三维"空间"内。凯莱的 n 维空间几何的雏形可以追溯到 1843 年;这种理论不可能影响到格拉斯曼的"扩展数量"理论,"扩展数量"也可以用 n 维空间的语言书写。一个 n 维"实数"空间或者说 n 维流形,是 n 个实数 $x_1,x_2,\cdots x_n$ 的所有 n-有序组$(x_1,x_2,\cdots,x_n)$的集合或类,其中每个数的定义域都在事先给定的实数类之中。为了简单描述的需要,完全可以把每一组 $x_1,x_2,\cdots,x_n$ 的定义域设置成所有实数。所有$(x_1,x_2,\cdots,x_n)$的集合也称为一个 n 维实数流形。 203

实际上格拉斯曼把$(x_1,x_2,\cdots,x_n)$与超复数 $x_1\boldsymbol{e}_1+x_2\boldsymbol{e}_2+\cdots+x_n\boldsymbol{e}_n$ 结合,此处 $\boldsymbol{e}_1,\boldsymbol{e}_2,\cdots,\boldsymbol{e}_n$ 是他一直在构建的超复数代数的基本单位。由定义,当且仅当 $x_1=y_1,x_2=y_2,\cdots,x_n=y_n$ 时,两个这样的数字 $x_1\boldsymbol{e}_1+x_2\boldsymbol{e}_2+\cdots+x_n\boldsymbol{e}_n$ 与 $y_1\boldsymbol{e}_1+y_2\boldsymbol{e}_2+\cdots+y_n\boldsymbol{e}_n$ 相等。

加法定义为

$$(x_1\boldsymbol{e}_1+x_2\boldsymbol{e}_2+\cdots+x_n\boldsymbol{e}_n)+(y_1\boldsymbol{e}_1+y_2\boldsymbol{e}_2+\cdots+y_n\boldsymbol{e}_n)$$
$$=(x_1+y_1)\boldsymbol{e}_1+(x_2+y_2)\boldsymbol{e}_2+\cdots+(x_n+y_n)\boldsymbol{e}_n,$$

其中一个例子是当 $n=2$ 或 $n=3$ 时的普通向量加法。可以按照意愿定义乘法的各种形式,这一点是普遍代数的主要趣味所在。

如果只定义乘法却不说明乘积的性质,那是毫无意义的。举例来说,如果要保留结合律 $a(bc)=(ab)c$,这就相当于在基本单位 $\boldsymbol{e}_1,\cdots,\boldsymbol{e}_n$ 上加入某些条件;如果要保留分配律 $a(b+c)=ab+ac$ 或者$(b+c)a=ba+ca$,就必须用 $\boldsymbol{e}_1,\cdots,\boldsymbol{e}_n$ 之间的关系叙述;对于交换律 $ab=ba$,情况类似。部分出于几何形象的考虑,格拉斯曼定义了几种乘法。特别是当展开乘式$(a_1\boldsymbol{e}_1+\cdots+a_n\boldsymbol{e}_n)(b_1\boldsymbol{e}_1+\cdots+b_n\boldsymbol{e}_n)$,并假定坐标 $a_1,\cdots,a_n$ 和 $b_1,\cdots,b_n$ 与基本单位 $\boldsymbol{e}_1,\cdots,\boldsymbol{e}_n$ 可以交换时,则有 $a_1\boldsymbol{e}_1b_2\boldsymbol{e}_2=a_1b_2\boldsymbol{e}_1\boldsymbol{e}_2$ 等,格拉斯曼将展开的乘积 $a_1b_1\boldsymbol{e}_1\boldsymbol{e}_1+a_1b_2\boldsymbol{e}_1\boldsymbol{e}_2+a_2b_1\boldsymbol{e}_2\boldsymbol{e}_1+\cdots$中的 $\boldsymbol{e}_1\boldsymbol{e}_1,\boldsymbol{e}_1\boldsymbol{e}_2,\boldsymbol{e}_2\boldsymbol{e}_1,\cdots,\boldsymbol{e}_{n-1}\boldsymbol{e}_n,\boldsymbol{e}_n\boldsymbol{e}_{n-1}$称为二阶单位,并第一次为这些新单位制定了条件。例如,如果 $a_1\boldsymbol{e}_1+\cdots$和 $b_1\boldsymbol{e}_1+\cdots$相乘,若 204

$r=s$，$e_r e_s=1$，且 $r\neq s$，$e_r e_s=0$，则称这样的乘积为内积；若当 $r,s=1,\cdots,n$ 时，$e_r e_s=-e_s e_r$，则称这样的乘积为外积。从这两种乘积出发，格拉斯曼构筑了其他多于两个因子的乘积。例如，如果用 $e_r \mid e_s$ 标记 e_r 和 e_s 的内积，$[e_r e_s]$ 标记 e_r 和 e_s 的外积，除了其他可能性，还存在用 $[e_r \mid e_s]e_t$ 和 $e_r \mid [e_s e_t]$ 标记三个因子乘积的可能性。一个具有特别重要意义的种类是，在 n^2 个乘积中的每一个 $e_r e_s$ 都是基本单位 $e_1,\cdots,e_n$ 的线性齐次函数，而且假定乘法满足结合律。B. 皮尔士(Peirce，1809—1880 年，美国人)在 1860 年发展，到 1881 年才第一次发表成文字的线性结合代数就是这种类型。[9]

在 J. W. 吉布斯(Gibbs，1839—1903 年，美国人)于 1881 年至 1884 年创建的实用向量分析中，一种被称为"开放"或"未定"的第三种乘积被证明有核心的重要地位。这种乘积的现代名字是张量。[10]作为 19 世纪最具影响力的数学物理学家之一，吉布斯或许比格拉斯曼或者哈密顿更有资格察觉，究竟哪种代数对学习自然科学的学生更有用。他在这方面最具独创精神的数学贡献是在并向量和线性向量函数中做出的。

这些提示肯定足以说明，格拉斯曼早在 1844 年已经掌握了一种广泛的理论，在这种理论向不同方向做特殊实例化，可以有几乎无尽的发展。正如理论创建人仔细阐述的那样，这种"扩展数量"的理论可以被解释成一种大为普遍化了的 n 维空间向量分析。它附带完成了哈密顿为欧几里得的三维空间所设计的四元数能够做的一切，并扩展到了任意有限数维。我们已经注意到，四元数作为一个非常特殊的例子，包含在格拉斯曼的代数之中。后者作为一种普遍的代数，也包括了行列式、矩阵和张量代数的理论。简言之，格拉斯曼在 1844 年至 1862 年的理论领先他的时代 10 到 50 年。

我们现在对格拉斯曼的工作的兴趣放在将复数 x_1+ix_2 以数偶 (x_1,x_2) 的形式推广到超复数 $(x_1,\cdots,x_n)$ 上。我们现在必须把这种数字概念的扩展与另一个概念联系起来，也就是由凯莱在 1858 年明确阐述，但在格拉斯曼的工作中已有所暗示的矩阵概念。如今普通大学代数课程中就包括矩阵理论的要素；自矩阵理论在 1925 年出现在量子理论中以来，数学物理学家已经熟悉了矩阵。

205

矩阵的发明又一次说明了一个设计出色的表述法的力量及其隐含的意

义，它也证明了有些数学家不愿承认的一个事实——一种微不足道的表述法技巧可能是一个具有无数应用的庞大理论的萌芽。凯莱本人在 1894 年告诉泰特[11]是什么让他发明了矩阵。"当然我无论如何不是通过四元数得到矩阵表述法的，它或是直接通过行列式得来的，或是以下方程的一种方便的表达形式：

$$x'=ax+by$$
$$y'=cx+dy。"$$

用其系数或称"元素"的正方形阵列 $\begin{pmatrix} a & b \\ c & d \end{pmatrix}$ 将两个自变量的线性变换符号化，而 n 个自变量的线性齐次变换的性质令凯莱发明了 n^2 个元素的矩阵代数。

这一发明背后有一段相关的历史。凯莱在 1858 年证明过，四元数可以用矩阵 $\begin{pmatrix} a & b \\ c & d \end{pmatrix}$ 的形式表述，其中 a,b,c,d 是某些复数。从 1854 年起泰特自称哈密顿门徒[11]，对这个孜孜不倦的四元数捍卫者来说，凯莱的这一发现成了他受哈密顿的四元数启发才得到矩阵的确凿证据。因为矩阵乘法通常不可交换，对于四元数同样如此，因此……如此这般。这说明，与别处一样，数学上特定条件下的证据也是不可靠的。但是因为凯莱的证词，现在批评家可能仍在宣称，哈密顿为凯莱发明矩阵做了前期工作，至少凯莱从四元数那里得到了矩阵的表述法。

这些数字扩展的应用或者发展沿着两个主要方向。第一个主要方向是哈密顿和格拉斯曼的几何传统方向，从而引出了极其有用的经典力学和数学物理中的向量代数，后者又导向张量代数和相对论张量计算，其中包括在现代微分几何上的改进与普遍化，同时也有量子理论的矩阵力学。第二个主要方向是以高斯的数论精神为指南，部分受到伽罗瓦的抽象代数观点引导，导致对一部分代数彻底的数论化。这两个方向的发展都高度复杂，而且受到无数细节的阻碍，许多细节可能仍然有持久的重要性。然而要看清主要的发展潮流，就必须甩开那些特殊的、严格受限的发展——至少在现阶段如此；我们将只注意那些从过去通往刚刚显示出来的成果的最短路径。

206

从向量到张量

总体而言,从向量代数向下发展的路线相当清楚。平行四边形法则合成速度或力的方法,提示我们添加一种"具有方向的数量"。韦塞尔或者阿尔冈描述复数的图解在直观、几何和运动学方面同样具有启发性。哈密顿和德·摩根的数偶的"二重代数"取代了复数,自然而然地提出了对数字的三重、四重等耦合的普遍化进程。正如我们看到的,这样做的核心困难是来自可交换乘法的纯代数障碍。因此至少在早期,关于创造有用的向量数学,几何与机械的直觉对正式代数所起的作用几乎相等。

汤姆森(Thomson)和泰特 1879 年的著名作品《论自然哲学》提供了一次重要机会,显示四元数是说明和研究力学的一种手段。泰特劝告汤姆森对他作为笛卡尔信徒的罪过表示忏悔,并全心接受四元数的真正信念。然而 W. 汤姆森(开尔文[Kelvin]勋爵,1824—1907 年,苏格兰人)声称,哈密顿的优良数学止步于他在光学与动力学方面的杰作,这让他决心坚持有关坐标的十分错误的观点,于是错失了这次重大机会。

在争取 J. C. 麦克斯韦(Maxwell,1831—1879 年,苏格兰人)方面,泰特相对成功一些。麦克斯韦在他划时代的《电磁通论》(1873 年,第 11 节[①])中发表了轻微的认罪声明:"我确认……引入这些四元数的想法,而不是其运算与方法,将极其有用……特别是在电动力学方面……"而且除了一个例外,麦克斯韦刻意避免使用四元数。这一例外(第 618 节)是有关电磁方程四元数表达方面的一个总结。他没有以任何方式使用这一总结。虽然麦克斯韦确实使用了"这些想法",不过不是四元数的想法,而是他自己有关向量分析的概念。他的收敛度与今天所用的散度相反,而他在第 25 节中引进的正是今天称为向量的旋度的东西。这些创造保留了下来。

207

对四元数正统最有益的偏离,是 J. W. 吉布斯 19 世纪 80 年代在向量分析方面的工作,不久会提到这一点。其次是 1893 年 O. 亥维赛(Heaviside,1850—1925 年,英国人)的极具特色的《电磁论》。在长达 173 页的一章中亥

① 原文如此,应为第 10 节。——译者注

维赛详细阐述了他自己的向量表示法。他的方法与吉布斯的类似，但是亥维赛承认，他“不喜欢”吉布斯的方法。德国科学家 A. 弗佩尔(Föppel)在 1897 年发表的《涡流场几何》中，为今天大家熟悉的这个主题提供了又一个重要的变种。到了 1900 年，在英语国家中争夺物理学青睐的竞争者中，只有吉布斯与亥维赛还在争斗。四元数似乎已经被淘汰了。最难对付的提倡者泰特于 1901 年逝世，吉布斯的向量分析或者它的某种变形在美国占据了统治地位。

由于一场现代历史中最令人精神抖擞的数学争论，这段冗长沉闷的发展重新有了生机。与有关谁最先取得成果的无数争论不同，四元数对向量的战争在科学上令人耳目一新。开战的理由是一个纯数学的意见分歧：四元数是应用数学的一剂良药，还是几种稀释了的替代者之中比较好的？无专业经验的人可能认为，如此抽象的争论只会引起枯燥的学术讨论，最多也就是一些偶尔发生的不同意见的争吵。结果却完全不同。有时争论者的语言甚至接近于没有教养，与维多利亚时代格格不入。例如，哈密顿的忠心拥护者泰特[12]在 1890 年把吉布斯的向量分析说成是“一种结合了哈密顿和格拉斯曼表示法的雌雄同体的怪物”。这是苏格兰人和爱尔兰人在反对美国人。吉布斯是新英格兰人，而且是一个“绝对单身者”，只有他已婚的姐妹爱护他，他又不甚了解美国语言无穷尽的资源。因此泰特的出言不逊没有受到相应的回击，但是在数学争论方面吉布斯占了上风。 208

法国人、德国人和意大利人也加入了战团，他们都要求用各自的学说代替四元数。到了 20 世纪第二个 10 年，世界上有几个拥护不同向量代数的相互矛盾的集团，他们都在大喊大叫，可是每种语言都只有它的发明者及几个精选的门徒才能够流利说出。如果在 1862 年以后 50 年的激烈争论中，那些争吵着的派别能够静下心来，用半个小时仔细听取格拉斯曼用他最精辟的哲学语言能够告诉他们的事情，这场嘈杂的战争就会像受到雷霆一震似的归于无声。无论如何，似乎吉布斯是这样想的。回想起来，四元数及其竞争者之间追求科学界青睐的那场 50 年战争，似乎只是用结实的棍子在真空中进行的一连串漫长的决斗，最后什么也没争到。

这些争论在数学上只有微不足道的意义，几乎在刚刚开始的时候就告终了。如同 1886 年吉布斯[10]在有关多重代数发展的进程中强调的那样，多重代数植根于格拉斯曼的未定积，也就是矩阵理论。吉布斯也认为，在多重代数中格拉斯曼的许多可能乘积的普遍意义优于哈密顿坚持的单一乘积：

> 只要有了乘法的分配性质的纯形式法则，对科学的基础来说就足够了。而且这样的科学并不只是为了天才头脑的娱乐。它在特殊代数的形成中为上千种目的服务。或许我们将发现，在最重要的情况下，某种特殊代数只不过就是普遍代数的一种应用或者解释。

读者如果对应用代数的持续改进有兴趣，任何时候研究吉布斯 1886 年对于多重代数在应用上的全部公正而深刻的评价，都会有所收获。向量分析，甚至格拉斯曼那无比包容的《线性扩张论》都只不过是代数的分支，尽管是高度发展的分支；即使代数本身，也只是现代数学的一个领域而已。如果一个人真正对数学的发展有兴趣，而不是对某些数学分支中个别巨头的不朽业绩有兴趣，当与这些巨头有关的某些理论被其他理论代替时，他也不会感到扫兴。发展必然伴随着淘汰；而任何诸如泰特所做的保持四元数不被污染、永久新鲜的努力，都很可能像阻止地球在其轨道上运行一样徒劳。尽管四元数主义者竭尽全力对抗，吉布斯的向量分析还是逐步取代了四元数，成了一门实用的应用代数；而 1916 年以后，张量代数和张量分析随着广义相对论的问世在 1915 年至 1916 年间受到重视，向量分析又有了被张量取代的趋势。

209

如同在向量分析对抗四元数的斗争中一样，朝张量前进的过程也产生了反对者。向量分析就像某些人一样，最需要的是从最忠诚的朋友那里向外推广。正如在数学领域的其他方面那样，只有当一些伟大又名副其实的著名大师的忠诚朋友和过去的学生全部去世之后，数学才有可能进一步发展。如此，人们才有可能看到数学，而不是曾经创造辉煌的人。

这类由于引导不当的热情而阻碍发展的情况在数学中经常发生。一位大师建立了一个“学派”；学生学到了许多事情，或许还记得第一个优秀教师充满鼓励地拍了一下他们的头。他们毕业了，进入了一个不会因为哪个人去世而停滞不前的世界，却在有生之年总是重复自己真正学到的那一课。那个“学派”本身已经不复存在，它留下的那些有用贡献的外面却有一层华丽的包装，那是多年来人工刺激下生成的外壳。为了让首创者的创造性思想可以自由地活动并发生作用，必须先剥除这层外壳。一些数学家（包括一位一流的数学家）认识到了这些可能性，他们克制了对自己的或者老师的思想的宣传，而且没有试图组织一伙跟随他们的偏执的门徒。克罗内克为他从未试图建立一个“学派”或网罗一群门徒而感到自豪。他与吉布斯一样，认为“世界太大了，现代思想的潮流太宽阔，即使哈密顿那等伟人的一家之言也无法加以限制”。

应用代数受到相互嫉妒的“学派”中死硬分子的阻碍而停滞不前，对此似乎没有多少疑问。统一的道路可以从大约 1940 年——那时张量演算的基本原理在大学课程中已经相当普遍——回溯到 1844 年格拉斯曼的 n 维流形。对于现代物理，甚至具有广义坐标的经典力学来说，三维已经不够了。1854 年，G. F. B. 黎曼（1826—1866 年，德国人）引进了高斯的（内蕴）坐标，并在 n 维流形的基础上进行他对几何根基的革命性工作，从而在格拉斯曼之后向前迈进了一大步。黎曼的另一份死后才发表的工作，包括今天在引力的相对论理论中被称为黎曼-克里斯托弗尔张量的内容。黎曼是在热传导的一个问题中遇到这一张量的。E. B. 克里斯托弗尔（Christoffel，1829—1900 年，德国人）在 1869 年有关二次微分型的（等价）变换方面做出了贡献，成为下一位在普遍张量演算方面做出重大进展的人。然后在 19 世纪 80 年代，意大利几何学家 M. M. G. 里奇（Ricci）综合前人的所有工作，并加以补充，最后发表于 1888 年[13]的结果即张量演算。于是，广义相对论理论所需要的数学工具在迈克耳孙-莫雷（Michelson-Morlay）实验的一年之后就全部准备就绪，该实验是 1905 年狭义相对论出现的部分原因；如果没有张量演算，1915 年至 1916 年的广义相对论就不可能出现。以上有关迈克耳孙-莫雷实验的断言，并不是在暗示爱因斯坦在创建狭义相对论的过程中受到了该实验的激励。实际上他明确宣称过，在确信狭义相对论成立的时候，他不知道这个实验，更不知道其结果。

210

这一新方法几乎没有引起关注。应 F. 克莱因（Klein，1849—1925 年，德国人）的邀请，里奇和他过去的学生 T. 列维-奇维塔（Levi-Civita，意大利人）准备了一篇有关张量演算及其在数学物理中的应用的文章，投到一份各国数学家广泛阅读的杂志上。这篇用法语写成的文章发表于 1901 年，结果很令人失望。不过，有几位好奇的非意大利几何学家知道了这种新分析方法，而且其中至少有一个人，即苏黎世的 M. 格罗斯曼（Grossmann）掌握了它，并把它教给了爱因斯坦。张量演算是一种特别普适的向量代数,很适于表达相对论中一个假定所要求的、以协变量存在的微分方程。

代数和几何获益于广义相对论,正如广义相对论获益于代数和几何。里奇和列维-奇维塔在 1901 年的说明性文章中列举了张量分析在应用数学中大量应用的证据,但是,只有在相对论的数学预测被实验证实,引起了数学物理学家的好奇心之后,这种新的分析方法才得到他们的认真对待。张量方法引发了微分几何的迅猛发展。

211

吉布斯在 1886 年预言过,向量分析总有一天会大大简化他那个时代的现代代数,即代数协变量和不变量。他所想的是格拉斯曼理论的可能性。他的预言在 20 世纪 30 年代得到了证实。吉布斯另一个同类的预言在 1925 年得到了证实,那一年海森堡在矩阵代数中找到了他的量子力学非交换数学中需要的工具。与张量相比,物理学家不那么容易接受 $ab \neq ba$;1926 年,美国的 C. 埃卡特(Eckart)和奥地利的薛定谔(Schrödinger)分别独立证实了可以用波动力学取代矩阵力学,这时许多人都大大地松了一口气。在波动力学中有关边值问题的理论对数学很关键,而在经典数学物理中人们已经熟悉了该理论。

看来,格拉斯曼很可能没有在他极具普遍性的"几何代数"中为此类结果做出前期工作。他的两个后继者,黎曼和 W. K. 克利福德(Clifford,1845—1879 年,英国人)都比格拉斯曼更有物理头脑,他们大胆地预言了 20 世纪数学物理的某些部分会走上几何化的道路。这是从格拉斯曼到张量的中间阶段,也是数学家历来做出的最引人注目的预言之一。但是我们不应忘记,数学家做过的错误预言并不比物理学家或其他人更少。人们记住的是成功的预言。

走向结构

按照高斯 1831 年的说法,"数学关心的仅仅是列举与关系之间的比较"。线性代数的创始人之一 B. 皮尔士(1809—1880 年,美国人)在 1870 年宣称[9]:"数学是得出必然结论的科学。"皮尔士还曾经评论道,"所有关系要么是定性的,要么是定量的”,而有关其中任何一种关系的代数都可以独立于另外一种来考虑;或者在某些代数中,这两种关系可以结合在一起。

现在从数学上看这些意见已经成了遥远的过去,不过可能有些形式主义者会认可它们,认为这些意见预料到他们有关数学的概念会成为结构理论。况且毕达哥拉斯的计划已经被取代了。欧几里得的公理化方法还保留着。数学的大片领地已经成为形式化与抽象化的产物;一种数学理论的内容就是一个公理系统的结构,从这个结构出发,理论按照数理逻辑的规则发展,并从中得到了各种解释。 212

这种特别抽象的数学观点是从以下过程发展而来的:19 世纪 30 年代初等代数的形式化,这方面本书中有所描述;大约同时期阿贝尔和伽罗瓦在代数方程上的理论;整个 19 世纪与 20 世纪初期线性代数的发展;由布尔在 1847 年至 1854 年开始,只在 20 世纪才得到激烈探讨的数理逻辑的确立;最后是 1825 年以后非欧几何的大量发明,以及希尔伯特在基础几何方面的工作引发的对于公理化方法的新兴趣。

在所有这些影响中,有两个影响作用最大:一个是线性代数的发展,另一个是将阿贝尔和伽罗瓦的思想浸入代数,融为一体。戴德金和克罗内克都承认,伽罗瓦的方程理论启发了他们在代数上的普遍化与半数论化的研究方法。伽罗瓦的理论中,启发点在于有理域(或域)以及群这两个基本概念。本书将在不久后叙述群和域的概念。现阶段我们观察那些可能从过去一直遵循的,而且今天(1945 年)还将遵循的根本性的方法,但是在现代代数的线性代数、群和其他体系的发展历史中,人们没有遵循这一方法。

这一方法是通过去掉某些定义一个给定系统的公理来进行普遍化。这种通过一组简化的公理定义的系统就此发展了起来。可以用这种方法从域的代数那里获得线性代数。如我们所见,由于哈密顿去掉了普通代数中乘法符合交换律的公理,向量代数得到了最初的启发。普通代数是人们最熟悉的关于域的例子。

通过普遍化方法同样也可以从普通代数得到群。但是最初群并不是这样得来的;而且如果不是由于历史的惯性推动它们向前,我们怀疑它们是否还会吸引那些曾经引起的注意。在一个域中有 4 096 种(可能还更多)可能的普遍 213

化。如果没有什么特定的目标，全部发展它们是种笨办法。只有从经验中知道哪些可能有意义，人们才对其进行某种详细工作。其余的在需要产生之前将无人问津，但发展它们的工具已经就位。无论如何，公理化方法是 20 世纪数学中最有启发意义的技巧；在继续叙述的过程中我们还会不时重提这一点。

域是所有数学体系中人们最熟悉的部分，我们将最先定义域的概念。一个域[14]（体，主体，躯体，有理域）F 是由 a，b，c，…，u，z，…这些元素组成的集合 S 和两种可以在 S 内任意两个（相同或不同的）元素 a，b 上施行的运算 $\oplus$与$\odot$组成的系统，在此系统中可得出唯一确定的 S 中的 $a\oplus b$ 和 $a\odot b$，使之满足以下公理(1)至(5)。S 中的元素被称为 F 中的元素。为简单起见，将 $a\oplus b$ 和 $a\odot b$ 写成 $a+b$ 和 ab。

(1) 对 F 中的任意 a 和 b，可以在 F 中唯一确定元素 $a+b$ 和 ab，且有 $b+a=a+b$ 和 $ba=ab$。

(2) 对于 F 中的任意 a，b，c，有 $(a+b)+c=a+(b+c)$，$(ab)c=a(bc)$，$a(b+c)=ab+ac$。

(3) 若 a 是 F 中的任一元素，则在 F 中必有两个不同的元素 z 和 u，使 $a+z=a$ 与 $au=a$ 成立。

(4) 对于 F 中的任意元素 a，F 中必有一个元素 x，使 $a+x=z$ 成立。

(5) 对于 F 中任意一个非 z 元素 a，F 中必有一元素 y，使 $ay=u$ 成立。

应该注意，假定相等"="是一种已知的关系。为完整起见，说明如下：相等是一种等价关系（如同本书前文定义的同余）。这就是说，若 a，b 是 F 中的任意元素，则必有 $a=b$ 或者 $a\neq b$。"≠"的意思是"不等于"。$a=a$；若 $a=b$，则 $b=a$；若 $a=b$，且 $b=c$，则 $a=c$。

我们将用从普通代数和有理数论提取的熟悉又比较详尽的摘要，说明结构及其发展历史的意义。我们首先注意到，这些准确的公理是 1903 年才出现的；而且 1903 年（和 1923 年）给出的公理并没有明确指定相等的意义，而是采取了一种不言自明的方式。在 1930 年及其后的版本中，习惯上在一个域的公理使用相等概念之前将相等定义为一种等价关系。自从戴德金在 1879 年第一次明确定义了数域的概念以来，在定义中逐渐增加精确描述成为基础数学中的典型做法。直到 20 世纪 20 年代，才有人明确提出 $a=b$ 或者 $a\neq b$，这是

214

这一趋势的最后一个例子。因此我们没有理由认为，这些准确叙述的公理已经完全阐明了普通数论中我们习惯使用的那些东西隐含的全部假定。

如果将公理(1)至(5)中的元素 a, b, c, …解释为有理数，u，z 解释为 1 和 0，$a+b$ 和 ab 是 a 与 b 的和与积，我们可以看到，有理数就加法和乘法而言是域的一个例子。减法和除法可以从公理(4)与(5)得来。类似地，普通复数 $x+\mathrm{i}y$ 给出了另一个例子；同样，在适当定义了 u 和 z、加法和乘法之后，哈密顿的数偶(x, y)也是一个例子，这一点读者可以很容易地证明。由于公理(5)，有理整数 0，±1，±2，…不是一个域。若 F 是一任意域，且 x_1，…，x_n是自变量(或未定元)，则所有系数在 F 中、自变量为 x_1，…，x_n的有理函数的集合组成另一个域。

虽然“结构”尚未正式定义，假如列举的所有这些域都有相同的结构，而且这一结构符合公理(1)至(5)，从直觉上这种陈述的意义就很明显了。可以进一步得出清楚的推论，如果从公理(1)至(5)的逻辑结果继续发展下去，由此得到的全部定理都将在每个列举的域中有效。这最后一条确实很“清楚”，尽管要证明它可能很困难，而且实际上，直至 1945 年还没有出现一个被广泛接受的证明。一个完全令人满意的证明必须证明出，应用于公理(1)至(5)的数理逻辑规则永远不会给出诸如“$a=b$，但同时 $a \neq b$”的矛盾结果。情况看起来确实如此，然而“看起来”在数学上不等于真实。在数学这个学派中，“存在”必须由证明来验证。

对于域的最早但没有明确定义的认识，似乎是阿贝尔[15](1828 年)和伽罗瓦[16](1830—1831 年)的方程根式解研究。戴德金在 19 世纪早期给两个学生上的课程，是伽罗瓦理论的第一次正式传授。克罗内克也在那段时间[17]开始了关于阿贝尔方程的研究。域的概念看来是通过戴德金和克罗内克在数论上的工作进入数学的。这两个人，特别是戴德金[18]，很早就认识到了群对代数和数论的基本重要性。戴德金在给 P. G. L. 狄利克雷(Dirichlet，1805—1859 年，德国人)1879 年第三版的《数论教程》所写的著名的《附录 11》中，从数学上为数域建立了牢固的概念。但是我们注意到，在这项工作中，戴德金感兴趣的仅仅是代数数，即系数为有理数的代数方程的根。因此，他定义的域只是实数和复数。随之而来的是克罗内克在 1881 年的所谓有理域(亦即域)。尽管克

215

罗内克的定义比戴德金的更普遍，却也没有达到上面引用的公理系统的那种彻底的普遍性。

进入最后抽象的过程大约用了四分之一个世纪的时间。我们不需要在这里详细追溯细节，本书列出的参考文献足以引导任何希望详细研究历史的人找到正确的方向。转折点是希尔伯特1899年在几何学基础上展开的工作。它虽然与代数或者数论并无直接关系，却在所有数学定义的陈述上——或者等价地说，在公理系统的结构上——设立了新的更高的标准。与1900年以后出现的这类基本工作的标准相比，现在看来，1900年之前的标准似乎宽松得难以想象。19世纪的数学家掌握了大量资料，他们继续推进行欧几里得那种明确陈述何为数学论证的计划，但是其中大多数却让读者自行猜测假设的内容。未能清楚陈述所有他们想要的假设，这让数学家们自己吃尽了苦头，导致了许多错误的证明和无效的假设。1900年之后情况的好转非常引人注目，但还有改善的余地，特别是在具有直观性的数学方面，比如迄今一再呼吁的结构的直观意义。

现在转而探讨群。我们将给出群的一组完整公理，因为以这些公理定义的专业意义上的“群”将在后文反复出现。然后我们就可以定义结构了。

一个群 G 由一个含有元素 $a, b, c, \cdots, x, y, \cdots$ 的集合 S 和一种运算 O 组成，运算 O 可以施加于集合 S 中的两个（可以相同，也可以不同）任意元素 a, b 上，从而产生一个在 S 中唯一确定的元素 aOb，并满足以下公理(1)至(3)。

(1) 对于 S 中的任意 a 和 b，aOb 也在 S 中。

216　(2) 对于 S 中的任意 a, b 和 c，$aO(bOc)=(aOb)Oc$ 都成立。

(3) 对于 S 中的任意 a 和 b，都可以在 S 中找到 x 和 y，使 $aOx=b$ 和 $yOa=b$ 成立。

对于那些熟悉了群的其他公理的人，这些公理或许显得有些奇怪；但它们比其他一些更简单，而且是完全等价的。有关群的历史资料将在稍后给出，我们现在关注的是数学。我们继续说结构[19]，人们最初似乎是在群中认识它的，却没有给出定义。

考虑两个群，它们分别含有元素 $a_1, b_1, c_1, \cdots$ 和 $a_2, b_2, c_2, \cdots$，以及运算 O_1

和 O_2。如果可以在这两个群的元素之间建立一种一一对应关系，对于任何 $x_1O_1y_1=z_1$，$x_2O_2y_2=z_2$ 来说，x_1，y_1，z_1 都是 x_2，y_2，z_2 的对应元素，则称这两个群是同构的，或者说它们具有相同的结构。想知道更多细节的读者可以阅读教材。

这个定义或许是解释什么是“相同的结构”的最简单例子。请注意，此处并未定义“结构”，定义的只是“相同的结构”。就代数的目的而言这已经足够了。如果初看上去“相同的结构”似乎定义的是绝对相同，那么可以举出另一个例子，说明情况并非如此：一个社区内所有健全的人都有同样的形态——两条胳膊，一个脑袋，如此等等，但是除了在拓扑学方面之外，没有两个人是完全相同的。

1910 年，A. N. 怀特海（Whitehead，1861—1947 年，英国人）和 B. 罗素[21]（Russell，1872—1970 年，英国人）发展了一种有关结构的普遍理论。此处只提到主要定义即可：一个集合 x_p 的成员之间的关系 P，与另一个集合 y_q 的成员之间的关系 Q 有相同的结构，如果在 x_p 的成员和 y_q 的成员之间可以建立一一对应关系，当 x_p 中相互存在关系 P 的两个元素通过这种对应关系与 y_q 中的对应元素发生作用时，其对应元素具有关系 Q；反之亦然。

如果在数学中任何存在着关系 P，Q，…的部分都具有同样的结构，就足以详细叙述以下情况具有的含义：以其中的关系 P 为例，通过相关的对应关系，P 和 x_p，…的变化会引起其他 Q 和 y_q，…的相应变化。数学系统的每个公理都可能需要按照系统内数据（“元素”和“运算”）的相互关系重新叙述。

如果可能在两个系统的公理之间建立一一对应关系，让相关的公理具有同样的结构，那么这样的两个系统就具有同样的结构。美国数学界习惯上不说“两个系统就具有同样的结构”，而是像 E. H. 摩尔（Moore，1862—1932 年，美国人）从大约 1893 年起在他讲课和写作中所做的那样，称这两个系统抽象等同。抽象等同本身就是一种等价关系。如果几个系统抽象等同，那么为了得到所有系统的数学内容，发展其中一个显然就足够了。这样发展起来的系统各自对抽象元素和运算的解释有一些差别，每种不同的解释都为理论提供了一种“个例”。例如，实数和复数的代数或哈密顿数偶的代数就是一个抽象域中的例子。

217

追溯代数自 19 世纪 30 年代以来的进化，我们注意到一种追求抽象的努力，这种努力持续不断，但主要是下意识的行为。与此同时，人们有时有意识地追寻抽象等同，就像在群和域的理论研究中所做的那样。大部分分类都是朝着同一个方向进行的努力，为比较不同理论、发现抽象等同性做好准备。我们稍后将在与不变性有关的方面谈到，克莱因在 1872 年用群论统一了不同的几何学，这个显著的例子说明了公认的抽象等同带来的优势。不过，像群这种简单的事物将明显无关的数学分支统一起来，并且不止于表面，而是具有更深层的联系，这种事很少发生。

有关结构我们已经说得足够多，可以表明高斯在说“数学关心的仅仅是列举与关系之间的比较”时心里的想法——他是在谈到复数时这样说的。在另一个场合，他表示自己怀疑诸如四元数之类不是实数与复数的“数字”在高等数论中是否有用。在进一步探讨代数和数论时，我们将在高斯这一暗示的引导下，努力理解他内心可能的想法。当然，这不是追寻数字从 19 世纪 30 年代到 20 世纪的发展道路的唯一途径。不过这样做，我们将看到一个确定的目标，它将在前路上为我们指出代数和数论的一些主要潮流。

第十章　数论的普遍化

218

在继续探讨数字的现代发展及其对结构产生影响的同时，我们将接着观察现代数论——古希腊的算学——的发展，从1831年高斯的四次互反律开始到数理逻辑为止。我们在本章中的直接兴趣点是有关整数的大为普遍化了的概念，它区分了19世纪晚期的数论与此前的一切其他形式。在随后的第十一章里，我们将沿着从费马、欧拉、拉格朗日和高斯一直发展到今天的经典数论的主要路径进行探讨。历史上许多较早的进展发生在这里将要描述的工作之前。尽管那些工作本质上可能有重大益处，对整个数学而言还是可以相对忽略不计的。

我们将观察六个主要事件，本章和下一章将叙述其中四个。这四个事件是：高斯、E. E. 库默尔（1810—1893年，德国人）和戴德金的代数整数定义；戴德金在代数数域内引入理想而重新修订算术基本定理；伽罗瓦在代数方程根式解的求解上所做的决定性工作，以及随之而来的有限群理论和域的现代理论；R. 利普希茨（Lipschitz，1831—1903年，德国人）、A. 赫尔维茨（Hurwitz，1859—1919年，瑞士人）、L. E. 迪克森（1874—1954年，美国人）、埃米·诺特（Emmy Noether，1882—1935年，德国人）等人在某些线性代数方面对于数论概念的部分应用。所有这些发展都是相互关联的。其中最后一个标志着克罗内克早在1860年就预见过，在19世纪80年代才由他部分实现了的代数结构数论化的高潮，或者标志着它的开始。仿佛为了准备高潮，以B. 皮尔士及其后继者的工作为代表，超复数代数迅速突破了它在19世纪70年代的成长

219

阶段中的青春期，并越来越关注普遍方法，在 20 世纪早期进入了某种成熟阶段。

奇怪的是，按照逻辑似乎应该是上述事件所必需的前奏的第五个主要事件是它们中最后到来的。一直到 19 世纪结束的那年，才终于有人对自然数 1，2，3，…感到了不安。从费马、欧拉、拉格朗日、A. M. 勒让德（1752—1833 年，法国人）、高斯和他们的大量效仿者的经典数论，直到几何与分析，一切数学都始终接受这些貌似简单的数字，把它们视为"给定的"。没有它们，现代数论不可能有任何主要发展。然而没有一位数论学家提出这个问题："是谁'给定'了自然数？"克罗内克将其归于上帝，可是这很难算是一个数学上的答案。问题没有在数论上产生，而是由分析提出来了。基数和序数的现代定义解答了这个问题。这一点最终把数论和分析在它们共同的起源上结合了起来。

数字概念进化的第六个也是最后一个主要事件是在微积分上的应用数论。在后面的一章中我们将看到，推动数论最终应用于分析的最强的原始动力来自数学物理，这一点非常有趣。傅里叶 1822 年的热传导理论在极限和连续的概念上揭示了大量出人意料的微妙之处，说明我们有必要对微积分的基本概念进行一次彻底的全面检查。在 19 世纪余下的时间里，许多人为此辛勤地工作。人们逐步认识到，需要区分基数与序数 1，2，3，…。到了 1902 年，有人解决了那时发现的最后一个费解的难题，然而同时又迎来了另一个更加难以捉摸的问题。1，2，3，…的数论与数学分析一起交出了自己的灵魂，任由数理逻辑处置。

在毕达哥拉斯开始的地方，为认识数字进行的 2 500 年的斗争落下了帷幕。这一现代计划由他开始，却与原来的有所不同。毕达哥拉斯信任 1，2，3，…，认为它们可以"解释"宇宙，其中包括数学；推动他的"解释"的精神却是严格的演绎推理。数学家和科学家在他们的专业数学和应用方面仍然信任自然数。但是在 20 世纪，数学推理本身的广度和深度都远远超过了任何古希腊人的想象，它取代了自然数，成为数学中真正的兴趣所在。

220

如果有一天数理逻辑最终解决了它的费解之处，或许那时人们可以清楚地看到自然数究竟"是什么"。不过，任何未加测度的区域都可能隐藏着更高的真理，这种可能性永远存在；如果过去是未来的一面镜子，数论学家会突然发现他们有很多事情需要忙，而且在今后 5 000 年里都处于一种不完全满意的状态。或许在那以后，对任何人来说，1，2，3，…究竟“是什么”都无所谓了。

普遍化的可除性

正有理整数类 1，2，3，…首先通过加入零和负有理整数 -1，-2，-3，…而扩展为整数系。复述一下，欧几里得在公元前 4 世纪证明了有关正有理素数的主要定理之一：若一个素数 p 可以整除两个正有理整数的乘积，则 p 必然可以整除这两个因子之一。有理素数的定义是只能被其自身、单位数 1 与 -1 整除的数。[①] 欧几里得定理向一切有理整数的推广是直接的，不必复述。不过为了强调由高斯、库默尔、戴德金等人做出的有理整数的推广的重要意义，我们必须重新阐述以前的定义，以便应用于上述普遍化了的“整数”。我们似乎可以说，对有理数论的重新定义是通向我们希望的普遍化的三大最困难的步骤中的一步。另外两大步骤是重新定义有别于代数除法的算术可除性，以及一个与此紧密相关的问题：如何从一个已知数类中选取那些将被定义为整数的数字。

首先要说的是单位。在“整数”的含义尚未明确的情况下，在一个给定的整数集合中的一个单位是这样的一个整数，它可以整除这一集合中的每一个整数。一个整数 α 可以整除另一个整数 β，条件是存在第三个整数 γ，使 $\beta=\alpha\gamma$ 成立。

其次要说的是“不可约”。若“$\alpha=\beta\gamma$”（其中 β，γ 都是整数）意味着 β 和 γ 中一个是单位，另一个是 α 本身，则这个整数 α 被称为不可约的。

最后要说的是素数。若称一个整数 α 为素数，则它是不可约的，而且“α 整除 $\beta\gamma$”意味着以下断言至少有一个成立：“α 整除 β”或者“α 整除 γ”。 221

这些定义与有理整数的那些定义一致。虽然有理素数与有理不可约数重叠，对于我们将要描述的所有普遍化的整数来说却并非如此。

如果心中没有某种确定的目标，这种给出定义的工作就没有什么成效。

---

① 原文如此。如果包含-1，那么也应该包含其自身的相反数。——译者注

这里的目标就是算术基本定理：如果不计单位因数和因数的排列方式，这样定义的“整数”将只可能以一种方式被分解为不同“素数”幂的乘积的形式。这一要求对于大多数线性代数的“数论”过分严苛了，不过这就是代数数理论的创建者瞄准的目标。这是为了证明难以达到的命题。

计划中最初的工具已经被另一种方法取代，该方法成就了计划本来所寻求的本质要素，这是数学史上普遍化工作最杰出的例子之一。这一普遍化工作关心的是普通数论的基本概念，特别是“整数”和“可除性”。

任何数学上的普遍化工作若要取得非比寻常的意义，就必须在普遍化进行的对象上对全部个例给出合适的特殊化解释，也必须给出比那些个例的内涵更深刻的内容。最深刻的普遍化似乎是在一个给定系统的结构（公理）中，改变对所有符号的解释。从有理整数向代数整数转变的过程就属于这种类型的普遍化。

例如，在有理数论的定理“若 a 可以整除 b，则 b 不能整除 a，除非 a 和 b 都是单位数”中，a 和 b（其中 $a \neq b$）及这一除法关系在上述普遍化中都得到了与有理数论中不同的解释。但是这些解释没有使原来的“若 a 可以……”等陈述在新的解释中失效。

有理数论向代数数的数论的扩展，以及此后许久向线性代数的部分数论化的扩展分别有两个不同的来源：其一是高斯在 1828 年至 1832 年或更早对四次互反律的证明，其二是库默尔在 19 世纪 40 年代证明费马最后定理的尝试。我们先说高斯。

222

如果有一个有理整数 x，且有已知正整数 n,p,q；若 x^n-q 可以被 p 整除（无余数），则称 q 为 p 的 n 次剩余。以高斯的同余观点重新定义，即当且仅当 $x^n \equiv q \bmod p$ 对于 x 可解时，q 是已知 p 的 n 次剩余。为简单起见，我们仅描述 p,q 为正奇素数的情况。高斯关心的是 $n=4$ 和 $n=3$ 的情况。当 $n=2$ 时，高斯誉为“数论瑰宝”的勒让德的二次互反律是

$$(p \mid q)(q \mid p)=(-1)^{\frac{1}{2}(p-1)(q-1)},$$

若 $x^2 \equiv q \bmod p$ 对于 x 可解，则此处 $(p \mid q)=1$；若 $x^2 \equiv q \bmod p$ 对于 x 不可解，则此处 $(p \mid q)=-1$；类似地，可以从 $x^2 \equiv p \bmod q$ 的情况定义 $(q \mid p)$。高斯长时间追寻一个在 $n=4$ 情况下如同 $n=2$ 时一样简单的互反律。他只是

在超出了有理整数、进入复数整数的情况下才取得了成功。高斯的复数整数是形如$a+bi$的数，其中a，b都是有理整数。用与有理整数类似的简捷方法定义复数整数中的单位数、素数和可除性之后，高斯证明了，算术基本定理适用于复数整数$a+bi$。这些整数使他能准确陈述$n=4$时的四次互反律。在$n=3$时，他在"整数"$a+b\rho$的基础上发现了一个同样简单的理论，此处ρ是方程$y^2+y+1=0$的一个根，a，b是有理整数；但是他没有发表他得到的结果。

$n>4$的互反律的历史可以写满一本大部头的书。有几十位数论学家耕耘了这个高度发展的课题，它对现代代数的发展有举足轻重的影响。虽然这一课题本身可能十分丰富，但由于其专业特质只与主要发展的一个方面有关，我们在进行评论后就不再提及。

L. 欧拉(1707—1783年，瑞士人)在1744年至1746年已经知道了二次互反律的核心内容，但是他没有证明。[1] 他在1783年更完整地讨论了这一定律。1785年勒让德试图证明它，却未能成功，因为他假定一个与此定律同样难以证明的定理为显然成立的。高斯在1801年第一次发表了一个证明，后来又发表了另外5个。对于$n>2$，互反律依赖于通过次数为n的二项式方程进入的代数数域。这就将我们带入了代数数发展的下一个阶段。一个特定的n次代数数域是一切有理函数的一个集合，这些有理函数都是给定的、系数为有理整数的n次不可约代数方程的根。[2]

1849年，在试图证明当x，y，z，p都是有理整数，且$xyz\neq0$、p为大于2的素数时$z^p=x^p+y^p$无解的过程中，库默尔将x^p+y^p分解成p个线性因式

223

$$(x+y)(x+\alpha y)\cdots(x+\alpha^{p-1}y),$$

此处α是1的一个p次虚数根。于是他将高斯的复数整数理论扩展到了由$\alpha^{p-1}+\alpha^{p-2}+\cdots+\alpha+1=0$定义的代数数域中。在这一域中适当定义了整数、素数等概念以后，库默尔一度相信自己已经证明了费马最后定理。然而P. G. L. 狄利克雷(1805—1859年，德国人)向他指出，他假定算术基本定理适用于这些由α构造的数字。对于某些素数p，这一基本定理适用于相应的α域，但是对其他素数不适用。费马这一定理的完整证明(或反证)仍未问世。

库默尔并没有因这完全预料之外的打击而气馁，他发明了一种新的数，他称之为"理想"——请勿将其与戴德金的理想混淆。在此不需要描述这种数

字[3]，因为它们实在偏离主流太远。它们适用于库默尔为费马最后定理考虑的某些特定的数域。

作为一个全新的开端，J. W. R. 戴德金(1831—1916 年，德国人)在 19 世纪 70 年代初期创造了一种可用于代数整数的新理论，它可以应用于由一个含有理整数系数 $a_0, \cdots, a_n$ 的任意的 n 次不可约方程

$$a_0x^n + a_1x^{n-1} + \cdots + a_n = 0$$

的根所定义的代数数域的普遍情况，人们称这个方程的一个根为一个 n 次代数数。如果 $a_0 = 1$，这个数字是一个代数整数；如果 a_n 也等于 1 或者 -1，这个代数数是一个单位数。注意，任何有理整数 r 都是一个一次代数整数，因为 r 是 $x - r = 0$ 的根。

我们复述所有细节是为了说明，从有理整数和有理单位数进行任意次数的代数整数的普遍化都需要非同寻常的洞察力。初看上去，一个像 $(-13+\sqrt{-115})/2$ 这样的数似乎完全不可能如一个普通的整数那样具有可除性。这个数是不可约方程 $x^2 + 13x + 71 = 0$ 的一个根，因此实际上是一个二次代数整数。

域中的代数整数可以唯一地分解为素数的那些代数数域是例外现象。为了在所有代数数域内重新建立算术基本定理，戴德金重新检查了有理整数的可除性。这是关键的一步，导致戴德金发明了他称为理想的概念。

224

假定一个代数数域 F 中的一个(整)理想是 F 中所有整数的一个子集 a。在这个子集中，如果 α, β 在 a 中，而 ξ 是 F 中的任意一个整数，那么 $\alpha - \beta$ 与 $\alpha\xi$ 也在 a 中。如果 b 中的每一个整数也在 a 中，即作为一个类来说，如果 a 包含 b，那么称理想 a 可以整除理想 b。单位理想是 F 中所有整数的集合，它可以整除每一个理想。当且仅当可以整除 p 的只有单位理想和 p 本身时，理想 p 是一个素理想。

唯一确定的因式分解就这样重新确定了，更准确地说应该是“代替”了原有的。如果 α 是 F 中的任意整数，可以很容易地看出，所有 $\alpha\xi$ 的集合(ξ 是 F 中所有整数)也是一个理想。这一标记为 (α) 的理想成为与 α 相关联的主理想；而且立即可以由定义推出，对于 F 中的任意整数 α, β，当且仅当 (α) 整除 (β) 时 α 整除 β。“α 整除 β”中“整除”的意思是，F 中存在一个使 $\beta = \alpha\gamma$ 成立的

整数 γ;“(α)整除(β)”中“整除”的意思是，主理想(α)包含主理想(β)。这一定理断言，这些除法关系中的每个都隐含了其他除法关系。

举例来说，在有理数论中，“3 整除 12”等价于“所有 3 的整倍数的类包含所有 12 的整倍数的类”。并且，如果 a,b 是已知整数，仅当 a 整除 b 时，所有 a 的整倍数的类才包含所有 b 的整倍数的类。

将一个代数整数分解为代数整数的乘积，现在映射到了将一个理想分解为理想的乘积上。算术基本定理对这种映射依然有效。这一映射如下所述。

F 中的整数 α,β 被它们相应的主理想(α),(β),…所代替。由于戴德金理论中的主定理成功地建立了在 F 中将任何理想分解为素理想之幂的乘积的唯一形式，因此每个(α),(β),…都有这样的唯一分解。[4]

大致地说，事情的关键是，在类逻辑或者符号逻辑中用类包含关系代替数论整除关系。更粗略地说，这一代替某种程度上使作为特殊种类的线性集合的理想出现在现代代数与代数几何中。

225

因为理想是现代普遍化倾向中一个值得赞赏并容易描述的例子，它的发明似乎得到了超出其应有的尊崇。其中最具特色的细节，可能是用包含了算术可除性的概念代替了人们熟悉的算术可除性的概念。一种核心关系被另一种看起来与其并不相似的核心关系代替。无论如何，经过这种代替之后，基本定理(分解为素数的唯一性)通过映射或一一对应的相关性在另一个领域中重新确立了，而在代替之前，这一定理并非普遍适用。进一步说，这个定理在代替之前所适用的那些情况在代替之后并无实质性改变。

从另一种角度看，以相关联的主理想的集合代替代数整数的集合带来了统一，并在新的更广阔的定律原则下将明显的非正常点囊括其中。同样过程的一个早些的例子，是 19 世纪上半叶将理想元素(无限远处的点、线、面……)引入射影几何的时候出现的。这样的元素与代数数的理想只有细微的联系，可是在这两种情况下，向非规律性的例外扩展而体现出的普遍化方法论却是相同的。

第一次接触这种理论的人会有些吃惊，因为它显得相当古怪，这是戴德金关于数字的许多想法的特色：通过无限类的方法解决一个严格的有限的问题。在代数整数的情况下，分解的唯一形式就是这样的一个问题；戴德金通过他称为理想的代数整数的某种无限类来解决这个问题。他 1872 年的实数系的理论以一种类似的从有限向无限的超越为基础，实现这种超越的方法被他称为分割。例如，为定义$\sqrt{3}$，戴德金设想所有有理数都可以分成两类——不妨称之为 L 和 U；其中 L 包括且仅包括那些平方小于 3 的有理数，而 U 则包括且仅包括那些平方大于 3 的有理数；由此，L 和 U 在所有实数中定义了一个“分割”，这个特定的分割就定义了$\sqrt{3}$。

戴德金分割是实数一般性质（如$\sqrt{2}\times\sqrt{3}=\sqrt{2\times3}$）的映射，后者是千百年来的分析学家和代数学家都熟悉的形式运算。有关无理数的纯形式工作产生的一致的数学近似，对于分析的科学应用是足够的。戴德金的目标是为传统的数字形式提供一个有限的逻辑基础。他努力的结果是无限概念的更深刻形式。1926 年，他那个时代的主要数学家 H. 希尔伯特断言：“无限在数学上的重要意义尚未完全澄清。”1945 年，这一断言依旧成立。

226

进一步的发展

戴德金关于理想的理论只是意图在代数数上重建有理算术基本定理的几种理论之一。另外一种保留下来的理论[5] 是克罗内克 1881 年的理论，我们在说到复数时已经提过。克罗内克和戴德金的理论在数学的其他领域开枝散叶，都对现代抽象代数的发展产生了决定性的影响。

自从 K. 亨泽尔（Hensel）在 20 世纪第一个 10 年创建第三种理论以来，这一理论便占有显要的地位，它的数字由幂级数代表。该理论起源于以下论述：任何有理整数都可以展开为一个给定素数 p 的正整数次幂序列，其系数选自 $0,1,\cdots,p-1$。我们可以认为它是巴比伦人、玛雅人和印度人记数法的位值系统在普通数论中的最后扩展。它与带有一个复变量的函数理论类似，也与带有一个变量的代数函数以及它们在黎曼面上的代表类似，这似乎引导了数论理论，令其得到了迅速的发展。此处的“代数函数”是在通常的专业意义上使用的：若 $P(w,z)=0$，则称 w 为 z 的一个代数函数，此处 P 是一个多项式。我们将在后面看到，详细研究这种函数和它们的积分是 19 世纪数学的一项主要活动。

算术的可除性概念由戴德金和克罗内克推广到类包含之后，在远离数论的数学分支中产生了重要意义，简要指出这一点是如何发生的也许会很有趣。任何详细的描述都会很快变得高度专业化，因此我们只给出足够的要点，说明人们可能已经由戴德金理论的最终形式和克罗内克留下的理论概略预见到了它们将得到意义深远的应用。

一个常见的初等解析几何的例子提供了最明显的线索。如果 $C_n(x,y)=0$ $(n=1,2,\cdots,m)$是给定的 m 个平面曲线的方程，那么 227

$$f_1(x,y)C_1(x,y)+\cdots+f_m(x,y)C_m(x,y)=0$$

是经过所有 m 条已知曲线的共同点的曲线的方程，其中 f 是 x 与 y 的非零函数(或常数)。为简单起见，令所有 C 与 F 为 x，y 的多项式。然后所有多项式的系统 $f_1(x,y)C_1(x,y)+\cdots+f_m(x,y)C_m(x,y)$ 包含或可以“整除”任何系统中的特定多项式；其中 C 保持不变，f 为常数或包括全部有关 x，y 的多项式。此处的“整除”与戴德金的理想或克罗内克的模系统中的意义相同。

一个模系统是具有 s 个变量 $x_1,\cdots,x_s$ 的全部多项式的一个集合 M，这些多项式以如下性质定义：若 P,P_1,P_2 属于该系统，则 P_1+P_2 和 QP 也属于该系统，其中 Q 是任意 $x_1,\cdots,x_s$ 的多项式。再进一步定义，我们便可以陈述现代代数的一个主要定理。一个模系统 M 的基是 M 中任意多项式 $B_1,B_2,\cdots$ 的集合，使 M 中每个多项式以 $R_1B_1+R_2B_2+\cdots$ 的形式表达，其中 $R_1,R_2,\cdots$ 是常数或多项式(但不必须属于 M)。希尔伯特在 1890 年有关基的定理中说：每一个模系统的基都是有限多个多项式构成的，或者可以等价地说，一个多项式的理想有一个有限的基。

在仔细看完这一定理极其简单的证明之前，任何抱有怀疑的人都是可以原谅的。实际上，当希尔伯特用它证明代数型的基本定理时，曾经通过繁复的计算得到了同一定理的 P. 哥尔丹(Gordan，1837—1912 年，德国人)惊呼：“这不是数学，这是神学！”

哥尔丹的惊呼体现的事实有双重意味。希尔伯特的定理标志着代数的一个主要转折点。它第一次让现代抽象的非计算方法受到了广泛关注。哥尔丹的证明是通过高度精巧的算法完成的，希尔伯特的证明则探讨了有关系统的

结构——代数型及其协变性与不变性。精巧的算法无法揭示定理下面掩藏的
228 普遍原则,而哥尔丹的定理只是普遍原则的特定表现形式而已。我们考虑不变性时会再讨论这一点。

直到20世纪20年代后期,人们才感觉到哥尔丹的话中更尖锐的那一面。如果称一个证明为神学,通常就是在说它论证了某种实体存在,但没有展示其存在,或者没有给出在有限多次人力可执行的操作中完成证明的方法。数学,特别是数学分析方面,有许多这种神学意义上的证明。对于克罗内克来说,所有数学中的神学式证明都是可恶的想法。他坚持认为那些存在性证明都是无效的,所以无法通过有限次人力操作去证明或构造的东西在数学上都是没有价值的,尽管这些数学对象的存在据称已经得到了证明。大多数代数学家直觉上认为,一个含有理系数的多项式$P(x)$,要么可以、要么不可以有理约化为两个关于x的含有理系数的多项式的乘积。可是克罗内克拒绝接受这种说法,直到他提出了一种在有限步骤内确定一个多项式可以或不可以被约化的方法。

自从克罗内克第一次要求构造性存在证明以来,一直有人怀疑任意使用"神学"式存在证明可能导致矛盾。20世纪30年代,希尔伯特基定理的非构造性存在证明尤其遭到了这方面的质疑,尽管希尔伯特和大部分勤劳的数学家在持续应用这一定理时都没有感觉到任何令人不快或危险的地方。如果没有这一定理,广阔的现代抽象代数领域与代数几何的相当一部分都将烟消云散。直至1945年,这一基定理的有限构造性存在证明仍然没有出现。缺少这一证明所隐含的疑惑与19世纪在实数系工作上产生的怀疑是一致的。

这些深刻的不确定性并没有阻止数学家进行自己的专业工作,它们不过是一场偶然的火山喷发,令埃特纳火山和维苏威火山山坡上的葡萄种植者心烦意乱。除了必须忍受这些现象的几代人,其实可以将那些周期性的动荡和在炽热的岩浆熔流中的沉沦看成福音。具有分解作用的岩浆能使荒芜的土地恢复生机,在上面生长的葡萄将酿出更甘甜的美酒。但是对于窒息而死或者为让后人兴旺而被焚为灰烬的人来说,那实在不是美妙的事情。19世纪和20
229 世纪的数学中的许多部分现在似乎成了重要的主流,因为它们可能为21世纪的数学繁荣做出贡献。但是我们无法肯定这一点。与此同时,我们这一代忍

受或欣赏数学,并继续创造新的数学。自从存在性证明第一次受到质疑以来,情况就一直如此。

直至 1910 年的总体收获

那个可被称为代数数理论第二个英雄时代的时期,由于 19 世纪 70 到 80 年代戴德金和克罗内克的工作而告终。第一个伟大时代是高斯和库默尔的 19 世纪 30 到 40 年代。在这两个时期,主要的发展自然都启发了大量专业方面的进展。不过在 1910 年和 20 世纪 20 年代开始的第三个伟大时期之前,似乎没有引入任何根本性的新概念,也没有在总体重要性方面可与已经说到的那些新方法相比的概念。我们必须在此重复,我们主要关心的是数学的整体发展,而不是某些特定领域的精细开发。在转而探讨第三个时期及其与总体发展的联系之前,我们可以简单回顾一下前两个时期,并再次关注它们的起源,以看清它们主要的遗产。在这两个时期意义最重大的或许是在方法论上的贡献。

代数数的理论来源于两个确定的问题,它们与有理整数有关:为得到二项同余 $x^n \equiv r \bmod m$ 可解性标准而设计的 n 次互反律,以及对费马最后定理的证明或证伪。对于第一个问题,F. M. G. 艾森斯坦(Eisenstein,1823—1852 年,德国人)在 1844 年至 1845 年、库默尔在 1850 年至 1861 年给出了当 n 为素数时的一个解[6],在很长一段时间,这个解都是该问题的经典形式。因此在这一方面,代数数完成了人们发明时赋予它们的使命。从 1908 年起,现代互反律理论隐含的结构就是经过现代化改造的有关域和有限群的伽罗瓦理论。

第二个问题即费马最后定理,它是从库默尔做出了第一次引人注目的进展以来,三代数论学家尽最大努力仍未能攻克代数数理论的原因。在这个方面,尽管在探讨理论的过程中人们明白了许多问题,却还没有达到自己的目标。对于这两个问题,我们似乎可以不失公正地说,作为明确的目标,人们对它们的兴趣已经逐步减少,为解决它们而发明的方法对现代数学的重要性也在持续减退。例如,对互反律或费马定理有兴趣的代数学家一直都在使用那些最初发明的工具(域、理想、环等)来处理这些问题。 230

伽罗瓦方程理论的情况也类似。伽罗瓦本人对代数方程做出了终极贡献。后来有人重新改写了他最初的理论，但是没有在他求根式解的标准上增加任何实质内容。伽罗瓦理论的现代化表述——例如E.阿廷（Artin，德国，美国）的改进的模型——在其排除一切多余的机械性质上仍然是对伽罗瓦的数学信念的颂歌。对于这种对代数计算的现代意义上的脱离，A.E.埃米·诺特（1882—1935年，德国，美国）在20世纪20年代的直接处理方法起了主要作用。她的数学大多秉承伽罗瓦的精神。但伽罗瓦的方法经过后继者的磨砺和普遍化之后，已经克服了他当年发明这些方法意在解决的问题，使仍在使用的很大一部分纯数学恢复了活力。

值得注意的是，像伽罗瓦理论那样，代数数理论最重要的遗产可以追溯至一些确定的、非常特殊的问题。无论是伽罗瓦还是代数数域理论的创始人，都不是有意要对数学技巧进行革命；他们发明综合的方法只是为了解决特殊问题。

这似乎是走向抽象、普遍，增加力量的通常途径。人们在对付某个主题在历史发展中出现的困难问题时，只从这一分支上考虑，并不是有意要创造一种包容广泛的理论；已知的方法不断失败，迫使人们发明新方法获得解决方案；最后，这种在历史发展中出现的、被问题逼出的新方法本身汇入了主流。

费马最后定理和互反律的数论都是丢番图分析的中心问题的特例。它要求提出标准，通过有限多个非试探性步骤来决定一个给定的丢番图方程是否有解。为解决这两个特例而发明的理论极为复杂，这提示我们，要解决一般问题，不发明全新的方法就只能取得无足轻重的进展。

231

来自代数方程的贡献

数论扩展的第三个伟大时代是在20世纪，1910年以后。在20世纪的第一个10年，普遍方法开始进入线性代数，由哈密顿和高斯在19世纪40年代首先开拓的庞大数学领域由此得到进一步发展，为20世纪的第二和第三个10年的部分数论化做了前期工作。1910年，E.施泰尼茨（Steinitz，1871—1928年，德国人）继续发展并部分普遍化了克罗内克1881年的“代数数量”理论，对（交换）域的现代理论做出了基础性的贡献。他的工作伴随着一般化的数论，是20世纪20年代和30年代出现的抽象代数最强的推动力之一。通常认为，这一发展后期的杰出人物是埃米·诺特[7]，她与她的许多学生一起为理想的现代抽象理论奠定了深厚的基础，也在现代代数领域起了更大的作用。这一工作在线性集合代数中“整数”的应用，使普通数论得以在1945年之后最终扩展。

指导人们走出这复杂迷宫的一条主要线索是自1830年发展起来的伽罗瓦的群论。伽罗瓦的方程理论本身，是对大约300年努力钻研代数方程根的数论本质的工作的总结，因此我们将首先探讨。基于这一点，回顾一下希尔伯特[8]在1893年表达的至今充满力量的观点会很有意思：

> 与高斯一样，雅可比和L.狄利克雷经常强调他们对数论问题与某些代数问题，特别是割圆法问题之间紧密关系的惊异。这些关系存在的基本原因现在完全清楚了。代数数理论和伽罗瓦的方程理论在代数域理论中有着共同的根……

一般三次和四次方程的解的问题在16世纪得到解决之后，直到18世纪晚期，似乎只有一个贡献对方程代数解有持久的影响。E. W. 奇恩豪森[9]（Tschirnhausen，或作奇恩豪斯[Tschirnhaus]，1651—1708年，德国人）于1683年应用一个可以约化成多项式替换的有理替换，消去了一个给定方程中的某些项。这一方法推广了卡尔达诺、韦达等人从三次与四次方程中消去二次项的方法。大约一个世纪之后的1786年，E. S. 布林（Bring，1736—1798年，瑞典人）通过与一个立方根和两个平方根有关的奇恩豪森变换，将一般五次方程简化[10]为一种三项式形式 $x^5+ax+b=0$，这是对五次方程超越解具有头等重要意义的结果。　232

欧拉在大约1770年用一种不同于费拉里的方法解决了一般四次方程的求解问题。这个意想不到的成功让他相信，一般方程的根式求解是可能的。在谈到古希腊三等分角问题时我们曾谈到，要有极高的独创性，才会怀疑在一般情况下是否可能有根式解。如果一般五次方程确实存在这样的解法，欧拉无疑可以找到它，因为在代数的操控方面无人能出其右。然而解决五次方程的求解问题需要的是一种不同的数学。正如阿贝尔指出的那样，通过根式未能解出一般五次方程，只能说明求解者的能力不足，无论失败多少次都不能说明这一问题是否有解。

拉格朗日[11]在1770年至1771年向前迈了一大步。拉格朗日没有尝试用精巧的手法求解一般五次方程，而是仔细检查了二、三、四次方程的已有解法，由此发现了前人使用特定工具获得成功的原因。他发现，在每种情况下，被解方程都可以约化成一个较低次的方程，较低次方程的根就是所给方程的根的线性函数及单位根。一种似乎具有普遍性的方法终于出现了。但是将约化方法运用于一般五次方程的时候，拉格朗日得到的是一个六次方程。预解方程的次数没有像之前那样降低，反而升高了。我们现在明白，这强烈暗示了不可能得到根式解，可惜拉格朗日显然没有注意到这一点。不过，他发现了置换群理论的萌芽。

由于这一发现，拉格朗日迈出了一般群论的第一步，对整个数学来说，这一步远比彻底掌握代数方程理论具有更重大的意义。置换群引导出了抽象有限群。而抽象有限群又引出了无限离散群，最后，随着M. S. 李(1842—1899年，挪威人)在19世纪70年代有关连续群的工作，群的概念进入了分析和几何。这对数学的离散和连续两大部分都造成了深远的影响。群论与跟群概念有密切联系的不变量一起，通过揭示离散理论中意想不到的结构相似性，转化了数学中相距甚远的领域，并将它们统一了起来。但是这属于拉格朗日的发现的后续发展，我们将在适当的时候再探讨。现阶段，我们关心的只是群在代数方程上的应用。

233

为了简单复述拉格朗日发现的本质，在此令x_1，…，x_n代表一个n次一般方程的根。如果一个在所有x_1，…，x_n的不同排列下保持不变的有理函数f可以使另一个x_1，…，x_n的有理函数g保持不变，那么f是g和那个一般方程的系数的有理函数。

对于已知字母(如上述的$x_1,\cdots,x_n$)的一组排列$S_1,\cdots,S_r$，如果其中两个排列S_i，S_j的乘积S_iS_j可以解释为首先应用S_i，然后在S_i产生的重新安排的$x_1,\cdots,x_n$上应用S_j形成的排列，那么这一组排列在上述定义的技术意义上组成了一个群。例如，如果$n=4$，4个字母是a,b,c,d，符号$(abcd)$指的是将每一个字母都变成最靠近它的下一个字母，并将 a 视为循环中 d 的下一个字母这样一种改变：从 a 变成 b，从 b 变成 c，从 c 变成 d，从 d 变成 a。排列 (acd) 将 a 变成 c，c 变成 d，d 变成 a。因此，$(abcd)(acd)$ 将 a 变成 b，b 变成 d，d 变成 c，然后 c 变成 a。因此，$(abcd)(acd)=(abdc)$。完全相同的排列 I，或称"单位元"，就是将每一个字母都变成自己，换言之，就是让所有字母的安排不发生改变。把 $x_1,\cdots,x_n$ 所有可能的 $n!$ 个排列称为在 $x_1,\cdots,x_n$ 上的对称群。如果 $x_1,\cdots,x_n$ 表示一个 n 次不可约方程的根，那么 $x_1,\cdots,x_n$ 上的对称群的性质就是该方程是否有根式解的充要条件的线索。对此本书无法详细讨论，我们必须参考有关方程理论或高等代数的现代课本。有限群在代数方程上应用的基础概念是可解群。这一术语的意义将在后面解释。 234

拉格朗日对群没有明确的认识。尽管如此，他得到了置换群的一些性质比较简单的等价物。例如，他的一个结果用现代术语说，叙述的是一个有限群的子群的阶数可以整除这个群的阶数。作为代数方程理论和群结构基础的正规（自共轭，不变）子群概念是伽罗瓦引入的，"群"这一术语也是他发明的。

阿贝尔和伽罗瓦在代数方程方面更深刻的工作都得益于拉格朗日。阿贝尔在 1824 年订立了证明大于四次的一般方程无法以根式求解的工作目标，而意大利内科医生 P. 鲁菲尼（Ruffini，1765—1822 年）已经在 1799 年率先尝试进行同一工作。一些人仔细检查了鲁菲尼在 1813 年的最后努力，称他的工作与经过旺策尔简化的阿贝尔证明在本质上是相同的。阿贝尔于 1824 年自费发表了他的证明；这一工作于 1826 年再度发表，刊登在 A. L. 克雷勒（Crelle，1780—1855 年，德国人）的伟大期刊①的创刊号上。一些有资格的代数学家说，鲁菲尼和阿贝尔的工作中都有一些可以改正的缺点。这些疏忽并不致命，因此一般认为这两种证明都证明了用根式法解四次以上的一般方程是不可能的。他们的工作是完全独立进行的。阿贝尔的证明的独特重要意义在于，它启发了伽罗瓦去寻找一个可解性的更深层次的来源，并最终发现了表现在如下定理中的来源：一个代数方程当且仅当它的群在其系数域内可解才有根式解。

---

① 指《纯粹和应用数学杂志》。——译者注

我们无法对伽罗瓦的定理进行技术层面的讨论。但现在不妨假定，如果对本书写作时已经存在了一个多世纪的代数方程现代理论有所涉猎，我们就可以使用其中几个概念描述代表这一代数主要定理的结构的含义。任何两个群的同构的定义是与群的公理相连的。伽罗瓦将同构的群抽象地考虑为与它们同样的群。A. 凯莱[12]在 1878 年将此表达为：一个群的性质是由其乘法表定义的。

群 G 的一个子群 H_1 被称为 G 的一个正规子群，如果对 G 中的每一个 s，$sH_1=H_1s$ 成立，此处 sH_1 表示 H_1 中的 h 与 s 的所有乘积 sh 的集合。对于 H_1s 及乘积集合 hs 也有类似定义。在这里，相等的意思是两个集合中含有相同的元素。G 中的非 G 子群称为真子群。G 的极大正规子群是其正规真子群，它不属于 G 的任何正规真子群的真子群。n 次一般方程的根的 $n!$ 个不同排列的极大正规子群出现在方程是否有根式解的标准中。为叙述这一联系，我们需要商群（或因子群）的定义。

235

群的阶数是群中不同元素的个数。拉格朗日在 1770—1771 年实际上证明了，一个子群的阶数可以整除整个群的阶数。如果 H_1 是一个阶数为 n 的群 G 中阶数为 m_1 的正规子群，则必有 $n=m_1q_1$ 成立，其中 q_1 是一整数；可以证明，

$$G=H_1+s_1H_1+\cdots+s_{q_1-1}H_1,$$

以上集合 H_1，s_1H_1，…，$s_{q_1-1}H_1$ 中没有任何两个集合含有一个相同的元素，其中的＋号表示，G 中所有元素都分别归入这 q_1 个互不相容的集合中。也就是说，符号＋如同在类的布尔代数中一样，表示逻辑加法。令 $K_1, K_2, \cdots, K_{q1}$ 代表这 q_1 个集合（任意顺序）。如果 K_iK_j 代表通过 K_i 中的一个元素与 K_j 中的一个元素的乘积，然后就可以证明，这些乘积中刚好有 m_1 个是不同的，而且这 m_1 个不同的乘积全都是 K 中的元素。更进一步，按照上述 K_iK_j 的乘法规则，$K_1, K_2, \cdots, K_{q1}$ 组成一个群，称为关于 G 的极大正规子群 H_1 的 G 的商群（或因子群）。这个商群记为 G/H_1，阶数为 q_1，且 G 的阶数 $n(=m_1q_1)$ 被 H_1 的次数(m_1)整除后称为 H_1 在 G 之下的指数。因此，这里 H_1 在 G 之下的指数为 q_1。

按照这样的定义，G 可能有不止一个极大真正规子群。如果只有一个，则

可以如上组成其商群，且其在G之下的指数已知。我们在这里关心的是下面要叙述的，在每一阶段的所有这些可能性。

对H_1进行我们对G进行过的操作，可以得到关于H_1的任何极大真正规子群H_2的商群H_1/H_2。这个子群可能只是G的含有单一元素I（单位）的单位元群。我们现在对H_2重复这一过程，如此等等，直到得到I时过程自动停止。以这种开始于G、结束于I的方法，我们得到了一系列群G, H_1, H_2，$H_t(=I)$，其中除G以外的每一个都是它前面一个的极大真正规子群。这也同时确定了一系列商群$G/H_1, H_1/H_2, H_2/H_3, \cdots, H_{t-1}/H_t$以及相应的指数，它们可以记为$q_1, q_2, \cdots, q_t$。最后再给出两个定义，然后我们就可以叙述这一迭代过程引出的几个令人吃惊的结果了。一个除了本身和由单一元素I（群的单位元）构成的单位元群以外没有正规子群的群定义为单群。如果群G的所有指数$q_1, q_2, \cdots, q_t$都是素数，则称群G为可解群。

236

一旦记住了在进行每一步时可能有几种方法，我们就可以给出以下结论。首先[13]，无论我们使用哪种方法，得到的群$G, H_1, H_2, \cdots, H_t$的数量都是一样的。其次，上面展示的所有因子群都是简单的。第三[14]，无论我们使用哪种方法，尽管各个因子群的次序并不一定相同，但结果都是一样的，因此类似地，也有同样的指数$q_1, q_2, \cdots, q_t$。在一种不需要详细考虑的意义上，C. 若尔当（Jordan，1838—1922年，法国人）1870年和O. 赫尔德（Hölder，1859—1937年，德国人）1889年的这些定理引人注目地揭示了任何有限离散群的结构。1930年以来这些定理得到了改进，并扩展到了犹如对任何智能生物体进行细微地解剖的程度。[15]重温伽罗瓦有关代数方程根式可解性的主要定理，我们看到，这些定理接触到了问题的根源。略微考虑一下它们对后继者工作的启示就可以注意到，人们已经把这些若尔当-赫尔德定理本身当作"格"理论或"结构"理论中的现象加以结构分析。我们将在下一章讨论这一理论。

群论的进一步发展将在稍后描述。现阶段我们要关注的是，根式可解性问题在有限群理论中有了一个确定的答案。

在证明了高于四次的一般方程不可能有根式解之后，下一个问题是要找出，使用何种函数才足以求解一般五次方程。人们早已知道，一般三次方程可以用圆函数（三角函数）求解。圆函数是带有一个变量的单值单周期函数。它们是椭圆函数的约化形式,后者是含一个变量(或自变量)x 的单值双周期函数。如果$f(x)$是一个椭圆函数,且 p_1,p_2 是它的两个周期,则 p_1/p_2 必为虚数,且 $f(x+n_1p_1+n_2p_2)=f(x)$对于所有选择的整数 n_1,n_2 都成立。如同我们在考虑数学分析时看到的,阿贝尔和雅可比在 19 世纪 20 年代通过求椭圆积分的反函数发现了椭圆函数。[16]椭圆函数理论的一个扩展部分是周期除法问题:如果有一个整数 n 可使 nx 成为一个周期,则以 n 为除数的除法就是要找到一个以 x 为自变量的椭圆函数。这个问题引出了某些代数方程,它们在 $n=2,3,4,3.2^s$①的情况下有根式解。任何奇整数 n 的除法的方程次数是 $(n^2-1)/2$。因此对于 $n=5$,次数是 12。但如果 n 是素数,就可以用一种简单得多的形式得到这一方程,其次数仅为 $n+1$。我们回想到,拉格朗日在试图以根式法求解一般五次方程时得到了一个六次预解方程。$n=5$ 时的椭圆函数除法问题在不经意间提供了一个 a,b 的函数,它可以把三项式形式的一般五次方程 $x^5+ax+b=0$ 简化为一个单位元。求解一般五次方程所必需的超越函数就这样构筑了起来。

这一出人预料的结果是由 C. 埃尔米特(Hermite,1822—1905 年,法国人)在 1858 年发现的。埃尔米特的发现得益于他对椭圆函数相关知识的精通。他注意到,在椭圆函数五等分问题中出现的一个方程可以转化成一般五次方程的布林形式。与此同时,克罗内克也通过另一个途径接近了同一个目标。克罗内克的方法与埃尔米特的方法有显著的不同。伽罗瓦如果还活着,可能会采取与克罗内克的类似的方法。1853 年,克罗内克给自己设置的目标是解决阿贝尔在探讨代数方程时面对的基础理论问题:找出一个 $x_1,\cdots,x_n$ 的一般函数,它可以成为系数在一已知域中的代数方程的根。他证明了某些超越函数的除法理论产生的方程足以解决某些次数的一般方程;通过这种方法,他得到了三次和四次一般方程的超越解。然后在没有事先用奇恩豪森变换消去某些项而简化方程的情况下,他对一般五次方程发起了冲击。他的目标是发现一种能够扩展到任何次数方程的求解方法。

对于这类问题的兴趣在 19 世纪后半叶减退了。就一般五次方程来说,

① 原文如此。——译者注

F. 克莱因(1849—1925 年,德国人)在 1884 年总结了[16]前人的全部工作,以一个正二十面体绕其对称轴的旋转群的方式将它们全部统一。伽罗瓦最早从椭圆函数除法(模)方程的群立场出发进行了讨论。

作为同一个一般领域的最新结果的样例,我们可以引用希尔伯特的一个定理:一般九次方程需要 4 个自变量的解函数。

总结起来,代数方程对于数字概念的主要贡献,应该是描述方程明确的普遍解的无理性。从给定系数所构筑的函数出发,通过有限次加、减、乘、除、开方等运算求解高于四次的一般代数方程的尝试,在阿贝尔和鲁菲尼证明了这种解不存在之后戛然而止。但次数为二、三、四的一般方程的解定义了无理性的某一种类。因此,有必要寻找完全不同种类的无理性以影响高于四次方程的解。人们在五次椭圆模函数中找到了这些无理性。

伽罗瓦及其后继者的工作证明了代数方程根的本质或明确定义,它反映在该方程系数的域的群结构上。可以通过有限次非试探性步骤得到这个群,虽然像伽罗瓦本人强调的那样,他的理论本不是用于解方程的一种实际方法。但正如希尔伯特所说,伽罗瓦的这一理论和代数数理论都在代数域中有共同的根基。后一理论为伽罗瓦首创,经戴德金和克罗内克在 19 世纪中叶发展,又由希尔伯特等人于 19 世纪后期改进、扩充,最后施泰尼茨在 1910 年的工作和 E. 诺特及其学派在 1920 年的工作给它指出了新的方向。

在这些较新的发展与 19 世纪在代数数和代数数域的工作之间,出现了对超复数系的详细研究。这将是我们在下一章关注的。我们将注意到,数论最后普遍化的主线是戴德金的代数数域理论,克罗内克称为"代数数量"的平行理论,以及普通域、群和环的理论。一个环与一个域的差别就在于其中没有假定乘法的逆运算是什么。有理整数 0,±1,±2,…是环的最简单例子;所有有理整数的类对于加法来说是一个群,并在乘法作用下是封闭的。在一个一般环内并不假定乘法满足交换律。线性组合代数是环的例子。 239

改变着的前景,1870—1920 年

本书在继续讨论的过程中还会经常提到群。从 1870 年到 20 世纪 20 年

代，群在一个广阔的数学思想范畴内占据了统治地位，偶尔还被轻率地吹捧为一直在寻找的通向所有数学领域的钥匙。上述第一个年份的标志是 C. 若尔当（1838—1922 年，法国人）出版的经典著作《置换与代数方程》，这个低调的书名未能充分显示出其内容的丰富。我们强调这一点，因为若尔当是为数不多的，对包括分析在内的数学其他部分做出了显著贡献的群论专家。与他同属这一群体的还有：克莱因、李、庞加莱、G. 弗罗贝纽斯（Frobenius，1849—1917 年，德国人）、W. 伯恩赛德（Burnside，1852—1927 年，英国人）和 L. E. 迪克森（1874—1954 年，美国人）。不过，绝大多数在群的领域辛勤劳作的数学家都是最狭义的专家；1920 年以后，他们有些人甘愿跟在那些全才数学家后面，重复他们对群在整个数学中地位的看法——虽有学识却已过时，而不获取必要的知识以形成合理的个人判断。

在 1870 年至 1920 年的 50 年间，数学没有停滞不前；尽管群似乎仍然属于数学思想永恒的扩充部分，但是与 19 世纪 90 年代宣称群在一切数学领域都占统治地位相比，1920 年以后有见地的观点节制了许多。因此，对于群的过高评价或许在 20 世纪前 10 年还有效，但如果在 20 世纪 30 年代还保留着那种意见，就是不可原谅的误导了。那种评价好像以为，自从 1912 年庞加莱逝世之后数学一直处于静止状态，过去那一代最伟大的数学家的工作中甚至都有关于这种评价的细节。 240

作为一个特别的例子，一位有限群的著名专家在 1935 年重提庞加莱早已过时的格言——“群的理论实际上是**整个**[强调为引者所加]数学的灵魂以及简化的‘最精粹的形式’”，仿佛这种夸张论调在 1935 年还是经过深思熟虑的专业判断。当我们描述 19 世纪另一项对整个数学思想的杰出贡献——不变性概念时，我们将追随自 1916 年以来几何的某些发展，那时我们就可以通过细节看到这种说法是错的。庞加莱的那句格言，即使在当时也是一种夸张。它最多只能算是一种可以理解的过高评价，可能是为了强调，只要不是数学文盲就不会上当。我们可能依旧会怀着感激之情，缅怀数学的伟大创造者，如果我们任由他们的误导后辈的错误观点流传下去，就是对过去那些大师的虚假的推崇。

在此，我们将关注伽罗瓦之后群的发展过程中出现的一些引人注目的里程碑，但不包括将在后一章讨论的连续群。A. L. 柯西（1789—1857 年，法国人)甚至在伽罗瓦之前就首创了"群"这个术语。他在1815年对今天被称为置换群的领域进行了广泛的研究,并发现了一些相对简单的基础定理。1844年至1846年,他又回到了这一课题,虽然错过了L.西罗(Sylow,1832—1918年,挪威人)在1872年发现的基本定理,却证明了有限群理论中的大部分内容。凯莱在1854年陈述了群的公理的最早版本,就此在可接受的专业意义上定义了群。这一定义没有引起广泛注意,但当我们说到连续群的时候可以看到,包括李和克莱因在内的专家带头人,偶尔会把"群"这个术语用于一些从如今普遍的专业角度看并非群的系统。因此,较老的成果中的某些定理的陈述需要修订。H.韦伯(Weber,1842—1913年,德国人)在1882年给出了另外一套公理,他的《代数》(三卷本,1898—1899年第二版)为直至19世纪末的代数提供了一份大师级的大纲。

顺便一提,要区分20世纪早期和19世纪晚期的代数在观点和目标上的变化,只要比较一下韦伯的经典著作与20世纪30年代的一篇高级论文,就可以发现最具建设性的说明。从老向新的转变始于施泰尼茨1910年的工作。过去人们说,在1910年以前,只要彻底掌握以下三部经典著作,不仅对于数学通才教育是足够的,而且可以让一个有能力的学生在当时的数学研究者感兴趣的课题上开始创造性工作:韦伯的《代数》,J. G.达布(Darboux,1842—1917年,法国人)的《曲面通论教程》(二卷本,1887—1888年,1913—1915年第二版)和E.皮卡(Picard,1856—1941年,法国人)的《分析教程》(1891—1896年,3卷本,1922—1927年第三版)。用不了三分之一个世纪,这种所谓通才教育就会沦为陈旧的历史,任何有意使自己迅速适应重要数学领域里的创造性工作的人都会有这种感受。那些1940年的学生将来到数学发展的前沿,其中大部分会走1910年以前,甚至1920年以前根本不存在的捷径。

241

20世纪的第一个10年见证了群的公理化分析方面的狂热,其中美国代数学家为群提出了许多套公理,并进行了完全独立的详尽讨论。到1910年的时候,没人会误解群的意思。

在另一部分有限群的研究中,美国代数学家同样极为高产:他们以固定顺序确定了全部有限群,特别是用少数字母标记了全部置换群。T. P.柯克曼(Kirkman,1806—1895年),一个在潮湿闷热的教区工作的英格兰牧师,在

1858 年进行了完全统计的一次最早尝试；他声称，他的方法对于巨细无遗的记数来说足够了。我们在谈到拓扑学的时候会再次提到柯克曼。他并不是一个非常出名的数学家，虽然他完美的冷嘲热讽能力让他声名狼藉，但他似乎是数学史上极有天赋的组合家。由于种种原因，他实际上没有获得任何鼓励，也同样缺少认可。F. N. 科尔（Cole，1861—1927 年）和 G. A. 米勒（Miller，1863—1951 年）这两个美国人在可称为柯克曼计划的工作中做出了突出贡献，因此进入最多产的数学家之列。

1870 年，若尔当在代数和分析内包括超椭圆函数和平面四次曲线几何的几个领域里，证明了带有 n 个变量的线性齐次变换群，还有带有整数系数的这种变换群，包括同余群的重要性。之后，便有许多人开始研究它们。在该领域，继若尔当本人的工作之后，E. H. 摩尔[17]（1862—1932 年）、迪克森和 H. F. 布利克弗尔特（Blichfeldt，1873—1945 年）等几位美国数学家在 19 世纪 90 年代末到 20 世纪的第二个 10 年间取得了最突出的成就。大约在 1918 年，人们对这一特殊分支的兴趣一落千丈，更有想象力的代数学家将精力转向了其他方面。

242

到了 1920 年，对于特殊群的辛苦搜集和仔细分析已经成为历史。如果这大约半个世纪的辛勤劳动的成果在纯数学或应用数学领域有用武之地，未来的劳动者就不必重复代数计算史上数十年最艰苦又吃力不讨好的差事了。有限群在现代组合分析中只不过是一段插曲，但其本身却如同开化初期科学上的任何其他事业一样困难。

纯组合方法的一个精彩的例外，是弗罗贝纽斯在 1896—1899 年间发明的群特征标法。他与其他人[18]将之应用在有限群的几个困难问题上，并取得了引人注目的成功。必要的运算虽然通常十分烦冗，却既非试探性的，亦非组合的。因此它们可能预示了群结构问题上的一种探讨方法；它比分类周期法有更多的睿智推理，而较少盲目蛮干。随着 20 世纪 30 年代初群在量子力学中的出现，弗罗贝纽斯那些多少受到忽视的方法可能又变得具有科学意义了；而人们承担着物理学所需要的繁重工作，它们是置换群的详尽应用带来的。所以，科学可能刺激未来的代数学，让它在有限群中发明一些计算和计数方法，这些方法比英雄年代的那些乏味的艰苦劳动更加实用。

数学与社会

在回顾代数方程对数系发展的贡献时，今天的每个数学家都必定会对阿贝尔和伽罗瓦的如下成就产生深刻印象：他们所引进的思路的持久适用性，以及他们研究数学的途径与前人——在有些方面包括高斯(1777—1855年)——的途径的显著区别。这两位年轻人身上体现的对普遍性的求索可能比任意两个数学家体现的都多，这种普遍性，是高斯在1801年开启的近代数学与中期数学之间的区别。他们两人开创了整个数学界有意识地寻求包容性方法和普遍理论的先河。他们两人在中期的先驱是如下数学家：笛卡尔，他在几何方面发展了一般方法；牛顿和莱布尼茨，他们创造了微积分，并借助微积分用一种统一过程探讨连续性数学；拉格朗日，他创建了力学中的通用方法。近代数学中的高斯是他们的同代人，他在其数论中探索着，意图统一从费马到欧拉、拉格朗日和勒让德这些大数学家的许多没有直接联系的工作。阿贝尔和伽罗瓦都承认他们从高斯创造的割圆理论中获益；而且，尽管他们在自己的代数中(阿贝尔在分析上也是如此)远远超过了高斯，我们至少可以相信，如果不是由于高斯的二项式方程理论给出的线索，无论阿贝尔还是伽罗瓦都不会选择他们所走的那条道路。

243

阿贝尔和伽罗瓦都远在属于他们的时代到来之前就过早地去世了，阿贝尔27岁时死于贫困导致的结核病，而21岁的伽罗瓦在一次毫无意义的决斗中被一颗子弹夺去了生命。当人们认识到阿贝尔的天才时，他的朋友和挪威政府给了他津贴。他天性友好而乐观。在他最多产的五六年中，伽罗瓦花费了许多时间，毫无希望地与教师的愚蠢和恶意嫉妒，以及那些数学专家不可一世的冷淡斗争。他并非天生喜欢争吵或者固执任性，但他后来变成了那样。

无论是谁(如果有人的话)应该对这两个天才的早逝所代表的巨大浪费负责，数学似乎都不必要地被夺去了高斯的天然继承人。假如能活到正常的寿命，阿贝尔和伽罗瓦可以有怎样的成就根本无法想象。他们很可能成果累累，而且是最高质量的。对于最伟大的数学家来说，早熟与持续高产是规律而不是例外。最具独创精神的想法或许真的出自早年，但这些想法需要时间来实现。高斯大约花了50年时间来发展他21岁以前得到的灵感(这主要是他自

244 己的描述)，而且即使经过半个世纪不间断地劳作，他也仅仅成熟地发展了他的一小部分想法。

所有这些提出了一个问题：今天的"社会"应该为高斯们、阿贝尔们和伽罗瓦们做些什么。包括迪斯雷利(Disraeli)在内的政治家说过，社会是一头蠢驴；更仔细的考察揭示，它是个模糊而抽象的概念。不管怎样，我们将使用社会这一术语，因为差不多每个人都对它的意思有清晰的理解。

高斯是一个一贫如洗的体力劳动者的儿子，是代表社会的不伦瑞克公爵资助他受了教育。换成今天，他会由公众出资接受教育，至少在美国会是这样。

毫无疑问，今天的阿贝尔会由地方卫生当局送到疗养院去，他可能会在那里康复。

今天的伽罗瓦几乎肯定会发现自己失去尊严与名誉，或者警察会以某种捏造的罪名对他进行保护性拘留，或者送他进集中营。这是因为，几乎没有证据可以说明，教师们面对一个极有才智、令人不安的头脑，会比他们在伽罗瓦的时代少些无力感，或者今天法律和秩序的捍卫者不会像当年凭玩弄法律技巧判处伽罗瓦入狱 6 个月的那些人那么神经质。对这种事情，关于孔雀与乌鸦的伊索寓言显示了永恒的意义：你跟我们不一样；滚出去，不然就拔了你的毛。

然而，在任由伽罗瓦在一次决斗中放弃了生命之后，社会终究学到了一点它过去不知道的东西。伽罗瓦被当作"一个危险的极端分子"，不是因为他的数学，而是由于他的政治立场——奇怪的是，现在这种立场是值得尊敬的。他拥护共和政体，一个抓捕他的赏格就是以这个名义发出的。保皇党团体非常关心的是确保他们能继续骄奢淫逸。很明显，当我们考虑到组成社会的个人的利益时，19 世纪 30 年代初期的社会对伽罗瓦在数学上的革命性思想持完全无所谓的态度。但是在 20 世纪早期，社会却发现一种纯粹的理论对正确的政治思想可能是十分危险的威胁——需要具体举例的话，可以拿相对论或者生物统计学为例。苏联是禁止人类生物统计学的，德国是禁止相对论的。所以如果我们说，自从 1832 年抛弃了伽罗瓦以来社会一直停滞不前，这似乎并不公正。

第十一章　结构分析的出现

描述过作为背景的材料，我们现在来仔细观察这个向普遍性和越来越精细的抽象性转变的趋势，这两种特质是近代数学的很大部分与 1840 年以前的几乎全部数学之间的区别。结构在某种意义上是需要注意和描述的一个方面，它是从特殊向一般这一加速发展进程的最后产物。就像可以通过代数和数论观察一样，我们可以通过几何清楚地观察整个运动，并在后续章节的有关部分加以评论。为方便起见，本书将接着那些已经说明的过程讲述。这一点在本书全部章节都是适用的。

我们看到，高斯在 1831 年为解决有理数论中的一个特殊问题发明了复数整数 x_1+ix_2。他所用的 x_1+ix_2 写起来像一个数偶 (x_1, x_2)，这不禁让人想起带有 n 个坐标 $x_1, \cdots, x_n$ 的超复数；而且也自然让人产生疑问，这些带有实数或复数坐标的扩展了的数在有理数论中是否有用？更普遍的疑问是，在超复数系中能定义多少种“整数”呢？它们的“数论”又是什么？

在我们探讨这两个问题中的任何一个之前，或者说，甚至在准确地阐述问题之前，首先必须发展超复数系的代数。但这也不是一个明确的问题。一旦找准了代数问题，它的解就可以很快得出。

在发明了四元数，从而第一次挑明问题之后，就出现了三个主要阶段。

246

线性代数的三个阶段

第一阶段的代表是诸如B.皮尔士在1870年的工作；在这一阶段，人们试图在已知（有限）数目的基本单位上找到并展示所有的线性组合代数。[1]

第二阶段的后期与第三阶段有重叠；这一阶段始于20世纪的头10年，大约持续到1920年。人们在这一时期的目标是在所有线性组合代数中应用普遍定理。

第三阶段的标志是以抽象的形式重新叙述许多已知的东西，并把数论的一些概念，诸如理想和赋值等，引入经过改造的抽象代数。结果[2]造就了依照使用者的喜好，可以用于代数或者数论的广泛而复杂的理论。我们早已在代数方程和代数数中熟悉了的代数数环和域，戴德金的理想和对偶群，希尔伯特的相对域，克罗内克的模系统，伽罗瓦的域理论，所有这些都对最后的抽象理论做出了贡献。最后的产物显示了这些孕育它的理论的粗略轮廓，却又是一个统一整体中不同的、特殊的方面，就像一个复杂的几何构型在一个活动的平面上不断变化的投影一样。而且，抽象理论还给出了许多经典特例得不到的结果。

抽象方法

抽象方法的整体发展用了大约一个世纪。与近代任何主要数学分支的演化相比，它的进展都是典型的。首先是发现孤立的现象；其次，人们认识到所有现象都具有某些特征；然后是寻找更进一步的例子及其详细的计算与归类；随之是普遍原则的出现，于是不再需要进一步的计算，除非一些确定的应用需要这种计算；最后，公理形成，以抽象形式总结出所研究的系统的结构。对公理中隐含的抽象系统的详细研究仍在进行，并未受到任何特例的偶发状况的影响。顺便一提，这就是极其实用的十进制印度-阿拉伯数字在除了进行数字

247

核实的情况下，对研究数字的性质有实际损害的原因。亨泽尔的p进数和g进数字更接近数论。

似乎只有在被有意当成创造新数学的出发点时，抽象构型的引入才算完

全完成。初始的那套公理中的一部分被禁用或否定，修改后的公理又经过与初始公理同样的过程重新确定。例如，在最初定义的域中，乘法满足交换律。这就提出了一个问题：是否可能构造除乘法可交换性以外满足所有普通代数公理的无矛盾的“代数”？另外，在普通代数（一个可交换域）中，若 $a \neq 0$，且 $ab=ac$，则通过除法可以得到 $b=c$。但使用 a 作除数就等于事先假定 a 具有一个相对于乘法的逆运算。除法在环中未加定义；尽管如此，在有些环中，若 $a \neq 0$，且 $ab=ac$，则有 $b=c$。这样一来，尽管在一个域中没有定义逆运算，它却被一个刚才叙述的较弱的条件取代，成了一个公理。其结果就是一种比域更普遍的代数，它建立在域的部分——而不是全部——公理或其结果上。

在回顾抽象方法，由衷赞美它无懈可击的优美时，不要重蹈那喀索斯(Narcissus)的覆辙。否则我们的后人很可能会有这样的记录：我们凝视着自己的肤浅想法那令人陶醉的影像，最终因饥饿而死——

“你所凝视着的，

你所凝视着的可爱造物，其实就是你自己——”[3][①]

或者他们会记录，我们投身于那令人迷醉的表层，最后溺死在表层下令人意想不到的东西中。可以用一种更异端的例子说明这一异端邪说：我们为什么要假定，因为戴德金的理想在代数数环中做到了要求它们做的事情，就要向其他环引入一些与它们十分类似的东西？不满足交换律的环的数论最终应该建筑在理想的基础上，这真是显而易见的吗？或者说，通过与它的类似物即秩方程的密切类比得到环中的整元的通常定义，对一个代数数环就是最有希望的线索吗？明显的反驳是要求怀疑者拿出更好的替代物。虽然承认这个要求是公正的，我们终究还是可以考虑其他可能性。

248

产生这些怀疑的根源似乎在于缺乏想象力，缺乏对目标的清楚认识。如果我们的目的仅仅是创建许多人都有强烈兴趣甚至觉得优美的新理论，那么其实抽象方法一直在力图达到这一目的。这方面它与史蒂芬·里柯克(Stephen Leacock)的主角有些相似：他跳上马，狂暴地向四面八方横冲直撞。然而在另一辈人看来，我们的抽象可能很无聊，我们的优美很乏味。如果要继续

① 见弥尔顿《失乐园》第四卷。——译者注

发展，他们唯一可能的道路是几乎完全绕开我们的工作。这种事以前发生过一次，当时笛卡尔完全绕过了欧几里得和阿波罗尼奥斯在综合几何上的艰苦工作。带着这种怀疑的倾向考虑20世纪在抽象几何、抽象代数和抽象分析上的庞大积累，另一个笛卡尔或许会出现。除非他出现在下一个两千年之内，否则两千年以后，任何两个数学家都不明白彼此的语言。在这期间，我们可以欣赏现代抽象方法的极大成功，追溯它从1899年——那时希尔伯特通过他的几何学给出了自欧几里得以来最强大的推动力——最后抵达现今所经历的主要步骤。

抽象代数发展的第一阶段即计算和列表，与系统植物学处于同一科学水平。过去的所有科学似乎像受到了诅咒一样，都曾爬过这种林奈分类法的发展阶段。如果像生物学上发生的情况一样，林奈(Linnaeus)在数学上也保持死亡状态，数学可能比它现在精干得多，也强壮得多。但是那位压不垮的植物学家不断地从死亡中复苏，不可能让他倒下不再活动。当数学发展的先驱前进到了相当于动植物的属的层次时，大批蔓生的追随者就忙着搜集那些微不足道或者遭到抛弃的亚种并将其归类。代数不变量和有限群的理论就是这种情况。最近分析中有一个令人恼火的例子是引进的两个新专业术语，它们被用来区分 $x>0$ 和 $x\geqslant 0$。在进行了足够的分类以说明一些涵盖广阔的特征之后，除了要投入使用的样例以外，似乎就没有进一步收集其他东西的必要了。在向第二阶段迅速发展的过程中，线性代数有幸逃脱了分类学家们最激烈的怒火。

249

走向代数的结构

我们将从线性代数[4]的历史中选择几个典型事件，来说明差不多整个数学自大约1870年以来的主要倾向——从特殊理论的详细阐述到理论本身相互关系的研究。技术细节是无可避免的，不过不熟悉这些课题的读者可以不理会它们；重要的不是事实，而是它们之间的关系。即使没有专业知识，也有可能欣赏不同定理在范围和普遍性上的差别。但技术细节也有它们本身的意义。其中一些细节是它们所属的数学分支上的里程碑。在这里我们只考虑那些主要步骤，它们看来导致了代数从超复数系的枚举性阶段向所有此类"代数"的抽象理论发展。

B. 皮尔士1870年的主要工作目标是，在一个给定数目的带有实数或复数系数的基本单位上，枚举全部线性组合代数。他的方法是合适的，只是由于疏忽，他才在寻找少于7个单位的全部代数方面遭到了部分失败。

皮尔士的问题等价于，在假定任何乘积 e_re_s 是 $e_1, \cdots, e_n$ 的线性函数的条件下，枚举所有在结合律下组成封闭系统的 n 个线性独立的符号（基础单位或基本单位）$e_1, \cdots, e_n$。对于给定的 n，这一问题可以通过实际构筑所有可能的乘法表直截了当地得出，其中应用结合律条件

$$e_r(e_se_t)=(e_re_s)e_t$$

并从中选择，仅保留那些实际上封闭的乘积。随着 n 增大，这种工作很快就变得无法进行了，于是皮尔士采取了另外的方法。他的两个主要原理依赖幂零单位和幂等单位是否存在：如果存在一个正整数 $r>1$ 使 $e^r=0$，则皮尔士称 e 为幂零的；类似地，如果 $e^2=e$，则称 e 为幂等的。线性代数中这些遍布各处的概念是皮尔士分类法的基础。他的儿子C. S. 皮尔士（1839—1914年，美国人）延续了他的工作。C. S. 皮尔士也对数理逻辑做出了杰出的贡献，据说他发明了被世人称为实用主义的古怪的扬基（Yankee）哲学。

C. S. 皮尔士在一个纪念他父亲的附录中证明了一个著名的定理[5]，我们用现在的习惯形式将其陈述为：坐标是实数，且仅当一个因子是零时乘积才为零的线性组合代数只有实数域、一般复数域和有实数系数的四元数代数。这里的进步明显超越了列表范畴。 250

这一定理同样是对高斯的问题的一种可能回答。它提出四元数可能具有一种有用的数论，因为它们与普通复数的联系相当紧密。普通四元数的广泛数论是由R. 利普希茨（1832—1903年，德国人）在1886年、A. 赫尔维茨在1896年建立的。迪克森在1922年简化了这些数论。在这里，事物的历史发展顺序变得越来越简单。

从19世纪70年代末直到19世纪90年代结束，线性代数向几个新方向发展。当时这些新方向看上去极有前途，但是对于主要进展似乎没有重大的影响。于是，1877年G. 弗罗贝纽斯（1849—1917年，德国人）在超复数系和双

线性形式之间发展了一种有趣的联系。在这项工作之后，H. 庞加莱 1884 年在 M. S. 李（1842—1899 年，挪威人）的连续群中也发现了类似联系。我们将在谈到不变性时叙述李对于 19 世纪数学的杰出贡献。庞加莱用一个宽泛的线性代数类的可理解的等价形式代替了分类问题：找到所有系数为 n 个任意参数的线性变换连续群。李在科学上的一个继承者 G. W. 舍费尔斯（Scheffers，1866—1945 年，德国人）相当成功地推进了这一系列探讨；他在 1891 年证明，李的（有限）连续群理论包含超复数系的理论。这种群论因此提供了线性组合代数的分类原则。

19 世纪 90 年代，当李氏理论以一种更新的微分几何的形式重现时，它似乎得到了比前一代人所做的更辛勤的培养。作为这种广泛兴趣的反映，E. 嘉当（Cartan，1869—1951 年，法国人）在 1898 年应用李氏理论得到了一个超复数系的分类，这一分类"自然而然"地遵从该理论。但是这样明显有前景的线索在 1900 年后不久就被放弃了，未来的发展主要沿着另一个方向，也就是 J. H. M. 韦德伯恩（Wedderburn，1882—1948 年，苏格兰人，美国人）在 1907 年的工作所开启的方向。

251

在坐标为有理数的超复数系的工作中，弗罗贝纽斯和嘉当得到了许多特殊结果，但在一个普遍理论中，坐标应该是约束程度比抽象域更低的域中的元素。迪克森于 1905 年构建了这种情况下的公理。由于嘉当的发展依赖于线性组合代数的特征方程，这一发展并不总是可以扩展到普遍的情况。尽管如此，代数还是在 1907 年出现了一个朝结构理论发展的新转折。

弗罗贝纽斯和皮尔士关于四元数的定理暗示，要找到所有满足某些预先给定条件的线性组合[6]代数。其中最重要的就是有关可除代数的方法，其中，如果 $a(\neq 0)$ 与 b 是代数中的任意元素，那么每一个方程 $ax=b$，$ya=b$ 都有唯一解。为了提供结构的具体范例，可以回顾可除代数方法上的两个较早的结果。

伽罗瓦首先开始研究仅含有限个不同元素的域。1893 年，E. H. 摩尔（1862—1932 年，美国人）证明了每一个有限交换域都是伽罗瓦考虑的类型；这样的域可由一对正整数 p，n 唯一确定，其中 p 为素数，而且与此相关的域包含 p^n 个不同的元素。这一定理揭示了结构的许多变式之一：这是一个彻底刻画了所有包含有限个不同元素的(可交换)域的性质。另一个变式出现在韦德伯恩 1905 年的定理中:如果线性组合可除代数的坐标是有限域的元素,那么在这种代数中,乘法必须是可交换的。

如我们即将看到的那样,可除代数在代数结构理论中占据统治地位。确定所有可除代数,或者找出这种代数的广泛类别,就成了该理论的中心问题。1914 年,迪克森建立了系数在任何域 F 的 n 个基本单位上的可除代数。

至此,我们或许要重申一下,我们的主要兴趣是结构理论的出现,特别是它以线性代数为例出现。为了导出其本质,下一步必须陈述一个令人望而生畏的定理,其中包含的专业术语有好几个至今未得到解释。有些读者比较熟悉这一课题,会意识到这一陈述是代数结构理论上的一条基本定理[7](韦德伯恩,1907)。第一次见到这个定理的人可以像我们马上就要做的那样,用字母 $S,X,Y,\cdots$ 替换专业术语“和”“半单”“直和”……,并且只把注意力集中在组成定理的句子的结构上。这样我们所关心的结构性质就会很明显了。仅仅为了叙述方便,我们把一个坐标在一个域 F 的线性组合代数称为在 F 之上的。这一定理说:

252

(1) 任何在一个域 F 上的线性组合代数都是在 F 上的一个半单代数和一个幂零不变子代数之和;

(2) F 上的一个半单代数或者是单代数,或者是 F 上的单代数的直和;

(3) 任何 F 上的单代数都是一个可除代数与一个单矩阵代数的直积,它们都在 F 上,包括它们的模是一个因子的唯一单位的可能性。[8]

去掉那些与我们的目的无关的技术性细节,我们用 $S,X,Y,\cdots$ 重新叙述这个定理:

(1) 任何在一个域 F 之上的线性组合代数都是在 F 上的一个 X-代数和一个 Y-代数之 S;

(2) F 上的一个 X-代数或者是 Z-代数,或者是 F 上的 Z-代数的 DS;

(3) 任何 F 上的 Z-代数都是一个 W-代数与一个 U-代数的 DP,它们都在 F 上。

这一定理以 3 种运算 S,DS,DP 和 5 个代数样例 X,Y,Z,W,U 展示了在任何(可交换)域 F 上的所有线性组合代数。这样在任何域 F 上的所有线性组合代数都可以永远用同样的方法，即用 S, DS, DP 分解成 5 种有明确规定的代数。不用详细诠释，这就是所谓的"在任何域 F 上的所有线性组合代数对于明确规定的子代数有相同结构"这句话的意义。我们可以把注意力只放在 5 种明确规定的子代数上。W 是其中之一，它是由可除代数组成的。

这种一般结构定理和在它们之前的编目式代数之间的根本性差别是很明显的。改变目标在现代抽象数学中是典型的做法。人们不再像 19 世纪那样根据样例自身是否新奇来估计其价值。这好比是某个从未听说过达尔文的勤奋工作的化石收集公司，突然接受了一个进化论者的启蒙。他们可以通过一种过去从未意识到的连贯性，简化原来那种有趣的、却没有多少意义的采集工作。

253

走向抽象的分析与几何

我们可以在这里谈论 1906 年至 1920 年间的 3 种趋于抽象性和普遍性的进一步发展，因为它们与实数有关。它们都不起源于代数，但是至少有一个对代数和数论都有广泛的启发，即 J. 屈尔沙克(Kürschák，1863—1933 年，匈牙利人)的工作。这三种发展的方向都是得到一种对实数和普通复数进行普遍化赋值的理论。

以哈密顿式的数偶形式(x, y)写成的任何普通复数 $x+\mathrm{i}y$ 都与一个唯一确定的实数 $|(x, y)|$ 相关，即(x, y)的"绝对值"，也是 x^2+y^2 的正平方根。但如果 x, y 是一个抽象域 F 中的元素，x^2+y^2 就不是一个实数。为了区分 F 中的零元素与实数域中的 0，我们将把前者写为 $0'$。

1913 年，屈尔沙克将 F 中任意元素 z 与一个唯一确定的实数(记为 $\|z\|$)即它的"绝对值"相关联，从而把普通复数域中绝对值的性质推广到了一个抽象域的元素 $0', x, y, \cdots$ 上。他在这里假定，对 F 中的任何 z, w，都有 $\|0'\|=0$；若 $x \neq 0'$，则 $\|x\|>0$；且

$$\|zw\| = \|z\| \|w\|; \quad \|z+w\| \leqslant \|z\| + \|w\|。$$

最后一条有时称作三角不等式。这是来自普通的欧氏几何的类比：三角

形的任意一条边小于或等于(当顶点共线时)另外两条边之和。如果将任意两个元素 x,y 之间的"距离"定义为 $\|x-y\|$,对于它们的绝对值的公理就重现了通常与距离概念相关的性质。1906 年 M.-R. 弗雷歇(Fréchet,1878—1973 年,法国人)在巴黎大学的博士论文中就是这样定义的。这项工作是现代普通或抽象分析、抽象空间理论和拓扑学(这些都将在其他地方叙述)的发源之一。1920 年 S. 巴拿赫(Banach,1892—1941 年,波兰人)做出了这方面的进一步发展,他去掉了元素 $x,y,\cdots$需要在一个域里的限制;他的 $x,y,\cdots$可以是任何类的元素。

254

也许有人会想,忠实地复制这种实数与复数的最简单性质,不会带来任何我们还不知道的东西。要具体说明这种想法的错误,我们只需引用这种抽象过程的一个相当出人意料的结果就够了。人们发现,建立在实数或复数基础上的许多分析在普遍分析中有自己的映像。不必假定 $x, y, \cdots$是实数或者复数就能得到许多过去认为需要作此假定才能得到的结论。例如,在弗雷歇的分析中,极限点和收敛是可定义的,而这种抽象分析的收敛定理可以应用在基本元是实数或者复数的分析这一特例之中。或许可以想象,对有理数 r 来说,$\|r\|$ 仅有一个可能的值,即我们熟悉的 $|r|$ 。然而 O. 奥斯特洛夫斯基(Ostrowski,1893—1986 年,俄国人)在 1918 年证明了它实际上有两个不同类型。因此至少在这个例子上,抽象带来了出人意料的新东西。

数论的一个终点

在历史和数学意义上,高斯有关超复数在数论中可能有何用途的问题都引起了特别的兴趣。我们已经看到了高斯熟悉四元数,我们也参考了四元数在经典数论中的应用。高斯不太可能将四元数发展到很深的程度,以致他开始怀疑它们具有数论方面的有趣性质。尽管如此,他还是问[9]:"那些事物间的相互关系让我们得到了二维以上的流形,难道它们就不容许我们得到几种一般数论中的数吗?"

关于高斯的"容许"指的是什么有着各种各样的猜想。每种猜想都对满足"容许"条件的所有代数计数给出了自己的答案。我们在此只给出几种十分类似的回答中的一种，那是一般数论从高斯那个时代起的发展方向，也是他当时没有预见到的。

据说魏尔斯特拉斯曾经在他 1863 年的课程中证明了下述定理(至少他在 1884 年将它与其他几个类似定理一起发表过)：唯一具有实坐标的超复数系，是具有基本单位 e(满足 $e^2=e$)以及普通复数双单元系统的代数，当且仅当至少一个因子为零时，其乘积为零，且该体系满足乘法交换律。如果高斯不允许零作除数，并坚持乘法交换律，这就是对他问题的答案。$e^2=e$ 的代数没有多大的意思，但是其余部分给出的是高斯自己的复数整数 $a+b\mathrm{i}$(a，b 是实整数)的数论。简而言之，他本人曾经达到了他可能想象过的终点，可是他没有明确地说明。

255

进一步的发展出现在其他方向。这些发展的开端是戴德金在代数数域和理想上的工作；还有克罗内克的模系统理论，该理论由他和其他几个人发展起来，其中突出的是 E. 拉斯克(Lasker，1868—1941 年，德国人，前国际象棋世界冠军)1905 年的工作，J. 柯尼希(König，1849—1913 年，匈牙利人)1903 年的工作，以及 F. S. 麦考利(Macaulay，1862—1937 年，英国人)1916 年的工作。接着我们简单罗列一下这些现代代数和数论的巨大发展的主要步骤。

更新的方向

1900 年以来，代数数论化或者数论代数化方面的工作数量极大，我们只选其中三项，以说明朝抽象化和结构分析发展的趋势。

1910 年 E. 施泰尼茨在他的域理论中搜寻了所有种类的域和它们之间的关系。他从明确定义的最简单的类型出发，通过代数添加或超越添加进行推广。在做代数添加时，施泰尼茨使用了克罗内克使用的柯西方法，这一方法在前面的章节中描述过。在这个经过重新加工与推广的克罗内克代数数量理论中，施泰尼茨彻底处理了现代高等代数课本中很常见的概念，如特征、素域、完全域等。最后的结果可以大致描述为有关域结构可能具有的子域和扩张域的分析。

我们要说的下一项工作大约从 1920 年开始，它标志着明显的进步。这一工作的代表是一大批20世纪活跃的数学工作者，他们做的是戴德金为任意代数数环做过的工作，并把伽罗瓦的理论推广到了抽象域中。于是戴德金的理想理论就被抽象化和普遍化了，同样被抽象化和普遍化的还有伽罗瓦的理论。这些工作中的第一个可以合适地归于数论，因为工作的主要目标之一就是像算术基本定理，或者像戴德金理想可以唯一表示为素理想乘积那样，来发现确定任意环唯一分解的定理。对于一般的环，人们没有期望可以找到明显好过其他所有分解的唯一一种分解；而且假设有理数论或者代数数论只经过小的修正就能转移到新领域也是不合理的。直至1945年，只有对于满足乘法交换律的那些环的数论，人们的讨论才有接近完整的意思。

256

可交换环的数论（通常不用零作除数，即所谓整环）与代数数的数论虽然有根本区别，但是戴德金的理想理论仍被认为是一个有价值的线索。例如，在戴德金理论中，每一个理想有一个有限基；这就是说，任何数目的理想可以由$n_1b_1+\cdots+n_rb_r$代表，此处的$b_1,\cdots,b_r$是所考虑的代数数域中固定的整数，$n_1,\cdots,n_r$的范围是独立的，是域中所有整数。这一事实没有直接提示对于环的有益的普遍化。尽管如此，这一说法仍与以下定理等价：对域中任何理想序列$A_1,A_2,A_3,\cdots$，如果A_{j+1}是A_j的一个真除子（$j=1,2,\cdots$），这一序列将以有限项结束。这一在戴德金理论中有效的“链式定理”是可以普遍化的。

在代数数理想的经典理论中，有两个基本的却相当不引人注目的概念未经改变地进入了抽象理论，它们是G. C. D.（“最大”公约数）和L. C. M.（“最小”公倍数）。尽管初看上去这只是细节问题，但经验已经证明，它们是许多代数结构的框架，而且，当它们最简单的性质作为公理被重新陈述之后，随之得到的系统统一了表面看来相距甚远、截然不同的代数与数论。事实上它们导致了直至1945年才发明的、在代数-数论结构上似乎最有希望的理论。所以我们将稍微详细地描述它们的性质。

有关现象最早出现在数理逻辑中，特别是在类代数中——我们现在用它的创建者G. 布尔（Boole，1815—1864年，英国人）为之命名，称之为布尔代数。如果字母A,B,C代表无论什么样的一个任意类，且符号$>$读作“包括”或者“包含”，则根据$A>B$和$B>C$推得$A>C$成立。符号$<$读作“包括于”或者“包含于”。

257

如果 A,B 是任意的两个类,它们的"交集"写作 $[A,B]$,其成员既在 A 中也在 B 中,是最包容亦即最大的类。举例说明:如果 A 是所有红头发的动物的类,B 是所有女孩的类,则 $[A,B]$ 是所有红头发女孩的类。如果 A 的定义如前,而 B 是所有蔬菜的类,那么 $[A,B]$ 是一个空类——没有成员的类。再如,如果 A,B 是任意种类的类,它们的"并集"写作 (A,B),是其成员在 A 中或者在 B 中,或兼在两者中的包含最少的类。在上述第二个例子中,(A,B) 的成员或者是红头发动物,或者是蔬菜,而且是这样的事物的一个最小集合。

我们可以用如下方法重新陈述这些定义。如果 A,B 是任意两个类,那么它们有一个唯一确定的最大包含公子类 $[A,B]$ 和一个唯一确定的最小包含公母类 (A,B)。由定义,当且仅当 $A>B$ 和 $B>A$ 都成立时,A 与 B 相等,并写作 $A=B$;按照惯例,$A>A$。现在,证明以下与类 $A,B,C,D,D_1,\cdots,M, M_1,\cdots$ 有关的任意集合或类　的命题只不过是简单的语言练习而已:

(1) 若 A,B,C 是　中的任意 3 个成员,且 $A>B,B>C$,则 $A>C$。

(2) 若 A,B 是　中的任意成员,则必有　中的一个成员,不妨称其为 D,使 $D\leqslant A,D\leqslant B$ 成立;若同时有 D_1,且 $D_1\leqslant A$, $D_1\leqslant B$,则有 $D_1\leqslant D$。同时　中也有一个成员,不妨称其为 M,若 $M\geqslant A,M\geqslant B$,且 $M_1\geqslant A,M_1\geqslant B$,则 $M_1\geqslant M$。

当 D 是 A,B 的交集 $[A,B]$,M 是它们的并集 (A,B) 时,(2)中的断言成立。将 $(A,(B,C))$ 读作 A 与 (B,C) 的并集,$[A,[B,C]]$ 为 A 与 $[B,C]$ 的交集,则我们便可直接从(1)和(2)推出如下定理:

$[A,B]$,(A,B) 可以唯一确定;$[A,B]=[B,A]$,$(A,B)=(B,A)$;$[A,A]=A$,$(A,A)=A$;$[A,[B,C]]=[[A,B],C]$,$(A,(B,C))=((A,B),C)$;$(A,[A,B])=A$,$[A,(A,B)]=A$。

我们把辨别以下命题真假的工作留给读者用聪明才智来判断。

(3) 若 $A<C<(A,B)$,则 $C=(A,[B,C])$。

根据本书的意图,有必要确认(1)和(2)以及上面那些简单定理满足下面对于 $A,B,C,\cdots,>,=,<$ 的完全不同的解释:$A,B,C,\cdots$ 是正有理整数的任何类;"$=$"是普通算术中的相等;"$>$"的意思是"除";"$<$"的意思是"除以";

258

$[A,B]$是A,B的最大包含公子类，(A,B)是它们的最小包含公母类。回想一下，在戴德金的理想理论中，“除”的意思是“包容”或者“包含”，与类中的包括类似，由此我们就可以知道，为什么用类的术语解释理想的理论比较重要。

我们现在去掉对$A,B,C,\cdots,>,<,[A,B],(A,B)$的所有解释和意义，然后把(1)和(2)作为定义毫无意义的$A,B,C,\cdots,>,<$等的公理。只是为了标记的方便，分别用$[A,B]$和(A,B)标记(2)中的D,M，我们就可以从公理中推导出与前面一样的定理。

这样定义的抽象系统并不是空洞无物的，因为我们已经举出了它的两个范例。其实一个就已经足够了，虽然还有许多。人们已经给通过(1)和(2)这样定义的抽象系统取了许多不同的名字，其中包括“结构”和“格”。在这里我们比较倾向于使用第二个名字，这样可以避免与前面在数理逻辑中定义的结构混淆。

在这里，我们在数论化代数或者代数化数论上达到了1945年为止的最高点。时间或许会证明这是一个非常错误的猜测，但在本书写成的时刻，年轻一辈的许多代数学家和数论学家相信，在这个理论中，他们至少终于统一了从多产的前人那里继承来的一堆杂乱理论。这一理论在美国发展得最活跃。许多人致力于改变历史上几乎一味讲述过去已死之物的单调独白，请容我列出在这迅速扩展的抽象数学范畴中最活跃的两位贡献者的名字——G. 伯克霍夫(Birkhoff)[10]和O. 奥勒(Ore)。

留给读者用聪明才智判断的断言(3)不是(1)和(2)在抽象理论中的一个推论。当(3)与(1)和(2)一起包含在公理中时，这样得到的系统定义了一种以戴德金命名的特殊类型的格，因为是他在1897年第一个研究了这种系统。这件事是他具有洞察力和预言天才的又一个例子。他的工作在三分之一个世纪的时间内实际上无人理会，人们只是在格理论中才认识了这项工作的重要意义。

如果这样把一个包容广泛的格理论放下而不给出其范围，对它是有失公正的。理论创建者之一的极简短的一段话[11]概括了它的精髓：“在对代数领域的结构的讨论中，人们主要感兴趣的并非这些领域的元素，而是某些重要的子

259

领域之间的关系，就像群中的不变[正规]子群[12]、环中的理想，以及模系统中的特征模。因为所有这些定义了并集与交集这两个操作，它们都满足普通的公理”——公理(1)和(2)。

由戴德金引入之后，对偶群经历了三分之一世纪的沉默，这一结构或者格理论的迅速扩展是最近许多数学发展的典型现象。在它们许多共同特征中，有一个是表面上不可避免的缓慢进展，随着这一进程，大量多样性隐含的带有根本性的简单性质最后才出现。统一概念通常在其所有不同的表现形式下都很模糊，然而一旦人们对其有所认识，它又明显得令人不安。不过迄今为止并没有一个公认的技巧，可以让人理解明显的事实，或者不混淆重要与微不足道的东西。似乎对于每个特例，人们都必须等待，直到那或多或少随机出现的时刻最终到来。同样，在数学会保留哪些根本兴趣或者得到哪种新的重要性方面，数学家也不总是可信赖的预言家。一个足以成为历史经典的例子是突然成为热门理论的张量分析，在为相对论所用之前，它一直是没有数学家问津的鸡肋。事后很容易看出，所有这些价值重估原本都可以更早进行。但是没有人能够预测下一次突破会在哪里发生。有些人过分忧虑自己的名声和工作的永恒性，可是单纯的无视并不能保证他们不朽。

对于格或结构，布尔在 1845 年发表他的《思维规律的研究》时，本可以为该理论的一个决定性特征做出前期工作，可实际上却没有。布尔本人认识到了类中各个元素之间不相关的本质，是这些类的并集与交集将独特的性质赋予布尔代数。显然布尔当时并没有充分意识到他在做些什么(尽管今天看上去很清楚)，不过他还是向抽象代数和 20 世纪 30、40 年代的一些几何迈出了决定性的第一步。在这些更新的发展中，首要的兴趣并不在于某些域内的元素，而在于由原来的域中元素类组成的不同子域的包含关系、交集和并集。是元素的集合成了基本数据，而不是元素本身；原来的抽象水平上升到了另一个更高的高度，经验表明这是一个自然的抽象等级。

260

在 19 世纪，类的布尔代数没有在数学家中间引起多少兴趣，射影几何学家和代数学家也没有注意它可能有的线索。如果布尔彻底理解了 19 世纪 20 年代有关对偶性在几何原理上是否有效的那场争议，他真的可能会为 20 世纪 30 年代对射影几何的代数解释做出前期工作。这一争论将在后续章节中讨论,现在提一下这一点就足够了:参与争论的一些人想象中正在讨论的所谓"真实空间"已经消失了。我们不久就会回归这个问题。

另一个我们可能已经注意到的线索出现在数论和代数的不同分解定理上。如同在有理数论和代数整数理论上唯一确定的因式分解一样,分解把一个给定系统约化成较简单部分的系统;这些部分按照事先给定的规则重新组合,给出指定系统的元素。这些"较简单的部分"在有理数论中是有理素数,在代数数中是素理想,在这两种情况下所用的规则都与在阿贝尔群中使用的那些乘法规则相同。这种分解可能不是唯一的,例如在阿贝尔群中的基一样。有关分解的更有指导意义的例子是前面描述过的若尔当-赫尔德有关有限群的定理,韦德伯恩有关线性代数结构的定理和 A. E. 诺特对所有可交换环的确定,其中有唯一确定的素理想因式分解。对于若尔当-赫尔德定理来说,重要的是给定的有限群的正规(不变、自共轭)子群的子系统,分解就是对它们进行的;而群本身的元素仅有次要的重要性。对于代数整数,关键的子集是理想,诸如此类;在每一个例子中,原有的元素是次要的。通过这些例子以及之前的例子,代数学家逐步清楚了,这几个定理中一定蕴涵着某种共同的本性,它至少是一部分分解现象的最终根源。公理化的构想揭示了这一共同的本性就是隐含着的格。1900 年,在由 3 个模产生的对偶群的工作中,戴德金注意到了现在被称为布尔代数的从属关系。一旦人们认识到了统一的特性,下一步自然而然就是根据其自身特点将格代数发展成为独立的理论。其结果就是结构或格的抽象理论。 261

抽象本身可能是富有成果的,也可能没有什么效果。如果它还能预示新的定理或者更简单、更清楚地表述已有的定理,抽象就上升到了创造性数学的高度。随着格理论的发展,它统一和大大简化了已有的代数和某些其他数学分支的基础部分;它对于发现新的结果也有帮助。不能指望一般格本身会厘清所有分解现象,随着理论向前发展,人们定义了不同种类的特殊格,以适应特定理论的需要。一个具有重要意义的线索是若尔当-赫尔德有限群定理中的链长(即分解时因子的数目)的不变性。其他同样明显的线索可能一开始就被人们追踪了。不过这些都是对往事的追溯,如果我们仅仅说到格理论阐述的一些内容,则叙述将依时间顺序进行。至于进一步的细节,读者可参考

G. 伯克霍夫1940年的著作《格理论》。

作为格理论历史根源的布尔代数在一种特殊种类的格(有补格,分配格)的理论中找到了它的天然位置。分配格可以理解为集合的环,这可以追溯到欧拉的一项研究(他使用了其他术语)。由此,通过适当的特殊化,可以得到布尔代数在集合域上的代表理论。后者某种程度上让人想到,格代数可以应用在集合与度量的经典理论中。在后面一章,我们将关注19世纪几何"空间"的广泛普遍化,它进化成了20世纪的抽象空间几何。在这些普遍化中,20世纪的函数空间顺利地容纳了抽象。L. 坎托罗维奇(Kantorovich,俄国人)实际上在1937年就定义了一个偏序线性空间,由一个带有非负元素 f(以符号 $f\geqslant 0$ 标记)的(实)线性空间根据如下3个公理构成:若 $f\geqslant 0$,且$\lambda\geqslant 0$,则 $\lambda f\geqslant 0$;若 $f\geqslant 0$,且$-f\geqslant 0$,则 $f=0$;若 $f\geqslant 0$,且 $g\geqslant 0$,则 $f+g\geqslant 0$。G. 伯克霍夫在1940年证明,当时知道的每一个函数空间都按照这种偏序构成一个格。人们也定义了向量格,并证明向量格可以分解为适当定义的正分量和负分量。在关于实数和复数绝对值的抽象问题上,我们将在一个后续章节中关注以波兰数学家S. 巴拿赫命名的一种抽象空间。巴拿赫格被定义为带有一个适当特殊化的模方(普遍化了的绝对值)的向量格,而且人们证明了,在巴拿赫所给出的空间中的所有例子都是这种格。作为这方面的最后一个结果,在对偏序函数空间进行特征抽象时产生了构成一种布尔代数的分量。

人们可能会因为格理论的历史起源而期待它在数理逻辑和概率的数学理论上有所应用,这一点确实成为了事实。1936年,一个新奇的应用为量子力学提供了一个模型。我们回想一下,可观测量的概念是这门力学的核心,同样,不确定性原理将概率引入了所有物理观测的抽象理论中。我们将在最后一章提及1944年逻辑和概率在量子理论上的一个本质上不同的应用。

格的一个发人深省的应用是K. 门格尔(Menger)对射影和仿射几何的重新叙述,这是他在1928年的《基础问题之研究(卷四)》中,作为后来被称为格代数的例子而给出的。门格尔考虑了一个抽象元系统,其中定义了两个结合与交换的操作,分别记为+和·。这两个操作允许中性元"真空"V 和"宇宙"U,使 $A+V=A=A\cdot U$ 适用于系统中所有的 A,并有公理 $A+A=A=A\cdot A$。这一代数的典型特征是"吸收"公理:如果 $A+B=B$,则 $A\cdot B=A$,而且反过来适用于系统中所有的 A 和 B。因此这种代数本质上与 G. 伯克霍夫在 1934 年称为格的东西是一样的。伯克霍夫在 1934 年也独立地把射影几何降格成格代数中的一个主题,而门格尔在 1935 年发表了他 1928 年理论的一个强化版本,其中称这种理论可以运用在度量和概率上。就射影几何向格代数的约化而言,现在看来,1910 年 O. 维布伦(Veblen)和 J. W. T. 扬(Young)的工作是射影几何彻底公理化的高潮,不可避免又出乎意料,但是这一事件显然在欧洲并非广为人知。

263

20 世纪的前 20 年见证了公理体系前所未有的活跃,特别在美国,这是 D. 希尔伯特为几何基础所做的工作引起的。维布伦和扬 1910 年在《射影几何》第一部中赋予射影几何前所未有的逻辑严格性,将几何的这一部分构建成一个假设-演绎的抽象系统,与适用于所有数学的希尔伯特形式主义纲领一致。尽管在严格化过程中几何直觉并没有被抛弃,但人们无论正式或非正式地都没有承认这一点。这部著作的开篇几句是这样断言的:

> 几何处理的是空间形象的性质。每一个这样的形象都是由各种不同的元素(点、线、曲线、平面、表面等)构成的,这些元素相互间有着某些关系(一点在直线上、直线通过一点、两个平面相交等)。陈述这些性质的命题相互间有着逻辑关系,而几何的目标就是发现这样的命题,并展现它们在逻辑上的相互依赖。

我们将在稍后的一章中提到,其中一个作者还用包含更广却有些含糊的方式描述过几何。不过现在引用上面一段就足够了,这几乎在恳求人们将几何翻译成格的语言。套用 1945 年极具表达力的一句行话,让任何扫过一眼格的公理的人来做这样的翻译都是很自然的。从本质上说,这些公理在上面有关几何目标的宣言发表之前 10 年就已经存在,而在它出现了四分之一个世纪之后,人们才意识到了格或者说戴德金的对偶群与几何之间的联系。不过这种对今天看几乎是自明之理的事物的忽视,并没有真实反映出那些具有创造力的几何学家的才智。很久以前,W. 鲍耶谈到非欧几何经过千百年看似毫无必要的挣扎之后才最后出现,他强调说,数学发现就像春天的时候在林中盛开的紫罗兰,绝不是任何人能够推迟或者催熟的。刚刚谈及的,也只不过是那些历史上经常发生的又一个事例罢了。

从1910年版的《射影几何》上摘引的又一段文字，以流行的数学方式处理了某些困扰形而上学学者许多世纪的有关“空间”本质的争论：“由于任何有定义的元素或者关系都必须从其他元素或关系出发定义，因此在它们中间必然有一个或多个关系是完全没有定义过的，否则恶性循环就不可避免。”尽管我们将在谈及具有任意有限维数的“空间”时看到，选择“点”作为几何中最后的没有定义的元素并不是必需的，但是人们过去总是选择它们，现在还将经常选择它们。于是直线等就成了点的类。几何，哪怕是在学校里讲授的那种基础几何，从来都没有把主要焦点放在这些类的元素上，而是放在类的交集和并集上。线、面等是点构成的不同的子范畴，是几何实际处理的事物，而点最初是毫无结构的一团混乱。尽管如此，从欧几里得的时代开始，点即便不在从事几何学的几何学家——维布伦给“几何”与“几何学家”下的模糊定义——的脑海里，也总是在幕后。按照欧几里得的说法：“点是一种没有部分、没有大小的东西。”但是正如门格尔在1935年注意到的那样，直到射影几何和仿射几何在几何的演绎处理中利用欧几里得的定义改写了格，这种虚无主义的定义尝试才被纳入几何的演绎发展。欧几里得及其继承者都没有说明他们的“部分”是什么意思，门格尔用一个准确的逻辑定义弥补了这个不足。通过相应的明确表述和包含所有假设的证明，门格尔说明：“射影几何与仿射几何的很大一部分可以从一些这样的‘小’公理的基础上发展，例如[在布尔代数中定义交集与并集]的公理。”

这一结果相当于将射影几何降格成一个适当特殊化的格的代数。这些恰当的格元素代表了在历史或数学上引起兴趣的几个几何体或构型，诸如点、线、面；从布尔代数的意义上来说，两个构型的交集是几何交集，或者说是两者共有的部分；两个构型的并集是包含两者的最小构型。戴德金的公理(前述有关格的)在一个合适的有限条件下，通过对应的若尔当-赫尔德链从维数的角度为元素提供了分类。与前面希尔伯特以及维布伦和扬的公理化不同，格表示没有将构型作为基来区分；所有的构型对称地进入了理论。1935年，为了涵盖仿射几何，门格尔在格上加入了一个合理的平行公理。因此他得以同时发展射影几何与仿射几何。

在G.伯克霍夫1934年的约化处理中，射影几何与布尔代数、点集的域和环、正规子群系统、理想系统、模空间的模量以及抽象代数中的子代数系统有了相互关系。在群表示、半单超复数代数与紧李群的约化中，也同样存在进一步的相互关系。所有这些都可以根据射影几何约化为某种类型的格来预期，也有望从大部分由G.伯克霍夫本人所给出的格的更早期例子中推出。

从哲学的视角出发，或许射影几何与仿射几何的格(或者结构)表示最有趣的结果，是对关注空间本质的形而上学家那些持续猜想的可能影响。我们已经叙述了19世纪20年代有关射影几何的理想元素的真实空间存在的争论，有人认为争论的主题并没有争论者想要的意义。布尔逻辑代数、射影几何与仿射几何以及格之间的密切关系至少暗示，那些争论者一直讨论的，可能只不过是他们自己根深蒂固的推理习惯而已；这些来自二值逻辑的习惯传承了几千年，而在二值逻辑中人类进行推理似乎只需极少的思考。"空间"或许丝毫不比一个基本逻辑中的小理念更神秘。

回顾与展望

在通向1945年的现代数学的一条主干线上飞驰之后，我们现在可以稍微回顾我们走过的道路，并且注意到一些不仅有局部——数论的或代数的——意义的里程碑。这其实是我们一开始就有的目标：观察区分1900年以来的数学与19世纪数学的精神和观点上的变化。

成百上千位勤奋的劳动者曾在庞大的数学帝国辛苦劳作，还有很多人仍然在耕耘，然而帝国的大片疆土甚至没有人注意过。对所穿越领土的详细调查可以写很多卷，但就目前来看，一份完整的阐述不会对两个结论(目前只证明了其中一个)有所补充，也不会使之减少。未来，也许会出现另一个笛卡尔或现代高斯，或者伽罗瓦或阿贝尔的一个继承人，证明这两个结论都是错误的。 266

20世纪的数学与19世纪的数学有两个意义重大的主要区别。第一个是对抽象的刻意追求，而在此追求中，重要的元素是事物之间的关系而不是相关事物本身。第二个是对基础的执着思索，现代数学的整个复杂上层结构即在这个基础上构筑。这样猜测说不定十分冒险：如果一百年后书写数学的历史（如果数学能够持续那么久），人们在记录20世纪早期的历史时，会把它主要描述成数学史上第一个充满了合理猜测与怀疑的伟大时代，就像在许多其他学科中发生的情况一样。

事后看来，19世纪的数学似乎与那个自命不凡的乐观时代是一脉相承的。上帝在天堂，世界很正常。欧洲文明把它的祝福批量运送给各大洲的野蛮人。无数劣质产品被生产出来，以可观的利润倾销给未开化的人，那些人分不清镀锡铁皮和纯银，也分不清黄铜鼻环和纯金。数学的产出和消耗仿佛也没有任何节制。几乎人人都认为，似乎一切都是合理的，用不着质疑。到了世纪之交，一概批判和重新评价的时期到来了，几乎所有顽固反动派都同意，这种改变在10年或更久以前就该发生了。

抽象方法和批判方法的起源都可以确定地追溯到19世纪80年代。1899年，希尔伯特出版了关于几何基础的著作，并在大约同一时期指出了证明普通数论的自洽性对于所有数学基本的重要性，在此之前，抽象方法和批判方法都没有受到很多关注。不过，把最早的推动力归功于G.皮亚诺（Peano，1858—1932年，意大利人）1889年的算术公理似乎是公正的。皮亚诺重新开始了欧几里得计划，他明确地陈述了一套公理，尽可能使其不隐含假定，并据此公理系统推出普通数论。公理化方法是现代批评运动和抽象的起源。

267

如果用最不讨好的方式来说，批评运动和抽象都反映出沉郁和衰败之色。从这种观点看，20世纪的数学是亚历山大时代的批评运动和乏味评论的现代版本，那场运动和评论就是希腊数学逐渐衰亡的表现。即使这被证明是对20世纪数学的正确判断，也并不等于说数学就要消亡了。尽管姗姗来迟，阿基米德毕竟有继承人。

如果像几乎所有专业工作者那样，用更同情的眼光看待20世纪的数学，我们可以看到，它充满了活力，比以往任何时候都更精力充沛。批评是必需的，因为它可以让人准确地看清什么是合理的，让我们迈出的下一步相对安全一些。抽象、公理化方法不仅仅是分类和“对号入座”。它也是一种创造，而且是比19世纪那种偶尔爆发的华美更加根本的创造。除非能够把数学史上最多产的那个世纪积累的丰富内容整理出来，并缩减到可控的比例，否则数学将被它自己的财富压得喘不过来气。在利用抽象方法整理这庞然大物时，我们看到了许多内容都可以忽略。如果哪天需要整理这些被忽视的内容，现在可以用比以前少得多的劳动来做到。说到创造性方面，数学系统的公理化分析提出了数不清的新课题，其中有些可能值得详细研究。

致力于重新评价、简化和普遍化的人或许没有几个会设想这项工作在任何方面已经完成。如果戴德金的对偶群 30 多年来无人问津，我们是否可以相信，人们已经探索了一切有希望的途径，或者不会有其他理论出人意料地脱颖而出？这里可以提一个我们在快速审视中遗漏的历史细节，它至少暗示了在一些我们没有追溯的方面还存在发展的可能性。

二元二次型的合成理论是导致戴德金创造了理想的线索之一，它体现在二次域的理想乘法上。高斯系统化了这一合成理论，并在 1801 年实际完成了它，但仅限于两个变量的二次型。戴德金的理想对某些非常特殊的 n 元 n 次型（n 次代数整数模方）进行了直接普遍化。 268

此处特别有趣的是，所有这些都源自斐波那契恒等式。对于四个或八个平方数之和也有类似的恒等式，但不存在任何其他数目的平方数的恒等式。斐波那契恒等式是普通复数性质的直接结果；欧拉的四平方数恒等式是四元数的一个性质；与之类似，德根（Degen）的八平方数恒等式与凯莱的八元单位代数有关。在斐波那契恒等式的代数中，所有关于域的公理都是有效的；而在欧拉的恒等式中，乘法交换律不再成立；在凯莱的代数中，乘法既不遵从交换律也不遵从结合律。顺便说一下，像凯莱的这种删减了的代数如果有任何实用意义似乎会相当引人注目，实际上，它确实在量子理论中有所应用。

现在，与这些恒等式结合的经典数论和与它们相连的代数是带有 n 个自变量的二次型数论理论中的一小部分。简化到它最简单的形式之后，这一理论与下述问题（此处所有整数都是有理数域中的）相关——a_{ij}（$i,j=1,\cdots,n$）和 m 是整数常数：$a_{ij}=a_{ji}$；$x_1,\cdots x_n$ 是整数变量；$\sum$ 是关于 $i,j,=1,\cdots,n$ 的求和；需要为 $\sum a_{ij}x_ix_j=m$ 的可解性陈述一个标准，而且如果这一方程可解，则要找出所有的解 $x_1,\cdots,x_n$。该问题的“自然”普遍化是用任意高于二次的型替换二次型$\sum a_{ij}x_ix_j$，这实际上是用数论型表示的一个问题。如果需要进一步普遍化，系数和变量可以是任何代数数域中的整数。

迄今已创造出的代数及其相应的理想理论等，完全不适用于探讨数论型的普遍理论。诸如$x_1^3+x_2^3+x_3^3=n$这样简单的方程都让它们束手无策。如下设想似乎是合理的：如果一旦在次数高于2的数论型理论上取得突破，一种新的代数就会出现，它的性质和抽象理论与已经发展起来的那些代数完全不同。自本书1940年第一版以来，丢番图分析的状况发生了迅速变化，以下成果可说明这种变化：L. J. 莫德尔（Mordell，1888—1972年，美国人，英国人）在1942年证明了前述方程在x, y, z为含有理系数的单参数四次多项式时无解，除非有$n=a^3$或$n=2a^3$，其中a为一个有理数；1943年B. 塞格雷（Segre，意大利人，英国人）在多项式丢番图方程中广泛应用了代数几何方法。

269

然而数学家不再对数论型的问题感兴趣的可能性依旧存在。换言之，人们将不再认为它有重要意义。但很符合人性的是，重要性有时只不过是在满足以自我为中心的数学家的自尊心。他能够解决的问题就被定义为重要的，让他困惑不解的问题则是不重要的。因此，说某个问题对于现代数学失去了重要性，可能只是对无能的一种理性化的坦承。如果情况确实如此，在设计出一种方法来解决某个问题或证明其无解之前，共同的职业骄傲似乎会要求人们对此进行思考。

如果这种观点是公允的，那么结论就是，无论代数还是数论，在现代抽象方法中都还没有走到尽头，尽管那种方法可能是后辈所创造之物的一个重要的序曲。我们将看到，物理在分析中也暗示了类似情况。不管怎样，这一方法的优美成果会让欧几里得非常高兴，他是第一个给出了公理化方法的全面例子的数学家。他或许没有像现代数学家看待他的工作那样，意识到自己干了些什么，可是他还是做了这项工作。另一方面，毕达哥拉斯面对现代的数字概念将十分困惑。他会希望知道，自然数1，2，3，…成了什么样子。自古以来，我们都把它们当作不言自明的东西来谈论，却没有质疑它们似是而非的简单形态。

现在我们必须回归这些所谓的自然数，即克罗内克所说的“来自上帝的礼物”，看一下当数字在毕达哥拉斯从未梦想过的天堂自娱自乐时发生了什么。

这将为我们在代数和数论之间提供一条分析的联系纽带。对此考察过之后，我们将在后面的章节中继续讨论几何与应用数学。最后，我们将返回整个结构的基础部分，看看我们的后继者可能会选定的区分 20 世纪数学与 20 世纪之前的数学的特征——那种批评的、建设性的怀疑。

270 # 第十二章　直至 1902 年的基数和序数

1934 年至 1935 年间，一位著名的美国分析学家[1] 在北平对他的中国学生讲授实变函数理论时，观察到“一个学生至今还把实数系视为理所当然，就这样使用这一数系。他可能直到生命的最后时刻还是如此，且并不影响他的数学思想。……而在另一方面，大部分数学家在他们生命的某个时刻会好奇地看着实数系是怎样从自然数发展过来的”。自然数是正有理整数 1，2，3，…。此前不久，一位著名的德国分析学家[2]向初学分析的人提出了一个不同寻常的要求，他写道：“请忘记你们在学校里学过的一切，因为你们还没有学会它们。”他指的是 1＋1＝2 这类简单的东西。

我们赞同所有这些观点，并将指出在 19 世纪后 50 年里，数学家为达到实数的现代概念所迈出的主要步骤。实数是函数的经典理论得以生长、繁荣的基础，如同前面评论的那样，也是通常被学生认为理所当然的土壤。其他一些人也如此认为。

作为前期工作，人们构筑了许多从自然数得到实数的方法。然后人们试图由一些更基本的东西推出自然数，如数理逻辑中有关类的理论。由于另外一个有关年份的有趣巧合，人们在 19 世纪的最后几年似乎达成了这方面的最终目标。在多重意义上，那几年都是一个伟大时代的终结。

271 今天的学生可能仍与 1902 年的学生一样把实数看成是理所当然的，而并不妨害他们的数学思想，这一点无疑仍然是真实的。但是，现在已经不再像 1902 年那样，几乎人人都把更基本的自然数视为理所当然。自从 19 世纪结束以来，困倦的直觉已经被惊醒；到了20世纪，在19世纪末由现代实数系的创造者重新开始的欧多克索斯计划让位了，接替它的是另一个比任何古希腊数学家所能设想的都更基础的计划。人们兴趣的中心转移了，正如在数学中兴趣的中心总是在转移一样。的确，当伽利略从跪姿挺起身子向宗教法庭审判官鞠躬，小声说——根据应该是真实的传说，但它也可能不是真实的——“但它还是在运动”时，他头脑中所想的可能是数学，而不是一个二等恒星的一个不甚重要的小小行星。无论在1902年，还是在任何其他激动人心的年份，从没有任何人能够像约书亚(Joshua)在基遍战役中让天体停止运行那样①，让数学停止发展。

等价与类似

现代数字概念是把过去的数论、代数、分析和几何与现在的分析、数理逻辑与几何连接起来的纽带。如同今天学习分析的普通学生一样，我们一直都把自然数系视为理所当然，自然数系通过持续的普遍化发展出复数系，复数系又这样暗示了现代代数的超复数。在这一章，我们的当务之急是指明数学家在19世纪后50年追求“数论”分析的主要步骤。在下一章，我们将通过一条不同的道路——从牛顿和莱布尼茨的微积分到1900年的发展道路，达到同样的目的；然后我们将又一次看到，19世纪末的确标志着数学思想在一个方向的终点。

我们将在最后一章看到，这个终点是数学发展过程中的一个转折点，其重要性堪比公元前4世纪欧多克索斯与毕达哥拉斯分道扬镳时发生的转折。导致新转折发生的事件再一次与无理数的本质相关。但在数字的现代探索中，喷射出的是远比让古希腊重焕生机的知识更深邃的数学知识源泉。自然数被认为是理所当然的，可是人们发现，它们也是清晰的认识不易察觉的障碍。我们在下面的简要叙述中要指出的最重要的一点，就是其中最不易察觉的那些障碍的准确性质，它们直到1902年才突然为人们所理解。 272

① 据《圣经·约书亚记》，约书亚曾通过祷告让日月停留约一日未动。——译者注

对数字的现代探讨针对的是两个紧密联系的目标：一个是将分析中的函数、变量、极限和连续彻底严格化，另一个是领悟数字的逻辑装扮后面的东西。通过放弃从未经分析的运动和连续曲线概念中总结出的微积分中的直觉思想，第一点最后实现了；在确认类的基数过程中，第二点达到了顶点。关于这两个目标，类的等价（或相似）概念，特别对有限类来说，都扮演了支配性的角色。这是一个具有重大历史意义的事件（正如我们在前一章中描述的那样）：伽利略早在 1638 年——刚好比笛卡尔发表他的几何学著作早一年——已经准确地把握了类的等价的概念[3]。伽利略的著作在 1665 年被翻译成了英语，就在那一年，年轻的牛顿去伍尔斯索普的乡下居住，构思出他的第一种微积分。

我们可能觉得很奇怪，人们为何没有更早地遵循伽利略的这种直白的指示，对一切与无限有关的问题进行可行的探讨。但是更早之前就有类似的事件发生，当时古希腊人对于巴比伦代数采取了完全漠视的态度；这说明数学并不总是沿着笔直的路径向前发展。

对于关键点，很难找到一个比伽利略的更清楚、更直观的叙述，所以我们在此引述[4]他借《对话》中的人物之口说出的话来说明。这些人物是精明练达的萨尔维阿托斯（Salviatus，简称萨尔维）和爱提问题的辛普里丘（Simplicius，简称辛普）。以下是有关"不可分割之物的连续"的一段谈话。

> 萨尔维：……一个不可分割之物加到另一个不可分割之物上不能给出一个可以分割之物；因为如果可以的话，就连不可分割之物也可以分割了……
>
> 辛普：这里已经产生了一个我认为无法解释的疑问……我的观点是，指定一个无限大于另一个无限，这是一种永远无法让人理解的幻想。

为了让无限的概念连辛普里丘都能明白，萨尔维阿托斯在进行下面的谈话前耐心地解释了平方数的概念。

273

> 萨尔维：进一步提问，如果我问，有多少平方数呢？你可以完全正确地回答我，它们的数目与它们的正常的根一样多；由于每一个平方数都有它的根，同样每一个根都有它的平方数，因此平方数不会比根多出一个，

同样根也不会比平方数多出一个。

这就是事情的核心：一个无限类的一部分(此处为全体自然数)与其一个子类(此处为全体平方数)存在一一对应关系。萨尔维阿托斯继续这一论证，迫使辛普里丘认了输。

辛普：这一例子可以说明什么？

萨尔维：我看不出我们还能得出什么其他结论，只能说，所有的数字都是无限的；平方数是无限的；既不能说平方数的数量少于所有数字，也不能说它们比所有数字多。结论是，相等、较多、较少这些属性只在有限量中起作用，而在无限中没有地位……

用现代术语来说，两个可以彼此建立对应关系的类称为等价[5]或相似[5]的。在伽利略的例子中，所有完全平方数的类与所有正整数的类等价。而且，一个类 C 的一部分(严格地说，一个真部分)是除了 C 中有些成员(但非全部成员)之外没有任何其他成员的类。伽利略的例子告诉我们，一个类可以与它自己的一部分等价。一个类如果与它自己的一部分等价，这样的类可以定义为一个无限类；而一个非无限的类可以定义为有限的。这种区分有限与无限类的方法是由哲学家兼神学家 B. 波尔查诺(Bolzano，1781—1848 年，葡萄牙人)假定的[6]，有限和无限都是现代类理论的基础。没有这一基础，作为现代数学分析基石的康托尔的点集理论将不复存在。

有趣的是，我们注意到，莱布尼茨指出了所有自然数的类与所有偶自然数的类的相似性，却从中得出了错误的结论，认为“所有(自然)数的数目含有矛盾之处”[7]，这一错误在康托尔的理论中得到了纠正。

分析的数论化

本书不需要详细论述由康托尔、戴德金和魏尔斯特拉斯创建的实数理论；我们将仅限于复述几个基础概念，它们对于强调 1902 年那场历史上的高潮事件是必需的。在上一个段落中我们首先观察到，人们凭直觉给出了类(集、集合、结集、总体、群集)这一概念。康托尔认识到，“类”根本不是一个直觉概念。　274

他在 1895 年这样定义它："说到类(Menge)，我们就明白，这是任意一种汇合(Zusammenfassung)，它是我们的直觉(Anschauung)和想法(Denkens)的一个确定的、区别于其他事物的单一整体。"这种音调优美的哲学式德语[8] 可能无法翻译成任何表达能力欠缺的语言，或者说只有那些有独创精神的人才能够理解。经过一番犹豫，我们在这里用粗略的美式英语给出下面的替换表述[9]："类可以由任何一种试验或条件确定，其中的每一个实体(在考虑的范围中)都必须要么符合试验或条件，要么不符合。"不具有哲学头脑的人可能清楚的是，这两种定义都有些像在仓促地邀请哲学家进行哲学化；的确，这一邀请被欣然接受了。这是让 19 世纪的分析走出折磨的一个令人欣慰的议题吗？职业分析学家对此似乎还有疑问。[10]

康托尔理论的另一个基本点是基数和序数的根本区别。对于有限类和数字，这一区别几乎可以说完全是桩小事。当且仅当有限类相似时，它们才有同样的基数。请注意，这不是对"基数"下定义，给出的是"同样的基数"的定义，这是意义重大的区别。人们很可能知道两个犯罪分子有同样的名字，却不知道这个名字是什么。代表一个类的基数(尚未定义！)的符号 1，或者 2，或者 3，…只不过是一个记号或者标签，它是这个类的特征，不涉及类的成员的排列次序。当依照给定次序给有限类中的成员点数时，记号或标签 1 被指定给第一个，记号 2 在其后，依此类推，于是一个序数就与每一个有序类中的成员相互联系了起来；而且，如果 n 被指定给最后一个，那么 n 也是表明这个类的基数的记号。但对于无限类，如康托尔说明的那样，这种情况就不再正确；因为(无穷的)基数和序数的记号不一样，这时基数和序数之间的差别就不是小事了。

任意给定的有限或无限类的基数是由 F. L. G. 弗雷格(Frege，1848—1925 年，德国人)定义的：基数本身是一个类，即一切与给定类相似的类。于是我们学问不深的年轻人所熟悉的基数 1，2，3，…就消失在无穷类的形形色色的事物中间，这些类分别包含"一"件事物、"两"件事物，等等，直到许多事物，可能如同我们"Anschauung"中的"Denkens"那么多。这一结果初看可能相当令人失望。但是经过进一步思索，我们不得不同意 E. 兰道(Landau，1877—1938 年，德国人)的意见：我们并没有真正学会在学校里学的东西。任

275

何与一切自然数的类相似的类都被称为可计数的或可数的。

为了解决辛普里丘有关“指定一个无限大于另一个无限”的疑问，康托尔继续描述任意数目的更大的无限。首先，设想一个有序的无限类并不难，自然数1，2，3，…本身就足够了。在所有这些之外，在序数计数中有一个ω，在ω之后又有$\omega+1$，再后是$\omega+2$，如此等等，直至达到2ω，此时又可以得到$2\omega+1$，$2\omega+2$，…；在所有这些之后有ω^2，再后面是ω^2+1，如此等等。就这样下去，无穷无尽，永无终止。第一步之后的所有步骤似乎都是自然发生的，如果第一步让我们有了什么困难，我们只好换另一种方式，$1,3,5,\cdots,2n+1,\cdots \mid 2$，其中，在数完所有奇自然数后，不在其中的2，在顺序上就是下一个自然数。康托尔构造这些超穷序数$\omega,\omega+1,\cdots$的一个目的是为良序类的计数提供一种方法——如果一个类的成员是有序的，且每个成员都有一个唯一确定的“后续数”，则称该类为良序类。

康托尔也为基数描述了“一个无限大于另一个无限”的例子，在数学上证明了辛普里丘们的谬误，并使萨尔维阿托斯们着迷。他在1874年证明，所有代数数组成的类是可数的，又在1878年给出了构造一个无限不可数实数类的规则。如果我们要列一个汇集壮观的、出人意料的数学发现的名单，这两项可以名列前茅。严格地说，康托尔的证明是一个存在性证明。康托尔没有提供构造可以证明其存在的超越数的无限类的方法，他的证明是中世纪传统上的次数学分析。它可以说服阿奎那，让他高兴。另一方面，J. 刘维尔(Liouville，1809—1882年，法国人)在1844年发明了构造任意一个超越数的展开类的方法。他的数字是首次被证明为超越数的数字，随后是1873年埃尔米特的关于e(=2.718…)的超越性的证明，F. 林德曼(Lindemann，1852—1939年，德国人)在1882证明了π的超越性。克罗内克问林德曼：“既然无理数并不存在，你这个优美的证明到底有何价值?”这暗示了将于20世纪来临的争辩。我们将在不久后回到克罗内克的数论化计划上。它与康托尔、戴德金以及魏尔斯特拉斯进行的数论化分析的计划，在目标和范围上都大不相同。顺便说一下，我们注意到A. 格尔丰德(Gelfond)在1934年证明了a^b的超越性，此处a是任何不等于0与1的代数数，b是任何无理代数数。　276

在分析的数论化计划中，有理数并未引起任何困难。使用符合适当公理

的数偶，让正有理数的性质与正整数的性质相联系，负有理数则与正有理数同样容易地联系起来。于是可以通过一种简单的常规方法从自然数得到一切有理数。康托尔通过有理数的无穷序列定义了无理数，从而无限接近实数连续统的大部分；举例来说，$\sqrt{2}$可以定义为序列 1，14/10，141/100，1 414/1 000，14 142/10 000，…。一般地说，如果 a_1，a_2，a_3，…是任意有理数无穷序列，并对任意有理数 ε——不论它多么小，只要大于 0，就有一个指数 m 存在，使得每一个 n 在$v \geqslant m$ 的情况下有 $|a_n - a_v| < \varepsilon$，则这个序列就称为正则序列。有如下公理：每一个正则序列定义一个数，所有这样定义的数的类是实数系。在适当定义了等于、大于、小于、和、差、积与商之后，可以证明，这些数满足经验的要求。特别地，诸如$\sqrt{2} \times \sqrt{3} = \sqrt{2 \times 3}$，$\sqrt{2} \times \sqrt{3} = \sqrt{3} \times \sqrt{2}$，这种有用的等式在这样的类中也有意义。康托尔数论化了实数的连续统。

几何也在与分析有关的数论化中分得了一杯羹。任意直线段上所有点与实数连续统之间建立了一对一关系。做到这一点之后，C. 若尔当（1838—1922 年，法国人）给予曲线一个严格的数论化定义[11]：它们是点的平面集合，这些点可以与一个封闭线段$[a, b]$建立一一对应关系；由此，他驱除了曲线概念中的直觉。当我们引用这一理论的最简单例子，用参数方程 $x = r \cos t$，$y = r \sin t$ 表示一个圆 $x^2 + y^2 = r^2$ 时，看上去就像是在用迂腐费解的词句重新陈述一种陈词滥调。但是如果我们说起，皮亚诺曾在 1890 年构建了一个实连续平面曲线，作为坐标方程 $x = f(t)$，$y = g(t)$（其中 f，g 是实变量 t 在 $0 \leqslant t \leqslant 1$ 区间上的连续一致函数）的点(x, y)的轨迹，完全覆盖了正方形 $0 \leqslant x \leqslant 1$，$0 \leqslant y \leqslant 1$，这就不再显得那么陈词滥调了。事实上，他描述了两条这种通过单位正方形每一点的曲线。自从皮亚诺给出了第一条这样的曲线之后，人们又给出过许多这样的“覆盖空间型曲线”的例子；1890 年发生的几何之天塌下来的情况，在博士论文中随处可见。“但它还是在运动。”

277

同样出人意料的奇迹开始照亮连续统本身。通过相当直接的普遍化，人们发明了在任何有限或可数的无穷维连续统（“空间”）中点的类（集合）。康托尔证明，在每一种情况下，整个空间内所有点都可以与直线段上的所有点建立一一对应关系。例如，在一个平面内，一英寸长的线段上的点与整个空间中的点一样多。这当然与常识对立；但常识的存在，主要是为了让理性使辛普里丘们找到矛盾之点并得到启发。不过,某个辛普里丘偶尔会插进一个狡黠的反对意见,搅乱讨论的进程;即便他很少能在争论中占上风,他至少能让争论发生严重的混乱。克罗内克自己选择成为康托尔、戴德金和魏尔斯特拉斯的辛普里丘。我们很快就会看到他的反对意见。

激发了康托尔最高能力的一个深刻问题是:实数的连续统可以是良序的吗?1883年他认为自己肯定地回答了这个问题。1900年以后,数学在努力摆脱欺骗性的直觉的过程中进一步下沉,反对他的证明尝试的意见很大程度上要为这种下沉负责。另一个让康托尔困惑的问题是证明或证伪如下命题:存在一个类,它的基数超过自然数类的基数,但实数类的基数又超过了它的基数。这一问题到1945年似乎还未有定论[12]。

无论康托尔有关无限、连续和数系的理论的最后命运如何,看来他都会像欧多克索斯一样被人铭记,因为他确实是曾经突破过数学分析中心堡垒的人。戴德金和魏尔斯特拉斯也是如此。像康托尔一样,这两位数学家也从自然数出发,得到了分析的数系;戴德金是通过他的分割,魏尔斯特拉斯是通过有理数类。另一个达到了同样目标的数学家是C.梅雷(1835—1911年,法国人); 278 可是或许由于他在阐述问题时的困难,他未能得到应有的荣誉。今天,学习微积分高级课程的学生已经熟悉这些理论中的一部分,因此我们不必在这里复述。它们也与康托尔的集合论一样,受到数理逻辑学家提出的完全相同的反对意见质疑。但在陈述这一明显事实的时候,我们没有暗示这些理论已经因为完全错误或者没有意义而遭到否定。对于理解数字及其在分析中的作用,它们仍旧提供了最有希望的方法。如果一个理论不完善,那或许仅仅是因为它还没有死亡,或者不是完全无用。

我们将在下一章中看到,三角级数(傅里叶级数)分析某种程度上促使人们尝试为实数连续统打下一个坚固的逻辑基础。许多人对此做出了显著贡献;不过有四位数学家——他们的工作尚未在本书中提及——清楚地看到了需要做什么,也是第一批尝试做这些事情的人。

许多人为最后的成功做了准备工作,这里可以提一下P.杜布瓦-雷蒙(1831—1889年,德国人),一方面因为他自己对分析有精细研究,一方面因为由于他的坚持,魏尔斯特拉斯才同意公布自己的一个最让人不安的发现。按照直觉，一条曲线的连续拱状部分在拱的每一点上都有一条切线；魏尔斯特拉斯构建了在任何这样的点上都没有切线的连续曲线的方程。据说 1861 年他在自己的小圈子里交流过这个发现，但出于某种原因一直没有发表，直到 1874 年 P. 杜布瓦-雷蒙德问他这种曲线是否可能存在，他才同意发表。单单这一个例子就可以说明，必须用一种严格的实数系理论代替从几何与动力学渗透进分析的有害直觉。

存在与可构造性

我们已经提及了克罗内克对代数和高等数论的贡献。对于愿意费心领会其价值的人来说，那些贡献或许代表了他最上乘的创造；不过克罗内克在数学界更广为人知的是他的数学哲学。在一段时间里，有些分析学家，其中包括魏尔斯特拉斯，把他看成一种人形魔鬼。人们担心，克罗内克的哲学完全是破坏性的；无法否认，他仇恨同时代著名人物的高度推测性的分析学。如果说克罗内克对康托尔发出了撒旦的咒语，康托尔则在克罗内克身上看到了所有数学魔鬼的化身。

279

戴德金把无理数定义为无限有理数类中的分割，康托尔用有理数序列定义无理数，魏尔斯特拉斯的无理数是有理数的类，这些最终都把实数的连续统与自然数联系起来。在数字 1，2，3，… 上表现的假定结构代替了欧多克索斯的“数量”。于是，分析的数论化变成了向毕达哥拉斯计划的回归。数学力学已经降格为分析的一部分；它同样也有被数论化的潜在可能，至少在其隐含的意义上；情况类似的还有几何。所有这些最后都被简化成毕达哥拉斯所想象的那种数字，然而其代价却是它们从未尝试经历的：在无限之上的无限。

克罗内克就像毕达哥拉斯本人那样，是一个彻底的毕达哥拉斯派学者，他坚持去除无限，而且要把所有数学都建立在以自然数为基础的有限结构上。除非一个数学对象可以经有限个非试探性步骤构造出来，否则无论有多少证明其存在的超越证据，无论在逻辑上它有多么实在，它对于克罗内克都不存在。[13]在克罗内克的竞争者重建分析之后，这种数理逻辑并没有让分析成为谬论，它直接取消了分析。

仿佛为了让克罗内克计划中破坏性的部分看上去更加可信,19世纪90年代后期,在推理中使用了表面上与数论化分析相同的一般性质的时候,分析中开始出现了明显的矛盾现象。在芝诺的赛跑者失利了24个世纪之后,其继承人出现在另外一条跑道上,步伐比古代前辈更敏捷、更有活力。无限的新悖论从变幻无常的"所有"中一跃而出——在这些"所有"中,数论化的分析创造无理数:"所有"自然数;"所有"平方小于2的有理数的类和"所有"平方大于2的有理数的类,构成定义$\sqrt{2}$的"分割",以及无穷多的其他事物。

意大利数学家C.布拉里-福蒂(Burali-Forti)1897年创造了第一个新的、更有生命力的悖论:"所有"基数的良序级数定义一个新的基数,而它不是"所有"基数之一。

B.A.W.罗素(Bertrand Russell,1872—1970年,英国人)1902年的悖论是关于"所有"的一个不那么专业的悖论:一个所有不是它们自己的类的成员所组成的类是不是它自己的一个成员?答案无论是"是"或"非",都导致了矛盾。芝诺的这位干劲十足的继承人还写下了一个更简单的"所有"型悖论:某个村庄中的一位理发师为所有不自己刮胡子的人刮胡子,而且只为这些人刮胡子,那么这位理发师是否替他自己刮胡子?这类悖论还有许多。如果我们可以使用"所有"这个词,而没有让自己陷入另一个令人恼怒的悖论之中的危险,那么所有这些悖论(即使不是所有的也是其中许多)都隐含着一个不确定的"所有"。这些专业的数学困境的一个根源可以追溯到"类"本身的概念上,也就是康托尔自己定义的"Menge"。力求在逻辑上精确,结果却陷入了毫无希望的混乱。 280

19世纪的难题迎来了20世纪的F.L.G.弗雷格(1848—1925年,德国人)那特别微妙的头脑中产生的难题。弗雷格毕生工作的一部分[14]是致力于为数字概念构造一个自洽的基础。1884年,弗雷格对一个给定的类的基数给出了著名定义:它是与给定的类相似的所有类所组成的类。从这一定义出发,弗雷格得到了普通数论中熟悉的数字的通常性质。但是很遗憾,为了准确阐明推理中的微妙精义,他觉得必须用复杂的图解式符号包装自己的证明;这样就只有最努力的倔强读者才能读他的著作了。结果,他著作中的这一划时代的定义没有得到数学界的关注,直到罗素(1902年?)以另一种推理方法独立地得出了同样的结论,并用英语诠释了它。

弗雷格使用了类的理论。他的杰作[14]的第二部在1903年问世。在这本书的结尾他坦承道:"一个科学家几乎无法面对的最不希望发生的事情,莫过于当自己的工作结束时却发现,这一工作的基础坍塌了。一封来自伯特兰·罗素先生的信让我陷入这种境地,那时我的工作只差付印了。"罗素的信中包括了他前述的有关类的悖论:一个所有不是它们自己的类的成员所组成的类。

弗雷格的悲观情绪是可以理解的,但数学进步的长远观点却证明这并不恰当。用类的理论为数系打下基础的尝试似乎失败了,而且至少可以确信无疑的是,这一尝试暂时失败了。由于数系类理论的坍塌,剩下的分析丧失了基础,如同先知的棺材一样悬空而立,支撑它的只是信念的奇迹。然而正是这一失败本身揭示了基础虚弱的本质。更有活力的新一代数学家又一次向那个让分析获得理性基础的难题发起冲击。20世纪的数理逻辑学家从19世纪数论学家的经验中得到了启发,为自己设立的工作目标是为整个数学而不单单为分析构筑自洽的基础。他们的努力很快就把莱布尼茨实现严格的符号化推理的计划推进到了一个远远超出他的理解的境地,并在此过程中创造了许多新的数学。

281

与此同时,分析学家、几何学家、数论学家和代数学家都在继续他们的专业工作,像他们的前辈多少世纪以来所做的那样,创造有趣并且有用的东西,仿佛他们学科的基础没有"危机"。他们对自己所创造之物的安全有信心,经验证明这种信心是有道理的。随着数学的发展,不断变化的数学哲学或许能把证明甚至定理改变得难以辨认,而且很多东西都会被抛弃。但是如果历史是一个可以信赖的预言家[15],相对而言,19世纪的分析所留下的将与欧几里得《几何原本》第一卷命题47保留下来的一样多。

第十三章　从直觉到绝对严格

282

1700—1900 年

在追随数字概念的发展直到现代数论和抽象代数的最后阶段，我们已经偶尔瞥见了自 18 世纪末以来数学在发展中体现出的精神。当我们探讨分析的时候也出现了类似的深刻变化。我们现在回到 18 世纪，关注为构筑逻辑上合理的微积分所做的最初尝试。

当时被认为是合理的东西与现在所需要的东西之间有强烈的反差。回到 18 世纪，我们发现自己处于一个死气沉沉的世界，几乎是在另一个宇宙中。牛顿的一些继承者尽力让微积分变得合理，他们属于整个历史上最伟大的数学家。尽管如此，当检视他们的推理过程时，我们只会惊叹地想，150 年以后我们的后来人会不会也同样觉得我们的推理过程相当幼稚。在这里，我们并没有质疑这些著名人物对其应用数学中的微积分所做的持久贡献，当然更没有质疑他们发明并流传下来的基本方法。我们关心的仅仅是，他们试图赋予分析本身无矛盾意义的那些尝试。

两个决定性的转折点

我们看到，牛顿本人对他笔下的微积分的基本概念并不满意。莱布尼茨也同样如此，尽管他不太认真地向惠更斯承诺说他有一天会返回起点，把所有的东西都叙述清楚。但是他从未兑现诺言。在牛顿和莱布尼茨去世之后，对

283

这两种途径的批评才开始冒出来；一丝不苟的分析学家回应了这些合理的反对意见，并尝试给微积分建立一个坚实的基础。他们的努力逐步揭示了困难的深度，部分导致了19世纪大量新的数学领域的产生，诸如戴德金和康托尔的理论。我们将指出这极为复杂的进化的主要阶段，通过这一过程，微积分从1700年的形式发展到1900年的形式。在18世纪后期的伟大分析学家与19世纪初期的伟大分析学家之间存在一道鸿沟，其宽阔程度与隔开毕达哥拉斯与欧多克索斯之间的相当。1929年——在这历史性的一年，美国进入了大萧条时期——之后，当K.哥德尔(Gödel)重新检查了为有理数论提供无矛盾的证明的可能性时，另一条深深的裂缝出现了，这次似乎永远切断了回到19世纪的道路。

在以任何方式追溯微积分的严格发展过程时，我们必须记住，关于许多未解决的问题的讨论有不同的意见，有些时候分歧很大。而且对有些人来说，避免使用自己更准确的知识来解读前人的工作，这一点很难做到；如果抱着它有某种预期价值来看，那么这些工作并没有暗示它们的作者察觉了日后可能显现出来的致命缺陷。例如，宽宏大量的J. le R.达朗贝尔在1770年把充分发展的极限理论归功于牛顿，但是今天没有几个分析学家能够在牛顿发表的著作中找到其踪迹。最后，在继续考察细节之前，我们再次强调，指出前辈分析学家工作中的缺点，并不意味着我们自己的工作已经臻于完善。在过去数学的错误和未曾解决的困难中总是包含着数学的未来的机会；如果数学分析有一天真能以毫无瑕疵的形式出现，其完美也许不过意味着它的死亡。

五个阶段

从1700年至1900年的总趋势是微积分的三个基本概念向更严格的数论化发展，这三个概念就是数字、函数和极限。在20世纪之前，有关“变量”意义的更微妙的问题几乎没有出现。我们要讨论的这个时期有五个界限分明的阶段，或许可以简单地用某些领袖的名字和相关年份来划分。第一阶段的代表是英格兰的托马斯·辛普森(Thomas Simpson，1710—1761年，英国人)和欧洲大陆的G. F. A.洛必达(l'Hospital，1661—1704年，法国人)。欧拉(1707—

284

1783年，瑞士人）代表了第二阶段，拉格朗日（1736—1813年）代表了第三阶段，高斯（1777—1855年）和柯西（1789—1857年）代表了第四阶段，魏尔斯特拉斯（1815—1897年，德国人）代表了第五阶段。欧拉是几乎无人批评的牛顿与莱布尼茨学派的顶峰，拉格朗日标志着第一流数学家最早认识到微积分处于一种完全不能令人满意的状态，高斯是严格数学的现代发起人，柯西是第一个获得大量追随者的现代严格主义者，而死于1897年的魏尔斯特拉斯则代表了从拉格朗日1797年试图严格化微积分的第一部著作发表以来的百年进展。

"无"的黄金时代

分析中的"形式主义"指的是运用涉及无限过程的公式时，不太关注其收敛性和数学存在。由此，将二项式定理形式化地应用于$(1-2)^{-1}$给出了一个毫无意义的结果：

$$-1=1+2+4+8+16+\cdots。$$

这没有让欧拉感到吃惊，他是最伟大的形式主义者，却并非最后一个。如我们将在这里使用的，分析中的"直觉"指的是一个无来由的信念，它相信，向思维报告相关运动和几何图形的感官是普遍有效的。牛顿是分析中最大的直觉主义者，而更有哲学头脑的莱布尼茨则落后于他，因而成了令人尊重的第二大直觉主义者。（在20世纪，形式主义和直觉主义都有了不同的意义，最后一章将提及这一点。）微积分的进化方向一直在不断地远离形式主义和直觉主义，尽管两者都还没有消亡。

在英国，辛普森的经典著作《论流数》在1737年和1776年两次出版，代表了直觉的第一个也是最粗糙的阶段，其中[1] 到处是直觉的自由繁荣和泛滥。为了厘清牛顿通过"连续运动"产生的"数量"来接近流数的直觉方法，辛普森只是成功地加上了他自己的另一个更加晦涩不明的疑点，几乎没有人认为这是个进步。通过约翰·伯努利[2]（1667—1784年，瑞士人）1691年至1692年和洛必达[3] 在1693年的言传身教，欧洲大陆的数学家追随莱布尼茨的传统，遵循神秘主义的教条——"一个数量如果增加或者减少了无穷小量，它就既没有增加也没有减少"——继续前进。这是"小零"的黄金时代，是天真行为的幸福

285

黎明，阿基米德的公理这时被无限期地中止了。在这些 18 世纪早期的分析学家出生前已死去了整整两千年的那位希腊老人，可以教给他们比他们梦想中更加真实的微积分。

泰勒的贡献

直觉和形式主义在欧拉的杰作中达到了高潮。B. 泰勒(1685—1731 年，英国人)于 1715 年至 1717 年发表了他的《正的和反的增量方法》，其中第一次发表了他早在 1712 年发现的微积分中的“泰勒定理”以及由它可轻易推出的“麦克劳林定理”。这为欧拉无限制地、几乎完全没有批判地使用无限过程提供了一个无法抑制的诱惑。这些展开式是这种放纵无法抗拒的诱惑，后来在拉格朗日严格化分析的尝试中，它们暗示人们可以为当时的严重混乱带来秩序。

泰勒的工作还详细阐述了有限差分演算，人们一般认为这种方法是他首创的。这一工作对微积分的发展起了作用，这一点将在不久后提及。在柯西 1821 年的工作之后，泰勒就再也没有提出称得上是对他的定理的证明的东西。凡是在一个多世纪里一直被称为谬论的想法，则无论在哪个时代都可公正地称其为谬论。泰勒尝试提出的证明就属于这一类，可是类似的证明直到 1945 年才在使用广泛的微积分基础课本中出现，这实在有些让人吃惊。

一位业余人士的攻击

正在分析学家创造出大量新的、正确的公式，而对他们的形式体系的合法性几乎没有疑虑的时候，不肯妥协的批评家针对在他们看来只是形而上学的泛滥成灾的谬论提出了抗议。我们不必探讨对著名数学家工作的大部分无情攻击背后有何个人动机。其中最高明的攻击来自一个不是数学家而且没有自称数学家的人——G. 贝克莱(Berkeley，1685—1753 年，爱尔兰人)，乔纳森·斯威夫特的凡妮莎(Jonathan Swift's Vanessa)一半遗产的继承人。贝克莱曾经自封为前往百慕大的文化倡导者，却乘错船来到罗德岛的纽波特，在那里的

286

乡下无所事事地待了三年(1728—1731年),后来又在祖国爱尔兰当上了克洛伊恩主教。他由于比柏拉图更理想化的主观唯心主义而出名,并由于提倡使用焦油水治疗精神疾病和天花而不朽。要想一劳永逸地揭露牛顿流数理论中不易察觉的谬误,我们必须拥有如贝克莱一样精明的头脑:这位明察秋毫的主教毫不吝惜地在他尖刻的攻击中使用了一切逻辑。一个具有哲学头脑的业余人士做出了职业数学家或者由于过分盲从,或者由于过分心软而无法做出的事情。贝克莱无情地斩杀了流数和"最初比与最终比",虽然没有几个职业数学家会承认二者真的已经死亡。

贝克莱在1734年出版的《分析学家》中所做的攻击并不只是又一场粗俗的争吵——就像谁对于微积分享有优先权的争议那样,让科学女王的事业蒙上了污点。这是每个时期的数学家领袖都忽略了的最有能力的评论之一,或许只是因为批评者不是他们的专属圈子的成员。这是绝无仅有的一次事件:一位哲学家宣称那些流数拥戴者在争论的过程中改变了他们的假定,因此转而占了数学家的上风。在贝克莱的时代之前,人们一直认为这种争执词义的有效策略是辩证学家独有的专利。贝克莱声称,在 x^n 中以 $x+o$ 替换 x,在最后一步让 o 消失以取得 x^n 的流数,这个过程改变了原来的假定:"……当人们说增量为零[4],就是让增量不存在,则前面关于增量不为零或增量存在的假定就被摧毁了;而由那种假定所得的结果,即由假定得到的一个表达式却保留了下来。"数学家给过答复,但是对无法回答的问题他们也无法给出答案;争论过去了,1734年的数学分析依旧一潭死水,几乎没有一丝波澜。

贝克莱的批评是很有根据的,然而他本人和他的批评在那个时代都没有受到重要分析学家的重视;数学只能用自己的方式寻找救赎。顺便提一下,有趣的是,正是另一个救赎问题,启发了贝克莱攻击流数。他的著作的完整标题是《分析学家:一篇致一位不信神的数学家的论文,其中审查了近代分析学的对象、原则及论断是不是比宗教的神秘、信仰的要点有更清晰的表达,或更明显的推理》。只有同时是唯心主义哲学家和爱尔兰主教的人才能构建这样一个英雄主义的计划。牛顿的朋友,摆出伟大数学家架势的哈雷,看来最终向一些容易轻信的可怜虫证明了基督神学教条之不可信。其中一个改变信仰的人是贝克莱的朋友,他在濒死之际拒绝了贝克莱最后的宗教服务。正是在那一

287

年贝克莱当上了主教。"现代分析学"这种摧毁灵魂的残暴现象令这位善良的主教深感震撼,而且他满脑子都是在罗德岛上教育半开化土著的工作,于是他开始了解剖流数本质的工作。他成功了;那个由于一场荒谬的争论而不信教的可怜人遭到了报复,尽管为时已晚,未能拯救他的灵魂。

形式主义的凯歌

欧拉面对形式主义诱惑几乎全面投降,那是数学中的一个不解之谜。与牛顿一样,欧拉清楚,如果级数要有实用价值,它们"通常"[5]必须是收敛的,例如在天文学方面;但与牛顿不同的是,他在这方面未能限制自己的荒谬。欧拉似乎相信,公式绝不会出错;只要它们能继续不断地为其创造者提供更多产的新变种,他就鼓励它们增长和繁荣,无疑相信终有一天它们的后代会合法化。它们许多确实合法化了,并在今天发展壮大,成为强有力的理论,而这些理论勇敢的第一步,是由这位历史上最多产的数学家在三部杰作的几个版本中迈出的:1748 年的《无穷分析引论》,1755 年的《微分学原理》,1768 年至 1794 年的《积分学原理》。

《无穷分析引论》的目标是通过基本方法达到这些方法所能达到的极致,但这通常是由微分学和积分学方法实现的。这部著作分成两部分,一部分是分析,一部分是几何。其中大量的结果包含圆函数(单周期)的展开、无穷积向无穷序列的转化以及向部分分式级数的发展。最后一项提示了 19 世纪研究椭圆函数(双周期)的一个途径。其中一章得到了数字分拆的解析代数理论的基本公式。这一形式主义的伟大剧目中有两大主角:一个是通过$(1+x/n)^n$,取 n 从正数值趋于无穷时(欧拉风格)的极限获取 e^x 的展开式;另一个是解析三角学的主要公式,$e^{ix}=\cos x+i\sin x, i\equiv(-1)^{\frac{1}{2}}$。由于这种创造性公式的存在,不耐烦的批评界把极端的数学严格称为"尸僵"。

288

该书的几何部分处理的是包括平面与立体的解析几何,也同样充满潇洒自如的思路和对论题的彻底掌握。其内容包括特殊曲线和表面、切线和切面、法线、面积和体积。

部分脱离了直觉主义的欧拉在《积分学》与《微分学》中放弃了几何。这一工作的引人注目之处在于它展示了无穷小计算与差分演算的比较，以及用后者近似地求取前者所得结果。书中没有对于收敛的暗示，但缓慢收敛的级数被纯熟的大师级手法转换成其他收敛更快的级数。书中还详细地发展了微积分学通常的正式部分——微分与积分。还可以特别指出一个操作技巧上具有预见性的巨大成功：欧拉在微分方程的一个练习中得到了椭圆积分的加法定理。

对于欧拉来说，函数是一大类正式的表示，它们可以用从初等代数到微积分的方便精巧的工具，由一个变换为另一个。欧拉为他的方法的实用性威力而自豪，他不需要正视他的概念中的一个谬误：他把微分当成一种消失的增量间比率的决定过程。他的微分从开始到结束都是绝对的零，它们之间的比率通过一种无法明了的精神力量凝聚成有限的、确定的数字。正如平素有礼貌的拉格朗日注意到的那样，欧拉的微积分不合理。

如果在微积分上只要目的正当就可以不择手段，那么欧拉就是正当的。他寻找优美的公式，而且他找到的公式的数量令人震惊。但是显然微积分无法追随他，而这位有史以来最大胆又成功的形式主义者，在那种追求安逸的道路上愉快地继续走下去了。连欧拉本人偶尔也可以嗅到，那永远在上下浮动的篝火中有一丝不合理的异味，表明陷阱就近在眼前。包括他的朋友达朗贝尔在内的其他人，则比他更敏感地察觉到了诅咒的意味。 289

达朗贝尔最出名的是 1743 年关于力学的原理，不过人们也应该记住，他是第一个道出[6]“极限的理论是微分学的真正玄妙之处”的人(1754 年)。至于在 18 世纪没有人实行、也没有能力实行他的话中隐含的计划，那并不是我们要讨论的问题；达朗贝尔清楚地看到了，微积分所需要的东西并不是更多的公式，而是一个基础。他把牛顿对“最初比与最终比”的计算看作一种极限的方法。如果他能够对牛顿指出这一点，牛顿也许会同意他的意见。

拉格朗日的改进

拉格朗日在其雄心勃勃的著作《函数分析理论》(1797 年，1813 年)和《函数计算教程》(1799 年，1806 年)中采取了新的研究方向。这些著作有意识地尝试回避欧拉“函数只不过是一个公式或者算法”的概念，尽管拉格朗日本人以另一种公式，即幂级数作为所有函数的代表。这种规避使他从一种形式主义转向了另一种形式主义。他不满足于[7]所有前人和同代人所做的努力，认为无穷小和极限都不合理，对新手太过困难，而且哪怕从褒扬的意味上说也太过玄奥。

拉格朗日是18世纪的数学带头人，也是历史上最伟大的数学带头人之一。他还是第一个以余项重新陈述泰勒定理的人。牢记这些，如果我们在心中有些许审慎，我们就会在知道最后是什么让拉格朗日满意，同时又对当前数学上的严格采取极为保留的评价。

他把微积分置于一个函数的泰勒展开式上，并“通过级数理论”，假定

$$f(x+h)=f(x)+ah+bh^2+ch^3+\cdots。$$

由此出发，他确信，若 $a\equiv f'(x)$，是“$f(x)$的导数”，则有 $2b=f''(x)$，此处 $f''(x)=(f'(x))'$，其余类推；在他的想象中，这些都没有从极限那里得到任何好处。他指出[8]，任何熟悉微积分通常形式的人都会看到，$f'(x)$其实就是真正的$\mathrm{d}f(x)/\mathrm{d}x$。但从他刚刚根据“级数理论”推导出来的内容中我们可以清楚地看到，$\mathrm{d}f(x)/\mathrm{d}x$ 与极限、最初比与最终比或者前面的无穷小根本毫无关系；$f'(x)$只不过是在 $f(x+h)$以 h 的升幂展开的展开式中 h 的系数而已。还有必要再说下去吗？[9]

290

直至1800年的成果

18世纪的净收益看来有4条。贝克莱揭露了流数和最初比与最终比的问题。欧拉通过运用纯粹形式上的微积分得到了大批结果，而且由于他的直觉能确定什么东西依旧有效，因此他的工作是一个新起点。从此出发，他的许多比他更有创造力的后继者将取得一些他们做出的最有意义的进展。在此仅举两个例子。在关于 θ 函数和椭圆函数的更严格的工作上，高斯、阿贝尔、雅可比和埃尔米特都从欧拉那里直接获益；欧拉积分向拉格朗日、高斯和魏尔斯特拉斯提示了 Γ 函数理论上广泛的发展余地。

第三个重大收益是达朗贝尔要求微积分应该建立在极限方法的基础上。

这一计划直到1821年才由柯西完成。第四项收益模糊隐含于拉格朗日从幂级数产生微积分的"流产"了的尝试中。魏尔斯特拉斯在他的解析函数理论中进行了这项工作,如果拉格朗日能够稍微清楚地看待他的工作,这项工作就可能会在18世纪完成。

可笑的插曲

在拉格朗日之后、柯西之前,一种比欧拉更狭隘的形式主义达到了高潮。操作二项式和多项式系数在微不足道的意义下进行的组合分析,以及通过随意到令人发指地运用多项式定理来得到无穷级数的正式幂展开式,代表了18世纪后期德国的学院派数学家所能做到的最好程度。由C. F. 兴登堡(Hindenburg,1741—1808年,德国人)为首的组合学派是人性的两个弱点的讨厌产物,很少有人认为这两个弱点中的哪个与纯数学的高贵气质有联系:盲目的英雄崇拜和国家间的嫉妒。

德国的莱布尼茨在他的离散数据的组合分析中创造出来一个竞争者,用以对抗英国的牛顿创造的对于连续数据的无穷小分析。因此,德国数学家们把微积分及其在天文学上的应用丢给已在这方面取得领先地位的英国人、瑞士人和法国人,他们要忠实地追随他们的民族英雄。莱布尼茨的狭隘爱国主义门徒们完全没有看清他的计划,不明白那是迈向"通用文字"的一个步骤,他们细心钻研起大量无用公式的表层意义。这野心勃勃的无益杰作的标题厚颜无耻地宣称,多项式定理将是整个分析中最重要的真理。[10]

291

一个以自我为中心的波兰人H. 朗斯基(Wronski,1778—1853年)做出了另一个更加不切实际地标榜全能的宣言。他强烈地嫉妒拉格朗日,是组合学派的一个门徒,尽管超凡的自负[11]使他不承认任何前辈,但是朗斯基坚持认为,他和他所谓的"超级定律"包括了所有过去、现在和将来的分析。朗斯基和那些组合主义者的主张都被数学进步的最高法庭否决了,且不允许任何上诉。他对于拉格朗日在严格方面的尝试的批评是有道理的,但是他提出的替代物相比之下也并无高明之处。

对微积分来说,几乎已经被人遗忘的组合学派付出的劳动,也并非没有经久不衰的好处。他们让年轻的高斯极度强烈地厌恶形式主义及其工作，致使他走上了自己孤独的探求之路，并赋予分析某种程度的意义，尽管这样做的代价是失去了来自德国学术界的一切赞助。他甚至特地写了一封充满强烈讽刺的信件给非凡的兴登堡。

1812年高斯发表了有关超几何级数的经典论文[12]，其中他在数学的历史上第一次充分地研究了无穷级数的收敛问题[13]。在高斯以前的其他人就已经陈述过收敛性的判定，其中引人注目的有莱布尼茨在交错级数上的工作，以及E. 华林(Waring，1734—1798年，英国人)的研究，他早在1776年就给出了现在一般以柯西命名的比率判别法；不过高斯是第一个对其进行严格处理的人。

转变了的直觉

从牛顿和莱布尼茨的微积分到拉格朗日的微积分，并没有迹象表明，分析学家意识到了认识实数系的必要性。我们也没有发现下一阶段的柯西有这种认识。甚至直到1945年，“数量”的说法还经常出现在专业分析学家的写作中，其中没有附上关于“数量”究竟是何意义的解释。

292

可以设想，或许柯西要从分析中驱除欺骗性的直觉，因此成功地把直觉推到更深的层次，在那里直觉可能仍然能在人们观察不到的情况下继续搞一些微妙的恶作剧。早期分析学家粗糙的视觉与几何直觉，转变成了对实数系连续统的逻辑可能性的不加批判的信心。柯西、阿贝尔，或许还有高斯[15]一直坚持这种信念——说“或许”是因为他似乎没有留下任何关于这方面信念的记录。

在今天经仔细思考后写下的基础微积分流行课本中，极限和连续的定义与柯西在授课和著作中详细阐述和应用的那些概念在本质上是相同的；柯西的有关著作包括1821年的《分析教程》，1823年的《无穷小分析教程概论》和1826年的《微积分在几何上的应用》。微商或导数被定义为差商的极限，定积分被定义为和的极限，而微分被定义为任意实数。函数的连续性与无穷级数的收敛都和极限的概念相关。于是柯西实际上创造了实变函数经典理论的核心元素。阿贝尔1826年访问巴黎时，正是柯西的严格启发了他，让他把从分析中驱除形式主义确定为自己终生努力的主要目标。

但是，直觉指示的是在对无穷和连续统的不断思考中遗传下来的微妙东西；因此，即使是柯西这样谨慎的头脑，在他向直觉投降的时候也迷失了自己。他曾经相信，任何连续函数的收敛级数的和都是连续的，而且其和的积分总是可以通过逐项积分获得。后来（1853 年和 1857 年），他意识到了由数学物理学家 G. G. 斯托克斯（Stokes，1819—1903 年，爱尔兰人）在 1847 年、P. L. v. 赛德尔（Seidel，1821—1896 年，德国人）在 1848 年分别独立发现的一致收敛性。柯西也曾与高斯一样[16]落入守护双重极限过程中交换极限的陷阱，这是又一个明显的暗示，说明实数系并不像天真的直觉所感到的那么没有危险。

来自物理的建议

有位数学物理学家几乎有些蔑视数学[17]，认为它不过是一种科学的苦工，可是现代严格的一个主要源泉就来自他的工作，这实在令人吃惊。1822 年——柯西严格化了微积分的第二年，J. B. J. 傅里叶（1758—1830 年，法国人）发表了他的杰作《热的解析理论》。如果这本书出现在柯西讲课之后 20 年，其内容或许也不会有什么实质性的差别。傅里叶曾经在 15 年间顽固地拒绝听取拉格朗日等人的反对意见，他们认为傅里叶的分析中一些极其重要的部分不合理。在这部有关热传导的著名经典著作中[17]，傅里叶证明了自己是数学物理方面的欧拉。他完全没有顾及收敛的问题，而是像平常一样，任由他的物理直觉带着他得出正确的结果。

293

傅里叶的《热的解析理论》的第六部分[17]与本书有关。这部分致力于解决“一个更普遍的问题，这个问题包括发展任何种类的函数的多重弧正弦或余弦的无穷级数……我们将继续解释其解法”。[18]对一个特例这样做过之后，傅里叶继续说[19]：“我们可以将同样的结果推广到任何函数，甚至推广到那些不连续的和完全任意的函数。为清楚地确立这一命题的真实性，我们必须检查上述方程。”他以欧拉形式主义的方式进行了检查。[20]其结果是将一个“任意”的奇函数展开成正弦级数。拉格朗日曾在 1766 年通过内推过程构造了一个无穷求和公式，而用傅里叶的方法可以直接跳入无限得出同样的结果，但是他

“免除了从这一求和公式向傅里叶给出的积分公式转变的过程”[21]。拉格朗日的困难在于，他有一种数学意识。而物理的直觉使傅里叶缺乏数学的顾忌，指引他得到了他著名定理的普遍陈述。

这位数学物理学家的大胆教会了纯数学家几件对分析的前途至关重要的事情。纯数学家逐渐意识到，他们有关“任意”函数、实数和连续的直觉需要澄清。1837 年 P. G. L. 狄利克雷（1805—1857 年，德国人）用一个表或者两组数字之间的对应或相互关系来定义带有（实数值）变量的（数值）函数[22]，从而暗示了与点集等价的一个理论。G. F. B. 黎曼（1826—1866 年，德国人）在 1854 年研究[23]使用三角级数（傅里叶级数）代表一个函数时，发现柯西在定义一个积分时过于受限；黎曼证明，即使在被积函数不连续的情况下，作为和式的定积分依然存在。后来（年份不明）他发明了由三角级数定义的一个函数，这一函数对于变量的无理数值是连续的，对其有理数值却是不连续的。[24]很明显，实数的连续统过去并没有被彻底认识。通过我们现有的知识，我们又一次看到，康托尔第一个意识到了一个点集理论的必要性。与黎曼的研究一样，康托尔的研究始于傅里叶级数。

294

1874 年，魏尔斯特拉斯得到了连续函数不存在导数的例子，或者等价地说，一个连续曲线在任何一点上都不存在切线的例子，对这个例子的关注进一步提出了更加清楚地认识极限、连续和导数的要求。直觉现在已经过时了。

这类事情似乎是现代连续统诞生背后的主要推动力。前面引述的出人意料的现象，以及许多其他几乎同样出人意料却具有同样普遍性质的现象，似乎表明所有的困难归根结底都在实数系上。受到这一论断的推动，戴德金、康托尔和魏尔斯特拉斯使用了不同的方法，但是他们有一致的目标，就是回到欧多克索斯的问题上去，剥开它直观几何假象的外衣。如我们已经看到的，“数量”被“数字”代替，几何直觉被驱除，为那些传统逻辑让出位置。某些人的分析中保留了模糊的“量”。在严格的魏尔斯特拉斯式分析中，19 世纪的微积分通过 ε 和 δ 等数值获得了经典上的完美。ε 和 δ 的方法成了每一个职业分析学家手中的标准工具，而 19 世纪末的高等微积分教程，通常都包括康托尔集合论的基本理论。

1900 年的定局

前一章中，我们一直追随实数系的发展直到 19 世纪结束，我们刚刚又看到，实数现代概念的一个来源是分析的必要性。几何与动力学直觉回归到经典逻辑，从而让戴德金、魏尔斯特拉斯和康托尔的工作变得合理，与此同时，19 世纪末的微积分却回到了千百年来让从芝诺到罗素的一代又一代逻辑学家不停思索的有关无限的悖论上。在取得进一步的进展之前，必须在 20 世纪发展起一种更加微妙的逻辑工具，而这种事件，只有在莱布尼茨预言的符号逻辑得到推广，并完善到他做梦都想不到的程度时才可能发生。于是在两个世纪以后，微积分回到了它的其中一个创造者那里，从中寻求新的力量和活力。在回顾了牛顿和莱布尼茨之后两个世纪中分析的一些重大胜利之后，我们主要关心的问题就是微积分获得了什么。

295

至于现在，我们将复述 1900 年亨利·庞加莱(1854—1912 年，法国人)在第二次国际数学家大会上宣读的祝词。在那个有些庄严的历史时刻，庞加莱——那个时代的杰出数学家、19 世纪的拉格朗日——比较了直觉和逻辑在数学上的作用。他特地回顾了刚刚过去的那场在 19 世纪晚期被称为分析数论化的运动。这位大胆的分析大师做出了令人心安的保证，让所有听到他讲话或者读过他的历史性讲话的人有种温暖和安全感与自豪感，并让他们至少暂时忘却了他们所知道的全部数学历史。

庞加莱首先回顾道[25]，数学家一度对那个本身粗糙、定义有问题的形象很满意，他们在感觉上和想象中似乎都认为那是真正的数学事物。然后他赞扬了逻辑学家——他曾经对他们怀有恶感，这种恶感有时变得尖锐，有尖刻嘲笑的意思——因为他们转变了这种无法令人满意的状态。他继续说道，同样，对于无理数和“我们由于直觉形成的有关连续的模糊想法”，现在(1900 年)融入了“一个有关整数的复杂的不等式系统”。他宣布，通过这样的手段，有关极限和无穷小的所有难题都已经澄清。

> 今天[1900 年]在分析中仅保留着整数与有限或无限的整数系，它们相互通过一张相等或不等的关系网联系。如我们所说，数学已经被数论化了。

> ……这一进化结束了吗？我们终于得到了绝对的严格吗？在进化的每个阶段，我们的前人都相信他们得到了这一点。如果他们蒙骗了自己，那么我们会不会像他们一样，也蒙骗了我们自己？
>
> 我们相信，我们在推理中将不再倚仗自己的直觉。哲学家告诉我们，这是一种假象……
>
> 现在，在今天的分析中，如果我们不介意花时间达到严格，那么就只有三段论或者纯数字直觉的魅力有可能蒙骗我们了。或许我们今天[1900 年]可以说，我们已经获得了绝对的严格。

我们或许可以在此提及前一章的最后一段。分析在应用数学上取得的某些具体成果将在以后讨论。

第十四章　费马之后的有理数论

296

在加上庞大的经典数论中的几个典型论题之后，我们将结束有关 17 世纪以来的数的叙述。以费马、欧拉、拉格朗日、勒让德和高斯为传统的数论主要关注的是有理整数 0，±1，±2，…。尽管这曾经吸引了 17 世纪之后最伟大的几个数学家的注意，但有理数论在数学其他部分的影响力远远不如它19 世纪的分支代数数论。数以百计怀抱各种志趣的数学家因为有理数论本身的魅力而在这个领域细致耕耘，有理数论逐步发展成为现代数学不断生长的宽阔分支——它是由一些结果松散地组合而成的，其中的普遍方法少于现代数学的任何其他主要部分。

从这个千奇百怪的大杂烩中我们将只选取三个主题，其中有一种方法上的连贯性，以及在某种细节上向完整体系靠拢的趋势。其余部分大致来说还属于由纷杂的事实组成的荒原，与代数、几何和分析的现代化普遍性形成了奇怪而又不和谐的对照。这片荒原中的许多部分无论在目标还是结果上都已经彻底过时了。有理数论似乎成了数学仅余的一个主要部分，在那里，使一个问题普遍化不但没有变容易，反而变得更艰难了。结果，与数学的其他领域相比，它能吸引的有能力的年轻数学家较少。

这一主题自然归入互补的乘性数论部分与加性数论部分。乘性理论阐述的是将数唯一分解为素数乘积的结果，加性部分关注的是如何按照事先给定形式的和来构成整数。这两个部分的一个中心课题是枚举问题：有多少特别

297

种类的整数满足给定的条件？举例来说，在给定的条件下有多少个素数？或

者,有多少种方法可以把任意整数表示成固定数目的正立方数之和?

当描述了一个过程,并可以由此通过有限次非试探性操作得到需要的信息时,在有理数论中我们就认为这一问题已经解决了。在有理整数与人类智慧之间的契约中,时间当然不是最重要的。把一个数分解成素因子的问题是可以解决的;而对一个有几千位的数字进行有限次操作,在现阶段需要消耗的岁月也许超过了我们人类能够支配的时间。

对业余人士来说,找出一个数的素因子可能是他们一下子就自然想到的问题。如果说这样的问题在符合常识的一切方面都已经解决了,这显然是夸大其词的吹嘘。同样,在没有经验的人看来很自然的其他数论问题上,许多也有类似的情况。职业数论学家不理会那些自然而然的问题,而偏好其他由他们或前人构建的问题,希望至少能部分地解决这些问题。即使是创造出来的问题,能够得到完全解决的情况也是相对稀少的;看来,20 世纪有理数论的形势似乎与笛卡尔之前的几何形势大致相同。我们希望了解所有方向的情况,相比之下,我们取得的这种进展几乎可以忽略不计。尽管如此,人们却调动了所有代数和分析资源,对所有数学领域最基本的部分发起了进攻。

丢番图分析的自然发展物

我们在说到费马的时候描述过丢番图分析的本质。它最广泛的产物——二次型的数论在 18 世纪慢慢成形了,这主要归功于欧拉的大量成果,还有拉格朗日和勒让德相对有限的贡献。最后,高斯在 1801 年发表了他的《算术研究》,使费马和欧拉意义上的丢番图分析[1]被遮蔽了,直到数论学家意识到高斯的二次型理论并没有终结不定方程这一课题,这种持续了一个世纪的遮蔽状况才结束。

298

发源于丢番图分析的现代数论的第二个重大分支是同余理论。这一理论也起源于《算术研究》。前面有一章已经提及高斯的同余对现代代数和结构理论发展的启示。

欧拉是继丢番图和费马之后的不定分析大师。不过正如所有拉格朗日的前人一样,欧拉满足于方程的整数或有理数解。在拉格朗日 1766 年至 1769

年讨论了 $x^2-Ay^2=1$ 之后，这类工作引人注目的地方在于，证明了不必怀疑某个带有整数系数的方程或方程组的解可能不存在，它们实际上有有理数或整数解。这样，对方程 $x^4+y^4+z^4=w^4, xyzw\neq 0$ 的整数可解性的怀疑，只要一个单一的数值解就可以免除(1945 年)。在现代语境下，这个问题等价于确定四次型 $x^4+y^4+z^4-w^4$ 中零表达式的数目，如果这种表达式确实存在就全部找出它们。欧拉在 1772 年猜想此题无解。

这一毫无根据的大胆猜测，代表了不定分析在拉格朗日前后的主要差别。欧拉与其他遵循旧传统的人毫不犹豫地提出高难度的问题，却在解决问题的方法上不给出一丁点的建议。而且，一旦解题者巧妙地给出了一些特殊解，他就不再关注这个问题。拉格朗日是第一个要求丢番图分析具有某种一般数学规范的人。他避免做出轻率的猜测；当他确实提出一个问题的时候，他同时会提出解决这一问题的方法。

费马的方程[2]

$$x^2-Ay^2=1$$

标志着这一转折点，此处 A 为任意非平方数正整数，求这一方程的所有整数解 x, y。费马在 1657 年宣称有无穷多组解，但是布龙克尔勋爵(Brouncker)和 J. 沃利斯都未能证明这个事实，不过他们提出了一个初步的解法，并由欧拉在 1765 年改进。欧拉把$\sqrt{A}$转化成一个连分数，继续进行研究。可是他无法证明当 $y\neq 0$ 时有解。拉格朗日在 1766 年至 1769 年间提供了关键证明，并在 1769 年至 1770 年间给出了得到方程 $x^2-Ay^2=B$ 全部整数解的确定方法，此处 A, B 是任意给定整数。 299

本书前面的章节中曾提到，通过借助连分数做出的相当于求解费马方程某些特例的工作，毕达哥拉斯学派接近了二次无理性；婆罗门笈多在7 世纪初步求出了 $x^2=Ay^2+B$ 的整数解。但是这类经验工作与拉格朗日的有关充分、必要情况的证明，在数学上有不可估量的差别；而且说印度数学家为拉格朗日做出了前期工作只不过是想象。对于婆罗门笈多和婆什迦罗来说，他们构想的一个问题在自己死后许多个世纪被证实对现代数论极其重要，这给予了他们足够的尊崇。他们能做到这一点恐怕主要还是运气好，因为他们在许多其他问题上花了大量时间，那都是些微不足道的东西。费马方程以及拉格朗日对它的求解是高斯的二元二次型理论中不可缺少的部分，也是二次代数数域理论不可缺少的部分。拉格朗日的解第一次确定了代数数域中存在有理数域之外的单位。

除了没有章法以外，欧拉对丢番图方程的进攻雄心勃勃，甚至有些荒谬。如果一个带有两个未知数的简单二次方程证明看起来单调乏味，欧拉就把次数增加到三或四。如果这样还不能提供一个有魅力的方程，他就同时增加未知数的数量。不得已的时候，他增加方程的数量，并用联立方程组锻炼他无与伦比的天赋。因此他在普遍方法或者普遍定理上没有做出很大进展就不足为奇了。那些数以百计和他一样甚至比他更有抱负，但远不如他有独创性的后继者，也没有取得很大的进展。

只有当拉格朗日和 A. M. 勒让德那样没什么野心的人把主要精力放在朴素的目标上，系统研究含有不超过 3 个未知数的单个二次方程的时候，朝向真正数学的进展才开始。他们的工作为高斯扫清了道路，高斯为自己制订的工作计划与前拉格朗日时代的那种豪华方案相比实在很贫乏。而且，如果没有拉格朗日和勒让德的开创性工作，即便是高斯，能否完成《算术研究》也是值得怀疑的。

300

数论型

有关型的数论的基本技巧，起源于 1773 年——高斯出生的四年前——拉格朗日的四次理论。我们将使用高斯在 1801 年引入并由后来的数论学家修订过的标准术语描述它们。在我们说到不变量的时候，下面给出的几个定义在形式上稍加修正之后将十分有用。

在有理算术中，一个型是一个齐次多项式 $P \equiv P(x_1, \cdots, x_n)$，其中 n 个不定元(或称变量)$x_1, \cdots, x_n$ 带有整数系数。如果该型的次数是 m，则称其为 n 元 m 次型。当 $n=2,3,4,5,\cdots$ 时，这些型分别称为二元型、三元型、四元型、五元型等。下面未加说明的“型”指的是 n 元 m 次型。基本概念是型的等价和约化以及型的表示式。

若通过一个线性齐次变换 $T: x_i = a_{i1}x'_1 + \cdots + a_{in}x'_n$ ($i=1, \cdots, n$) 从 P 得

到型

$$Q(x_1', \cdots, x_n'),$$

其中整数系数 a_{ij} 构成的行列式 $|a_{ij}|$ 不为零,则称型 $P(x_1, \cdots, x_n)$ 包含型 Q。若 $|a_{ij}| = \pm 1$,则将 $x_1, \cdots, x_n$ 表达为 $x_1', \cdots, x_n'$ 的线性齐次函数的 T 的逆运算 T^{-1} 将带有整数系数,且 Q 将包含 P。若这两个型中的每一个都包含另一个,则称它们等价;将 P 与 Q 的等价记为 $P \sim Q$。随即就很容易看出,这个"$\sim$"是我们说到高斯的同余时描述过的抽象等价的一个例子。对于 P 来说,它或者等价于 Q,或者不等价于 Q;$P \sim P$;类似地,如果 $P \sim Q$ 与 $Q \sim R$ 同时成立,就意味着 $P \sim R$。由此可知,所有与一个指定型等价的型相互等价;因此所有型都可以按其等价性划分成不同的类;当且仅当两个型等价时,它们才会被放入同一个类。

表示的概念提供了与丢番图分析的联系:对整数 r,当且仅当方程

$$P(x_1, \cdots, x_n) = r$$

存在 $x_1, \cdots, x_n$ 的整数解时,称 r 由型 $P(x_1, \cdots, x_n)$ 表示(或称在 P 中)。若 $x_1 = s_1, \cdots, x_n = s_n$ 是这样的一组解,则称 $(s_1, \cdots, s_n)$ 为 r 在 P 中的一个表示。由拉格朗日 1773 年改革过的丢番图问题是决定一个给定的 r 是否在 P 中有表示,如有,则找出所有这些表示。

301

由这些定义可知,若 r 由一个指定类中的某个型表示,则在这一类中的每一个型都表示它;若它不被一个类中的某个型表示,则在这一类中的任何一个类都不表示它。于是找出方程

$$P(x_1, \cdots, x_n) = r$$

所有整数解的丢番图问题就被化简为两个不同的问题:用 P 中给定的系数设定标准,使之足以确定 r 是否在 P 中存在表示;找出所有与 P 等价的型。其中的第二项是第三项的准备阶段:给定两个型的系数,以确定这两个型是否等价,如果等价,就把其中的一个变换成另一个。第三项要求给定的型自守,即变换不使型本身发生改变。一旦知道了 P 的自守和使 P 转变为 Q 的变换,也就知道了所有这些变换。对二元二次型来说,自守可以通过求解某种拉格朗日方程 $x^2 - Ay^2 = B$ 获得。

现代化的丢番图分析所留下的问题,即型的约化,则属于不同的层次。假

设在每一个型的类中，可以通过对该类中所有型的系数加入适当条件，孤立出一个唯一的型，然后这所谓约化且与类中每一个型等价的型就可以在等价与数字表示问题中成为整个类的表示。这样就可以把注意力集中在个别的型上，而不是分散到不同类中可能是无穷多的型上。附带地，这里提示了一个确定类的数目的问题，这些类由不同的型组成，型的变量有任何事先指定的整数数值。拉格朗日在1773年解决了二元二次型的约化问题，L. A. 泽贝尔（Seeber，德国人）在1831年第一个得到了三元二次型的一种解。

一点试验和大量错误可以很轻易地让试验者确信，不要指望这些基本问题会在不久的将来完全解决。尽管如此，他们的单纯的形式表达仍然是引人注目的成就。别的不说，这些成果剥去了古代丢番图分析似是而非的简单外衣，揭示了它内在的本质。在这方面，它们是各位大师实施的数学战略的一个杰出典范。

302

也许将来会证明，这些现代的、清楚定义的问题在一般情况下太难处理，因而会被人们抛弃。正面进攻丢番图分析的整个计划受到了质疑。我们的后人可能不得不重新利用传统方法制造他们能够解决的问题。我们回顾了源于毕达哥拉斯方程 $x^2+y^2=z^2$ 的丢番图分析，这个方程产生的普遍化问题可能是人为造成的。毕达哥拉斯方程是通过几何，而不是通过数论进入数学的。不像我们那样尊重传统的一代人，可能会在某种无法想象的意义上，系统地阐述并解决那些接近有理数论本质的问题——不管是什么问题。无论如何，上述对于将丢番图分析问题进行现代化处理的兴趣，在接近19世纪末的时候迅速减退了。这些问题实在太难了，现代化的代数和分析的所有出色的系统都只发出了一声鸣响，无法平息对数论的持续不断的质疑。

在二次型理论上取得的进展远远大于其他型理论。粗略估计有关几种型的工作数量表明，80%的工作涉及二次型，有关其他类型的型的工作只占20%。在二次型的工作上，80%是关于二元型的，8%是三元型，3%是四元型，3%是n元型。关于二次型的另外6%牵涉到含有几种特殊二次域系数的二元型。这些统计告诉我们，经过150多年来数以百计的数学家——包括拉格朗日、勒让德、高斯、艾森斯坦、狄利克雷、埃尔米特、H. J. S. 史密斯（Smith）、闵可夫斯基和西格尔（Siegel）等人的辛勤探索，型的数论理论的一般计划很大程度上依然是数论学家心中的希望。

现在我们将简要说明低次型理论中的几个突出的里程碑。1773 年，通过对二元二次型进行一般处理，拉格朗日偶然一致地得到了前人的许多特殊结果，例如欧拉 1761 年的定理：每一个素数 $6n+1$ 都可以由 x^2+3y^2 表示。不过拉格朗日的主要成就是在二元二次型理论中引入了可以普遍应用的方法。　303

1798 年，勒让德发表了《数论》，这是第一部专门研究数论的著作，其中简化并推广了拉格朗日的理论。这部著作还最早系统探讨了三元二次型。书中多处应用了高斯在 1801 年第一次完全证明并发表的二次互反律。

随着 1801 年高斯的《算术研究》的出版，二元二次型的理论结晶成形，凝聚出了经典形态。高斯在组织、完善前人工作细节的基础上，还加入了许多自己的新想法。后来证明，这些创新中最不成功的是：高斯构建了 a,b,c 为整数的型 $ax^2+2bxy+cy^2$ 的完整理论。作为偶数的中间系数 $2b$ 令相应的代数更简洁，可是没有必要地增加了算术的难度，导致其改良后的分类非常不方便。这对一个代数学家来说可能是微不足道的细节，但只要稍微想一下，这里研究的是有理数论而不是代数，坚持让中间项系数为偶数就很可能引起不可避免的复杂状况。

在克罗内克之后，对二元二次型（在较窄范围内对三元二次型）的现代实践已经回到了拉格朗日的无限制整系数的轨道上。因此必须保留两套词汇，并且了解涉及这个主题的文章使用的是哪一套。

狄利克雷第一个掌握了高斯的综合表示方法，他在 1863 年总结了自己的个人研究，在他的《数论》中重新修订了高斯的《算术研究》。这部著作在 1871 年、1879 年和 1893 年的一系列版本[3] 加上狄利克雷早些时候的创造性贡献，让所有人无须过分苦学就能接触高斯的经典数论。我们将在以后说到分析理论时提及狄利克雷在数论上的另一个重大进展。

直至 1847 年，二次型的数论理论还局限在二元与三元。人们或许会想，向 4，5，6，…n 个不定元的推广应该是简单的常规操作，就像在解析几何中从三维向 n 维推广时那样简单。残酷的经验很快纠正了这种错误认识；随着不定元数目的增加，详细研究的难度大大提高，甚至需要发明新的原理。　304

1847 年，F. M. G. 艾森斯坦（1823—1852 年，德国人）提出的将一个整数表达为 6 或 8 个平方数之和的表达数目的数论确定法，是对二元和三元的传统的首次重大背离。1847 年和 1850 年，他接着又提出了一种新的数论确定法，用于确定以 5 或 7 个平方数之和表示不带平方数因子的整数的数目。所有这些情况都只标明了结果，却没有说明所使用的方法。但毫无疑问的是，艾森斯坦的过程是纯粹数论的而不是分析的。尽管这些结果长期都只不过是 n 元二次型普遍理论的细节，但它们在历史上仍具有非同寻常的意义，因为某种程度上有了它们才有了数论理论。

要追溯这一发展，我们必须回顾拉格朗日在 1798 年的工作，即确定将一个整数表示为两个平方数之和的表示的数目；或者更简单一些，回到高斯在 1801 年的工作，以及欧拉为证明每个正整数都是 4 个整平方数之和而进行的 40 年的失败奋斗。欧拉的失败成为拉格朗日在 1772 年的成功，以及他自己一年以后成功的垫脚石。但是两个人都没有得到表示的数目。相当出人意料的是，当雅可比 1828 年发展椭圆函数理论时，所要求的数目不期而遇地出现了，那是椭圆 θ 函数一个恒等式的副产品。从雅可比 1829 年的《椭圆函数论新基础》中的其他公式里，也可以明显得出对于 2，6，8 个平方数的类似结果。而关于隐藏得更深的奇数个平方数的结果，则无法从类似的恒等式中得出。顺便说一下，3 个平方数的问题是二次型理论中的一个关键难点，直到 1798 年才由拉格朗日发表了第一个证明，证明不以 $4^h(8k+7)$形式存在的所有正整数都可以表示为 3 个整平方数之和。

从所有这些看来，艾森斯坦在得到 5 个和 7 个平方数的数论结果时，显然取得了意义重大的进展。或许就是这件工作使高斯这样断言："有三大划时代的数学家——阿基米德、牛顿和艾森斯坦。"如果高斯确实这样说过(人们只是把这一说法算到他头上)，它就是数学史上最让人吃惊的断言。不过因为他可能说过这话，而且高斯针对数学说的任何话都应该被认真对待，我们可以略微检查一下其可信度。

305　与阿贝尔和伽罗瓦一样，艾森斯坦是一个生前"未取得名望的天才"。他同样贫病交加，而且我们也无法设想，如果他正常地活着，将会取得怎样的成就。不过他勉强比阿贝尔多享受了大约 2 年的人生，比伽罗瓦多活了 8 年。他在数论以外的主要成就涉及椭圆函数，在该领域他率先提出了魏尔斯特拉斯理论的某些细节。他自己在分析方面的工作由于致命的缺陷只到条件收敛为止。[4] 另一方面，他把椭圆函数应用于三次与四次互反律，这属于数论中最令人意外的事情。反对高斯断言的依据是这样的：如果在现存的数学中有一处提到艾森斯坦，就会有数百条关于阿贝尔和伽罗瓦的参考文献，更不必说高斯的学生黎曼和戴德金，还有与艾森斯坦同时但不那么出名的库默尔了。即使局限在很狭窄的数论领域，艾森斯坦的影响与戴德金相比也很小。在高次互反律这种比较老旧、现在已经过时的领域，艾森斯坦在 1850 年的工作是极其重要的；但在这里，对其他问题有启发性的素理想除子的概念也是库默尔的。因此，我们的后人看来不太可能会修改在 1945 年几乎被普遍接受的定论，即到那时为止，三位划时代的数学家是阿基米德、牛顿和高斯。

向一个 n 元二次型的普遍理论发展的主要步骤似乎如下。艾森斯坦在 1847 年为厘清三元型的分类和种属引进了新的原理，完善并大大扩展了高斯在《算术研究》中留下的 $n=3$ 的理论。埃尔米特在 1850 年简化了约化三元型的理论，并在 1851 年发明了有关连续约化的普遍分析方法。艾森斯坦在 1851 年至 1852 年间，H. J. S. 史密斯(1826—1883 年，爱尔兰人)于 1867 年，E. 谢林(Selling，德国人)于 1874 年，还有许多其他人在 19 世纪 50 到 70 年代进一步发展了三元型的理论。在 1864 年和 1867 年，史密斯两次开创了 n 元二次型的普遍理论，由此出发，艾森斯坦的有关 5 个和 7 个平方数的定理就比较容易得出了。法国科学院曾于 1882 年设立大奖悬赏求解 5 个平方数的问题，而部分地为了让这一解释简明扼要，许多详细的结果都被忽略了。在数学中，简练有时是费解的化身。史密斯在 1864 年至 1867 年间仔细研究了他的一般理论的相关部分，并在他去世后不久与 H. 闵可夫斯基(1864—1909 年，俄国人，德国人)分享了这一大奖——后者当时是一位刚刚开始其短促的职业生涯的 18 岁大学生。于是，经过超过 25 年毫无必要的延迟之后，n 元二次型的普遍数论理论终于荣耀登场。 306

庞加莱、闵可夫斯基及其他人在随后的 20 年进一步发展了这一理论。除了不久要提到的例外，在 C. L. 西格尔(德国人)1935 年对整个理论作出重大修订之前，几乎没有出现称得上是新成果的研究。

有关数字几何的新成果几乎完全是由闵可夫斯基创造的，尽管其特例[5]

曾出现在以下地方：高斯早期的工作（死后发表），艾森斯坦 1844 年的项目，狄利克雷 1849 年有关算术函数和的渐近计算的工作，我们在三元二次型约化上提及的工作，H. J. S. 史密斯 1876 年椭圆模理论的半几何表示，庞加莱 1880 年对二元二次型所做的类似综述。

有一条基本原理简单得看似荒谬：如果有 $n+1$ 件东西存放在 n 个盒子里，而且没有一个空的，则必然正好有一个盒子里放了两件。若干年前的一个智力问答题的解法就沿用了这个几何化的数论原理：陈述世界上至少有两个人有同样数量的头发的充要条件。

数字几何首次发表的结果似乎是艾森斯坦 1844 年用几何方法证明高斯引理（这一引理是为证明二次互反律提出的）的工作，以及他在 1844 年给出的，对给定 n，不等式 $x^2+y^2\leqslant n$ 的 x，y 整数解数量的公式。一个格点被定义为坐标为整数的点，于是找出以上方程的解的数量就等价于找出一个圆包含（包括圆周）的格点数，这个圆的圆心在坐标原点，半径为$\sqrt{n}$。闵可夫斯基把这一点线索发展成了强有力的工具；他本人及其他许多人应用这一工具研究了型理论，特别是带有实数系数的线性型的理论，以及代数数理论，取得了显著成功。当然没有必要使用几何方法重新叙述一个数论问题，但这样做可以启发某种人：他们对 n 维解析过程具有空间直觉，但除此之外无法想象n 维分析。这一类型的问题通过其数字几何方式启发了许多人——无论他们是否具有空间想象力，使他们从大约 1910 年起开启了许多工作，这些工作是由 E. 兰道（1877—1938 年，德国人）、G. H. 哈代（1877—1947 年，英国人）、J. E. 利特尔伍德（Littlewood，1885—1977 年，英国人）和 S. 拉马努金（Ramanujan，1887—1920 年，印度人）等人的英国学派发展的解析数论的一部分。于是通过向 20 世纪最前沿的经典分析提出大量难题，数论向分析回报了它从分析中得到的巨大收益。

二次以上型的数论所产生的东西就少得多。艾森斯坦在 1844 年首创了二元三次型的理论，同时偶然发现了历史上首个代数协变量。可是他没有利用他的发现，尽管他意识到了其中隐含的意义。后来英国数学家 G. B. 马修斯（Mathews）和 W. E. H. 贝韦克（Berwick）在 1912 年重新修订了二元三次型的数论。

307

此后直到1945年,型数论除了三项例外就没有什么可考虑的了。一个代数数的模方是它所有共轭的乘积,模方等于单位元的代数数定义为所考虑的域的单位。狄利克雷在1840年证明了这种单位的基本定理,尽管在高于三次的域中还没有得到这些单位的可行方法,甚至在一些特例中也无法办到。这一工作推广了拉格朗日在费马方程上的研究。狄利克雷的单位问题以及通过一般模方将单位直接推广到任意数字表示,是对二元二次型理论的直接普遍化。今天它们是代数数中的一个课题。这一型的系统化理论中最边远的前沿阵地,起源于拉格朗日在1767年的评论——一个一般代数数的模方会在乘法中重复,而这一评论又可以追溯到斐波那契恒等式上。或许有趣的是,狄利克雷的灵感是他在教堂聆听一段礼拜日复活节的音乐时产生的。

超出实二次型的成果很贫乏这个一般规律的第二项例外,是埃尔米特在1854年和1857年所引入的型,这种型从那时起就以他来命名。在二元的情况下,一个埃尔米特型有形态 $axx'+bxy'+b'x'y+cyy'$,此处 a 和 c 为实常数,b 和 b' 为共轭虚常数,变量对 x, x' 和 y, y' 是共轭虚数,这让整个型成为实型,因此可以表示实数。埃尔米特型与埃尔米特矩阵从埃尔米特这些带有两个或更多变量的型的数论理论演变而来,1925年以后凭借修订过的量子理论为物理学家所熟知。埃尔米特也在1849年首创了与此密切相关的双线形型[6],由此开创了许多如今成为学院标准课程的代数,其中包括一部分矩阵理论和初等因子。最后一项显然源于H. J. S. 史密斯1861年对线性丢番图方程和同余的讨论,并由魏尔斯特拉斯和G. 弗罗贝纽斯(1849—1917年,德国人)在19世纪70至80年代分别独立地发展。具有历史价值的地方在于,这些极有用的现代代数技巧,都是由相当无用的数论问题演变而来,在1925年后成为数学物理领域的常用工具。

308

普遍贫乏规律的第三个也是最后一个例外,将数论与古代丢番图分析的另一个主要成果——高斯的同余概念联系起来。迪克森在1907年开始研究型的同余理论,在他研究的型中,其系数或者是自然数约化的模数 p(其中 p 是素数),或者是伽罗瓦域中的元素。这一理论中的线性变换与经典的等价问题对应,它们也类似地得到约化,从而使模不变量和模协变量的定义成为可能。除了两个核心困难,实际上迪克森和他的学生们在1923年已经成功构建了这一理论。1926 年 E. 诺特运用她的抽象代数方法，给出了该理论成果的简化了的衍生物。

在转向讨论同余之前，让我们关注一项在丢番图分析的古老传统上取得的杰出进展。如果

$$f(z)\equiv a_n z^n + a_{n-1} z^{n-1} + \cdots + a_1 z + a_0$$

是一个带有整数系数、大于等于三次的不可约多项式，且如果

$$H(x,\ y)\equiv a_n x^n + a_{n-1} x^{n-1} y + \cdots + a_1 x y^{n-1} + a_0 y^n$$

是与此对应的齐次多项式，那么方程 $H(x,\ y)=c$(此处 c 是一整数)或者无解，或者仅有有限个 x 与 y 的整数解。这就是 A. 图厄(Thue，斯堪的那维亚人)1909 年的主要定理。对此图厄进行了一次普遍化[7]，西格尔在 1921 年也进行了一次。丢番图分析中缺乏普遍方法，零碎的结果又太多，了解了这一点，图厄定理的意义就不言而喻了。这一定理是用基本方法证明的。

309

同余的理论

有理数论中的同余课题通常被归到乘性除法，但它主要涉及对于一种高度专业化的丢番图方程的详细研究：$a_n x^n + \cdots + a_1 x + a_0 = my$，其中 x，y 是不定元，a_n，…，a_1，a_0，m 是已知常整数，$a_n \neq 0$，$m \neq 0$。关键之处是，不定元中的 y 只以一次出现。人们不感兴趣的 $m=\pm 1$ 的情况不包括在内。将这一方程以同余的方式重写，即有

$$a_n x^n + \cdots + a_1 x + a_0 \equiv 0 \bmod m;$$

称 m 为模，n 是次数；求解这一丢番图方程就等价于找出令等式左侧的多项式成为 m 的倍数的 x 的所有整数值——称之为这一同余的根。若 $x=c$ 是其中一个解，则 $c+km$ 也是一个解，其中 k 为任意整数。由于 $c+km\equiv c \bmod m$，就足以找出所有绝对值不超过 $|m|/2$ 的解。我们称之为非同余模 m。关于带有几个未定元的同余，或者几个此类方程组成的方程组的普遍问题，我们很快会展开陈述。在此可以参考我们在说到代数结构时有关同余的说法。

高斯没有透露[8]是什么促使他研究现代数论中的这个主要概念。但通过在《算术研究》的前几篇系统运用这一概念，他统一并推广了费马、威尔逊

(Wilson)、欧拉、拉格朗日和勒让德在算术可除性上的定理,并在著名的第七篇(结束篇)中给出了代数二项式方程的一个合理的完整理论。可除性的几个过去的结论可以用同余的语言重新陈述,以说明其普遍意义。

如果 p 是素数,$x^{p-1}-1\equiv 0 \bmod p$ 恰好有 $p-1$ 个不同余的根。这就是费马定理,主要由拉格朗日在 1771 年用隐含的同余方法证明;拉格朗日还在 1768 年证明过,一个 n 次同余对于一个素模有不超过 n 个不同余的根。欧拉在 1769 年首创的幂剩余理论关注的是一般二项同余 $x^n-a\equiv 0 \bmod m$。它在代数特别是方程和有限群理论上有许多应用。下面讲一个未解决的关键问题。若 p 是素数,r 是任意不被 p 整除的数,且 $p-1$ 是满足 $r^n-1\equiv 0 \bmod p$ 的 n 的最小值,则称 r 是 p 的原根。一个素数 p 总有刚好 $\phi(p-1)$ 个原根,此处 $\phi(n)$ 是欧拉函数,它表明不大于 n 并与 n 互素的正整数的数量。问题是设计一种可行的、明确的方法,找到至少一个任意给定素数的原根。在欧拉 1769 年开始这一课题到 1919 年的整整 150 年间,在二项同余问题上发表的长短论文多达 232 篇,然而没有一篇向解决这个关键问题迈出过实质性的一步。

310

欧拉的幂剩余理论的另一个成果是互反律理论,我们说到现代代数时已经提及过。还有另外一个是定义函数变量整数值的函数理论,所有这些都源于高斯的如下定理:$\sum\phi(d)=n$,此处的求和扩展到固定整数 n 的所有除数 d,ϕ 是欧拉函数。

实际上,对于高斯从 1801 年以来的同余理论,每个重要的数论学家和一大批普通数论学工作者都做出了贡献。尽管他们辛勤耕耘,仍有两个中心问题一直未能得到解决:其一是为一个同余系统(包括一个或更多)的给定系数设定标准,以确定该系统是否有解;如果有解,明确找出全部非同余解。对于一个带有任意个未知数的一次单个同余来说,这一问题比数论中大部分已解决的问题都解决得更彻底;而对这种同余的联立方程来说也有类似情况,因为 H. J. S. 史密斯已经在 1861 年给出了解。其二是高次互反律,它们代表了二项同余课题最前沿的进展;它们的复杂性可能暗示,直至 1945 年人们所知的一切方法都无法解决这一普遍问题。我们必须记住的是,这些问题和经典数论中与之类似的其他问题从来都不是普通人玩的轻松游戏;历史上最强大的一些数学家也与这些问题搏斗过。

同余导致了某个远远超出数论兴趣范围的理论。同余符号让人想起了适当的“虚数”的引入,这样就可以在实数解不足的情况下为同余提供与它的次数相等的根。如同在对应的代数问题上一样,这里能否无矛盾地引进虚数是

311 不明显的。它们是无矛盾的,伽罗瓦在1830年第一次证明了这个问题,他为解决任何不可约同余 $F(x)\equiv 0 \bmod p$(p 为素数)而发明了所需要的“数字”,这种数字从那时起被称为伽罗瓦虚数。于是他得到了费马定理的一个普遍形式,并为有限域的理论打下了基础。正如迪克森所说[9],“伽罗瓦引进同余的虚数根,不仅扩展了数论,而且引起了定理的广泛推广,这些定理是在诸如线性同余群等课题上应用普通数论得到的”。发明这种虚数时伽罗瓦年仅18岁。

现在转而讨论我们将考虑的有理数论的第三个也是最后一个分支。在这一分支上出现的重大进展主要从1895年开始。

分析的应用

自欧拉的时代起,分析偶尔会被应用于有理数论;但只是在1839年狄利克雷的论文《无穷小分析在数论上各种应用的研究》发表之后,极限过程才有组织地进入了数论领域。在狄利克雷之前,此类分析的应用只是在幕后[10],数论的结果是通过一种技巧,即用不同方法将一个已知函数展开成两种或更多形式,并比较其系数而得到的。这种技巧源于欧拉1748年在分拆理论上的工作,这个课题是他在1741年首创的。

狄利克雷之后,下一次有组织地使用分析是埃尔米特在1851年的连续降解法,还有黎曼1859年的素数分布工作。但直到20世纪,现代分析方才系统地用于加性数论。与此同时,分析在乘性除法中的应用也有了前所未有的进展。我们稍后将只给出足以说明新旧两种技巧之间根本差别的描述。除了像图厄定理那样少数几个杰出的成果,在将来有关20世纪初有理数论的历史中,人们需要记住的可能主要是在分析理论上的成就。

尽管如此,有人认为还需要做一件事:在不使用连续性的前提下,得到在

312 陈述中不涉及极限过程的分析理论的结果。在这方面,狄利克雷用分析的方

法证明了型 $an+b$(此处 a,b 为互素的正整数常数,n 包括所有正整数)中有无穷多个素数。20 世纪 30 年代,艾米·诺特等人试图不用分析方法得到这个非分析定理,结果失败了。另一方面,欧拉和雅可比关于分拆的所有定理,以及由雅可比等人首先用分析方法得出的以某些二次型表示数字的非分析定理,都用非分析方法成功证明。为什么在一个例子上失败,在另一个看似与其并无区别的例子上却会成功,原因尚不得而知。为了方便,可以明确称可避免的分析为非必需的;称那些尚未被证明的为非必需的,或者得到的最终结果隐含着运用了连续性的分析为必需的。克罗内克很可能不会允许必需的分析进入数论,甚至可能宣称,这种分析的结果如同虚数一样并不存在。

在对高斯的二元二次型理论应用椭圆函数和模函数的过程中,出现了一个后来发现运用了非必需分析的经典例子。在克罗内克、埃尔米特和大约 20 个不太知名的数学家手中,二元二次型和椭圆函数复数乘法间的紧密联系在 1860 年以后发展成了数论的一个包容广泛的分支。该复杂理论中的一个细节代表了其分析的独特性。从《算术研究》的一个段落看来,早在 1801 年高斯就开始了确认具有给定行列式的二元二次型的类的数目的艰难工作。狄利克雷在 1839 年第一个发表了判定结果,其中分析是必需的。(尤其需要的是狄利克雷的结果的"有限"证明。)对于带有负行列式的型,克罗内克在 1960 年发现了几个引人注目的公式,通过这些公式,可以递归计算类的数目。这些公式看上去是克罗内克研究椭圆函数的副产品,是之后的数学家发明的几百个此类公式的先导,其中许多用椭圆模函数得到其结果。我们不打算进一步探讨这些,因为详细的描述属于专业的数论,我们关注的只是那些不只在局部重要的事件。

此处值得关注的是,虽然在狄利克雷得到类数的过程中分析是必需的,而且据此有理由认为,它在推导递推关系上也是必需的,但是实际上已证明后者是非必需的。那些坚持认为一种包含必需的分析的方法[11]属于分析而不属于数论的数论学家(确实有这样的人)会宣称,类数问题的算术解是克罗内克的公式,而不是狄利克雷的公式。　313

这两种观点的差别不只是学究意义上的,至少在历史上是这样。经验表明,人们经常发现,在寻找与必需的分析无关的证明和定理时,事情经常出人意料地简单,而且还揭示了新的数论现象。高斯强调希望在数论上出现多种证明,使深奥的理论变得清楚。然而,数论的领域过于宽广,很难任由各种数学家按照自己的好恶行事。从大约 1917 年起,普遍的趋势是使用必需的分析。

分拆的理论体现了非必需的分析与必需的分析的历史断裂。如果 $P(n)$ 表示正整数 n 可以通过正整数的和表示的数目,那么,正如欧拉 1748 年注意到的,很明显 $P(n)$ 是将 $[\prod_{r=1}^{\infty}(1-x^r)]^{-1}$ 展开为 x 的幂级数时 x^n 项的系数。欧拉以无人企及的操作技巧得到了大量恒等式,它们是由这一成果和分拆问题引出的,从而为雅可比在 1828 年至 1829 年从椭圆函数表示中推导出椭圆 θ 常数的许多公式做了前期工作。这些发现引出了大量文献,其中许多属于代数范畴,但没有一份是必须使用分析的。事实上,西尔维斯特,一个希望明白这一课题同时太心急而未能掌握椭圆函数的非分析学家,发展了 N. M. 费勒斯(Ferrers,1829—1908 年,英国人)在 1853 年弃置不用的线索,得出一种图论,其中分拆的一些性质可由点格理论推出。尽管图表示可以让西尔维斯特等人在思考时避免非必需的分析,但是它没有为分拆理论添加新的内容。

除了从欧拉-雅可比传统得到的结果,还有大量简洁的公式,借助这些公式可以递归计算 $P(n)$和其他分拆函数。每个公式都对计算任意 n 的分拆函数这个问题给出了完整的算术解。这就是说,所有这些公式只能对实际计算小得微不足道的数目提供有用的帮助。

314

1917 年,当 G. H. 哈代和 S. 拉马努金(1887—1920 年,印度人)使用他们新的分析方法得到了一个 $P(n)$的渐近公式时,突破终于出现了。这一渐近公式使 $P(n)$的实际估值变得只需常识就唾手可得。在此之前,使用老方法计算 $P(200)$需要一个杰出的专家辛苦一个月;而现在,只需要渐近公式的前 6 项就可以给出

$$P(200)=3\ 972\ 990\ 029\ 388,$$

其误差只有 0.004。这个典型实例说明,依赖必需的分析得到的公式,在计算上要优于与其对应的、纯数论学家偏爱的准确定理。这里使用的分析可以应用于许多其他数值函数,只要它们是某种复变量函数的展开式系数,而且这一

复变量并非总是在单位圆之外。就像现代有理数论中多数必需的分析工作一样，1917 年的这一工作的意义并不局限于自己领域。它使人们对于重新加强的经典分析和现代不等式理论的兴趣大大增加。

数论上最有名的问题之一——素数分布问题，直到 1896 年才通过分析处理。这一年 J. 阿达马[12]（Hadamard，1865—1963 年，法国人）和 C. J. 德 · 拉 · 瓦莱-普桑（de la Vallée-Poussin，比利时人）独立地证明了，小于等于 x 的素数数目 $N(x)$ 渐近等于 $x/\log x$，也就是说，当 x 趋于无穷时，$N(x)\cdot[x/\log x]^{-1}$ 的极限是 1。这通常称为素数定理。与此有关的历史可以写成一本书。[13] 勒让德、高斯等人由实际的素数推导出一些公式，可是这些试探性努力对于最后的成功没有什么帮助。伟大的俄国数学家 P. 切比雪夫（Tchebycheff，1821—1894 年）在 1850 年至 1851 年取得了素数理论自欧几里得以来的第一个重大进展；但还需要许多比当时已有的分析更有力的分析，这些分析直至 19 世纪的最后 10 年才出现。兰道 1932 年对 N. 维纳（Wiener，1894—1964 年，美国人）的有关证明的改写，有一段时间可能是对这个定理的"最佳"证明，维纳推出的结果差不多是他关于陶伯定理的工作的一个推论。陶伯定理是哈代用德国分析学家陶伯（Tauber）来命名的，是收敛幂级数的阿贝尔定理的逆定理。　315

即使对素数理论最简单的叙述也必须提到被称为黎曼假说的著名猜想，这一猜想对于经典分析来说，就相当于数论中的费马最后定理。欧拉在 1737 年写下了公式 $\sum n^{-s}=\prod(1-p^{-s})^{-1}$，求和扩展到所有正整数 n，乘积扩展到所有正素数 p。对于复数 s，符合收敛的必要条件是其实部大于 1。黎曼在 1859 年将 $\sum n^{-s}$ 考虑为一个复变量 s 的函数 $\zeta(s)$，证明了 $\zeta(s)$ 满足一个关于 $\zeta(s)$，$\zeta(1-s)$ 和 s 的 Γ 函数的函数方程。由此他发现了如下定理：除了当 $s=-2,-4,-6,\cdots$ 时，$\zeta(s)$ 中的所有零点都在 s-平面 $0\leqslant\sigma\leqslant 1$ 的带上（s 的阿尔冈图），其中 σ 是 s 的实部。如果带上的所有零点都位于直线 $\sigma=\frac{1}{2}$ 上，他的定理就比原来的形式更有意思了。这便是黎曼的猜想[14]。证明或者证伪这一猜想的尝试在分析领域催生了一个庞大又复杂的分支，尤其在哈代 1914 年证明了 $\zeta(s)$ 在 $\sigma=\frac{1}{2}$ 上有无穷多的零点以后更是如此。尽管这个问题在 1945 年尚无定论，但在近三分之一个世纪中，好几十篇充满复杂的数学分析的深刻论文丰富了解析数论。不过，有些论文建立在黎曼猜想成立的基础上。

这种从不确定的猜想出发的大胆技巧，在某种程度上可以算是数论的一个新领域；在原本的数论中，欧拉、拉格朗日和高斯恪守的传统是，没有证明就什么也没有。如果需要为这种新步骤辩护，那么证明它合理的是这种尚未实现的希望：通过把不确定的假说转化为新奇之物，一种可以得到的等价物就会在某个时候以某种情况出现。在假定黎曼假说以及其他未证明的类似猜想为真的情况下，20 世纪一些最精细的分析理论以高超的技巧推导出了许多将数字表示为素数之和或其他有趣形式的深刻定理。如果这些设想大胆却尚未真正产生的定理被证实，它们将成为数论中最引人注目的成果之一。

俄国数学家 I. M. 维诺格拉多夫（Vinogradov）完全坚持欧几里得的“证明比预言更重要”的传统，他在大约 1924 年开始发展解析数论的新方法，在1937 年距离证明另一个有关素数的著名猜想就不太远了：任何大于 2 的偶数都是两个素数之和。C. 哥德巴赫（Goldbach，1690—1764 年，俄国）在 1742 年向欧拉透露过这个猜想；欧拉相信这个猜想是真实的，但是承认自己无法证明它。维诺格拉多夫 1937 年证明了任何大于某一定数的奇数都是 3 个奇素数之和，任何检查过那个证明的人都会理解欧拉的感受。此前最好的结果是 L. 什尼列尔曼（Schnirelmann，俄国人）1931 年的证明，即存在一个常数 n，每个大于零的整数都可以表示为小于或等于 n 个素数之和。可是据兰道说，这个证明方法无法进一步改进。哈代和利特尔伍德在 1923 年从黎曼猜想的一个未经证明的伴猜想中得到了维诺格拉多夫定理。

316

从 1896 年至 1940 年，解析数论的一个主要部分起源于有理素数的理论。其中一些内容在兰道 1903 年得到了对应而且包含素数定理的素理想定理时，扩展到了代数数。这里必要的分析由于戴德金 1877 年对黎曼的 $\zeta(s)$ 的普遍化而继续发展到了代数数域。另一项涉及数字的不太广泛的研究，将狄利克雷在二元二次型类数上的工作普遍化了，它证实了在代数数域中，不同（整数）理想的类数是确定的。在一个可以求出的型中，明确这一数目是数论中尚未解决的关键问题。所有这些工作都属于乘性除法范畴。

从 1909 年希尔伯特解决了华林问题开始，新的分析和数论中影响深远的定理一同取得了丰富的成果。英国代数学家 E. 华林(1734—1798 年)在 1770 年猜测,任意一个大于 0 的整数 n 是给定最小数目 $g(s)$ 个大于等于零的整数的 s 次幂之和。对于 $s=2$,拉格朗日和欧拉证明:任意大于 0 的正整数都是 4 个大于等于零的整平方数之和。由于没有一个整数 $4^h(8k+1)$ 是 3 个平方数之和,随之可得 $g(2)=4$;而且我们知道 $g(3)=9$。对于这个问题,华林本人并没有证明任何一种情况,也没有给出任何解决问题的建议。对于他和 18 世纪的任何人,$g(s)$ 可能根本就不存在。

然而实际上,华林的猜想是数论中开创新纪元的几个猜想之一。在华林提出猜想后的 150 年中,这一猜想几乎没有显出任何重要意义,其数字证据也很少。定理本身大概只要一个小时的计算就能猜出来。例如,华林说 $g(4)$ 可能是 19,这个结果直至 1945 年还没有证明出来。 317

有些浪漫主义者过去时常想象,华林和其他莽撞的数论猜测者应该知道什么神秘方法,可是后来失传了。没有证据表明他们不知道这种方法。不过,了解数论固有困难的专家相信,这些所谓"失传"的方法都是杜撰的,或许只有费马的除外。例如,当人们在 1818 年敦促高斯参与竞争法国科学院为费马最后定理提出的赏格时,他明确表达自己对数论中的轻率猜想丝毫没有兴趣。高斯宣称,他可以打造任何数量的这一类猜想——这句评论中包括费马定理,他本人和其他任何人都无法解决这些猜想。

把数学伦理问题放在一边,至少可以说:陈述困难的问题,却不给出某种解决问题的线索,这对于数论的发展来说弊大于利。除非我们热心地相信,某些人受到神灵启示,可以预知数学将沿着哪条符合柏拉图永恒几何学家的神秘真理的道路前进,否则就会怀疑毫无根据的猜想可能使天才的创意偏转到人为的轨道上。华林是一个有建树的代数学家,但是没有证据说明他受到了神灵启示;若说他轻巧的猜想导致了什么有意义的东西,也只是运气而已。这一猜想最终确实产生了促进作用,但从长远来说,这可能是巨大的灾难。因为,华林迟来的成功,无疑促使人们在 1920 年前后回归了基于猜想的前拉格朗日推理策略。当然,在反对已发表的猜想促进了数学发展这种观点的时候,拉格朗日和高斯可能犯了错误,或者仅仅是迂腐,而 19 世纪的谨慎或许过了头。如果这样,20 世纪初期无疑可以作为数论新纪元的开端,长期为人铭记。

318　1909年希尔伯特对华林猜想的证明确认了对每一个 s 都存在一个 $g(s)$，但没有确定对于任意 s 的 $g(s)$ 的数值。不久之后，几位数学家依靠一个25重积分的恒等式，简化了这个异常精巧的证明；与其创造者的数学十分相像的是，这个证明是存在性的而不是构造性的。它的历史意义主要不在于它是一个未解问题的第一个解，而在于它激励分析学家至少找到任意 s 的 $g(s)$ 的范围。在很大程度上，正是后一个问题，以及不久要讲的另一个与之同源的问题，导致了20世纪20和30年代解析数论的爆炸性发展。如同已经暗示过的，这一工作是数论领域的一个划时代的标志。

哈代和利特尔伍德在1920年至1928年发明了解决华林问题的分析方法，之后它一直是求解这类问题的标准方法，直到维诺格拉多夫在1924年从类似于英国数论学家的方法出发，在20世纪30年代提出了他自己的更犀利的技巧。与 $g(s)$ 问题紧密联系的问题是找出 $G(s)$；$G(s)$ 定义了一个最小的整数 n，使大于某个确定值的每个正整数表示为 n 个大于等于零的整数的 s 次幂之和。于是到1933年为止，$g(4)$ 最好的值是 $g(4) \leqslant 35$；与之相比，哈代和利特尔伍德的 $G(4) \leqslant 19$，而且在1936年进一步证实了 $G(4)$ 的值是16或者17。对于 $s>6$ 的情况，维诺格拉多夫改良的方法在1936年给出了比以前得到的小得多的 $G(s)$ 数值。

虽然这些首创的方法已被废弃，它们对渐近分析的发展的影响仍旧是无法估量的。1936年，迪克森和S. S. 皮莱(Pillai，1901—1950年，印度人)利用维诺格拉多夫的结果，分别独立证明了一个在 $s>6$ 时有效地计算 $g(s)$ 的明确公式，虽然它在某些情况下可能还令人怀疑。[15]说起来令人高兴的是，据称自本书1940年第一版以来，I. M. 尼文(Niven，1915—1999年，美国人)已在1943年解决了这些可疑的情况。

于是，经过169年，华林猜想终于获得了证明。除了引发了大量敏锐的分析以外，这一问题还提示了许多可以用类似方法解决的问题，诸如将所有或“几乎所有”正整数表示为整变量取整数的多项式的和，或平方数与素数之和的工作。在本书写作时，没有迹象表明解析数论的产出将要衰退。该领域的

319　两位主要专家拉马努金和兰道都未能终其天年。其他更直接参与创造新方法的人到1945年仍很活跃，还有一群年轻的数学家正在进入这一领域。

这里我们引述另一个由现代分析方法结晶而成的孤立结果，它在数论现代纪元的创造者的一项受阻的工作上给出了奇特的暗示。C. L. 西格尔(1896—1981 年，德国人，美国人)在 1944 年首次证明了高斯 1801 年提出的一个命题，这个命题有关二元二次型类数的某种渐近平均值。由于很难用数字例子来说明有关的公式，如果能知道高斯如何让自己确信其正确，那会很有趣。无论如何，由高斯陈述的一个结果躺在经典文献中长达 143 年之久而无人证明，这恰好象征了数论中无章可循的困难。

20 世纪 20 到 30 年代见证了一个数论时代的开端，它可以与高斯在 1801 年开创的时代相比拟。有关连续的数学——分析——终于攻破了离散数学领域长期未解的难题。$g(s)$，$G(s)$这类数值函数的明确整数值可以通过分析得出，这一事实在 19 世纪的数论学家看来是一个奇迹。在素数理论上的现代工作和在乘性数论其他部分的工作上也有同样的现象。因此，所有伟大的数学家都死于 1913 年之前这种说法，至少在数论领域不成立。

本章和其他章节忽略了数以百计值得一提的名字；同样，也有数十种广泛进展没有提及，过去两百年间的数十个数学家为这些进展付出了终生的努力。不过我们涉及的主题，是自费马以来有理数论领域最杰出的成就的适当样例。

320

第十五章　来自几何的贡献

几何方面的文献比代数与数论的总和还多得多，至少与分析一样多，它是一个比其他数学分支更丰富的藏宝室，里面藏满了有趣却快被遗忘的东西；而太过匆忙的一代人没有空闲时间去欣赏它们。自17世纪以来，几何发展的理想和目标不断变化，学生和职业数学家都不可能知道数百条定理，更不用说19世纪后期的几何学家奉为稀世瑰宝的广泛理论。

例如，比较谦虚地说，1940年合格的几何学家认为，一个学生若考虑以几何或者任何当代科学或数学分支为职业，哪怕只是略微瞥一眼主要于1870年以来创建的所谓现代三角与圆的几何，都纯粹是浪费时间。不过，据说这个复杂精细的课题中的几乎每一个定理都会令古希腊数学家感到欣喜，这么说无疑是公正的。这就是问题所在。所有古典希腊几何学家都已经在2 000年前被埋葬或者火化了。而从那时起，几何已经进化了。最迟在1900年，在创新的几何学家眼中，欧氏几何的特殊定理已经无法占据哪怕是第三的地位，无论它们在其创造者的眼里是何等美好、何等有趣。

但是，这并不意味着这些定理对欣赏它们的人来说毫无价值；它们保护不少教师免于过早僵化。它们可能刺激一些后来成为老练几何学家的人去弄清楚现代几何究竟是什么。另一方面，20世纪30年代的许多职业数学家如果

321

回首当年，心中会生出一种近似愤怒的感觉，因为他们在一生中学习能力最强的时候，将青春浪费在了学习这种几何上，他们本可以去掌握真正富有生命力的数学。

作为对这种浪费(如果它确实是浪费)的辩护,人们争辩说,英国的学童对学习这些祖先的有趣智力游戏仍有兴致。他们确实感兴趣。但是如果进一步说这种训练可以造就第一流的几何学家,那就不符合事实了。恰如其分地评估心智训练这件事可以留给心理学家去尝试。无论如何,当一个人以持续发展的科学和数学所需要的态度考虑几何时,有许多同样困难且非常重要的东西要掌握,如果用过时的方式训练学生的智力,看上去毕竟有些愚蠢。可以说,以上观点来自 20 世纪 30 年代三位最著名的英国数学家,他们曾经在英国大学奖学金的竞赛考试的史前几何部分取得了高分。

然而即使在最基本的几何中,有创造能力的精巧头脑偶尔也会想到一些与经典描述不相像的地方。我们看到,更正统的希腊几何学家只在尺规作图法所允许的范围内作图。为什么不可以摒弃这种传统工具中的一个或者另外一个?于是,17 世纪丹麦的 G. 莫尔(Mohr)尝试了单用圆规作图应该是什么样的,而 L. 马斯凯罗尼(Mascheroni,1750—1800 年,意大利人)实际上写了一本有关圆规几何的书。据说,拿破仑·波拿巴(Napoleon Bonaparte)一直为自己解决了马斯凯罗尼几何学中的一个简单问题而非常得意。其他人蹒跚前进着,有的只用直尺作图,还有的把一个给定点放在平面上,如此等等。最后才有了 E. 勒穆瓦纳(Lemoine,1840—1912 年,法国人)的尝试,他试图为几何作图的复杂程度制定一个测量标准。他在 1888 年至 1889 年、1892 年至 1893 年提出了一系列建议,发表在 1893 年与芝加哥世界博览会共同举办的国际数学家大会上。他以 5 种基础几何操作为标准——诸如把圆规的一脚放在一个已知点上,成功地定义了作图的简单程度;简单程度是所用的操作的总数目。322 这样人们可以为一种图的不同作法打分,可是似乎还没有找到分数最低的作图法的方法。这又一次证明了,基础几何的唯一正统之道是独创性。初学者遇到的另一类问题暗示了引起激烈争论、某种程度上已失去信用的枚举几何理论:有多少直线、圆等可以满足一组预先设定的条件?或者用一个 20 世纪 40 年代的例子说,如果有实际用处,帕斯卡定理可以如何运用到圆锥曲线上?从帕斯卡发现他的定理到航空工程师将该定理运用到放样上,其间相隔了 300 年;海军设计师使用它的时间很可能更早些。在一个更高的发展阶段,几乎每个人都能够发明自己独特的坐标系,进而仔细研究它提示的几何学。许多人这样做过。

如果略微增加难度，我们可以列举被物理学家麦克斯韦称为“所罗门在三维空间中的封印”的例子，其中有 27 条实或虚直线完全位于一般三次表面上，表面上有 45 个三重切面，所有这些都十分怪异地与一般平面的四次曲线上的 28 条双重切线相关。如果曾经有过一个令人激动的纵横交错的理论网，那就是所罗门的封印。组合与解析几何、伽罗瓦的方程理论、三等分超椭圆函数、不变量与协变量代数、几何-代数算法（为更直观地体现所罗门封印的缠绕形象而特地发明）、有限群理论，所有这些，都被好几十位希望打开封印的几何学家在 19 世纪后半叶应用过。

历史上最富天才的一些几何学家与代数学家一再回头研究这个非常特殊的课题。他们的劳动成果甚至比克莱因 1884 年发表的二十面体理论更丰富、精致。即便如此，一位称职的几何学家在 1945 年声称，若想成为有成就、有建树的几何学家，一个严肃治学的大学生不需要听说这种有 27 条线、45 个三重切面和 28 条双重切线的东西；事实上，在有创新精神的年轻一代几何学家中，323 几乎没人对曾经存在于 19 世纪的这种所罗门的封印有哪怕模糊的印象。

所罗门的封印最后一次爆发出的活跃探讨之光照亮了这一过时的几何杰作，那些凭自身经验还能记得这件事以及其他同样逐渐消逝的传统的人，他们在回首逝去的过往时难免怀有惆怅，希望数学进展的车轮不要总是如此无情。他们也同情那些仍然认为现代有关三角形和圆的几何值得耕耘的人。因为 27 条线的几何与塔克（Tucker）图、勒穆瓦纳图和布罗卡尔（Brocard）圆的几何之间只有量的差别，没有质的不同。20 世纪的几何学家早已貌似虔诚地把这些珍宝放进了几何博物馆，历史的尘埃很快就使它们的光泽变得暗淡了。

为了那些可能对不确定的美学而不是几何的生命力更有兴趣的读者，我们给出有关所罗门封印的简要现代说明[1]（不包括它与超椭圆函数之间的联系）。上述 27 条线是凯莱和 G. 萨蒙[2]（Salmon，1819—1904 年，爱尔兰人）在 1849 年发现的，超越方法的应用来自若尔当 1869 年至 1870 年对群和代数方程的研究。最后，意大利几何学派的创建人 L. 克雷莫纳（Cremona，1830—1903 年）在 19 世纪 70 年代观察到，位于三次曲线一个节点上的 21 条不同直线与“猫摇篮”形状的一个简单联系；以全部可能的方法连接一条圆锥曲线上的六个点所形成的15条直线即构成后者。帕斯卡的“神秘六边形”与它在1806年出现在C. J. 布列安桑(Brianchon, 1783—1864年,法国人)定理中的对应物,就这样与所罗门的封印联系了起来;于是通过射影方法,由空间的对应形状得到了平面构型上的几何,两者的这种简单、普遍的推导就把17世纪与19世纪联系到了一起。

这里使用的技巧有一种普遍性,后来发现,在通过从指定维空间向较低维空间的射影来发现并证明相关定理上,这种方法极其强大。在克雷莫纳把这种技巧应用于完全的帕斯卡六边形之前,他的同胞G. 韦罗内塞(Veronese)已经用平面几何的方法极其详尽地研究了帕斯卡构型;其他几个人,包括施泰纳(Steiner)、凯莱、萨蒙和柯克曼也做了同样的工作。这些人都是极有天赋的几何学家;克雷莫纳的直觉之光照亮了所有前人的大量详尽工作,找到了它们之间的简单联系。 324

从B. 塞格雷(意大利人,英国人)迟至1942年才出版的一部内容丰富的专著《非奇异三次曲面》(xi+180页)看,人们对于经典几何的这一高度精细的杰作的热情还远没有消失。所罗门的封印在这里以前所未有的姿容,展现了它所有的“复杂与多方面的对称”(凯莱语)。任何人若是想要强化在三维空间的直觉,这种对特殊构型的详尽枚举提供了一个无与伦比的训练场地或者“强制训练营”。在辅助它的退化方法的有力帮助下,通过持续应用连续性原理,人们统一了27条直线固有的大量复杂细节,让纷杂的混乱情况达到了难以企及的连贯,这是早些时候的尝试所缺乏的——就是尝试“连接”36个可能的双六(或“双六组”,这是先前的叫法)的“甜蜜影响”,使之与5种实三次曲面结合,它们分别包含27,15,7,3,3条实线。一个双六是两组具有相关关系的六重偏斜直线,其中一组的每一重直线都与另一组中与之准确对应的那条线相偏斜。在关于这5种曲面的拓扑学中出现过更加现代的探讨。除了其中一个3条线的表面之外,所有表面都是闭合的连通流形,而另一个3线面分为两个连通部分,其中只有一个是卵形的;这一表面的实线位于第二部分。非卵形部分可以分解成表面实线的普遍化的多面体,人们根据它们表面的数目和由直线表现出来的其他性质,认真地将这些分解方法归类。一个3线面的非卵形部分同胚于真正的射影平面,另一个3线面也如此。拓扑学的插曲让位给三维空间中更经典的主题，该主题或是通过 36 个双六之间的复杂关系，或是通过 40 个互补的施泰纳三元组集合，以几何方法分析 27 条线的复域中的群。一个 9 条线组成的施泰纳集合是 3 个 3 条线的集合，一个集合中的每一条线恰好与另外两个集合中的各两条直线相关联。群的置换操作的几何意义比其代数意义复杂得多。这个群的阶数是 51 840。对于群中的每一个双六有一个对合变换；这一变换置换了双六中互补集合中的 6 条对应直线，并让各自剩余的 15 条线保持不变。如果对应于两个这样的变换的双六有 4 条公共直线，这两个变换就是可置换的。如果这些变换不是可置换的，则对应的双六有 6 条公共直线，而余下的 12 条直线组成第三个双六。位置几何对于具有视觉想象力天分的人来说是一目了然的，可是其他人发现，隐藏在其下的那些代数恒等式在某种情况下更容易看出来，即使有令人敬畏的共 51 840 个群操作伴随着它们。不过，这一差别无疑只是由个人养成的爱好或者天赋能力造成的。尽管如此，我们或许应该记住，这项闪耀着纯几何光芒的工作中的一部分，是许多页枯燥乏味的代数劳动的后事，而不是其前情。这 27 条线组成的群本身，在 19 世纪后期和 20 世纪初期带来了一整套令人生畏的传统文献，然而已经没有多少人阅读它们，更不必说去赞赏它们了。只要几何——或许只是一种相当守旧的几何——能够为难以理解的计算提供视觉形式的包装，19 世纪所罗门的封印就会吸引为它献身的人，其他几何想象力的著名经典工作同样如此。但与此同时，持续发展的几何的前沿阵地将继续推进，深入那些更新的、或许有更广泛兴趣的未被开垦的领域。与一切其他事情一样，数学的世界有时也有充分的理由对过去感到厌倦。

325

什么是几何？

在刚刚回顾的 19 世纪的典型插曲中，我们又一次看到，由特殊到普遍的连续过程，这种从单个定理的集合中辛苦获得的可广泛应用的方法，是自 1800 年以来的数学的特征。由克雷莫纳的方法经过普遍化得出的方法保留了它们的活力和吸引力，但是，接受了更新的思维方式训练的一代，已不再对作为这些方法的来源的特定定理感兴趣，虽然那些老定理某种程度上导致了新的思维习惯的形成。于是，在追寻长久存在于数学中的事物的过程中，我们又一次被导向思考的过程和方法，而不是它们在任何一个时代的产物。我们还将看到，几何的概念本身也在随着时间变化，在一个发展阶段被称为几何的东西，在更早的阶段几乎无人能识。 326

想从职业几何学家那里得到几何究竟是什么的陈述，这种尝试很可能只能获得模糊的结果。几何学家多少会同意“几何是一种特殊思考方法的产物”这类说法，不大会同意某种不那么模糊的说法。在谈及其他内容时我们还会重提此事，现阶段我们接受这一点，假定几何具有一种虽然无法理解，却可以“感觉”到的意义；而且，我们将描述几何思想对于作为整体的数学的一些主要贡献。

有许多有代表性的材料可供选择，而此处描述的主题，是根据 1945 年还积极致力于发展 20 世纪几何的人的建议选出的，无法再缩减。这些重要的论题是：关于欧几里得方法在非欧几何的创建中无罪的辩护，以及随之生成的现代抽象方法或公理化方法；从欧拉、蒙日（Monge）和高斯到黎曼及其继承人的微分几何，及其对 20 世纪的宇宙学和数学物理的深刻影响；射影几何的对偶原理和它在 J. 普吕克（Plücker，1801—1868 年，德国人）1931 年的发明中的最后解释，以及这位最具首创精神的几何学家关于空间维的概念；凯莱 1859 年将度量几何向射影几何约化；代数几何，特别是它与克雷莫纳 1863 年的工作的联系，以及它与阿贝尔函数的双有理变换和分析之间的联系；克莱因 1872 年统一他那个时代的各种几何的工作，还有 1916 年后这项工作的替换工作；最后，20 世纪的抽象空间和拓扑学，有人认为它们是一种新的数学思维的开始。

在我们能控制的版面之内，对于这样庞大的领域，我们自然只能给大家一点最简明的提示；与本书别的地方一样，此处我们只指出一般趋势。上述任何一个论题的历史都可以写一本比本书更大的书。不过，这里的简短描述，说不定会刺激某些人发现相关主题的更多详情。其中有 3 个论题最适宜从分析的角度探讨，这一点将在论及时说明。克莱因的计划、该计划的继承人及拓扑学将在有关不变量的一章中描述；在代数几何与分析的联系方面，我们能说的一点点内容将推迟到复变函数理论时再行叙述；抽象空间理论的兴起将放在下 327

一章，作为向普遍分析的发展趋势的结果加以讨论（部分由于数学物理的原因，1906 年人们第一次清楚地注意到了抽象空间这个论题）。如果在讲完所有这些之后我们仍然无法说清几何是什么，我们至少可以窥见，在崇拜自己不甚明了的理想时，几何学家究竟创造出了什么样的数学。

清除欧几里得的所有污点

1733 年，天主教耶稣会逻辑学家兼数学家 G. 萨凯里（Saccheri，1667—1733 年）完成了他意外的杰作《欧几里得无懈可击》。在这部书中他力图证明，包括平行公设在内的欧氏几何体系，才是唯一从逻辑和经验上都说得通的体系。他出色的失败是数学思想史上最引人注目的例证之一，这种数学思想的思考惯性是在服从与正统教育下产生的，成年后对于不朽故去者的非不朽工作的过分尊敬又使之强化。萨凯里手中的两种新几何都与欧氏几何一样合理，但由于他任性、固执地坚持崇拜他的偶像（尽管清醒的理智不停地提醒他），这两种几何他都丢弃了。

为"证明"欧几里得的平行公设，萨凯里在一条直线段 AB 两个端点的同一侧画了两条相等的垂线 AD 与 BC，从而画出了一个双直角四边形。连接 D 和 C，他轻易证明了 $\angle ADC$ 与 $\angle BCD$ 相等。平行公设与以下假设等价：$\angle ADC$ 和 $\angle BCD$ 都是直角。为"证明"这个公设，萨凯里试图证明其他情形都是荒谬的。

如果 $\angle ADC$ 与 $\angle BCD$ 都是锐角（"锐角假设"），可以证明，任何三角形的 3 个内角和都小于两个直角之和；如果两个角都是钝角（"钝角假设"），内角和就大于两个直角之和；如果两个角都是直角，内角和就等于两个直角之和。萨凯里决心证明第三种可能性，他从前两个假设中推导出了许多定理，希望证明两种情形都可以导致矛盾。通过巧妙地假定直线必须无限长，他解决了钝角假设。他又通过不恰当地使用无穷小排除了锐角假设。

328

在运用错误的推理清除了所有污点之后，对其崇拜者来说，欧氏几何闪耀着绝对和永恒真理的光芒，并且是空间里唯一可能的数学。萨凯里不知道，他证明的两种新几何中的几个定理每个在逻辑上都与欧氏几何一样有效，因此他去世的时候很幸福。这位虔诚的几何学家在不知情的情况下证明了，他唯一的偶像只不过是三位一体的几何中的三分之一，与另外两位同等重要，却并非一样永恒：因为没有任何几何会是永恒的真理，萨凯里以为他证明了欧氏几何如此。这位优秀的几何学家竟如此自信地否定了钝角假设，这一点很奇怪；不过这里的错误或许是欧几里得犯下的，他有一个毫无意义的直线定义。在把"两点间的最短[3]距离"作为直线段的准确定义[4]之后，表面上的测地线的定义也就呼之欲出了。球面(一个具有正常数曲率的表面)上的测地线是大圆的弧，是平面上"最短距离"的类比。不过，这也可能是因为萨凯里所受的严格教育要求他相信地球是平的。

任何以不同于欧氏几何公设的公设为基础构建的几何，就称为非欧几何。萨凯里否定的两种样例，就是历史上第一次出现的非欧几何。早在欧几里得的时代，几何学家就试图由欧几里得体系的其他公设推导出平行公设。列举几十种企图完成不可能使命的失败尝试对我们的目的毫无帮助，尽管其中几种包含一些可疑的公设的有趣等价物。一份非欧几何的参考文献目录[5]列举了直至 1911 年的大约 4 000 种书籍与论文，它们由大约 1 350 位作者撰写；自 1911 年以来，这一课题又大为扩展了。许多更新的工作直接受到物理学启发，特别是广义相对论。在萨凯里(1733 年)之后和罗巴切夫斯基(1826—1829 年)之前，许多人尝试探寻一种经过验证的、有根据的非欧几何，我们只需要复述其中的两个例子。

1766 年，J. H. 朗伯(Lambert，1728—1777 年，德国人)注意到，钝角假设在球面上可以实现，并因此认为，需要一种新的表面来代表对应于锐角假设的平面几何。直到 1868 年，这一建议才终于有了回应：E. 贝尔特拉米(Beltrami，1835—1900 年，意大利人)证明了，朗伯模糊地假设的表面，即所谓的伪球面是存在的。它是由曳物线绕其轴旋转而形成的曲面，曲率是常数且为负；高斯注意到了这种曲线，但是没有将它应用到非欧几何上。这件事属于现代的进展，我们将在后面关注其奇特的意义。

329

第一个预见到非欧几何的人无疑是高斯。年仅 12 岁的时候，高斯就意识到，平行公设提出了一个实在的、未解决的问题。不过直到 20 多岁的时候，他才真正开始怀疑，这个公设无法从欧氏几何的其他公设中推出来。我们无法考证高斯何时开始创建没有欧几里得第五公设的无矛盾的几何。但可以肯定的是，在N. I. 罗巴切夫斯基1829年发表他的完备体系之前，因而也是在J. 鲍耶（1802—1860年，匈牙利人）1833年将他的26页的文章作为其父亲的一部两卷本半哲学性基础数学著作（《尝试法》）的附录发表之前，高斯已经掌握了双曲几何（克莱因对建立在锐角假设基础上的系统的称呼）的主要结果。

根据非常不可信的、与特定条件有关的证据，人们常声称鲍耶受到了高斯的影响。现在普遍承认，由于两人相隔遥远，这种假设没有任何根据；因此我们将不理会过去的说法，只陈述一个事实：J. 鲍耶的父亲W. 鲍耶（1775—1856年）在大学时代是高斯的密友。

高斯从未公开声称他是非欧几何的一个发明者。人们在他死后发表的文章中，才发现了他在罗巴切夫斯基和鲍耶几乎同时独立做出的那部分工作上所做的前期工作。尽管高斯本人并未发表这一革命性的几何工作，他却鼓励其他人继续努力构建一个无矛盾的非欧几何体系。与他有通信来往的两个德国人，F. K. 施韦卡特（Schweikart，1780—1859年）和F. A. 陶里努斯（Taurinus，1794—1874年）取得了相当大的进展。尤其是陶里努斯，他在1825年至1826年间在非欧三角形上获得了预料之外的正确结果。在更早的年份，J. 鲍耶说服自己相信双曲几何是无矛盾的；后来，罗巴切夫斯基第一篇关于新（双曲）几何的文章被喀山物理-数学学会无缘无故地弄丢了。由于某种不明原因，陶里努斯销毁了所有他能拿到的记录自己工作的文本。

330

罗巴切夫斯基（1826—1829年）和J. 鲍耶（1833年）两人几乎同时完全独立地发表了双曲几何的详细进展，在这段简单历史陈述中，我们回顾的是整个数学思想上的一个重大革命。如果想展示另一个影响同样深远的成果，我们就要追溯到哥白尼；在某些方面，即使这样的比较也不完全适宜。因为非欧几何与抽象代数改变了整个演绎推理的观念，而不是仅仅扩充或修正科学和数学的某一分支。当前（1945年）有关数学是数学家的随意创造的评价，可以直接追溯到18世纪30年代的抽象代数和罗巴切夫斯基与鲍耶的大胆创造。小说家发明人物、对话、场景，他既是创造者，也是主人。数学家可以随心所欲地设计公理，并在此基础上构建数学体系。小说家和数学家在选择和处理材料时都可能受制于各种环境，但是他们都不迫于任何外在于人的、永恒需要的压力，去创造某种人物或者发明某种体系。或者说，即便二者之一受到这样的限制，他也不会表现出来；而在一个20世纪的成熟知识分子看来，增加过剩而神秘的公理是一种甚至比在奥卡姆的时代还更无用的追求。

在谈到通过1945年的信息对数学做出这种评估的时候，我们也必须指出，这种判断并未被普遍接受。许多老一代的数学家仍然坚持柏拉图有关数学真理的信条。也没有任何理由假定，柏拉图不会再次在数学家的心目中占据支配地位。自从1914年重新发现了盲目非理性主义的价值以来，比柏拉图更缺少理性的神秘主义盛行一时。尽管大多数数学家仍然相信，他们可以透过一个古老骗局看清其背后的荒谬，我们还是要简单地记录下数学的人性化是如何发生的。陈旧信念的减少，包含着非欧几何对数学思想整体的主要贡献，而且可能代表着数学对文明进程做出的主要贡献。看来，我们这个轻信的种族在获得理性和勇气，抛弃毫无根据的迷信（数学的绝对真理是其中之一）之前，不太可能远离残暴行为。 331

要想完全领会下面一件不只有局部意义的工作，我们必须用四种几何中的每一种描述一个几何细节。然后，选择那种存在平行概念的几何，它在罗巴切夫斯基和鲍耶的双曲几何后引发了仿佛无休止的非欧几何潮流。1854年，G. F. B. 黎曼提出了一种满足萨凯里钝角假设的“球面”几何。“双曲”和“椭圆”这些采用了凯莱的“绝对形”的名称将在后面述及，欧氏几何被类似地称为“抛物”几何。

如果P是由P和不经过P的直线L确定的平面上的任意一点，那么，在抛物几何中，经过P且不与L相交的直线L'只有一条，且L'是经过P点并与L平行的唯一直线。在双曲几何中，有两条过P点且不与L相交的直线，分别为L'与L''；而且，所有过P点并位于L'与L''夹角内的直线都不与L相交。罗巴切夫斯基把L'和L''定义为L的平行线。在抛物几何与双曲几何中，两条直线都只交于一点。球面上的任意两条测地线（大圆的弧）都相交于两点，而且没有平行线。在黎曼的所谓“球面”几何中，空间没有边界，却是有限的；每一条“直线”（测地线）都有有限长度；任意两条直线都相交两次，因此否定了欧几里得的公设——两条直线不能包围一个空间。黎曼的“椭圆”几何可以想象为一个半球，像在球面几何中那样，直线是球面上大圆的弧，而弧的两端被视为同一个点。对于上述所有 4 种几何来说，其他“实现”也很容易构建；我们此处的兴趣是这些“实现”的意义，或者是否有意义。这标志着 1899 年前后的几何观念的不连续性。上述 3 种非欧几何通常称为经典非欧几何，而从 1916 年起被称为“黎曼几何”的几何与所有这些几何都不相同。

在双曲几何发明后的大约 30 年间，几乎没有数学家注意过它；现在看来，332也没有人预见到非欧几何对于整个数学意味着什么。似乎存在一种不信任感，或者说一种怀疑，觉得不管这些新几何是些什么，它们也许不具有欧式几何意义上的“真实”，或者永远不会有任何科学价值。贝尔特拉米 1868 年的出色证明驱散了这些怀疑；他证明，平面双曲几何可被解释为一种具有负常数曲率的表面上的测地线；而对于球面几何，类似的是在具有正常数曲率的表面上的测地线。由于伪球和球是欧氏空间中大家熟悉的表面，人们就感觉到，经典非欧几何的无矛盾性已经有了证明。欧氏几何可能仍然是最有用的，但其他几何与它同样“真实”，因为人们已经证明了，它们可以在欧氏空间中实现。贝尔特拉米对于经典非欧几何的欧几里得实现引起了数学家的广泛注意——如果这种说法对 19 世纪 80 年代的大多数数学家有失公正，我们在此道歉，并继续本书的讨论。

在讨论了一般复数的类似情况之后，我们不需要在这里继续赘述。贝尔特拉米仅仅证明了，欧氏几何与经典非欧几何的定理或者全都是逻辑上可以接受的，或者全都是不可接受的；它们内部的自洽性从来没有任何人证明过。这在今天已经是众所周知的事实，在 1868 年却并不清楚。如同复数的情况一样，希尔伯特就类似实数系的情况探讨了任意几何的内部自洽问题。

现在我们追随贝尔特拉米的后继者，进入了一个更深的层次，并注意到了现代公理化方法在几何学中的萌生。如果忽略大量细节和许多对此有贡献的人物，我们可以在几何向抽象化挺进的过程中观察到 3 位数学家的工作，其中每一个都是他们那一代人中具首创精神的人物：M. 帕施（Pasch，德国人）、G. 皮亚诺（意大利人）和希尔伯特。

我们回想起 B. 皮尔士在引进他的线形组合代数时的宣言：“数学是给出必要的结论的科学。”在 1882 年帕施的工作以前，这个有关数学本质的概念并没有渗透进几何。对于牛顿来说，空间是绝对的终极，刚体的运动在空间中才有可能，并真实地展现；而在莱布尼茨的某些哲学化的想象中，空间是一些可能的关系的矩阵。帕施在重新叙述几何时摒弃了这两种概念，将几何描述为一种皮尔士传统上的假定推理体系。帕施没有像欧几里得那样试图陈述点、线和平面的定义，他认为这些东西是不可约化的“空间”元素，并从这一体系中这些基本概念之间那些定为公理却未加分析的关系出发加以推演。

333

这些公理关系是从一些几何概念中抽象出来的，它们因多个世纪以来对图形的研究而得到广泛接受。例如，两个不同点正好确定一条直线，这清楚地陈述为一个公理。因此，帕施更接近莱布尼茨而不是牛顿，但他似乎还相信牛顿意义上的“空间”的存在。无论他是否相信这一点，他的工作是自欧氏几何(一种公理化技巧的练习)以来第一个清楚明了的体系。帕施超越欧几里得的地方在于，他清楚自己在做什么，而且是有意识地做；欧几里得似乎只是受到视觉想象力的引导，结果忽视了隐含的假定。无论如何，帕施深刻地影响了他同时代的人与后来者的几何思想。他的几何概念现在已被广泛接受，当时却受到了所有令人不安的新事物通常都会遇到的反对。尽管无论在物理还是在哲学意义上，“空间”的意义——如果有的话——都没有被几何这种完全抽象的改写影响，这种新事物却对有些人产生了影响(例如以帕斯卡的六边形工作闻名的韦罗内塞)，他们好像在教堂里听到了渎神的呐喊那样震惊，很快就不愿听下去了。即使这个新事物是无矛盾的，却实在太枯燥、太贫瘠了，不是有益的数学。几何学家可以保留对于几何思想形式的那种不可言喻的感觉，但几何本身却被约化成了逻辑句法。时隔 50 年，我们不容易明白为什么当时有人会很激动。直觉与严格的逻辑分析可以在同一门科学中并存，无须互相残杀，而且其中一个做不到的事情，另一个可以做到。

下一个有胆量面对众人指责的是 G. 皮亚诺。他最初只在意大利受到关注。但是当他在 1888 年试图将整个数学约化为一种准确的符号形式，只留下少数可以让模糊、不可靠的直觉和不严谨的推理钻空子的地方，人们就开始怀疑他了。在几位意大利合作者的帮助下，皮亚诺在 1891 年至 1895 年用他的新符号法修订了数学的很大一部分。从有理整数到几何，证明要基于准确陈述的公理的基础之上，而这些公理对于证明来说是充要的。

334

为了得到想要的准确性，他们也对数理逻辑的部分内容进行了符号化，这种符号化比布尔及其后继者从1847年以来所做的更精细；经常出现的专业数学用语也简化成了符号。结果实际上就是对18世纪90年代的整个数学进行了普遍的简化。皮亚诺的通用符号是朝莱布尼茨的通用文字方向迈进的一步，而且是最有力地推动了20世纪数理逻辑的发展。但是它不走运的发明者却遭到了20世纪最有名的一些数学家的奚落和谩骂，其中就包括庞加莱。尽管如此，皮亚诺及其追随者对几何进行的逻辑分析却向所有人——当然，有意对此视而不见的人除外——清晰地表明，几何是一种抽象的公理演绎体系，其本质内容[6]只隐含在事前强行规定的那些公理中。

希尔伯特在1899年发表了《几何基础》，从而迈出了最后一步。希尔伯特是一位数学家，也是普鲁士人，他对奚落和谩骂免疫，哪怕它们来自庞加莱。希尔伯特有关几何公理的讨论在它问世40年后仍堪称经典。作为在欧几里得那个时代以后写的几何基础著作，这必定是一个纪录，或者接近一个纪录。勒让德1794年的《几何学基础》的再版次数多于希尔伯特的《几何基础》，但这两部著作没有可比性。勒让德的《几何学基础》的对象是学童，而且从某种不敬的意义上说，它的历史价值主要在它证明欧几里得第五公设的不成功尝试。希尔伯特的经典著作开创了20世纪的抽象数学。聪明的学童阅读它的最后版本也可能会从中得益。

希尔伯特使用了尽可能少的符号，使几何学家相信了几何抽象的、纯粹形式的特征（帕施和皮亚诺都未能做到这一点）；他的权威使公理化方法不仅在20世纪的几何中，而且在公元1900年以来几乎所有数学领域稳固确立起来。我们再次强调，直觉并没有因为抽象的进击而被逐出数学。公理化分析的应用也仅仅在20世纪数学的很小一部分中被驱除。但它们是那一小部分数学发展强有力的催化剂，并吸引了数以百计的多产数学工作者。

335

许多课题受益于有所改进的欧几里得方法论的重新崛起，其中也包括非欧几何。M. W. 德恩的非阿基米德体系是一种有意识地应用公理化方法发明的最令人好奇的几何之一，它把古巴比伦的相似三角形与19世纪的非欧几何联系了起来。通过减少阿基米德的公理，德恩构筑了一种几何，其中存在相似三角形，而且任意三角形的内角和是两个直角。但与欧氏几何不同的是，过一点与一条直线平行的直线并非唯一，而是可能有无穷多条。在射影几何中应用公理化方法也得到了出乎预料的结果。美国几何学家 O. 维布伦和 W. H. 伯西(Bussey)在 1906 年构筑了有限射影几何,其中一个"平面"仅包含有限个"点"和"线"。这些有限几何使 19 世纪早期关于射影几何"空间"的争论成为一系列空洞的噪音。维布伦和 J. W. 扬 1907 年为射影几何设定了一组完全独立的公理(在 E. H. 摩尔的意义上),它们在很长时间里一直都是他人遵从的标准,而且肯定使最顽固的反对者都相信,几何是逻辑上一种正式的公理演绎练习。在希尔伯特的《几何基础》发表之后,美国数学家或许在利用公理化技巧方面做得比他们的欧洲同行更多,他们的分析在整体上更犀利和清晰。几十位熟练的数理逻辑学家在代数、几何、数论、拓扑学等学科中应用了这一方法,其中 E. V. 亨廷顿(Huntington,1874—1952 年,美国人)可能由于他对许多领域的公理系统进行的详尽分析而受到特别关注。

在许多人承认了数学的规范性质之后,思维惯性又一次在它确立已久的轨道上前进。如果数学,特别是几何,是人类的任意创造,那么传统的逻辑学肯定并非如此吧?在某种超人的意义上,已存在了 2 300 年的逻辑肯定是一种绝对形式,哪怕数学家也无法否认这一点。在本书适当的章节我们将看到,这种绝对形式也被彻底破坏了,但这件事情要到 1920 年才发生。

再回到 1733 年的萨凯里,我们可以看到,他的目的终于达成了。人们已经看出,这件事对于数学的未来具有无可比拟的重大意义,远不只是证明一个平行公设所能概括的;萨凯里清除了欧几里得的所有污点。尽管他的工作在他死后受冷遇,被遗忘长达百余年之久,但由于他在彻底埋葬数学绝对主义上迈出的关键一步,萨凯里值得享有与罗巴切夫斯基和鲍耶同样的光荣。 336

欧几里得学说的核心部分,即从清楚陈述的假设开始的严格推导,在萨凯里不自觉地创造了非欧几何之后才被清楚地认识。在经历了两千多年的部分认识之后,欧几里得方法论的创造性威力才逐渐被人们欣赏;如果萨凯里一直活到 1899 年,他将看到比他在杰作《欧几里得无懈可击》中想要证实的更加深刻的含义。由非欧几何演变而来的事物的重大含义在认识论的价值上超越了几何。数学的额外副产品似乎比让几何学家高兴的大量专业定理储备更有希望持续存在下去,而那些定理未来可能与一般三次曲面上的那 27 条线在数学艺术博物馆里殊途同归。

一场毫无意义的争论

一个熟练的几何学家也许会把毕生精力都投入到一种曲线上，不妨说是内摆线或者是重虚圆点四次曲线，每天都发现一些新的、让自己感兴趣的东西。但是他很少有机会发现普遍原则。如果把历史当作某种标准，几何的普遍化并不是通过堆砌一层又一层的定理，而是通过有目标的努力，在特殊结果的莽林中披荆斩棘实现的；或者通过同样有意识的尝试，找出为什么通过某些技巧能轻易得到几何定理，而其他的技巧却事倍功半。一个恰当的例证是，19世纪前半叶的综合几何学家一直试图搞清楚为什么分析方法显然比纯粹的几何具有更大的威力。在后面的段落我们将描绘这场波澜起伏的斗争的主要脉络。当前我们要考虑的是其结果，因为对作为一个整体的数学来说这可能是最有益的。

337

首先给出结论：分析方法比纯几何方法更有威力，因为一个多世纪以来的经验证明了这一点。有关“空间”及其“几何”的哲学没有向关于这残酷事实的陈述中加入过任何有意义的东西；尽管渎神者可能提出，由于虚构的点、线等是通过初等代数的形式体系，而不是通过图形的视觉直观进入几何的，任何想用一种精心炮制的图形的术语掩盖所有代数概念的企图都只会产生无用的人造物。不管怎么说，这是在19世纪30年代的几何学家中占优势的观点。他们仍在继续运用自己神秘的几何直觉，但只有少数人还在坚持，试图通过精心调整抑扬顿挫的、能够让彭赛列（Poncelet）的纯几何之耳都为之陶醉的复杂操作，改变每一个不服从教化的构型。

所有人都承认，虚点等专业词汇有很大的用处，与分析的术语一样，可以满足人们的需要。例如，$f(x)$在$x=a$这一点是连续的，这个陈述把好几个断言凝聚成了一个断言，使之可以作为一个基本概念用于推理。不需要在每个例子中都重复连续的意义，因为它相对简单的含义已经一次性地确定了，可以不假思索地应用。类似地，某条曲线是重虚圆点四次曲线这个陈述，就说明每个无穷远虚圆点都是曲线上的一个结点，而结点与所谓虚圆点的标准基本性质在研究该曲线时都可作为基本概念使用。

但是，几何化的代数词汇的这种公认的功用，并不是19世纪几何与它大部分后继者的区别。过去那些综合几何学家的带头人试图在一般经验概念中的“空间”里找到这些虚圆点等，因为他们混淆了“物理的”或“实在的”或“先验的”空间——他们没有试图解释通过这样的空间明白了什么——与他们的代数抽象和图形的不足之间的差别。在过了大约 60 年，J. V. 彭赛列（1788—1867 年，法国人）于 1822 年发表了他的《论图形的射影性质》之后，作为一种公理演绎体系的几何概念才出现。这部综合方法的经典著作很大程度上导致了数学史上最有成果、现在却普遍认为最没有意义的争论之一。争论的问题是几何中的“空间”的“真实性”，其焦点是虚元素“空间”的“存在”。 338

这场争论留下了强大的几何方法的重要遗产，这些遗产或其直接产物（如双有理变换代数），后来被证明在其他数学领域——特别是在分析中——极其有用。但是现在来看，几何学家争论的主要问题是一个没有意义的伪问题。一个空洞的文字游戏可以得出这么多有价值的东西，这件事也许让我们希望，到了 2000 年，1945 年有关数学基础的争论就会消散，只留下几件所有人都认可、有些人可利用的强大工具。

在总结这些评论时必须说，它们所代表的只是对于上述争论的许多不同评价中的一个，而且这种意见并非毫无争议。可以容易地找到与此相悖的同样有力的评价。

来自射影几何的贡献

射影几何在 18 世纪遭到冷遇之后再次受人青睐，它第一次引起关注是在 L. N. M. 卡诺（Carnot，1753—1823 年，法国人）1803 年的《位置几何学》和 1806 年的《横截面理论的研究》中。这个军事天才曾经在 1793 年从欧洲联合反动势力手中解救了法国革命，他为自己设立的工作目标是证明纯几何方法与笛卡尔的分析方法一样强大。卡诺将负数引入综合几何，并利用了 4 条直线与截线的四个交点的交比不变性，得到了基本射影几何中的许多经典定理，包括与完全四点形和完全四边形有关的定理。卡诺可以用他的王室敌人的准确预言总结他的工作：“我死后，洪水滔天。”彭赛列——数学史上最热情的纯几何热爱者和一切形式的代数或分析的最真诚的憎恨者之一，实现了这一点。

彭赛列的雄心似乎是抹杀笛卡尔继承人所做的一切工作，或者至少说明可以用严格的综合方法干得更好。年轻的军事工程师彭赛列在拿破仑对俄国的灾难性战争中成为战俘，在伏尔加河的萨拉托夫的监狱里度过了寒冷但很有收获的冬天(1813—1814 年)，构思了他的《论图形的射影性质》中的纯几何学，并在 1822 年回到法国之后出版了这本书。他在这本书的自传体前言中叙述了这一切，或者差不多一切。有所保留的观点即便是公正的，也几乎说不上是对彭赛列的主要论点——分析方法不如综合方法——的支持。因为另一位伟大的法国几何学家 G. 达布(1842—1917 年)在 1904 年于美国圣路易斯举行的大会上当着大批赞赏他的观众的面，从综合方法的布袋里变出了分析的猫。按照达布的说法："萨拉托夫笔记的发表对它可不算幸事，看到它，我们更明白，正是由于笛卡尔式分析的帮助，作为《论图形的射影性质》的基础的原理才首次得以建立。"这种对事实的直率陈述并没有被几何学家广泛知晓，因此除了达布以外的其他人可能认为这很不幸。分析方法的倡导者可能也会认为，这种令人尴尬的披露对他们是极其有利的。

话说回来，无论彭赛列用什么方法首先确立了他的一般原理，他终究给一个奄奄一息的几何分支注入了新的生命。彭赛列观察到，一个平面构型的某些性质——例如帕斯卡定理中的三点共线性——经过射影之后不会改变。他系统研究了这种现象，并把图形的"图形"(即我们所说的"射影")性质定义为与长度和角度的数量(大小)无关的性质。我们稍后将看到，在凯莱的坚决主张下，被彭赛列禁止的测量性质进入了一种更具包容性的射影几何，在这种射影几何中，困扰过彭赛列的虚元素受到了礼遇。1822 年，彭赛列本人按照他对开普勒的连续性原理的重述，引入了无穷远线的概念，并在他的平面几何中要求每一个圆与这条线在同样的两个虚点上相交。这就为所有代表圆的联立方程对提供了正确数目的共同解。G. 蒙日(1746—1818 年，法国人)已经使用了虚数对将实空间关系符号化，但是彭赛列更关心的是为几何中的虚元素进行"实"的辩护。

彭赛列的连续性原理相当于如下分析定理：如果一个有任意有限个变量的分析恒等式对于所有变量的实数值成立，则由于分析的连续性，它也对变量的所有复数值成立。彭赛列试图"实数化"或掩盖分析在假想的空间存在这一基本事实，让他与柯西发生了激烈的争论。分析学家柯西坚持认为，几何学家彭赛列的推理即使不是完全没有道理，也是对简单的代数做出的不必要的复杂重述；几何学家彭赛列用分析似乎无法做到的容易方法证明了大量定理，以此为自己的方法正名。这场争论以平局告终，但是，我们在讨论拓扑学时会看到，彭赛列的直觉超过了他的逻辑，他对他的著名原理的证明没有建立在牢靠的基础上。尽管如此，他继续以令人吃惊的才能得到正确的几何定理。

在 1874 年至 1879 年，H. 舒伯特(Schubert，1848—1911 年，德国人)推广了连续原理。他在他的"枚举几何演算"中进行的工作比彭赛列最大胆的工作走得更远。按照现在的观点来看，舒伯特的"数目守恒原理"在普遍化过程中所依赖的基础完全无法得到认可。该原理宣称，在任何参数变分或者给予参数变分的特殊值下，对于任何带有已知数目的变量和参数确定的代数问题，其解的数目不变性满足以下情形：在适当考虑到重解与无穷解时，这些解没有一个会成为无限的。19 世纪的一些几何学家带头人使用了这个有些靠不住的方法，结果取得了显著效果；这些人包括 M. 沙勒(Chasles，1793—1880 年，法国人)、J. 施泰纳(1796—1863 年，瑞士人)、凯莱和 J. G. 措伊滕(Zeuthen，1839—1920 年，丹麦人)，其中最后的措伊滕得益于更具远见的前人。直到 1945 年，有关这些复杂问题的意见依旧不统一：几何学家坚持认为他们的推理足够严格，而代数学家则持反对意见。

刚才提及的所有数学家在数学史上都是风云人物，有些还很著名：施泰纳 14 岁才会写字，被同时代人称为"自阿波罗尼奥斯以来最伟大的(纯)几何学家"；沙勒，一位创造性的几何学家、明智的几何史学家，他 1837 年的著作《几何方法的起源与发展的历史概述》仍是数学史料编纂学中的经典；全能数学家凯莱，他的代数不变量理论的发展(始于 1846 年)使几何学家对代数曲线和曲面有了新的看法；最后，措伊滕作为几何学家和数学史学家而留名。

现在我们结束失去信用的连续性原理，转而叙述对偶原理。经过普遍化之后的对偶原理如同 19 世纪的任何数学发明一样，在几何、代数和分析上留下了很多有用的新方法。在 1825 年至 1827 年，J. D. 热尔岗(Gergonne，1771—1859 年，法国人)似乎第一次清楚叙述了该原理的经典形式，但并没有完全理解它。热尔岗注意到，如果在平面几何的某些定理中互换"点"和"直

341

线”这两个词，同时把点的共线关系改成直线的共点关系，就能得到可以独立证明的“对偶”命题。他推想，最初的命题在所有情况下都暗含了对偶命题，后者无须再单独证明。通过这一“对偶原理”，布列安桑得到了他对偶于帕斯卡定理的定理。热尔岗也注意到了三维空间中的对偶原理，其中点与面是对偶的，直线是自偶的。一个已经非常宏大的几何帝国的范围一下又扩大了一倍，这种操作迅速变得极为流行，出现了一些相近的有关对偶定理的大部头著作；只有那些自我否定的几何学家，才限制自己不去做这种事。

像彭赛列一样，热尔岗也是军人。他们都宣称自己发明了对偶原理。彭赛列坚持认为这个原理是极点和极线的推论，他曾极为巧妙地在自己的圆锥曲线几何中使用过极点和极线；热尔岗则争辩说，极点和极线并非这一原理的基础。热尔岗是正确的，但是，直到普吕克用代数方法探讨了这一问题，用可在大多数射影几何课本上找到的点与线坐标的方法给出了一般解释之后，这个事实才有了简单的结论性证明。不过，虽然热尔岗是正确的，彭赛列也没有完全错。只有当一个圆锥曲线的次数与类都凑巧等于 2 时，他的论点才成立。

彭赛列未能通过正当方式让热尔岗撤回对该原理的权利要求，他就借助了不正当的手法，成功地证明了，一个几何学家尽管曾经是一名军官，他也不一定是个正派的人。彭赛列针对名气相对小些的热尔岗进行的人身攻击和品格诋毁，使牛顿与莱布尼茨之间的争论看上去就像在阿卡迪[①]的一场爱情盛筵。如果在今天，法律会进行干预；可是在那个射影几何的英雄年代，数学家可以肆无忌惮地攻击没有抵抗能力的敌人，就像有些英雄做过的那样。

342

接下来这个某种程度上得益于彭赛列的方法，对整个数学的重大贡献是对韦达传统的变换与约化。如果可以在两个不同空间的坐标系之间，或者在同一空间的两个不同坐标系之间建立一个可逆变换，那么，每个系统内的定理都可以直接转换成另一个系统内的定理，而它们之间的对应就提供了双语词典。如果取消变换必须可逆这个限制条件，这本词典只提供一种语言向另一种语言的解释(例如法语的英语解释)，第一个空间内的构型可以映射成第二

---

① 阿卡迪(Arcady)是古希腊的一个山区，相传充满朴素的田园风趣，是出名的“世外桃源”。——译者注

个空间内的构型，但是反过来不可以。无论哪种情况，都可能有一些必须从定理的陈述中排除的奇异点；我们将在讨论双有理变换时给出一个例子。除了按照这些非常一般的规格可能构筑的变换的实际应用之外，没有其他限制。如果能够创造可以改变一条曲线（或者一个曲面等）阶数的变换，而这一变换又是容易操作的，几何上的获益就很明显。

自从彭赛列用反极法首次使一种几何元素（点）与另一种元素（线）对应以来，有大量我们描述过的那种有用变换被构建了起来。得到最广泛研究的变换可能是双有理变换，其中任意一个空间中的坐标都可以用另一种空间的元素进行有理表述。在这里间接提示肯定足够了，因为对双有理变换的最好描述与代数函数和黎曼曲面有关，那部分内容我们必须推迟到后面的章节叙述。

在挑选射影几何中出现的重要原理时，我们注意到下一个在数学发展中最出人预料且极其简单的普遍化——普吕克的空间维数理论。我们已经看到，凯莱和格拉斯曼分别在1843年和1844年独立得出了 n 维空间的表达式，后者还定义了将在黎曼几何中起核心作用的 n 维流形。普吕克在他1831年的《解析几何的发展》中不仅叙述了对偶的分析意义，而且阐述了可将热尔岗和彭赛列的对偶性普遍化到远远超出纯几何范畴的思想的萌芽。他注意到，在笛卡尔平面几何中一条直线的一般方程含有两个变量和两个参数，这些变量和参数都以线性方式进入方程。如果变量和参数的角色互换，方程就成了点的方程。值得注意的是，在以下两种情况下，参数的数量都是两个：平面是一个二维空间，或是点和线的二维流形。而且我们可以说，这一平面包含 ∞^2 个点和 ∞^2 条线。这些简单的观察结果是普吕克庞大的普遍化的来源。

343

若一个类在 n 个数值参数中的每一个都被指定了任意数值时有唯一一个元素得到确认，就称这个类是一个 n 维数流形或 n 维数空间，而且这个类包含 ∞^n 个元素。按照一种预先给定的次序写出的 n 个参数称为这个类的一般元素的坐标。例如，笛卡尔坐标平面上的圆锥曲线的一般方程刚好包含5个参数，这些参数的某套数值确定唯一一条圆锥曲线；因此这个平面是一个五维流形或五维空间，此时，圆锥曲线是这个流形中的基本空间元素，包含 ∞^5 个这样的元素。这种说法初看上去似乎很奇怪，但它并不比我们熟知的"平面是点的一个二维流形"的说法更奇怪。在普吕克的几何中，维数并不是空间的绝对属性,它取决于组成空间的基本元素。例如,一个由圆构成的笛卡尔平面是三维的。所有这些都在20世纪早期推广到其中的参数值不必是数字的空间,由此形成了自弗雷歇在1906年首次提出后得到细致研究的各种抽象空间的几何。在讨论其他事实时会提到这些。

普吕克推广了平面几何中点与线构型的经典对偶,他陈述了对于任意两种构型的类都有效的对偶原理,确定了它们的共同维数。这两个类的维数相等、数量相同,在各自的坐标系中都是线性的,每个都是如上述定义的一个数空间。每一个的"几何"都可以用多种方法解释。例如,在由笛卡尔平面上的所有圆组成的三维空间中,一个圆的3个坐标组成的方程定义一族∞^2个圆。344我们可以像很多人做的那样继续详细研究这样由方程的次数1,2,…定义的不同的族。经典非欧几何的简单平面表示(很容易设想)通过圆族构建起来。就像在我们熟悉的笛卡尔几何(其中,点是基本元素)中一样,在普吕克的几何中,我们把方程组的代数转化成直线族、圆锥曲线族、三次曲面族以及其他族的性质。热尔岗等人认为,对偶性是直觉所特有的空间的绝对属性,是对基本射影几何的"空间"的图解,可是在普吕克的几何中出现的对偶性,只是在选择坐标系时受到没有必要的限制而产生的一个微不足道的后果。

普吕克为了代数和分析的明确性,不受视觉直觉的蒙蔽,由此完成了经典非欧几何只做了一半的事情。在"空间"与"几何"的数学构造上随心所欲的自由,最终清楚地揭示了康德的先验空间和他关于数学本质的整个概念是错误的。然而直至1945年,学习哲学的学生还在忠实地掌握康德的过时思想,他们错误地以为可由此洞察数学的本质。由于康德在精心打造他的体系时借助了错误的数学概念,他的哲学的其他部分的有效性可能也与他的数学一样。反对这种观点的人争辩道,康德的数学在超出职业数学家理解范围的更高级的"真理"领域仍然是"真实"的,而心怀不满的科学没有给数学家留下足够的时间去探索他们的课题中真正重要的问题。意见的分歧完全可以暂且搁置。普吕克留下的最重要的遗产是,他又一次证实了几何学家研习的几何学是一种抽象、形式的学科。任何可能为某种几何提出过某套假定的经验都与数学的发展无关这一点无须再重复了。

在严格的专业方面,普吕克在1865年详尽地阐述了我们通常称为笛卡尔三维空间的那种几何，即基本立体几何和刚体的点空间，不过基本元素是直线而不是点。笛卡尔空间的一条一般直线的方程正好涉及 4 个独立参数，因此，普吕克的“直线几何”是四维空间几何。坐标之间的方程代表不同的直线族，一个含有∞^1 条直线的族称为一个线域，一个含有∞^2 条直线的族称为一个线汇，而一个∞^3 条直线的族称为一个线聚。这些种类又按照四线坐标系内代数方程的次数进一步分类。这一理论的后续发展某种程度上依赖于我们熟悉的、以二维点空间中的点坐标为基础的几何，与以三维点空间中的点坐标为基础的几何之间的类比。例如，与在点坐标(x, y, z)中由二次一般方程定义的二次曲面不同，这里的研究对象是通过线坐标(p, q, r, s)上的一个二次方程定义的几何构形，而且类比于二次曲面的分类方法，将它们类似地分为平面对、圆锥对、圆柱对、椭球对、双曲面对等。这一特殊细节是二次线聚几何的内容，分类问题导致了许多与将矩阵简化为规范形式有关的有趣代数。在线几何中，一条曲线被描绘为一个直线的包络，而不是点的轨迹。

345

那个不可避免的问题“这一切究竟有什么好处？”是无法解答的。但对于那些坚持认为数学都应该应用于科学或者工业的人来说，我们或许可以重复以下说法：普吕克的线几何在刚体动力学上有了直接解释。就这样，19 世纪 60 年代后期的四维几何向全心全意相信机械体系的一代人证明了自身产生和存在的合理性。

综合对抗分析

现在回到 1827 年，那一年 A. F. 莫比乌斯（1790—1860 年，德国人）在他具有高度原创性的著作《重心的计算》中引入了齐次坐标的概念；我们将追溯综合方法对抗坐标的斗争，直到双方都以胜利者的姿态在 19 世纪 60 年代出现。尽管在不同观点的竞争者之间，不同国籍的几何学家之间或许没有明确的界限，但是多产的意大利学派在 19 世纪 60 年代之后倾向于综合方法，而大多数法国、德国和英国几何学家更多地使用分析方法。在这一时期开始的时候，施泰纳是综合方法不可动摇的冠军，普吕克则是分析方法无可争辩的大师。

通常认为，普吕克在1828年和1831年两次出版的《解析几何的发展》中真正创建了齐次坐标方法；这本书也利用了通常归功于E.博比利埃(Bobillier，1797—1832年，法国人)的简记法和热尔岗对偶原理的简单解析等价物。随后，普吕克又在1835年出版了《解析几何体系》，其中顺便对三次曲线进行了完整的归类。18世纪，克莱姆(Cramer)等人试图规范成批的四次曲线，但失败了。普吕克在他的《代数曲线理论》中做得更好一些。然而，一种新的一流的发现使其黯然失色，该发现即把次数、类、二重点的数目、二重切线和代数平面曲线的拐点相关联的"普吕克方程"。凯莱称这一发现为几何史上最重大的发现之一；将普吕克方程推广到偏斜曲线(即挠曲线或空间曲线)与偏斜表面的奇异点上，成了他毕生最大的兴趣之一。G.萨蒙，一个放弃数学转而研究神学的优秀几何学家和代数学家，也对这个难以捉摸的课题做出了引人注目的贡献。该课题在现代代数和分析上有广泛的分支，后者是通过代数函数及其积分的理论引入的。

346

线坐标就是在19世纪的第三个10年这个多产的年代里发明的。人们普遍同意，普吕克和凯莱分别独立构想了这些坐标。运用点坐标与线坐标，人们详尽研究了许多饶有趣味的曲面。人们搜集了这项工作中的许多有意思的例子，并仔细分析，我们叙述两例作为代表。第一个是库默尔1864年的四次曲面，即凯莱在1877年第一个发现的超椭圆 θ 函数以参数形式代表的所谓二次线聚的奇异曲面。第二个是光学中的波阵面，由椭圆函数以参数形式代表。通过向高维空间推广，库默尔曲面本身开创了几何学上的一个广阔领域。在20世纪的许多年间，众多法国、德国、意大利和英国的几何学家仔细地、或许是过分仔细地研究了这种复杂的特殊曲面。但是直到1945年，一般四次曲面仍然存在着尚未解决的问题；或许它对于现有方法来说过于复杂，无法进行有益的探讨。进入20世纪以后，特别是1920年以来，人们的兴趣迅速降低了，这类事物似乎属于光荣的、却已经被埋葬了的过去。

在普吕克、凯莱等许多人以惊人的速度创立现代解析几何时，一位自阿波罗尼奥斯以来最有独创性的纯几何学家，正在试图将综合几何铸造成一种他希望可以普遍应用的方法。他取得了引人注目但也很有限的成功。施泰纳的《几何图形的相互依赖性的系统发展》统一了纯射影几何的经典分类方法，并

347

以令人惊叹的技巧将其应用到许多特殊问题上。施泰纳在不经意间提出了一些可能是用纯几何方法发现的定理，证明它们成了对其他几何学家的挑战。这些最后的具体定理中有一个直到20世纪前10年早期才由分析方法证明。

施泰纳也在1824年发现了强大的反演方法，尽管其他人也发明了这一方法。1845年，W.汤姆森(开尔文勋爵)偶然通过物理考虑独立提出了这种方法。他和其他物理学家在静电学中有效地运用了它的综合形式，并将其称为镜像法。反过来，位势论中的问题也可以变为反演方法。在这两方面都可以使用这一策略，因为反演是一种共形变换。

从16世纪以来，二次和三次变换在代数中已经为人熟知，但是反演是几何中被深入研究的第一批非线性变换之一。彭赛列在1822年、普吕克在1830年、施泰纳在1832年都使用过特殊的双有理二次变换，L. I.马格努斯(Magnus，1790—1861年，德国人)在1832年系统地使用了这一方法。有一个有趣的历史细节，马格努斯曾在1833年混合两个二次变换，得到了一个四次变换，由此建立直线与四次曲线之间的对应关系。这样，他就可以通过直线上四次曲线定理的像读出有关四次曲线的定理。使用某种意义上相同的方法，E.德·容凯尔(de Jonquières)1859年通过预先给定的$n-1$阶曲线的多重点，建立了直线与n阶曲线之间的特殊对应关系。几何学家对这些历史细节有兴趣，因为克雷莫纳显然忽视了这些较早的工作，他在1863年为自己设立了解决两个平面的点之间的所有n阶双有理变换问题的目标，而他在1861年还认为，如果$n>2$，这样的变换是不存在的。几何学家们指出，如果克雷莫纳熟悉代数闭包(如群中的代数闭包)的概念，他就会直接从已为人知的知识中得出正确的推论。不过，在意识到自己有所遗漏之后，他迅速取得了进展。以他命名的一个特殊的双有理变换的主要定理将在我们讨论代数函数时以另一种形式出现。只要提一下，M.诺特、J.罗萨内斯(Rosanes，德国人)和W. K.克利福德(1845—1879年，英格兰人)曾经几乎同时在1870年证明，可以通过合成二次变换产生一个克雷莫纳变换，在这里就足够了。从19世纪的克雷莫纳到20世纪的塞韦里(Severi)，多产的意大利学派主要通过几何方法发展了代数几何，与此对应的代数和分析事实上很快就变得难以掌握了。从这些有点让人困惑的发展中得到的永久收益，似乎是在不同种类的几何构型

348

之间建立对应关系的方法论。

另一个从19世纪20到30年代的几何和分析发展而来的包容广泛的几何分支，涉及一条可变曲线与一个线性系的相交；还有一个领域则关系到两条平面曲线相交的几何性质；再有一个，涉及曲线和曲面上的几何；最后一个涉及一条曲线或一个曲面在另一条曲线或曲面上的表示。这些进阶的理论中有一部分属于代数几何，另一部分属于分析；后者借助某种在19世纪受到强烈关注的特殊函数，以曲线和曲面的参数表示。我们无法在此进一步叙述这些高度专业化的研究，后面涉及分析的时候，我们会说一点它们隐含的意义。不过在结束有关它们的部分时我们注意到，从19世纪60年代到20世纪30年代，实际上有数以百计的数学家把他们的职业生涯中最好的年华都奉献给了这些几何。很多人都做出了高质量的工作，单独提到某个人就会引起不满。不过，有一个人非常杰出，他就是多产而勤奋的R. F. A. 克莱布什(Clebsch，1833—1872年，德国人)。

纯几何学家与解析几何学家的决战持续了12年：从1847年至1860年。1847年，K. C. G. 冯・施陶特(von Staudt，1798—1867年，德国人)出版了《位置几何学》；1860年，还是他，在令人震惊的名著《续论位置几何学》(1856年，1860年)中发表了"位置几何学"的修正版本。

我们或许可以立刻说，绝不妥协的纯几何学家冯・施陶特把敌人赶出了战场，但解析几何学家的撤退是有组织的，所有装备都未受损毁。胜利者孤独地享受着贫瘠的胜利果实。在令人信服地证明了几何不需要分析之时，冯・施陶特也证明了，如果所有的几何学都奇怪地独自沉浸在非自然实践中，这种单性生殖式的传播模式完全是无意义的。这或许并非冯・施陶特的本意，而只是他实际上完成的。如果说将代数与分析完全排除在几何之外必定导致像冯・施陶特这样的一种复杂而勉强的游戏，那么这种游戏一点也不值得做，而几何的纯洁让一个正常的几何学家付出的代价就超出了他所愿意承担的程度。不过，这并没有贬低冯・施陶特所做工作的价值。他净化几何的工作仍旧是数学推理的杰作之一。毫无疑问，必须有人一次性地完成冯・施陶特所做的这一切，无论是否值得去做。这份工作对于数学的持续贡献，就在于它无意识地自我摧毁了净化整个几何的理想。

349

冯·施陶特注意到了交比涉及构成它的线段的距离这一概念；他也注意到了，射影几何声称与独立于距离和角度的那些几何性质相关。他提出通过取消度量来摆脱这种恶性循环，进而使几何摆脱数字。麻烦的根源似乎是，人们假定坐标或者它们的数值等价物与射影几何无关，但是它们隐含在这一课题的所有经典发展之中。冯·施陶特的工作将把数字化为形状，这刚好与毕达哥拉斯的主张相反，也与克罗内克相信自己取得的成就相反。如果冯·施陶特和克罗内克都达到了目的，数字和形状就是一体的。然而看来更可能的是，如果存在同一性，无论是何种同一性，都只是一种不可约数理逻辑的抽象结构，而数字和形状都以这个抽象结构为基础。但是在冯·施陶特纯净化几何之后很久，这种相关的疑惑才出现。他称为“投”的理论给交比和虚数提供了一个纯射影的运算法则。最引人注目的是，这一方法区分了复数及其共轭；共轭虚数是作为一条实线上的对合的二重点出现的。在这里，注意到冯·施陶特与戴德金的数学思想的相似处是很有意思的：面对数论上的一个有限问题，戴德金在解答时借助于无限类；冯·施陶特决心从几何中驱除虚数，用实点的无穷大取代了它们。

人们有时称，冯·施陶特对实数和复数的几何化尝试并没有完全成功。350 20 世纪的抽象几何似乎会支持这种论点。因为，虽然有可能如冯·施陶特想要做的那样把数字几何化，似乎任何方法都不能把一个抽象空间的元素约化成比它们自身更抽象或者不那么抽象的东西。冯·施陶特解决的问题（如果他确实解决了），只能通过现代的公理化法清楚地阐述，这种方法在 19 世纪 50 年代还不存在。

凯莱在度量几何的射影理论中遇到了与冯·施陶特同样的问题，这一点我们将在不久后叙述。凯莱的射影距离（1859 年）建立在交比的基础上，因此恰恰涉及它意在消除的距离概念。凯莱本人清楚这一点，可他不打算清除这种恶性循环。以下说法可能是正确的：在 20 世纪以前，无论是冯·施陶特和凯莱的问题的本质，还是令人满意的解法所必需的逻辑分析，都没有人理解。

纯粹主义者与分析主义者之间的斗争（以其两位英雄为典型），描绘了超越了几何兴趣的数学思想发展的某些一般现象。普吕克的职业历程或许是研究思想惯性的基础。如我们已经提到的，施泰纳的同时代人称他是“自阿波罗尼奥斯以来最伟大的几何学家”。有些人甚至在热情称颂施泰纳的综合天才时把这句话中的阿波罗尼奥斯换成了欧几里得。普吕克没有得到什么赞颂，他几乎被所有几何界的精英公然地忽视了。至少他本人感到，他的几何学家同行对他的工作持一种高傲的漠视态度；他因此放弃了数学，专攻物理，物理界至今还记得他的贡献。在他的生命行将结束之际，普吕克又一次闪亮登场，写作了有关线几何的杰出论文《基于以直线为空间元素的新空间几何学》(1868—1869 年)，该文在他死后才发表，是由支持他的克莱因编辑的。

普吕克回归几何的部分原因是凯莱对他工作的热情肯定。凯莱似乎是一流数学家中对普吕克为几何所做的工作有充分认识的一个。施泰纳夺目的光彩使大多数人忽视了普吕克无法比拟的更重大的成就。普吕克的几何与施泰纳的不同，它既不优美又不精致，甚至粗鄙——虽然只是指他的文采。施泰纳炫耀他不做分析，尽管他的一些同事旁敲侧击地指出，“这只老狐狸”知道的比他肯承认的多得多，他像彭赛列在其基础工作中所做的那样，偶尔把他用分析发现的东西藏在综合之中。即使这只不过是恶意的谬传，施泰纳在思想上实际上是阿波罗尼奥斯的同时代人。阿波罗尼奥斯只需要几天的练习就会立刻明白施泰纳的几何，甚至可以在古代比赛中击败他的现代对手。但是如果要理解和欣赏普吕克所做的工作，阿波罗尼奥斯就需要一个新的大脑，古希腊没有产生这种大脑。

351

如果要授予 19 世纪的某个人“自阿波罗尼奥斯以来最伟大的几何学家”称号，现在看来施泰纳并非这一殊荣的合适人选。然而潮流对普吕克嗤之以鼻，带着最甜美最愚蠢的微笑拥抱施纳泰。具有丰富新思想的人还未从同行的赞美中享受到任何满足就去世了，数学史上这种情形屡见不鲜。

射影度量

作为我们将描述的射影几何对数学思想的最后贡献，我们选择的是凯莱在 1859 年将度量几何约化为射影几何的工作。凯莱只给出了适用于平面几何的内容，不过只要经过适当的修正，他的方法可以扩展到任何有限维空间，对其中的任意一对元素都可以定义一个数值的“距离函数”。

几何学家将平面上两个相同或不同点间距离的熟悉的直觉性质抽象化，为任意其元素为 $p,q,r\cdots$ 的空间中两点 p,q 间的距离 $D(p,q)$ 给出了如下公理：①对于任意相同或不同的两个元素 p,q，都有唯一一个相应的实数，即它们之间的距离 $D(p,q)$；② $D(p,p)=0$；③如果 p,q 不同，则 $D(p,q)\neq 0$；④ $D(p,q)=D(q,p)$；⑤ $D(p,q)+D(q,r)\geqslant D(p,r)$。最后一项称为三角（或三角形）不等式，前面说到其他事情时已经提及这一条，它将在本书中再次出现。

实际上，凯莱和 E. 拉盖尔（Laguerre，1834—1886 年，法国人）分别独立地给出了这 5 条解决平面几何距离 $D(p,q)$ 的公理，它们不同于毕达哥拉斯定理中通过两点坐标的函数计算距离的通常方法。借助新的距离定义和与此相应的角度定义，凯莱把具有常规距离和角度定义的度量几何转变成一种射影几何。简而言之，他证明了欧氏空间的度量性质可以重新解释为射影性质。虽然这些细节对于简单陈述来说过于专业化了，我们还是就凯莱的方法给出一些提示。下面一段话引自他 1859 年的数学论文集中有关齐次多项式的第六篇论文以及他对此加的注释。 352

> "……实际上这一理论就是，某个图形的度量性质不是只考虑此图形本身而不计任何其他东西而得来的性质，而是在考虑这一图形与另一图形，即称为'绝对形'的圆锥曲线的联系时的性质。""因此，度量几何是描述几何['描述几何'即射影几何]的一部分，而描述几何就是所有的几何，反过来也可以说，所有的几何也就是描述几何……"

说到凯莱的"所有"，我们必须记住，这段话是他在 1859 年写下的。开始的时候凯莱用了一个大写的首字母 A 来提高自己的"absolute"（绝对形）的身价，这是对他的发明的重大意义应有的赞颂。不过，得知形而上学的神学家通常用"Absolute"来描述某个超时空的实体时，作为一个虔诚的基督徒，凯莱急忙将首字母改成了小写。凯莱的绝对形可以是虚的。

共线距离的加性性质或许暗示凯莱提出了射影距离和绝对形。因为如果 p,q,r 是共线点，且如果直线段 pq,qr,pr 按照通常的规则取符号，则有 $pq+qr=pr$。这与乘积的对数定理相似。无论如何，凯莱以如下的对数方式定义了 p,q 两点间的距离 $D(p,q)$。p 与 q 的连线与某个固定的圆锥曲线（凯莱的“绝对形”)交于 p',q'两点,若 p,q 为任意固定点,则以某种顺序排列的 p,q,p',q'这 4 个共线点确定了一个唯一的交比;常数 k 与这一交比的对数的乘积就是凯莱定义的 $D(p,q)$。很容易看出,$D(p,q)$满足以上所述的距离函数的公理。

在凯莱用绝对形把度量性质简化成射影性质之后 13 年,克莱因在 1871 353 年注意到,距离与角度的射影定义为欧氏几何与经典非欧几何提供了一种简单的统一。克莱因证明了,这些几何之间的区别基本上只在于它们各自的距离函数。在凯莱的定义中,可以选取常数 k 与作为绝对形的不变的圆锥曲线,由此,根据绝对形是实的、虚的或退化的,罗巴切夫斯基和鲍耶、黎曼和欧几里得等人各自的经典几何就完全得到说明了。

彭赛列让射影几何重新获得了生命力,而克莱因得到的令人吃惊的结果则是半个世纪以来为澄清射影几何而做的努力的一个合适的高潮。一年后,克莱因发表了著名的《埃尔朗根纲领》,其中包含了更重大的事件;我们将在论及不变性时叙述它。克莱因的纲领在差不多半个世纪的时间里统治了几何的许多领域。1916 年之后,更新的理念取代了这一纲领,这些新理念是随着广义相对论盛行起来的,但它们起源于黎曼在 1854 年的革命性工作。我们接下来将考虑这件事。

从制图学到宇宙论

绘制地球表面的平面地图的问题是微分几何的一个起源,粗略地说,微分几何研究的是曲线和曲面在其一点的邻域的性质。同样粗略地说,这种研究要求以足够的精度确定足够小的邻域的几何状况,这种确定需要对所研究的曲线或曲面上任意点的邻域有效。这种“局部”几何的另一个来源是 17 世纪与18 世纪对切线、垂线和曲率的研究。微积分为普遍研究这一课题提供了合适的手段。第三个来源显然是 18 世纪的动力学,特别是在约束形式下的动力学,例如一个质点的运动被限制在一个指定表面上的动力学。与这些一般类型的问题一起出现的还有它们显而易见的逆问题。例如,已知相邻两点之间的测地线的一个特殊公式,确定这一公式适用的最一般的表面;或者按照曲面的曲率线为曲面分类。许多这类微分问题直接推广至任意有限维空间。即使根据这些十分不充足的线索也可以预料，这样获得的理论具有广泛的适应性，与微分方程和数学物理有密切关系。

本书无意成为微分几何自1700年以来所取得成就的历史或目录册，因此仅在发展的主线中选取几个典型事例，它们足以将已经讨论过的物理代数与分析、微分方程、力学、数学物理及后面章节中要描述的20世纪非黎曼几何联系起来。从高斯(1827年)到黎曼(1854年)、克里斯托弗尔(1869年)、利普希茨(1870年)，以及从里奇(1887年)到爱因斯坦等人(1916年以后)，对二次微分型日益增长的关注开辟了一条易于追随的道路，这条道路从地球表面的制图开始，直到将宇宙学的很大一部分映射在微分几何上。一幅地图并不一定是画在纸上的图画，理论物理中的地图就是物理现象的数学描述。 354

与现代数学中许多其他课题一样，微分几何真正的开端源于号称“万目数学家”的欧拉的分析。欧拉没有忽略他那个时代的数学中的任何内容，尽管在生命的最后17年他完全失明了。1760年他研究了曲率线。这一工作启发蒙日在1781年朝同一方向进行更加系统的研究，从而得到了有关曲率的一般理论；他在1795年将这一理论应用到中心二次曲面上。蒙日借助其曲面理论阐释偏微分方程解，这对数学的未来同样具有重大的意义。经常用于讨论偏微分方程的几何语言就起源于蒙日的这一早期工作。

蒙日的另一项发明——画法几何，不像他的微分方程分析那样在数学上引起那么大的兴趣，但在工程技术上可能具有更重大的意义。如果没有某种画法几何，19世纪的工程科学会比它们实际发展得更缓慢。蒙日的方法使一个立体可以借助两个投影——“平面图”和“立面图”描画在同一个平面上，这两个投影在实际画到图上之前是两个互相垂直的平面。这个方法可以直观地表达空间关系，因此为解决诸如确定两个或更多曲面相交而形成的曲线之类的问题提供了统一的图解方法。在以一个给定角度连接两根直径不同的管道时，尝试法可能会浪费大量金属。作为较早时期画法几何的一个实例，这个问题已经解决，不再有浪费了。实用的机械制图由蒙日的简单方法演变而来，如果没有机械制图，现代机械的制造几乎是不可能的。正视问题往往不太令人愉快，但是历史强迫我们承认如下事实：1763年的画法几何来源于一个防御 355

工事上的问题。法国军方高度评价蒙日的发明，禁止蒙日将之公开；他们保密了大约 30 年，只供自己使用。在 1795 年至 1796 年，蒙日才首次将对该问题的阐释公开发表。

在继续讨论自 1920 年以来被称为经典微分几何的学科时，我们注意到 E. P. C. 迪潘(Dupin，1784—1873 年，法国人)在 1822 年发表的《微分几何在力学上的应用》。迪潘的工作在几个方面都具有预见性。尽管指标线不是迪潘的发明，但他比前人更有效地使用了这种有启发性的圆锥曲线——在此一个在曲面上任意一点平行且无限接近于切面的平面与这个曲面相交。从分析的角度来说，指标线把二次微分型引入了曲面上某种曲线(渐近线)的几何研究。

这种方式可以类比数学物理中的一种近似方法。在那种方法中，人们先把任意点上介质的精确状态函数通过泰勒展开式展开，然后忽略表示式中任何高于一阶的无穷小，从而得到邻近一点介质状态的足够精确的近似值。这不是一个可以普遍应用的程序，不过在可以应用的范围内，它是自然科学的线性微分方程的一个来源。从几何角度来说，指标线在研究曲面上的两种极有意思的曲线族——渐近线和曲率线时是很有用处的。迪潘还研究了三重正交曲面族，他没有将其作为一种枯燥无味的微分学练习，因为这种曲面族中的某些例子对于位势论和其他数学物理分支具有头等重要的意义。在追溯物理对数学的贡献，特别是拉梅(Lamé)的坐标概念时，我们将提及微分几何的这一方面。迪潘几何的另一个细节在 19 世纪 90 年代呈现出预料之外的意义，当时克莱因和 M. 博歇(Bôcher，1867—1918 年，美国人)观察到，迪潘发明的所谓四次圆纹曲面的表面可以为科学上很重要的一大类微分方程提供统一的几何背景。一个四次圆纹曲面是 3 个指定球体相切的球体族的包络。因此，迪潘几何是 19 世纪许多分析的来源。例如，三重正交曲面系是达布的长达 567 页的名著的重头戏，这部著作某种程度上启发了 G. M. 格林(Green，1891—1919 年，美国人)，他在 1913 年对应用 E. J. 维尔钦斯基(Wilczynski，1876—1932 年，美国人)的所谓射影微分几何而得到的一般理论进行了引人注目的简化。最后一项工作的部分基础是一对二次联立偏微分方程。1913 年格林的 27 页文章中包含了达布 567 页著作的精髓。

356

射影微分几何在20世纪第三个10年中的运用很有趣地说明了不同国家对数学技巧有不同的偏好。美国和意大利的两个主要学派，本质上追求的是同样的目标，却使用了相当不同的方法。每个学派都在自己的方向上走得很远，两个学派显然都因与各自的方法密不可分的障碍而止步（至少是暂时止步）。从理论上说，美国学派的方法足以解决这一课题上可能产生的任何问题，他们却迷失于不可避免的计算莽原中。我们即将描述的一个不那么乏味、却同样令人沮丧的困难阻挡了意大利学派的进路，使他们无法将射影微分几何推广到高维空间。

美国学派的带头人是维尔钦斯基，他在开始于1901年的一系列论文以及1906年有关一般方法的一篇专题论文中提出了自己的理论，并将其应用于许多特殊问题。维尔钦斯基曾经是L. 富克斯（Fuchs，1833—1902年，德国人）的学生，他在富克斯指导下掌握了19世纪末的微分方程理论。因此，他很自然地把他的几何建立在一种完全独立的系统上，即一个或多个线性齐次微分方程的不变量和协变量的系统。这些方程的一组基本解可以唯一确定所研究的几种几何对象，直至射影变换。这些微分方程和伴随着几何对象的参数方程中的因变量和自变量经过适当变换后，几何形状和微分方程的形式是不变的，尽管方程的系数通常会改变。作为几何基础的协变量是新系数、它们的导数以及新的因变量的函数，它们与原来的变量和系数的相同函数最多相差一个因子；一个不变量是一个不含因变量或其导数的协变量。李的变换群论（将在本书有关不变量一章中提及）是计算工具，这种计算是为了得到作为几何的必要前提的协变量和不变量。任何真正试图用李氏理论求解微分方程的人，可能都会赞叹维尔钦斯基这样的英勇计划所蕴含的艰苦劳动，并会同意伽罗瓦的观点：无论这种工作的无可争议的价值的本质是什么，群论无法为求解方程提供实用的方法。伽罗瓦说的自然是代数方程，但按照李氏理论专家的判断，他的观点可以推广到微分方程上。只要稍微进入复杂的高级阶段，即使最坚韧不拔的顽强分子也无法忍受相应的计算。意大利学派的方法超过了李氏理论。

357

1913年前后，以G. G. 富比尼（Fubini，1879—1943年，意大利人）为带头人的意大利学派通过微分型探讨射影几何，得到了由维尔钦斯基开创的那种微分方程系统。通过将分析限制在系数可在其中经过可允许的变换而合法特殊化并因此简化的系统中，基本的协变量约化为相对可控的形式。这种计算方法是M. M. G. 里奇（1853—1925年，意大利人）的绝对微分学，或称张量分析。本书在描述数学最近向结构发展的一般进程中提到了这种方法。不过里奇的微分来源于二次微分型代数，因此无法应用于更高阶的微分型——这些微分型是黎曼在1854年关于几何基础假说的博士论文中不经意间提出的。但是这些型对高维空间射影微分几何十分适宜。意大利方法似乎无法扩展到一个$n>4$维的空间的m维簇中（此处$1<m<n-1$）。在这些情况下，同样不会有一个协变二次型。在叙述其他内容时曾经提到，举例来说，如果物理上的探索促使人们发展出一种在科学上卓有成效的微分，那么，高维空间微分型缺乏绝对微分的状况将得到改善。直到相对论学家传播了里奇的微分，几何学家才接受并发展了它，使其在几何学中得到了充分的发展。但是美国和意大利学派的射影微分几何学似乎没有吸引物理学家。

358

我们回顾这些有点琐碎的细节，是为了强调20世纪20年代大多数专业人士对经典微分几何的评价。自微分几何在欧拉和蒙日的工作中发端，它的扩展似乎无规律可循；直到1900年，微分几何方才归纳了一套松散地组织在一起的特殊问题和不完备理论，整合成一门没有明确目标、没有任何清楚定义的对象的学科。这实际上就是阿达马（举例来说）的观点。与这种杂乱无章的繁茂相比，由于黎曼几何在物理学和广义相对论宇宙学中的应用而受欢迎的微分几何，被里奇和列维-奇维塔的绝对微分学或张量分析学所统一，并确立了明确的目标。当方法最后达到了一致，人们对于经典微分几何的兴趣几乎也就成了明日黄花。由旧传统得出的大量特殊结果进入无穷小几何与无穷小分析的一般结构中；不过，微分几何的创造性工作走上了新的方向。除了在20世纪前10年看似大有希望却在20年代失去了大部分光彩的进展，一个美国学派的射影微分几何也加入了那些很受尊敬却少有人耕耘的经典学科的行列。正如我们已经指出的，从旧向新的发展线路从高斯开始，通过黎曼达到了张量演算。

1827年，高斯在他的《关于曲面的一般研究》中第一次系统地研究了二次微分型，其中的核心主题是曲面的曲率。他研究的型只限于两个变量。高斯的理论与曲面变形有关，并且可以把一种曲面的结果应用到另一个曲面上，是制图学的直接衍生物。不过这个方面并不是黎曼对微分几何进行具有深远影响的普遍化的原因。测地学也是高斯在应用数学上的主要兴趣之一（1843年，1847年），它某种程度上也是一个有关二次微分型的问题，这里椭球面上的线元是一个带两个变量与可变系数的二次微分型的平方根。1854年，黎曼发表了他关于几何基础的经典著作《关于几何基础的假说》，对几何学做出了有史以来最多产的贡献之一，由此直接进入了有 n 个变量和可变系数的一般二次微分型的领域。

359

黎曼对思辨哲学的喜爱，使他这篇伟大论文的一部分给单纯的数学家造成了不必要的困难。对于几何学而言幸运的是，黎曼有关流形的神秘描述是可以忽略的；因为当他描述数学工作时，他实际上使用的最深奥的东西也只是一个 n 维数流形而已。弄清楚黎曼是否认为自己是这个概念的创始人会很有意思。可是，因为他在任何工作中都很少提及其他数学家——即使在他明显受益于他人的情况下也如此，我们不可能说出他的工作（如果有的话）有多少归功于他人。黎曼试图定义却并未使用的一般流形或许可以理解为20世纪的抽象空间。

在黎曼几何的数学中，有两个基本主题交织在一起：一是毕达哥拉斯定理向任意 n 维空间（数字流形）的推广，一是这种空间的曲率。如果

$$(x_1, \cdots, x_n), (x_1 + dx_1, \cdots, x_n + dx_n)$$

是空间中相邻两点的坐标，且 ds 是这些点之间的无穷小距离，那么可以令 $ds^2 = \sum\sum g_{ij}dx_i dx_j$，其中的双重求和号取 $i, j = 1, \cdots, n$，g_{ij} 是 $x_1, \cdots, x_n$ 的函数，且 $g_{ij} = g_{ji}$。黎曼在写下这一公理时意识到，它对保持距离函数主要性质的基本距离给出了一个充分但不必要的描述，于是他清楚地陈述了其他可能性。这些可能性直到1945年还无人利用（至少是未发表），尽管早在1924年，H. P. 罗伯逊（Robertson，1903—1961年，美国人）就在适宜于广义相对论的黎曼几何张量演算中研究了这些类似的情况。一个特殊黎曼空间中的度量几何由在该空间的 ds^2 中出现的 g_{ij} 确定。在忽略了特殊情况以后，黎曼立即继续研究由他普遍化处理的曲率，并部分地受高斯二维空间理论的指导。然后

他做出了那个引人注目的猜想：他的新度量会简化关于物质世界的问题，削弱将物质世界与纯几何中的其他概念联系在一起的“结合力”。

360

比黎曼还大胆的克利福德在1870年承认，他确信物质只不过是时空流形的曲率的表现形式。这一萌芽式的预测被认为是1915年至1916年爱因斯坦有关引力场的广义相对论的前期工作。但实际上，爱因斯坦的理论与克利福德较详尽的信条间只有很少的相似之处。一般来说，那些从来不给出具体细节的数学预言家做出的预言得到应验的最多。几乎人人都可以用猎枪发出的大号铅弹打中36米开外的谷仓。

黎曼之后，朝现代微分几何迈出了一大步的是克里斯托弗尔在1869年的工作，他通过一个带变量的一般函数转换，为黎曼 ds^2 式的二次微分型向另一个空间转换确定了充要条件。利普希茨也在1870年处理了同样的问题。人们发现克里斯托弗尔的解更有用。克里斯托弗尔在分析过程中发明了被里奇命名为协变微分的方法，并用它从已知张量中得到一个张量系列。贝尔特拉米等人，特别是意大利学派的几何学家，实际使用的也是张量；不过最终却是里奇将张量孤立出来，完善了他的张量演算，使之成为一种独立的方法。

前面的章节中提到过作为向量的推广的张量代数。黎曼几何的进一步发展将在说到不变量时提及。我们可以用一个关于张量用于科学的数学原因的总结性说明，来结束这一章。

张量变量上的泛函变换将该张量变成了另一个张量，其分量是原张量分量的线性齐次函数。一个张量（如普通的向量）为零的条件是，当且仅当其分量都为零。如果把变换的变量解释为合适维数空间中的坐标，上述变换从几何学的角度说就是一般坐标变换。因此，如果一个张量在一个坐标系中为零，则它在所有坐标系中都为零；其中齐次性是决定性的因素。这等价于，如果一个方程组可表示令张量为零，那么这个方程组在其变量的一切变换中保持不变。而这正是广义相对论的一个假设施加于一个方程组的条件，条件是这个方程组是物理学或宇宙学中可观察的事件系列里可被接受的数学形式。

第十六章　来自科学的推动力

361

本章是随后 6 章的开场，我们将在后面 6 章介绍 17 世纪到 20 世纪分析发展过程中的某些典型的进展。分析或许能够比代数或者几何更清晰地展现科学对数学的一般发展产生的持续影响。

我们已经看到，微积分在动力学上的获益和在几何上的获益一样多。从牛顿在 1727 年去世到 20 世纪，科学一直在刺激着数学的创造精神。在那些至少部分归功于科学的重大数学创造中，发展程度最高的是微分方程的庞大领域、位势论和其他理论中出现的许多特殊函数分析、位势论本身、变分法、复变函数论、积分方程和泛函分析、统计分析以及微分几何。到 1800 年，变分法和微分方程已经得到充分发展，成为独立却相互依赖的数学分支；统计方法仍然是概率论中一种朦胧的可能性；复变函数论还需要等待四分之一个世纪才迎来柯西做出的系统性发展，尽管一些基本结果在 18 世纪的拉格朗日等人的应用数学中已初见端倪。

在追溯 1700 年至 1900 年数学严格的成长历程时，我们注意到数理逻辑日益精确，并发现，为分析提供自洽基础的尝试在 20 世纪初期一度带来了困惑，让人们对更精细的推理的必要性有了一个认识。我们现在不妨暂时搁置所有的疑惑，进入一个没有风险的区域，让结果来判定方法的好坏。所谓结果就是科学知识的增加，数学只是其中一种手段。与前面所做的一样，我们只注意那些描述整体走向的典型特征。首先要关注两件可能有更广泛意义的事情：一个是 18 世纪数学对社会的影响；另一个是社会对数学研究的回应，特别

362

是在拿破仑的时代以后。

理性时代的数学

18世纪数学对文明的最大贡献是用理性的观点看待物质世界，对此动力天文学和分析力学起到了主要作用。

18世纪被称为"理性的时代"，也是"启蒙的时代"，某种程度上是因为自然科学从神学手中获得了自由。从1727年牛顿去世，到1827年拉普拉斯逝世，这100年间教条式的权威在科学审查之手中遭受了最具毁灭性的一次失败：人们对其漠不关心。对于科学来说，它已无关紧要，无论这些教条是正确的还是错误的。在18世纪初，人们习惯性地为力学原理寻求目的论解释，以符合那个时代的正统神学；当拉普拉斯去世的时候，这类无关宏旨的问题已被忽视了40年之久。力学终于长大成人了。如同科学所揭示的那样，绝对真理逃进了纯数学的领地，据称现在还在那里安然居住。

1789年爆发的法国大革命伴随着变革，我们可能倾向于把精确科学的成熟完全归功于那场彻底的大动荡。但是在此前一年，随着拉格朗日的分析力学在长期拖延后终告发表，最终的解放已经到来。数学和科学的一流杰作首次凭自己的双脚傲然挺立，无须外部的支持。不需要祈求神秘的自然精神；这件工作所做的一切是描述，而不是解释物质系统的力学行为。

363 下面几句大致的译文，表明了拉格朗日的力学与前人在科学和数学两个方面的重大差别。拉格朗日在他的前言中写道：

> 我给自己提出一个问题，要把这门科学[力学]和与之相关的解决力学问题的技艺归结为一般公式，这些公式的简单发展，提供了求解每个问题所必需的方程……本书中没有图形。我在本书中详细解释的方法既不需要作图也不需要几何或力学推理，只是按照一个统一的常规过程进行代数[分析]操作。那些喜欢分析的人看到力学成了它的新的分支会很高兴，并为我扩展了分析的领域而心存感谢。

由此可见，拉格朗日完全理解他所做的工作的重要性。下列可代表其整个工作精神的引文表明他掌握了数学力学的抽象本性:“静力学的第二个基本原理是力的合成。这一点是基于这一假设:……”因此,力学的原理是建立在假设的基础上,也就是说,是在公理的基础上,而不是在某些超自然智者勉强透露给在黑暗中摸索的人类的永恒真理基础上。正是这种数学与科学的理性主义,让18世纪有恰当理由被称为理性的时代。

但是,像拉格朗日这样头脑清晰的人,在那个年代以及他逝世(1813年)之后的一百余年里,都属于罕见的例外。拉格朗日在精确科学上最著名的同代人——自信的拉普拉斯,说服他自己以及两代热切的哲学家相信牛顿的天体力学是绝对和永恒的真理;由这一点出发,他试图确立太阳系的永久稳定。

准怀疑论者拉普拉斯对古老的绝对论主张怀有强烈的敌意,他用一种教条主义的信念代替了另一种。这很大程度上是由于他自己的天体力学很成功,还有他对牛顿引力学说——一种折磨了19世纪几乎所有物理学家和哲学家的粗糙的机械哲学——的数学推论的揭示。

18世纪的力学某种程度上也导致了19世纪初机器装置迅速横扫人类文明。机械哲学不再是知识阶层独家享有的财产,它要不停地与无产阶级共享自己无法估量的收益。拉格朗日和拉普拉斯给成千上万无产阶级上许多年课也无法改变他们的观念,他们却被单调机器那无言的、准确无误的精确转变了。

364

一个发展充分的抽象理论首先出现在现代数学的应用方面,这件事并不像初看上去那么让人吃惊。力学和数学物理通常并不像几何那样,需要抛掉一个压得人腰酸背痛的传统包袱。当拉格朗日见到数学力学时它才刚过百岁。在拉格朗日发表他的力学之前大约60年,萨凯里对于欧氏几何神圣性的执念使他忽视了敏锐的理性的反复提醒。如果那些动力学的基本“定律”是阿基米德而不是伽利略或者牛顿写下的,或许拉格朗日会不愿铲平其体系的基础,使其改用“假设”。但是力学的公理没有时间去形成永恒真理的化石,拉格朗日不打算激怒他的理智——至少在力学上没有。但是,在他努力把微积分建立在泰勒展开式的基础上,进而将其严格化的时候,他像萨凯里一样受到了传统的制约,可能原因都一样。连续性问题与那些几何问题一样古老,也同样需要超出常人的不妥协态度,才能无视传统,沿着一个全新的方向前进。

18世纪可能确如人们所说,是哲学和一般人类事务中的理性的黄金时代。如我们所知,精确科学也在那个精明冷静的世纪送交理性裁决。但是在纯数学中,相对于古希腊人为自己设立的标准,人们的标准显著降低了。面对一个连续性问题,理性所能做的最好的事情就是像拉格朗日那样使微积分严格化。古希腊数学家不会像拉格朗日那样完全欺骗自己,后者是那个时代最伟大的数学家、整个历史上最伟大的数学家之一。

人们似乎暂时失去了对数学中有效推理的感觉。除非像在有限算法和组合数学中那样,甚至中庸的技能都必须有逻辑严格性的时候,那种使所谓理性时代的重要数学家满意的推理才会让欧多克索斯和阿基米德感到震惊。但是阿基米德——不仅是数学家而且是第一流的机械师,是拉格朗日的偶像。在拉格朗日的所有伟大的工作中,他对他数论方面的贡献评价最低;在数论领域,即便是看上去最明显的理论,若无严格的证明,也没有什么意义。这一点很重要。这些事情要求他付出最大的努力,可是他怀疑它们是否值得这些付出。对于阿基米德是否认为他在实用力学上的贡献高于他对球体的测量,历史上没有相关的记载。

365

牛顿逝世以来的社会刺激

精确科学从超自然主义向理性主义的转变并不是在社会真空中进行的。在解释后牛顿时代对数学化的理性的崇拜时,经济决定论是其中最灵活的假说。简而言之,所有天体力学和分析力学的工作都是出于航海和弹道学的需要。可是,任何对此有兴趣的人搜索拉普拉斯和拉格朗日在力学上的专业研究,都找不到有关航海或武器制造的东西。这并不能证明以下观点是错误的:18 世纪力学的最初推动力是商业对于可靠的自然历书的需求,以及军事上对于击中任何瞄准的目标的需要。它只能说明一个可以证明的事实,即一种数学理论一旦产生,无论它的起源是什么,它都会按照某种知识惯性发展成为看不到具体应用的抽象理论。我们后面还会看到许多这样的例子。举例来说,尽管位势论起源于力学,但是在它那些让职业数学家感兴趣的分支中,却早就不再有人能找出任何与科学或者技术之间的联系。这些深奥的理论未来可能有实际用途,可是只有当时光倒流、演变向内展开时,它们的应用才会成为它们的起源。

同样的情况也适用于变分法，不过在这个例子中，最初的来源是18世纪的神学，而不是科学。1747年，P. L. M. 德·莫佩尔蒂(de Maupertuis, 1698—1759年，法国人)提出了力学的最小作用量原理的一种模糊形式，因为他认为他的节俭的神厌恶可以避免的努力和其他浪费。这可以理解为神学决定论而非经济决定论，除非像有些人坚持的那样，神学与弹道学一样由经济决定。

366

宣称"自然总是依照最短途径发生作用"的费马，也在观察到实验现象之后，得出了他的光学最短时间原理。不过，牛顿在1687年确定对于通过阻尼媒介沿轴向的运动阻力最小的旋转表面时，没有拘泥于不必要的假定。如果牛顿的问题是在今天第一次提出的，经济决定论还可能正确，因为它可能会在海军鱼雷方面有应用；但是在牛顿的那个落后的时代，这种事情根本还没有人想到。这个问题实际上应归功于牛顿早年对一个打算学习弹道学的青年朋友的忠告。从这些例子和大量可举出的其他例子似乎可以清楚地知道，如果把一种社会学理论的真理硬推广到覆盖所有数学，其结果有时可能会根据它的弹性出现相应的反弹。

事实似乎是，除了研习数学的愿望或谋生的需求以外，18世纪的数学家在选择自己的爱好时若还受到了一些不太明确的事物的刺激，那他们其实并没有意识到这一点。这些伟大创造者的工作条件与19世纪和20世纪的条件有根本的区别。如果要找一种经济推动力，普鲁士的腓特烈大帝(Frederick the Great, 1712—1786年)、俄国的叶卡捷琳娜大帝(Catherine the Great, 1729—1796年)、法王路易十六(1754—1793年)和拿破仑·波拿巴(1769—1821年)的内政外交政策中应该存在有利可图的迹象。内务、海军和军事工程的迫切需要使数学的发展变得必不可少；而这些统治者的眼光足够清楚，能够看到从数学家那里得到数学的最简单方法就是付给他们生活费用。在不同的职业阶段，欧拉都曾依附于叶卡捷琳娜和腓特烈的宫廷；拉格朗日也得到了与军事有关的政府机构——都灵科学院的经济支持，后来受过腓特烈、路易和拿破仑的赞助。常被称为数学物理奠基人的丹尼尔·伯努利受过叶卡捷琳娜雇用。蒙日和拉普拉斯是连续多届法国政府中不同机构的雇员，工作涉及从军事工程和政府工程师训练到国家事务等各方面。傅里叶和其他一些不那么出名的数学家也有类似的情况。在拿破仑的时代之前，这些人一旦给自己的雇主提出了技术问题的建议——通常是交给他们的简单问题，他们就可以自由地支配自己的工作时间。结果大量没有明确用途的数学被创造出来。许多这样的数学在几年或几十年后被证明有实用价值，这一点并不能改变其推动力并非来自经济的事实。这些研究和其他研究一样，公费刊印在政府赞助的科学机构的学报上。一直到拿破仑的时代，学术协会都是发表数学研究成果的最重要的机构。

367

1789 年随着“自由、平等、博爱”在法国突然兴起，数学研究的民主化进程迅速开始了。在拿破仑统治下，法国的主要数学家通过在巴黎综合理工学院帮助训练土木工程师和军事工程师赚取他们的部分生活必需品。其他人在巴黎高等师范学院给未来的教师上课。那些数学家领袖创造的新数学的主要部分也没有直接的实用价值，创造者在进行这项工作时也没有想到它们可能会有什么应用。拿破仑无疑是导致这种自由的部分原因。只要这些学府源源不断地为他提供合格公务员和专业工程师，以便填补在一个军国主义政权中可以预想的经常出现的职位空缺，他就满意了。一些数学家为学生编撰了优秀的课本，其他人则认真地准备每周几次的课程，几乎每个人都在充足的业余时间里做研究。这种情况与 20 世纪的几个比较开明的欧美大学并无二致。

下一个，也是最后一次数学和数学家社会地位的显著转变开始于 1816 年至 1826 年的 10 年，那是拿破仑时代在 1815 年结束之后。作为数学研究中心的大学和工学院的重要性迅速增加，学术协会不再有经济能力应付从上百个源头涌来的新数学潮流；最重要的是，人人负责等于没人负责。

对于民主无论可以有什么别的说法，它的确持续地培养了数学家的个人自由。在民主制度下，没有一个数学家被迫用公众的资金创造数学。所有数学家都可以用他们喜欢的方式维持生活，并尽量利用他们能找到的时间来发展自己的爱好。数学家作为一个阶层也没有堕落到需要公费发表他们的研究成果的地步，尽管这些工作可能既得不到专利，又没有版权，因而可被人无偿使用。在美国，比较自由的大学出资替他们的员工发表著作。

368

大多数受过教育的人都承认，一个没有数学的科技文明是不可想象的。

显然,要完成必须完成的工作,最有效率的方法是让个体在辛勤完成了一天工作后,在业余时间发挥主动性。或许相当出人意料的是,自从拿破仑时代结束以来,数学成果的增长比以往一切历史阶段都快。

最强大的刺激一直来自两方面:一是为了跟上现代文明的其他部分的步伐,对科学技术教学的需要日益增长;二是自德国工程师 A. L. 克雷勒在 1826 年资助了第一个高水平的数学期刊以来,数学出版媒介也大量增加。1940 年时,共有大约 280 种这类期刊[1] 完全或部分用于发表数学研究,现有的出版机构承受了持续增长的出版压力。如果这些出版社不得不在一个竞争激烈的社会里自己出资生存,没有几个机构能活过两个月。它们受到整个数学行业不分种族、国籍或信仰的支持。一般的数学家尽自己的能力多订阅这些期刊,即使在每年发表的高度专业化的论文中他能够理解的数量非常有限。

或许很难从严格的经济意义上解释这种奇特现象。这些期刊的大多数赞助者并不做数学研究,因此这种利他主义的赞助不可能是为了给自己的工作履历贴金或者扬名立万,通过把自己的名字印到刊物上,礼貌地暗示自己的优越地位。一个浏览当前数学研究文献摘要且通晓数学的读者也不会认为,每月刊行的数以百计的文章中有相当的比例受到了经济或实际需要的激发。

几千种[2] 工程学和其他精确科学的专业杂志关注数学的直接实际应用,但是数学家订阅的不是这种杂志。许多更加实用的杂志在竞争市场上自负盈亏。或许这就是纯数学与应用数学最根本的差别。

在关注科学对数学的影响时我们需要记住,数学与它的应用是两码事。 369 例如,一篇数学物理的论文或者专著里从头到尾可能有大量公式和方程,却对数学毫无贡献。如果一般事实不够明显,它的极端情况就像在记账或者量子力学中的特征函数计算一样,可以说明其中的差别。为了进一步帮助理解,我们可以合理地假设:从纽约或者芝加哥、伦敦、巴黎、莫斯科、东京的大街上随机选取十万个人,不会有人知道职业数学家一致认可的 1912 年以来的数学引路人的名字。此人 1943 年去世,当时已经不从事数学工作了;但是他的名声坚不可摧,尽管街上(或者有文化的社会群体中)的普通人永远不太可能听说他。在那些随机选出的十万人中,许多人可以立刻说出一个理论物理学家的名字,而他十分厌恶人们称他为数学家。

370

第十七章　从力学到广义变量

在所有精确科学中，对现代数学最具影响力的或许是最一般的力学。一门科学所运用的已知数学的种类，并不能衡量那门科学在数学进化中的重要性；重要的是，有多少新的数学是仅仅因为受到这门科学的启发而诞生的。

于是，尽管量子力学在问世后的第一个 20 年里（1925—1945 年），从特殊函数到现代代数使用了大量数学，却没有提出任何一种根本意义上的新的数学。[1] 而另一方面，虽然广义相对论不像量子力学那样吸引数学，却直接引导了微分几何在大约 1920 年的发展方向。这一较新的几何学，本来可以提前发展将近 40 年。一切必需的技巧都已经存在；可是直到相对论的成功证明了黎曼空间和张量分析具有的意义超出了数学的范畴，微分几何学家这时才注意到他们过去忽视了的东西。

在考虑某几类分析的力学源头之前，我们先简短地总结力学在 18 世纪和 19 世纪的相关发展过程，它们部分促进了数学的发展。

搜寻变分原理

371

18 世纪力学的一个目的，是发明可以据之推导伽利略和牛顿的力学的原理，以及建立适用于这一推导的数学工具。其主要的数学产物是变分法，微分方程的庞大理论，形形色色的特殊方程，线、面和体积分理论的萌芽，n 维空间呼之欲出[2]，位势论的起源，以及在后来成为复变函数论的某些基本结果。

牛顿力学之后第一个综合全面的原理是达朗贝尔原理，发表在他 1743 年的著作《论动力学》中：任何运动中的刚体系统内部的作用力与反作用力平衡。或者按通常的表达方式就是：在一个动力学系统中的有效反作用力与外力平衡。

作为牛顿的动量守恒原理和质心原理的补充，欧拉和丹尼尔·伯努利（1700—1782 年）于 1746 年分别独立表述了面积守恒原理。所有这些都是不变性概念的前兆。

欧拉 1736 年的著作《力学：解析地叙述运动的理论》是介于牛顿 1687 年的《自然哲学的数学原理》与拉格朗日 1788 年的《分析力学》之间的中间站。欧拉追求使用分析方法代替综合方法，并基本取得了成功。但是在将曲线运动分解为水平和垂直分量时终究还在使用视觉的几何直觉。让曲线与曲面的零乱几何粉饰装点陈旧的微积分，并将其归属于"几何应用"这个笼统标题下的做法，其根源就在于此。或许，力学也是微分几何与曲线的内蕴几何产生的部分原因。

C. 麦克劳林（1698—1746 年，苏格兰人）向普遍方法迈进了一大步。他在 1742 年的《完全流数系统》中使用 3 个固定轴分解力，从而超越了欧拉。麦克劳林优于欧拉之处可与笛卡尔使用坐标系来展示任意数量的曲线相比。不过每种问题的数学公式化仍需要特别的处理手段。

拉格朗日在 1760 年引入了他的广义坐标，从而摒弃了单纯的奇思巧计，并开始向运动的普遍方程发展。1788 年他在普遍方程的基础上建立了他的分析力学。这样就可以针对不同的特殊问题采用最方便的特殊坐标，从而以这种形式得到完整动力学体系的运动方程。完整与非完整体系间的差别可能有助于说明某些力学概念——这些力学概念是变分法以其最初形式产生的部分原因。

372

要表现这些，我们就必须使用"任意无穷小位移"，应用数学家经常以这种方式考虑问题。对于相关的变分算子[3] δ 和无穷小位移，要给出数学上有效的处理方式并不容易——在从计算中最后消失之前它们能够得出许多有用的结果；一个相当激进的学派主张摒弃一切以这类方式获得动力学方程的借口。将运动的一般方程叙述为一个公理就更接近现代科学的方式，这些方程的唯一功能是用数学陈述动力学问题，这对此方程本身是合适的。对于这些方程的神秘化推导可以上溯到古希腊时代和中世纪，这纯粹只有历史性的意义，对于理解和使用它们并无贡献。但是，由于这些老式思想的残留物对大部分应用数学家还是有帮助的，所以我们按传统方式行事，尽管现在的严格主义者宣称这种方式不健全，理论物理的现代派则宣称它们没有意义。[4]

人们把一个动力学系统的构型看作由物质的质点构成，这些质点受到一定的约束（例如所有质点都只在给定的表面上运动），并有一定的几何条件（例如一个刚体内任意两个已知点距离恒定）。这一构型在时间 t 由 n 个坐标 q_1，q_2，…，q_n 确定，此处 n 是有限数。举一个例子：如果在时间 t，第 r 个质点的直角坐标是 x_r，y_r，z_r，则这一系统由 $3m$ 个方程确定：

$$x_r=f_r(q_1,\cdots,q_n),\quad y_r=g_r(q_1,\cdots,q_n),$$
$$z_r=h_r(q_1,\cdots,q_n);\quad r=1,\cdots,m。$$

令每一个广义坐标 q_1，…，q_n 获得一个任意的无穷小增量；称这些增量为 δq_1，…，δq_n。对应于 δq_1，…，δq_n，系统并不一定存在一个实际可能的位移；若存在，则称这一系统是完整的；若不存在，则是非完整的。称一个由 q_1，…，q_n 确定的完整系统具有 n 个自由度。

373

现在可以陈述有位势函数存在[5]、具有 n 个自由度的系统的拉格朗日方程了。

以 $\dot{q}_1$，…，$\dot{q}_n$表示 q_1，…，q_n 对于 t 的导数，且以 L 表示动能 T 与势能 V 的差 $T-V$，则运动方程为

$$\frac{\mathrm{d}}{\mathrm{d}t}\left(\frac{\partial L}{\partial \dot{q}_r}\right)-\frac{\partial L}{\partial q_r}=0,\ r=1,\cdots,\ n。$$

称 L 为系统的拉格朗日函数或动力学位势。

这里有历史价值之处是（q_1，…，q_n）的“小的位移”（δq_1，…，δq_n）。这种价值是力学的，而不是数学的，我们不必去追溯它的具体沿革。（δq_1，…，δq_n）来自斯蒂维纽斯、笛卡尔等人在静力学中使用的虚位移。虚位移在虚功原理中以完全成熟的形式出现，这是追踪欧拉和拉格朗日分析力学的一条线索。在极其随意地解释了古代和中世纪的力学猜想之后，一些学者得以找到虚功的缥缈痕迹，认为它可以一直上溯到古希腊哲学家的工作。虚位移、虚速度和虚

功显然是变分法的一般化方向。分析力学的下一个重大进步是在同一方向做出的。它最终将静力学和动力学中的数学简化成经典变分法中的一个课题。

17和18世纪的几个力学定理让欧拉想到，所有自然现象都代表着极值，而物理原理，包括力学的那些原理，都应该可以表示为极大值和极小值的形式。例如，惠更斯曾经证明，费马的最短时间原理对于折射率在两点之间连续变化的介质有效；詹姆斯·伯努利①和约翰·伯努利发现了悬链线是以固定弧长连接两个固定点的连线中，重心位置最低的曲线；洛必达、莱布尼茨、牛顿、詹姆斯·伯努利和约翰·伯努利本人正确解答了1696年约翰·伯努利的问题[6]：寻找在一个垂直平面上，物体由于重力作用从一个固定点下落到另一个固定点的时间最短的路径曲线；最后，欧拉找到了一个其变分为零时给出动力学微分方程的函数。对于单一质点，天才的欧拉注意到，如果给定速度 v 为这一质点的坐标的函数，所要求的方程可以通过令 $\int v\,\mathrm{d}s$ 最小得到，此处 $\mathrm{d}s$ 是该质点正在运动的曲线上的一个路程元。用另外一种方式表达，运动方程可以通过执行变分 $\delta\int v\,\mathrm{d}s$ 并令结果为零得到。通过这种方法，欧拉最后让定积分最小化，其中定积分的被积函数形为 $f(x,y)=(1+y'^2)^{\frac{1}{2}}$，$y'\equiv \mathrm{d}y/\mathrm{d}x$，并对 x 积分。

374

值得注意的是，受直觉引导的欧拉寻求极小值来表示自然的"定律"，原因可能是他的性格与莫佩尔蒂一样过分虔诚。不过雅可比在他有关动力学的授课中(1866年整理)给出了一个几乎可以说微不足道的力学问题，在这个问题中采取的方式是求极大值。因此，习惯上为了避免表现出偏见，在叙述物理定律时使用定积分的驻值，而不是期望一个最小值；一个定积分的变分为零，这时称它所代表的是一个驻值。变分为零并不足以保证得到极大值或者极小值，不过在许多物理问题的具体情况下，可以很清楚地看出肯定会出现某种极值，因此很少需要继续进行演算。但是确实在少数情况下，现代科学对极值的要求超出了敏锐的猜测。因此1939年，R. C. 托尔曼(Tolman)在天体物理学

---

① 詹姆斯·伯努利(James Bernoulli)也叫作雅各布·伯努利(Jakob Bernoulli)，是约翰·伯努利的兄长。——译者注

中遇到了一个靠科学直觉似乎无法处理的问题，而在这一问题上，变分法更精细的技巧至少是有帮助的。

哈密顿在1834年至1835年间完成了欧拉的计划，他证明了动力学方程可以从一个简单的稳态原理获得，而对于保守系统，这一稳态原理是$\delta\int_{t_0}^{t_1} L\mathrm{d}t=0$，其中$t_0$与$t_1$分别是一个带有动势$L$的动力学系统从一个给定的构型转化为另一个的开始与结束时间。文字的等价说法如下：在一个动力学系统可能在给定的时间内从一个给定构型向另一个构型转变的所有可能运动中，系统实际上发生的运动将是使动势的平均值平稳的那个。"可能"的分析等价物是变分的过程，这一过程至少在力学上牵涉到虚位移。哈密顿也给出了一个非保守系统的变分原理。

375

力学的变分原理远远不止我们已经引述的那些。高斯在1829年以他自己的最小约束原理重述并普遍化了达朗贝尔的变分原理；同样，哈密顿的原理也在19世纪90年代以最小作用的方式推广到了非完整系统。H. R. 赫兹(Hertz，1857—1894年，德国人)在1894年的《力学原理》中运用几何想象重新研究了这一课题。随着n维空间中度量微分几何在19世纪下半叶的发展，动力学的稳态原理应该以测地学的语言重新加以叙述显然已不可避免。但这里与拉格朗日之后的其他地方一样，无论人们从中获得了何种进展，这些进展都是在科学角度上而不是数学角度上获得的；几何与分析上的新技巧提示了力学上的改写。李的接触变换论首先是由于它在数学上的意义而被详细提出的，直到很久以后的1889年才应用于统一动力学系统的微分方程，尽管在哈密顿1834年至1835年间的工作中，动力学和接触变换就有了模糊的联系。庞加莱1890年的积分不变量也出现了同样的情况；拓扑方法是首先由他应用到力学上的，而在那之前，已经有一批多产的纯数学家广泛地发展了该方法。[7]但是在最后一批例子中，天体力学中未解决的问题，诸如三体之间遵照牛顿万有引力相互吸引的问题，[8]是数学发展的最终源泉。[9]

我们已经给出足够的例子，证明了力学是变分法的一个重要来源。在我们转而总结分析的这一分支的发展之前，我们可以简略看一下变分(平稳)原理普遍的科学意义。[9]

有关的权威意见分歧很大。其中一方按照莫佩尔蒂、欧拉以及他们的后继者的传统，宣称他们通过变分原理，在拉格朗日方程的衍生物中看到了宇宙的奥秘。这种奥秘已经不像18世纪那样属于神学领域了，而是关系到物质世界中人们尚未理解的必要原则。他们随之声称，当物理理论中的微分方程被证明可以通过变分原理获得——举例来说，就像许久以前由希尔伯特在广义相对论中所做的那样——真实的科学进步就产生了，尽管它们还没有被人们完全认识。 376

另一方的观点是，变分原理除了能以更妥帖的方法进行计算以外，并不能为科学增加新内容。这一方认为，任何科学中的变分原理最多只是对古代历史的一种重新叙述。如果所有科学家突然忘记了他们现实中用以检测观察结果的数学，这些历史结论（因为人们很容易记住它们）也能变得很有用。这一方进一步宣称，以变分原理为基础而对科学进行重写，是那些平庸的现代纯数学家在企图为科学做出贡献的时候所做的工作，可是他们本不适合这项任务。

不那么极端的数学家采取了中间立场；他们指出，如果物理学家仔细检查过哈密顿的光学与动力学中的对偶性，其中的最短时间与最小作用量原理被证明是互相关联的，那么在德布罗意(de Broglie)的物质波和薛定谔的波动力学之前大约90年，他们就可能已经摸到了这两个学说的门槛。但是这属于“莫须有”的难以捉摸的形而上学，不能认为就是未来的一种大有希望的可能性。

于是留下的只有两个极端派别，他们持有的都是经不起推敲的论点。他们的不同信念反映了数学中的相应派别。莫佩尔蒂的门徒倾向于将数学当成永恒存在的必然真理；他们的对手则仅仅把数学当成一种人类创造的语言，可以套用这种语言来定义由人类预先规定的目标。如果有人认为这两派意见的一种比另一种更有道理，那不过是个人偏好而已。

作为变量的函数

变分法中的极大极小值问题是找到自变量的取值，使给定函数获得最大或最小值。这些变量代表真实的数字。

变分法要求确定至少一个未知函数，可以使一个与此函数有关的已知定积分取得最大或最小值。这里的变量是函数。举最简单的例子，就是要求找出连接两个固定点(x_1, y_1)，(x_2, y_2)的最短弧线。所有连接这两点的无限条

377

弧线$y=f(x)$，$x_1 \leqslant x \leqslant x_2$都满足这一最后条件：$y_1=f(x_1)$，$y_2=f(x_2)$。其中最短的那条是可以使$\int_{x_1}^{x_2}(1+y'^2)^{\frac{1}{2}}\,dx$取极小值的那一条弧线（或那些弧线，如果有不止一条的话），其中y'表示dy/dx。

问题的解在直觉上是明显的，因此难免引起怀疑。同样"明显"的是，给定长度且包含最大面积的平面封闭曲线是一个圆；同样，给定面积且包含最大体积的表面是球。尽管最后的两个定理如此"明显"，古希腊的几何学家[10]还是试图用初等几何加以证明。我们不能完全相信狄多(Dido)女王和她的牛皮的传说①[11]，不过在这些古代的等周图形问题上我们首先看到的是有关极大极小值的最早问题，而这些问题只有用变分法才能严格地证明。这些问题一直到19世纪后半叶才得到解决。

17和18世纪的诸如最速降线[12]之类涉及极小值的最一般的力学问题超越了直觉，却还是属于"奇技淫巧"的几何范畴。约翰·伯努利在1697年通过特殊技巧漂亮地解决了最速降线问题，他没有使用超出积分水平的工具。就在同一年，他的兄弟詹姆斯用了一种虽不漂亮，却可以应用于更广泛类别的问题上的方法做了解答，其成就远远超过了约翰。詹姆斯·伯努利方法[13]的显著优点是他意识到，从无穷多的曲线中选择一种具有指定极大或极小性质的曲线，这个问题是一类新的问题，不能单靠微分学解决，需要发明新的方法。这就是变分法的起源。

这一课题的发展详细而又复杂，特别是在近代；在此我们只给出一个最简要的总结，足以说明变分法在现代分析的发展中所起的作用。从内涵上说，变分法比分析的其他主要分支（例如函数的经典理论）更难，因此它吸引的专家

---

① 传说狄多本为泰尔王国公主，为躲避兄长迫害逃往北非。初到北非时，她向当地首领讨要一张牛皮，以牛皮划定的范围作为自己的栖身之地。她将牛皮剪成细条，在紧靠海边的山丘上围出一块地建城，是为后来的迦太基。——译者注

相对少一些。但是那些把变分法当作自己主要课题的人的著述之多,简直让其他人感到不好意思。

根据我们的目的,我们最大的兴趣点是新的微积分方法作为分析中的一个独立分支,在早期出现时纯属偶然地与引起它的力学和几何问题发生关联,以及它逐步发展成一种不可数无限变量函数理论的过程。变分法本身与最后一项并无关系;但是理论在使弧最短化的过程中,从两方面提示了一种无限变量。给定端点条件的极值曲线(最小或最大弧)对象是无限条可变弧长中的一个,弧线本身是点的无限集合。这些提示似乎是引出线("泛函")函数理论和无穷维空间几何的部分原因。 378

这一发展大致可以分成六个阶段。第一阶段从17世纪的最后10年一直持续到大约1740年,以伯努利家族的工作为代表。第二个阶段于1736年开始,那一年欧拉[14]的微分方程给出了最小化曲线的一个必要条件。1744年欧拉系统地解释了他的方法,同时进行了一些必要的修正。

拉格朗日摒弃了欧拉的半经验探讨方式,在1762年和1770年发明了带有最小化曲线微分方程的分析方法,使这一发展进入了第三阶段。他引进了变分算子δ并发展了其算法,大大简化并推广了前人的大部分工作。由于拉格朗日的贡献,变分法成了分析中自成体系的一个分支。

第四阶段是从1786年至1837年,开始于勒让德为了寻找区分极大与极小值的标准而研究积分的二阶变分。这可以与运用二阶导数在微分学中解决的极大极小值问题类比。勒让德的标准不是结论性的东西;雅可比在1837年对勒让德的分析进行了关键性的评价,讨论了在什么时候它可以导致希望的结论,在什么时候却不能。就这样,雅可比从他定义的共轭点[15]出发,为自己的标准做出了几何解释。

在雅可比取得进展之后的大约40年里,这方面没有再出现重大进展,对于现代数学来说这是很长的时间。不过在此期间人们对分析进行了一次基本修正。"现代分析之父"魏尔斯特拉斯把连续的数学转变成了一个严格的逻辑体系,这个体系与他大部分前人的直觉分析并无多少共同之处。他于1879年在柏林大学时讲授的变分法课程[16]标志着第五阶段的开始。魏尔斯特拉斯几乎与高斯一样不在乎名声,他满足于在讲座中阐述自己对这一理论的修正。 379

尽管他的成果在他在世的时候没有出版，但它们通过他的学生的研究与授课，深刻地影响了整个分析的未来发展。他的学生中有一个特别值得在此提及，就是O.博尔查(Bolza，1857—1942年，德国人)，由于他在芝加哥大学的几年授课，现代变分法形成了高产的美国学派。博尔查听过魏尔斯特拉斯1879年的讲座。

魏尔斯特拉斯除了将他的时代存在的整个课题严格化之外，还广泛添加了自己的东西。他发现了一个新的充分条件，并做出了第一批可接受的充分证明，由此他发明了自己的极值领域。为了从几何上解释他的分析，他使用了曲线的参数方程，从而在普遍性上取得了进展。这一步可能受到了微分几何中类似工作的启发，自从高斯于1827年在曲面研究中广泛应用微分几何以来它成了潮流。这一工作的源头甚至还可以追溯得更远，一直到拉格朗日在动力学中作为时间函数的广义坐标；不过魏尔斯特拉斯首先将其运用到了变分法上。

魏尔斯特拉斯的时代一直延续到20世纪。即使在现代分析抨击日渐增长的普遍性问题时，它有关严格的标准依旧有效。19世纪80年代它在微分几何上有显著的应用，例如G.达布在测地学上的工作；后来另外几位数学家对此进行了普遍化。第六阶段是1899年至1900年，开始于希尔伯特对极小弧可微分条件的证明(这保证了极值在许多问题中的存在)，以及对不变积分的探索——这种积分从那时起就以他命名。最后，L.托内利(Tonelli，1885—1946年，意大利人)在1921年至1923年间开启了新的篇章，他发展了希尔伯特的变分法，并修订了他的整个工作，其中的重点是有关存在定理的部分。

当然，我们以上提到的名字并不能代表所有为变分法的创立做出贡献的人，我们描述的那几项进展也无法有效地说明分析的这一复杂分支的庞杂体系。几十上百位数学家贡献了数以百计的定理，直到变分法也与现代数学的其他领域一样，从19世纪早期的一个狭窄的特殊分支开始，到20世纪开始分裂成为更狭窄的专门化领域，在每一个这样的领域中都有专家在刻苦耕耘。只有把自己的毕生精力都贡献给这一课题的专家才能明白它的整个含义，或者评价它的几个分支的重大意义。现代数学的任何一个主要分支都有同样的情况；我们或许可以认定，任何有关一个特殊题材的短小报告都只能说明其中

380

几个最重要的特征。

如同在近代数学的其他部分出现的情况一样，变分法发展的过程也表现出同样的一般特征；可是或许有一处不同：有一些最难的问题出现得较早，并被有天赋的人部分地解决了，而他们不可能意识到这些问题的困难程度。否则，从特殊问题到其他涵盖更广泛，或者限制更少的问题的普遍化过程就会遵循严格性逐渐增加这种大家熟悉的方式。人们起初考虑的问题并不是固定端点的弧，而是变端点的弧；其中最早的是詹姆斯・伯努利在1697年提出的问题，求解在重力作用下从一个固定点下落至一固定垂线的最速降线。这是一个含有变端点的问题。朝另一个方向的普遍化是通过改变定积分的被积函数令积分达到极小。第三种普遍化结合了前面两种，将普遍化的端点条件叠加到了将要极小化的函数上。O. 博尔查在1913年所做的普遍化就是这种形式，而且其中包括了几个著名的问题作为特例，意义深远。这些问题中包括拉格朗日1770年和A. 迈耶(Mayer)1878年的问题。从大约1920年开始，这方面最重大的活动就都发生在美国；的确，在1900年后不久，变分法成了美国数学家的一个热门研究领域，其中特别活跃的是G. A. 布利斯(Bliss，1876—1951年)及其众多弟子，还有M. 莫尔斯(Morse，1892—1977年)。

虽然我们不在此讨论具体问题，不过可以说说一个有历史趣味的，即J. 普拉托(Plateau，1801—1883年，比利时人)1873年的问题——确定给定边界条件下面积最小的表面，第一个提出该问题的人其实是拉格朗日。可以用物理方法，通过在一个金属丝模型的边界上铺展肥皂薄膜解决这个问题。不过完整的数学解法一直到1931年才由J. 道格拉斯(Douglas，1897—1965年，美国人)完成。

381

变分法中考虑的变量的函数与普通微积分中考虑的不同，在变分法中，我们看到了分析中第一个广泛发展的分支。很清楚的是，向前迈进的这一大步并非只有局部意义。20世纪分析的很多部分关注的是带有广义变量的函数，并通过创造出来的相关抽象空间提供适于分析的几何描述。回顾18和19世纪的分析，我们看到的许多发展趋势被人们称为普遍分析。这一类普遍化已经足够多，表明了向某种普遍分析的发展，而对这种趋势和这种分析的需要将在后面的章节中描述。

第十八章　从应用到抽象

在向分析的一般理论发展的过程中，18 世纪和 19 世纪早期为了解决天体动力学和数学物理问题而设计的特殊函数，在决定现代分析进程的问题上起了决定性作用。从历史记录看，有些这样的特殊函数——例如贝塞尔（Bessel）和 E. 马修（Mathieu，1835—1890 年，法国人）的特殊函数，如果没有科学的最初推动，似乎无法想象数学家会认真地关注它们。然而并非所有函数都完全是因为科学上的必要性而得到非常广泛研究的。多周期函数就是从积分学的直接进化中不可避免地发展起来的。几个典型的例子[1]足以描述这些一般的趋势。

应用数学的一个中心问题

在任何应用数学中，最困难的事情莫过于充分地剥离一个科学或者工程技术问题的细节，使之成为熟练数学家有能力解决的问题；同时又不能剥离得太多，因为必须保留足够的问题实质，让数学家得出的解决办法不会与实际应用完全脱离。实际观察告诉我们，没有任何运动能完全摆脱摩擦，同时也没有不可压缩的流体；可是没有粘滞的不可压缩流体的经典流体力学[2]却应用甚广。在对自然现象的数学描述中，应决定把哪些概念确立为中心概念，这个最重要的问题也具有同样的性质，该问题的探究与它的成功解决，都需要难能可贵的科学洞察力和娴熟的数学技巧。运动学中的速度，热力学中的熵，还有动力学中的力、作用和能量，都说明了关键之处。一个更近的例子与统计方法有关。

18 世纪的伟大数学家在这个异常困难的领域是无与伦比的。伯努利家族、欧拉、达朗贝尔、克莱罗(Clairaut)、拉普拉斯、勒让德和蒙日是他们中最优秀的人，在他们看来，纯数学家与应用数学家并没有分别，也没有必要加以区分。主要由于他们在纯数学和应用数学两方面产出惊人，以至于到了 19 世纪中叶，要同时成为第一流的科学家和数学家已经不再是人类力所能及的事情了。

在回顾所有这些激动人心的活动时，我们可以观察到，那些在 19 世纪初至 20 世纪的许多年里让数以千计勤勉的数学家忙碌工作的理论，在其发展之初是多么犹豫不定。让我们沿着数学物理中最有用的函数之一——贝塞尔函数提供的线索，追随其中一个理论的发展历程，它将指引我们看到应用数学的一个核心问题。这一问题产生了许多特殊函数；从这些函数出发，又产生了现代数学分析进化中的一些主要分支。

在研究重链摆动的时候，丹尼尔·伯努利[3](1700—1782 年，瑞士人)在 1732 年遇到了后来被称为零阶贝塞尔系数的函数。在早些时候詹姆斯·伯努利[4](1654—1705 年)的一个问题中出现了$\frac{1}{3}$阶贝塞尔系数。拉伸膜的振动让欧拉[5]在 1764 年研究了更一般的贝塞尔系数，7 年以后，拉格朗日在研究椭圆运动时遇到了同样的函数。1824 年，数学天文学家 F. W. 贝塞尔(1784—1846 年，德国人)在研究天体动力学的微扰函数时需要这些函数，进而发展了它们的几种更有用的性质。此后，贝塞尔系数及其直接推广——贝塞尔函数，就几乎与圆函数一样，成了自然科学中最常使用的工具，接下来我们会指出产生这一现象的主要原因。以下内容与我们随后将要进行的有关自然科学对于数学影响的整个讨论直接相关。

在认识到应用数学的一个类似的特殊化过程是天文学和物理学所必需的特殊函数——例如贝塞尔函数——的最终源泉之前，几何学家们已经熟悉了经过改造以符合特殊问题需要的特殊坐标系的优势。在讨论涉及一条直线对称的物理状况时，使用柱坐标(r,ϕ,z)是很方便的，而且事实上几乎是必需的； 384

这与使用球坐标(r,θ,ϕ)来讨论关于一点对称的情况相同。拉普拉斯方程[6] $\nabla^2 u=0$ 从直角坐标变换为柱坐标时变量是分开的，r 满足的贝塞尔微分方程被提取出来。在方程[7] $\kappa\nabla^2 v=\partial v/\partial t$ 向球坐标变换时也类似地出现了同一方程；受此启发，傅里叶得出了他的热传导解析。一个与这一方程关联的、有重大普遍意义的典型问题，可以说明我们即将讨论的应用数学的中心问题，即边值问题，而诸如贝塞尔函数这样的函数只是计算中的具体工具。

这个典型问题就是按以下条件找出傅里叶方程的一个解。在一个各向同性的均匀固体内部的每一点(x,y,z)上，（满足方程的）温度 v 将是 x,y,z,t 的连续函数，有对于 x,y,z 的一阶与二阶连续偏导数，且 $\partial v/\partial t$ 连续。在 $t=0$ 的初始时刻，整个物体的温度由 $v=f(x,y,z)$确定，其中 f 是任意的连续函数；而由此得到的作为 x,y,z,t 的函数的解 v 必须具有的性质是，当 t 趋近于零时其极限为$f(x,y,z)$。可以假定，如果两个具有不同热传导的物体的中间被共同的边界隔开，则在边界任意一点上两个物体都有相同的温度。[8]考虑向周围环境发出热辐射的情况，这一问题可以很容易地改变：根据由经验确定的冷却定律，在边界上的每单位面积的热量的流失将与表面和环境之间的温度差成正比。最后，在 t 时刻，边界上任意一点(x,y,z)上的温度可以用一个已知的连续函数 $F(x,y,z,t)$事先描述。满足这些条件的傅里叶方程的解 v 是唯一的。这类特殊问题得出的贝塞尔函数是热在一个圆柱体或球体内的流动，这些圆柱体或球体的表面保持零温度。

385

这个典型问题是边值问题的一个样例，边值问题要求构筑一个给定的微分方程的解——无论是常微分方程还是偏微分方程，并使之符合预先给定的初始条件。如果问题设置得合适，那么方程只有唯一的解；但像我们将要看到的那样，一个给定状况的所有条件是否全部包括在数学设置之中并非总是显而易见的；而且即使全部包括，它们是否解析相容也并非总是显而易见的。此类问题的理论与数学物理的一个庞大领域同时并存，而且由此在纯数学中连带开发出了一个同样广袤的领域，不过这一领域即使与任何实际或科学上的应用有关系，其前景也是极其遥远的。

数学物理中许多经典的边值问题导致的情况类似于傅里叶将一个“任意”

函数 $f(x)$ 在 x 的 $-\pi$ 至 π 区间内展开为三角级数的工作。譬如说，$f(x)=\frac{1}{2}a_0+\sum_{n=1}^{\infty}(a_n\cos nx+b_n\sin nx)$，此处系数 a_0,a_n,b_n 待定。在某种限制条件下，这些系数可由下面的等式得出：

$$\pi a_m=\int_{-\pi}^{\pi}f(y)\cos my\ \mathrm{d}y,$$

$$\pi b_m=\int_{-\pi}^{\pi}f(y)\sin my\ \mathrm{d}y\ (m\geqslant 0)。$$

这里应该注意的是，$f(x)$ 是以常微分方程 $\mathrm{d}^2u/\mathrm{d}x^2+m^2u=0$ 的解 $\cos mx$ 和 $\sin mx$ 作为项展开的。

数学物理的一个主要问题是对此的普遍化：它要求将一个有适当约束的函数 $f(x)$ 展开为形如 $c_0+\sum_{n=1}^{\infty}c_n\phi_n(x)$ 的级数，此处 $\phi_n(x)$ 是一个已知线性常微分方程的解。一旦展开的可能性成立之后，问题就归结于计算系数 $c_0,c_1,c_2,\cdots$。要让展开式可以使用，接着就必须确定级数收敛的条件。

如果说在18世纪以来被彻底研究过的特殊函数中，大多数都是这样通过天文学和物理学中的微分方程进入数学的，这种说法似乎很保守。尽管它们如同贝塞尔系数那样，很多是相当偶然地出现在18世纪初期的力学问题中，但是只有在位势论和数学物理其他分支中运用偏微分方程的分离变量法时，它们更广泛的重要性才初现端倪。这直接导致了我们刚刚描述过的展开问题以及边值问题的现代理论，这一理论提供了我们希望获得的系数，并证明了展开是合理的。我们继续讨论的时候，分析一般发展的这一阶段将在本书中经常出现。

386

特殊方程是为了直接科学目的发明的，目标一旦达成，许多兴趣在于纯数学的分析学家就会使用它们。在对足以满足物理问题的分析进行持续精细的普遍化的过程中[9]，人们对其在科学方面的应用简直连想都没想过。有一种观点认为，这种从直接应用迅速过渡到看不出应用的抽象的过程，似乎是自然发生的，是数学典型的一般进程。我们承认这种发展是典型的，不过我们会质疑这一发展令人感到稀奇的幸运特征。我们可以再次以贝塞尔方程为例来说明。

欣赏优雅的分析学家经常说，任何可以自己选择使用方法的数学家，都不会想到发明贝塞尔函数那样粗俗的数学;或者说,即使他纯粹偶然地在噩梦中想象到了这样的东西,他也会在清醒后尽全力忘掉。这些函数的优雅性质可能会表现在20世纪分析的精化过程中,展现在各种各样的变换理论或者数论的应用中,这是18世纪的数学家想象不到的,他们研究函数的特例完全是出于科学或者实用的动机。无论是用无穷级数还是微分方程定义,贝塞尔系数第一次展现在人们面前时,都没有任何迹象表明,它们或它们的普遍化可以回报那些纯粹为了它们本身而进行的彻底研究。

对于许多其他孕育于科学、诞生于工程技术的特殊函数,这一点也同样有效,例如在1868年为了分析一种椭圆膜的振动而引入的马修[10]函数。从这些科学源头发展而来的复杂分析,对一部分人来说似乎是寄生性的、偶然的;这些人相信,数学是由于内在的精神力和终极需要的强制要求而进化的。在这

387

些人眼中,一些受到高度赞扬的现代数学成果,只不过是偶然的副产品而已。他们强烈主张,既没有理由也没有必要特地选择某些事物去发展;除了实际已经取得的成果,几乎任何选择都会得出让数学家同样满意的结果。这就是所谓的实用现实主义者,他们偶尔也引导数学家做一些逃离抽象的工作,而与此同时,看上去更加繁荣的领域正等着人们去耕耘。

与此相反的意见主张,数学家作为一个整体,更加偏爱抽象的纯数学问题而不是应用问题,因为这样只是沿着阻力最小的路线行进。千百年来的尝试已经告诉我们沿哪些方向前进可能会体验到某种适度的思想探险,而同样的排除过程同时提示了取得进展需要的手段。看来这是抽象代数、抽象空间和普遍分析在20世纪异常热门的基本原因。无数变种在其发展的各个阶段都没有清晰的数学语法,但是与已经得到清楚阐释的内容最接近的变种,通常会被选来做进一步研究。在我们很快就要考虑的椭圆函数中,我们将看到一个具有重大历史意义的令人瞩目的例子。

数学与科学直觉

"在直觉上很明显"的是,在一个有界导体上加入电荷,在完全充电、电荷不再流入该导体之后,导体上的电荷分布将是确定和唯一的。但是这一点在

数学上并不明显。在数学上，直觉时常是诱人上当的诱饵。在微积分的发展过程中是这样，这里也同样如此。在物理上有关导体的明显断言可能实际上掩藏了根深蒂固的非协调性。通过粗略的观察进行的普遍化可能会过于鲁莽。

问题开始于将边界的直觉概念精确化的时候。例如，可以接受以皮亚诺的面积填充曲线为边界吗？一旦认可了这些以及类似的条件，直觉就背离了常规。让直觉不加准备地描述电荷在一个单面导体上的分布，或者描述一个带有以指数分布直至无穷远的尖刺、仙人掌状导体上的电荷分布吧。但是这种要求也许会被正式驳回，因为这两种奇异导体既未见于自然界，也从未在工程技术上出现过。承认了这一点，我们面对的就是一个极其实际的问题：决定何种导体可以交由数学分析，而把那些不能进行数学分析的导体排除在我们的计算之外。在我们能够以适当完整的形式解决这些问题之前，我们只能"一般化"地应用静电学。也就是说，它只能提供模棱两可的信息。

388

数学物理中有一个著名难题可以恰当地说明，不受理性限制的直觉可能会非常有欺骗性。由于它——狄利克雷原理在 19 世纪的分析的进化中具有头等重要的意义，我们将比较详细地描述。

通过一种半物理的论证，加上使用变分法，高斯于 1840 年、W. 汤姆森（开尔文勋爵，1824—1907 年，苏格兰人）于 1847 年相信，他们已经证实了在任意封闭表面上具有指定值的拉普拉斯方程有连续解 V，并最小化了积分[11]

$$\iiint \left[\left(\frac{\partial V}{\partial x}\right)^2 + \left(\frac{\partial V}{\partial y}\right)^2 + \left(\frac{\partial V}{\partial z}\right)^2 \right] \mathrm{d}x\,\mathrm{d}y\,\mathrm{d}z\,,$$

这一积分的范围延伸到表面所包围的全部体积。上式是物理状态的数学抽象，从这一物理状态出发，在直觉看来，所要求的 V 明显是存在的。根据黎曼 1851 年的工作，我们断言，V 在数学上的存在是由物理问题的性质保证的，并称其为狄利克雷原理，尽管狄利克雷本人并没有草率地这样宣称。但是狄利克雷确实在高斯和汤姆森之后，于 1856 年假定了最小化的 V 存在。黎曼的假设是，既然一个问题在物理上有意义，它就肯定会在数学上有解；与此相比，狄利克雷的假定就温和得多了。

对于直觉而言，不幸的是无论采取何种形式，这一原理都是错误的。魏尔斯特拉斯在 1870 年证明,在连续函数范畴内无法得到所要求的 V 的最小值。在直觉看来很有意义的一个问题就这样被揭穿了伪装在表面下的不协调性。在三维之外,二维情况下的对应原理也同样如此。

狄利克雷的原理靠不住了,取而代之的是所谓的狄利克雷问题:找出一个函数 $V(x,y,z)$,在整个给定的封闭区域 R 中,它与它对于 x,y 和 z 的一阶和二阶偏导数都是单值和连续的,而且它在 R 的边界上将取得预先给定的数值。

389

1851 年,黎曼在他的复变函数论(将在后面某章中描述)中,在二维情况下使用了狄利克雷原理,以后由此产生了大量纯数学理论。由于这一理论是 19 世纪后半叶得到最广泛耕耘的分析领域之一,它对于确定狄利克雷问题有解的条件具有重要意义。其结果是现代位势论的一个庞大分支。

如果列出对于这个高度专业化课题的发展有贡献的人的名单,它读上去就相当于从黎曼(1826—1866 年)到庞加莱(1854—1912 年)直至今天的全部主要分析学家的名册。对于直至 1929 年的主要内容,我们必须给出其他参考文献[12],因为位势论终究不过是现代分析几十个分支中的一个,而我们在这里关心的是总体的活动。目前我们对这一课题的兴趣是偶然产生的:它是许多以物理为起源的纯数学的一个典型例子,同时也说明为了求解重要的应用数学问题并给出正确的公式,仅有敏锐的物理直觉远远不够。

我们现在简要说明该理论的科学和历史起源。拉格朗日在 1773 年(和 1777 年)讨论牛顿引力学时注意到,由于质点的分布,空间的一个指定点上受到的引力,其分量可以通过这些质点的某种位置函数的空间导数得出。对于由质点离散分布而造成的牛顿引力场,拉格朗日提出了现在所谓的位势 V。拉普拉斯在 1782 年证明,对于真空中的一点,由物质连续分布的贡献而产生的位势 V 满足 $\nabla^2 V=0$;S. D. 泊松(Poisson,1781—1840 年,法国人)则在 1813 年得到了对应于引力物体范围内的点的方程 $\nabla^2 V=-4\pi\rho$,内部一点上的密度 ρ 为给定坐标的函数。

下一个长足进步要归功于 1828 年 G. 格林(1793—1841 年,英国人)的重要文章《数学分析在电磁理论上的应用》。这篇文章包括了人称格林定理的极其有用的结果,它能把某些体积分约化为面积分。

390

我们在这里可以顺便提一下斯托克斯的(实际上应该是开尔文的)格林定理的姐妹定理这种"数学分析的陈词滥调"[13]，它将某些面积分约化为线积分；这种方法也一直在数学物理中使用，并作为1854年剑桥大学的试题第一次公开登场。应考者中是否有人解出了此题不得而知，但看来很可能的是，即使有人做出了一个斯托克斯可以接受的解答，这同一个解答也不会令一位现代考官[14]满意。与狄利克雷问题一样，斯托克斯定理及其证明以及它的普遍化，已经发展成了现代分析的一个繁荣产业。单单简单介绍一下该产业做过些什么就足以占据一章的篇幅。

有关位势论严格的物理学起源，我们已经讲得足够多了，而其中的狄利克雷问题只是一个偶然事件，尽管是具有头等重要意义的事件之一。但是我们可能会注意到，从历史公正的角度出发，拉普拉斯多产的方程实际上应该以拉格朗日的名字命名，因为后者早在1760年就已经在他有关流体动力学的工作中使用了这一方程。

名声扫地的狄利克雷原理从1899年开始部分地恢复了名誉，那时希尔伯特证明了，在V的定义区域中，在适当限制的条件下，V本身以及对于这一区域的边界上由V假定的数值，狄利克雷问题是严格可解的。但是做到这一点已经与直觉毫无关系了。狄利克雷问题在历史上的唯一重要性就是，它在位势论中第一次提出了存在性问题。

双周期

我们现在转而讨论19世纪的分析中最广泛的一门分支的起源，在这一分支中，实际应用迅速让位给了纯数学的兴趣。多重周期的历史是极其实用的贝塞尔函数的完美陪衬。

许多自然现象具有时间周期性，或者具有近似的时间周期性，人类可能在刚刚诞生的野蛮时代就有了这种知识。白天与黑夜，季节的轮回，月亮的圆缺，人体的生理现象，还有许多日常生活中不可避免的事实，或迟或早，它们一定会将自然周期的存在强行塞进哪怕是最初级的人类智慧中。

391

哲学上对于单周期的外推比数学的公式化要早几千年。在希腊进入文明以前很久，人们就从季节周期性这种平常现象，形成了一种极端朴素版的柏拉图“世界大年”①，而柏拉图的观点又在弗里德里希·尼采（Friedrich Nietzsche，1844—1900 年，德国人）笔下的永恒轮回的疯狂幻梦中复活。对于人类的正常理智而言幸运的是，精通诗韵的哲学家没有听说过椭圆函数，它的双周期可以立即引发一种二维时间。在这种无穷放大的时间中，永恒达到了∞^2那般巨大，历史将在向各个方向扩展至无穷的扭曲式棋盘所形成的平行四边形中无限地重复自己。但是，当且仅当这两条边平行时，任意菱形的两条边的比率是实的，此时的比率是单位 1。[15]

相对于神秘主义的周期，数学的周期起源于 1748 年，当有关半周期的整数倍的争论越来越多的时候，欧拉完全正确地确定了圆函数的值。在不经意间，欧拉第一个将圆函数从图形的奴役中解放了出来，并将其考虑为一个数值变量的数值函数。带有一个纯虚数周期的双曲函数紧随其后，是欧拉的圆函数指数形式的明显结果。这一贡献通常归功于 V. 黎卡提[16]（Riccati，1707—1775 年，意大利人）在 1757 年所做的工作，J. H. 朗伯具体发展了他们的简单理论。

在这项不可或缺的工作中，没有任何迹象表明有可能存在含有两个不同周期的更加一般的方程，其中包括作为退化例子的圆函数和双曲函数。1825 年，阿贝尔发现了这样的双重周期函数——或者称椭圆函数（一般这么称呼），这是分析历史上一座引人注目的里程碑。椭圆函数具有头等重要的历史意义，虽然它们本身的意义还不如它们所带来的其他东西重要。它们异常丰富而对称的理论成了一个无价的测试基地，在这个基地上进行了极为包容的复变函数理论的测试，以及后者多产的分支——代数函数理论的测试。我们将在后面的一章中谈论这些，目前我们感兴趣的是椭圆函数的起源。

由于历史的原因造成的不幸的术语“椭圆积分”，指的是如下形式的任意积分：$\int \frac{F(z)\mathrm{d}z}{\sqrt{R(z)}}$，此处 $R(z)$ 是一个 z 的三次或四次多项式，$F(z)$ 是 z 的有理 392

① “世界大年”又称“完全年”，指太阳、月球及水星、金星、火星、木星、土星和地球从某一位置开始沿轨道运动，并全部重新回到初始位置所经历的时间。各星体自此进入下一个循环运动，永不停息。见《蒂迈欧篇》39D。——译者注

函数。求解椭圆弧长得出了这种形式的特殊积分,"椭圆积分"由此得名。在由力学问题导致的椭圆积分中,最基本的来自单摆的一个完整振动周期的求解。

椭圆积分的早期工作早已仅剩下古董价值了。一个小小的例子就足以表明其品质。由于无法为某个弹性力学问题(将在以后的一章中提及)中出现的椭圆积分估值,詹姆斯·伯努利在1694年确信,这种积分无法用基本函数方法求解。他是正确的,但是证明这种不可能性的工作远非他力所能及。麦克劳林在1724年将伯努利的问题移植成了几何作图;如果他当时说明使用哪些必要和充分的手段可以完成作图,那就真的会是一个进步。

第一件不再平淡无奇的工作是法尼亚诺伯爵(Conti di Fagnano,1682—1766年,意大利人)做出的,他在1716年证明,可以用无限种方法确定任意给定椭圆上的两条弧,使其差是一条直线段。法尼亚诺方法的重要意义在于,它启示了欧拉,让后者在1761年证明椭圆积分的加法定理[17]时找出了自己的方法。不过法尼亚诺最引人注目的成就是,他发现一条双纽线的一个象限可以用欧几里得作图法分为n个相等的部分,此处的n是形如$2^m h$的整数,其中$h=2,3,5$。

如此一来,最后一部分给予法尼亚诺的荣誉可能比他应得的稍微多了一点,不过他至少配得上其中的大部分。在这种作图法之后,下一个有关一般理论的线索出现在《算术研究》(1801年,第593页,第335目)中,高斯在其中讲到他的割圆理论"可以运用在许多其他超越函数上[超出了圆],例如那些依附于积分$\int \frac{\mathrm{d}x}{\sqrt{1-x^4}}$的函数"。这一特别的椭圆积分属于刚刚引述的法尼亚诺的工作中讨论的那些积分,它的反函数引出了有时称为双纽函数的椭圆函数特例。如果能够知道高斯是否受到过法尼亚诺的工作的启发,那会很有意思;欧拉经常对在椭圆积分方面最睿智的前辈所做的工作表达赞美之情。

对于即将来临的大事件,另一个早期线索出现[18]于1771年,那是J.兰登(Landen,1719—1790年,英国人)令自己都感到震惊的发现:"完全出乎我预料的是,我发现,一条双曲线普遍可以用两个椭圆度量。"兰登在1775年对他的几何定理进行了精巧的分析化改写,今天它又再次出现在椭圆函数的二阶

393

(更普遍的说是 2^n 阶,其中 n 为整数)变换中。

但是所有这些早期工作,包括达朗贝尔的许多工作,如果与欧拉对椭圆积分及其几何应用方面的系统探讨比较,就都相形见绌了。欧拉贡献了两项在历史意义上超过了所有其他工作的成果,虽然它们混杂在一大堆丑陋的公式和复杂的计算中。其中第一项是 1761 年的椭圆积分加法定理,他的同代人与紧接着的后人认为此定理是 18 世纪分析操作技巧中最令人惊叹的杰作。

无论从历史角度还是从数学角度看,欧拉的第二项主要贡献都更加重要;由于受到近乎荒唐的不幸命运指引,它在 1783 年欧拉死后的 40 年里给数学指错了方向。他在 1764 年的一篇论文[19]的引言中,提倡将椭圆弧纳入分析,取得与对数和圆弧同等的地位。欧拉的前人与同时代人用已知的函数手段对椭圆微分进行有限项积分,欧拉抛弃了这种徒劳的努力,大胆建议承认椭圆积分为新的原始超越积分,根据它们自身的价值去研究。即使这并非他的本意,他在自己后来的分析中也正是这样实践的。欧拉在方法方面的天赋力量强大,他还没有意识到自己最初的错误,就已经完全被席卷而去,看不到错失的正确方向了。在所有数学家中,在这一特殊事件上迷失的人偏偏是他,这是数学发展中令人无法理解的神秘事件。这位开启了圆函数现代理论的大师,却未能察觉到上天一直在他脑海中提示的更大机遇;哪怕只是随意地朝这个方向瞥上一眼,对他这种具有特殊资质的数学家来说,抓住机遇必定是世界上最自然而然的事情。欧拉没有把椭圆弧看作全新的超越事物,以此给已经不堪重负的积分学增加大量拙劣的新公式,他可能只是跟随着三角学的简单引导。他选取椭圆积分而不是它们相应的反函数作为他问题的数据,这个疏忽使他陷入复杂的代数的泥潭,就好像他试图通过完全使用圆函数的反函数——他的“圆弧”——$\sin^{-1} x$,$\cos^{-1} x$,$\tan^{-1} x$ 等来发展三角学。远比圆弧理论更复杂的椭圆弧理论让他一步步越陷越深。

394

A. M. 勒让德认识到,欧拉在椭圆积分的蛮荒之地进行的英勇探险,并没有让这位不屈不挠的先驱走得很远,尽管他在征途上发现了许多珍宝。勒让德在 1786 年开始了他自己的探索。在差不多 40 年的时间里,他追随欧拉的足迹,进行了系统性的开发工作。我们至少可以想象的是,对他那位伟大的前人所进行的工作不加批判地尊重,某种程度上导致了勒让德个人的不幸。

勒让德的工作比欧拉更加系统，也花费了更多时间，他尽可能将难以驾驭的混乱材料整合成一个连贯的整体。任何椭圆积分都可以约化形成的 3 个标准型是他的发明。勒让德积分当然不是唯一可能的经典形式，还有很多形式被提出来，但是勒让德的发明仍旧有使用价值。一个大师 40 年不懈的劳作不可能不产生许多价值，哪怕只是暗示。特别是，勒让德在椭圆积分代数变换上的工作直接启发了雅可比的第一次引人注目的成功。

1811 年至 1817 年间，勒让德在他的《积分练习》中系统地报告了他的理论成果，这些理论于 1825—1832 年间在三卷本(含增补)的《椭圆函数论》中得到扩充。第二部著作的标题在一些历史记录中带来了普遍的困惑：勒让德本人的工作与椭圆积分相关，而不是与椭圆函数相关。这两者的区别好比黑夜与白天，由于 1827 年阿贝尔的椭圆积分反函数的发表，这个区别具有了划时代的重要意义。在阿贝尔发明椭圆函数之前，公众对其一无所知，因为它们在高斯的私人文件之外并不存在。

395

除了为阿贝尔和雅可比的椭圆函数理论提供重要的线索外，勒让德的论文还为柯西等人提供了大量清晰求值的定积分，在其上可以用柯西留数方法检测积分的效率。勒让德对他那个时代的 B 函数和 Γ 函数所做的系统化工作也有同样情况。不过这里再次提醒，随着 19 世纪的伟大分析学家(从 1825 年的柯西开始)创立现代方法，勒让德 1827 年的分析就成了毫无希望的古物。只要比较一下勒让德对 Γ 函数的讨论与魏尔斯特拉斯在 1856 年(勒让德死后仅仅 23 年)关于同一问题的讨论，新旧分析的区别一目了然。

在向 18 世纪的这位优秀数学家告别的时候，我们可以记住他是一位拥有最高尚人格的人物，他唯一的追求就是数学的进步。如果说勒让德在有生之年被年轻人远远抛在了后面——高斯在数论和最小二乘法方面，阿贝尔和雅可比在椭圆函数方面——某种程度上是因为他的劳动为这些人铺设了必不可少的垫脚石。而且，虽然勒让德对高斯判断错误，并深深地忌恨高斯，他却是第一个欢迎并宣传阿贝尔和雅可比的工作的人，那些工作让他 40 年的努力都黯然失色。这位 70 多岁的老战士不仅表明了他对那些刚过 20 岁的朝气蓬勃的年轻对手并无嫉妒之心，而且愿意花时间去理解他们的工作，并在自己著作的增订版中加以解释。与其他领域一样，如此宽容、豁达的精神在数学界也并不常见。

1827 年，阿贝尔用一句简短的评论“我提议考虑其反函数”彻底改变了这一学科，同时打开了 19 世纪分析浪潮的泄洪阀。对于积分

$$\alpha \equiv \int_0^x \frac{\mathrm{d}x}{\sqrt{(1-c^2x^2)(1+\mathrm{e}^2x^2)}},$$

α 是 x 的函数 $\alpha(x)$。阿贝尔不再把它当作主要的研究对象，而是逆转了问题，把 x 看作一个函数，他把这一函数记为 α 的函数 $\phi(\alpha)$。这个积分的反函数是关键的第一步，阿贝尔的前人一直忽略了。在采取这样的步骤之后，将它与下面的积分类比，其浑然天成就一目了然（x 受到适当约束）：

396

$$\beta \equiv \int_0^x \frac{\mathrm{d}x}{\sqrt{1-x^2}} = \sin^{-1} x, \quad \sin\beta = x\ 。$$

阿贝尔有关新函数的第一个主要发现[20]是它们的双周期性：$\phi(x+p_1)=\phi(x)$，$\phi(x+p_2)=\phi(x)$，此处 p_1，p_2 为常数，它们之间的比率不是实数。因此椭圆函数 $\phi(x)$ 具有双周期性。

对于阿贝尔的简单评论为数学带来的丰富的新思想，雅可比深感佩服。在阿贝尔去世多年之后，他将求反函数的运算描绘为数学发展的奥秘：“你必须总是考虑逆向的情况。”如果科学或者数学让我们处于一种尴尬的境地，即总是认为 y 是 x 的一个给定的函数，例如 $y=f(x)$，那么我们就应该检查相反的情况，看看 $x=f^{-1}(y)$ 会如何；就像阿贝尔当时所做的那样，他求了椭圆积分的反函数，发现这个反函数——椭圆函数具有双周期性。雅可比用一种荒谬感平衡了他对于数学的热情，在高谈阔论的时候保持一种戏谑的态度，并没有指望人们把他开的药方当作灵丹妙药来服用。他是有史以来为高级班讲课的最没有学者派头的教授之一。

在 1829 年阿贝尔去世的那一年，雅可比发表了他的经典著作《椭圆函数新理论基础》，利用了求逆和双周期的结果，使数学界可以容易地理解并使用这些新函数。尽管现在普遍承认，阿贝尔享有这两项新发现的优先权，不过雅可比将其发展成了他自己的理论，并且做出了足够的贡献，因此有资格和阿贝尔一起成为该理论的创造者。

当我们把优先权授予阿贝尔而不是高斯的时候，我们遵循的是首次发表

定归属的现代惯例。但是根据高斯死后出版的作品以及他年轻时就开始写的科学日志，我们得知高斯在1797年就已经知道双纽函数具有双周期性。他早在1800年就已经发现了一般的双周期函数，比阿贝尔的工作早了四分之一个世纪。他死后发表的作品中还包含大量与椭圆 θ 常数有关的公式，它们后来由雅可比重新发现并出色地应用。可是高斯可能缺少机会完善、整理他的发现，所以他没有就椭圆函数发表过任何东西。他也没有公开声明[21]他早于阿贝尔和雅可比做了这些工作。在评价高斯的数学地位的时候，习惯上把他实际上做过的工作归功于他。如此一来，包括非欧几何与椭圆函数在内，这些工作成就了他堪与阿基米德和牛顿比肩的地位，尽管在这两个课题上他什么都没发表。

与椭圆函数相对于现代分析在总体叙述中所应有的地位相比，我们给予了椭圆函数比较多的篇幅，因为它们清楚地标志着一个多产时代的开端，并且是19世纪的代数、数论和分析中几项主要活动的起因。双周期不但开辟了疆界无限的新领域，也标志着自欧拉创立解析三角学以来一直被遵循的一条数学之路真正结束了。雅可比在1834年证明，如果一个含一个变量的单值函数具有双周期性，这两个周期的比率不可能是一个实数；而且，这一单变量单值函数的周期不可能超过两个。[22]

更多的专业叙述可能会让我们偏离主题太远；但是阿贝尔和雅可比早期工作中的三个细节最后证明在整个19世纪引出了许多新的数学成果，我们必须顺带描述它们。第一个是阿贝尔发现了复数乘法，它可以最方便地用魏尔斯特拉斯的椭圆函数 $p(u)$ 来描述：$p(u)\equiv p(u \mid \omega_1,\omega_2)$，其中周期为 $2\omega_1$，$2\omega_2$。这种函数来自某种与一个三次多项式的平方根有关的标准椭圆积分的反函数。对于 $p(u)$ 的选取并无限制。如果 n 是一个有理整数，$p(nu)$ 可以表示为 $p(u)$ 的一个有理函数。阿贝尔在寻找所有其他能使类似定理成立的 n 时，发现了下述预料之外的结果[23]。若 c 这个复数可使 $p(cu \mid \omega_1,\omega_2)$ 有理地描述为 $p(u \mid \omega_1,\omega_2)$ 的函数，则称 $p(u)$ 容许 c 的复数乘法。这样的 c 存在的充要条件是，ω_1/ω_2 是一个含有理整系数的不可约二次代数方程的根。这足以证明复数的乘法理论与二元二次型数论是紧密相关的。[24]这条线索的进展，包括从克罗内克(1857年)和埃尔米特(1859年)开始的几十位代数学家所做的工作。

398　第二项是雅可比将他的双周期函数表示为我们现在称为椭圆 θ 函数的商。[25] 这些 θ 函数不是双周期的；雅可比的 4 个 θ 函数之一是$\theta_3(x \mid \tau) \equiv \sum_{n=-\infty}^{\infty} q^{n^2} \cos 2n\pi x$，此处 $q \equiv e^{i\pi\tau}$，$\tau \equiv \omega_2/\omega_1$，$|q| < 1$。其他 3 个可经 x 的简单线性变换由此得到，例如：

$$\theta_3\left(x+\frac{1}{2} \mid \tau\right) \equiv \theta_4(x \mid \tau)。$$

由于不难确定使 θ 函数为零的 x 值，椭圆函数的解析性质[26]就得到了证实，并由此得到了傅里叶展开式。欧拉在 1750 年、高斯[27]在大约 1800 年研究了与此对应的 θ 常数($x=0$)。不过只有当雅可比发现了它们与椭圆函数直接的联系之后，才出现了它们的对称理论。除了椭圆函数本身有丰富的理论，后来证明它们对于引出更普遍的 θ 函数具有重大意义。我们讨论复变函数的时候将提及 θ 函数。

第三项进展开发了 19 世纪分析的另一个广大疆域，后者也源于阿贝尔和雅可比。揭示椭圆函数之间或者 θ 函数之间的联系(代数关系)很有必要，这些函数各自的一对周期是从含有理整系数和非零行列式的线性齐次变换中相互得来的。这一变换理论包括如上所述的 $p(nu)$(作为特例)的实乘法，以及作为特例的以有理整数作除数的周期除法。我们后面将说到，这一理论的一个细节，即椭圆模函数，在 19 世纪晚期扩展成了一个独立的数学分支。它与一般五次函数之间的关系在前面一章已经述及。或许从它的公式化表述我们可以预想到，这一普遍问题在线性群论基础上的现代解吸引了大量关注。

虽然在所有数学领域空前活跃的背景下，这些线索显得很贫乏，但已足以告诉我们，从阿贝尔双周期的发现演变而来的理论广泛而复杂。五六个或更多数学家领袖都详细阐述了整个理论[28]，根据个人对对称和优雅的理解，详述

399　自己喜爱的部分。这种粗糙的唯美主义在 80 年里给分析带来一大堆互相冲突的符号和微不足道的特征(它们之间并没有太大差别)；在这种局面下，即使一个专家也不免恼怒地走一步看一步。这些领袖几乎是在不知不觉中迅速获得了大批热情盲目的追随者。能力不同的数学家在这一理论发现后的 10 年内开始涌入这一新的领域。其中有几个是雅可比的学生，其他人也迅速地凭

各自不同的理念找到了领袖。

这种大规模移民的原因不难找到。与贝塞尔系数之类主要为了解决物理问题而发明的特殊函数不同，人们创造椭圆函数似乎就是为了完善和扩展自牛顿和莱布尼茨时代以来的积分学。随着克罗内克和埃尔米特在19世纪50年代晚期将它应用到数论上，似乎高斯也因阿贝尔和雅可比的早期发现带来的这些出乎意料的结果，而特地仔细考虑过他的二元二次型数论理论。随着19世纪渐渐过去，人们开始寻找广泛的综合，把这些预料之外的巧合联系起来；结果在伽罗瓦的方程理论、域的代数理论和二次数域的数论中，人们发现了这种综合。

代数曲线和曲面[29]也吸纳了大量椭圆函数。与此同时，椭圆函数也应用于经典应用数学，特别是刚体力学和位势论的问题中。但是我们必须承认，对多数实际应用问题更感兴趣的并不是实际工作的科学家，而是纯数学工作者。举例来说，刚体的转动[30]在椭圆 θ 函数中产生许多优雅的练习，可是那些整天忙于实际物体转动的工程师很少会有时间专注于优雅的分析。椭圆函数出现在共形映射实际应用中也有同样的情况。面对这种充满诱惑的可怕事物，经验丰富的设计师会求助于他们的绘图板。与贝塞尔函数相比，椭圆函数无比美丽，却不那么有用。不过或许可以说，正因为如此，19世纪的主要数学家喜欢椭圆函数甚于贝塞尔函数许多倍，因为从一种任何数学家都明白的意义上说，它们更接近于数学的“自然”发展。

400

第十九章　微分与差分方程

我们继续探讨受到科学直接启发的数学，并将指出下面的四个主要阶段。我们还没有将这些阶段与其他问题联系起来讨论过；在这些阶段中，微分方程成了现代纯数学的一个主要分支。在其后期的发展中，这段重要的插曲与代数方程的伽罗瓦理论和代数结构的出现是互补的。我们将再次看到，单纯的奇计巧谋逐渐被有系统的探讨所代替，也将再一次注意到近代的活跃数学与几乎所有19世纪之前的数学的区别。

不完全信任奇计巧谋的人士，不等于贬低直觉和洞察力对全新问题的任何探讨所起的作用。这只是强调，现代数学的战略特征更倾向于在一切可能情况下发起大兵团作战，而不是任何数量的小规模冲击，尽管这些冲击也会实施得很出色。普遍方法而不是个别的突破，是现代数学的规矩。奇计巧谋仍旧有它们的作用，即使是在总攻击中；然而这种奇计巧谋比符合过去要求的任何一种方法都更加全面。现代数学中的问题不是孤立的，为了解决这些问题，越来越有必要在更广阔的战线上协作努力。

五个阶段

微分方程的第一个阶段由莱布尼茨于17世纪90年代开启，大约在70年

401

后结束。粗略地说，这一时期得到的成果都在通常的大学入门课程的前8周进行介绍。我们已经记住了，力学、天体动力学和数学物理都是在这一时期及

其后得到精耕细作，而且许多分析的问题也都来源于这种耕作；我们也必须记住，在柯西于19世纪20年代得到了第一批存在定理之前，微分方程并没有得到充分的讨论。这些存在定理正式开启了第二阶段。第三阶段于19世纪的七八十年代开始，标志是M.S.李(1842—1899年，挪威人)将他的连续群理论应用于微分方程，特别是哈密顿-雅可比动力学的微分方程上。19世纪80年代以E.皮卡(1856—1941年，法国人)的工作为开端的第四阶段是第三阶段的自然延伸。这一阶段的目的是在线性微分方程上建立与伽罗瓦的代数方程理论的类比。

在第一阶段之后的每一个阶段都标志着一次确定又突然的进步。第二阶段与柯西将微积分严格化同时发生，可能受到了分析的总趋势的影响。李的第三阶段，甚至在事后想来，似乎也根本无法事先预见。每一个阶段都给如今依旧活跃的数学留下了许多值得保存的东西；在最后的三个阶段人们提出了许多问题，至今还有数十位专家在研究这些问题。可能开创了第五阶段的事件出现在20世纪30年代，与抽象代数的现代发展平行。我们接下来简单说明在每个阶段得到的一些杰出的收益，以及随之而来的有限差分法的发展。我们在讨论最后三个阶段以前，必须首先叙述不变性的概念。这一点我们将在下一章中完成。

形式主义的统治

牛顿和莱布尼茨都在17世纪解决了简单的一阶常微分方程问题。在这最早的阶段，人们似乎相信，当时知道的函数足以解出几何与力学上产生的微分方程；当时的目标是找出这样的清楚解法，或者把解法约化为有限数目的求积。即使当一种求解展示为求积的时候，人们似乎也没有怀疑，所需的积分可能要求必须发明新的超越函数。事实上，一直到19世纪80年代以前——时间间隔长达两个世纪，人们还没有获得有关这些极端罕见的微分方程是否可积的问题的确定知识，哪怕是最基础意义上的知识。非常粗略地说，如果随意写下一个微分方程，打赌使用已有函数或者它们的积分能够有解，赔率可以是无穷大。 402

普遍性的第一个细微线索是牛顿在1671年将一阶常微分方程归为三类，以及他用无穷级数求解的方法。[1] 可以用通常方法得到假定中的幂级数解的系数。没有讨论收敛问题；没有对假定做清楚的陈述，而只是假定，因为物理问题的存在，与之等价的微分方程必定有解。从牛顿到黎曼的应用数学界都没有质疑这一貌似有理的假定。直到1870年人们才发现了其恶果，我们在讨论狄利克雷原理时看到过这一点。

另一个早期的进步是莱布尼茨迈出的，当时他在分离变量的技巧上遇到了麻烦。差不多过了两个世纪，才由李氏理论证明，我们熟悉的这种工具在何种情况下会成功，或为什么会成功。其他早期的成功例子，包括莱布尼茨(1692年)将一阶齐次线性微分方程约化为求积的方法，以及詹姆斯·伯努利(1690年)用分离变量法解除了等时曲线方程。詹姆斯·伯努利的弟弟约翰在1694年首先采用一个积分因子，设法回避了当时人们不太理解的 dx/x。顺便说一下，找出积分因子其实与求解微分方程差不多一样麻烦。另外一个更一般的策略是莱布尼茨在1696年改变因变量的工作。约翰·伯努利也使用了这一方法。到19世纪末，人们已经知道了所有求解一阶方程的常规方法和不规范的窍门。

除了微分学在那些教科书的练习上出现的普通类型的切线、垂线和曲率问题之外，变分法也刺激了解决微分方程的奇计巧谋。就这样，詹姆斯·伯努利1696年的等周问题(曾在讨论其他内容时提及)引出了一个三阶微分方程，而约翰·伯努利成功地将其约化到了二阶。

在公元1700年以前，约翰·伯努利也探讨了带常系数的一般线性齐次微分方程。为了处理这一细节，欧拉在1743年完整地讨论了这种方程；他还在1741年发明了非齐次线性方程的经典方法。

403

每个一年级的大学生都熟悉黎卡提伯爵[2](Count Riccati，1676—1754年，意大利人)这个名字。通常称作黎卡提方程(1723年)的微分方程长期以来无法用有限形式求解。按照当时的时尚，“真实”的问题是在变量上施加足够的限制，以便让接受变换的方程通过分离变量得到有限解。伯努利兄弟宣称他们在这一点上至少取得了部分成功；而丹尼尔在1725年注意到，如果 m 可表达为 $-4n/(2n\pm 1)$ 的形式，其中 n 是一个正整数，则 $dy/dx+ay^2=bx^m$ 可以用有限项求解。而最迟至 1723 年,人们认识到,即使是一阶常微分方程也未必有可以用基本函数的有限形式表达的解。不过一般来说,证明这一类解的不可能性的所有尝试都是遥远的未来的事情。

出乎意料的是,人们很早就注意到了奇异解,第一个例子[3]是泰勒(即泰勒级数的泰勒)在 1715 年找到的。随后克莱罗(Clairaut)在 1734 年更加详细地讨论了奇异解——他的名字在初级高等数学课程中与一种特殊方程联系在一起;拉格朗日在 1774 年尝试给出一种普遍理论,可是未能成功。其他值得注意的早期贡献者有欧拉(1756 年,1768 年)和勒让德(1790 年),可是成果都不显著。这一细节在 19 世纪一直吸引着分析学家的兴趣,通过布尔(1859 年,1865 年)、G. 达布(1870 年,法国人)、A. 凯莱(1873 年,英国人)、G. 克里斯特尔(Chrystal,1896 年,苏格兰人)以及其他许多人的辛勤工作,最终逐渐出现了一个令人满意的处理方法。或许奇异解对于一般发展最重要的贡献是,它们透露了数学家在第一个阶段并没有掌握"解"一个常微分方程时应该明白的含义。

现代理论的另外几个广泛分支的不成体系的开端,可以追溯到 18 世纪时对初等无穷小几何、动力学、数学物理和天体力学的探讨。其中对于分析的将来,最大的影响是通过偏微分方程引入的。由于我们将在讨论其他内容时考虑这些问题,此处我们就继续讨论常微分方程,只给出三个比较突出的事例,作为最具重大意义的事物的合理代表。

欧拉 1762 年用无穷级数解出了二次方程,该方程本质上与贝塞尔方程相同。这次成功几乎说服了那些老牌大师同意引进新的超越函数,因而预示了即将来临的汹涌洪水。在欧拉 1739 年发明的常数变易法[4]中,偶然的基本方法开始让位于更系统的处理方法。欧拉的方法在 1774 年由拉格朗日提升为一种更普遍的程序。线性微分系统广泛的现代理论的萌芽出现在达朗贝尔 1748 年的工作中,而拉格朗日在 1762 年引进了伴随方程这一丰富概念。

404

这一时期的领袖是欧拉、拉格朗日和拉普拉斯,其中欧拉是最富创造性的,拉格朗日是最有数学头脑的。拉普拉斯则处在中间位置,他改写了同代人的分析,使之满足他在天体力学、数学物理和概率论中的直接需要。拉普拉斯的个人贡献相当大,特别是在从牛顿位势论的边值问题中产生特殊函数的发展方面。但是他在分析方面时常遇到的尴尬则要将爱因斯坦的名言——优雅是留给裁缝的——反过来。解决宇宙问题，或者甚至相对小些的太阳系问题（它们花费了拉普拉斯大部分精力），似乎不需要优雅，甚至不需要普通的整洁，也可以干得很不错。与拉格朗日始终如一的简洁、普遍的解释形成对照的是，这位同代人的分析看上去很随意并有投机取巧之嫌。可能就是出于这个原因，拉格朗日的分析力学在今天的应用数学中的关键作用超过了其同代人所创造的许多其他东西。有人说，风格是文学的保鲜剂；可以理解的是，如果在纯数学方面略微多关照一下基本的礼仪，对延缓应用数学的衰老大有帮助。拉格朗日对于普遍性的持续追求，是他在数学上幸存的关键。

差分方程

微分方程在科学上持续的重要性可归功于一种错误的假定："大自然从来不飞跃。"在这个过时的假说中，连续性是真实宇宙中构筑数学模式时唯一允许的媒介。所有变化都假定是连续发生的，"自然定律"也可以表达为连续变化的速率之间的方程。这样一来，微分方程就是自然科学的恰当数学。然而随着 1900 年量子在辐射现象中出现，遗传学在生物学中登场，人们在 20 世纪的前 10 年中看到，并非一切自然现象都可以用连续形式方便地描述。过去希腊人在连续和离散之间的冲突再次爆发；一个阵营中的极端分子争辩说，自然界中的连续是一种假象，微分方程即将被彻底扫除，为有限差分方程让路。如果哪一门先进科学急切地需要差分方程分析，数学家就必须预先安排 100 年或者更多年的工作。到现在为止，这种方程从本质上说似乎比微分方程更难对付。

405

微分学与积分学[5] 以及与它们对应的微分方程、积分方程、积分微分方程和泛函方程，已经为科学提供了可用的计算方法，因为它们的基础是易于使用的极限技巧。由此而来的连续分析仍旧装备着近似获得精确测量数值的最容易的手段，哪怕人们知道所研究的现象处于非连续变化的情况下。举例来说，在统计力学中的情况就是这样；如果在统计力学中追求严格准确的数值结果，那么这些结果就必须用严格的组合分析进行计算，而在这种情况下，连续是没有意义的。当牵涉的数字超过人们认为在科学中可以达到的数量级的时候，这样的计算在现阶段就完全不是人力可为的。因此有必要采取折中方案，改写差分分析——非连续、阶梯式变化的分析，使之成为连续。

特别地，差分方程的解是通过复变解析函数理论的手段得到的。其结果是分析的一个领域，这个领域吸引了少数吃苦耐劳的方案执行者；但是大部分数学家仍然相当排斥这一领域。这里得到的函数是存在的，而且确实满足那些方程。可是如果说，我们最好的数学能够做的尴尬工作，只是像这样把经典连续分析的圆形楔子强行打入本质上是离散方式的方洞里，那么，要想得到一些不那么臃肿笨重的结果，并用一种比这个例子中的数学更有智慧更出色的语言表达这些结果，似乎就只能靠我们的后辈去完成了。也许在科学上使用数学分析存在着一个极限。如果事实如此，这一极限已经达到了，那么人们满怀希望地把线性差分方程的分析解的工作交给一些实际计算者处理，他们必须拿出相当准确的数值结果，否则这一工作就没有必要继续进行了。当然，现在线性差分方程的经典分析理论中存在的瑕疵，不会减少其纯数学上的益处。同样，它们也不能让我们看出这一现代理论的创造者的技艺和睿智——其中一些人可以算是 19 和 20 世纪最著名的分析家。它们只不过又是一个暗示：遭到忽略的离散数学仍在寻找自己的牛顿和莱布尼茨。那样的两个人至今尚未出现，可能是因为离散是数学的基础。但是无论这种说法正确与否，我们都可以预期，这方面的显著进步需要天才，他们至少应该与那些连续数学的大师匹敌才行。 406

正如我们在较早的一章中说过，人们通常认为，随着 1715 年至 1717 年泰勒的《正的和反的增量方法》问世，作为数学的一个独立分支的有限差分分析出现了。根据专家意见，这一主体的演变只经历了两个时期。第一个时期几乎覆盖了整整两个世纪，从 17 世纪 80 年代的牛顿到 19 世纪 80 年代的庞加莱；第二个时期则从庞加莱至今。在 19 世纪初期没有出现一个如同连续数学领域的柯西那样的人物，因此没有人向离散数学注入新的生命。第一个时期又分为两个界限分明的阶段，较早的阶段结束于 19 世纪 20 年代。从那时起到 19 世纪 80 年代，除了布尔在 1860 年发表的论文让符号方法达到高潮，因而出现了一次热闹的插曲之外，有限差分法始终停滞不前。长期以来，无论在实用还是理论方面，这些方法在19世纪中期的代表形式都不足以让人对其展开严格的讨论。

早期的发展与插值法的发展交织在一起，开始于沃利斯1655年在圆的求积上所做的工作，在1676年以前通过牛顿在他的二项式级数导数上的工作继续发展，从那时起转向建立可以使用的插值公式。经典有限差分理论有时被称为差分与求和计算，其基本操作是Δ和它的逆运算[6] $\sum$。这些分别对应于连续微积分中的微分和积分。约翰·伯努利在1706年使用了通常意义的差分符号Δ，欧拉在1755年使用了(如果不是由他第一个引入的)$\sum$。如果“步长”为h，$\Delta u(x)$代表$u(x+h)-u(x)$，而在改变表达形式的时候令$h=1$，一般不会带来什么影响。

407

插值公式[7]的历史很复杂，而且充满争议。我们在这里感兴趣的仅仅是下述事情：在17世纪和18世纪，Δ和$\sum$计算的独立发展受到了这样的公式强大的刺激；它们的发展主要是为了促进天文学的数值计算、常数表的制订和力学求积。尽管有关发明的年份和发明者可能存在争议，下面的叙述顺序给出了足够准确的总体发展的尺度：牛顿1687年的公式；欧拉的，但通常称为拉格朗日的1775年的公式，也有人认为是华林1779年的公式；高斯1812年的公式。

Δ和$\sum$计算的其他主要来源是18世纪组合分析与概率论的发展，特别是拉普拉斯所做的贡献。在将其预先转化成差分方程后，许多超出基础课本中给出种类的概率问题可以得到最好的探讨，但可能会很不容易驾驭。由此产生的详细研究，自詹姆斯·伯努利[8]在1713年第一个定义了以他命名的数字和多项式以来，吸引了数以百计的数学家。随后，欧拉在1739年定义了他的数字；从那时起，伯努利和欧拉数以及多项式就在Δ和$\sum$计算中占据了核心位置——特别是在联系到极度有用的欧拉(1730年)和麦克劳林(1742年)求和公式的方面。这些数字和多项式以及它们多次普遍化的历史可以写满一部厚书。但是它们只不过是总体发展中的许多事件之一。在这里我们只需要注意到，泊松在1823年第一次认真尝试研究了欧拉-麦克劳林公式余项。在柯西1821年进行改革以前，这些东西是标准的分析，现在看来，它们所无视的正是科学意识的最基本要求。

18世纪在差分方程上的工作，现在看来有实用价值或具有数学严格性的东西几乎没有保留下来。人们追求它们与微分方程之间的类比，可是没有取得多少成功。一个杰出的例外是拉格朗日关于循环级数的完整的代数理论(1759、1775、1792 年)。诸如棣莫弗的那种早期讨论(1722、1730、1738 年)缺乏普遍性。拉普拉斯主要为了用于数学概率而发明的"生成函数"法(1766、1773 至 1774、1777、1809 年)能够给出非常有用的结果，但是在 19 世纪 20 年代柯西和阿贝尔有关收敛的讨论以后，这种方法缺少堪称证明的内容。有人或许会坚持认为，所有这些已经死去的分析对于今后健康的收获来说都是必要的肥料，他们可能是对的；然而谁也说不准是不是这样。不过，当一种线性差分方程的有效处理方法终于出现的时候，它并不是 1825 年以前已经存在的基本差分的土壤所培育出来的。如果没有那一年柯西创造的复变函数论，对这种方程的令人满意的分析就不会在大约 60 年后出现。

408

庞加莱 1885 年的论文开辟了差分方程的现代理论。一般线性差分方程是

$$\sum_{i=0}^{n} p_i(x)u(x+i) = \phi(x) ,$$

其中 $p_i(x)$和 $\phi(x)$为已知函数，$u(x)$是要找出的函数。如果 $\phi(x)=0$，该方程是齐次的。带常系数的方程是拉格朗日解决的循环级数问题。一个非常特殊的方程

$$u(x+1)-u(x)=\phi(x),$$

其中 $\phi(x)$是一个 x 的解析函数，已经在分析中给出了一个严肃的问题。其中 $\phi(x)$是一个多项式的特例，C. 吉夏尔(Guichard，1861—1924 年，法国人)在 1887 年用 18 世纪的方法彻底讨论过。他让方程对任意解析函数 $\phi(x)$成立，从而第一次给出了与一个解析函数有关的差分方程的完整理论。庞加莱 1885 年的革命性贡献开创了渐近解理论，与类似的微分方程形成类比；从 1909 年至 1913 年，H. 加尔布兰(Galbrun，法国人)继续沿这一方向工作，给出了大值变量的渐近解。这样的工作具有实用价值。

后面的一个阶段从 1911 年开始，那时 G. D. 伯克霍夫(Birkhoff，1884—1944 年，美国人)和 R. D. 卡迈克尔(Carmichael，1879—1967 年，美国人)几乎同时发表了他们的研究，前者的涉及齐次线性差分方程系统，后者的涉及线性

差分方程的解析解。伯克霍夫在他的齐次线性差分方程工作中(后文将述及)最有效地使用了矩阵代数。这一工作是结论性的。上述两人都在大约10年里时断时续地进行相关的研究。卡迈克尔的工作拓展到了一种阶乘分析的普遍化,而阶乘分析曾经是从牛顿到魏尔斯特拉斯之间的年代里好几十位数学家的研究课题。

409

最初出现在插值问题中的阶乘级数和以阶乘为项的展开式,提出了比以幂级数为代表的问题更加困难的收敛问题。魏尔斯特拉斯最早的项目之一(1842年,1856年)讨论的就是阶乘,第一个完全令人满意的讨论是J. L. W. V. 詹森(Jensen,1859—1925年,斯堪的纳维亚人)在1884年进行的。阶乘是数学史上十分令人伤感的项目,正是通过它们,克雷勒第一次看到了阿贝尔的天才。如果没有克雷勒的慷慨支持,或许阿贝尔在完成他最伟大的工作之前就会早早地走进坟墓。在分析的这一分支上做出显著贡献的现代数学家中,S. 平凯莱(Pincherle,1853—1936年,意大利人)是最多产的。现代理论中的许多工作是由斯堪的纳维亚人完成的,其中N. E. 诺伦德(Norlund,1885—1981年,斯堪的纳维亚人)或许特别值得提及。

美国也有极少数大学的学生课程中包括有限差分分析及其旧式的差分方程理论的内容,但是大多数不超出足够作为统计方法一门基础课程的范围。这似乎很不幸;因为如果在本书这一部分开始时的评论哪怕稍微有一点公正,就说明在这个理论中还有许多事情可做,而要改变20世纪的科学状况,一个可资使用的离散数学可能是必不可少的。如果不可能找到比已有的理论更好的理论,就需要证明这一点。在这样一份工作中,光凭天才是不太可能走得很远的。

现在我们回头讨论相对容易但还是相当困难的微分方程领域。

存在性与特殊问题

尽管我们无法在此详细讨论任何特殊问题,但我要谈谈普法夫[9](Pfaff)的问题,这有三个原因:在整个19世纪数学通过特殊化而迅猛膨胀的过程中,它是个典型问题;普法夫问题在李的接触变换理论中起到了核心作用,后者使动力学中的微分方程处理发生了革命性变化，并改变了几何方面的一种理论；这个问题最早是 18 世纪晚期德国唯一值得注意的数学家 J. F. 普法夫(1775—1825 年，德国人)在 1814 年成功研究的。普法夫与年轻时的高斯是朋友，并认识到了他的能力；作为回报，高斯赞赏普法夫高尚的人格和高超的智慧。当高斯的工作在整个欧洲变得逐渐著名的时候，有人问拉普拉斯："谁是德国站在最前列的数学家？"——"普法夫。""那高斯又怎么说？""哦，"拉普拉斯回答，"高斯是欧洲最好的数学家。"

410

1814 年的普法夫问题[10]关注的是带 $2n$ 或 $2n-1$ 个变量的全微分方程的解，对此并非所有可积条件都满足。欧拉在 1770 年发现了如下方程可积的必要条件：

$$P\,\mathrm{d}x+Q\,\mathrm{d}y+R\,\mathrm{d}z=0,$$

其中 P,Q,R 是 x,y,z 的函数。欧拉相信，除非满足这一条件，否则方程无解，因为在这种情况下方程无法从单一的原函数得出。G. 蒙日在 1784 年列举了与单一全方程等价的两个方程。普法夫观察到，一般地说，在所述条件下，全方程与 n 个或少于 n 个的方程系统等价；他的问题是如何确定这些方程。现代处理方法也讨论这个等价系统。

考察上述[9-10]工作，人们将发现，在稍微多于一个世纪的时间里，19 世纪早期分析中这个孤立的细节已经膨胀得极其庞大，而且很复杂。许多其他细节甚至发展得更加引人注目；到 19 世纪末，仍然没有人能够宣称他掌握了所有的数学分析，而且看来永远没人掌握得了。微分方程为这超级丰富的财富贡献了巨大份额，也增加了财富给人带来的困惑。这种情况多得令人感到不安：在那个不计任何代价追求发展的英雄岁月里，19 世纪的数学与文明的其他领域一样，遵循这胡吃海喝而无法消化的相同公式。但是，按照 1940 年的抽象主义者的观点，简洁的无形精神当时就要降临，会祝福所有的数学继续发展；而 19 世纪更复杂、更优雅的风格将只会被保存在博物馆里，经常看望它们的只有历史学家。如果事实还不算很明显，随着本书继续进行，我们将看到这一厢情愿的预言受到了足够的挑战。提倡一种抽象的千禧年的预言家只看到那些阻挡道路的大量细节——它们常常已经过时，被逐步废弃了，有时候却忽略了一些比如李的连续群理论之类的更伟大的综合方法，而正是通过这一类

411

工作，19 世纪的数学家自己整理了前人留下来的不计其数的特殊结果。

我们现在转而讨论存在性的基本问题。柯西在 1820 年至 1830 年的授课[11]中建立了第一批微分方程的存在定理。已经证明，如果对一切满足 $|x-x_0|\leqslant a$, $|y-y_0|\leqslant b$ 的实数 x, y, $f\equiv f(x,y)$ 与 $\partial f/\partial y$ 为单值连续实函数，且如果 $|f|$ 在这一矩形之内有界，那么实方程

$$dy/dx=f(x,y)$$

有满足给定边界条件 $y_0=F(x_0)$ 的唯一解 $y=F(x)$。这一证明为构筑所希望的任何精度的解提供了理论手段。柯西把他的过程推广到了带有 n 个自变量的 n 个这样的一阶方程上，使之相当于一个 n 阶方程；而 R. 利普希茨（1832—1903 年，德国人）可能从希望使它更方便实用的角度出发，在 1876 年改进了这一方法。可能是柯西自己——当然还有许多追随他的人——适当地修改了这一方法，将它推广到了复数范畴。E. 皮卡 1893 年在逐次逼近差分法基础上完善了一个存在理论，人们认为这一理论比柯西-利普希茨方法更加实用。据说，1945 年的现代机器有希望以比任何纯数学方法[12]更高的效率得到数值解。

在 1914 年至 1918 年的世界大战中，现代化的德国炮队将比利时的堡垒夷为平地，这部分地证明了比较古老的弹道学数表应该被废弃，同时也给了数值解法强有力的推动。当时有人评论说，为求解“上天”力学中的微分方程而改进的方法，实际上却全力造成了一个人间地狱。这种观点，以及同样有趣的论据，1917 年至 1919 年在美国受到强烈吹捧，成了政府资助纯数学的足够依据。随着人们所说的“回归正常”，弹道学退出了学术宣传的第一线，而在遗传学、农业、智商测定、高风险投资以及其他和平年代所追求的应用中，数学受到了大力宣传。虽然与微分方程只有微弱的联系[13]，在谷物增产实验[14]和其他地方使用拉丁方①[15]，似乎可以作为“看上去最无用的数学是孕育意想不到的利润的温床”的一个令人吃惊的例子。即使这样很有吸引力的应用也不比微分方程在劝诱慷慨的政治家方面更加成功，而数学还在继续它乞丐一般的行径，

412

① 拉丁方是一种包含 n 类不同元素的 n 行 n 列方阵，其中每类元素在同一行和同一列中只出现一次。——译者注

同时招摇地为自己永不腐败的纯洁而骄傲。

至今为止我们只说到了线性方程。在高于一阶的非线性方程方面出现了新的现象：它们的解中可能带有取决于初始条件的、可以去掉的奇异点。M. 汉布格尔（Hamburger，德国人）在 1877 年，L. 富克斯（1833—1902 年，德国人）在 1884 年，还有其他人都研究过这样的方程。皮卡在 19 世纪 80 年代、P. 潘勒韦[16]（Painlevé，1863—1933 年，法国人）在 19 世纪 90 年代又继续进行研究。某些无法用椭圆函数或其退化形式进行积分的引人注目的方程应归功于潘勒韦。这些方程定义了新的超越函数，其中最简单的是 $d^2w/dz^2=6w^2+z$。一种有些类似的分析出现在科学上更有用的线性齐次微分方程上，这些方程的系数是具有已知奇异点的自变量的函数。其经典例子有高斯首先在 1812 年充分研究过的超几何方程、黎曼 P 函数的更普遍的方程形式（1857 年），还有以 L. 富克斯命名的一类内容广泛的富克斯方程。这些进展在分析的成长中具有双重重要性：许多数学物理中重要的常微分方程是上述方程的特例，它们的解的性质统一于这一普遍理论；富克斯及其学派的研究为庞加莱创造自守函数铺平了道路。此处提到这一点肯定已经足够了，与此有关的细节将在后面的章节中提及。

G. 弗罗贝纽斯（1849—1917 年，德国人）的解法在教科书中常有说明，这种有用的解法也是该时期（1873 年）的产物。如同他在群论、超复数系和代数其他部分的贡献一样，弗罗贝纽斯在这个方面证明了他是 19 世纪的大师级数学家。他的数学研究的质量，以及他感兴趣的问题的具体类型，值得我们把他与同时代的克罗内克和戴德金相提并论，后两人的工作哲学性更强，更倾向于用抽象的方式处理问题。任何希望评价 19 世纪晚期中高等数学和 20 世纪此类数学之间差别的人，都可以参阅弗罗贝纽斯的有关给定题材的某些经典论文，并与 1920 年以后那些年轻一代优秀数学家的相应工作进行比较。 413

三幕符号喜剧

伴随着存在理论，一个有些令人疑惑的符号方法的插曲吸引了许多关注，特别是在英国。尽管它们有实用价值，但是在较早的时候，这些方法很少应用在名声好的数学上面，因为虽然它们可以使用，也能给出正确结果，却没有用清楚的公式说明它们可以使用的条件。它们有一段漫长却很不活跃的历史——开始于莱布尼茨，结束于20世纪令人满意的分配算子线性理论。这里提到几个重点部分应该就足够了。要注意的一般兴趣点是：如果一种经验的形式体系几乎总是给出无矛盾和有用的结果，就说明这种体系背后有数学上的正当原因；纯粹主义者与其谴责那些在数学的贫民窟里生活和劳作的形式主义者，不如将天赋用于清洁贫民窟，这样或许更有益。不管这些谦虚的数学工作者可能缺乏什么，他们肯定不缺乏想象力。当我们考虑实变量时，天文学中使用的发散级数将提供一个令人吃惊的例子；我们不久将要提及，O. 亥维赛(1850—1925年，英国人)的极端有用的算子演算，就是一个创造性的洞察力与学术上的迂腐进行斗争并最后取胜的经典范例。

莱布尼茨在1695年注意到，求导的符号 d，即现在符号方法中的 D，具有普通代数"数量"的一些性质，例如对正整数指数的规则。运算符号与运算对象的最后分离是在19世纪的初期才最后实现的。先由 L. F. A. 阿博加斯特(Arbogast，1759—1803年，阿尔萨斯人)在1800年实现，然后由 B. 布里松(Brisson，法国人)在1808年、M. J. F. 弗朗塞(Français，法国人)在1811年、F. J. 塞尔瓦(Servois，法国人)在1812年进一步完善。从1836年至1860年，英国学派在微分学和积分学、有限差分分析以及微分和差分方程中利用了符号方法。这些工作的一部分在今天的基础教科书中还能看到。最热烈地倡导这一方法的人之中，布尔[17]和 D. F. 格雷戈里(1813—1844年，苏格兰人)做出了突出的贡献。一个不出名的应用是1857年布尔对阿贝尔在积分学中多产的定理(1826年，将在后面的一章中描述)的证明。

414

符号方法的最后一个显著进展是亥维赛1887年至1898年对电磁学中某些微分方程的算子演算，这在电气工程和其他地方同样有着重要意义。[18]

为了取得数学道德官方审查官的认可，亥维赛进行了斗争，这又一次证明了那句格言：违反常理者走的路是艰辛的。在亥维赛的失败中，天生顺从的人看到的是对抗命的智慧理所应当的责备；而生来叛逆的人反对那种躲藏在一层权威的防线之后保护自我的体面，他们可能会将亥维赛的犯禁视为反叛的挑战。如果反抗者能够支持他的起义，或许就会帮助他赢得迟来的宽容，而现实中亥维赛痛苦的晚年未能得到慰藉。除此之外，他可能只会成为人们记忆中试图做不可能成功之事的人。

亥维赛对于正统堡垒的抨击，在付出惨重代价之后失败了。由于这个改革者的数学缺乏严谨，震怒的伦敦皇家学会拒绝发表亥维赛的文章，虽然他也是该会的成员。19 世纪最后 10 年和 20 世纪的前 10 年经历了许多有关新算子演算功过的激烈争辩，而最后的正式结论是，新方法过于声名狼藉，有自尊心的数学家不承认它。但是亥维赛逝世 5 年之后，人们发现新方法的确很有道理，于是又大力修正了这一结论。1930 年，一位众所周知的英国分析学家[19]做过如下评价，他或许过于宽容，不过这个错误在当时是可以谅解的。

> 30 年后回顾当时的那场争论，我们现在应该把算子演算与庞加莱发现自守函数和里奇发现张量演算并称为 19 世纪最后 25 年中最重要的三大数学进展。对它的应用、推广和正确评价，组成了今天[1930 年]的数学活动的一个重要部分——我指的是近来 H. 杰弗里斯(Jeffreys)、诺伯特・维纳、布罗米奇(Bromwich)、卡森(Carson)、默纳汉(Murnaghan)、马奇(March)以及其他人的工作。

然而这场笑话的精髓直到 1937 年才显现出来。似乎应该把它特别推荐给那些希望以数学为职业又缺乏经验的大学生，因为这些涉世不深的年轻人往往相信追求数学能令人头脑冷静，使人远远超越人类的普遍缺陷。按照通常的模式，亥维赛悲喜剧以三幕形式成为一场不折不扣的闹剧：亥维赛的方法完全是胡说八道；它是正确的，很容易证明是有道理的；早在亥维赛使用它之前很久，人们就知道这种方法了，其实它不过是经典分析中微不足道的老生常谈。由于第一幕中的失误，身体柔韧而又傲慢的杂技演员[20]在第三幕中忙于平衡自己的尊严以免跌落，结果根本没注意到他们的表演究竟证明了些什么。

415

美国工程师大约在 1910 年开始使用亥维赛的方法；算子演算的实用性得到验证，最终吸引了职业分析家的注意。到 1926 年，工程学不光彩的后继者为它进行了一次迟到的洗礼，授予它数学合法性的一切权利和特权。在亥维赛不请自来的数学重建者中，1921 年的 T. J. I'A. 布罗米奇(1875—1929 年，英国人)、1926 年的 P. 莱维(Levy，1886—1971 年，法国人)和 H. 杰弗里斯

(1891—1989年,英国人)是最活跃的几位。如果这一插曲有任何寓意,它或许就隐含在亥维赛对纯粹主义者的嘲讽中:“这一级数是发散的,因此我们可能利用它做点有用的事情。”亥维赛迟来的胜利可能会激励那些纯粹为了反叛而反叛的不理智行为;为了避免这种情况,我们或许应该强调,在他开始反叛之前,积分方程[21]的先驱已经发展了这种分析,这可以证明亥维赛的演算法是正确的,但同时明确地指出了它与生俱来的局限。B.范德波尔(van der Pol,荷兰人)1938年在素数理论上应用了这种演算法,这种新奇的应用至少说明了该方法有启发价值。到了1930年,亥维赛的演算法已经进入较高级的工程技术学校,成为电气工程师日常训练的一部分。

系统,以及柯西问题

常微分方程系统很早就在天体动力学,特别是牛顿的三体问题中出现了。在整个18世纪和19世纪,找出特例的解以及找出一般情况下更进一步的积分(超过了动力学基本原理中给出的那些)的尝试,似乎在很大程度上催生了联立方程的精细理论。对于n个带有解析参数系数的一阶线性联立微分方程的分析,在庞加莱1892年至1899年间的天体力学新方法中得到了引人注目的发展。大约在1750年,欧拉在发展月球理论的过程中得到了这类系统的参数幂级数解;不过该解法的正确性是由柯西证明的。1765年,J.哈里森(Harrison)的第一台航海精密计时器问世,月球不再是航海者的可靠时钟,月球理论对确定海洋经度问题的重要性减退到几乎消失的地步。不过在纯数学方面,三体问题仍旧在微分方程的一个主要领域占据统治地位。带有其所有笨重分析的微扰理论可以向前追溯到描述月球运动的尝试。

416

在一阶线性联立系统十分引人注目的现代理论中,G.D.伯克霍夫(Birkhoff,1884—1944年,美国人)激起了进一步的发展。这一理论在20世纪发展中有一个有趣细节,即矩阵代数的偶然运用。在20世纪早期,希尔伯特、伯克霍夫、M.梅森(Mason,1877—1947年,美国人)等许多人发展了这一理论与积分方程及其相关的边值问题之间的联系。这种联系的科学重要性将在后面的章节中提及。与这些进展并行的是另一个迅速崭露头角的进展。从1881年起,庞加莱首创了一种在微分方程理论和实用上的全新哲学。这里的首要目标是在考虑定量方面,对一个系统所有的解和它们之间的关系进行定性或拓扑学研究。从这里出发,循环运动、周期轨道和动力学稳定性的庞大理论得以发展。这里的起源又一次是18世纪的天体动力学,特别是拉普拉斯尝试建立太阳系稳定性的工作。拉普拉斯的努力过时了,除了其他原因之外,还因为在19世纪空前增长的精确天文学知识和相对论。尽管过分简单的拉普拉斯综合法被修改得面目全非,它所提倡的问题在经过多次改善与普遍化之后,仍然与1827年拉普拉斯逝世时一样具有启发意义。20世纪对经典天体力学的修订——如同庞加莱、伯克霍夫等许多人在定性动力学中所做的那样,引发了拓扑学的扩展,后者又对定性动力学产生了反作用。1892年,通过改进G. W. 希尔(Hill)在1877年发明的分析月球近地点运动的方法,庞加莱开始了他最引人注目的进展之一;回顾这一点是很有趣的,在这个方法中第一次出现了无限行列式。带有周期系数的微分方程的现代理论的起源也可以追溯到希尔的工作,许多美国人对该理论做出过值得一提的贡献,其中包括F. R. 莫尔顿(Moulton,1872—1952年)和W. D. 麦克米伦(MacMillan,1871—1948年)。20世纪的这项工作允许使用单周期和双周期系数。 417

在需要陈述前因后果的情况下,我们将提及偏微分方程。不过可以在这里评论以下两个超出寻常意义的插曲,因为它们在随后的讨论中都不方便出现。第一个是在超出一阶的偏微分方程中定义"通解"和"完整解"的尝试。雅可比在19世纪30年代(1862年发表)给出了带一个因变量的一阶偏微分方程系统的形式积分的符合要求的方法。但是对二阶方程则需要新的原理,对此有几种可能。[22]拉普拉斯在1777年、A. M. 安培(1775—1836年,法国人)在1815年至1820年、布尔在1863年、达布在1870年,都为定义和得到相关积分提出了建议,可是直到1908年,这些建议中没有一项被认为是完全令人满意的。上述复杂进程几乎都只与单个带有不超过3个自变量的二阶方程相关。经典数学物理中最重要的方程在这个范畴之内,它们与围绕着这种方程发展起来的复杂理论相关。

我们在这里叙述的第二个插曲是1842年的柯西问题,也许可以把这个问题看作 19 世纪初期数学物理的边值问题的自然延伸。这与第一个插曲密切相关，却在主要意义上有区别。尽管听起来很有道理，但是找出一个二阶偏微分方程的通解这个问题可能提得并不是很得体。如果可以得到几个不同的解，每个都有一些人们希望有的性质，却没有一个能够包括所有的性质，那么这个看上去很合理的问题可能就过于宽泛，没什么用处。因此，从所有可能性中孤立出最后通常能得出唯一解的可能性，并研究没有唯一解的例外情况，这种提法就很有意义了。这个问题在数学物理中很有意义。柯西问题就属于这类问题，其特例包括出现在经典物理中的情况。这一普遍问题关系到带一个因变量和 n 个自变量的二阶线性偏微分方程；它要求确定一个解，这个解对一个自变量的一阶偏导数在该变量为零时的赋值，将给出余下 $n-1$ 个变量的函数。也可以确定并分析没有唯一解的例外情况。在柯西之后，讨论这个问题的人中值得一提的，在 19 世纪有 1874 年的桑亚・科瓦莱夫斯基（Sonja Kowalewski，1850—1891 年，俄国人）和 1875 年的达布；在 20 世纪，法国分析学派的阿达马等人发展了这一普遍理论。参考上述工作[23]，就可以大致了解这个专业领域在 80 年中发展到了哪个地步。

418

在与微分方程有关的叙述中，有一个响当当的名字还没被明确提到，因为在众人心中它的存在是理所当然的。与他对包括微分方程在内的分析的基本改革造成的压倒性影响相比，魏尔斯特拉斯在这方面的专门贡献的意义或许不那么重大。

走向系统化

在前面的事例中我们只展示了大量工作中的几种。选取的依据是两个目标：第一是要告诉我们，到 19 世纪 70 年代，被误称为微分方程理论的杂乱无章的分析，已经准备好让人尝试系统地组织一个理论了；自 1900 年以后，许多年轻的分析学家感觉很压抑，因而在普遍分析和完全抽象中寻找解脱，我们的第二个目标就是为此给出道义上的正当理由，哪怕并不具有实质意义。其中第二个动机将在本书继续叙述的过程中增强。在现阶段，我们注意到了一个向普遍分析迈进的重大步骤：E. H. 摩尔早在 1908 年已经考虑到了带有可数无限变量的方程。此后美国学派[24]的几位数学家讨论了无穷阶微分方程。随着变分法和泛函理论中变量概念的普遍化,向某种形式的普遍分析发展的趋势已经不可避免。与此同时发生的另一个趋势开始于19世纪80年代,并在较早的时候达到了自己的目标,它发生在微分方程的第一个结构理论上。这次联合进化涉及代数、几何和分析的发展,自然是非常复杂的。由于我们即将说到的原因,我们将追随这条主线,沿着应用数学指出的道路继续前行。

419

对于微分方程,来自科学的推动力是明显的,这不需要进一步强调了。随着本书的继续叙述,应用数学对函数理论的影响将越来越明显。但是对代数来说,从应用向抽象的有规则发展却是相反的:在迄今为止代数对科学所做的最大贡献——不变性概念方面,抽象早于应用。

在几何学中,纯数学与应用数学之间始终存在的相互影响在整个19世纪也一直持续着。例如,制图学和测地学可以归入这两个分支中的任何一个。它们在微分几何学上的自然发展也是如此:如果强调几何本身,就是纯数学;如果解释宇宙学与物理科学,就是应用数学。不过重要的不是给某个发展贴上标签,人们有兴趣的是,为实用或者科学的目的而创造的几何学,与为了它本身而发展起来的几何学之间持续的相互作用。

当然,要穿越复杂的迷宫,不一定非要以应用数学为线索。对任何有过一点探索经历的人来说,还有另外几条途径。例如,几何也穿过了迷宫。但是几何又是什么?我们在这里之所以选择应用数学,某种程度上是为了得到一种有用的描述。一位美国几何学家[25]给出了至今为止最好的定义:"几何就是几何学家做的事情。"如果有人问几何学家做的是什么,回答也同样令人满意:"几何学家做的是几何。"这些定义不是开玩笑说说而已。它们是一种直白的承认:对于大多数自称几何学家的人,所有的事情都是几何。不过对于应用来说就没有困难了。所有人都认为自己明白什么是应用数学,特别是,如果由始终如一的马克思主义者来说,他们会断言:好的数学都不是纯数学。

420

第二十章　不变性

人们第一次认真考虑不变性是在1841年，然而在仅仅30年之后，它就成了数学思想中占统治地位的概念。在较为详细地描述不变性的某些特点之前，先简短地介绍其总体发展的某些特点，可以给我们指出不变性在代数、几何、分析和理论物理方面的基本重要性。在这一简短介绍中没有提到的拓扑不变性，将在本书稍后部分专门叙述。

总体特点

不变性一旦建立之后，可能就很难为它编织一种全面的正式定义。[1] 以下的非正式描述[2]给出了一个比较明白易懂的主旨。“不变性是在变化当中的无变化；在一个永远变化的世界中有一个持续存在的构型，它始终保持着同样的形态，尽管无穷尽的有趣变换对于它的扰动和压力依然存在。”

一个直接的例子是19世纪物理学所理解的能量守恒；另一个是在射影过程中4个共线点的交比恒定；再者是在一张弹性地图上，当地图以任何方式拉伸却不撕裂时，其中一个坐标网格中任意直线上点的次序不变。还有一个初等代数的例子可以一直回溯到1773年，它是整个不变性理论让人意想不到的萌芽，而它的一切分支现在已经遍布整个现代数学。拉格朗日在研究二元二次型数论的过程中注意到，若在$ax^2+2bxy+cy^2$中由$x+\lambda y$取代x，由y取代

421

y，则该型成为$Ax^2+2Bxy+Cy^2$，此处$A\equiv a$，$B\equiv a\lambda+b$，$C\equiv a\lambda^2+2b\lambda+c$，而

判别式 b^2-ac，B^2-AC 相等。

拉格朗日的发现是(历史上的)第一个代数不变量普遍定理的特例：二次型中变量的一个线性齐次变换将该型变成另外一个，乘以一个只取决于变换系数的因子之后[3]，其判别式与原来的型的判别式相等。这一定理，由布尔在1841年发现，通常认为它是代数不变量理论的起源。高斯在1801年的《算术研究》中作为特例使用了带2个和3个变量的二次型，可无论是他还是拉格朗日，都没有注意到代数这片无人发现的大陆的启发性线索。

代数中的型与数论上已经定义的相同，唯一的不同是其中的系数不再局限于整数数值，而可以是任意常数。布尔在1842年进一步发展了他的成果，发现某些函数的型的系数与变量，在线性变换中具有同样的不变性。为了区分这些型与只牵涉系数的第一类型，后来人们将其称为协变量。[4]

当我们想起布尔是符号逻辑的主要发明者的时候，他很有资格摘得19世纪最为人低估的数学家这顶酸涩的桂冠。布尔自学成才，缺少人们所说的他那个时代的正统数学训练的优势。但是他的独创性富于探索精神，甚至可以说克服了他由于贫困而遗憾错失完整教育所造成的劣势。无论如何，他成了一个最非学院式的数学家，这对数学和哲学都具有持续的益处。

凯莱立即意识到布尔的发现有重大意义，于是在1845年开始发展一种代数型及其协变量和不变量在线性齐次变换下的系统理论——可以简洁地称为代数不变性理论，或代数型理论，或齐次多项式代数。[5] 在布尔1841年的最早发现之后的大约半个世纪里，"现代高等代数"实际上是代数型理论的同义词。与此同时，射影几何作为一种值得赞扬的模型被方便地使用，但这种尝试无法为新代数那堆缺乏形象的杂乱事物赋予一种直觉的表象。日益复杂的公式被强塞进越来越包罗万象的定理中，直到这些练习中可以理解的合理性最终都蒸发消失。无论几何或其他任何人类的数学，都不可能让过于冗长的公式变得有趣。19世纪90年代早期，漫无目的的代数计算的黄金时代，在自己的黄金不断积累的同时默默地终止了。它给20世纪的现代抽象代数留下的遗产是希尔伯特1890年的基本定理：每个多项式理想都有一组有限基。

422

当代数学家沉迷在永无止境的计算中时，物理学家正通过质量与能量守恒，探索不变性的一种更加捉摸不定的表现形式。与正规的代数学家一样，他们欺骗自己相信，他们已经揭示了一种可以指导未来一代代人的不朽的绝对真理。直到1915年至1916年，物理不变性的更深刻的意义还没有在爱因斯坦的协变性原理中明确成形。[6] 这句以往被误认为永恒不变、必不可少的话，现在看来只不过是数学语言的陈词滥调：一个坐标系和另一个一样好。如果数学物理中的微分方程要在任何特定参照系的坐标架构之中反映这种无差别性，它们一定会在时空坐标的坐标变换中保持不变。在数学物理的协变性原理得到确切阐释之前，挑剔的哲学家反对1905年的狭义相对论，因为它依旧偏爱一种非常特殊的时空坐标[7]。但是若要去除这一瑕疵，所需要的可不仅是尖锐的批评。真正需要的是完全掌握多少被人们忽略了的微分几何。

除了代数和物理方面，19世纪的数学还有第三种深刻影响了不变性发展的活动。黎曼在1854年对几何学背后公理的研究，以及1861年对于热传导问题的分析提示了一种新的不变性，在这种不变性中，一般解析变换和（二次）微分型代替了线性变换和代数不变性的代数型。由此出发，现代微分几何与相对论的几何化物理发展了起来。作为相对论宇宙学和引力基础的黎曼-克里斯托弗尔张量，在黎曼[8] 死后发表的有关热传导的笔记中第一次出现。

423　在李变换群论的极速发展下，19世纪70年代给不变性提供了最终的主要推动力。顺便说一下，我们或许可以注意到，李在少年时期既没有表现出对数学的兴趣，又没有显出任何天赋，这在伟大数学家中是不多见的。西罗有关伽罗瓦方程理论的一次讲课，给21岁的李留下了深刻印象，不过并没有让他付诸行动。李最终在26岁时向来自几何的诱惑屈服了，他只用了几个星期就完成了常人几年的工作。在他发现了自己与数学的情缘之后大约过了一年，即1869年，他与热情洋溢的克莱因合作了几个月，由此开始研究群与不变性。在这里，历史的活动受到了个人兴趣的影响，而且并非一星半点。李后来逐渐变得孤僻多疑，这两位19世纪的杰出数学家早年结下的诚挚友情冷淡了下来。克莱因不遗余力地向数学界宣扬李的想法，李本人却猜疑克莱因企图侵吞由于发明变换群而带来的迟到名声。又一场有关发明权的苦涩争吵已经搭好了舞台，不过克莱因机敏地退到了大幕后面，把李单独留下来面对捧场者。

敏感的数学家之间的争吵很少会结束得如此沉闷平淡。连卓越人物都并不厌恶公开角斗[9]，无怪乎那些逊于他们的数学家也会花很多时间和精力在背后中伤他人，并且无谓地嫉妒比自己更有才智的人。这种非常人性化的特点在 R. 贝尔(Baire，1874—1932 年，法国人)身上表现得淋漓尽致。贝尔本人是一个狡猾的分析家，也是 20 世纪神经比较敏感的数学家之一，就如同一个"平庸结成的团块"。这些评论并非为了损毁他人的名誉，而是考虑到年轻的理想主义者可能会从毕生献身于数学研究的人身上寻求人性的慰藉，我才直白地陈述了上述学术事实。

在 19 世纪最后三分之一的时间里，李氏理论和方法对数学产生了深远的影响。而克莱因在 1872 年统一当时已有的主要几何的著名计划[10]，则部分地受到了李氏变换群论的启发。不变性的思想当然在李的许多工作中占统治地位。如同本书后面将要提及的，群和不变性的概念在克莱因的综合工作中是相辅相成的。相对论问世以后，群的概念仍旧对计划有着启发意义，但是在许多超出克莱因统一计划范畴的新几何发明以后，群就退居次要地位了。代数(射影)不变性的经典理论又一次在这里找到了它作为李氏理论下级详细理论的最后归宿地，而李氏理论也在数学物理中对微分方程的应用做出了贡献。例如，接触变换方法一经问世，动力学方程中经典的哈密顿-雅可比处理方法，就有很大一部分变得只有历史价值。在纯数学方面，李氏方法反过来促进了微分与积分不变量的理论。[11]后者则在庞加莱的手中(始于 1891 年)变成了天体力学中最有效的一种工具。积分不变量从那时起继续发展，在 20 世纪 20 年代成为与广义相对论和守恒定律结合的一种数学物理方法。微分与积分不变量都在 20 世纪的几何复兴运动中起到了统治作用；而按照一些批评家[12]的观点，这一运动远远超出了克莱因计划所设定的疆域。

424

到了 1915 年，拉格朗日在 1773 年播下的"芥末种子"已经长成了一座遮盖了数学广大领域的森林，而且它还在继续发射出新的弹药。当广义相对论出现的时候，不变性的地位稳固确立了，仿佛成了永远都在向数学思想提供新东西的源泉。随着相对论走红，不变性也吸引了哲学家的关注。拉格朗日未曾考虑的"琐碎东西"随即在哲学思想史上显露出了意外的重要性，将令所有哲学的温和怀疑主义者(包括他自己)感到震惊。

如果历史能够承担任何有用的功能，人们或许会期待它引诱现在向过去学习，而不是仅仅记住那些不过是根据品位和偏见断章取义地定义的相互矛盾的时代。就我们现在讨论的问题而言，我们回想起拉格朗日之外的那些人，他们看到了这个东西，随手把玩，却未能认识到这是一件伟大事物的萌芽。高斯完全错过了它；布尔认识到了一半；艾森斯坦让它从自己的指缝中滑了过去；最后还是凯莱，他抓住并且发展了它，进而把机会洒向那个时代的所有代数学家。凯莱开创的代数理论虽然在 19 世纪 40 年代已经沦落到了次要地位，然而正是在那个对型的代数进行了过多且有些无用的计算的年代，不变性开始作为一种新的统一原理出现，人们开始有意识地追寻并在数学中遵循这种原理。

425　还有一个人忽视了不变性在科学中更广阔的意义，回顾起来，人们觉得他本来应该立刻就认识到其重要性。早在 1854 年，黎曼凭借对宇宙的想象力预见到了数学物理的部分几何化，却错失了 7 年以后他的热传导工作暗示的更加深刻的普遍性。只是当广义相对论把它展现在每个人面前的时候，不变性在数学、科学和哲学上的重要性才得到普遍的认可，这一点是必须记录的历史事实，虽然绝对主义的意识形态对一切形式的相对主义都抱有敌意。这个在现代科学思想中占统治地位的概念，其出现时间似乎被无谓地推迟了。现在回顾起来，我们可能想知道 20 世纪忙碌的年轻数学家是不是忽视了拉格朗日这样的精彩的“琐碎之物”；一个世纪以后，这种“琐碎之物”得到栽培，将忽视那些如今似乎遮蔽了数学天空的事物。

代数不变性[13]

凯莱在 1845 年的第一篇论文中把代数不变量称为超行列式，因为他当时把代数不变性现象看作行列式乘法的普遍化。这一早期工作引入并使用了符号方法，这是引人瞩目的；这一方法已经暗含在 1844 年的格拉斯曼代数中，这位德国代数学家后来简化了该方法，并用更有建设性意义的标记法表示，而且以令人惊叹的技巧和效率加以应用。我们可以在这里顺便回顾一下行列式发展的主要阶段。

可能早在公元前 1100 年，中国人[14]就通过一种与通常的行列式法等价的规则解决了带两个未知数的两个线性方程问题；据传说，关孝和(Seki Kowa，

1642—1708年,日本人)也在1683年做了同样的事情——他即使没有超过牛顿,也是与牛顿一样伟大的天才[15]。由于这一贡献,有人几乎认为,关孝和发明了现在据称是积分学的一种变异形式的东西,"尽管我们无法确定他是否真的写出了关于该课题的著作"。[16]至于那个发明(圆原理)本身,只有最慷慨的历史学家才可能从中找到比希腊人最初发展穷竭法所采取的步骤更加精细的内容。在传说关孝和做出了行列式的早期工作之后不久,莱布尼茨在1693年给出了一个与中国人的方法等价的求解线性联立方程的规则。1750年G.克莱姆(1704—1752年,瑞士人)改进了这一规则,1764年E.贝祖简化了它。尽管它们具有古董式的魅力,可是人们很难看出这些极端有趣的发展与行列式之间有丝毫联系。

426

下一项贡献则具有更有效的理由。A. T. 范德蒙(Vandermonde,1735—1796年,法国人)改进了标记法,在1771年将其抽离出来作为独立研究的对象——这一对象后来被看作行列式,并系统整理了当时已知的不多的事实。拉格朗日在1773年发现了十分有用的恒等式,直到很久以后人们才认识到,这些恒等式其实是逆行列式特征性质的特例;拉普拉斯则在1772年对行列式的展开给出了烦冗的描述。18世纪晚期的德国组合学派人士用繁复的标记法轻松地扼杀了几个十分有用的结果;朗斯基在1811年讨论了几个特殊形式,虽然看上去极其粗糙。1801年,高斯在不经意间使用了与拉格朗日同样形式的恒等式。

J. P. M. 比奈(Binet,1786—1856年,法国人)于1812年在乘法法则上向前迈出了一大步,这一法则在适当的假定下足以定义行列式。同年,柯西对这一课题进行了最后的研究,他使用了$S\pm$标记法,并对基本定理给出了几项证明。此后,行列式就成了所有职业数学家的工具之一,虽然它还缺少一种清晰明确的标记法。1841年是该课题的一个里程碑:雅可比总结了几年来的研究结果,对基础法则,包括他自己的雅可比函数行列式,给出了巧妙的表示;凯莱发明了用竖线包夹方形阵列的有力标记,并有效地使用了它。

凯莱的标记法是19世纪数学中最成功的标记法之一,后来证明,它的启发意义几乎是过于深刻了。它召唤出了大量特殊行列式,有几个有用,但大多数只是给人新奇感而已。到了1920年,T. 缪尔(Muir,1844—1934年,苏格兰人)发现,仅仅叙述行列式的历史,他就必须写出长达五卷、总计 2 500 页的著作。同年,这一课题作为一个非主要的细节被张量代数吸纳,并在其中进行了重大简化,简化的直接原因就是当时相对论的流行。这样就可以很容易地得到诸如克罗内克恒等式一类更有用的恒等式,展开定理也同样如此。齐次多项式的经典代数也可以类似地被吸纳。毫无疑问,19 世纪逐渐形成的行列式将成为没有特殊目的却受到精细研究的不朽例子,长期保留下来。当数学降低到了 19 世纪和 20 世纪行列式的水准时,它就连一种名声好的游戏都算不上了。

427

凯莱很快就放弃了"超行列式"这一课题,转而研究"齐次多项式代数",并把下面的综合问题定为自己的工作目标,他发表的许多论文以及 1854 年至 1878 年有关齐次多项式的 10 篇著名系列专题论文,研究了该问题的全部分支:一个 m 元 n 次多项式是一个带有任意常系数、m 个 n 次自变量的齐次多项式。凯莱把这样的多项式命名为 Quantics(齐次多项式)。在任何给定的齐次多项式中,变量都可以进行一个非奇异的线性齐次变换,经过变换的齐次多项式就化为新变量的齐次多项式了。如果原来是一个 m 元 n 次式,变换后也是同样的齐次多项式。要求从只关于系数或者关于系数与变量的结构类似的、经过变换后的多项式中,找出与原多项式只差一个因子,只关于系数或关于系数与变量的所有多项式(有理积分代数不变量和协变量)[17],这是变换行列式的一种能力。

早期的经验很快就提示了两个更深的问题,每一个都对现代代数的后续发展及其大量应用(例如代数几何)有着根本性的重大意义。第一个与所谓基本系的存在有关:确定对一个给定的齐次多项式是否存在一个不变量集合,使齐次多项式的任何不变量都可以用集合中的成员组成的多项式来表示。对于协变量也有类似问题,其中齐次多项式本身也算入它的协变量之中。这一问题被直接普遍化,成为对任意次数、带有任意数量的变量的齐次多项式有限集合有效的问题。第二个问题与西尔维斯特行星语言中的合冲①有关,即在任

① 合与冲是(太阳系内)两类相关的天文现象。当行星运行到太阳与地球连线上时,若地球不在该行星与太阳之间,则称为"合";若地球在二者之间,称为"冲"。——译者注

何齐次多项式的有限集合的不变量中，找出所有独立的不可约代数关系，对协变量的要求也与之类似。对于型的代数理论的两个主要问题，本书中的描述已经足够；至于任何有关的详细陈述，我们像往常一样请读者参阅任一标准教科书。

我们对这个题材并没有偏见，不过前面对每一个问题的描述都忽视了一个关键的可能性：是否存在一个有限的基本系？是否存在有限数目的独立合冲，从此出发可以通过有理操作推导出所有的项？通过数学史上最幸运的一次失误，凯莱在 1856 年研究高于六阶[18]的二元（两个变量）齐次多项式的时候说服了自己，认为对这两个问题的回答都是否定的：不存在只由有限数目成员组成的基本系；也不存在有限数目的独立合冲，从它们出发可以通过有理操作推导出所有项目。然而凯莱被误导了，这两个问题的正确答案都是肯定的。他在计算上出了错，假定了某个线性丢番图方程系统是独立的，但实际上它们并不独立。

428

凯莱，以及紧随其后、多产的西尔维斯特的诸多成功，引爆了数学史上一场最无情的极权主义计算运动。1846 年至 1867 年，凯莱、G. 萨蒙（1819—1904 年，爱尔兰人）和 J. J. 西尔维斯特（Sylvester，1814—1897 年，英国人）的英国学派在法国埃尔米特的协助下，带领一支热情洋溢的代数学家和射影几何学家大军，穿越了以下肥沃的疆域：所有次数的二元齐次多项式、带有任意数目未知数的二次型和双线性型以及三元三次型。全体将士都徒步行军，全都舍弃了源自凯莱的超行列式、又经德国学派完善的强有力的符号力学方法——该学派的领袖是在大约 1850 年[19]为现代符号方法打下了基础的 S. H. 阿龙霍尔德（Aronhold，1819—1884 年）、对这一方法融会贯通的大师 P. 哥尔丹以及 R. F. A. 克莱布什（1833—1872 年）。克莱布什曾经在 1871 年将德国的符号方法系统化，并在他的经典论文[20]中将该方法严格地应用于几何，但是他的论文今天已经很少有人翻阅了。在坚定的 F. 布廖斯基（Brioschi，1824—1897 年）的带领下，一支意大利专家特遣队也加入了这场胜利大进军，冲入那片繁茂的大草地中疯狂地进行计算。不过落后的美国数学家直到 1876 年还保持着中立。

轻松的全面大胜可能让 1868 年的进军陷入了困境；但是这场战事远未结

束，单单凭借强大的惯性，就使战争持续到了 19 世纪 90 年代。[21] 西尔维斯特在 1876 年匆匆从他的老家伦敦赶往滞后的美国，在那里出色地担任了数学大使的角色，直到 1883 年，在他自己的要求下被召回。他不屈不挠的热忱使代数学家的部队增多了，带动了一批新募士兵加入，这批人错误地以为，联合王国的二元齐次多项式、对称函数和消元式就是数学更广阔的民主。西尔维斯特在 1878 年创办的《美国数学杂志》上未雨绸缪，开始为尚未到来的饥馑贮存计算粮草。

429

对于从 1850 年开始的齐次多项式代数来说，这样经过错误引导的预见并不独特。举例来说，在群的伴生理论，特别是置换群中也有类似混乱的情况。[22] 一旦有了可以无限制地供应某种作物的手段，一直生产这种作物直到仓库爆满的做法似乎有些过分谨慎了，当然，除非这些作物被人消耗掉。但是对上述的计算来说，需要它们的只是少数消费者，而且他们需要的都只是其中最容易消化的产品。

这场计算运动显然仅仅是为了计算而发动，不过无论如何，它至少暗示了代数、几何与分析的一个尚待开发的领域，在 19 世纪 70 年代的现代高等代数降格为尘封的经典之后的几十年里，这个领域将依旧保持它的生命力。只有 4 项工作需要在此提及。

受益于凯莱 1856 年的远见，哥尔丹在 1868 年证明了，对任意二元齐次多项式，存在不变量与协变量的有限基本系；他还在 1870 年对这种型的系证明了同样的存在性。哥尔丹使用了阿龙霍尔德和克莱布什的符号分析，他的证明是建设性的：不加掩饰地直接运用蛮力，当力量足够大的时候，实际上就可以把基本系“拉”出来示众。由于这场针对代数公式中野蛮种族的具有纪念意义的胜利，德国那些浪漫主义的哥尔丹仰慕者把他推上了“不变量之王”的宝座。他占据这一宝座整整 22 年，直到希尔伯特，一个年仅 28 岁的年轻人，在 1890 年从哥尔丹老迈的头上攫取了桂冠，牢固地戴到了自己头上。

希尔伯特把计算降到了最低限度，却证明了任何齐次二项式集合的基本系和合冲的有限性定理。尽管这一成就十分巨大，但它的光辉完全被证明的主要工具掩盖了。希尔伯特的基本定理成为代数本身的真正基础。它不仅标志着代数学的一次头等进步，而且也是现代数论和代数几何的一次头等进步。

这是克罗内克的模系统和代数域的基础，而这两者都在现代抽象代数的三大来源之列——第三个来源是伽罗瓦的方程理论。在这一事件中，正是因为希尔伯特依赖一般推理和存在性证明，而不是依赖计算，哥尔丹才发出惊呼："这不是数学，这是神学！"

哥尔丹的不安是有预见性的。神学家不会因相互间容忍对方的信条而著称，在希尔伯特证明了他的基本定理之后 50 年，数学界又一次证明了这一点。20 世纪 30 年代两大最具攻击性的数学神学家（哥尔丹意义上的）集团是抽象代数学家和拓扑学家，他们发现了许多可以争论的东西。1939 年，来自前线的专业观察家[23]的一份新闻快报是这样写的："在这些日子里，拓扑学天使与抽象代数恶魔正在拼死搏斗，争夺每一个数学领域的灵魂。"这大概是神话中为可能不存在之物发生惊人争吵的翻版，我们不管这一点，只注意到它首先是拉格朗日留给布尔和凯莱的一粒芥末种子引发的。但愿善良的天使获胜，如果真有一方会赢的话。 430

几何是第二个因代数学家的辛苦劳作而或多或少间接受益的巨大领域。由凯莱、莫比乌斯、普吕克、克莱布什、L. O. 黑塞（Hesse，1811—1874 年，德国人）等许多人发起的解析射影几何的复兴，与代数不变量的工作部分同时进行；它是克莱因 1872 年综合计划的决定因素，这一点几乎无可怀疑。这些代数学家与射影几何学家没有抓住事情的核心。克莱因[24]意识到，某些不变性的表现形式伴随着一个适当的群，于是乎他看到了问题的核心：相关的群操作没有使对应的不变量发生改变；反过来说，所有让某种对象不变的操作构成一个群。（上述仅为一个非常粗糙的描述，对此存在限制和例外。[25]）19 世纪 70 年代早期，当李的变换群为将所有几何统一到克莱因的计划中提供手段时，由那些混合杂乱的特殊定理组成的几何终于在这里有了一个综合的外观。我们会在后面的章节关心这些事情。我们已经注意到，由齐次多项式代数直接引起的另一个划时代进步，就是凯莱在 1859 年通过加入适当的不变量轨迹，将测量几何降格为射影几何。

第三个由于齐次多项式代数引入的计算手段而获益的分支，是线性微分算子理论，特别是在李群中发展的那些理论。由代数向分析提供的启发并不是非常明确，或许并没有产生任何影响。但是来自反方向的作用，即李分析对

431　代数不变量的影响则是决定性的，因为它迫使代数理论处在从属的位置，成为庞大而广阔的变换群不变性理论的一个细节。联系布尔和李的纽带跨越了几乎40年。布尔使用线性微分算子作为持续产生不变量和协变量的手段；凯莱在1846年、西尔维斯特在1851年至1852年做了同样的事，只是更加系统化；而阿龙霍尔德（在他1851年的授课中）和凯莱将二元齐次多项式的协变量和不变量描述为某些线性偏微分方程的多项式解。用西尔维斯特好战的语言来说，最后一点等价于：通过相关的微分算子——人称零化算子，消灭了有关的多项式。1878年，西尔维斯特把微分算子法普遍应用于一切齐次多项式，E. 施图迪（Study，1862—1922年，德国人）和A. 赫尔维茨（Hurwitz，1859—1919年，瑞士人）分别在1889年和1894年推广并简化了这一方法。这种型的代数理论的算子方法的最终结果说明，不变量与协变量是在某些李群的无穷小变换中保持不变的特殊函数。因此，正如李在1893年对他毕生事业的大总结[26]中说到的，19世纪最大的努力被型代数所分析吸纳了，这门代数与源自伽罗瓦的那种更抽象、更有结构的代数不同。我们将很快回到这个问题上来。

齐次多项式计算所引出的第四个也是最后一个结果是苯的喜剧，到目前为止（1945年）它的重要性还无法与另外三个相比，不过如果原子物理离开了经典分析而更紧密地模仿现代代数，它的历史价值或许会比其他三个都更长久。整个插曲很新奇，有些类似于几个老妇人用叉子搅动着、炮制着现代科学证明有效的传统中草药这种医学例子，尽管这种伴随着原始科学的治疗方法已经不再有意义。它就是所谓的“化学代数理论”（1878年），按照西尔维斯特自己的说法，是他辗转难眠时丰富的想象力产生的结果。“凯库勒①的那项令人赞叹的发明”，即化合价理论，伴随着苯环一起冲击着失眠症患者的视觉，让他发现化学合成“相当于用它本身构筑一个齐次多项式，或者一个齐次多项式的导数，或者一组齐次多项式的不变量（或者用哥尔丹教授的话来说，是那最

① 凯库勒（Friedrich A. Kekulé，1829—1896年），德国有机化学家。他提出了苯的环状结构，这个模型被命名为凯库勒模型。据传，他是在梦中发现这一模型的。——译者注

后的'Ueberschiebung'①)"。在克利福德看来,由这一发现几乎直接可以得知,一切有机化合物中最简单的沼气——或者说甲烷(CH_4),"对应于"1 个二元齐次多项式和 4 个线性型的不变量。 432

直到 1900 年,哥尔丹还在认真地对待西尔维斯特那种化学图式和齐次多项式之间的肤浅类比,并以此为题撰写论文。但是化学或其他科学是否会向一个很少进实验室、只是在床上翻来覆去的中年代数学家展示它的秘密,这一点尚需证明。西尔维斯特不是唯一打算在头脑里解决宇宙问题的纯数学家,他的观点也不是很快就被事实打击得烟消云散的唯一观点。

1930 年至 1931 年,经典的齐次多项式代数在原子物理中找到了一个解释[27],但这个解释与 1878 年至 1900 年的猜测毫无相像之处。代数作为计算中的副现象出现在现代量子理论中。大多数物理学家对这种新奇的量子-齐次多项式的评价是:其深刻程度只不过相当于一个数学俏皮话。他们的评价是否会改变,我们将拭目以待。

H. 外尔(Weyl,1885—1955 年,德国人,美国人)在 1939 年的著作《典型群,其不变量及其表示》中,不经意间重写了齐次多项式的经典理论的粗略轮廓。他考虑的群带有 n 个变量,是一般线性群及其所有非奇异子群或者所有幺模线性变换子群、正交群以及带有类似不变量的一个非奇异反对称双线性型的群。前两种群对经典理论是有益的。如同 L. E. 迪克森(1874—1954 年,美国人)在 20 世纪初期详细研究过的线性群理论一样,系数与坐标的域是一个抽象无限域。重新修订的部分主要是把该理论纳入包括半单代数与群表示在内的现代抽象代数的一般框架。最后一项是在 1896 年至 1903 年由 G. 弗罗贝纽斯(1849—1917 年,德国人)为有限群开创的,后来由他本人和其他许多人进一步发展。运用完全可约的矩阵代数中交换子代数的方法,某些有限群的表示理论可以应用到外尔分析的无限群中。为了使用对称算子的张量分析,他动用了置换群把一般线性群中的张量表示分解成它们的不可约分量。 433 将较老的方法普遍化,可使不变量依赖于一个任意的不可约表示的数量变换。这些"数量"是与这个群的一个特殊表示有关联的向量。一个给定代数的交换

① 德语,意为"冲击"。——译者注。

子代数(外尔的术语)是与给定代数的每一个矩阵交换的所有矩阵,这在半单代数的表示理论中是很有用的。

在群特征标的计算中,分析方面的考虑提供了一个纯代数方法的替代物;在适当地定义了一个紧群的体积不变量元素以后,纯代数方法的有限求和就被对群流形的积分取代了。不久以后我们就会看到,F. 克莱因在他 1872 年内容全面的《埃尔朗根纲领》中,归整了当时存在的几何,从本质上把几何化归成对某些变换群的等价物的研究。在克莱因纲领的现代化版本中,群作为自同构和底空间优选的坐标系的群出现。自同构让不变量保留了与特殊几何有关的特征关系。这些自同构诱发了在底空间的向量子空间上的变换。克莱因的几何发展如同群的一个应用,这里的群具有对偶的一面。外尔的综合方法也包括了所讨论群的拓扑学的一些部分。由于可以对同一指定情况——或者是代数的,或者是几何的——应用大量不同的方法,克莱因当时在这两个领域的全面性工作不禁令人心摇神驰,暗自赞叹。

变换群的综合方法

在下面有关变换群的粗略描述中,我们假定能令所描述的一切变换存在的充要条件都得到满足。[28] 函数 $f_1, \cdots, f_n$ 是如下 n 个方程

$$x'_i = f_i(x_1, \cdots, x_n;\ a_1, \cdots, a_r), \quad i=1, \cdots, n \tag{1}$$

其 n 个自变量 $x_1, \cdots, x_n$ 可解为 $x'_1, \cdots, x'_n$ 的函数;且 $a_1, \cdots, a_r$ 是 r 个参数;变量和参数都可以连续变化。这 n 个方程(1)定义了变量 $x_1, \cdots, x_n$ 向新变量 $x'_1, \cdots, x'_n$ 的变换;这些方程的解给出了将变量 $x_1, \cdots, x_n$ 定义为 $x'_1, \cdots, x'_n$ 的函数的逆变换。所有这些都是为了一套特别选定的参数 $a_1, \cdots, a_r$。如果选择另外一套参数 $b_1, \cdots, b_r$,则 $x'_1, \cdots, x'_n$ 将被同样的变换(即被同样的函数 $f_1, \cdots, f_n$)如以前一样变换为新的变量 $x''_1, \cdots, x''_n$,这样一来,

434

$$x''_i = f_i(x'_1, \cdots, x'_n;\ b_1, \cdots, b_r), \quad i=1, \cdots, n \tag{2}$$

中的变量 $x'_1, \cdots, x'_n$ 可能可以通过代换(1)式中的数值而消去。这种消去法使(2)式可以依照(1)式的形式表达为形如

$$x''_i = f_i(x_1, \cdots, x_n;\ c_1, \cdots, c_r), \quad i=1, \cdots, n \tag{3}$$

的方程(其中 $c_1,\cdots,c_r$ 只是 $a_1,\cdots,a_r,b_1,\cdots,b_r$ 的函数)的情况通常不会发生。但是如果这种情况发生了,则变换(1)就具有群的一个主要性质[29]:在从(1)式通过(2)式到(3)式的连续演变过程中,这样的整套变换是封闭的。变换群的理论只考虑具有这种封闭性质的变换组合。不过现在习惯上要求的更多一些,我们稍后将提及。当进一步满足了使这一封闭组合成为群的足够要求以后,所得到的群称为一个 r 参数变换群[30]。因为 $f_1,\cdots,f_r$ 是变量与参数的连续函数,因此也称这个群是连续的;若参数的数目 r 是有限的,则称这个群为有限连续 r 参数群。同样也根据无限的 r 定义不连续的 r 参数群,但参数的选取局限于一套离散数字。以下描述只对单参数群进行,以便说明其本质要点,但可以容易地推广到 r 参数群上。作为经典处理的习惯方式,我们将使用无穷小的古典语言[31],$\delta a,\delta x_1,\delta x_2$,并忽略它们的平方;所有这些都可以轻松以"点的邻域"一类术语重新写出[32]。如果有需要,也可以将其抽象化,并普遍化至某一阶段。在此假定,单参数变换组合

435

$$x_1'=f_1(x_1,\ x_2;\ a),\quad x_2'=f_2(x_1,\ x_2;\ a)$$

具有以上描述的 r 参数组合的封闭性质。

我们现在假定[33],对于参数 a 的某些值 a_0,所得到的变换是恒等变换,因此有

$$f_1(x_1,\ x_2;\ a_0)=x_1,\quad f_2(x_1,\ x_2;\ a_0)=x_2;\tag{4}$$

即当 $a=a_0$ 时,变换是 $x_1'=x_1$, $x_2'=x_2$。这样假设了之后,这个组合就包含一个单位变换。通过同一个 a_0 以及一个 a 的无穷小增量 δa,变换

$$x_1'=f_1(x_1,\ x_2;\ a_0+\delta a),\quad x_2'=f_2(x_1,\ x_2;\ a_0+\delta a)$$

经泰勒定理展开可得

$$x_1'=f_1(x_1,\ x_2;\ a_0)+\left(\frac{\partial f_1}{\partial a}\right)_{a=a_0}\delta a,\tag{5}$$

其中舍去了 δa 的更高次幂;可以在(4)式中以 f_2 代替 f_1 得到 x_2' 的类似表达。上面的偏导数在 $a=a_0$ 时赋值,只含有变量 x_1 和 x_2,因为 a_0 已经固定;称这一赋值情况下的导数为 $\xi(x_1,\ x_2)$。由于在(4)式中已假定 f_1 和 f_2 连续,则由(5)式可得

$$\delta x_1\equiv x_1'-x_1=\xi(x_1,\ x_2)\delta a;$$

用同样的方法也可得到

$$\delta x_2 \equiv x'_2 - x_2 = \eta(x_1, x_2)\delta a,$$

此处 $\eta(x_1, x_2) \equiv \left(\frac{\partial f_2}{\partial a}\right)_{a=a_0}$。除非 ξ 与 η 同时为零,或者其中任意一个为无穷大,则上式定义了一个无穷小变换。可能的例外可以不加理会,因为李证明了一个单参数群总有一个无穷小变换,而且从根本上说只有一个。为简洁起见,我们假设组合中每一个变换都有唯一一个逆变换。反过来,李证明了每个无穷小变换都确定一个单参数群。他还证明了,任何这样的群都有这样一个不变量,不妨记作 $I(x_1, x_2)$,对于群中的所有变换都有 $I(x'_1, x'_2) = I(x_1, x_2)$。436 这样一个不变量可以说是容许变换的单参数群。特别地,这一不变量容许群的无穷小变换。

我们首先说明这与微分方程的关系。在我们刚刚叙述过的意义上,微分方程可以容许无穷小变换。当变量是可分离的时候(这在历史上是很重要的情况),也就是说,该方程是可积的时候,李给出了一个通过构筑无穷小变换使方程不变的方法;这种构筑可以指明求解所要采取的步骤。与其前人的方法相比,李的方法的优点是具有明显的统一性和普遍性,而前人的方法则比较随意,要求奇谋巧计。他的方法不但可以用于任意阶的常微分方程,对偏微分方程也可以使用。

想到李的偶像伽罗瓦间接启发了连续群对微分方程的应用,这是很有意思的一件事。李在 1874 年写给 A. 迈耶的一封信中[34]评论道:“伽罗瓦以前的代数方程理论只提出了这些问题——一个方程是否有根式解以及如何求解。伽罗瓦之后,提出的问题还包括:如何用最简单的方法求一个方程的根式解?我相信,现在应该在微分方程中开始同一过程了。”

尽管李本人没有在伽罗瓦理论和微分方程之间进行类比,他的方法却是皮卡在 1883 年和 1887 年初次成功的出发点;从皮卡的工作出发,E. 韦西奥(Vessiot)在 1892 年叙述了如下基本定理:每个 n 阶线性微分方程都对应着一个带 n 个变量的线性齐次变换的有限连续群,这一连续群具有与代数方程的置换群类似的性质。可以证明,除了其他的东西以外,通过辅助方程手段计算给定方程的积分,就是这样与这一方程的变换群的逐步简化联系在一起的。

进一步说，如果将这些辅助方程限定在一套两百年前根据经验提出的种类中，那么由群所指出的解法就是唯一的一种可能。

所有结构理论的一个目的，是确定何种操作对于解决一种预先给定的问题是充要的，还有就是为此必须发明哪些数学对象。例如在伽罗瓦的代数方程理论中，由有关的群的合成列可以确定一个方程的根的置换群的内在结构，这一内在结构确定了代数无理性的本质与系数域相连，因此代数方程可以有与其次数相等数目的根。在对微分方程的一个结构类似的理论中，则是要确定对于得到微分方程系统通解的那些必须操作的性质。 437

正如代数理论描绘了一个给定代数方程的解所要求的无理性的本质一样，微分方程的结构理论也同样描绘了由一个微分方程系统所定义的函数的本质，并将其分类。我们已经注意到，获得结构理论的最初推动力来自李的变换群。尽管皮卡[35]对自己的贡献的评价过于谦虚，但他的贡献的确在历史上开创了一个新项目，“伽罗瓦将成果极为丰富的分析问题引入了代数，而这只不过是其自然延伸”，但是这种为微分方程设计结构理论的问题，并非在已经成为经典的原理基础上进行的简单练习。

1893 年，J. 德拉克(Drach，1871—1949 年，法国人)背离李有关群的哲学(但一开始使用了李的方法)，走上了另一个方向。[36]这导致了 1898 年及之后的另外一种结构理论，这一理论定义并详细研究了可约性概念[37]和任何常微分方程系统的有理群概念。或许可以把由此形成的理论称为代数理论；该理论直接从微分方程发展而来，可以完全独立于李群存在。反过来说，从德拉克的拟代数结构理论可以倒推出李群。在微分方程对几何与力学的许多应用中，下面这个应用与 1945 年的精神特别吻合：确定了所有那些给出可积外弹道方程的空气阻力定律。

分析的一个主要分支的所有这些结构理论都起源于 19 世纪后期，但它们在普遍分析的精神上却更加符合 20 世纪的精神。它们的首要目的是发现什么可以做、针对什么不可以做定下标准，而不是去做这些事情。例如，皮卡证明了 n 阶一般线性微分方程不能通过求积而解。这可能是猜出来的；但是，正如阿贝尔有关一般五次方程没有根式解的证明一样，对于不可能性的证明确实毫无疑义地排除了一个看上去合理的问题。阿贝尔和伽罗瓦的方法又一次 438

对数学的发展做出了杰出的贡献。在这个问题上,我们重温一下李的意见是很有趣的,他认为,19 世纪的数学格局是由 4 个人奠定的:高斯、柯西、阿贝尔和伽罗瓦。

我们曾在前面的一章中说到过,20 世纪 30 年代可能见证了微分方程理论新篇章的开始,其中现代代数(自从 1910 年起)在某种程度上继续存在,并运用到将变量和变量的导数代数化了的微分方程系统理论上。这一方向并非由群论确定,大大偏离了原有的微分方程结构理论。因此所得到的结果各种各样,与微分型的一个无限系统——希尔伯特有关代数型的基本理论有一个类比。有关进一步的细节,读者可以参阅 J. F. 里特(Ritt,1893—1951 年,美国人)的专题著作[38],他是这一理论的主要创建者。另外一个[39]是 J. M. 托马斯(Thomas,1898—1979 年,美国人)的工作,其目标不太一样。

我们继续探讨李群变换理论的直接外延产物,并注意到它在代数不变量方面的直接应用。此处我们无法给出细节,不过可以简要说明主要情况。一个给定的型系统中的变量 $x_1, \cdots, x_n$ 由一个行列式为 1 的齐次线性变换群变换。这个群可以由其无穷小变换产生。这些群中的任意一个在应用于这个给定系统时,都将导出一个系数型的无穷小变换。由此就在这些系数的任何函数,尤其是不变量中导出了一个增量。通过不变量的定义可知,这一增量必定为零。这一条件给出了一个不变量必须满足的偏微分方程。类似地,这个群的无穷小变换中的每一个都引出了一个不变量必须满足的偏微分方程。可以系统地解出由此得来的联立方程,进而给出这一给定系统的所有不变量。西尔维斯特在 1852 年和 1878 年的工作中总结了这个方法;李将它系统化了,把代数学家的微分算子纳入变换群更广泛的框架,并由此揭示了它们的必要性和充分性。较高阶的或带有许多变量的型的实际计算可能会十分冗长。但是我们已经看到了,除非具有充当数学期刊填充物之外的其他作用,这样的计算并没有合理的目的。

439

如果要全面概括李的综合方法取得的成就,我们必须援引李本人的文章[26](共约 12 000 个英文单词)。李在 1893 年写下此文,给出了他认为"所有连续群的不变量理论囊括了迄今有记录的所有不变量理论"的根据。在大量极为有趣的条目中,我们只摘录三项。通过把他的理论运用到力学的微分方程中,李发现,“[牛顿]力学的原理来自[连续]群理论……作为十分特殊的例子,动力学及其定理部分地包括在我的一般定理中。我在测地学和微分方程等价的一般问题上的研究告诉人们,力学可以成功地处理哪些原理。”这部分工作逐渐成为分析力学的标准现代处理方法。合适的分析是接触变换分析;这样称呼是因为,如果两条曲线或两个曲面在变换前有接触,那么在变换后也有接触。

在动力学上的应用与几何基础的一个重大课题紧密相关。在欧氏空间中,一个刚体在运动过程中保持其形状与大小[40];这一物体所有可能的运动产生了一个连续群。李在大约 1870 年确定了三维空间中欧几里得和非欧几里得运动的群的所有子群,并由此确定了与此有关的几何的特征。1868 年,冯·亥姆霍兹(L. von Helmholtz,1821—1894 年,德国人)试图用动力学方法描述欧氏空间,这一尝试虽然堪称天才,却有些模糊。李的这一经典贡献澄清了几何基础的模糊之处,并使之准确化。

第三项是有关无穷小几何与几何化物理的微分不变量。1885 年,西尔维斯特运用他一贯的天才方法,在他的反变理论中发现了几种这样的不变量;不过他是为 G. H. 阿尔方(Halphen,1844—1889 年,法国人)的更系统的探讨做出了早期工作。庞加莱的评论对这一课题的描述足够准确:“微分不变量理论承载的关系,与基础几何中射影几何的曲率理论所承载的关系相同。”对于李的前人,我们需要叙述的只有高斯、黎曼、贝尔特拉米、拉盖尔和阿尔方,他们或者在自己无穷小几何的工作中,或者在微分方程的工作中碰到过不变量。李恰如其分地认为,他早期的理论包括并发展了所有前人和当代人的理论。在李逝世 17 年之后,微分不变量在几何和物理中取得了他几乎无法预见的重要地位。 440

向线性约化,这种分析手段或许就是李氏理论及它能够在经典自然科学中应用的秘密。它本身是被一些分析学家称为“文明函数”的一种函数,在这种函数相当温和的限制下,能够发展出理论的变换函数是很随意的。然而,即使是对像高于一次的多项式这样基本的函数的迭代——如果变换函数 $f_1, \cdots, f_n$ 要求这样的过程,无论在代数或者分析中都复杂得人力难及。李发现,对于连续范畴内的运算,合适的数学工具是对应的无穷小变换;它们对于 r 参数

群中的参数 $a_1, \cdots, a_r$ 的无穷小增量 $\delta a_1, \cdots, \delta a_r$ 是线性的。因此线性这一基本的简化了的假定就在纯数学和应用数学的许多方面得到保留。

李在 1899 年去世，他有幸看到他最多产的后来者——法国几何学家嘉当的工作；嘉当顺利走上了一条获益良多的道路，在这条路上多次回到连续群的概念上来。嘉当 1894 年在巴黎大学的毕业论文对某些重要问题的处理相当彻底，实际上在许多年里完全消除了人们对有限连续群的兴趣。好在还有带有无限参数的连续群可供人们研究。大约在 1920 年，广义相对论为微分几何指出了一个新的方向[41]，人们对李氏理论和方法又重燃兴趣。与对分析的文字几何化同步的是，更新的工作产生了数量惊人的群流形之类的几何学。这些严格专业化的进展超出了本书的叙述范围；我们只略微提及，它们的庞大数量只不过是完全抽象化进程的一个更有影响的原因。

441　我们再次回头叙述李本人的事迹。在他高度特立独行的职业道路上，我们观察到普遍化工作的条件在 19 世纪 30 年代前后的区别——我们在赞扬近代数学发展时必须考虑这种区别。在他后面的年代里，李得到了热情的门徒和极有能力的合作者，其中著名的有 F. 恩格尔(Engel，1861—1941 年)和 G. W. 舍费尔斯(1866—1951 年)，两人都是德国人。但是如同 19 世纪的其他数学杰作一样，李氏理论本质上是独唱演出。20 世纪在每一件事上都狂热地追求合作研究，从而出现了大规模生产单调而高级的产品的潮流；至于这种行为是否过于沉闷以致让第一流的天才早夭，现在做出评价可能为时过早。不过大家普遍认同的是，在 20 世纪 30 年代最活跃的数学表演者中，没有像李这样水准的独唱演员。[42]

对于为何缺乏杰出的独创工作者和伟大的综合家，人们提出了三种解释。有些人认为，独创工作者还在我们中间，但是距离我们太近，因此我们无法认识他们的成就。一些坚信组织与管理机构的人热切地希望，不可预测的独创性年代已经随着 19 世纪一去不复返了；对付同一项工作时，50 个合格劳动者组成的团队能比一个最出色的即兴表演者取得更多成就，而且完成得更快。第三种人如同第一种卫道主义者一样乐观，虽然承认第二种人的意见可能是对的，却认为第一流数学家的缺乏[42]是雅可比在 19 世纪 30 年代开始的运动的自然结果。那位劲头十足的独创家相信，推动数学发展的绝对可靠的方法是，让大学里跋扈的教授在潦草的讲课要点中，把自己的思想尽量灌输到尽可能多的学生头脑中，除此以外，其他东西越少越好。简而言之，雅可比预见到了“领袖原则”①。雅可比个人的成功探险煽动了其他可能的领袖去争取自己温顺的追随者群体。如果这个领袖是雅可比，他或许可以达到预期的目的。然而如果领袖本人只有二流才能，对于他要干什么或者怎么干并没有清楚的认识，那么他手下忠诚的群氓就会发现，他们追随自己的领导进入了没有出路的蛮荒之地。

李的丰富独创性繁荣了10年或者更久，已经来不及让它保持无系统的平静状态。身材高大、动作缓慢的挪威人李没什么系统性；他血气方刚的朋友、活泼机智的普鲁士人克莱因，是充满活力的系统的化身。从1869年至1884年，李以他自己没有条理的方式发展他的理论。任何如此新颖、如此广博的事物，自然都无法让人一下子就充分意识到其全部价值。克莱因确信，他这位散漫的朋友不仅缺乏认可，也缺乏系统性，就决定帮助他组织整理，并选派了一丝不苟的恩格尔监管这一庞大的工作。

442

在5年艰苦的劳作中（1888年至1893年），李退化成了一座单调的高产工厂。三卷大部头的巨著《变换群论》，巍然耸立，如同这一严守纪律的劳动的不朽丰碑。如果这部受到广泛赞扬却很少有人去阅读的杰作就是李留给后人的唯一遗产，那么他的名声可能在他死后几十年就被埋没了。即使在最后一部问世的1893年，要消化一部2 000页的纯数学论著，人的生命还是显得太短暂了。李最初的文章中的一些陈述没有说教意味，但是清晰又具有启发性，如今这类陈述被大量体系化的详细论证扼杀了；这些精心炮制出来的详细论述将变换群化为刚断奶的婴儿口中的美食，让饮食过量的数学家能容易吸收。但是到了19世纪90年代，三卷大部头杰作的时代早已过去。而在节奏更快的20世纪，一份超过50页的数学论文必须具有特别高的质量，这样除作者本人和不走运的审稿人——他必须证实论文的正确性——之外，才会有人去认真阅读。

---

① 原文为德文“Führer Prinzi”，指希特勒的第三帝国的统治原则，由元首实行绝对独裁。——译者注

恩格尔对于李所做的成功整理看来是个错误，但它并不致命。哪怕是300部铅铸的大部头著作也无法埋葬李这样一位天才。远在新鲜感与发酵能力被系统化销蚀之前，他的思想就已经完成了其可长存于世的工作。至于克莱因在这部充满善意的错误的喜剧中所扮演的角色，恐怕我们只能公正地说，驱使他行动的借口是所有干预他人生活的借口中最不可原谅的：为了朋友本人可能会有的好处，真诚而无私地让这个朋友去做一件他并不喜欢做的事情。

用不变性制订几何标准

在近代数学中，能在半个世纪里保持新鲜的理论绝对是稀有产物。仅仅1850年以来的10年，对数学某个分支的看法所发生的变化，就比整个18世纪更加深刻。当时间跨过公元1900年，同样的情况所需要的周期甚至更短了，不到50年就会发生。对于这些事实最明显的描述，也许是克莱因1872年为整理几何领域而写的《埃尔朗根纲领》。它在大约50年里一直没有修正，然而在广义相对论问世（1916年）之后大约两年，新几何的出现就让克莱因的综合方法变得不适宜了。

443

对于《埃尔朗根纲领》，最恰如其分的评价还是来自克莱因。因为这段话的德语和英语文本都很容易找到，我们只引述1918年一位美国几何学家[42a]重新撰写的段落。除了一些技术细节，引文写作的年份也值得注意，因为刚好在10年以后，同一位专家就写下了另外一篇文章，描述了现代数学进展的迅猛速度。

> 几何学是由给定变换群下的不变量和定理定义的……可以认为两个变换群存在着任何几何关系上的关联，如果以一个群为手段，可以定义它们之间的关系；在一个群内，这一关系保持不变。对群的限制越多，相对来说就有越多的图形与之有差别，因此也就会有越多的定理出现在这一几何学中。极端的情况是与单位元[让所考虑的所有东西都不变的变换]相关的群，群的几何过于庞大而变得不重要。

10 年后(1928 年),这位几何学家[12]写的第二段引文总结了几何的外观在 10 年内发生的根本变化:

> [克莱因的]这一观点在它发表后的 50 年中占据统治地位……它对于实际的学习和研究是一个很有用处的指南。几何学家觉得,对于他们正在试图进行的工作,这是一个正确的一般模式。由于他们全都把空间想象为一种轨迹,图形在这一轨迹上运动着、比较着[这一点与前面说到的李对亥姆霍兹的动力学几何所暗示的一样]。这一流动性的本质就是不同几何学的区别。
>
> 由于相对论的问世,我们逐渐意识到,我们不必把空间看成"一种轨迹"会如何如何,而是可以认为它本身存在着结构,有一种域理论。这就让我们准确地注意到了黎曼几何,即那些群是单位元的几何——《埃尔朗根纲领》中根本未曾提及这些几何。在这样的空间中,本质上只有一个图形,即作为一个整体的空间结构。这一点变得清楚了起来:在一些方面,黎曼[1854 年]的观点比克莱因的观点更加重要。

在描述这两种观点的根本区别之前,我们先引用另一段引文[43],它描述了 1916 年之后的 10 年里,暴露在广义相对论之下的几何所发生的变色龙式的变化。在上述两段引文中,克莱因纲领中说的是"与单位元相关的群",而在修正了的几何概念中说的是"那些群是单位元的几何";比较这两种说法是有趣的。或许这只是对于证据的误读,不过从这里似乎可以看出,这样一块在 1872 年被建筑大师拒绝的微不足道的石头,到了 20 世纪 20 年代被后来人发现,并被赋予了崇高的地位。无论它可能是什么,我们肯定可以知道的是,直到 1945 年,这一新的基石仍旧支撑着现代几何的一个庞大支柱。我们在此引用一位专家的评论。[43]

444

> 可以称为欧几里得-克莱因几何概念的东西,是关于一个给定变换群下的等价物的研究。它被空间具有一个内在结构的思想取代了,这种结构包含了一套尽管可以却通常并没有以变换群的方式定义的关系。

这两种几何概念的基本差别是一种典型的逻辑上的老生常谈。如果至少在数学的(假设-演绎)系统中减少一条公理,从那套经过修订的公理发展而来的系统会比原有的系统受到更少的限制。从这个意义出发，经过修正的系统比原来的系统更基本、更普遍。特别地，如果从变换群的公理中去掉一个或者更多，且把这一简化后的公理所定义的有关变换的不变性作为“几何对象”[44]的标准，那么新的几何就会比为有关变换群的不变性而发展的几何更具普遍性。于是在这些新几何中，不变性的概念将被保留下来；群的概念可以保留，但是通常不会被保留。这就是新旧几何本质上的差别，不过到本书出版的时候说不定就会过时。

克莱因对几何的综合是19世纪数学的一个突出的里程碑。像其他许多例子中的情况一样，即使历史上的一个纪念碑被远远地超越了，也并不意味着克莱因的综合被摧毁了。它在一些由它设计并加以统一的有限范畴内仍然有效；而且尽管它的技术方法被取代了，它无疑仍然提示了许多修正后的几何应该做的工作。实际上，老几何与新几何的某些早期部分非常相像，以致怀有敌意的批评家抨击新几何，说它是那种可以轻易得到的普遍化的明显例子，而名声好的几何学家对那种普遍化根本不屑一顾。即使他们的话有一定道理，仍然有很大一部分新几何保留了下来，有些在自然科学中相当有用；这得益于克莱因方法的本质，否则它们就永远无法产生。由于这些以及其他许多原因，经过修正的几何纲领更有机会被人们铭记为20世纪主要的数学成就之一。因此，有必要作一些补充性的评论。

445

回到《埃尔朗根纲领》本身，我们注意到一些由它实现或者启发的事情。它从群的立场出发，统一了欧氏几何、经典的非欧几何、射影几何以及从施泰纳的逆变换延伸出来的共形几何。[45]黎曼几何只是简单地被包括在内。通过寻求并定义与这些不同几何的群的子群相关的几何，克莱因的方法揭示了不同几何之间的相互关系，在几何与群论中提出了许多可以进行研究的有趣课题。

至于最后一个，很难说这个结果对数学来说完全是幸运的。群能在20世纪持续流行，部分原因是人们对《埃尔朗根纲领》的喜爱。更有能力的群论专家，诸如西罗、若尔当、弗罗贝纽斯、赫尔德、W. 伯恩赛德、E. H. 摩尔、迪克森以及克莱因本人，在群论或者它的一个狭窄分支——例如置换群——之外的大量数学领域也都是专家。他们对与单纯的计算——再高的技术难度，也无法使其提升，超越琐碎的范畴——相对的数学是什么的直觉，清楚地体现在以他们命名的诸多经典定理的普遍性上。但是水平比数学盲高不了多少的勤勉劳动者，是有可能通过顽强苦干得到几乎任何有限数目的置换群，并用同样枯燥的手段找出某个由他们定义的狭窄范畴内的所有有限抽象群的，这些显然都带有用一种拟普遍性的方式为他们的计算正名的迫切目的。以置换群为例。大学第一周的代数课就足以让今后的计算者得到他需要的全部操作技巧。但是课程并不能让他知道如何区分哪些是活着的数学，哪些是已死的数学。我们经常认为，要在有限群方面取得职业上的成功，智力上的成熟是不可或缺的；但是如果只是成为一个样例搜集者，智力上的成熟是可以忽略的。对于美国数学家而言很丢脸的一件事情是，他们不得不承认这种野蛮活动最大规模的爆发是在美国，开始于 19 世纪 90 年代。对于美国的数学进展幸运的是，几乎所有还在活跃的数学家在达到博士学位的要求后都放弃了群论，或者至少放弃了计算。

446

《埃尔朗根纲领》的成功也部分导致了另外一个对数学不太好的趋势。当某种理论被证明满足群的公理时，人们似乎就理所当然地认为该理论因此取得了显著的进展。这里举一个小例子。当有人庄重宣告，所有的有理整数形成一个关于加法的群时，常识不会由于赞美而说不出话来，而是会立刻询问："那又怎么样？"

像克莱因的纲领一样，群还没有从数学中消失，也没有任何迹象表明它们很快就会消失。但是随着几何与代数在 20 世纪的迅速发展，群只不过是近代数学的几个统一概念中的一个。这些概念中的一个——伪群，在这里是关键性的。相对于超过了克莱因纲领的几何来说，伪群所占据的位置相当于群概念在那个经典的里程碑中所占据的位置。一个伪群[46]是满足下面要求的一个变换集合：如果连续两次实施集合中的变换的结果存在，或是有定义的，那么这一结果就存在于集合中，而且这个集合包含集合中每一个变换的逆。有关一个伪群的不变量称为一个几何对象，而几何被视为有关伪群及其不变量的研究。克莱因的综合方法将几何视为变换群及其不变量的研究。

在前面的一段引文中说到，"空间"过去被看作"一种轨迹"。在 1916 年的相对论中，时空本身成了研究对象；由于这个革命性的原因，构成一切物体的物质似乎成了时空本身的一个方面。相对论并没有宣称物质出现在时空的一个给定区域,它实际上更进一步地说,这个区域具有某一曲率,曲率的大小随着点的不同而变化——按照它弃之不用的术语来说,这种变化对应于物质存在的量。当物质不存在的时候,时空是平坦的。这是用一种仿佛很神秘的方式,重新表述和普遍化那些人们所熟悉的自然科学;其意图并不是扰乱常识,而是为物理学的某些部分,尤其是可以观察到的引力现象,提供一个切实可行的数学形象。它在预言以后观察到的新现象时证明自己是有道理的。不但如此,在牛顿引力理论预测的数据与观测不符的领域,它也给出了正确的预言。我们没有必要在这里重复那个大家熟悉的故事了;我们现在的兴趣在于,看一看物理学给 20 世纪 20 年代至 30 年代的新几何学提供的最强大的推动力。与此相反的是,无论新几何第一眼看上去多么抽象、多么造作,它们都不可能对科学毫无用处,因为它们包含时空几何这个非常特殊的例子。《埃尔朗根纲领》包括了欧氏几何与牛顿的空间,这两者对科学仍然有用,它们就是为此而发明出来的。但是几何没有在欧几里得那里终止,物理学也没有在牛顿那里终止。我们已经证明,对于自 1826 年起的数学和自 1916 年起的物理学膨胀而成的世界图像来说,老的框架实在是太狭窄了。

正如我们在前面的一章中所看到的,在 19 世纪后期,几何从永恒的必要真理这一高高在上的位置走了下来;看看空间在几何变得更抽象的过程中会变成什么样子,这是一件很有意思的事情。无论在哲学还是科学意义上,"什么是空间?"这个问题的答案都与我们此处的讨论无关。我们关心的仅仅是,对于几何来说,空间会变成什么样子。首先,那里存在的并不是一个空间,而是任意数量的空间。这完全不是什么令人震惊的新鲜事;早在 1826 年罗巴切夫斯基构筑了第一个非欧几何时,这种观点就已经开始成形。第二,从 19 世纪 30 年代的代数学家,到 19 世纪 90 年代的几何学家,通过那些公理学家的持续抽象,数学已经逐步说服了数学家,他们的空间也是他们的数学的副产品。到了 20 世纪 20 年代,空间是几何学家的任意创造,这种概念已经成为老生常谈:"一个空间是一个物体集合,它具有确定的性质体系,这一集合称为空间的结构。"[46]有一个例子是一大群正在吃草的绵羊完全包围了几只机敏的山羊,这个例子我们还会讨论。另一个类似的例子是,被一个有常数半径的球面包围的任意有限数量的点。这两个空间都没有必要是可测的，尽管其中任何一个的距离函数都可以轻易用多种方式定义。

让我们心中保留这样一个高度抽象的空间定义，然后再次回到克莱因的纲领以及他的后继者那里。观察以下对空间结构的描述和现代代数中所描述的结构之间抽象的等同，进而再次注意到伽罗瓦的基本概念，这是很有意思的。如果两个空间的物体之间存在一一对应关系，构成各自空间的结构的所有性质间也存在着一一对应关系，就称这两个空间等价或者（直接称为）同构。如果这一点应用到两个同样的空间中，就定义了空间的自同构。从这些定义出发，可以很容易地推导出，一个给定空间的所有自同构组成一个群。当这个群是一个单位元的时候，克莱因的纲领完全没有论及对应空间的几何。但这个单位元确确实实是一个货真价实的自同构群；我们又一次清楚地看到了，有必要修订作为一个数学体系的几何的概念。至于进一步的详情，包括有关 20 世纪 20 年代那些试图拯救《埃尔朗根纲领》的可敬努力，读者可以参考专业书籍。[47]

我们已经几次评述过物理学在几何学的爆炸性生长中所起的作用，不过对主要方面的记录尚不完全。广义相对论的几何框架是黎曼几何；要在任何几何的广泛概念中包括这一几何，就必须取得超越克莱因综合方法的进步。到了 1918 年，黎曼几何的不足在一个主要的物理学计划中表现了出来。两个主要的场论——爱因斯坦的引力场理论（1915 年至 1916 年）和麦克斯韦的电磁场理论（1859 年至 1860 年）提出了一个明显的问题：如何构筑一个能够合适地容纳这两个场论特例的场论。1918 年，外尔试图给出所需要的统一场论，由此构筑了第一种非黎曼几何。后来，爱因斯坦等人做过几次尝试，在满足所有科学要求方面却不比外尔更加成功。尽管直至 1945 年才有能为世人所接受的统一场论，外尔的尝试在构筑与研究非黎曼几何方面为数学开创了一个新的方向，因此具有头等的历史意义。它是相对论的第一个对数学做出了全新贡献的成果。相对论需要的所有精细数学机器都已在相对论诞生的大约 20 至 50 年前出现。爱因斯坦在 1944 年关于引力场和电磁场统一场论的初步讨论中引入了二重向量的新工具。

449

然而，我们不能把相对论出现之后几何学上发生的全部事件都归功于物理学。自罗巴切夫斯基以来，引入几何学的最富成果的思想之一是列维-奇维塔的平行位移，这是对平行性概念的普遍化。外尔等人又对平行位移进行了普遍化。该问题过于专业化，无法在这里描述；我们可以说的是，一个向量的平行位移(比如在黎曼空间中)具有初等几何中平行性的一些主要性质。例如，平行性作为沿一条曲线的位移的关系，具有对称性和可传递性。但是一个向量绕着一条封闭曲线，沿着平行于它自身的方向位移，通常不会回到它的初始值，这与欧氏空间中的向量是不同的。这一反常现象看上去很荒唐，可是一个众所周知的地理学事实可以提供一个非常简单的例子。[48]如果一条船沿大圆上的弧按三角形路径航行，只要在同一条弧上，航向就保持平行。那么测量航向改变的所有角度之和就是三角形的球面角盈，因此仅当地球是平的时候才为零。

按照20世纪的数学精神，必然应该将列维-奇维塔的平行位移理论普遍化。当向量在原来的黎曼流形的切线空间中普遍化时，至少几何的语言被保留了下来。现在似乎有一种乐观想法(至今未证明有道理)，认为对黎曼几何的这种普遍化以及它在20世纪20年代的进一步普遍化，将为当代理论物理学家希望得到的(包括引力现象与电磁现象的)统一场论提供几何框架。没有哪一种普遍化实现了这一点，而爱因斯坦1944年的二重向量几何在1945年还处于试用阶段。除了其几何以外，广义相对论还包含一些物理原理，特别是等效原理。按照物理学家的意见，这是广义相对论成功的源泉。按照同样权威的意见，在1945年之前，建立统一场论的尝试不成功是意料之中的事情：每一次尝试都只是有关几何的。一个不言而喻的道理似乎被人们忽略了：要想从数学中得到某种经验证明，就必须向数学中放入经验已知的内容。但是我们必须说，并不是所有20世纪40年代的理论物理学家都会接受这个道理。对于他们有些人来说，这根本就不是真理，而毫无疑义地是错误的。例如，爱丁顿(Eddington)几乎在1944年临死前那一周还坚持为他的中心信念辩护："可以通过认识论方面的思考预见所有通常归类为基本定律的自然定律。"虽然爱因斯坦1916年创造的广义相对论和外尔1918年创造的电磁学规范不变性理论所产生的认识论，未能预见自然界的任何基本定律，或者提供一个令人满意的统一场理论，不过最初受这两者启发的几何却在20世纪20年

450

代到 40 年代安然无恙，成为对“空间”“位移”“测地线”的一个接一个普遍化的多产源泉。

上面有关船沿着大圆弧航线以保持与自己的初始方向平行的描述提示了一种普遍化，即对在 20 世纪 20 年代至 30 年代由美国微分几何学派广泛发展的平行位移所进行的普遍化。这种“路线几何学”由 O. 维布伦（1880—1960 年）和 L. P. 艾森哈特（Eisenhart，1876—1965 年）在 1922 年开启，考虑的是“路线”，或者说方向恒定的线；它是对黎曼几何中的测地学理论的一个普遍化。从分析的角度说，该几何是一个由 n 个二阶线性齐次常微分方程组成的特殊系统所构成的积分曲线性质的像。在一个有适当约束的区域里，这个方程系统有一个解：通过这一区域中的每个点，在那个点上的每一个方向都有一条积分曲线；在每两个点之间都有一条积分曲线通过。由此，该方程系统的解定义了一个由 ∞^{2n-2} 条测地线组成的系统；这些就是所谓的“路线”。简而言之，这一理论考虑的大致是位移的射影变换和变换时伴随的射影不变量，也讨论了黎曼流形的共形变换不变量。20 世纪 20 年代至 30 年代，维布伦、艾森哈特和 T. Y. 托马斯（Thomas，1898—1983 年，美国人）广泛发展了路线几何。几乎与此同时，1922 年，E. 嘉当（1869—1951 年，法国人）对位移进行了进一步普遍化；他把 n 维流形上一点处的切空间映射到了它的邻域（按照分析中的通常意义）的一个点上。

451

这些以及其他持续的普遍化，可能是从几何直觉或变换群的分析和代数得到的灵感，或者是从物理学家那里得到的灵感——他们使用远距离平行性作为手段，希望解决在统一场论中遇到的问题。无论其最初来源是什么，普遍化在持续，一个与线性有关联的重大突破终于呼之欲出了。如果像爱因斯坦曾经断言的那样，物理定律的本质是非线性的，事实也许会证明非线性的联系在物理中是有用的，就像已证明物理在几何中很有用——尽管有些几何学家或许不愿意承认这一责任。在 20 世纪 20 年代至 30 年代，我们应该提到的最后一个普遍性的小样本是维布伦的旋量几何，它看来直接来自狄拉克量子理论的代数。

我们对数学与文明整体更广泛的联系感兴趣，因此顺便在此提及在几何的这些划时代的进步中，欧洲文化所起的作用。爱因斯坦和外尔在德国做了许多最优秀的工作，而德国以没收其中一人的个人财产并迫使两人流亡国外作为对他们的奖赏。美国接受了他们二人。古罗马人的刚健后代重新接受了尤利乌斯·恺撒睿智的理想，在列维-奇维塔的晚年剥夺了他的教授头衔，之后又将他迫害到重病昏倒。这样的例子有很多，这里不过选取了三个更明显的例子而已。许多人认为，这种向中世纪黑暗时代的倒退只是迷人过去的少数漏网之鱼中的短暂阴影——他们曾经趾高气扬或者步履蹒跚地跨过了人类的愚昧阶段。其他更严肃地看待这些事情的人则认为，如果没有大多数人的愿望的支持，这种闹剧一个星期就会收场。[49] 在几乎所有文明人都同情那些受害者的同时，我们必须注意到一个事实：无论数学家还是科学家，他们都不是铁板一块。我们要记住的是，人们经常把数学比作音乐，然而那种奉承的对比只是在字面意思上。其实把数学家比作音乐家更接近事实，而在所有艺术家中，音乐家或许是在职业嫉妒蒸馏而成的恶毒仇恨中沉浸最深的一类。除非452 他很幸运，是一个天真的呆子，否则任何认识许多数学家的人都必须承认，只不过由于法律的铁拳，数学家才有所收敛，没有在私下里对彼此做那些国家对当局不喜欢的人所做的事情。当然，这种情况并不普遍。但是那个时候，官方对数学家的公开迫害也不多见。

在告别几何学家和他们有关空间和几何的多变概念之前，我们再谈谈他们——至少是他们中某些人——在20世纪30年代如何看待他们所从事的工作的本质。几何的准确定义没有什么大的用途，而用公式表示这些定义的做法过于迂腐，不符合20世纪的品位。如果我们问一个自称几何学家的人什么是几何，他可能会用一句“几何的客观定义或许包括了整个数学”的空洞保证搪塞我们。[50] 几何之中包含元数学的可能性直到1945年还被忽视；不过这种忽视也许是故意为之，因为其结论可能会在内部引起强烈的尴尬。除了在公理体系的经典过程中，直至1945年，几何都很少与犀利的逻辑分析有关，这种逻辑分析一定程度上使平庸的常规过程过时了。事实上，按照1930年以后的精神，任何对几何学（包括拓扑学）基础进行探索的分析方法都不存在。但是对于这样一种分析所得到的大有问题的结果——如果真的有人尝试这种分析的话，专家几乎无一例外地认为，几何能够挺过这种严峻考验，而且不会缺肢断臂。在这里，我们又有了一个如同《几何原本》第一卷命题47那样的实质不朽的数学的例子。像数学或科学中有用的定理那样的事物是会站得住脚的，尽管它们一连串的证明可能会被推翻。于是，与20世纪的有些几何学家一样，我们发现自己又一次面对柏拉图神秘的永恒几何学家。但是没有任何法令强迫我们向它脱帽或者脱鞋致敬。

既然得不到一个有关几何的客观描述，我们应该要么放弃对启蒙的追求，要么转而接受一个主观描述[51]，"足够多的有资质的人士从传统或者感情出发，认为适宜"称呼为几何的东西就是几何。那些缺乏资质或是缺乏正统感情的人，看到一个几何学家毫不犹豫地认定数学的某一部分其实是几何——缺乏首创精神的人往往认为这是分析，总像是在目睹一个奇迹。只要所有有资格自称几何学家的人在每一种情况下都达成一致意见，奇迹就会令人信服。

453

最后，回顾几何从公元前600年至公元1945年的进展，我们注意到，在整个数学的历史上发生过几次这样的情况：大群有资格的人士被那些非正统的"山羊"弄得惊恐万状，因为"山羊"拒绝接受任何数目的有资格人士对它们的限制。我们没有任何理由假定这种情况不会再次发生——不是只发生一次，而是发生许多次。将来会有笛卡尔、罗巴切夫斯基、黎曼或者李那样的学者出现，他们会瓦解这个知足的圈子，并从学术体面中逃亡；其他人会紧随其后。实际上，在这些有资格的人的中心，一些不那么正统的事情已经在大约1912年发生。到了1939年，这一微扰似乎正要融入外尔所观察到的战役之中。[23] 抽象代数的恶魔与拓扑学的天使头顶着头，角对着角，正使出吃奶的力气想把对方撞到角斗场外。几何将追随哪一方？这个问题在1945年还不清楚。但是毫无疑问，那时的拓扑学是所有几何或数学科学中最富有进取精神的。由此，我们下一步将述及拓扑学在走向成熟的过程中所经历的一些主要阶段。

内在的空间不变性

随着拓扑学，或者说位置分析在20世纪急速发展，不变性概念比以往任何时候都更加深入地渗透到了几何与分析之中。拓扑学专家宣称，他们的方法为分析的复杂情势带来了空间直觉；他们在某些现代动力学的最复杂的问题上轻松地得到了结论，由此看来，他们肯定是对的。但是如果不那么有天赋的数学家想得到结论，大自然必定让他们步履沉重地走过逻辑论证的每一步，因此拓扑学肯定还像一条无人经过的高速公路，尽管它可能是梅内克缪斯向亚历山大大帝保证过并不存在的通往数学的庄严大道①。有一件事情似乎是肯定的：要以拓扑学的方式思考，思考者必须从小开始学习。从挂在摇篮上让婴儿练习磨牙的环开始可能有点太早，但对一个未来的拓扑学家的教育无论如何都不应该推迟到3岁以后。中国和日本的那些让人烦恼的智力游戏，还有把缠绕在一起的最纠结的网索打开，中间一次都不得弄错的难题，这些必须是这位幼年拓扑学家开始学习走路之后唯一被允许玩的游戏。在此对以后的事情预先致歉，我们现在进入到拓扑学的几个定义之一[52]，然后再述及一些与这个定义相关的问题。其中心思想是在两个空间之间的双一致、双连续的变换的不变性。我们进行下面的描述，其目的只是要表达关于这一课题是什么的粗略想法；与通常一样，有关准确的描述，我们将给出容易找到的专业说明。

454

拓扑学考虑的是一个已经定义过的空间，亦即具有确定性质系统的某些物体的定性性质。通常称这些物体为点，但是拓扑学中的一般或抽象空间并不仅仅使用点这种粗略的直观概念。在所有可以给予一个空间的性质中，邻域的性质是这里的核心。除了我们很快就要叙述的几个看上去微不足道的要求之外，邻域像点或者物体一样也是未定义的。邻域的一个例子类似于分析和几何中的传统情况，在那里，一个点的邻域定义是由一个距离关系——或者直观地说，由一个围绕这个点的足够小的圆确定的。区域和边界的概念与此相似；但同样地，抽象定义所包含的这些情况并不局限于人们熟悉的例子。尽管如此，把它们记在心中可能会提示一个一般构想的起源，并使它显得不那么神秘。我们将首先叙述拓扑学的一个现代定义，然后将它分解成用物体、集合(类)和邻域描述的成分。

拓扑学是研究空间在同胚变换时具有不变性的那些性质的数学[52]。

① 据说梅内克缪斯曾对亚历山大说，几何学的道路只有一条，没有专门为帝王准备的大道。——译者注

首先说空间。这里的空间是一个物体的集合，连同一个称为其邻域的子集的集合，其中每一个物体都与一个或多个邻域相关，而每一个物体的邻域都包含着这一物体。以 S 表示这样的一个空间，并以 A 表示 S 中任意一个子集。无论何时，若一个物体的一个邻域包含在 A 中，则称这个物体是 A 的内物体。当 A 中所有物体都从 S 内移去之后，剩下的集合以 $S-A$ 表示。若一个物体的每一个邻域都包含 A 与 $S-A$ 中的物体，则称这一物体是 A 的边界物体；A 的边界是 A 的边界物体的集合；若 A 的边界被 $S-A$ 包含，则称 A 是开的，当被 A 包含时则称 A 是闭的。

455

其次说变换。一个空间 S 向另一个空间 S' 的变换是指派 S 与 S' 中的物体之间的对应关系，即 S 中的每一个物体至少对应于 S' 中的一个物体（例如映射的情况）。S 的一个子集 A 的变换是在变换下 A 中所有物体的对应关系的操作。任何时候，若一个变换给予 S 中的每一个物体唯一的一个对应物体，则称这一变换是只有一个值的，或是单值的；任何时候，若这一变换也只给予 S' 中的每一个物体唯一的一个对应物体，则称这一变换是一一变换；任何时候，若 S 中的每一个开集 A 的变换在 S' 中也得到一个开集，则称这一变换是连续的；最后，若这一变换对于两个集合都是双向一对一与连续的，则称这一变换为同胚的。将这些定义结合起来，我们得到了上面给出的拓扑学的定义。[52]

如前所述，拓扑学的直观起源明显是人们熟悉的几何与分析。粗略地说，拓扑学考虑的是那些内在的定性性质，独立于大小、位置和形状的空间构型。于是空间就成了我们在前一部分所描述的那个样子；回想幼年时的那些中国智力游戏和青少年时代更复杂的金属丝线网格，我们注意到，即使可以把前者挤压得无法辨认，它们也还是同样的智力游戏，而在弄皱、拉伸后者和进行了其他不损坏任何丝线、不引入新的联系的变换之后，后者还是以同样的方式连接。对于纽结来说情况类似；泰特所说的纽结的结数、扭转数和多结性在无穷多次变换之后并没有发生质的改变，尽管若把纽结当作一个普通立体几何中的物体来看，这些变换让它的外观发生了改变。实际上，拓扑学中的一个经典而且更困难（虽然用处比较小）的问题，是列举所有可能的纽结并且描述其特征。高斯[53]考虑过（1794、1823 至 1827、1844、1849 年）纽结的问题，但是没有发表他的笔记；J. B. 利斯廷(Listing，1808—1882 年，德国人)在 1847 年的《拓扑学初步研究》中讨论过这一课题；泰特本着他的热情信念中的习惯性严格，在 1876 年至 1877 年间探讨了它，认为 W. 汤姆森(开尔文勋爵)的涡旋原子理论(很快就会被舍弃)将会解决一切化学元素光谱的奥秘。T. P. 柯克曼(1806—1895 年，英国人)于 1884 年在枚举问题上运用了他罕见的组合天分；M. 德恩在 1910 年定义了一个纽结群，F. 赖德迈斯特(Reidemeister)在 1926 年成功地沿着这一途径继续研究；最后，J. W. 亚历山大(Alexander，1888—1971 年，美国人)用现代语言重新系统地阐述了这个问题，于 1927 年至 1928 年间取得了显著进展，定义了有限、可计算的不变量以便区分不同种类的纽结。以上这些考虑的都是三维空间中的纽结。克莱因证明了，在四维空间(也在 $2n$ 维空间中，其中 $n>2$)中不可能有纽结。

456

为了避免不知情的外行认为分析纽结的整个课题似乎无关紧要，我们可以回想一下，高斯[54]曾由于一个重要的静电学问题，一定程度上为这些课题所吸引(1833 年)。这个问题只能通过某种拓扑学的思考得到解答，而这种拓扑学要求给出无联系和相互关联的两种网络的确切特征。这个问题让德国物理学家 G. R. 基尔霍夫(Kirchhoff，1824—1887 年)在 1847 年做出了具有持久重要实用价值的杰出贡献。面对现代光谱学所需要的数学发出呻吟的化学家和物理学家，其实应该"满怀感激地向不管哪种神灵致以简洁的感恩祈祷"，因为涡旋原子理论的废弃让他们摆脱了必须掌握拓扑学的梦魇。可是自从电磁学中许多有用的问题引发了多值函数以来，某种形式的拓扑学对于伴随黎曼曲面出现的情景分析的直觉理解，是非常关键的。

然而还有一个具有某些化学意义的问题，它要求另外一种拓扑学思考，才能得到系统的解决办法：给出任意个带有某种价的原子，如果假定任何满足价键条件的图式都是允许的，可以从中获得多少种不同的化合物？1875 年，凯莱使用一种他称为树理论的方法，发明了得出所需化学图式的组合机制[55]；20 世纪 30 年代，这一理论又一次成为引起科学兴趣的问题，化学家在它濒临过时之际挽救了它。另一个问题与这个问题密切相关：给定任意一个有连接点的线段组成的构型，确定是否可以连续画出这一构型的所有线段，但是通过任意线段的次数最多只能有一次。历史上第一批拓扑学问题之一就是这种类型;欧拉在 1736 年证明了,对于哥尼斯堡七桥问题①,不可能有解决方案。然后他将这一问题普遍化,同时讨论了国际象棋中马的路线问题。另外一个早期定理给出了笛卡尔的数字不变量[56] $N_0-N_1+N_2=2$,欧拉在 1752 年把数字 N_0,N_1 和 N_2 分别与一个单连通的多面体的顶点、边和面联系起来。于是,$N_0-N_1+N_2$ 就成了三维空间中拓扑不变量的一个例子。L. 施拉夫利(Schläfli,瑞士人)于 1852 年将欧拉公式推广到了 n 维空间。这给我们提供了一个拓扑学的组合处理方法的简单描述[57]。

457

基本的概念是单形、复形(从某种技术意义上说与普吕克的线几何等理论中的概念不同)、边界、单元以及与原来一样的连续一一变换。一个 k-单形是四面体区域的 k 维类比;一个 0-单形是一个点,一个 1-单形是一条线段,一个 2-单形是一个三角形平面区域,如此这般。一个 k-单形的边界是由 0,1,…,$k-1$ 维单形组成的,包含 $k+1$ 个 0-表面(称为顶点),$\frac{1}{2}k(k+1)$个 1-表面(称为棱),依此类推。i-表面的个数

$$\frac{(k+1)!}{(i+1)!\ (k-i)!}$$

是$(1+x)^{k+1}$中的二项展开式系数。一个k-单形由它的顶点(可记为 V_0,V_1,…,V_k)完全确定,这一单形本身可以记为 $|V_0V_1\cdots V_k|$,称为单形的符号。

一个复形是任何单形的有限集合,只要集合中任意两个单形都不含有公共点,且每一个单形的每一个表面本身是集合中的一个单形即可。一个复形的这些 k-单形($k=0,1,\cdots$)称为这一复形的单元,0-单元和 1-单元分别称为顶点与棱。一个复形由它的那些不在其他单元边界上的单元完全确定。

若一个复形完全由n-单元及它们边界上的单元组成,则称这个复形为n-复形。一个复形可以由确定它的单元的联合符号图形表示,也就是最终以它顶点的符号表示。在我们引用的工作中,亚历山大证明了复形上所有操作都

---

① 18 世纪欧洲有一个风景秀丽的小城哥尼斯堡,那里有 7 座桥。河中的小岛 A 与河的左岸 B、右岸 C 各有两座桥相连接,河中两支流间的陆地 D 与 A,B,C 各有一座桥相连接。当时哥尼斯堡的居民中流传着一道难题:一个人怎样才能一次走遍 7 座桥,每座桥只走过一次,而在最后回到出发点?——译者注

可以如此安排，从而使这些操作最后可以表示为一种联合操作，用代表所给复形的顶点的符号以及从这些复形出发、通过重分得到的复形的顶点的符号表示这种联合操作。最后，若在两个复形中，其中一个复形的点与另一个复形的点有一对一的连续对应关系，则像前面那样，称这两个复形为同胚复形。

458

出于明显的原因，从这些概念出发而发展起来的拓扑学称为组合拓扑学。所谓四色问题就是一个曾经用组合拓扑学研究过[58]的著名的未解难题，据信是德·摩根第一个从地图的实际绘制者那里注意到这个问题[59]：绘制一份地图，令地图上任意两个具有共同边界的区域都有不同颜色，但边界不是由孤立的点而是由线段组成的，这样的地图只需 4 种颜色就足够画出。很容易就可以绘制一份必须使用 4 种颜色的地图。

可以通过几个进一步的拓扑学定理和定义的例子，指出 20 世纪拓扑学发展的两个主要方向：组合方向和康托尔方向（或称解析方向）。下面我们要陈述的著名定理提示的是康托尔的点集，而不是我们以上描述的单元：一条简单的平面封闭曲线（在拓扑学中等价于一个圆）将这一平面分为两个区域，该曲线是这两个区域的共同边界。似乎连小孩子都很清楚，从圆内一点出发，同一平面上的任何路线都不可能不与圆周相交到达圆外；三维空间内的正方体及其表面有类似情况；读者可以自行叙述四维空间内一个球体的对应定理。这些可能都是明显的事实，可是它们需要证明。虽然同样明显却也很难证明的，还有不同维数的两个坐标空间——不妨以笛卡尔的二维与三维空间为例——无法通过双向连续的一一变换相互映射。作为最后一个例子，我们回想一下古埃及人有关棱台体积的公式。它的证明最后依赖如下定理：同底面积同高的三角棱锥体积相等。而这一定理如果没有连续概念就无法证明。

在早些时候给出的拓扑学定义中，我们以集合与邻域概念描述了一个空间 S。对于现在要陈述的概念，我们特地加上 3 个同样与邻域有关的“自然而然”的公理；这样定义的系统就是 F. 豪斯多夫（Hausdorff）在 1914 年给出的拓扑空间。首先，同一物体的两个邻域具有一个共同的子集，它也是这一物体的一个邻域。其次，若一个物体 y 属于一个物体 x 的邻域，则必有 y 的一个邻域，是 x 的邻域的一个子集。第三，对于任何两个不同的物体，其间必有两个没有共同点的邻域。

459

通过扩大和缩小圆而将点包围，可以让这些陈述立刻显得很有道理；对于这样一套公理，如果能从中引出重大的结果，那几乎无异于奇迹。但是我们将注意到，如果我们还可以多说些什么的话，这些对于拓扑学空间的公理澄清了我们头脑里几乎是下意识的关于日常生活的“空间”直觉，以及那些在一般经验中能感觉到的、人人都会同意的直觉空间。那么即使从这些平凡至极的公理发展而来的数学体系变成了定性空间关系的核心，也好像完全不算是奇迹了。一个远没有那么直观的拓扑学情景的例子，是由庞加莱在 1912 年猜想、G. D. 伯克霍夫在 1913 年证明的定理。定理的内容是：一个连续的一一变换发生在由两个同心圆包围的环上，变换的方式是，令外圆上的点沿正方向移动，令内圆上的点沿负方向移动，同时保持环的面积不变。需要证明的是，在这一变换下，至少有两点保持不变。又一次，在一个随意检查这个有趣定理的旁观者看来，数学家似乎拥有极高的天赋，能够在根本想象不到会有用处的智力游戏上浪费时间。然而情况并非如此，至少这次不是。庞加莱是在研究有关三体约束的问题时遇到了这一智力游戏；这一问题完全困住了他，他甚至无法继续研究他的动力学。这一问题的解决是 20 世纪定性动力学的起源之一，这种动力学问题是无法用拉格朗日和哈密顿的经典方法解决的。有大量文献（其中许多是美国的）对这一问题进行了普遍化。

在即将结束这一段概要时，我们补充一个前面已经描述过的对于拓扑学发展的主要时代的单纯说明，还有一个关于其前景的非常试探性的预测。专家们同意，庞加莱 1895 年发表《位置分析》标志着这一学科的黑暗年代的结束和拓扑启蒙运动的黎明。在第一次努力（共 123 页）之后，庞加莱又在 1899、1900 和 1904 年发表了增补，将其应用到了代数几何上。他最大的成就或许就是在任意有限维空间中创立了一个严格的组合拓扑学。拓扑学家认定，庞加莱前人的贡献只不过是愚昧的过去的废墟，并且放弃了它们，不过他们并不否认较早的工作（诸如欧拉在多面体上的工作）具有重要意义，也引起了人们的兴趣；他们只是坚持认为，在 1895 年以前，人们没有尝试根据拓扑学本身的长处而系统性地将它发展成一门独立的数学学科。在黑暗年代里，即便存在对这种结果的合理证明，也是很少的；要让它看上去像数学，必须从根本上对原理和方法进行修订。但是在庞加莱之前的许多方法和不恰当证明的定理，

460

似乎确定了这一学科未来的道路。除了我们已经说过的那些，我们再加上以下三项。

1890年，几位作者（莫比乌斯，1863年；若尔当，1866年；施拉夫利，1872年；戴克，1888年）凭借自己的努力，运用拓扑学不变量方法对封闭表面进行了完整的特征描述；这些不变量是定向和非定向的，其种类与多面体的欧拉数 $N_0-N_1+N_2$ 相对应。而下面两项无论从历史角度还是数学角度看都具有重大得多的意义。

当我们追溯复变函数理论的发展时，我们将看到，拉格朗日、拉普拉斯、克莱罗以及其他人在牛顿位势上的研究启发了黎曼，使后者在1851年得出了有关这一理论的自己的版本。因此，对于复变函数和它在代数函数的延伸，无论从黎曼半直觉的研究途径中得到了什么，都可以部分地归功于物理。黎曼有意识地通过物理图像进行思考。在他1857年对代数函数的研究中，黎曼以高超的手法运用了他发明的多叶表面方法，克利福德在1877年证明，这与拓扑学中有 p 个孔洞的盒子等价（其中 p 是与表面有关的亏格）。同样，克莱因证明了盒子与带有 p 个把手的球等价；或者如阿达马有一次说的，与一个带有 p 个穿孔耳朵的罐子等价。如果我们观察黎曼的理论，还可以说出有关这些东西的其他内容；不过在这里，只要注意到早在1857年，已经有人在分析上轻松地运用拓扑学的思考就足够了。

拓扑学（具体地说是连通环路和非连通环路）在有限分析上最早的应用之一，是高斯1833年在前已述及的电磁学方面的工作。黎曼是高斯的学生，他关注可能的拓扑学或许是受老师的指引。高斯预测说，拓扑学将成为数学中最富影响力的方法之一；他去世60年之后，预言果真实现了。然而正是对黎曼面的深入研究，好几十个分析学家和几何学家才明白了拓扑学在分析中的基本意义。为了展示某些函数的性质，人们发明了几个与黎曼面的拓扑学有关的直觉定理，它们比在长达多页的分析中的等价物更容易理解。

461

在1895年庞加莱的工作之前，拓扑学的第二个主要推动力是康托尔1879年至1884年间的点集理论。随着A.熊夫利（Schoenflies，1853—1928年，德国人）于1908年在《百科全书》上发表了有关康托尔理论及其发展的报告，点集稳定地成了分析的基础。到了1920年，点集已经非常热门，特别是在波兰学派中间，华沙甚至创立了一个新的大部头期刊《数学基础》，用以庆祝波兰刚刚取得的自由（虽然19年后又在反康托尔主义者手中丢失），并发展康托尔理论的所有分支。这些分支包括许多拓扑学，其中大部分是从分析[60]和抽象的观点看的。

康托尔最具启示性的创新之一是他把任意几何构型看成欧氏空间中的点集。由此出发，拓扑学中的分析方法以令人不安的速度迅速发展，特别是在弗雷歇和他1906年开创的多产学派将它推广到抽象空间之后。我们考虑函数理论时将回来讨论这一点。不过可以在这里说明一下，早期拓扑学定义与弗雷歇理论相关，在这一理论中，邻域、连续映射、距离和收敛这些概念，是从经典分析中我们所熟悉的这些概念抽象出来的，可以定义任何物体的集合；邻元素（或物体）被映射（或变换）到（在映射中）邻近的元素上。通过弗雷歇的这一工作和我们已经说过的豪斯多夫的工作，拓扑学在20世纪的第二个10年里进入了公理化或完全抽象的阶段。但是较早的研究方法并没有被舍弃。

1911年，L. E. J. 布劳威尔（Brouwer）仍旧从点集的分析传统出发，通过证明笛卡尔空间（n维数字流形）的维数是一个拓扑学不变量，开创了一个有些专家所认为的拓扑学新纪元。与康托尔和庞加莱一样，布劳威尔被尊为现代拓扑学的奠基人之一。他的点集研究也被许多人认为是自康托尔以来最具透析力的工作。当看到几何为逃离有资格人士的圈子而斗争时，我们心中想到的是布劳威尔；高维空间中的拓扑变换或许可以帮助实现这场逃离，它能够提供穿越这没有必要的圈子的力量。 462

庞加莱在分析的方向上开始了一次短暂的试探，然后就沿着我们已经描述过的组合方法工作，首先研究确定一个复形的给定性质是否是一个拓扑不变量（在同胚变换中不变）的问题。他也把人称贝蒂（E. Betti，1823—1892年，意大利人）数的整数特征从暂时无人理睬的状态中解救了出来，并证明了它们在拓扑学中的基本重要性。尽管我们无意逐一列举在40年间努力工作，将拓扑学从寥寥一口袋（或者稍多一点儿）小窍门提升到数学的一个主要分支的100多位杰出数学工作者的名字，不过我们可以在此提及，依照非美国人的意见，美国数学家J. W. 亚历山大、G. D. 伯克霍夫、S. 莱夫谢茨（Lefschetz）、R. L. 摩尔和O. 维布伦是其中许多最精巧工作的主导者。他们和他们的大批学生——其中一些学生在1945年有很好的机会成为与老师比肩的人物——做出了美国数学家对20世纪数学的引人注目的一份贡献。20世纪20年代到30年代最活跃的另一个学派或许是波兰学派，俄国学派也很优秀。

我们剩下的任务是展示一个小样本，说明拓扑学为数学的其他部分所做的特殊事情。我们已经说过了拓扑学对于分析的冲击，后面还会看到它对函数理论的隐含影响。克罗内克通过n维空间几何的方式重述了实函数中寻常的零点定理（1869、1873、1878年），该定理被认为是拓扑学中的"直觉"定理。从布劳威尔的工作出发，人们发展了维数（将在与分析有关的部分提及）的现代理论；欧氏空间中的同胚映射为微分方程和其他函数方程的解提供了用其他方法不易得到的信息；一个类似的技巧开创了始于1893年庞加莱的天体力学方法的动力学新纪元。在经典几何中的枚举问题上，彭赛列的连续原理大胆地把虚元素当作实元素一样包括在内；同样，H.舒伯特（1848—1911年，德国人）在1879年的所谓枚举几何中，以"类似的鲁莽"[61]确定了满足某些条件的给定构型的点、线、面等的数目，而它们又在1929年褪去了模糊和神秘的外衣，由体面的衣饰装点，成了真正的数学。最后，李群被普遍化为一种新品种——拓扑群，它们本身在一个迅速膨胀的拓扑域、环等的代数中的存在就是一个重大事件。这激励了我们，希望我们的后人可以目睹由拓扑学恶魔和抽象代数天使相互同化而带来的持续和平。[23]

463

20世纪40年代中期，拓扑学被相当乐观地说成是大学课程水平的数学，却对精确性和清晰性做出了引人注目的贡献。这不是说，上述贡献已经超出了任何具有正常智力的人的理解——正常是指足以掌握上述那些基本抽象概念，并有足够的谨慎来抗拒诱惑人、导致人走弯路的直觉，从而坚持那些经过准确定义的概念。抗拒它的是一些与此有很大差别的东西：坚决拒绝接受曲线、曲面、长度、面积和体积在20世纪40年代的准确定义，这种拒绝经常来自坚持旧传统意义的疲惫不堪的几何学家，而不是单纯的初学者。对于微积分，一个聪颖的新手经常问一个很自然的问题："你怎么知道这个积分会让你算出一条连续曲线的弧长？"当有人告诉他，这只不过是定义上的问题时，提问者可能还在怀疑，尽管态度依然谦虚。在这一点上，他与他的一些长辈是有差别的；那些人顽固地宣传他们的过时信念，认为曲线、曲面、长度、面积和体积并不是由凡人数学家定义的，而是“自然”地赋予人类头脑的，或者只不过是对永恒曲线、永恒曲面、永恒长度、永恒面积和永恒体积的一种不完善的感官暗示；这种暗示是在永恒里面的天堂一次性形成的，因此不具慧眼的人类永远不可触摸、无法看见。即使是最飘忽微妙的抽象主义者也没有宣称，粗糙的感性经验对于他理解邻域、变换及其他类似事物完全没有帮助；但是这与有些人坚持的事情并不相同，他们认为，只有这种经验的粗犷乐趣才应该继续是 20 世纪数学令人满意的唯一源泉，它们可能会让欧几里得时代的希腊伟大数学家，或者欧拉和拉格朗日之类永远光辉的 18 世纪伟大科学家的灵魂战栗。空间和数字流传下来的直觉所进行的紧密分析，或许已经截断了属于过去那个英雄时代的奢侈自由和天真所特许的东西。20 世纪的几何与分析的关键创造力并不需要它过去所要求的较高水准；它将坚持耐久性，而不是辉煌的演示。通过锲而不舍地仔细研究一套公理来发现相对合理的定理，而不是像过去那样，根据匆匆画下的草图和不那么清楚的假定的隐含意义，推断出无疑更令人惊叹的确实“普遍”的结果——从来没有试过的人或许认为这比较容易，实际上却可能更困难。把这些假定放到人人都可以看见的表面上之后，抽象主义者和拓扑学家并没有完全摒弃直觉，让它像毒草一样在历史的垃圾堆上枯萎，而是滋养它，加强它——“在总体上”。如果曲线和曲面变得有些复杂，超出了 19 世纪的几何学家和分析学家的想象，新定义并不排斥那些在旧事物中无矛盾的内容；而只是试图澄清它，令其更加明确。曲线和曲面的定义经过修正之后，揭示了许多未曾想过的东西；在从感觉经验抽象出来的直觉概念中，它们或许是半隐含的存在。简而言之，更加深刻的直觉拓宽并且加深了过去比较肤浅的直觉。它证明了自己是数学，这种数学的实践者和其他人发现，它比过去有些经典几何与经典分析还更有趣。

464

一个经过修正的曲线定义涉及我们已经提及的几种概念，其中一个在历史上特别有趣：通过一种等价关系把一个集合的元素分为不同的类别。我们已经看到了，这一工具第一次在 1801 年出现于高斯的同余理论中；那时高斯使用的是一种与整数模有关的等价关系，从而将可数无限有理整数总体分到一个有限数目的互不相容类之中。通常来说，几何与分析对于总体的兴趣在于不可数无限。在这里我们只需要说明等价是如何进入曲线和曲面的修正定

465 义的。需要进一步信息的读者可以参考 1944 年 J. W. T. 扬斯(Youngs, 1910—1970 年,美国人)的论文《曲线与曲面》,其中有如下说明。

> 若 A 是一个度量空间,则 $f(a)=b$ 代表一个从 A 向另一个度量空间的连续变换。若 B 是 A 在 f 下的像,我们说 f 是从 A 到 B 的一个映射,记作 $f(A)=B$。若一个变换 $T(A_1)=A_2$ 是双连续与双唯一的,则称它是拓扑学的;这些术语的意义如前所定义。如下定义一个特定的等价关系~:当且仅当存在一个拓扑变换 $T(A_1)=A_2$,使 A_1 中的每一个 a_1 都满足$f_1(a_1)=f_1(T(a_1))$时,称 $f_1(A_1)\sim f_2(A_2)$。由 f_1 这样产生的等价类为 $[f_1]$。一种与"距离"的普遍化相称的等价定义是弗雷歇在 1924 年给出的:$f_1(A_1)\sim f_2(A_2)$,当且仅当对每一个大于零的 ε,都存在一个拓扑变换$T_\varepsilon(A_1)=A_2$,使 A_1 中的每一个 a_1 都有 $\rho\{f_1(a),\ f_2(T_\varepsilon(a_1))\}<\varepsilon$,此处 ρ 代表 a 与 b 间的距离。从这一定义出发,随之而来的是,若映射 $f_1(A_1)$, $f_2(A_2)$是在同一个弗雷歇等价类 $[f]$ 中,则它们的底空间在拓扑学的意义上是同一个;因此,等价类可以通过底空间的拓扑特性进行分类。称一个类 $[f]$ 为曲线还是曲面取决于底空间 A。若 A 是一个圆的圆周,则称 $[f]$ 为一个圆类曲线。若 A 在拓扑学的意义上是一个封闭的正方形,则称 $[f]$ 为一个封闭正方形类的曲面;若 A 是一个球面,则称 $[f]$ 为一个球面类的曲面。
>
> 如上所述,定义长度和面积的经典问题被重写为曲线和曲面的定义问题。这是一个分析的问题,拓扑学问题考虑的是映射的弗雷歇等价类的结构。尽管两者都被相当广泛地发展了,但我们不打算跟进这一理论。一个令人吃惊的特点是,等价类的曲线与曲面的种类竟然导致了泾渭分明的结果,尽管它们的定义差别如此微小。在等价类中,距离$\rho\{[f_1],[f_2]\}$的定义在分析的发展中是很重要的,由于在其他方面已经提过与这一定义有关的一些概念,我们可以就此得出结论。
>
> 对于任何 A 中的 a,在 $f_1(a)$到 $f_2(a)$之间总有一个欧几里得距离 $|f_1(a)-f_2(a)|$存在,此处 $f_1(A)$和 $f_2(A)$为映射。f_1 和 f_2 在 A 上的偏差 $d(f_1,\ f_2)$定义为 $\max|f_1(a)-f_2(a)|$,其中的最大值是对所

有 A 中的 a 求取的。这一 $d(f_1, f_2)$ 是一个两种映射的非负系统函数，仅当映射相同时才为零；它也满足三角不等式。因此它满足距离函数的公理。每一个 $[f_1]$ 中的成员对 $[f_2]$ 中的每一个成员都有一个偏差；$\rho\{[f_1],[f_2]\}$ 定义为 $d(f'_1, f'_2)$ 对于所有 $[f_1]$ 中的 f'_1 和所有 $[f_2]$ 中的 f'_2 的下确界。就这样，我们定义了一个等价类 $[f]$ 的类上的度量。

非直觉几何与分析的这个小样本可能足以说明，有些过去似乎明显的东西不再明显了，或者甚至不正确了；而在过去的发展中未受关注的其他东西却是正确的，这种感觉有时令人感到相当窘迫。为了在直觉与非直觉之间维持稳定的平衡，我们引用一个曾经倡导非直觉的人的意见。美国几何学家 J. L. 柯立芝(Coolidge，1873—1954 年)于 1940 年比较了这两种途径： 466

> 很明显，在所有这些[抽象空间的几何与分析]中，我们正在抽象几何、抽象代数、点集理论这些在 20 世纪第二个 10 年和以后的年代推进得很远的大分支的外围滑行。我们在这种时尚中漂流，距离任何对空间直觉有启发的东西都很遥远。而且，某些数学家……发现，对于一切似乎与任何实在问题无关，或者与我们的感官物质世界无关的数学理论，他们很难保持兴趣。如果 S_4[四维空间]中的线在我们的空间中意味着圆，如果 V_4^2 意味着我们的线，那还算向我们的大脑中传送了一些自然的东西。但是一个洋洋洒洒 300 页的抽象空间理论！真正有用的维数买起来可以便宜些。

为了保持平衡所做的努力到此为止。

到目前为止，我们在一般叙述中留给拓扑学的许多篇幅似乎超出了它的实际价值，但这是出于某种头等重要的理由。许多人感到，拓扑学在数学思想的世界中增添了一维。经典的定量、度量和数论方法，似乎已经无力在数学的定性方面带来任何有价值或者可以理解的东西。当然，拓扑学的思维方式与任何其他数学不同，它要求的是一种有别于一般的优秀数学智力的思维类型，或者一种与保守主义奉行的方法有根本不同点的训练，如果能有效利用这种训练的话。现代抽象代数所要求的思维方式看上去可能与此有些类似；但是它更信奉准确的逻辑分析，全然不顾空间直觉，因此它的思维方法基本上属于另一种类型。举例来说,伽罗瓦的身上就找不到一丝拓扑学家的痕迹;黎曼则完全没有代数学家的意识,而是天生的拓扑学家。在科学家中间,M. 法拉第(Faraday,1791—1867 年,英国人)是一位纯粹的拓扑学家,而且是一位伟大的拓扑学家,这在他有关电磁学的直观思想中可以找到明证。麦克斯韦同样具有明显的拓扑化倾向。

假如在几个世纪之后,思维的定性习惯将在数学的新生部分代替定量习惯,这种想象似乎并不完全是童话。有些在科学中出现的迹象[62],还有许多在数学中的迹象都指出,结构分析将是未来的数学。粗略地说,重要的并不是事物本身,而是它们之间的关系;而且,如果拓扑学及其对于抽象"对象"之间复杂关系的空间形象化能力,已经使一种基本的却仍然困难的关系分析成为可能,那么它未必不会是未来数学的胚胎。无论如何,拓扑学与过去的数学区别非常大,因此它正意味着一个主要的转变。

467

从拉格朗日被人忽视的有关简单代数不变量的发现,到不变性异军突起,成为拓扑学中占统治地位的概念,大约 150 年倏忽而过。在这一时期的开始,拓扑学只不过是——平心而论,稍稍强一点——几个有趣的智力游戏的漫无章法的集合。19 世纪 20 年代,由彭赛列等人复兴的射影几何中出现了第一个定性空间思维的轮廓;而直到 19 世纪 50 年代,当黎曼证明了拓扑学思考在分析中的威力以后,拓扑学才开始发展成一种远比几何更具应用性的新型思维模式。黎曼本人对拓扑不变性的关注开始于黎曼面的亏格定理(未发表)和他关于贝蒂数字的前期工作。就这样,我们又一次观察到了不变性作为一种思想模式的持久特质,并注意到,在将数学折射到一个新的通道方面,一个大胆的首创者可以做得比几百个仅仅合格的学者还要多。

在创造了现代拓扑学的勇敢首创者中间,有一个人,他思想中的新奇特质具有特殊的重要意义。布劳威尔对所有数学推理的批判性重估似乎是全新的类型。如果他的批判能够维持下去,人们或许会把他当作 20 世纪的芝诺而铭记于心。我们将在谈论其他问题时看到,布劳威尔的许多批评是带有破坏性的。然而足够新奇的是,这些批评至今(1945 年)无人应对,尽管其延伸内容已经摧毁了康托尔主义的大部分,连同经典分析和经典拓扑学的很大一部分。未来的一项工作,将为分析拓扑学提供一个无矛盾的基础。布劳威尔等人已经为点集构筑了一个公理基础，对此有些人觉得满意，但还有人投去了怀疑的目光。在这方面，我们又一次敦请读者参考简介中有关《几何原本》第一卷命题 47 的证明。

另外还有一片阴云，虽然当前还不到一个巨人手掌那么大，却有可能预示着一场暴风雨；在拓扑学的创造者们尚未停止以拓扑方式思索之前，这场暴风雨将席卷拓扑学及其新的思维方式。1935 年，一本拓扑学大师级专著[63]的第一部问世，它包含了 600 多页的严密推理；全部完成的著作将扩展到 3 部，整部著作将长达 2 000 页左右，与几乎把李摧毁、将他的理论扼杀的那部书大小相当。与此同时，拓扑学一直在开枝散叶，而且在发展这一学科方面已经有了大量不同的方法，其种类之繁多，堪与经典却停滞不前的代数函数和它们的积分相比。如同近代数学中许多部分一样，关键的东西可能被堆积成山的细枝末节所埋葬，因而被人们遗忘；而那些细枝末节却深奥难明，只有极其有限的专家才能理解。

468

但是有谁能判断，哪些东西应该挽救，哪些东西可以任其死亡？这是一个很公正的猜想：在 19 世纪 90 年代，如果任何一个合格的陪审团试图在这一问题上确定微分几何的命运，他们都会投票赞同摒弃里奇的张量分析。实际上，不止一位有资格的数学家指责说，里奇的张量分析是一种毫无新意的形式主义。然而在 20 世纪 20 年代，正是里奇的张量分析促进了微分几何的革命化，从而让许多在 19 世纪 90 年代大受赞扬的内容只剩下了历史价值。或许，这样的问题会如同代数不变量那样自行消失——一些彻底破坏了问题本身的简单普遍化，就这样让几十年的辛勤劳动突然告终。

469

第二十一章　函数的某些主要理论

自从 18 世纪以来，有 1 000 多种[1] 特殊函数被视为[2] 具有足够的意义，值得人们进行或多或少的详细研究。它们中的许多已经被遗忘了；有一些却产生了庞大的理论——诸如多周期函数和那些为用于数学物理而发明的函数，每一种理论都在历史的不同时期得到了一批信奉者充满激情的耕耘。对于其中的几个例子，单是一类函数的历史就足以写成一部大书。没有哪一种单一理论足够广泛，能够囊括所有的特殊函数。到了 1800 年，对能推导出几类函数的共同性质的一般方法的需求应该很清楚了；但是似乎直到大约 1825 年，人们才对这种需求有了正确的认识，因为只在这时，柯西才开始系统地创造他的单复变函数论。

一个函数理论若要成为有用的理论，就不可过于普遍，否则它就只能对它涵盖的全部函数所共有的东西发一番空泛的议论。与现代数学的其他领域一样，三大主要理论的创造者在这里也遵循了——可能只是下意识地——这一逻辑格言：范围越大，力度就越低。按照历史发展的顺序，这三大理论是：单复变函数论、实变函数论、一般（或抽象）分析。另外还有一个是多复变函数论，它的成熟程度远低于这三个理论；它可以应用在代数函数的理论中。显然，所有这些理论的发展都不可避免地牵涉到它们各自时期已有的分析，没有哪一项是无中生有的随意创造。

470

从数学的意义上说，实变函数论是领先其他理论的；但从历史角度说，它只是在 19 世纪的最后三分之一个世纪，当复变函数论遥遥领先的时候，才开始崭露头角，成为一个独立的分支。正如我们已经看到的，即使在 17 世纪，对于可以为微积分提供理论基础的理论的需要也是十分迫切的。在 18 世纪，在弦振动问题上出现的三角级数指出了同样的方向；1822 年以后，当傅里叶对这种级数在物理上的应用广为人知的时候，人们普遍承认必须要有一个严格的实变函数论。而这一理论的有效形式直到 19 世纪 70 年代，随着实数系的修正才开始出现。

与此同时，复变函数论已经成了 19 世纪最活跃的理论之一。通常人们把这一理论的正式诞生定于 1825 年，当时柯西发表了他有关复积分的专题学术论文。但是我们似乎有理由把复变函数的理论看成拉格朗日在 1773 年提出的牛顿引力场位势论[3]的直接衍生产物。正如我们将要看到的，柯西和黎曼的理论就是从这种联系中自然产生的。

函数理论发展的最后阶段是 20 世纪的普通数论、抽象代数和抽象空间在函数理论领域的对应物。在这里，我们又一次看到了向着更抽象的数学发展的连续过程，这又是出于同样的原因：通过根本性的一般原理，将许多理论有希望具有持久意义的那些方面加以统一，是人们的实际需要。在下一章中，我们将从 V. 沃尔泰拉（Volterra，1860—1940 年，意大利人）的工作中看到这一现代分析的清楚起源；沃尔泰拉从 1887 年起开始广泛研究被后人称为泛函的对象。在 20 世纪的前 10 年，随着 M. 弗雷歇（1878—1973 年）在法国的工作和 E. H. 摩尔在美国的工作，一般（或抽象）分析最后作为数学的一个独立分支出现了。我们将追溯分析和现代数学的其他部分共同前进的一些主要步骤。

实变量

随着对主要在应用方面有用途的函数的研究，带有一个或多个实变量的函数理论受到的关注少于复变函数理论。尽管如此，我们仍可以很容易地追溯这一理论在 17 和 18 世纪的天体力学以及 18 和 19 世纪的数学物理中的踪迹。这一理论的最初推动力来自近似计算天文学和物理学问题的数值结果，这些问题被表达成无穷级数或其他无穷算法，诸如无穷乘积和无穷连分数。

471

无论在实用性还是数学的重要性上,无穷级数都远远超过了所有其他的无穷过程。

尽管在得到特殊函数的性质上,实函数理论可能不如复函数理论那样有用,可是它对整个数学发展的意义却大得多。正是在实变量中,人们才第一次意识到了在分析上需要一个严格的数系理论。正如我们已经说过的,魏尔斯特拉斯在19世纪60年代、戴德金和康托尔在19世纪70年代重新构筑了实数系,导致了19世纪最后30年对所有分析的重新评价,人们由此在20世纪对所有数学推理的性质重新进行了深刻的思考。而且,又由此出发最彻底地检查从亚里士多德时代开始的所有演绎推理。于是自从19世纪70年代以来,人们对实变函数论越来越感兴趣,而且不仅仅局限于小范围:它所提出的问题,包括解决的与未解决的,都在比工程数学远远宽阔的领域里具有的意义更重大。

就严格的数学理论来说,专家的意见实际上相当一致:在重新构筑实数系之前,并不存在一种可以称为实变函数论的东西。在一本很热门的教科书[4]中,关于无穷级数有这样的断言:"有关高等分析的基础部分,没有哪次讲座或哪篇论文能够声称自己是有效的,除非它将经过改进的实数概念作为其出发点。……一个无穷级数的理论,……如果它不是牢固地建筑在实数系这个唯一可能的基础之上,那么它就只是空中楼阁而已。"假如这种说法是正确的,如果一种分析课程不去理会实数系的现代理论,那么它就相当于在一个朦胧的幻境进行一次无拘无束的远足。

实变函数的理论规模如此庞大,这里只能提及一些主要的里程碑。它的进化过程看来有三个主要的阶段,其中前两个是准备阶段。最早的那个从17世纪延续到1821年,下一个延续到19世纪70年代,最后一个从19世纪80年代到20世纪40年代。最早的时期是牛顿、莱布尼茨、伯努利家族、达朗贝尔、欧拉和拉格朗日的年代,在这一时期人们提出了问题。我们已经提到过拉格朗日关于严格微积分的失败尝试。这一时期的伟大导师是欧拉,他无与伦比的创造性给予了分析一大批方法,这些方法将分析的正式模式固定了一个多世纪之久。他在无穷过程中的许多方法在今天还与当年一样至关重要。

472

在数学史上,很少出现像1821年那样,可以准确地确定一个时代的结束年份；那一年的突出标志是柯西在巴黎高等理工学院的讲义[5]，他称之为代数分析——无穷级数、极限、连续和微积分。通过比较两部经典著作，可以清楚地看到1821年在新旧两个时代之间划下的鸿沟：其中一部著作是刚刚提到的柯西的讲义，另一部是1819年拉克鲁瓦（Lacroix）的《微分与积分教程》第三版。如果说柯西后来的工作是数学，那么前一部著作就算不上数学。

一个同样突兀的转变标志着从重新构造实数系之前的分析走向之后的分析的过程。我们几乎不必强调，在两个转变中，前一个时期所获得的东西并没有被随意抛弃。那些过去发现能够给出无矛盾结果的内容绝大部分都被保留了下来。但是其中大部分得到了根本的改造。在庞加莱和T. J. 斯蒂尔杰斯（Stieltjes）重新考虑发散级数，从而开启了第三个时期的1886年，这样的情况再次出现。

与早些时候发生的转变不同，走向第三个时期的通道与其说是对基本概念的修正，倒不如说是对业已建立的数学的扩展。这种扩展部分地导致了发生在20世纪的普遍分析。19世纪90年代末到20世纪初见证了一个发散级数的可用理论的诞生；而在1902年，H. 勒贝格（Lebesgue，1875—1941年，法国人）对积分理论进行了革命化的改造。人们普遍同意，这一时期的四位法国分析学家——庞加莱、R. 贝尔（Baire，1871—1932年）、E. 博雷尔（Borel，1871—1956年）和勒贝格——的工作，开创了一个堪与柯西和阿贝尔在大约60年前开创的时代相比拟的分析的新时代。我们将只注意这些发展过程中的某些关键点，并首先考虑在使用无穷级数时从经验向数学的转变。

473

莱布尼茨早在1673年就认识到了收敛与发散的区别[6]，但在17世纪末和18世纪初的分析中，就无穷级数本身的价值进行的研究可能在数值计算中有用这一想法还没有产生。1668年，N. 墨卡托（Mercator）和W. 布龙克尔在求双曲线面积的过程中遇到了特殊对数级数 $\sum_{1}^{\infty}(-1)^{n-1}/n$；第二年，牛顿修正了他们的方法。莱布尼茨观察到，伴随着这一级数的调和级数 $\sum 1/n$ 是发散的；1705年他陈述了一个交错级数收敛的充分条件。伯努利家族（瑞士）中的詹姆斯（1654—1705年）和约翰（1667—1748年）在1689年意识到了调和级数的发散性；詹姆斯在1696年进一步提出了“非不优雅悖论”：当 $x=-1$ 时，将

$1/(1-x)$展开为 $1+x+x^2+\cdots$，可得$1-1+1-\cdots=\frac{1}{2}$。这是莱布尼茨等人试图用概率论解释的一个“上帝的启示”，可是虔诚的欧拉却很谦恭地接受了。不那么有名气的数学家也把类似的考虑应用于神学。这样一来，通过重新安排一个发散级数的各项顺序，就可以轻易地证明 $0=1$，由此而来的必然结论就是：上帝从虚无中创造了宇宙。即便是作为哲学家的莱布尼茨，也从二进制标度的表述法上得到了类似的结论。

更奇妙的是，有些天体动力学中的级数是发散的，但是在只使用前面几项的时候却能够给出正确的数值结果。类似地，斯特林(Stirling)在 1730 年对 $n!$ 的发散级数正确地给出了其在大值正整数下 n 的近似值；同样，欧拉的求和公式(发表于 1738 年，麦克劳林在 1742 年重新发现)在级数不收敛时被证明是极其有用的。这些不可靠的成功并没有说服达朗贝尔，他在 1768 年宣称，所有发散级数都是可疑的。可是在那个时候，连收敛是怎么回事都没有人理解，于是人们就把这些最让人震惊的奇迹当作自然现象。在某种意义上它们确实是自然现象，当 1886 年庞加莱在其渐近展开理论中揭开了它们神秘的面纱之后，这一点才清楚地展现在世人面前。

所有这些提出了一个问题：一个无穷级数的和意味着什么？在这个问题

474

上——事实上在所有无穷过程问题上，欧拉几乎提出了公认的的哲学解释。对于用何种方法定义“和”并没有强制要求；定义是人们按自己的意愿指定的，要通过适应它的应用(如果有的话)来构成无穷级数和它们的“和”。然而普遍的要求是，任何定义都不应该总是导致荒谬的结果。

博雷尔[7] 以如下方式大致陈述了人们通常需要从和式中得到的东西：要在级数和数字之间建立一种相互关系，以便在级数出现时，对应于某些特殊级数的数字在通常的计算中取代级数时总能或几乎总能得到正确的结果。提出“几乎总能”是为了使陈述更加准确，指的是在相互关系不成立时的特殊情况。欧拉通常使用上述定义，不过还陈述了一个等价方式。但是在柯西(1821 年)和阿贝尔(1826 年)之前，无论是他还是其他人，都没有在系统应用的同时进行过任何合理的普遍证明。我们已经提到了高斯 1812 年在超几何级数上的开创性工作；但是人们通常同意，是柯西和阿贝尔为收敛理论奠定了基础，这是向实变函数理论迈出的关键一步。

抛弃发散函数实在让人遗憾和犹豫。柯西为他将要做的事情表示了歉意，他说："我不得不承认，某些命题看上去是相当极端的；例如，一个发散级数没有和。"阿贝尔在 1828 年将发散级数贬为魔鬼的工作，却不可抑制地受到了它们的吸引。他坦承自己对这样的级数经常给出正确结果而感到困惑，并宣布他想找出其中的原因。可是还未等他实现这部分计划，他就在 1829 年去世了。柯西在这方面取得了第一次成功。柯西寻找斯特林在 $n!$ 的近似成功的基本原因，并于 1843 年创造了一个可以应用于一类广泛的发散级数的令人满意的理论。克莱因曾经评论说，柯西的庞大产出简直就像一座原始森林。不过有时候，原始森林也能回报探索它的人；而在柯西的蛮荒之地埋葬的另一个宝藏，是他 1821 年的"根式判别法"，直到 1892 年阿达马才重新发现了这一法则。

除了其他的明显要求之外，一个有用的无穷级数理论必须满足以下要求：若 s, s_1, s_2 分别是 S, S_1 和 S_2 的和，c, c_1, c_2 为常数，则 $cS, c_1S_1 \pm c_2S_2, cS_1S_2$ "几乎总是"对应于 $cs, c_1s_1 \pm c_2s_2, cs_1s_2$。柯西和阿贝尔没有这样清楚而系统地阐述问题，却从根基上解决了问题。其结果就是通常出现在基础课本中的经典收敛理论。该理论第一次系统探讨了无穷过程，几乎已经成为现代意义上的彻底严格的理论，唯独缺少了一个实数系的无矛盾理论。如果柯西和阿贝尔的工作提供了这种理论，它就会成为至今都没有实际改变的分析的标准理论。

475

我们可以特别叙述这一时期的一份经典工作，即阿贝尔 1826 年对一般二项式级数的研究。前面一章提到了这一级数在牛顿的微积分发展中的重要意义。似乎在 1676 年或者更早的时候，牛顿就在关于沃利斯的插值法的建议中提出了这一正式展开式。詹姆斯·伯努利[8] 1713 年证明了正整数指数的二项式定理，欧拉 1774 年证明了任意有理指数的二项式定理，证明过程精巧但不完全。阿贝尔的证明是第一个站得住脚的一般证明。第一次在微积分中使用二项式定理是为了得到 n 为任意实数的 x^n 的导数，直到 150 年以后，这一定理才最后得到了证明。

收敛理论的这项最早工作在 19 世纪的分析中产生了一个主要研究领域。

认识到收敛的重大意义之后，几十位分析学家就开始为实级数和复级数两者的收敛性寻求标准。在所有那些通常出现在教科书中的有关级数的判别法中，包括高斯 1812 年的方法，柯西 1821 年的比率判别法和 1837 年的积分判别法[9]，以及阿贝尔 1827 年、库默尔 1835 年、德·摩根 1842 年的对数判别法。1873 年，P. 杜布瓦-雷蒙尝试发展收敛判别的普遍理论，可是只取得了有限的成功。随着 A. 普林斯海姆(Pringsheim，1850—1941 年，德国人)找到了更完整的(但有一部分虚幻的)综合方法，对这些问题的兴趣有一段时间有所减退，直到 20 世纪的前 10 年才又一次突然复苏。英国、德国和波兰学派某种程度上受到数字的分析理论中难题的刺激，开始为收敛创造精细的判别法；直至 1945 年，级数理论走过了全部近代数学的道路，发展成一个独立的领域，拥有自己的一批专家耕耘者。单单狄利克雷级数[10]理论本身就已经成了分析的一个独立分支。这一领域的现代工作的开端，是 J. L. W. V. 詹森(1859—1925 年，斯堪的纳维亚人)于 1884 年证明了这一级数有收敛的横坐标。

476 我们在这里稍微偏离主题，简单说说另外两个无穷过程的平行发展：乘积和连分数。[11]无穷乘积理论与无穷级数理论的联系相当紧密，我们都不必单独叙述它。另一方面，无穷连分数为近似计算提供了一个有本质区别的模式，因此引发了更困难的收敛问题。它们在单实变函数论方面具有特殊的历史性意义，正是斯蒂尔杰斯在 19 世纪 90 年代发明了后来以他的名字命名的积分种类。

欧拉在 1737 年第一次系统讨论了连分数。除了零星出现在希腊人、印度人和穆斯林的算术(今天被认为导致了连分数)中，这种一般方法在 P. A. 卡塔尔迪(Cataldi，1548—1626 年，意大利人)1613 年讨论之前，并没有独立出来。在卡塔尔迪使用连分数之前，R. 邦贝利在 1572 年利用它们对平方根进行近似计算；在卡塔尔迪之后，布龙克尔在 1658 年将 $\frac{4}{\pi}$ 展开为一个无穷连分数形式。1767 年，拉格朗日将连分数用于代数方程的数值解，发明了一种连续近似方法；他有充分理由认为，这种方法在完全性和严格性方面无可挑剔。但是它在实用方面几乎没有什么用途，因此很快就没什么人使用了。拉格朗日关于连分数的经验是很典型的。在高度理论化的兴趣方面——比如证明某些数字的无理性，连分法是一种过于烦冗的方法，没有大的实用价值。[12]雅可比在 1850 年(?)、E. 菲斯特瑙(Furstenau)在 1872 年通过联立差分方程研究了连分数的普遍化。这些问题对数论比较重要，但是他们的理论还处于胚胎阶段。

当 E. 拉盖尔于 1879 年把一个发散的幂级数转化成一个收敛的连分数之后，普通的连分数开始对函数理论变得重要起来。连分数的现代分析源于斯蒂尔杰斯随后的工作以及 H. 帕德(Padé，1863—1953 年，法国人)的工作；后者在 1892 年证明了欧拉提出将函数展开成连分数的问题并不恰当，以及其他一些问题。对某个适于连续收敛为连分数的级数，从一个已有的近似有理分数的无穷形式出发，可以按照选取的条件得到不同的展开式。帕德的问题是把这一明显的混乱状况变得貌似有序，对此他获得了部分成功。在拉盖尔开创的方向上，1894 年斯蒂尔杰斯在发散级数与收敛连分数之间建立了对应关系，由此他定义了这类级数的积分。对整个分析来说，某种程度上由连分数带来的重大成果是斯蒂尔杰斯的积分以及他自己的渐近级数理论版本，但是这一版本很快就被庞加莱的版本超越了。

477

我们继续叙述级数问题，不过只会提及那些刺激了实变函数论总体发展的细节。对有限方法有效的过程如果转而用于无限可能就不再有意义，这个平常的事实早已为人们普遍接受。18 世纪，斯特林(1730 年)和欧拉(1755 年)毫无疑虑，通过重排项来自由转换级数；只是到了 1833 年，柯西才通过一个例子证明，一个条件收敛的级数在重排项之后可以给出不同的和。狄利克雷在 1837 年证明了如下基本定理：重排绝对收敛级数的项不影响其和。

无穷级数的微分和积分欺骗了历史上最伟大的一些数学家，交换极限过程也是如此。我们在前面的一章中已经提到了柯西在一致收敛问题上的错误。就连高斯也在 1812 年给出了一个不正确的证明，该证明涉及由他陈述和使用，现在普遍以阿贝尔的名字称呼的定理。这一定理是：若

$$f(x)=\sum_{n=0}^{\infty} a_n x^n$$

具有收敛半径 1，且如果 $\sum a_n = s$，则有 $\operatorname{Lim}_{x\to 1-0} f(x)=s$。阿贝尔证明了这个极其有用的结果；高斯[13]交换了两个极限过程，却显然不认为有必要加以论证。

我们在后面的一章会看到，人们也随意使用了傅里叶级数许多年，直到狄利克雷在 1829 年第一次确认了它们在某些限制条件下的用途。即使是最敏锐的直觉也会受到这些级数难以预测的变化的误导。

我们已经强调过三角级数在严格化发展的过程中所起的中心作用。除了已经列举过的，这里还可以加上几个难以预测的典型事例，再一次说明只有在更清楚地理解了函数、极限和连续的意义之后，才有可能建立实数系的现代理论。由一个给定函数 $f(x)$ 产生的傅里叶级数在得到它的整个区间内可能并不收敛，甚至在这个区间上的任何一点都不收敛；而且，即使这一级数确实收敛，它的和也不一定是 $f(x)$。P. 杜布瓦-雷蒙在 1873 年通过一个例子又一次证明了，一个连续函数并不一定由其傅里叶级数表示；而魏尔斯特拉斯在 1875 年证明了，连续性与可微分性加在一起超出了充分性。[14] 所有这些以及众多类似的出人意料的结果都刺激了康托尔，让他创造了他的点集理论。

478

为了总结有关级数的概述，让我们回顾柯西和阿贝尔对放弃发散级数所表达的遗憾。如同博雷尔发现的那样，忽视这些级数是很不幸的，因为这限制了探索和发明的自由，正是这一自由使 18 世纪产生了大量有持久价值的课题。显微镜取代了望远镜；尽管有些人可以精确地描述分析的微小解剖结构，却错失了可能更有科学价值、更宏大的事物。

1886 年，庞加莱的渐近展开法开创了一个自由发明的新纪元。发散级数终于获得了应有的尊重，人们也弄清楚了为什么有些发散级数——诸如斯特林级数和那些天文学上的级数——可以放心用于计算任何精度要求的数值近似。

在这一令人瞩目的进展之前不久，O. 赫尔德在 1882 年以他的算术平均值求和法开创了发散级数的现代理论。E. 切萨罗（Cesàro，1859—1906 年，意大利人）随后于 1890 年在发散级数求和方面取得了类似进展，博雷尔在 1895 年提出了另一种可用方法，勒罗伊（LeRoy）在 1900 年又提出了一种，M. 里斯（Riesz）在 1909 年再次提出了一种。1911 年，英国分析学家哈代和 S. 查普曼（Chapman）研究了那时已有的求和方法之间的关系；之后，哈代和 J. E. 利特尔伍德于 1913 年详细讨论了博雷尔和切萨罗方法之间的关系。看来，19 世纪 90 年代和 20 世纪初期的所有这些爆炸性迸发为数学留下了永久的遗产，这些遗产早已进入了无穷级数的标准教材。

479 现在或许可以说，只要常识方面能通过，发明进一步的方法已经没有障碍了。专家意见普遍认为，除非一种求和新方法具有确定的目的，否则就没有发展这种方法的意义。前面引述过的对于定义“和”的迫切需求合理地限制了发明，但是没有理由认为这样那样的禁令会持续发生作用。

上面关于无穷过程的概述只不过提到了几个特别的兴趣点。更详细的讨论将清楚地透露只是被暗示过的总体发展的一个主要趋势：自从 19 世纪 20 年代柯西和阿贝尔的第一次严格工作以来，数学不断地加速扩展，特别是在分析方面。在 100 年多一点的时间里，19 世纪 20 年代的几个次要课题已经膨胀得巨大无比；到 1945 年，它们全都变得无比庞大，需要极为专业的专家全力投入。举例来说，三角级数的情况就是如此，确定给出泰勒级数的函数性质的情况也是如此，后者只是一个来自 1878 年达布对于大数值函数的近似研究的问题。实变量本身的理论甚至更广泛。例如，连续性常常得到改进，以致它的现代应用本身的现存文献规模就相当大。

所有这些无疑是人们欢呼的原因。但无论是或者不是，分析旺盛的繁殖力，在 20 世纪初期使一些人走上了彻底抽象的终极道路。除非这个不停膨胀的庞然大物受到某种控制、约束和引导，否则它很有可能被自己的重量压垮。很遗憾的是，对于数学来说它永远不会在任何程度上完全死亡，尽管它古老的身体有大面积因为更吸引人的新鲜东西出现而被人暂时遗忘。

实变函数论的中心主题是连续，以及它在函数、极限过程，特别是微分和积分上的影响。该理论的绝大部分考虑的是实变量的函数。多变量的理论无法从一个变量的理论中直接推广得出；因为随着变量数目增多，会出现全新的现象，例如像在多重极限过程中不同操作的次序问题。因此，除非特别指明相 480 反的情况，这里说的实函数是指只带一个实变量的函数。通过追随积分的发展，可以充分看出这一理论的进化过程。

我们将会经常提到柯西（1823 年）和黎曼（1854 年）对实函数 $f(x)$ 的积分，因此在这里给出它们的定义。在柯西的定义中，$f(x)$ 在区间 $[x_0, x_n]$ 上连续，他的积分是以下无穷和

$$\sum_{i=0}^{n-1}(x_{i+1}-x_i)f(x_i)\quad(x_0<x_1<\cdots<x_n)$$

当 n 趋于无穷且其最长的区间 $[x_i,x_{i+1}]$ 趋近于零时的极限。

在黎曼的定义中，$f(x)$ 局限于区间$[x_0,x_n]$;U_i,L_i 是 $f(x)$ 在 $[x_i,x_{i+1}]$ 中的上限与下限。我们令

$$U\equiv\sum_{i=0}^{n-1}(x_{i+1}-x_i)U_i,\quad L\equiv\sum_{i=0}^{n-1}(x_{i+1}-x_i)L_i,$$

若当 n 趋于无穷时其最长的区间 $[x_i,x_{i+1}]$ 趋于零,且 U 与 L 有一个共同的极限,则这一共同极限就是 $f(x)$的黎曼积分。黎曼积分的范围显然要宽于柯西积分的范围。经过明显的扩充,柯西积分的定义可以扩展,应用于 $[x_0,x_n]$ 区间中存在有限数目的不连续点的情况。

积分当然可以追溯到牛顿和莱布尼茨的年代,甚至到阿基米德的年代;但是积分的理论是 20 世纪的创造。在 1902 年以前,人们对积分进行过无数的研究,其中许多研究对勒贝格在这一年提出的第一个普遍理论的发展做出了贡献。虽然大量正确而有价值的结果是微积分问世以来通过积分获得的,但是强调 1902 年以前没有人真正明白积分到底是什么,似乎很失礼。可是那些了解积分的人似乎就是这么认为的。[15]

为了避免一个可能的误解,我们急忙在此加上一句:积分学并没有突然在 1902 年到达它的光辉终点。恰恰相反,积分学才刚刚开始繁荣。勒贝格对黎曼积分的普遍化只不过是一个开始。其他人很快又把勒贝格的工作普遍化了,直到积分方法本身成倍增殖,仿佛充满活力。按照抽象主义的说法,这些狂热的活动只不过是普遍分析的又一个论据而已。在这里,我们必须再次谨记,普遍化并非虚无化。过去一切合理的成果都在连续的普遍化中保留了下来;在许多情况下,现在可以得心应手地处理用过去的老方法无法应付的大量问题了。更重要的是,普遍化带来了大量新知识。

481

从牛顿和莱布尼茨到黎曼,积分学的进程遵循着两条相辅相成的路线。牛顿把积分看成微分的逆运算,莱布尼茨则把积分考虑成一种极限求和。他们两个人都很熟悉这两个概念的关系。实际上如果缺少由柯西首先证明的[16]微积分基本定理,无论牛顿还是莱布尼茨都不能利用他们的分析。在黎曼 1845 年定义他的积分之前,历史的发展偏爱牛顿的概念;在黎曼积分发明之

后，人们却很快发现[17]，不可微分的有界函数存在黎曼积分。另外一个不和谐的声音出现在1881年，这时沃尔泰拉的有界可微分函数无法以黎曼的意义积分。这两个不协调加在一起，粉碎了从牛顿和莱布尼茨直到柯西的时代微分与积分之间长期的和谐。但是黎曼积分可以应用于许多柯西积分无法应用的重要情况。改进黎曼的定义以保留其可取的性质，至少减轻不和谐的程度，这一问题尚待解决。

由于莱布尼茨和牛顿的积分概念来源于速度、加速度、长度、面积、体积和切线这些直觉概念，我们现在可以看出这一难题的根源了。在这些模糊概念——特别是长度、面积和体积的概念——精确化之前，必定只能取得微不足道的进展。在魏尔斯特拉斯、戴德金和康托尔对分析进行了数论化以后，精确性终于来临。由于具体的细节离题太远，我们只能大致说一下人们做了哪些工作，至于充分的说明就请读者自行参看任意一本实变函数的标准课本。

如果设想一条直线段——不妨以 $[0,1]$ 为例——包含所有 $0\leqslant x\leqslant 1$ 的实数 x，这条线段的直觉长度，或者说测度，就不像看上去那么清楚了。但是假设从这条线段上去掉一切有理数 x 所代表的点，对应于留下的点的类（或集合）的测度的直觉概念就消失了。所以，首先需要的就是对一个点集的“测度”的可用定义。严格地说，这里需要的是一个点集的测度性质理论。在19世纪80年代，德国数学家对此进行过几次不完全成功的尝试，其中引人注目的是H. 汉克尔（Hankel，1882年）、O. 施托尔茨（Stolz，1884年）、康托尔（1884年）和哈纳克（Harnack，1885年）所做的工作。所有这些工作以及皮亚诺和若尔当更有希望的论文，都在1894年被博雷尔的理论取代了。勒贝格[18]又发展了该理论，并于1902年在他的经典专题论文《积分、长度与面积》中的新积分学中应用了该理论。

482

勒贝格的积分理论是分析发展中的一个突出里程碑。勒贝格定义了点集的测度，由此进入了积分理论，把积分定义域分割成可测的集合，并在所有点集的数目无限增大时求取所有点集的某种和的极限。

这一过程已经包含了最后一类普遍化的萌芽，在最后的普遍化中，人们定义了若干“元素”或“物体”的类（或集合）的测度性质。在前抽象分析中，“元素”被具体化为数字。没过多久，修正的洪流就冲击到了勒贝格的里程碑上，但是并没有把它冲走。

在走上完全抽象的道路之前，勒贝格的积分接受了更多的正统普遍化，那些可取的性质得到了进一步补充和完善。勒贝格的普遍化保留了牛顿和莱布尼茨的概念中更有用的方面，影响了非常宽广的函数类的积分——在黎曼积分中这只是人为地加以应用而已[19]，因此它并不是将作为和式的积分与作为微分的逆运算的积分完全捏合到一起。A. 当茹瓦（Denjoy，法国人）在1912年、O. 佩龙（Perron，德国人）在1914年又进一步普遍化了勒贝格积分，使这两个概念达到了更广泛的统一。不同种类的积分之间也开始融合，例如勒贝格-斯蒂尔杰斯积分。与此同时，点集理论经历了一次庞大的扩张，同化了所有可积性、极限、连续性、可微性以及它们分裂成的许多亚种。

由上述现象，人们推测，积分理论可能在1945年开始走上了近代所有数学走过的道路。事实上在其不到50年的生命历程中，实变函数论的这一分支正如可怕的热带雨林一般，以不可思议的速度疯长。人们一度认为J. 拉东（Radon）的探索或许可以控制它的生长，拉东在1913年将勒贝格积分推广到了测度可定义的抽象空间中。20年以后，S. 乌拉姆（Ulam）的一般集合理论的测度理论（1930年至1932年），以及A. 哈尔（Harr，1933年）对某些测度空间的测度理论及其对连续群理论的应用中又出现了一些有希望的迹象。

483

这些更加抽象的方法由弗雷歇的抽象空间理论（源于1906年，将在下一章提及）发展而来。因此，当一个杰出的年轻抽象主义者在1938年欢呼他喜爱的抽象空间超过了弗雷歇的空间，因为它很容易就分裂成其他8个，这多少让人感到震惊，是欣喜还是绝望要看各人性情了。通过在一个或多个抽象空间中同时操作，人们可以用255种不同的方式对一种给定的情况进行普遍化。幸运的是，其中一些是无意义的。对此我们究竟该哭还是该笑还不完全清楚，不过有一点似乎是肯定的，就是对这种情况我们完全无能为力。自从19世纪开始以来，数学就通过不断地扩展和分裂发展着。但是等异常活跃的时期过后二三十年再来观察，就只能看到那些在数学或在科学上证明了自己价值的新奇工作了。于是总体来说，我们似乎应该对数学的这种抑制不住的繁茂感到欣喜。

以上简要叙述只能勉强概括实变函数论的一个方面。如果我们不提整个理论的另一方面就结束叙述，那些相信有另一方面的人可能就会认为有偏袒之嫌。按照这些"异教徒"的观点，让该理论成为数学上最丰富理论之一的大量复杂定理，只不过是"彩虹尽头的黄金"。就像我们已经充分描述过的，他们的异端邪说建立在一个无可争辩的事实基础上，即点集的推理方法直至1945年还充满悖论。说到怀疑主义的局限，怀疑主义者坚持认为非构造性的存在定理根本毫无建树，如同自1905年发展而来的更抽象的理论内容那样。极端主义者甚至宣称，在普遍接受的实变函数论中应用的这种推理模式，除了历史趣味之外已经不具有任何价值。在这一派反对意见所抨击的目标中我们选取3个例子就足够了。 484

按照历史发展的顺序，第一个是著名的海涅-博雷尔(Heine-Borel)定理[20](1872年，1895年)，没有它，许多公认的证明都不会成立。W. H. 扬[21](Young，英国人)在1902年对这一定理给出了普遍化的陈述："在一条直线上给定任意一个封闭点集和一组区间，使这一封闭点集上的每一个点都成为至少一个区间的内点，则给定区间中必有有限数目的区间具有同样的性质。"第二个具有一个类似的性质，就是E. 策梅洛(Zermelo)在1904年给出的如下有名的公理[22]，该公理已证明至今在分析的很多领域都非常有用(即使不是无可替代)："给定任意一个互不相容的类，其中任何一个都非空，则必存在至少一个类，这个类恰好包含一个与这些类中的每一个都相同的东西。"第三个也是最后一个样例是在所有分析中受到最高评价的方法之一，即贝尔1899年对函数的分类。我们将其简述如下。在某一给定定义域上连续的函数形成了一个最低类，不妨称之为C_0；任何不在C_0内的函数，如果它是一个属于C_0的函数级数的极限，都被归入下一个类，不妨称之为C_1。类似地可以定义下一个类C_2中的函数：它是属于C_0或者C_1中函数级数的极限，但是既不属于C_0，也不属于C_1。依此类推，直至无穷。

博雷尔反对策梅洛使用他的所谓乘法公理，由此触发了1905年的一场争论[23]，这场争论由于几种意见的尖锐分歧而更趋激烈。阿达马承认策梅洛并没有描述任何可以让他的公理暗含无穷选择的方法，却又宣称要证明一个数学"实体"的存在不需要清楚定义这个实体。按照阿达马的观点，只有通过这种确认方法，康托尔的超穷数才能进入数学。当然，自中世纪的逻辑学家第一次利用这种存在性证明为神学提供一个坚实的基础，并取得了明显的成功，它在人类追求的其他领域已属家常便饭。因此，并没有明显的原因表明不可以将它运用到数学分析中，并取得同样的成功。

但是，正如中世纪神学家那样，关于在他们的推理中究竟允许有何种程度的直觉，主要的分析学家内部存在分歧。举例来说，贝尔不承认一个给定类的子类已知；而勒贝格却认为，策梅洛有些神秘的"存在"如果不澄清"仅仅"是免于矛盾罢了。1905 年的这场历史性论战在无结果的情况下结束，而博雷尔保留了他的意见：尽管康托尔的超基数给各种有效的证明提供了有价值的启发与参照，但它本身无法提供证明。中世纪的次数学分析似乎即将死而复生了。1912 年它真的复苏了，其表现形式是荷兰数学家 L. E. J. 布劳威尔（1881—1966 年）的直觉主义；我们后面还要说到许多他的事迹。

485

无论这类争论还激发过什么东西，它们一定程度上造成了现代批评时期的到来。有关这些怀疑的一个引人注目或许也令人鼓舞的特征是，并没有人阻止表达这些怀疑的人利用他们反对的手段创造新的数学。通过一种黑格尔式的综合，破坏性的批评与建设性的行动在几个数学家的头脑中得到了调和。然而绝大多数数学家并没有感觉到不安，他们坚信他们在分析上的巨额投资并不存在抵押给现代逻辑的高利贷要求的风险。

单个复变量的函数

在经典的微分学和积分学中，自变量的定义域是整个实数域。所有复数的类是服从四则有理运算规则的最大的封闭类；人们或许可以预期，实变函数特别是无理函数的积分中的不规则行为，只有在转入复变函数时才会消除。这也是创造复变函数理论的背后推动力之一。

为了稍后点明一条源于 18 世纪力学的可能途径，我们需要相当详细地描述柯西[24] 1825 年的有时被称为分析基本定理的工作。一个复变量 $z(\equiv x+\mathrm{i}y$，x 与 y 为实数，$\mathrm{i}\equiv\sqrt{-1})$ 的单值函数 w 可以表达为 $u+\mathrm{i}v$ 的形式，其中 u，v 为 x 与 y 的单值实函数。反过来说，如果 u，v 是 x，y 的任何单值函数，则可以将 $u+\mathrm{i}v$ 考虑为一个单值复函数。但这并不是复变函数的经典理论[25]的发展途径，下面对 u 与 v 的极端限制可能源于流体力学与保守力场几何。解析函数及其商是经典理论中的主要关注点：w(单值的)是一个 z 的解析[26]函数，u 与 v 以及它们对于 x 和 y 的偏导数都是连续的，而且满足所谓柯西-黎曼偏微分方程 486

$$\frac{\partial u}{\partial x}=\frac{\partial v}{\partial y},\quad \frac{\partial u}{\partial y}=-\frac{\partial v}{\partial x}。$$

由此得出结论，u 与 v 是二维拉普拉斯方程

$$\frac{\partial^2 \phi}{\partial x^2}+\frac{\partial^2 \phi}{\partial y^2}=0$$

的解。

仅仅出于叙述的简洁，将复变量 z 的值表示为复数平面(z-平面)上的一个阿尔冈图中的点(x,y)，把 $w=u+\mathrm{i}v$ 表示为“w-平面”上另一个阿尔冈图中的点(u,v)。当 z-平面上一点穿过一条连续曲线 C 时，u 与 v 取得了不同的值，点(u,v)在 w-平面上勾画出了一条对应的曲线 C'。在 z-平面上的一点 z(z 的数值)称为 w 的一个奇异点，w 在此点上非解析。若 C 不通过 w 的奇异点，则 C'将是一条连续曲线。

稍后我们将考虑线积分[27]$\int_C w\,\mathrm{d}z$ 在任何完全处于 z-平面上的区域 R 内的简单、可求长的弧 C 上的积分——w 在 R 内所有点上都是解析的。对于本书的目的来说，只描述“简单”与“可求长”就已足够，无须给出严格定义。一条弧不切断自己即可称之为简单的；一条弧如果通过普通积分学对其有限和取极限得到的弧长是有限的，即可称之为可求长的。而我们很快就要接触到的一个区域的“边界”，或者是在 z-平面上的一条简单、封闭、可求长的曲线，或者是这样的一条同时将其他同种曲线包围在其中的曲线。描述一条边界的正指向的规定与力学中的相同：每一条边界曲线的环绕方向，使边界包围的区域总是处于假设在每条曲线上依次行走的人的左方。若这一区域只有一条边界(如同一个没有孔的盘子)，则它是单连通的；[28]若它有不止一条边界(如同一个带孔的盘子)，则它是多连通的。从外边界上的点朝向每条内边界切开，可以让一个多连通表面区域成为单连通的；陈述单连通区域解析函数的主要定理通常就已经足够了。为避免重复，我们把在 z-平面的一条简单的、可求长 487

的弧称为周线。若无特别声明,则周线不是封闭的。

令 z_1,z_2 为 z-平面内区域 R 中的任意两个固定点,且 $w\equiv f(z)$在 R 内解析;又令 C 代表任意起自 z_1、止于 z_2 的周线。由此可以证明,$\int_C f(z)\mathrm{d}z$ 与周线 C 如何选取无关。也就是说,这一积分的值只取决于两个端点 z_1 与 z_2。另一陈述方法是,若 z_1 与 z_2 固定,则任何连接它们的周线 C 虽然不断产生形变,若在形变的任意阶段都没有超出 R,则线积分 $\int_C f(z)\mathrm{d}z$ 之值不变。由于积分方向改变时线积分的符号改变,因此,若 K 是任意完全位于 R 内部的封闭周线,则 $\int_K f(z)\mathrm{d}z=0$。若 R 是多连通的,其边界 K 将按正指向描述。

以下基本上是柯西的积分定理[29]:若 $f(z)$在一个封闭周线 K 上以及其内部的所有点上都解析,则 $\int_K f(z)\mathrm{d}z=0$,积分沿正指向进行。只要将 $f(z)$写成 $u+\mathrm{i}v$,且 $\mathrm{d}z=\mathrm{d}x+\mathrm{i}\,\mathrm{d}y$,这一定理的证明是直截了当的。随之,当我们分别令积分的实部与虚部等于零,则有

$$\int_K (u\,\mathrm{d}x-v\,\mathrm{d}y)=0,\quad \int_K (v\,\mathrm{d}x+u\,\mathrm{d}y)=0。$$

而通过运用二维的格林定理(1828 年),把沿 K 的线积分转换成以 K 为边界的区域上的面积分,并对结果使用柯西-黎曼方程,则每一个被积函数都为零。古尔萨(Goursat)1900 年对这一定理的改进型更难以证明,但那不是我们在这里需要关心的问题。[30]

尽管这只是一个细节,但我们可以在这里引用柯西的积分公式,它是分析中最有用的结果之一。若 $f(z)$在一个封闭周线 C 的所有位于边界上和边界内的点上都解析,且 a 是C 内任意一点,则有 $2\pi\mathrm{i}f(a)=\int_C \frac{f(z)\mathrm{d}z}{z-a}$。同样引人注目的是柯西对 $f(z)$的连续微分在 $z=a$ 时的求值 $f^{(n)}(a)$,$n=1,2,\cdots$:

488

$$2\pi\mathrm{i}f^{(n)}(a)=n!\int_C \frac{f(z)\mathrm{d}z}{(z-a)^{n+1}}。$$

柯西在证明解析函数的泰勒定理时使用了这些定理。在继续讨论力学类比之前,我们可以在这里提及单复变函数的柯西方法的一些主要发展。柯西本人详细研究了他的留数计算,这是评估实定积分的一种手段。尽管这不是积分

的一条阳关大道——确实比奶牛走的路也宽不了多少，柯西的计算仍然被证明是非常有效的。这种计算的基础是某些函数中被称为极点的特殊奇异点的概念。对此可以给出几种等价的定义，以下给出的算是最简单的之一。[31]在一个给定的以 C 为边界的区域 R 中，令 $f(z)$ 在 C 内除 a 之外的所有点上解析。若 $f(z)$ 可以表达为 $F(z)+\sum_{s=1}^{n}A_s(z-a)^{-s}$（此处 $A_1, A_2, \cdots, A_n$ 为常数，$A_n\neq 0$）的形式，且 $F(z)$ 在 R 上所有点都解析，这时称 $f(z)$ 在 $z=a$ 时有一个 n 阶极点，并称 A_1 为 $f(z)$ 在极点 a 上的留数。下面的定理[32]是在积分应用中的实行。若 C 是一个封闭的周线，在这一周线内 $f(z)$ 仅有极点形式存在的奇异点，则 $\int_C f(z)\mathrm{d}z$ 等于 $2\pi\mathrm{i}$ 乘以 $f(z)$ 在 C 内各极点上的留数之和。

通过留数计算得到的对定积分有用的或者仅仅是新奇的计算值，令柯西和他的追随者陶醉。随着 20 世纪工程技术的需求日益增长，这种计算和单复变量函数论的其他部分——诸如共形映射——已经成了培育现代工程师的较好的大学工学院的常规本科课程。在 20 世纪初，这一理论在美国还主要出现在为研究生讲的有些枯燥的课程中，这些研究生学到了许多存在性定理，却偶尔对一些相当基本的问题感到困惑。如果一个工程师学过了如何对付带有复变量的真正困难的东西，那么存在性定理就很少能够找他的麻烦。但是如果没有这些定理，他的水坝崩塌和机场开裂的次数甚至会比在浪漫的过去时期更频繁。设计者能够保证不发生灾难，一方面依靠他自己实践中的第六感，一方面是由于纯数学家为他提供的相当安全的计算方法，那就算是第七感。随着理论越来越多地应用于实际事物，单复变函数论在 19 世纪的光辉无疑变得暗淡了。这至少是纯粹主义者的一种悲哀。然而世界在进步，它拥有日益迅捷而且华丽的流线型交通工具、轰鸣声更大的轰炸机以及更高的债务，它在为这些“科学尊严”的现代应用而欢呼，认为它们代表了真正的数学浪漫的黎明。如果我们的后人没有走上我们的老路，没有变成自己的灵长目天才的牺牲品的话，他们将对此做出最后裁决。　489

这一理论的实际效用的一个来源是如下事实：若 $u+\mathrm{i}v$ 是 $x+\mathrm{i}y$ 的一个解析函数，则 u, v 满足二维拉普拉斯方程。这一方程含有的一阶与二阶连续偏导数的解被称为调和函数，三维拉普拉斯方程 $\nabla^2\phi=0$ 与此类似，此处我们只考虑二维的情况。这一方程最简单的应用之一是不可压缩的无摩擦流体的平面无旋流动。从物理方面粗略地说,"无旋"指的是不存在涡流。从数学的角度说,某一流动无旋的定义是:在平面流体层的所有点(x,y)上存在一个有定义的单值函数$u\equiv u(x,y)$,而且它含有一阶与二阶连续偏导数,从而使平面流体层上点(x,y)处流动速度平行于x与y轴的分量X,Y分别为$X=\partial u/\partial x$,$Y=\partial u/\partial y$。函数u称为速度位势。最后是历史上与此相关的细节:这两个分量是通过对x与y求偏导数获得的。顺便提一句,具有重大实用意义的湍流问题未能归入这一经典流体力学的数学模式中。

可以很容易看到,若流体是不可压缩的,则$\partial X/\partial x+\partial Y/\partial y$必须为零。只要一看柯西-黎曼方程,就可以知道它与单复变量解析函数间的联系。因为若$w(=u+\mathrm{i}v)$是$z(=x+\mathrm{i}y)$的任意解析函数,则u是速度位势的一个合适选择;v也同样如此。若选择了u,则u为常数的曲线就是流动的等位势线,而v为常数的曲线是流线;交换u,v也有同样的情况。出于位置形势上的几何考虑,等位势线与流线之间正交,这与直觉物理相符。

490

大量其他的物理应用与上述流体力学的例子在抽象上是等同的。总之,正是位势的存在使分析函数可以应用。在热流动中,温度代替了流体力学中的速度位势;在电流中是电势;在牛顿引力现象中是引力势,它是所有位势[33]理论的历史起源。

在继续探讨实际效用的根源时,我们要提到共形映射。下面给出这一根源的大致情况。在表达式$z=x+\mathrm{i}y$,$w=u+\mathrm{i}v$中(其含义已在上文解释),解析函数w定义了一个从z-平面向w-平面的特殊映射。在z-平面上穿过点(x,y)的一条周线被映射为在w-平面上穿过点(u,v)的一条周线;而且如果在z-平面上的两条周线以某一角度相交,在w-平面的对应周线也会以同样角度相交。于是,在这种映射之下,角度得以保持;除了可以忽略的例外情况,距离会扭曲变形。高斯[34]在1825年称这种映射为共形映射。对于任何在经典数学物理方面认真工作过或者学习过飞机性能和设计的人来说,共形映射的效用都是老生常谈。人们在研究与映射函数的奇异点相对应的邻域中的这种映射时,发现了它更有趣的特征。人们最经常使用的一种共形性是H. A. 施瓦茨(Schwarz,1843—1921年,德国人)的研究成果,他在1869年把任意以

n边直线多边形为边界的单连通区域映射到了一个正指向半平面上。这是共形映射一般问题的一种在实用上非常重要的特殊情况：找出能够将一个给定区域映射到另外一个区域的函数。共形映射本身几乎是现代数学的一个独立分支，它给单复变函数的理论指出了另一条研究途径。特别地，由E.B.克里斯托弗尔(1829—1900年，德国人)首先在1867年讨论的多边形映射激发了许多人，使他们与施瓦茨一起发展这整个课题，这个领域现在已经拥有了大量文献。

更准确地说，这属于微分几何发展的范畴，但是我们仍然可以顺便提及，共形表示的明显起源是对地球表面映射的实际需要。在这一课题上的第一批伟大经典文献是拉格朗日1779年的专题论文[35]，他在这些论文中描述了他的主要先行者J.H.朗伯和欧拉的贡献，并得到了任意旋转体表面的一个解；他把这一方法应用到了球面和椭球面上，它们是在测地学中具有头等重要性的表面。高斯在1825年探讨了两个已知表面中任意一个向另一个进行共形映射的一般问题，并在1847年把他的解决办法应用[36]到了测地学中。他没有提到拉格朗日的工作。在黎曼版本(1851年)的单复变函数理论中，共形表示成了现代分析的一个不可或缺的部分，而其实际应用也不再局限于映射和测地学。

491

与映射问题紧密联系的是另一个具有重大历史与现实意义的问题——狄利克雷问题，我们在此将这一问题复述如下：如何证实一个函数的存在以及在一个空间的封闭区域内是否调和，并在该区域的边界上具有预先给定的连续数值。对一个物理学家来说可能很明显的是，一旦整个表面的温度已知，处于稳态的一个热固体内部的每一点上都有一个唯一确定的温度分布；而数学家却通过经验得知，物理的直觉对于解决狄利克雷问题是不够的。1901年，希尔伯特在几乎所有可以想象到的物理应用条件的适当约束下，令人满意地解决了[37]这个问题。在二维条件下，这个问题约化成为我们已经叙述过的与柯西-黎曼方程有关的情况和平面流动。它对函数理论的历史意义在于，黎曼从二维物理直觉出发，在1851年得到了他的分析函数理论，我们不久将会提及这一点。

我们转而叙述柯西理论对分析的影响。以下叙述的情况同样适用于后面将要提及的黎曼和魏尔斯特拉斯的其他替代理论。简而言之，这一理论统一、简化并推广了那些它旨在包含的特殊理论，从而满足了任何专家的一般信条的主要要求，同时还为它所包含的理论中的已知结果提供了更严格、更清晰的证明。我们这里只能提及总的趋势。

首先，根据由经验得出的较为宽泛的原则对函数进行分类。两个特殊情况具有特别重大的意义。人们发现，函数的许多有用而且从数学的角度来说有趣的性质与它们的奇异点和零点有密切关系——零点是令函数值为零的一个变量值。我们已经定义过了极点；其他奇异点称为本质点；若 $f(z)$ 在 z 的某一个值 z_0 上是解析的，则称 z_0 为一个常点。另一种奇异点叫作分支点[38]，它们只与多值(非单值)函数有关。在至少一个 z 值上，z 的多值函数的值将不止一个；例如，对一个给定的 z，定义为 $w^2=z$ 的函数 w 有两个值，$+z^{\frac{1}{2}}$ 和 $-z^{\frac{1}{2}}$。当 z 变化时，这些值的每一个都发生变化，由此产生了一个被称为函数的分支的东西。对于 z 的一个值 b，如果在其上函数同时有两个或更多的分支，而且当 z 描述一个在 z-平面上以 b 为圆心、不包括其他奇异点的圆时，这一点上的这些分支可以互换，此时称 b 为一个分支点。事实证明，这种将奇异点分为极点、分支点和本质点的分类方法在大多数情况下是适宜的。[39]

最简单的函数是多项式，以及以多项式的商的形式构建的有理函数。人们——特别是魏尔斯特拉斯——把这两者当成对不那么基本的函数进行普遍化和分类的出发点。由于魏尔斯特拉斯的理论在这里与柯西的理论交织在一起，我们将简单地描述它。我们早些时候已经简单概括了柯西定理，它似乎可以依赖几何直觉。但是这是一种错觉；所有从阿尔冈图、周线以及其他特殊想象得到的灵感都可以很容易地消除，而且是以一种准确表达的方式消除。

魏尔斯特拉斯不信任几何直觉；他彻底摒弃了几何直觉，并建立了自己严格数论化的函数理论。尽管他对发表成果不积极，但他对 19 世纪分析的影响仍然十分深刻，或许比除柯西以外的任何一个数学家都更深刻。[40]从 1857 年开始到 1890 年他半退休，魏尔斯特拉斯间歇性地指导他在柏林大学的学生学习他创造的或者正在创造的新分析；他们记下的听课笔记或个人研究逐渐传播、扩展，形成了魏尔斯特拉斯严格的理论体系。对于一些人来说，自己对关键定理的所谓证明被认为是不完整的或者是错误的，这可不是什么令人高兴的好消息。

魏尔斯特拉斯以他重构的数系为基础，将幂级数作为理论的基石。他引进了收敛半径和收敛圆的基本概念[41]，对两者都给出了数论化的定义；而且他还继续发展，对多项式和有理函数进行了超越普遍化。他的一个目标是以奇异点为基础描述各种函数类的特征。按照他的分类，变量在平面有限部分的值不存在奇异点的多项式，在无穷远处却有极点。从这一点出发，魏尔斯特拉斯继续研究，得到了名为整（或称完整）超越函数的函数类，它们由形如 $\sum_{n=0}^{\infty} a_n z^n$ 的幂级数定义，带有有限的收敛半径，并在无穷远处有一个基本奇异点。这些函数的简单样例是 $\sin z$，$\cos z$ 和 e^z 的级数。

493

魏尔斯特拉斯理论的另一个基本概念是解析连续。因为这是构建柯西和魏尔斯特拉斯理论中的抽象特征的最简单手段，让我们简略地描述它。需要谨记在心的是，下面的描述仅仅是一个粗略的梗概。

根据柯西理论，用形如 $\sum_{n=0}^{\infty} a_n (z-c)^n$ 的幂级数可以容易地表示在一点 c 的邻域中解析的函数 $f(z)$。实际上这是柯西本人在 1831 年证明解析函数的泰勒定理时得到的结果。收敛圆的圆心是 c 点，并扩展到 $f(z)$ 距离 c 点最近的奇异点。对于圆内各点，这一级数绝对收敛；在圆外的点上函数无定义；在圆周上可能有，也可能没有令函数存在的点。除非奇异点在圆周各处稠密[42]，否则函数在其以幂级数定义的区域内都可能是连续的。因为，若任取圆内的一个非圆心点，并以其为圆心、以现在与它最近的奇异点的距离为半径作一新圆，则函数可以如同前述在新圆内展开。这一过程可在新圆内重复，依此类推。就这样，通过“解析连续”所获得的幂级数展开的总体定义了一个区域内所有点上的这一函数，通过一个不经过该函数任何奇异点的弧可以达到其上任何一点。魏尔斯特拉斯将一个解析函数定义为一个幂函数以及所有由此通过前述解析连续获得的结果。从这一点出发可以很容易地推断，由柯西定义的解析函数和由魏尔斯特拉斯定义的解析函数之间毫无二致。因此采用哪种术语都无关紧要，尽管对于函数不可或缺的性质来说，法国分析学家们认为柯西的定义法更高明。

以升幂排列的收敛幂级数定义的超越整函数部分地来自多项式的启发。有理函数类似地启发了在平面的有限部分只有极奇异点的超越函数。人们称

494

之为有理超越函数或亚纯函数。[43]椭圆函数在19世纪早期迅速发展，一定程度上得益于雅可比的发现：这些函数是亚纯的。在这方面我们或许可以提及一个具有特别意义的插曲，它使得单复变函数理论在系统推导一个特别理论方面第一次得到了完全成功的应用。在法兰西学院的讲座中（1847年，发表于1851年），刘维尔通过柯西的分析和他自己的一个著名定理发展了椭圆函数理论；这一定理是：若 $f(z)$ 对于 z 的所有数值都是解析的，且 $|f(z)|$ 在 $|z|$ 趋于无穷时有界，则 $f(z)$ 是一常数。

我们可以在此提及另外3个跨越了广阔领域的定理。这些定理又一次说明了，多项式与有理函数的有限例子是怎样向与之对应的超越函数的无限例子过渡的。魏尔斯特拉斯在1876年证明，在其平面的有限部分只有极奇异点，而在无限区间有一个基本奇异点的单值函数是两个整函数的商。他也得到了一个函数的无穷乘积表示，这个函数在平面的有限部分是解析的，却有无穷多个零点，其分布为：在任何以原点为圆心、其半径为有限的圆内，都只包括有限数目的零点。这让人想起代数的基本定理和我们所熟悉的将 $\sin z$ 分解为无限乘积的方法。第三个普遍定理让人回想起将有理分式分解成部分分式的方法。G. 米塔格-莱弗勒（Mittag-Leffler，1846—1927年，瑞典人）在1882年给出了一种方法，可以构造带有无穷多给定极点或基本奇异点，但是在平面的有限部分只有有限数目奇异点的单值函数。

1850年，人们已经有了足够多的解析方法，可以对许多特殊函数发起一次有组织的探讨了。人们无法利用泰勒级数展开一些经典函数——例如贝塞尔函数。P. A. 洛朗（Laurent，1813—1854年，法国人）在1843年填补了这一空白，提供了一个必要的补充[44]。他的展开式给出了函数 $f(z)$ 在如下形式的

495　展开中的系数 a_n 与 b_n：$\sum_{n=0}^{\infty} a_n(z-c)^n + \sum_{n=1}^{\infty} b_n(z-c)^{-n}$。该方法对以 c 为圆心的两个同心圆组成的环边界上的所有点 z 有效，只要 $f(z)$ 对于环内以及它的边界上所有的点都是解析的。

对于经典魏尔斯特拉斯理论的逐渐背离开始于19世纪90年代，它与早些时候物理学中场论的发展形成了有趣的类比。在魏尔斯特拉斯以后的分析越来越多地转向函数的积分性质，而较少考虑它们在给定点的直接邻域上的

行为；对于后者，幂级数展开证明是适宜的。这时解析连续只起到完全定义一个函数的作用。这一方法在理论上是完美的，在实用上却存在严重的局限性。在他 1885 年通过多项式对连续函数求近似的方法中，魏尔斯特拉斯本人超越了这种严格局限的理论，他的方法是使用连续函数的无穷级数表示带有一个或多个变量的函数，虽然背离了魏尔斯特拉斯经典理论，却开辟了一类与以上表示法相关的广泛分析领域。从这些表示及其他表示模式出发——例如通过（可求和的）发散级数，人们可以研究的函数范畴得到了扩展，而点的邻域这种方法被迫交出了它的一部分独家特权。让函数分析得以独立于任何其他方法的关键一步，是 E. 博雷尔（1871—1956 年，法国人）创造的生长（增长）理论。与此同时，幂级数并没有受到忽视；事实上阿达马 1892 年通过巴黎大学的有关泰勒级数的博士论文及其解析连续性，开辟了一个通过奇异点研究函数的新纪元——我们已经在有关素数分布的问题中提及。20 世纪经过改进的分析包含由幂级数给出的在收敛圆上的点的函数研究，这也是其他较早的理论中几乎完全被忽略的内容之一。这暗示了现代方法具有超越 19 世纪的更广阔的研究范围，肯定足以表明，在老将军们从战场上退役以后，分析还在继续它的前进步伐。

在从大约 1860 年起到 20 世纪前 10 年函数理论的宏大发展中，柯西、黎曼和魏尔斯特拉斯的方法分享了相等的光荣；在提及部分来自这整个理论的一个重大成果以前，我们先说明黎曼的研究途径。黎曼是一位数学家，不过他也认为自己是数学物理学家。他的途径可能与拉格朗日的途径相同——如果后者追寻的是一个普遍理论中的清楚线索，以说明他自己的流体力学与调和函数中不清楚的地方。　496

黎曼的理论在 1851 年的博士论文中已经有了轮廓，这是一个高斯以有所节制的热情赞扬过的重大努力。按照黎曼的说法，高斯在很长一段时间里计划自己进行一项类似的工作。高斯从来没有开展他所计划的工作，原因可能是对位势论中某些深刻的困难认识过迟，例如狄利克雷问题；黎曼或者是忽略了，或者是打算留待今后再钻研它们。对于黎曼的创造中富有成果的建设性想法，尽管所有发展过的人都表示赞赏，但是似乎大家普遍同意，黎曼提出的问题比他解决的问题更多。无论在他的博士论文还是以后的工作中，黎曼本人都没有过分注重严格，但他的分析或许与魏尔斯特拉斯刻意寻求严格的方法一样，启发了同样多的合理的数学。黎曼的理论对数学物理学家和具有空间直觉天分的分析学家——也就是说，那些与他同样类型的数学家——特别有吸引力。他的几何方法在德国学派比在法国学派中更受欢迎，但是讲英语的数学家很少使用。

黎曼把 w 定义为复变量 z 的函数，其力学起源[45]可能来自导数 $\mathrm{d}w/\mathrm{d}z$ 和 $\mathrm{d}y/\mathrm{d}x$ 的对比，这里 y 是一个实变量 x 的实函数。忽略所有的修正，我们知道，$\mathrm{d}y/\mathrm{d}x$ 是两个差值的商 $\Delta y/\Delta x$ 当 Δx 趋于零时的极限。但 Δx 必须通过实数值趋于零；也就是说，Δx 受到了限制，只能在实数轴上变化。对于复值的 z 来说，Δz 可以沿 z-平面上无穷多条路径中的任意一条趋于零；这里并没有一条如同 Δx 那样特别的路径，而且当 Δz 趋于零时，$\Delta w/\Delta z$ 的极限值也不必须独立于路径。黎曼把 w 定义为 z 的一个函数，当且仅当 $\Delta w/\Delta z$ 的极限值 $\mathrm{d}w/\mathrm{d}z$ 独立于[46]微分 $\mathrm{d}z$。这样他就得到了我们已经叙述过的柯西-黎曼偏微分方程，并且进一步得到了它与二维拉普拉斯方程间的联系。

黎曼的定义在力学上的类比是很明显的。一个保守力场的特征是存在位势 V，该位势在场中每一点 (x,y,z) 上都有定义，且其梯度 $(\partial V/\partial x, \partial V/\partial y, \partial V/\partial z)$ 给出了力在 (x,y,z) 上的分量[47] (X,Y,Z)。在一个保守场中，场中的力在从某一点向另一点运动的系统中所做的功与路径无关，而仅与 V 在两点的值有关。若路径是一条封闭的周线，则总功为零。进一步说，在空的空间中，V 满足拉普拉斯方程 $\nabla^2 V=0$。我们已经提及了二维情况下解析函数与此的相关性。我们不详细考虑这一点，但很明显的是，分析在模仿物理。当黎曼通过 Δz 趋于零与路径无关来定义 $\mathrm{d}w/\mathrm{d}z$ 时，物理中的路径无关说法早已是经典了。甚至当柯西证明他的积分定理时情况也是如此。

497

我们尚未说明的是 18 世纪的力学对单复变函数理论的可能推动。这一细节的历史很复杂，而且没有完全搞清楚。我们将只提及几个意义比较重大的事件。[48]早在 1746 年，甚至在 1743 年，柯西-黎曼方程即已出现，因为 1746 年的达朗贝尔、1749 年的欧拉和 1762 年至 1765 年的拉格朗日都已经知道，

当 $f(x+\mathrm{i}y)=u+\mathrm{i}v$ 时，有 $f(x-\mathrm{i}y)=u-\mathrm{i}v$，$\frac{\partial u}{\partial x}=\frac{\partial v}{\partial y}$，$\frac{\partial u}{\partial y}=-\frac{\partial v}{\partial x}$。拉格朗日在一个流体力学的问题中遇到了这些方程[49]，并得出了它们形式如下的通解：

$$u=\mathrm{i}F(x+\mathrm{i}y)-\mathrm{i}G(x-\mathrm{i}y),\quad v=F(x+\mathrm{i}y)+G(x-\mathrm{i}y)。$$

然后他找到了现在称为流量函数的函数。这自然导致了函数 F，G 对于复值变量的积分。但是拉格朗日是通过无穷级数进行分析的，从而小心地避免了积分符号。他实际上是通过泰勒展开式得到了带有复值变量的函数的值，这表明拉格朗日知道这一分析的局限性。当积分围绕一个封闭周线进行，而且 $\frac{\partial v}{\partial x}=\frac{\partial u}{\partial y}$ 时，$\int(u\,\mathrm{d}x+v\,\mathrm{d}y)$ 通常为零，1743 年 A. C. 克莱罗（1713—1765 年，法国）在他有关地球图像的工作中得知了这个结果；而达朗贝尔观察到，在特殊情况下，$u\equiv y/(x^2+y^2)$，$v\equiv -x/(x^2+y^2)$。

最后一项也许与高斯 1811 年 12 月写给 F. W. 贝塞尔的信中的评论[50]有关系（这个评论经常被人引用），因为达朗贝尔在观察特例时对复函数 $f(x+\mathrm{i}y)$ 产生了兴趣。高斯说到了他证明过以下基本定理："当被积函数在以一条周线为边界的区域内不为无穷时，该函数绕这一封闭周线的积分为零。"这比柯西发表他有关复积分的专题论文早了 14 年。高斯为什么对如此重大的定理秘而不宣呢？对此有许多不确定的猜测。可能高斯知道自己只是在重复一项别人已经知道的成果。或者他后来也许发现有人对此早有预想。他似乎放弃了这一课题，也没有证据表明他是否真的证明了这一定理。如果高斯在 1811 年就知道了 G. 格林（1793—1841 年，英国人）1828 年的有关二维问题的定理，他应该立即可以证明积分定理。在没有格林定理的情况下，证明更加困难；既然第二年（1812 年）高斯在阿贝尔的幂级数定理以及双重极限过程问题上迷失了，看上去他不太可能会为积分定理发明一个更加深刻的证明。这个历史问题是（如果这有任何重要性的话），高斯是什么时候得知格林定理的？

498

至于复积分本身，欧拉或许是通过用复变量代替实变量而得到定积分值的第一人。拉普拉斯在 1782 年和 1810 年研究了这一过程的有效性。P. 施特克尔（Stäckel）宣称，S. D. 泊松（1781—1840 年，法国人）才是第一个在复平面上真正使用线积分的人。

最后，J. H. 朗伯、欧拉和拉格朗日在 18 世纪不受限制地使用单复变量函数，但他们的工作都与柯西 1825 年构想出的复变函数论没有任何相同之处。即使必须承认，克莱罗和拉格朗日的工作隐含的力学提示可能激发了这一理论，那些使这一理论发展成现代分析的一个主要领域的人的光辉也不会有丝毫损毁。

代数函数与自守函数

499 在 19 世纪的代数函数、它们的积分以及从雅可比有关这样的积分的逆问题而来的多周期函数中，函数的一般理论得到了最广泛的应用。这整个领域有时被（不恰当地）称为阿贝尔函数理论，尽管阿贝尔本人并不了解这种以他命名的带有 p 个变量的 $2p$ 重多周期函数；这种函数是在对阿贝尔积分求反函数的过程中出现的。阿贝尔、雅可比、A. 格佩尔（Göpel，1812—1847 年，德国人）、J. G. 罗森海恩（Rosenhain，1816—1887 年，德国人）、魏尔斯特拉斯、黎曼、埃尔米特、H. 韦伯（1842—1913 年，德国人）以及许多不那么有名气的数学家都为这一理论的发展贡献出了他们最大的努力，通过在代数几何学、函数的一般理论、拓扑学、代数数以及数系分析方面提供的有关新方法的启示和新奇问题，这一理论回报了这些努力。

我们还记得，魏尔斯特拉斯把系统并严格地研究阿贝尔函数视为毕生的事业；而且正是在为必需的分析寻找令人满意的基础的过程中，他才真切地感受到了严格化实数系的必要性。黎曼最特立独行的发明是以他命名的多叶表面，他是为了赋予这一理论更多的直觉才发明了这个表面。埃尔米特在代数和解析数论方面的一些最早、最有启发意义的工作起源于继续研究雅可比在阿贝尔函数上的贡献。黎曼在哥廷根大学的继任人 R. F. A. 克莱布什（1833—1872 年，德国人）在把阿贝尔函数应用到代数几何上的时候开创了几何学的一个新分支。由黎曼面所代表的拓扑学问题，属于将情景分析从新奇的小玩意范畴上升到严肃的数学层次的第一批工作。简而言之，对于代数函数在 19 世纪纯数学方面的影响，无论怎样评价都不大会超过其价值。因此，我们将更广泛地关注代数函数的理论，这种关注也许符合它在 20 世纪数学中应有的地位。

自从这一理论在1826年发源以来，有众多专家使用了不同的方法发展它，以致最后的成品只有用多卷专著才能恰当地描述。我们将仅仅回顾这一理论的不同研究途径以及足够支撑它的主要概念，以便说明，分析、代数几何与现代高等数论全都对这一完整理论做出了贡献；为此，我们将从黎曼的多叶表面开始。这种表面对任何多值函数的表达都是有用的。在这里不可能具体描述这些表面，我们仅仅指出它们的发明者寻找的成果是将多值性约化为单值性。

500

若 $f(z)$ 是 z 的一个 n-值($n\geqslant 1$)函数，它的 n 个($n>1$)记为 $f_1(z),\cdots,f_n(z)$ 的值(或称分支)，在 z 沿一个封闭的周线 K 环绕，且 K 上或 K 内只有 $f(z)$ 的一个分支点，没有其他奇异点时可置换。柯西和黎曼都在寻求函数分支的几何表示。一个目标是分离这些分支，以确保多值性($n>1$)具有单值($n=1$)的简洁性；另一个目标是刻画 n 个分支的分支点的相互关系。柯西提出了从 z-平面内的一个非奇异点出发的回路法，一个回路是一个不穿过奇异点且只包含一个奇异点的封闭周线。分支点经过这样回路以后，$f(z)$ 的分支就在 z 环绕回路时置换。这些置换构成了一个群，它的乘法表总结了全部可能回路的分支之间的交换。

黎曼的方法具有本质上的不同，他的方法将 $f(z)$ 表示为 n 叶表面上的单值函数。初看上去，将多值性约化为图像一样的单值性，似乎与化圆为方一样毫无希望。但是黎曼分4步解决了这个问题。他并没有试图把 z 表示在一个平面内，而是把 n 个平面，或者说 n 张叶 $P_1,\cdots,P_n$ 指定给了 z——它们分别对应于 $f(z)$ 所具有的 n 个($n>1$)分支 $f_1(z),\cdots, f_n(z)$。当 z 在某一张叶，比如说 P_i 上变化时，$f(z)$ 只在相应分支 $f_i(z)$ 上取值。现在 n 张叶在阿尔冈图上重叠；n 个点，不妨称其为 $z_1,\cdots, z_n$，一个压一个地位于 $P_1,\cdots,P_n$ 之上，与这些点对应的是阿尔冈图上同样的 z 的函数值 $f_1(z),\cdots, f_n(z)$。他的第三步是处理分支点。在阿尔冈图的某个分支点 z_0 上，两个或更多的 $f_1(z_0),\cdots, f_n(z_0)$ 是相等的，而且当 z 在 z_0 环绕时，与之有关的分支相互置换。与这些分支对应的叶可以看成是在分支点 z_0 处“挂在一起”——或者说连通的，对于 $f(z)$ 的每一个分支点都有类似的情况。最后，必须提供从一张叶向另一张叶的通道，才能描绘当 z 以任何形式在阿尔冈图上环绕分支点时 $f_1(z)$，…，$f_n(z)$的实际排列，或者说描述任何周线。这是通过线来实现的；这些线不必是直线，但是没有一条线与自己相交；我们称这些线为分支切割线，它们每一条与一对分支点会合（无穷远可以是一个分支点），或者经过一个分支点通向无穷远。沿每一条分支切割线，设想存在桥或膜以如下方式连接不同的叶：分支的互换体现于 z 在 n 重表面上从一张叶通向另一张叶的过程中。如果在环绕某个分支点时，阿尔冈图上的 z 将分支 $f_r(z)$改变为分支 $f_s(z)$，那么黎曼面的 z 就通过一座桥，从叶 P_r 来到了叶 P_s。通常存在着几种产生连通的方式。但在如下意义上，所有这些方式都是等价的：这些方式中的每一个都把 n 值函数 $f(z)$表示为一个在 n 叶黎曼面上的单值函数，这个单值函数中的叶以一种让分支的连通无矛盾表示的方式排列。

501

在黎曼设想他对于代数函数的直觉研究途径之前大约 30 年，阿贝尔在他 1826 年的杰作中提供了对整个理论的第一次推动，特别是给出了一条伟大的积分学定理，后来雅可比为纪念这一发现而称之为阿贝尔定理。勒让德甚至以贺拉斯的夸张语言将这一定理描述为“一座持久丰碑，比铜浇铁铸的更恒久”。① 现在习惯上把阿贝尔的定理写成代数几何的语言，[51]不过阿贝尔本人是用纯粹分析的方法写的，它是对椭圆积分中加法定理的一个普遍化——第一个这种普遍化是由欧拉在 1761 年做出的。阿贝尔的证明曾经被称作“只是积分学中的一个极好的练习而已”。因为对阿贝尔定理通常形态的几何陈述要求广泛的预备知识，在这里我们更愿意采取分析的形式[52]。

令 $f(x,y)$为形如

$$X_0y^n+X_1y^{n-1}+\cdots+X_n$$

的多项式，其中 $X_0\neq0,X_1,\cdots,X_n$ 是 x 的多项式，但它们之间没有与 x 相关的公因式。进一步令 y 的多项式的 $f(x,y)$带有一个不为零的判别式。则由 $f(x,y)=0$ 定义的 y 就成了一个 x 的代数函数。在下面对阿贝尔定理的陈述中，$X_0\equiv1$，且 $R(x,y)$是 x、y 的任意有理函数。阿贝尔定理是

① 原文是拉丁文“*monumentum aere perennius*”。——译者注

$$\sum_{i=1}^{m}\int^{(x_i,y_i)} R(x,y)\mathrm{d}x = F(x_1,y_1;\cdots;x_m,y_m) - \sum_{j=1}^{k}\int^{(u_i,v_i)} R(x,y)\mathrm{d}x,$$

其中 m 是任意正整数；等式左边的积分下限是任意规定的；F 由 $x_1,y_1;\cdots;x_m,y_m$ 的有理函数和这样的函数的对数组成；$u_1,\cdots,u_k$ 是 x 的值，它们可以通过系数是 x_1，y_1，$\cdots x_m$，y_m 的有理函数的代数方程的根确定；而且 $v_1,\cdots,v_k$ 是 y 的对应值，其中任意的 v_j 可以被确定为 u_j 和 $x_1,y_1,\cdots,x_m,y_m$ 的有理函数。 502

这样，通过 $(x_1,y_1),\cdots,(x_m, y_m)$ 确定的 $(u_1,v_1),\cdots,(u_k,v_k)$ 的关系在整个积分上有效；这些关系由左侧 m 个积分中任意规定的积分下限确定了右侧 k 个积分的下限，k 既不取决于 m，也不取决于 $R(x,y)$ 的形式。一般来说，k 也不取决于 $(x_1, y_1),\cdots,(x_m, y_m)$ 的值，而是仅仅取决于方程 $f(x,y)=0$，这一方程确定了作为 x 的代数函数的 y。

以上就是用有些类似其原来形式的方式对阿贝尔定理的一个粗略总结。更完整的陈述可以告诉我们，通过 x_i,y_i 确定 u_j,v_j 的方程是如何建立的。在这一列举性质的叙述中我们只能提及，阿贝尔的首创理论暗示了代数函数和20世纪数学的三叉戟形发展。

这种出现在阿贝尔理论中的方程被称为与 $f(x,y)=0$ 结合的阿贝尔积分。阿贝尔积分是发展代数函数的超越方法的基础。在阿贝尔之后极为广泛地探讨了这一方法(1859年)的人是黎曼，他的理论与第二个理论，或者说代数几何理论有共通点。通过基本方程 $f(x,y)=0$ 的提示，人们可以预期这样的共通点，这一方程定义了 x,y 平面上的一条代数曲线；当这一方程写成 $x_0y^n+x_1y^{n-1}+\cdots+x_n=0$ 的形式时，也将 y 表示为 x 的一个多值函数。由此人们或许可以预期，相互结合的黎曼面与代数曲线将以某种方式相互反映对方的性质。在大致说明这两项曲线与曲面相关的基础之前，我们特地提及代数函数理论中的第三个经典方法，这一方法又是由基本方程 $f(x,y)=0$ 所暗示的。在阿贝尔定理中出现的诸如 $R(x,y)$ 一类的 x 与 y 的有理函数全体，构成了一个专业意义上的抽象代数域，而这一特殊域是由 $f(x,y)=0$ 定义的。这就暗示了代数域的方法和理想的数论技巧可以推广到阿贝尔积分的被积函数中。这一想法得到发展之后就可以产生第三种理论，即代数函数的数 503

论理论。这一多面理论转向分析、代数几何以及 19 世纪的数论寻求启示，并转而在它下属的每一个分领域中提出了许多难题作为回报。

最后，作为椭圆积分加法定理的普遍化，源自阿贝尔 1826 年工作的阿贝尔积分理论让雅可比受到了启发，让他想到了一个普遍化了的逆问题；这一问题与从椭圆积分导致椭圆函数的问题有异曲同工之妙。这并不是一次轻而易举的推广。1832 年至 1834 年间，雅可比似有神助的解决方案——实际上是他在试图得到正确解决方法而未果之后，猜到了这一方法——得出了在最简单情况下的问题的解决方法，这通常被认为是 19 世纪分析最光辉的成就之一。我们可以简要说明这一方法的本质，叙述如下。

特殊的阿贝尔方程的和(其中 $R(x)$ 是一个六次多项式)

$$\int^{x_1}\frac{\mathrm{d}x}{\sqrt{R(x)}}+\int^{x_2}\frac{\mathrm{d}x}{\sqrt{R(x)}},\quad \int^{x_1}\frac{x\,\mathrm{d}x}{\sqrt{R(x)}}+\int^{x_2}\frac{x\,\mathrm{d}x}{\sqrt{R(x)}}$$

是积分上限 x_1 和 x_2 的函数，不妨在此称之为 s_1 与 s_2。雅可比发现，对称函数 x_1+x_2 和 x_1x_2 是 s_1 与 s_2 的单值四重周期函数。它们与取自椭圆积分反函数的双周期函数之间存在部分的相似性；这让雅可比想到，或许可以用椭圆 θ 函数的一个合适的普遍化方式来表示新函数。他领悟到，这些函数将以 $\sum\sum \mathrm{e}^{am^2+2bmn+cn^2+2mu+2nv}$ 的形式出现，其中双重求和号 $\sum\sum$ 对所有整数 $m,n\geqslant 0$ 有效；a,b,c 取决于周期；u,v 是 s_1 与 s_2 的线性函数。1851 年，J. G. 罗森海恩证明了雅可比的猜想是正确的。随着这一证明以及早些时候(1847 年) A. 格佩尔(1812—1847 年，德国人)的研究，带有 p 个变量的 $2p$ 重周期[53]函数的丰富理论开始了。在 $p=2$ 情况下的开创性工作之后，黎曼在 1857 年引进了对应于任意 p 的函数，但他所用的 θ 函数并不是可能情况下普遍化最高的。θ 函数一般理论的发展是魏尔斯特拉斯毕生工作计划的一部分，这一工作主要是由他本人[54]和他的学生在 19 世纪后半叶开展的。

504　我们还应该通过基本方程 $f(x,y)=0$ 和与之结合的黎曼面，说明代数函数与几何之间的关联。其中起重要作用的双有理变换概念产生了19 世纪和 20 世纪几何的最广泛的分支之一。最早在公元前 2 世纪的阿波罗尼奥斯的一项工作计划中有所暗示之后，双有理变换一直冬眠到了 1824 年，才由施泰纳和后来的其他人把人称反演的特殊方法应用到了综合几何上。[55]但是直到

1863 年，意大利几何学家 L. 克雷莫纳（1830—1903 年）开始系统研究一种特殊类的双有理变换（自此以克雷莫纳命名），才出现了对其一般理论的探讨。这些变换定义如下。

x-y 平面可以变换成为它本身：对于每一点(x, y)都有一个对应点(x', y')，其中 x'，y'是 x，y 的有理函数，反之亦然；但是它们中间可能存在一些例外的奇异点。例如，变换 $x'=x$，$y'=x/y$ 及其逆变换 $x=x'$，$y=x'/y'$ 在(x, y)和(x', y')之间建立了一个除坐标轴上各点之外的一一对应。这种在整个平面上的双有理变换——还有其中可能的例外——被称为克雷莫纳变换。用 C 代表一条其方程在 x，y 坐标系中的代数曲线，类似地有 x'，y'和 C'。

显然，在克雷莫纳变换下 C，C'逐点双有理对应。但是 C，C'也可能通过一个并不延伸到整个平面的双有理变换逐点对应。在这种情况下我们说，这是一个曲线对曲线的变换，我们以 $C \sim C'$标记。显然，这个“等价”符号“$\sim$”，是以代数和数论关系描述抽象等价关系的一个例子。因此，按照$\sim$关系，代数平面曲线分为不同的类。我们称在某一类中的所有曲线具有同样的亏格。亏格是一个非负整数 p，我们很快就要描述它。

在继续叙述这些考虑之前，我们说一下为什么人们可以预期代数函数理论的相关性，并阐述有些人更愿意通过数论途径探讨代数几何的一个原因。[55]

代数函数理论的核心思想是通过一个代数曲线 C 的方程定义无理性。特别在阿贝尔定理中是这样叙述的：在某一和式中，阿贝尔积分的数目 k 与作为被积函数的 x 和 y 的有理函数 $R(x, y)$的形式无关，此处 $f(x, y)=0$ 是 C 的方程。这就暗示，当 C 被 C'取代时，这一理论并不会在根本上有所改变，此处 $C \sim C'$。因此我们应该从具有同一亏格的所有曲线中选择几何上“最简单”的那一条。

505

很明显，一条仅有结点作为其奇异点的代数曲线比一条带有高阶奇异点的曲线更简单。但是一项显然是由克罗内克[56]在 1858 年发现的基本定理告诉我们：一条不可约的代数曲线 C 可以通过双有理方式变换为另一条代数曲线 C'，C'除了具有不同切线的二重点之外没有别的奇异点。对这一定理的证明直到 20 世纪 40 年代仍让代数几何学家忙碌不休。M. 诺特 1871 年的伴随定理指出，任何不可约的代数曲线都可以通过一个克雷莫纳变换，转换成另一条只以不同切线的多重点作为奇异点的代数曲线。代数函数中的数论方法可以在不使用有些麻烦的减少奇异点的方法而得到实施。但是几何学家自然更愿意运用他们的空间直觉。[55]单单是几何学的词汇就提议了许多不同的探讨方式。

在这里只能概括地说明代数曲线 $f(x,y)=0$ 与相应的黎曼面的关系。这一关系考虑的是曲线的亏格 p 与表面的联系。

简单连通(或单连通)的表面我们已经叙述过了。[28]若对表面做一次横跨边界的切割就可以造成一个单连通表面,则称这一表面为双连通的。例如,以两个同心圆为边界的平面表面就是双连通的。若一次横跨边界的切割能够给出一个双连通表面,则称这一表面是三连通的,依此类推。可以在一个没有边缘的表面上打一个小孔而为它提供一个边缘,第一次横跨表面的切割就从这个孔开始。因此一个带孔的球面是单连通的,一个带孔的环面是三连通的。可以假定,一个黎曼面是在必要情况下经过适当穿孔的表面。

经过 $2p$ 次适当定义的切割,可以让对应于一个带有亏格 p 的曲线 C 的黎曼面成为单连通的。如同在代数平面曲线理论中所描述的那样,C 的亏格是一个整数,是 C 中实有双点数量少于普吕克方程给出的最大可能数量的数字。

506 若 $p=1$,则对应的阿贝尔积分 $\int R(x,y)\mathrm{d}x$ 是椭圆积分。若 $p=2$,则称这一积分为超椭圆积分;它们导致了带有两个变量的四重周期函数。关于这种特殊形式的积分本身的文献数量极大。一般来说,每一条代数曲线都有一个与之对应的黎曼面,这一黎曼面对于全部具有同样亏格的曲线都适用;反过来说,每一个黎曼面都有一个与之对应的曲线类,这个类中的全部曲线都有同一亏格。一个亏格为 p 的曲面依赖于 $3p-3$ 个常数,这些常数的每一组数值都有一个或无穷多个代数曲线类与之对应。

我们已经描述足够多的内容来展现代数函数理论了——在 19 世纪赋予数学生命力的时代精神中,它是一个杰出例子。这一理论展现了许多普遍化的例子。例如,圆函数和双曲函数都只不过是椭圆函数的特例,而椭圆函数本身也只不过是代数函数及其积分的理论中的一个实例而已。关于代数曲线、

曲面和 n 维流形的理论也有与它们对应的普遍化，我们将在这里叙述其中之一。

将一条曲线（一维流形）单值化的问题，是要找到合适参数 t 的单值函数 $g(t)$，$h(t)$，从而使曲线上任意一点的坐标 (x, y) 都可以用 $x=g(t)$，$y=h(t)$ 来表示。通过 $x=\sin t$，$y=\cos t$，圆 $x^2+y^2=1$ 实现了单值化；没有双点的三次曲线通过椭圆函数实现了单值化；带有 16 个结点（可能条件下的最大值）的四次曲面（二维流形）通过双曲 θ 函数实现了单值化。因此，单值化似乎是对代数函数理论的自然发展。庞加莱利用他在 1881 年至 1884 年间创建的自守函数方法，对任意代数曲线 $f(x, y)=0$ 进行了单值化，这是 19 世纪分析最令人震惊的进步之一。

19 世纪 80 年代，自守函数[57]迅速发展，成为分析的一个独立分支；对这一发展，群论、单复变函数、微分方程、二次型和非欧几何都在不同阶段做出了贡献。在庞加莱之后，这一新领域最活跃的探索者之一是克莱因，由于拥有几个互相联系的主题的广泛知识，他能够运用自己的黎曼直觉，创造出一个统一理论，在一本 1 296 页的 8 开书中详细阐述[58]；在这一理论中，群论扮演了支配性的角色。正是这一类的综合工作，导致 19 世纪的热情人士预言一切值得记忆的数学最终都将由群论组成。他们这次似乎错得离谱。 507

自守函数的特征性质对周期性进行了普遍化。其中有几种普遍化是可以想象的；与本书有关系的是，当普遍化表示在复数平面 z 上时，就是表现在圆函数（单周期函数）上的周期性的最简单扩展。例如，对所有整数 n 来说，$\sin(z+2n\pi)=\sin z$。而且，若 $E(z)$ 是一个具有周期 p_1，p_2 的椭圆函数，即

$$E(z+np_1)=E(z+np_2)=E(z),$$

则上式可以这样表示：$E(z)$ 的值在平移群 $z \to z+n_1p_1+n_2p_2$ 下不变，此处 n_1，n_2 的定义域是全体整数。这个群是由迭代 $z \to z+p_1$，$z \to z+p_2$ 和它们的逆 $z \to z-p_1$，$z \to z-p_2$ 产生的。但这些只是变换 $z \to (az+b)/(cz+d)$（其中 $ad-bc \neq 0$）的几乎微不足道的特例。通过这样的变换可以产生不同范畴的线性群。这些群中的某些[59]与特殊种类的自守函数 $f(z)$ 相关；这样命名是因为在有关的群内，若 z 被任何 $(az+b)/(cz+d)$ 取代，$f(z)$ 的值保持不变。我们只引录一个有关自守函数的定理：属于同一群内非常普遍类型的两个自守函

数可以由一个代数方程连通。

具有上述最后提到的性质的函数中，最早的例子是埃尔米特在 1858 年发现的椭圆模函数。其定义的单值函数 $F(z)$ 可以使 $F(z)$ 和 $F\left(\frac{rz+s}{tz+u}\right)$（其中 r, s, t, u 是整数，$ru-ts=1$）通过一个代数方程连通。这些模函数也产生了一个庞大的理论，有许多人发展它，其中包括埃尔米特、戴德金、H. 韦伯和克莱因。到了 1890 年，这一专门理论有了重大的发展，甚至克莱因也需要用 1 488 页的大版纸来详细解释它在那个时代的主要特点。它的应用包括一些在数论上的高度专业化的内容。但是模函数和自守函数在科学上都没有什么值得一提的应用。多周期函数和带有不止一个变量的 θ 函数的情况似乎也是如此。508 除了一些带有两个变量的函数对于流体力学的相当学院式的应用以外，好像就没有什么了。但是，应用上的匮乏也许只不过反映了如下事实：没有几个科学家抽得出几个月的时间来消化这本大部头的分析著作，即便是专业数学家读起这种书也会觉得倒胃口。

作为补偿，模函数对于 1879 年的皮卡定理[60]有最初的启发作用，人们通常认为这一定理是分析中定性部分最精细的工作之一：在一个独立的基本奇异点的邻域上，一个单值函数除了一个例外以外（通常为无穷大），将取得每一个数值。兰道以同样水准的思路将皮卡的另一个定理普遍化；他在 1904 年证明了，若 a_0 是任意数字，而 a_1 是任意非零数字，则必有一个只依赖于 a_0，a_1 的数字 $N=N(a_0, a_1)$，使在圆 $|z| \leqslant N$ 上正则的函数

$$f(z)=a_0+a_1z+a_1z^2+\cdots$$

在这一圆中取得 0 或者 1 的一个值。自从魏尔斯特拉斯时代以来，在许多有关单复变函数一般表现的“定性”定理中，我们必须参考 1929 年的兰道论文[61]。兰道本人就是 20 世纪最熟练的分析学家之一，可是他不得不承认：“有关这些问题有大量文献；个别专题论文相当长，以致人们在选择最优美的结果和重新进行有关证明时感到十分困难。”来自如此一位大师的坦率声明，或许适用于近代数学的所有部分。

在系数为自变量的代数函数的齐次线性微分方程理论中，自守函数也对纯数学的发展有贡献。显然，代数函数及其积分的理论只不过是其中的一个

特例。黎曼受超几何级数理论的启发研究了微分方程，并开创了这一理论。这一理论后来由 L. 富克斯(1833—1902 年，德国人)及其学生详细地阐述；不过只是在庞加莱发明了自守函数之后，这项较早期的工作的意义才全部展现出来。庞加莱证明了，正如椭圆函数和阿贝尔方程足以对代数微分求积一样，自守函数对带有代数系数的线性微分方程求积也有同样的作用。

509

作为这一概述的总结，我们在此简单叙述另一个修正周期性的工作。H. 玻尔[62](Bohr，丹麦人)在 1923 年的研究方向与我们迄今叙述过的任何方法都有本质不同，他的理论研究了带有实变量的殆周期函数 $f(x)$。这样的函数是由这种性质定义的：对每一个 $\varepsilon>0$，必有一个长度 $L\equiv L(\varepsilon)$，使每一个区间$(\alpha,\alpha+L)$中至少包含一个使所有 x 都满足不等式 $|f(x+\tau)-f(x)|<\varepsilon$ 的数字 $\tau\equiv\tau(f,\varepsilon)$。由此产生的理论是对傅里叶分析的一个普遍化。它在狄利克雷级数中有应用，并显示有望在科学上获得应用。在这一课题诞生的最初 9 年里，它的规模变得相当大，以至于需要用单独的专著[63]才能充分地阐述。

追求统一

为了让前面说到的代数方程和自守方程的简介准确或者恰如其分，我们需要进行许多扩充和修正工作。但是尽管现在不算恰当，它还是说明了 19 世纪的主要数学家的丰富想象力是多么令人惊异。他们的发明能力似乎没有受到限制。直至 1900 年，共有多达 120 人紧紧追随这些领袖人物，对这一课题做出了意义足够重大的贡献，因而被收录进一篇有关阿贝尔函数的标准专题论文中，而这远未囊括写出相关著作的所有人物。在这一年，或许有同样多的代数几何学家，也或多或少地进一步发展了代数函数的理论。

除了那些已经叙述过的人物之外，对此有贡献的最活跃的人有 18 世纪 60 年代的克莱布什、P. 哥尔丹和 G. 洛赫(Roch)，19 世纪 70 年代的 A. 布里尔(Brill)和 M. 诺特，从 19 世纪 80 年代开始的克莱因。这些人全部都是德国人，而且没有一个走的是数论方法的途径。洛赫有关代数函数任意常数数目的专题论文(1865 年)让他的名字与黎曼的名字结合，命名了一个著名的定理;这是整个课题的基本结果之一。另一个值得注意的贡献者是J. 吕洛特(Lüroth,1844—1910年,德国人),他由于1871年在黎曼曲面上的拓扑研究而被人铭记。19世纪80年代见证了当时两位法国分析学带头人庞加莱和E. 皮卡的脚步,他们踏入了一个似乎能够吸收任何数量天才的领域。继承了克雷莫纳传统的意大利数学家也开始将代数几何几乎变成了一个国家的消510遣。读者可以参考F. 塞韦里在1921年和1926年的专题论文,来评判他们的努力程度;塞韦里在20世纪初期只是一个非常年轻的、刚刚把新生活投入到代数几何学领域的数学家。数论方法并没有遭受缺乏最高水平的天才的困扰——1862年的克罗内克、1875年至1876年间的魏尔斯特拉斯在分析函数方面的应用、1882年的戴德金和H. 韦伯、1902年的K. 亨泽尔和G. 兰茨贝格(Landsberg,1865—1912年,德国人)、1906年的J. C. 菲尔兹(Fields,1863—1936年,加拿大人)、1919年的艾米·诺特,这些人中的大多数或者他们的追随者,都在19世纪60年代到20世纪30年代继续发展这一方法。

上述那些从一个范围极其广泛的目录中选取的著名名字足以说明,到了1926年,从120年前阿贝尔的最初发现发展而来的这些课题,看起来已经具有一种错综复杂的关系,它很快就成了一个数学新手的噩梦。一个新手在希望找到一点新的重要东西之前,如果必须精通这些复杂的具体分析的大杂烩,那么,他在一个更新的名单中发现自己名字的前景就确实黑暗一片。这几种方法的每一种的带头专家还在倾泻着新的可能有深刻意义的定理,但是其他带头人也许需要花大力气才能弄明白这些东西。

中断自己的研究去了解别人的研究这种科学上的乐趣,大多数专家会让自己的助手去享受。这就造成了人们使用的语言数目与谈话者数目的平方成正比增加的现象,其混乱甚至到了这样一种程度,只有越来越狭小的有限的专家小集团才真正明白他们秘传的词汇。

一个摆脱这种难以容忍的混乱的可行方法是直截了当地放弃它,然后去发展其他的东西。这种情况,似乎自1900年之后不久,便在代数函数和它们的积分理论上发生了。那些更富创新精神的年轻分析学家,大部分都在可能不那么荆棘丛生的新领域开辟了新的道路。这不是说1900年以后人们就摒弃了代数函数;因为当人们开始感觉到20世纪代数和数论的冲击之时,出现了关于这一课题的大量研究，特别是大约 1920 年以后。但是这些较新的工作[64]的性质与 19 世纪那些经典工作的性质有显著差异。其一，它们具有更新的严格标准；其二，它们更具普遍性。

在代数函数上发生的事情也并不例外，而且我们无意将它们作为唯一说明数学繁殖力的可怕例子而公开批判。它们只是表现了 19 世纪数学发展的一个典型产物而已。一个又一个特殊分支分化为新的、更狭窄的特殊分支，而这些特殊分支又随之膨胀，再次分化，如此等等，显然并不存在任何约束的原则控制它们的生长。

511

几位数学家带头人意识到了需要有某种控制，他们中最活跃的是克莱因。在 19 世纪的最后 20 年里，克莱因的名字是非常重要、非常著名的，特别是在德国和美国。[65]在美国的许多大学里，担任数学系主任职务的是那些在 19 世纪 80 年代和 90 年代前往国外师从克莱因的人。而在他自己的国家里，整整一代德国理论工程师和工程科学家对克莱因满怀感激之情，因为正是克莱因的努力让高等数学成了对他们有用的学科。

在纯数学方面，克莱因身上的热情与强大的人格魅力实际上对他的所有学生造成了改变一生的影响。迄今为止我们还无法界定大师级的指导与宣传之间的准确界限。作为有史以来最富说服力的数学教学大师之一，克莱因像呼吸一般轻松地让他的追随者相信，他本人的药方将拨乱反正，最终统一所有或者几乎所有的数学。在与 1893 年世界博览会共同召开的芝加哥数学家大会上，克莱因发表了引人注目的演讲，抹去了最有批判精神的人心头的最后一团疑云。但是如果从历史的角度看，这种大规模的思想转变就没有那么神乎其神了。

克莱因拥有无与伦比的组织和领导天才与广博的数学知识，这些在他从业之初几乎就都奉献给了反对他所认为的危险——特殊化——的神圣战争。他或者将至少统一一部分特殊分支，或者将为这一事业而殉身。他的魔法是群论；在半个世纪中，群论在某种程度上获得了成功。然而经验表明，他这样做或许无异于企图击退大西洋上正在涌起的潮头。克莱因最成功的行动，是在 1872 年统一了那个时代的几何，而就像我们看到的那样，事实证明这种统一对 20 世纪的几何是不合适的。

即使在19世纪的欧洲，也只有少数克莱因的同代人愿意认同他那种奇异的个人方法。克莱因的数学要求一个人在一定时间里掌握太多事物的太多知识，而且还经常预先假定学习者掌握一种超出大多数数学家能力的空间语言。年迈的大师试图把多种事物描绘为一个单独整体的多个方面，而在新旧世纪交替之际，更有批判性的年轻一代只看到了混乱和精确性的缺失。克莱因本人有力地促进了他努力统一的学科的发展，他的直觉在同辈中几乎一时无两(庞加莱的直觉紧追其后，与他旗鼓相当)。缺乏这些优势的后来人发现，克莱因的著作几乎无法阅读，故而将时间和精力用在了不那么光彩四射但更经济的方法上。随着20世纪初期抽象方法的发展，这位19世纪90年代的带头人发现自己远远地落在了时代潮流的后面。当然，历史也许会证明，潮流是另一种方式的滞后，而克莱因要比他迟钝的同代人先进好几代。

作为由大师级领袖统领的数学“学派”的有力提倡者，克莱因(1849—1925年)比自己大部分活跃的门徒多活了10年或更长时间。精力十足的年轻自我型学者忙碌地寻求更微妙的统一，发明了许多统一模式，它们与19世纪后期尝试的综合没有什么相似之处。克莱因主义复活的唯一前景，是出现一个与克莱因同样具有奇特天分的印象主义者的新学派，并把他的数学概念当成一种直觉的艺术，而不是一种精确科学。与此同时，数学将与西方文明的其他一些活动一样，继续进行殊死斗争，避免被自己的丰富多彩窒息。

与直觉分手

从直觉思维向非直觉思维的突然转变，把20世纪数学的很大一部分与19世纪的数学区分开来，这个变化在我们经常提到的几何学特别是代数几何学中表现得非常明显。根据总结者本人的偏好，这方面的工作可能归功于几何学，或者抽象代数，或者从大约1916年起发展起来的、代数函数领域的理想与多项式理想，或者部分归功于拓扑学。如果归功于几何学，就要求人们对当代代数知识有更深的了解——远远超出在19世纪类似情况下已经足够的那种程度。这也要求人们熟悉自大约1920年由戴德金的代数数理论进化而来的普通数论，熟悉自大约1913年开始发展起来的亨泽尔的p进数理论，包括它在赋值理论上的分支。所有这些必需的背景材料都可以很容易地从标准的专题论文中获取,但是真正掌握它们则需要天生具有突出的抽象才能。

如果这种对抽象几何的代数-数论研究方法成为热门,当代和近代几何学家认为属于他们课题的词汇的专业术语,几乎不太会出现在未来的高等几何课本上。几何的隐喻会像过去一样生动,但是会由一种不同的语言描绘。它们不一定具有旧语言努力要表达的含义,因为旧语言中至少有一些其实并无多少意义——即使勉强算有的话。如同我们从遥远的过去一路走来时经常看到的,不管是旧语言说出了最后一句话,还是新语言试图传达的内容与今后的半代数学家完全一致,或者让他们稍微有些兴趣,这些都没有什么含意。但是只要尖锐的证明方法继续纠正前期工作中的疏忽,取得更丰富的发现(哪怕是最具洞察力的直觉也会混淆可以证明的与不可证明的),那么对代数-数论方法的勤勉分析无疑会继续存在。对于某些人来说,这可能不像受到神示的预测那么令人神往;但对另外一些人来说,这却具有步行者的优点,即很少发生只有小部分正确的情况。

如何约化一个代数曲面(或者一般地说,一个代数簇)上的奇异点,这个问题由代数-数论方法改造过。1897 年,意大利几何学家 C. 塞格雷(1863—1924 年)创造了一种有关代数曲面上奇异点的几何理论,他的研究和授课强烈影响了意大利几何学派。该学派成员 B. 莱维(Levi,1875—1961)在 1899 年证明,G. 科布(Kobb)1892 年对如下定理的尝试证明是无效的:一个代数曲面上一个奇异点周围的完全邻域可以用有限个带两个参数的整幂函数级数表示。1901 年,一位不那么知名的美国分析学家 C. W. 布莱克(Black)首先做出了该定理的一个有效证明,这项发表在数学家很少参阅的一份期刊上的研究实际上被忽视了。

对 S_3(三维空间)的约化问题与前文提到的代数曲线约化问题可以类比。曲线的主要定理指出,一个代数曲线总可以通过双有理变换,成为 S_3 中的一个无奇异点的曲线,并进而通过射影成为一个仅以二重点作为奇异点的平面曲线。类似地,每一个代数曲面都可以通过双有理变换成为 S_5 中的一个曲面,其中仅含普通奇异点,即一个节点曲线,在这一曲线上只有有限数目的普通歧点和曲面的三重切点;它们同时也是这一曲面的三重切点与三切面重点。 514

进一步细节读者可参看 O. 扎里斯基(Zariski，1899—1986 年，波兰，美国)1934 年的《代数曲面》。塞韦里 1914 年用多少有些传统的代数几何方法证明的尝试让人印象最深刻，但是 1934 年扎里斯基指出该证明在一个关键点上站不住脚。这里显然需要有更准确更可靠的方法。

除了其他起源以外，这一代数-数论方法发源于两条主线：1880 年由戴德金和 H. 韦伯开创的单变量代数函数的数论理论；大约自 1920 年起由 A. E. 诺特和她的学生及追随者发展的现代抽象代数。1907 年，德国数学家 K. 亨泽尔(1861—1941 年)和 G. 兰茨贝格在 1907 年重写了戴德金-韦伯理论；前者的成果又在 1908 年由 H. W. E. 荣格(Jung，德国)继续推广到了两个自变量的函数上。这一理论的某些基本元素(特别是除数的)在 1929 年由 B. L. 范德瓦尔登(van der Waerden，荷兰，德国)推广到了 n 个自变量的函数上。只有当理想的理论在诺特传统中得到广泛发展之后，最后一项工作的数论处理才成为可能。按照本书一贯的原则，我们无意在此列举这一具有丰富想象力的领域的所有耕耘者，或者逐一记录他们多产工作的丰硕成果。

在认真检查了代数曲面的文献之后，扎里斯基确认 1942 年并不存在对应双有理的一般理论。在陈述了这一判断之后，扎里斯基继续写道：

> 这个断言听起来似乎很鲁莽，这种批评可能过于严厉，特别是当人们想到双有理变换在代数几何中应当有重要作用的时候。尽管如此，我们的结论完全符合事实。……确实，对于一个代数簇进行双有理变换时发生的或者可能会发生的事情，几何学家有很清楚的直觉认识；但是他们唯一确定的是在一千零一种特例中发生的事情。所有这些特例(包括所有克雷莫纳变换)其实都可以约化成一种特殊却非常重要的情况，在这种情况下，人们考虑的簇是非奇异的(也就是说是不含奇异点的)。一个人可以给出许多理由说明不适宜发展任何只包括非奇异簇的理论……如果存在这样一个证明，发展代数簇的理论就还是可取的，尽量不把自己限制在非奇异射影模型上。对于从数论的角度出发的工作，这当然是一个正确的项目。……我自己在付出了一些代价之后意识到，事实证明我们必须知道比现在[1942 年]已知的多得多的有关双有理对应的事实，然后才有可能尝试开展解决高阶簇奇异点问题的工作。对于这样一种尝试，一个

515

有关双有理对应的一般理论是必要的。

同年(1942 年),扎里斯基大幅简化了他 1939 年对这一定理的数论式证明:在特征零基域之上的一个代数曲面可以通过双有理变换变为一个没有奇异点的曲面。1944 年他发表了减少代数曲面上的奇异点的详细报告。

减少一个代数曲面奇异点这个问题有多著名,它就有多复杂。它的成功解决恰当地证明了数学中非直觉推理的力量。这并不是说直觉从这样的推理中消失了,它只是从它过去占据的位置上下降了一些。与20 世纪 30 年代到 40 年代代数几何中运用的直觉相比,在 20 世纪前 20 年的几何学家看来足够的直觉就显得相当幼稚了。在微分几何中,直觉没有那么明显,除非把想象力也算作直觉的一种形式;几十年的严格分析在相当程度上影响了几何的那个分支的发展。

516

第二十二章　通过物理走向普遍分析和抽象性

当一项科学理论的核心概念以数学形式写下的时候，它就为数学的发展做出了它的主要贡献。只有当需要新的方法来解决它的特殊问题时，数学才对这一理论有进一步的兴趣。通常，精确科学中的重大发展至少要求计算上的改进，这就间接地导致了数学本身的进展。于是，我们看到18世纪动力学启发了变分法，并直接通向20世纪的普遍分析。这个发展过程中的一个重要插曲是18世纪关于任意函数意义的争论。我们将首先考虑这一问题。

任意函数

弦振动的问题使数学家第一次怀疑自己是否已经理解了数学分析中的函数究竟是什么。以泰勒级数成名的泰勒最早在1713年讨论了弦的问题。他给出了利用三角函数解决这一问题的线索。约翰·伯努利在1727年把这个问题转化成了一个差分方程。这些从实际的角度看来，可能只是对事实的粗略近似。丹尼尔·伯努利凭借自己作为一个大胆的数学物理学家的典型做法，忽略了所有涉及极限的微妙之处，用一个二阶偏微分方程代替了差分方程。顺带一提，他在1753年强调了从那时起被定名的叠加原理在物理和数学上的重要意义。我们将在后面讨论这一点，这是数学物理有史以来向前跨出的最大步伐之一。

517

在进行了适当的物理假设以后，固定端点并在一个平面内振动的弦的运动方程是一维波动方程$\frac{\partial^2 y}{\partial x^2}=\frac{1}{c^2}\ \frac{\partial^2 y}{\partial t^2}$,此处 c 是一个常数。达朗贝尔和欧拉在 1747 年得到了形如 $y=f(x+ct)+g(x-ct)$的解,其中 f 和g 是“任意函数”。丹尼尔·伯努利的解是通过一个现在以傅里叶命名的正弦函数级数表示的。同一个“自然”问题的两个数学解之间这一无法调和的矛盾,造成了一场持续 20 年的争论。

伯努利声称,他的解中必定隐含了欧拉和达朗贝尔的解。欧拉在 1753 年反驳道,如果那是真的,那么必定可以把一个“任意函数”展开成正弦函数。[1] 但那是自相矛盾的:并不是每一个函数都像欧拉暗示的那样是奇周期函数。

1759 年,拉格朗日在他有关声的传播与本质的重大专题论文中几乎解决了这一悖论。他把物质弦视为等质量质点等距分布在无重量弦上的有限集合的极限情况。通过无限增加质点的数量,他通过有限情况下的差分方程组的极限形式,得到了物质弦偏微分方程。由于他使用了三角插值法,他几乎得到了今天用傅里叶分析将会得到的解。通过假定弦的一个“任意”的初始位移以及有限情况下的一个“任意”的初始速度,拉格朗日得到了连续物质弦的三角级数解。只要向前多走一小步,他就会隔离出这一展开式的傅里叶系数。然而他的数学良知禁止他在进一步研究之前交换算符 $\int_0^1$ 与 $\sum_1^\infty$,因而错失了为傅里叶分析做出前期工作的良机。如果拉格朗日的目标不仅仅是调和伯努利和欧拉的解,他很可能比傅里叶领先一步——如果他的良知允许的话。

拉格朗日未能做出这一主要发现这个事实是一个典型的例子,说明有资格的评判人员[2] 在历史研究中禁不住用后人的眼光看待过去,找出并不存在的隐秘动机。大约 50 年后,傅里叶迈出了关键的最后一步,这时拉格朗日表达了反对意见。作为由他本人、勒让德和拉普拉斯组成的评审委员会中的一员,他指出,傅里叶投给巴黎科学院的有关热传导的专题论文缺少证明。如果傅里叶是在竞争一份数学奖项,他就是搞错了竞争的本质。如果给定条件足够宽松,足以涵盖给出经验上正确结果的未经证实的算法,那么这个评审委员会可能是过分挑剔了。无论如何,拒绝傅里叶的论文被宣传成了科学院院士的愚钝和数学家竞争者的狭隘嫉妒的可悲事例。从 1807 年开始的傅里叶级数的历史表明,在这个例子中,院士们清楚事情的原委,并采取了相应的行动。

518

拉格朗日的三角函数解法并没有完全消除欧拉对"任意函数"的分析表达的全部疑虑,在欧拉普遍性的分析观点来看,这种表达是十分奇特的。欧拉本人在 1754 年遇到了傅里叶系数,并没有排斥它们,可能是因为它们与天体力学中的天体一起出现。后来,他在 1777 年和 1793 年通过正常过程得到了这些系数。但是,最后还是傅里叶从 1807 年开始直到他在 1822 年的热传导解析理论的论文中,才得到了"任意"函数的三角函数级数表达,他的成果在当时即使没有被普遍认可,至少得到了认真考虑。

我们在前面一章提及了傅里叶分析对严格的发展的影响。这里的兴趣点,是作为走向现代抽象分析的早期步骤的所谓任意函数的出现。这种函数在欧拉传统中起初不被认为是某种方法的体现,却摇身一变有了一个确定的数学表达。无论是函数概念,还是分析本身的潜力,都因此得到了巨大的扩展。

与固定端点的振动弦相关的边值问题由此成为许多现代经典分析的起源。其他物理问题同样是纯数学的多产起源。下面我们将陈述一个典型的重要例子,说明弹性力学(连续介质力学的一个分支)的数学理论产生的主要步骤。这里要指出的连续性在数学上的贡献,是对普通解析几何的矩形和其他坐标系的推广,以及对应的微分方程所需要的新函数。

519

来自弹性力学的贡献

弹性力学的数学理论的经验基础是从 17 世纪开始的。伽利略对负重梁断裂的观察(发表于 1638 年)和胡克(Hooke)1678 年有关弹簧弹力的观察,提供了可以进行数学公式化的物理假说。我们注意到,胡克进行的实验与航海中使用的精密计时器相关,是有经济根源的。詹姆斯·伯努利先后在 1694 年和 1705 年对弹性薄片的挠度进行了数学讨论,由此得到了一种人称弹性线的超越曲线,后来人们把它作为椭圆函数的一种应用加以研究。在 1741 年至 1751 年的 10 年间,丹尼尔·伯努利研究了一端固定的固体棒的振动,由此得到了一个四阶微分方程;这一结果预示了纳维(Navier)的一般方程在 70 年后的出现。这些早期工作经常要借助可信的物理假说和实验来引出事实。但是在欧拉的一些纯数学研究中没有这种情况。

欧拉永远是一个大胆的演算家。他有时过分相信自己的公式，甚至当它们给出了荒谬的结果时也不受干扰。尽管如此，他的努力仍然标志着弹性力学理论在早期发展中又迈出了一大步。1744 年，他用变分法研究了弹性线，并用一种与椭圆积分相关的形式叙述了它的方程。1771 年，他研究了弹性弦和弹性棒的数学。他在 1778 年有关垂直柱挠度的理论中通过偏微分方程得到了贝塞尔系数，并于 1779 年得到了弹性棒横向振动的四阶方程。欧拉在柱体上的工作至今还有实用价值。

与欧拉的工作相比，拉格朗日的工作不那么实用，却具有更高的数学价值。在 1770 年至 1771 年间，他将弯曲弹簧问题约化为对椭圆积分求值；可是他在这里放弃了进一步的努力，因为这一积分"对所有已知解法都不肯就范"。拉格朗日在 1770 年至 1773 年推广了欧拉的工作，讨论了圆锥曲线绕其主轴旋转所产生的柱体。在使用变分法时，他遇到了一个他无法求积的二阶非线性微分方程。 520

到了 1800 年，弹性力学家提出了一些假说，可获得许多特殊问题的部分解，但是在弹性固体的平衡或振动的一般方程方面却没有什么进展。这个早期阶段的贡献是提供了预言性的启示，而非任何实质性的成果，特别是对微分方程、边值问题、弹性函数和变分法而言。对特殊问题进行严格的分析甚至都已经非当时的数学所能及。在 1800 年至 1820 年的许多细节中，我们只择一叙述。S. D. 泊松（1781—1840 年，法国人）在 1818 年利用两个任意函数的无穷积分，解出了 G. A. A. 普拉纳（Plana，1781—1864 年，意大利人）于 1815 年为弹性薄片的振动建立的四阶偏微分方程。他没有讨论收敛性。

在 1820 年至 1830 年的 10 年间，M. H. 纳维（1785—1836 年，法国人）、泊松和柯西基本上完成了现代弹性力学理论。（注意，这三位都是法国数学家。[3] 尽管全世界每一个学习数学物理的学生都熟悉泊松的名字，他却没有从同胞那里获得多少尊重。法国政府出资搜集并出版了柯西和其他几位法国主要数学家的著作，但是泊松的著作依然分散在人们不能随意接触的期刊中。）通常认为，在 1820 年至 1821 年间得到了弹性固体运动与平衡的一般方程的纳维是这一现代理论的奠基人。到了 1812 年，弹性力学做出了它对数学发展的主要贡献。

它后来的历程在各个经典数学物理分支中是典型的。泊松在1827年至1829年、柯西在1830年分别给出了方程以积分形式表示的通解。尽管这些解法在数学上可能是有趣的,可是它们似乎没有引起受务实精神限制的工程师的多少注意。说到进一步的发展,普遍性必须为建立更实用的问题让路。有些问题是应工程学的需要提出的,但在注重实效的数学家看来,大多数问题是弹性力学家给熟练的分析学家提供的、用少许学术现实精心设计的可解的边值问题。

521

今天,如果钢筋混凝土坝上的工程师等着数学弹性力学家提供可靠的应力分析,那座大坝就根本建不起来。比例模型和光弹性实验室可以在几个月里完成数学家一生都不可能完成的工作。而这种现代效率的胜利在很大程度上应该归功于纳维、泊松、柯西等许多人,是他们发展了数学弹性力学和与其紧密联系的波动分析。特别是柯西,他在19世纪40年代详细阐述了光的弹性固体理论,从而为产生光弹性技术的那部分物理做出了贡献。而且,尽管弹性固体理论如同它支持过的光以太一样早就瓦解了,它仍然在应用广泛的数学方法中留下了价值巨大的遗产。这些方法被现代文明的无数企业应用,从防震建筑的设计,到可以将这些建筑变为断壁残垣的远程重炮。

坐标的重要性

除了一个不久就会提到的例外,1830年以后,理论物理学家对弹性力学的进展的兴趣就超过了数学家。这整个学科的经典工作是由B.德·圣维南(de Saint-Venat,1797—1886年,法国人)做出的,他是该理论的一位大师级组织者和推广者,其1855年至1864年关于挠率和挠度的研究尤为突出,他还在1862年具体扩充了德国数学家R. F. A.克莱布什改进的数学处理方法。弗朗茨·诺依曼(Franz Neumann,1798—1895年,德国人)分析了晶体的弹性,G. R.基尔霍夫(1824—1887年,德国人)在某些细节上改进了一般理论。那个具有更高数学价值的例外是G.拉梅(1795—1870年,法国人)的杰出工作,高斯曾赞扬拉梅是那一代人中最出色的法国数学家。

拉梅毕业于巴黎综合理工学院，是土木和铁路工程师。1824年，他与同事B. P. E. 克拉珀龙(Clapeyron)前往俄国担任咨询工程师。铁吊桥问题让拉梅对弹性力学产生了兴趣。从那时开始，他很快就掌握了弹性力学的全部理论，并在弹性力学的数学处理上做出了许多改进。这里只需要提及一部著作——拉梅本人认为他最重要的进展都产生于此：发表于1859年的《曲线坐标及其各种应用》(对于力学、热学与弹性力学)。这部著作总结并推广了拉梅之前关于曲线坐标这一有用发明的全部工作。大部分数学物理教科书的绪论中都有对这些坐标及其物理应用的说明，我们不准备在此多加叙述，只是译出拉梅对它们的科学意义的杰出预测。 522

> 我们只从坐标系的概念出发就能建立一门数学课程，如果有人觉得这很奇怪，我们就应提醒他，正是这些坐标系标志着科学的各个方面和阶段的特征。如果没有发明直角坐标系，代数或许还停留在丢番图和评注他著作的人停驻的地方，我们也不会有微积分和分析力学。不引入球坐标，天体力学绝不可能产生；如果没有椭圆坐标，卓越的数学家就无法解决该理论中的几个重要问题……接着是一般曲线坐标的统治，单凭这些就可以普遍性地探讨所有(数学物理中的)新问题。是的，这个重大的时代将会到来，但会是缓慢的：第一批认识到这些方法的人不再存留于世，并且被完全遗忘——除非某位考古数学家发掘出他们的名字。好吧，只要科学在向前发展，这又如何呢？

正如拉梅希望的那样，科学发展了，不过他的名字不只为古董收藏者所铭记。他关于椭球热传导的早期研究(1839年)，让他获得了适用于与一般椭球有关的物理问题的函数。这些又启发了微分方程和特殊函数上的许多纯数学问题——例如第二种(伪)双周期函数，埃尔米特在1872年根据它求出了以拉梅命名的有重要物理意义的微分方程的积分。

我们在上一章指出，关于一点或一条直线对称的具体应用，其拉普拉斯方程更适宜用球面坐标或柱坐标。我们也评论过，将拉普拉斯方程变换到这些特殊坐标系时，被转变的方程的变量是可分离的，而且，通过这一方法得到的二阶线性常微分方程之一定义了贝塞尔函数。如此推出的每一个常微分方程 523

都定义了一种函数,可用于解决原来未分离的偏微分方程的边值问题。例如,拉普拉斯方程就这样引出了勒让德、拉格朗日、拉普拉斯等人的几种调和函数,这些函数出现在牛顿天体力学中,在19世纪被证明在电学、磁学和其他数学物理分支中是不可或缺的。

但是,这些坐标系以及它们恰当的函数没有一个适用于主轴全不相同的椭球所具有的那种对称。为了解决这个一般问题,拉梅发明了他的共焦二次曲面坐标系,并由此得到了椭球调和函数。我们已经指出,这些函数与(伪)双周期函数紧密相关,并因此产生了纯分析中许多有趣的课题,其应用范围包括数论、航空动力学等各个领域。

拉梅的研究某种程度上导致了两个相当有趣的进一步工作。克莱因[4]和M.博歇[5](1867—1918年,美国人)在1894年证明了,拉梅微分方程(1838年)的直接推广,将经典数学物理中定义贝塞尔、勒让德、马修等人的函数的二阶常微分方程作为特例包括其中。这样就获得了一个统一的处理方式。

第二项工作具有更重大的意义。除了少数人认为以太独特的矛盾有用之外,以太的概念基本被抛弃了,宇宙学中没有一个独一无二的坐标系。高斯坐标提供了必要程度的无关性,这些坐标与拉梅的曲线坐标属于同类。反过来,张量演算提供了最简单的方法,让拉普拉斯方程、弹性力学中的方程和经典物理中的其他方程变换到各种曲线坐标系中。现代物理已经证实,拉梅在坐标重要性上的坚持是正确的。[6]

在详述拉梅的贡献时,我们无意将这些贡献或弹性力学理论说成是导致19世纪数学中令人难忘的新进展的唯一物理根源。不过,拉梅的工作确实是很有代表性的:来自科学的推动力直接导致了现代纯数学领域的扩展,它与科学的从属关系随即就变得不牢固了。

524

走向函数分析

拉梅时代的另一个插曲甚至更有力地表明了从数学物理走向纯数学的趋势:积分方程开始出现了。这带来了在纯分析和应用分析以及几何的发展中头等重要的新进展,因此我们将比较详细地叙述这件事。最终源泉又是物理学的边值问题。

代数上的一个类比提供了探讨历史的一个途径。那些使函数 $f(x)$为零的 x 值被称为$f(x)$的零点。很明显,一个不可约多项式的特征取决于它的零点。1836 年,J. C. F. 斯图姆(Sturm,1803—1855 年,瑞士人)在分析一个不均匀棒上的热的流动时发现,一个二阶常微分方程的解定义了一种函数,其特征是由它们在某一区间上的零点确定的。这种微分方程的一个简单例子是那些其线性无关解是 $\sin nx$,$\cos nx$ 的方程。我们在前面章节中已指出,在物理学的许多边值问题中,都需要用一系列函数展开一个"任意"函数。这些系列函数由某些常微分方程(比如通过选择合适的坐标分离某些线性偏微分方程的变量后出现的常微分方程)的解组成。傅里叶对"任意"函数的三角展开式就是一个说明。斯图姆的发现开创了数学物理的展开问题的新纪元。顺便提一句,斯图姆研究的一个著名副产品是关于代数方程根的分离的定理。斯图姆定理百分之百有效,因而让傅里叶的早期尝试(1796 年)部分地过时了——在某些教科书上这个成果不恰当地与 F. D. 比当(Budan,法国人)联系在一起。

10 年前(1823 年和 1826 年),阿贝尔在一个与斯图姆定理类似的理论中第一次取得了重大进展,他把一些在科学上重要的边值问题统一起来。人们通常把积分方程发展为分析的一个独立分支归功于阿贝尔的解,以及随之而来的对经典等时曲线问题的推广:一个质点从静止开始,从垂直面上的一点 P 受重力作用而运动,在时间 $f(h)$内沿一条连接 P,O 的无摩擦曲线到达最低点 O,此处 h 为 P 高出 O 的高度;求这一曲线的方程。如果$f(h)$是常数,这条曲线是经典的等时曲线,即一条摆线。我们不需要重新建立由阿贝尔发现并解出的这个方程。他的重大功绩在于认识到他的方程的更普遍形式——今天被称为第一类沃尔泰拉积分方程——描述了一个全新的分析问题。一个积分方程是一个其因变量 $u(\equiv u(x)$,x 为自变量)在某个定积分符号内至少出现一次的方程。

525

积分方程在阿贝尔之前就出现了:拉普拉斯在 1782 年求解差分方程与微分方程时遇到过它;傅里叶在 1820 年和 1822 年或许给出了积分方程的第一个解[7],其结果现在被称为傅里叶反演公式。但是在阿贝尔之前,所有分析学家都没有认识到,积分方程代表着一个全新的分析问题。我们不久会讨论这类方程与物理学边值问题之间的联系。

一个一般线性积分方程是

$$f(x)=g(x)u(x)+\lambda\int_a^b K(x,t)u(t)\mathrm{d}t,$$

其中 $K(x,t)$ 称为核，是 x 和 t 的已知函数；$f(x)$ 和 $g(x)$ 是 x 的已知函数；a，b 是 x 的已知函数，包括其中一个或两个都是常数的情况；λ 或者是一个绝对常数，或者是一个参数。要求解出方程，得到作为自变量 x 的函数的 u。人们仔细研究过 4 种应用最广的特例。在第一类沃尔泰拉积分方程（1896 年）中，$g(x)\equiv 0$，$\lambda=1$；在第二类沃尔泰拉积分方程中，$g(x)\equiv 1$；在这两类方程中，$a=0$，$b=x$。弗雷德霍姆（Fredholm）1900 年和 1903 年的第一和第二类方程与沃尔泰拉的两类方程的区别仅仅在于其中的定积分上下限 a，b 都是常数。若上下限中一个或两个都成为无穷，或者如果核在给定区间 $[a,b]$ 上的一个或多个点上无穷，则称这个方程为奇异方程。阿贝尔 1826 年的方程就是属于后一种情况的奇异方程。我们将提到，在所叙述的线性方程中，未知的 u 仅以一次幂形式进入。有关这一情况的推广已经讨论过，

$$u(x)=f(x)+\lambda\int_a^b F[x,t,u(t)]\mathrm{d}t,$$

526　此处 F 是一个已知函数。同样也有向多个变量的推广与相应的多重积分以及向联立积分方程的推广，但在分析及其应用中，单线性方程理论占据着中心地位。

积分方程在 19 世纪 30 年代已由刘维尔注意到，但 1904 年才由希尔伯特第一次详细阐述，其科学意义在于，在许多重要情况下，积分方程在分析的意义上等价于带边界条件的微分方程。在这种情况下，积分方程的解给出了边值问题的解。用积分方程而不用微分方程表述某些物理问题的优点是，对微分方程而言，自变量增加（例如拉普拉斯方程从二维变成三维）会大大增加求解的难度，但是相应的积分形式却没有大的增加[8]。积分方程一次厘清了一般物理问题的所有根本困难[9]，而不必多少有些偶然地把特例所特有的问题孤立出来分别处理。如果完全适用，积分方程理论还提供统一方法，用于构建数学物理的扩展（由斯图姆方法及其发展带来）所需要的函数。

斯图姆引入的函数被称为振动函数，原因不必在此叙述。在斯图姆之后，

刘维尔在1837年得到了一个线性积分方程,并用连续代入(迭代)法解出了这一方程。刘维尔的问题是,如果一个二阶线性微分方程在自变量的给定数值下取得事先设定的值,那么在有解的情况下找出它的解。于是这与斯图姆的振动函数产生了关联,现在习惯上用他们两人命名由此得来的理论。1877年,C.诺依曼将刘维尔求解积分方程的方法——将未知的$u(x)$表示为λ的幂级数,并将其系数表示为x的函数——应用于位势论中的狄利克雷问题。这样得出的解在$|\lambda|<c$时收敛,其中c是一个有限常数。沃尔泰拉(1896年)、庞加莱与其他人(19世纪90年代)也使用了这种方法。

I.弗雷德霍姆(1866—1927年,瑞典人)在1900年取得了决定性的进展并在1903年加以扩充,他将方程的解表示为λ的幂级数的商的形式,其中分母$D(\lambda)$与x无关。分子与分母对一切有限的λ值都是收敛的;如果$D(\lambda)=0$,用这种方法仅在特殊情况下可以得到一个解。此前沃尔泰拉注意到,第二类弗雷德霍姆积分方程可以通过一组线性代数方程的极限形式得到。这一细节的独特意义将在后面显现。弗雷德霍姆继续这一工作,并在避免使用1904年希尔伯特为这个方法给出的收敛性证明的前提下,证明了这个解是合理的。两年之后,E.施密特(Schmidt)不用极限过程证明了希尔伯特的结果。于是到了1906年,经过80年的尝试,人们终于建立了积分方程的现代理论。19世纪的几位杰出分析学家对最后的成功做出过贡献,我们提到的那些人物标志着积分方程从令人疑惑的新奇事物,一步步为人所理解,并发展成一门强大学科的不同阶段。

527

弗雷德霍姆的基础论文在1903年发表,之后不久,包括美国在内的大多数文明国家的数学家纷纷涌入这块意外地开发出来的分析新领地。这一理论的主要干道很快就铺设妥当,特别是1907年的E.施密特(德国人)和1904年后的希尔伯特为此做出了贡献(后者在1912年将其成果汇集成一本关于线性积分方程一般理论的经典著作)。[10]不到10年的艰苦努力取得的成果是经典数学物理边值问题的一项统一理论,以及一种构建与这种问题相关的特殊函数的实用方法。

为了简单说明该进展的一个重要特征,试回想,正弦和余弦函数的正交性使它们可用于"任意"函数的三角级数展开。正交性也是勒让德函数实用价值的根源，经典物理的其他函数也如此。称连续函数 $f_j(x)$，$j=1,2,\cdots$在区间$[a,b]$上是正交的，条件是

$$\int_a^b f_j(x)f_k(x)\mathrm{d}x=0,\quad j\neq k;$$

又如果 $\int_a^b[f_j(x)]^2\mathrm{d}x=1$，则称这种函数为正规函数。第一次系统研究正交函数的是一位几乎已被遗忘的分析学家 R. 墨菲（Murphy，1806—1843 年，爱尔兰人），时间是在 1833 年至 1835 年，不久斯图姆和刘维尔就开始了对微分方程的研究。在积分方程理论中，正交函数[11]能自然地符合与边值问题有关的一般展开式的系统发展。

528

经典物理、遗传现象和线性化

前面简略说明了作为一个整体的分析的快速发展，在考虑其意义之前，我们先简单回顾一下在大约一个世纪中取得的成果。

19 世纪 30 年代的斯图姆-刘维尔理论是通往大量边值问题及其解的第一步，这些问题是在 18 世纪早期以来的应用数学中逐步积累下来的。当分析进步到足够解决存在性（形式解的收敛性）难题时，积分方程应运而生，并在弗雷德霍姆的思想火花照亮混乱的细节，指出一条从无序走向有序的道路时成为十分有效的方法。这一重大进步本可以早 10 年出现，因为庞加莱在 1894 年就已经使用了希尔伯特-施密特方法的展开式的特征函数。因此演算者似乎应该拥有不亚于现代数学中分析学家的地位。因为弗雷德霍姆虽然主要是一位分析学家，他向前迈出的一大步却依靠一种可能由欧拉本人发明的演算方法。

依照积分方程理论的方式约化物理问题是数学物理的经典传统，这一点我们已经强调得足够多了。弗雷德霍姆本人在 1905 年把他的方法应用到了“解决弹性力学的基本问题”上。但是，1905 年的物理学已经有了狭义相对论，而且自世纪交替以来也熟悉了普朗克形式的量子理论。除非重写的经典物理的数学能证明它有能力处理不久将出现的新物理学问题，否则这种数学将发现自己还是经典的，而且前进中的科学会像对光以太一样对它失去兴趣。

数学物理的历史上最戏剧化的预告，是1924年R.柯朗(Courant)和希尔伯特出版的《数学物理方法》(第一部)。在这部著作中，线性变换、双线性和二次型、任意函数的展开、积分方程和变分法的现代方法被编织成一种功能强大的工具，可以运用于当时的物理学。通过比较这部著作与较早版本的《数学物理中的偏微分方程》(黎曼与韦伯著)，我们可以最清楚地看出，《数学物理方法》代表了经典应用数学相较于过去的重要进步。但是，除非这种系统的、更强大的分析能更好地适应极速膨胀的物理学，否则它在发表的那一天就已经过时了。

529

《数学物理方法》面世仅两年，现代量子理论中的波动力学就诞生了，现代数学物理的强大分析获得了成功。这部书仿佛是特地为10多年来主要活跃在量子力学及其数不清的应用领域的物理学家而写的。但实际上并非如此，1924年的作者对1926年的薛定谔方程以及它所启示的物理学都毫不知情。

量子力学在多产的科学工作中运用积分方程的产物，顺带挽救了积分方程在学术上的不朽名声。虽然积分方程本身已明确问世，但它很少在新物理学中应用，因此希尔伯特-施密特理论中的特征函数成了大家都使用的东西。《数学物理方法》大获成功，奇特的混合词“本征值”(eigenvalue)和“本征函数”(eigenfunction)因而取代了那些已经有效服役20年甚至更久的纯英语对应词。但是物理学家工作太忙了，顾不上关注它们。一个宿命论者可能认为数学的远见注定胜利，不过一个怀疑论者思考片刻就会想到一个不那么神秘的解释。在整个预测中有一个重要的细节，是开尔文勋爵和阿达马在1885年至1886年有关行列式最小绝对值的著名定理。如果没有这一定理，现在已经成为经典的弗雷德霍姆理论的发展即使是可能的，也至少会被推迟。

19世纪80年代，另一种更复杂的方程与积分方程同时进入了应用数学领域。在一个给定方程中，未知函数至少在积分号下出现一次，并且至少在微分号下出现一次；沃尔泰拉称这样的方程为积分微分方程[12]，并在1890年开创了关于它的理论。

530

顺便说一下，沃尔泰拉在泛函分析方面大胆的创造性工作(1887年开始，20世纪30年代成熟)，使他跻身分析史上想象力最丰富的发明家之列。他始终是在科学难题的推动下确定研究方向的。弗雷德霍姆曾有过暗示，分析无法单纯依赖严格生存。同样,设想连续抽象会成为分析留给数学的最后遗产,也没有任何历史根据。为了维持生命力,并给严格和抽象提供养分,需要不断有新发明。虽然没有人谴责沃尔泰拉的丰富成果缺乏严格,但是它们在后魏尔斯特拉斯时代对分析的独特意义在于它们蕴含大量新思想。

积分微分方程使数学有可能探讨磁学和电学上的滞后现象;在这类现象中,物理系统的状态不只取决于它刚刚经历过的状态,而且取决于先前的状态。沃尔泰拉把这类由相关系统的整个历史决定的现象称为遗传。任何弯曲或扭转过金属丝的人都会回想起弹性力学的熟悉例子。

由沃尔泰拉开创,并由他本人和 20 世纪其他重要分析学家广泛发展的泛函数及其相关方程的一般理论,涵盖了积分方程、积分微分方程以及变分法的领域。这是我们不久后将要关心的问题。现在,我们指出数学物理的经典分析中至今仍被忽视的一个最重要的限制条件。大多数应用分析都受制于这个限制条件。如果这一隐含限制是对自然科学的过分简化,那么在 1945 年对科学来说不可或缺的分析,到 2000 年可能就会像公元前 2000 年的巴比伦数学那样,变得过时、毫无用处。当代科学的发展速度远非它在 4 000 年前可比,如今,一个虚幻的世界图景不会像占星学和命理学那样获得不朽名声,而是会在 10 年以内被人们忘却。

实际上,所有的经典数学物理都从线性假说发展而来。要准确陈述线性在这方面的意义,我们必须从物理教科书中寻找答案,下面这个例子只是粗略的描述。线性假说在物理光学中也叫叠加原理。如本书前面所述,这一原理始于丹尼尔·伯努利。[13]

531

如果某种弹性介质具有这一性质——应力在向量位移或它们的空间导数上是线性的,就可以通过叠加某区域内所有微扰中心到达 P 点的微扰,来求得这一介质中任意点 P 上的微扰。因此,就可以通过各个位移的向量加法获得几个位移的总效果(这可能只对一级近似有效)。更准确地说,位移是可加的。从某种类似的意义上说,磁场与牛顿引力场是可加的或者是可叠加的,而爱因斯坦引力场是不可叠加的。

当叠加原理对一个可用微分方程表达的物理状态有效时,这一方程是线性的。这一原理的数学等价表现为以下基本事实:若 U 和 V 是一个线性微分方程的解，a，b 是常数，则 $aU+bV$ 也是这个方程的解。通过将任意函数展开为适当定义的特殊函数求边值问题的解，这个解的根源就在这里。[14]简而言之，如果没有叠加原理，数学物理的一个庞大领域将与它现在的状况有想象不到的根本区别。假如这个原理无法与改进了的现代经验相吻合，数学物理的基本方程就不会是线性的——可能作为一级和不充分的近似是例外；所有从线性假说发展而来的精巧分析最多只是对未来的应用数学的一级近似。

人们也许会用这样的论点反对这种可能性：从丹尼尔·伯努利到狄拉克，叠加原理都很有效，因此从某种意义上说[15]，它必定是对某些物理现象的正确描述。一种类似的观点证实经典力学、统计力学和波动力学在自己可观察事件的近似范围内能有效运用。线性的数学价值并不是它得出了非常准确的定量结果，而是对生机勃勃、迅速成长的科学来说，它是否是一种定量上充分的描述。广义相对论的方程已经是非线性的，而薛定谔的量子理论基本方程还是线性的。

至少一位称职的物理学家曾经暗示，物理学的基本方程必定是非线性的，数学物理必须重新来过。如果（爱因斯坦的）这个建议成为压倒性的意见，那么，下个世纪的分析家面对的问题，可能比所有前辈解决过的问题都更难，也会造就与现在完全不同的数学。　532

推动纯数学和应用数学的某些分支发展的经济动因，现在已经是众所周知的了。许多结论在很长一段时间里可能还会有争议。但是在经济数学上，与目前主题密切相关的一个方面却是清楚的。

即便最理想主义的战争也多少会受功利主义动机——诸如对领土或其他战利品的欲望——的影响，如果这种说法是对的，那么军事数学就是在那种程度上受到经济推动而产生的。而且，在发起战争行动、获益或者博取荣耀这些通盘考虑中，自从时间经常成为主要因素以来，为了军事目的量产数学造成的单纯花费，常常已经可以略而不计了。

现代战争提出的问题通常是紧迫的、艰难的——事实上，比数学家在和平年代设想出来、在闲暇时解决的那些过分简化的具体情境下的理想问题要难得多。而且，涉及你死我活的实际问题很少像沉闷的和平年代的问题那样具有数学上的简洁；要得到可应用的解决方案，需要大量的数值计算，以足够接近明确的事实。在和平年代,没有几个数学家会在这种令人厌恶的单调工作中找到"工作的乐趣",从而自愿参与其中。然而,受战争紧迫性的刺激,他们唯一的行动就是在令人紧张的需求催促下以最快的速度工作。强制性的合作,在雇用机器人(机器和人类)军团这类事务上放宽财政限制,建造复杂的新计算机器来做技术含量较低的工作,这些都使单个数学家的效率(有时也包括他的自我)提高了可能10倍——当他在合适的工厂里得到了合适的工具,他做出的成果是他在斯文的拮据物质条件下、处于学院式的隐居状态中所能做出的10倍。生存还是毁灭的绝望问题至少得到了部分答案。与此同时,新的数学景观向偏远地区敞开怀抱,如果不是迫于战争,人们或许从未想象过这些领域,更谈不上探索。数学和伤亡人数齐头并进,紧跟在后面的是开支。

533

与第一次世界大战相比,第二次世界大战中的数学技能的赏金大增。由于许多迫切需要考虑的问题涉及受不能忽视的黏度干扰的流体,或者涉及现实世界中在无生命物质的其他表现形式中展现出来的同样尴尬的事实,因此要求解的方程很少是那种经典传统的形式。特别地,非线性方程在四五年的战争时期受到的注意比在和平时期50年里受到的关注都多。从这些用于满足即刻需要的大量计算中,至少发现了几种方程的更明显的特征。如果是这样,当有机会考虑其他事情(而不是下一次战争)时,这类方程也许会指引非线性方程的研究,就像经典力学和牛顿引力理论决定了线性常微分方程和偏微分方程的经典理论中很大一块领域的格局一样。如果出现了这种情况,未来的数学史学也许会在第二次世界大战中发现某种好处,那些现实的工程技术史学家在第一次世界大战中已经发现了这一点。因为,若不是第一次世界大战对于军事航空的需要,民用航空可能至今还与1913年时的情况一样,只不过是几个鲁莽的业余爱好者充满风险的运动,当然也就无法胜任它在第二次世界大战中的职责,也无法拥有那种特权地位。所以现实地说,数学成果可能直接源于第二次世界大战。但是,正如查尔斯·兰姆[①]在他的何悌(Ho-ti)传

① 查尔斯·兰姆(Charles Lamb,1775—1834年),英国散文作家,代表作有《莎士比亚戏剧故事集》和《伊利亚随笔》等。兰姆曾在《烤猪论》(即下文说到的何悌传记)中说到烤猪的起源是何悌的儿子失火把家(茅草屋)里的猪烧死了,结果却发现烤猪肉特别好吃,于是以后他们再想吃烤猪肉的时候就烧掉简陋的茅草屋。——译者注

记中描述的那样，航空、数学或者任何其他事物的进展，都不必完全依赖这种独特的现实主义。

普遍化的函数

数学物理的这些持续活动自然在纯数学方面留下了丰富的遗产。目前来看，最有可能持续几十年甚至更久的贡献，是泛函分析、一般分析、抽象空间，以及这些包容广泛的理论的几个专业分支。这些领域中每一个的主要发展都发生在20世纪，虽然如果沃尔泰拉在1887年的开创性工作受到更广泛的赏识，泛函分析可能会在19世纪90年代就得到普遍的研究。 534

这里我们只能对这些相当近代的成果做一个最概括的说明。一份只到1930年的有关泛函的参考文献就包括了540条文献，从那时起又有许多新的成果。关于抽象空间的文献甚至更丰富，而且到1945年还在迅速增加。一般分析或抽象分析也在繁荣发展中。所有这些学科都部分起源于科学，这一点是很清楚的，尤其在通过变分法、积分方程与边值问题之间的关系回溯它们的发展时更是如此。与来自科学的刺激相比，早期的纯数学问题对泛函、抽象空间和一般分析（它们现在都是纯数学的分支）的发展的推动是可以忽略不计的，不过康托尔的抽象空间理论却是一个杰出的例外。在康托尔主义出现之前，泛函分析似乎只有两个微不足道的“纯”来源值得一提，其中第二个或许还可以归入应用数学。

欧拉等人在18世纪提出的几何与力学问题导致了未知对象是函数的方程，与在变分法中一样。例如，找出一条曲线的方程，在这条曲线上任意点上的垂线都比相应的纵坐标的平方大一个常数C，欧拉的这个问题引出了带有一个未知函数及其导数的方程。这是一个函数方程，它所求的解是函数。同样，圆函数的加法定理提出了找出满足它们的“最普遍化的”函数的问题。根据这些思想，魏尔斯特拉斯给出了代数加法定理的一个准确定义，并证明了椭圆函数及其退化形式在连续、单值等方面经过通常的限制之后，是唯一适用于这一加法定理的带一个变量的函数。

在19世纪前半叶，函数方程始终吸引着那些对精巧方法有兴趣的分析学家。这一工作的特征是缺少准确性，而且人们对其中涉及的重大困难估计不足。它就像欧拉对丢番图分析进行雄心勃勃的研究一样，充满天真的进取心，也未能得出结论。在 1932 年柯西研究[16]极其简单又十分重要的特例[17] $f(x+y)=f(x)+f(y)$之前，似乎没有令人满意的函数方程方面的研究。

535

另一个向同一方向推动的是刘维尔 1832 年的分数微分理论。[18]许多微积分的初学者掌握了 n 为正整数的情况下 d^ny/dx^n 的概念以后问自己，当 n 不是正整数的时候，这一符号会有怎样的解释。刘维尔的巧妙回答早了几十年，直到 20 世纪才在分析中获得应有的地位。

现代泛函分析在纯数学中的第二个可能来源是概率论。18 世纪的拉普拉斯和许多其他人将概率论问题转化为差分方程，这类方程中的未知量是函数，其自变量的定义域是非负整数类。但是把泛函分析的起源归功于这样模糊的开始，是"后此谬误"的一个好例子。新分析的创建者是有意按照不同的方向开展工作的。

泛函分析开始于沃尔泰拉在 1887 年的工作。在早期研究中，沃尔泰拉使用术语"依赖其他函数的函数"和"线函数"的特例，来指称后来被该现代理论最重要的发展者之一阿达马称为泛函的事物。泛函最简单的例子是通过一个在给定区间$[a,b]$上定义的函数 $x(t)$产生的：当 $F[x(t)]$ 的值随区间$[a,b]$上 $x(t)$取得的一切值变化的时候，即称 $F[x(t)]$ 为 $x(t)$的泛函。其中 $x(t)\equiv t$ 时的特例给出了狄利克雷关于函数的定义。因此，沃尔泰拉的泛函是对经典分析的函数概念的无穷推广。

当沃尔泰拉分离出泛函的一般概念并开始系统研究时，人们早已熟悉了差分法中泛函的例子。甚至更早的时候，泛函就出现在了分析中，只是在积分学刚出现的时候还没有人以这样的方式认识它。于是，仅仅在可积函数 $x(t)$ 的定义域上定义的 $\int_a^b x(t)dt$，就是在特殊可积函数的"泛函域"上，泛函 $F[x(t)]$的一个实例。一般来说，$F[x(t)]$仅当 $x(t)$局限于一个事先给定的函数类时才有定义。特别让人感兴趣的函数类包括所有解析函数类或者所有连续函数类，它们每一个都定义一个可数无穷维"空间"。[19]

536

将经典代数和分析普遍化为泛函中的对等物的一个强有力工具，是以定积分替换有限和式。其中，有限和式的指数或自变量 t 的范围是整数 $1,\cdots,n$；而定积分的范围 t 是区间 $[a,b]$，在这一区间上 $f(t)$，$g(t)$ 是连续的。$\int_a^b f(t)g(t)\mathrm{d}t$ 就这样取代了 $\sum_{t=1} f(t)g(t)$。前面讲从一组线性代数方程向积分方程的转换时提到了这种技巧的一个实例，这里我们看到了那个特例的更广泛的意义。当然，困难之处在于证明极限过程的合理性。沃尔泰拉曾经把泛函分析描述为自19 世纪末以来许多数学从有限转向无限的一个例子。

沃尔泰拉的启发带来的结果，是由许多分析学家在 20 世纪头 30 年以前所未有的速度发展起来的泛函分析。这里最活跃的可能是意大利、法国、德国和美国学派。关于对他们的贡献的公正评价，我们必须参考沃尔泰拉的阐述。[12]在直至 1930 年的主要贡献者中，可以提到沃尔泰拉、S. 平凯莱、阿达马、弗雷歇、托内利(Tonelli)、P. 莱维(法国)和 G. C. 伊文斯(Evans，1887—1973 年，美国人)等人。

泛函理论推广并扩展了经典分析的许多部分。它的应用包括积分方程、变分法的一部分、对解析函数的推广、积分微分方程、经典微分与导数的一般化、泛函微分方程、泛函不变量，在物理方面则有泛函动力学和遗传现象理论。

最近的一项应用是数学经济学方面的；但是要预测泛函分析的专业经验是否能让整个社会避免萧条，现在还为时过早。在这方面我们可以回想一下 1910 年至 1913 年的情景：当时《数学原理》刚出版不久，乐观的数学家预测说，符号逻辑将极大地帮助美国联邦最高法院的法官们进行漫长复杂的审议。这些严肃得要命的先知到现在还没有学会在荒野里大笑。

一个比较谦虚的建议提倡将泛函分析应用到人类生态学上。在这方面，沃尔泰拉在 1927 年取得的成功有些令人不安。他将泛函分析应用于极为饥饿的族群——例如两种不同的鲨鱼，让它们生活在一起相互残杀，在一段不确定的时间里自己维持一种稳定的经济平衡。他发现，如同后来在 1929 年的大萧条中由人类证明的那样，两种鲨鱼的数量会不断地波动。这种应用的社会旨趣的特点是，合适的分析十分微妙而复杂，远远超过了 19 世纪的古典经济学家相信已经足够的地步。要成为 20 世纪的数学经济学家，就必须掌握现代 537

分析。年轻的一代宣告,数学经济学是应用数学中不多的几个分支之一,在那里,将大部分经典付之一炬可能会有好处。

一般分析,抽象空间

从有限向无限的过渡是泛函分析的特征,同样的过渡在希尔伯特有关积分方程的工作之后也出现在几何上。带有从 3 个到任意有限 n 个变量的二次型与双线性型(也以希尔伯特型的形式出现)的代数理论的推广是 19 世纪许多代数学家热衷的课题。由此产生的实型代数在 n 维空间的超二次曲面几何上找到了一个方便的解释。实际上,在 $n=3$ 时的常见问题——例如确定一个二次曲面的主轴——为一般有限情况下应该进行的工作提供了相当明确的建议。这一工作的许多部分已证明在分析力学中十分有用。1877 年 G. W. 希尔(1838—1914 年,美国人)关于月球理论的研究,似乎为空间向无穷维的推广提供了第一个意义重大的提示,在该理论中出现了带有无穷多个未知量的线性代数方程的无穷方程组。1886 年庞加莱对伴随这一理论出现的无穷行列式理论进行了严格化,H. 冯·科赫(von Koch,1870—1924 年,斯堪的纳维亚人)等许多人也进一步发展了这一理论。

二次型与双线性型从 3 个变量向有限个变量的推广,对于一个称职的代数学家来说几乎是一个微不足道的项目。在向无穷多个变量的推广中,必须考虑收敛性[20]在形式代数中是否有效,而由此产生的分析问题对任何人都不是微不足道的。希尔伯特在 1906 年为无穷多个变量的理论奠定了基础。就像在有限代数的推广中一样,他以空间想象的方式方便又很有启发地描述了向可数无穷多个变量的解析推广。以这种方式定义的几何是经典的希尔伯特空间几何。[21]希尔伯特及其追随者第一次将该理论应用于积分方程,但是人们早就意识到,由此建立的分析和几何会成为更具包容性的理论。

有关希尔伯特空间及其物理意义,我们提到了以上工作。从这些工作中可以清楚地看出这一理论的部分科学起源。在某种意义上,经典希尔伯特空间是几何维数推广的极致,这一点我们也必须援引一份专业论述[22],它推动了该理论在量子理论中的应用,并用一个例子表明,在上述意义上,“可数无穷维

538

与不可数无穷维空间没有根本的区别”。

这里，我们关心的是这整个活动对纯数学产生的影响。一个很重要的特点是一般分析、抽象空间和拓扑学理论向欧几里得方法论的回归。这没有什么不同寻常之处。由于最终的目标是包容广泛的抽象，因此不存在其他途径。

始于1905年至1906年、持续到20世纪20年代早期的两种非常不同的一般分析分享了这个新领域，这两种分析分别得益于E. H. 摩尔和弗雷歇的工作。摩尔似乎没有过多地依赖空间想象力；抽象空间的创建人弗雷歇，似乎通过巧妙地抽象初等几何和实变函数论（自康托尔以来得到发展）中的普遍概念，得到了他在一般分析中最有成果的想法。

如果这是一个恰如其分的结论，就说明在其他领域还有许多类似的抽象和推广工作要做。但是，假如要让这种推广不只产生对已知理论的微不足道的重述或有用的简化，那么，只对公理系统进行常规构建和逻辑分析是不够的。最重要的是对某种给定情况的哪种特性最值得抽象有一种本能的直觉，这毫无规律可言。在说到对绝对值的推广时，我们提及了选择“正确的”事物的例子。那些在抽象艺术中做出过令人欣喜的选择的人同意，只有在多次失败后才会获得成功。　539

摩尔在1906年的授课中，指出了什么是可以称为20世纪早期一般分析的某种历史必然性的东西：

> 特别是在最近10年，对积分方程的研究揭示了实n维空间的n重代数与在实数系的一个有限区间变化的连续函数理论之间，以及带有无穷多个变量的某些种类的函数理论之间的诸多“类比”。这些类比植根于定积分与代数和式的经典类比。
>
> 通过抽象，我们奠定了普遍化的一个基本原理：
>
> 不同理论的主要特点之间存在类比，意味着存在一种普遍理论，它是特殊理论的基础，并且根据那些主要特点将这些特殊理论统一起来……
>
> 从带有无穷多种函数的线性连续统和奇异点出发，G. 康托尔借助极限点、导出类、封闭类、完备类等概念发展了他的点集理论；他还借助如下概念发展了他的一般集合论：基数、序数、序型等。康托尔的这些理论正在渗入现代数学。于是有了点集的函数理论……而基数的数论和序数的

代数与函数理论尚在发展中。

在分析的各种学说和对它的应用上，出现了很多对连续实变量的不那么专业化的推广或者类比。多元函数是一个带有多部变量的函数，位势的分布或力场是在一条曲线或曲面上或一个区域里的位置函数，变分法的定积分值是进入了定积分的可变函数的函数，一个曲线积分是积分路径的函数，一个泛函操作是函数的幅角函数的函数……

[同样也]有通过直接普遍化的扩展。从 $n=1$ 向 $n=n$ 的有限推广贯穿于整个分析……[希尔伯特的]带有可数无穷个变量的函数理论是向这个方向迈出的又一步。

我们注意到从 1906 年开始的一种更普遍的理论。M. 弗雷歇认识到了极限元素(数字、点、函数、曲线等)在许多不同的特殊学说中所起的基本作用，并结合广泛的应用，对康托尔的点集理论和点集的连续函数理论中相当大一部分进行了[23]抽象的普遍化。弗雷歇考虑了包含元素 p 的一般类 P，其中元素 p 具有定义元素序列的极限概念。这些元素 p 的性质没有具体限定[也就是说，这些元素是完全一般的，或者说抽象的]，极限概念也没有明确的定义；这是假定在特定条件下有定义的对象。但他在具体的应用中给出了满足条件的明确定义。

540 以上引言的前面部分回顾了我们在前面章节中选择描述的几个现代数学分支，它们代表着自 1800 年以来现代数学整体的广泛发展。在继续叙述一般分析之前，我们说一下与康托尔理论有关的问题，并提醒大家，以上描述数学的段落是摩尔在距今三分之一个世纪的 1906 年写下的。

单单是一般分析这个课题本身，就能让每一个思想发源于 19 世纪的数学家产生一种崇高感。但是 1906 年的数学与 1945 年的数学并不能画等号。按照不同的爱好和气质，我们也许会忽视基本兴趣的转移，因为这对数学从业者所从事的数学来说并不重要；我们也许会像伽利略一样，认为“但它还是在运动”这句话对数学也像对我们身处的行星一样有效。摩尔的座右铭是“今天的证明按今天的标准就够了”，大部分职业数学家都会无保留地赞同这句箴言。然而，1906 年与 1945 年之间的日子是有差别的，对于持批判意见的学派来说，1906 年的崇高课题不免让人想起路西法和浮士德。希尔伯特在 20 世纪

20 年代强调，在他看来，未来新一代数学家面临的最重要的问题是数学的基础。目前姑且搁置这些问题。大多数职业数学家认为，在由弗雷歇和摩尔开始，自 1906 年由许多勤勉的数学工作者发展成庞大理论群的抽象和推广工程中，可能会有一些成果有永久价值，我们继续探讨这些成果。

摩尔实际上摒弃了他在 1906 年至 1915 年的第一个理论，转而通过一种公理较少、更有建设性的方法研究他在 1915 年至 1922 年的第二个一般分析。他的一个目标是建立一种分析学说，可以囊括他在上述引言中提到的特殊理论。第一个理论涉及在一般范围内带有一般变量的函数："这种一般是真正意义上的一般，它包含了每一个定义明确的变量和值域的特殊情况……我们把一般分析更准确地定义为，在一般值域至少带有一个一般变量的函数系统、泛函操作等的理论。"

有两项理论要求对第一个理论的公理进行更加复杂的修改，它们分别是：与积分方程，特别是与希尔伯特在 1904 年至 1910 年发展过的积分方程相关的展开定理[24]；在 1909 年由 E. 黑林格（Hellinger，德国人）重写的带有无穷变量的二次型理论。从 1915 年开始，摩尔修订了他的分析，以便容纳希尔伯特的二次型和黑林格引进的新型积分。他取得了成功，代价是放弃了弗雷德霍姆的积分方程理论；不过这样也有收获，就是与勒贝格的积分学有了联系。到 1925 年，经过改进的理论通过有限矩阵代数的基本扩张得到了拓展，包括了元素乘法不一定遵守交换律的情况。重新构建的理论保留了一般值域，函数的值在一个或与实数，或与复数，或与带实系数的四元数同构的数系中。

541

摩尔在给出他的分析时使用的符号富于表达力，但也极其扼要和奇特；部分由于这个原因，在与他最密切的圈子之外，没有多少人接受他的理论体系。分析本身仍在持续扩大，并且拒绝把自己丰富的内容交给一次普遍化的尝试，因此他的理论必须不断修订，发表也一再推迟。看来，提出一项强大的足以控制未来的数学原则，是一件超出了人类预见能力的事情。然而，这不是抽象理论的目的。如果一个时代的抽象理论足够普适，可以将大量不相干的细节表现为内含原则的实例，它就实现了自己的功能。

摩尔在 1906 年指出，弗雷歇的方法从一开始就比他自己的更抽象，因为其基本元素具有更广泛的普适性。在后来的经历中，弗雷歇理论[25]一直使用绝大多数数学家所熟悉的符号表现方式，似乎也不太热衷于在特殊理论出现时纳入新技巧。它似乎只是按照内在的冲动演变，这种内在冲动源于理论建立之初极其幸运地选择的第一批抽象(例如对“距离”和“邻域”的抽象)。

1928年，弗雷歇理论公开的目标是取得新的结果，统一经典函数理论和泛函分析。它刚好漏掉了现代拓扑学。我们只能通过以下方法评估该理论达到这两大目标的手段：注意在至少部分涉及抽象空间及其大量应用的典型书籍所讨论的主题的范围，以及浏览1930年之后的文献。

542

如果将一般分析和抽象空间的起源仅仅归功于科学的推动，就会给人一种错误的印象。最纯粹的纯数学——康托尔的类理论(集合论)——在这一进程中应该分享一半的光荣，而且它的作用还更直接。类包含的基本想法与基本数理逻辑(布尔代数)的相同，经常出现在抽象理论中，主要是通过康托尔的点集理论进入的。像在弗雷歇和巴拿赫的理论体系中一样，称一类性质不明确、受某些公理约束的物体为“空间”，这种说法隐含的暗示性几何术语似乎应该归功于F.豪斯多夫[26]，他在1914年与1917年有关类的研究中将其称为一个“度量空间”。

事实证明，这种将类“几何化”的技巧极富成果。我们在此只提及一个得到深耕的领域：1922年，S.巴拿赫(1892—1941，波兰人)发展了一个从那时起被称作巴拿赫空间的公理公式体系。这个体系涉及至少包含两个完全任意的元素的类，这个类在某些公理限制的实数加法与乘法下封闭。巴拿赫也假定了一个对三角不等式有效的“绝对值”。F.里斯(Riesz，1880—1956年，匈牙利人)在1918年讨论过连续函数类，它是这种类的许多实例之一。其他的实例有复数类、向量类、四元数类和高斯型类。但是抽象空间中元素的乘法没有定义，因此从这一理论出发无法得到——举例来说——经典的四元数代数。在可以应用抽象空间的地方，这些一般定理为特例提供了统一且更简单的证明。

间或出现的线性运算的概念可以追溯到1808年的布里松，事实证明它经过抽象化之后特别有用。令S与S_1为两个加法结合律与零元素在其中有定义的抽象空间，又令$y=U(x)$为可使S_1中的元素y与S中每一个元素x存在对应关系的函数(运算或变换)。若在S中的每一对x_1和x_2，都有$U(x_1+x_2)=$

$U(x_1)+U(x_2)$，则称 $U(x)$ 为加性运算。若 S, S_1 又是度量空间（空间中的“距离”关系对每一对元素都有定义），则连续运算 $U(x)$ 是可以定义的。称一个既有加性又有连续性的运算为线性运算。线性运算有大量应用，其中包括在现代积分理论中的应用。

543

康托尔和弗雷歇的最初概念似乎有无穷无尽的繁育能力。于是，解决康托尔的看上去是悖论的问题——一个平面上的点可以与一条直线上的点一一对应——的尝试，某种程度上导致了现代维数理论的产生。解析几何中的坐标系暗示了向 n 维空间（此处 n 是任意正整数）的直接推广，经典的希尔伯特空间将其扩展至可数无穷维。但是庞加莱在 1912 年强调，空间维数需要澄清，并提出了一个定义，该定义后来受到了 L. E. 布劳威尔（1881—1966 年，荷兰人）的尖锐批评。1921 年，K. 门格尔（1902—1985 年，美国人）最终给出了一个令人满意的定义[27]。这一细节本身导致了一个广泛的理论。[27]就这样，现代数学自己展开了几乎噩梦一般的大规模繁衍。一个“空间”现在可以是从 -1 到 $+\infty$ 的任意维。

我们要提的有关现代公理化方法的最后一个例子，是从豪斯多夫 1914 年的工作发展而来的抽象拓扑空间。我们回想起，一个拓扑空间是一个类；在这个类中，任何元素的邻域都有定义，这是对我们所熟悉的实变和复变函数论中的邻域概念的一个抽象。拓扑空间就是由康托尔和弗雷歇的最初发明发展起来的理论的数学截面。

在抽象空间的发展中，我们看到了数学国际化的一个典型例子。这一理论主要起源于德国和法国，它最活跃的贡献者中有（或者在 1939 年9 月1 日之前曾经有）许多波兰人、俄国人和美国人。

三个评价

以上只是简要说明了 1945 年数学史上一场最活跃的运动的主要特点。尽管概述很不充分，它仍然足以说明 19 世纪与 20 世纪的数学在观点上的深刻差别。稍具历史直觉的人都不大会认为，1945 年标志着数学在任何一个方向上的终结。不过从记录上看，抽象的时期似乎确实是所有数学有序发展的

544

一个必经阶段。

越来越厌烦欧几里得计划的人非常渴望能出现另一个毕达哥拉斯或现代的欧拉，给后世的欧几里得主义者发明一种极为新奇的理论去进行抽象化和系统化。根据积分方程在20世纪初期大受欢迎来看，这些新观点一旦出现，就可能会受到欢迎。在沃尔泰拉和弗雷德霍姆的理论出现之后，一个有些厌世的分析学家突然对生活产生了新的兴趣。对于未来，人们总是或希望或担心物理学会需要爱因斯坦说的非线性，同时离散性也许会刺激有限差分与组合分析的复兴。如果任一种可能性成为现实，1945年的抽象技术可能只有很少一部分可应用，因为它的大部分都是从本质上不同的来源发展而来的。

不可预知的未来的墓志铭还是让它自己去书写吧，我们将在这里汇报称职的评判者在1945年写下的三个评价，涉及抽象方法在现代流行的前40年(1899年至1939年)。其中前一个年份标志着希尔伯特在有关几何基础的工作中复兴了公理化技巧，并对其进行改进。可以预料，对于一个影响着数百份工作(抽象主义和非抽象主义)的可疑价值的事物，人们的意见是有分歧的。对此的评判取决于评判者的个人兴趣，但没有那么严格。不过在两方观点上，评判的结论实际上是完全一致的。

人们同意，公理化技巧或抽象技巧曾经分离了许多数学推理模式并将其标准化，这些模式或者经常出现在数学的某个主要分支，比如几何或分析中；或者出现在一个以上的分支，比如同时出现在几何与分析中。对某个分支的具体问题的抽象重写揭示了这样的模式(如果存在的话)，从假设到结论的一步于是代替了按照特殊数据求证时所要走的许多步。这个方法与大规模工业生产的情况类似，产品也有相应的统一风格。如果数据下面隐藏着几种标准化的抽象模式，对这一问题的抽象重写就与使用一种标准模式时一样，指明了被单独应用的不同类型的机械。当一种单一模式是几个分支的基础时，证明其中一个就足以指出其他每一种情况，就没有必要对所有情况分别给出证明。这与19世纪通过群论进行的统一相当不同，因为它更普遍。为几个问题所共有的抽象结构不需要与群有关系，许多确实没有关系。另一方面，如果的确存在通过群的关系，它也只是一个实例，说明了结构可能有的特征会通过抽象方法揭示出来。

545

任何在使用抽象方法探讨实变函数论之前钻研过该理论的经典表述的学生，都会承认使用抽象方法时对记忆的要求大大降低，对洞察力的要求则相应提高了。1945 年，反对这种隐含学说的主要是那些在思想上严守纪律的顽固分子，他们坚持认为，透露数学奥秘的正确方法是尽量使它乏味、令人反感。但是，若目标是轻装前进，抽象方法就绝无竞争对手。这样做确实丢掉了许多有趣的细节。但是，当人们想让力学在最短的时间内成为自然科学的有生命力的成员时，也需要这样做。数学若发展，就不能把过去的所有陈旧包袱都压在肩上。

1945 年，人们普遍承认用抽象方法得到了许多新结果，这些结果用经典方法可能得不到，当然也不可能用经典方法得到。数学知识中新增的这些内容，提供了第一个争论的焦点。

抽象主义者坚持认为，新产物的质量至少不亚于旧产物。反抽象主义者强烈反对这一纯主观的判断，却同样主观地声称大部分新结果本质上都微不足道。这些批评者坚持认为，他们从所谓“真实的”数学中挤出来所有养料，只剩下一具看起来像经典数学中著名的基本命题一样干瘪的外壳。简而言之，他们争论的是，抽象方法是否创造了任何“真正新的”东西；抽象主义者受到很多挑战，对手要求他们至少给出一个例子，说明他们所谓“无所不包”的定理与通过抽象方法一般化的陈腐的经典结果有本质的不同。历史不是一个无所事事的看客，它将决定最终的结论。

546

最后的意见分歧涉及现代抽象运动与过去一切数学之间的关系。抽象主义者认为这场运动是一个迟来的高潮，进展断断续续，在经过 6 000 年漫无方向的摸索之后，才找到了“真正的数学”。尽管回过头看，数学对自己的宿命缺乏清楚的认识，它最终还是在不知不觉间抵达了目的地。这一阵营中比较谦虚的人承认，这个过程可能还在延续。但是，他们相信，1899 年至 1945 年的抽象方法已经为未来的一切发展永久确定了方向。

反抽象主义者指责整场运动都是古希腊时代批评与评论贫乏期的灾难性回归，正是这一时期标志了古希腊数学的死亡。这些人坚持认为，充满创造精神的 19 世纪是阿基米德时代迟来的余响；20 世纪欧几里得派的复活，使阿基米德解放的数学重回受钳制的状态，这只是为了欧几里得的历史继承人用迂腐的形式逻辑分析,重新夺取并禁锢数学。无论历史支持论战的哪一方,20世纪都会成为数学发展的一段主要时期,被后人铭记。

正当抽象主义者与其对手就分歧争论不休的时候,一个在人数规模上远小于其他两派的第三势力出现了。这一派声称,另外两派都对整个数学上发生的唯一生死攸关的重大事件视而不见。毕竟,抽象方法根本不是什么新事物:它是古希腊人发明的,其现代实践只是在具有更高的精确度这一点上超越了欧几里得。但是,对经典数学推理持怀疑态度的认识论是新事物。没有哪个过去的时代可以与之相比。批评基础的人认为,数学的外在方面不会因任何对它内在一致性的怀疑而发生很大变化,并预言说,在不远的未来,将出现一种全新的数学概念。

547 根据这些预言家的看法,柏拉图数学理想的最后一个追随者将在2000年加入灭绝的恐龙的行列。剥除了它永恒主义的神秘外衣之后,人们将认识到数学原原本本的样子:一种人类建构的语言,是人类为实现自己的明确目标而设计的。绝对真理的最后一座神殿将与其供奉的虚无神祇一起消失。如果预言家是正确的,还会有别的神庙建造起来,但不会是由数学家修建。作为理想真理的数学在1900年至1945年的某个时间点上已不复存在了,那些继续膜拜这个理想的人还在参加拖延已久的葬礼,不知道他们的神祇已然故去。

数学6 000年发展进程的这样一个结果会令一些人沮丧不已,却让另一些人拍手称快。历史将再次作出裁决。在不到一个世纪之前,或许任何一个数学家都没有想到这种可能性。我们接下来要关注也是最后要关注的问题是一些支撑性的证据。任何读到此处的读者都无须被提醒:这些证据给出的只不过是一个悬而未决的评判而已。

第二十三章 不确定性与概率

548

从毕达哥拉斯和芝诺，到希尔伯特和布劳威尔，数学家陶醉于他们灵活的推理，只有少数人力图理解其力量的源泉。自数学的第一个伟大时代——古希腊之后的几个世纪以来，人们笃信，演绎推理只要应用得当，永远不会导致矛盾。在这一简单信条中，值得怀疑的元素隐藏在"得当"与"永远不会"这两个词中：第一个词以尚未解决的问题作为论据，第二个词掩盖了一个潜在的无穷。无理数的入侵破坏了毕达哥拉斯宇宙的整体和谐，从那时起，一场时断时续地延续了两千多年的激烈争论开始了：在数学推理中，数学无穷是一个可靠的概念吗？这里的可靠是指，在某些规定条件下，使用这个无穷概念绝不会导致矛盾。（宗教和哲学中的"无限"概念与数学无关。）

在芝诺悖论、欧多克索斯的比例、中世纪的次数学分析、卡瓦列里的不可分量、牛顿和莱布尼茨的微积分、康托尔的集合论、康托尔和戴德金及魏尔斯特拉斯提出的实数系理论、弗雷格和罗素提出的作为类的基数的定义，以及最后在希尔伯特证明几何一致性的问题中，我们看到了是什么塑造了这个千变万化的问题。我们也说到，这些非常专业的数学问题使人们在 20 世纪前 40 年彻底检查了所有演绎推理，而且注意到，没有数理逻辑的协助，有些更敏锐的分析可能就无法实现。因此，在给出几个更具启发性的结论之前，我们将提

549

及数理逻辑发展成为近代数学一项主要活动的几个主要阶段。我们随后会以同样方式处理数学概率论。这么做的原因会在合适的地方指出。通过这种方式，我们将陆续到达不同的位置，并从这些位置出发，叙述至 1945 年存在的多

个有关数学的本质和意义(如果有的话)的信条中比较热门的几个。有经验的观察者不会外推到1946年或更远。

偏见与错误概念

在继续讨论细节之前,我们先向前迅速看一眼。如果读者关心数学在文明律动中的重要性,而不只关心它在科学和技术上的平庸应用,这里要叙述的细节可能会引起最大兴趣。对数学的基础和意义的探究无疑刺激了自1900年以来,尤其是1910年以来的认识论——1910年,A. N. 怀特海(1861—1948年,英国人)和B.(A. W.)罗素(1872—1970年,英国人)的《数学原理》第一卷问世。除了康德1781年的《纯粹理性批判》之外,罗素早些时候的一部作品——1903年的《数学的原则》,可能比之前的任何作品都更能让哲学家对数学产生兴趣。它也让一些人感到恼火,并用如下直截了当的宣告(罗素语)将他们从哲学的休眠状态中唤醒:"数学哲学如同其他哲学分支一样,至今仍旧充满争议、模糊不明、没有进步。"如果某一个人有话要说,就没有什么正当的理由不让他说,这样,他的目标听众就不会误解他,即使说话的方式不如人们一般在喝下午茶时那么客气。

在《数学的原则》第一版与第二版出版(1938年,除了新的绪论之外都是按原版重印)之间的34年中,数学哲学变得跟其他哲学分支一样充满争议,模糊不明,但绝不是没有进步。实际上,它在几个方面同时以令人不安的高速度发展,简直像一颗爆炸的炮弹。

34年在近代数学中是一段漫长的时间。因此,看到许多哲学家和不少数学家在1938年似乎还像在1903年那样对数理逻辑和数学哲学抱有敌意,让人觉得很奇怪。直至1939年,一位著名的美国自由主义哲学家(此处匿名,因为他在去世之前也许还会清醒过来)还为数理逻辑无论对数学还是认识论都没有做出任何新贡献而欢欣鼓舞。因此,他为自己免除了学习必要的符号学的负担。表达这一断言的学术论文被公开的自由派作为由专家给出的合格判断而友善地接受了。

550

数理逻辑是否对哲学做出了贡献,这个问题只能由哲学家来回答。对于想在上述相反判断的另外半部分形成自己观点的读者，我们建议他们阅读收录专门数学论文的文摘期刊，或者阅读记录了1666年至1935年的成果，带有4个附录的《符号逻辑文献录》[1]；其中收录了2 500份文献。但是数学家认为，其中只有少数文献属于他们的研究主题。我们在此只提出一个细节：拥有丰富文献的布尔代数领域在前面描述过的极为专业的现代抽象代数中具有头等重要性。这种代数的现代版本在M. H. 斯通（Stone，1903—1989年，美国人）于1936年至1937年间详细阐述的拓扑学中有重要应用。它也是现代数论，特别是数论结构理论的基础。如果这些工作都不算新，那么所有编写当代数学研究文摘的专家就都是不称职的。这似乎不大可能。

与上述学术判定相反，自1912年以来，许多职业数学家表现得就像他们认为，从事数学基础研究的工作者所讨论的认识论问题既与专业数学有关，又是新问题。例如，在20世纪20年代，两位著名的数学家对彼此关于数学的奇特概念非常激动，以致不得不借助粗话来表达各自的观点。希尔伯特与布劳威尔关于数学基础的论战无疑会与更伟大的数学经典争论一起在历史中拥有一席之地。这场论战的喧哗声和呼喊如此令人不安，甚至物理学家也放下了他们手头的工作，担心地倾听。他们对数学巨人之间的战争的反应是另一个经典，说明一个群体为保护自己最珍爱的事物而进行的斗争，在另一个群体中引起的兴趣和影响有多么小——在见到一个可能知情的同事时，爱因斯坦问他："数学家之间的这场蛙鼠大战到底是怎么回事？" 551

20世纪30年代的中立者在紧张与烦恼之间踌躇不定。老一辈的数学工作者坚持他们继承自庞加莱的错误观点，认为数理逻辑像骡子那样没有生育能力。庞加莱于1912年逝世。有些人由于连聋子都能感觉到的谣传而惴惴不安，借口这场有关基础的论战主要是形而上学的，因此与数学无关。一些比较有影响的保守主义者迅速传播了一种流传颇广的错觉——数学（或科学）教育必须是对客观性的一种很有价值的训练，他们谴责对所谓的数学"危机"的宣传，因为对其中的事实的了解可能会对"年轻人"的心灵产生令人不安的影响。更大胆的反对分子甚至含沙射影地声称，整个批评运动不过是共产主义者的一次进攻——他们以马克思主义哲学和黑格尔辩证法为武器，攻击祖辈建立起来的真理。

初看上去，这个有些病态的理论似乎很有诱惑力。因为无可否认，这场数学批评运动在 20 世纪 20 年代迅速达到了一次高潮；当时，许多在 1914 年以前看似合理的东西都受到了无情的重估，完全不顾及传统的神圣。根据这一理论，数学思想上的这场“革命”只是一场无比浩大的革命中新旧事物之间的小冲突。可是尽管这一理论很吸引人，事实却并不支持它。1914 年至 1918 年的第一次世界大战使政治、宗教和经济都偏转到了更艰难的新航道上，可是这场数学动乱早在大战之前的四五十年就已经开始了。

有几个确定事件，其中每一个都可以作为现代不确定性时代的开始。不必往后退太远，而且只以主要是数学家的人为例，我们就可以想到，戴德金在发表他的《连续性和无理数》(1872 年)之前至少犹豫了两年；这部著作中的基本概念让他在 1858 年反复思考，因为他不确信自己的推理是否有效。后来，在 1911 年第三版《数是什么？数应该是什么？》(1888 年第一版)的前言中，戴德金承认，他从 1893 年就开始怀疑这部经典著作中的理论是否站得住脚，而且很遗憾其他工作妨碍了他完成这项极其困难的必要研究，不能让他的理论基础完美。时年 80 岁的戴德金渴望人们原谅他的疏忽，重申了他对“我们的逻辑的内在和谐”的信念。因此，可以认为戴德金相信数学分析推理本质上是有效的——特别是在极限和连续中使用无限概念时。尽管如此，他本人的相关基础研究却引发了一些更激进的有限主义者的反对，克罗内克就是其中首要的反对者。最迟在 1880 年，克罗内克就拒绝承认戴德金的无理数和连续理论的数学有任何意义——如果没有这些理论，经典分析就不复存在——而且他坚持认为，与这种分析相关的逻辑是没有根据的。

552

无论克罗内克还是戴德金，都没有获得公认的哲学家的荣誉。他们之中更不可能有人会成为共产主义者，因为他们一个死于 1891 年，另一个死于 1916 年。而且，我们在另外的讨论中会看到的，是 1897 年的布拉里-福蒂悖论挑起了对康托尔无限理论的攻击。有趣的是，我们想到，正是康托尔本人在 1895 年发现了这一悖论，在 1896 年与希尔伯特交流时提到过。康托尔死于 1918 年，他最后关于集合论的工作《超穷数理论基础》发表于 1895 年和 1897 年。这部著作的标题下的三句拉丁文格言之一是牛顿著名的格言：“我不杜撰假说。”

戴德金不可动摇的信念，克罗内克不妥协的怀疑主义，以及康托尔构筑的神秘莫测的假说，是怀疑传统数学推理完全有效的三个主要来源。它们比 1914 年开始的普遍不确定时期更早。

为了避免误导"年轻人"，我们再次重复，这些怀疑并没有让数学的创造止步不前。上层建筑的工作者没有因为需要加强基础就放下工具，跑到地下室里去。他们继续进行高度专业化的劳动，把那些必要的工作交给懂得这是怎么回事的专家去处理。直至 1945 年，数学的大厦还没有坍塌；尽管那些负责精心构建上层建筑的人很少关心基础部分的加强者正在干什么，他们至少容忍了这些人的存在。到 20 世纪 30 年代，20 世纪前 10 年的错误想法和相互指责已经让位于第一次大致的和谐。这就好比美国劳工联合会与产业组织委员会最后决定，把短柄小斧头收起来，别往对方脑袋上招呼了，还是先开始干活吧。

553

从莱布尼茨(1666 年)到哥德尔(1931 年)的数理逻辑

数理逻辑与符号逻辑之间有时会划出一道界线。在这种时候，符号逻辑是"用符号方法对演绎推理形式结构进行的研究[1]"。数理逻辑是数学中的演绎推理，它包含大量与亚里士多德和中世纪的纯粹哲学不同的内容，而且不需要用符号表示。在本书前面提到它的地方，我们忽略了这一差别，以后我们还会这样做。如果这个差别很重要，通过上下文就可以说明哪种意义是贴切的。我们将只从符号方法的历史上选择那些更突出的插曲，它们直接关系到 20 世纪 40 年代人们所关心的数学的本质、数学推理总体上的有效性以及特别是在数论上的一致性等信念；或者它们可以为伴随这一理论出现的信念建立可能的逻辑分析。

这一历史的不幸而突兀的开端是在 1666 年，莱布尼茨出版了《论组合术》——被他戏称为"学童论文"。虽然这篇论文中不包含任何有关符号逻辑的确定内容，它却是符号逻辑和数理逻辑的共同起源。因为莱布尼茨构想了一种"通用文字"或者一种"通用数学"，其中"推理演算"用某种有效的符号方式表达出来，将一劳永逸地引导理性，这种符号论又以适当的组合规则为前提。除了事实错误，一切误差都只是计算疏忽。任何数学中都如此。莱布尼茨所作的保留在应用数学中是最清楚的：在那里，科学假定的事实中一个极微小的偏差都可能会[2] 导致结论没有意义，尽管得到这些结论的“推理演算”是合理的，也得到了正确运用。

我们已经在前面的某章中提及，1679 年莱布尼茨面对惠更斯在“通用文字”上不走运的遭遇，对于雄心勃勃的梦想者来说并非毫无益处。显然莱布尼茨下过一番功夫，因为 1686 年他记录了他认为自己取得的第一个重大进展。从 1679 年到 17 世纪 90 年代，他将一部分业余时间(!)用到了创建一种符号逻辑的尝试上。用现在的术语来说，他陈述了逻辑加法、乘法、否定、空类、类包含的主要性质；他还注意到了类包含的某些性质与命题的蕴涵之间的相似性(抽象等同)，这些几乎与今天的符号逻辑课本中叙述的完全一致。

554

下一个值得注意的事件是，1765 年，J. H. 朗伯宣称他已经证明，可以在比莱布尼茨想象的更广泛的范畴中诠释某些数论和代数的规则。不管朗伯的理论有何优点，它终究没能存留下来；另外，G. F. 卡斯蒂朗(Castillon)1803 年的“逻辑算法”也同样流产了。

1847 年，在布尔划时代的 82 页的小册子《逻辑的数学分析》中，符号逻辑终于诞生了。此后，他又在 1848 年发表了一篇 15 页的论文《逻辑分析》；最后，1854 年，布尔在他的杰作《思维规律的研究》中正式解释了他的体系。

罗素在 1901 年评论说：“布尔在题为《思维规律的研究》的作品中发现了纯数学。……他的著作涉及形式逻辑，而这与数学是一个事物。”尽管形式逻辑与数学的同一性在 1901 年至 1945 年一直存在争议，布尔是符号逻辑的创始人这一点从来没有人质疑。从专业的意义上来说他也是一个神秘主义者，因为他相信，知识来自超人类存在的直接直觉。

《思维规律的研究》内容驳杂、多彩，从“符号推理和涉及逻辑符号表达的扩展[3] 或发展的基本原理”，通过萨缪尔·克拉克(Samuel Clarke)博士的有关“上帝存在与特征的证明”和斯宾诺莎(Spinoza)的“用几何方法论证的伦理学”，到一个有些令人困惑的高潮“关于科学本质和智力的构成”，无所不包。布尔在最后一个段落中指出：“因此(不是数学上的‘因此’)，我们有时可能发现，那些认为没有任何事情高于集体人性的改变的人，对真理不同部分的统

一、关键联系和服从一种道德目的有更加公正的理解，比那些宣称自己的心灵忠于光之父①的人更公正。”这就是在好女皇维多利亚统治下的纯数学。

555

在创造他的体系的过程中，布尔受到了英国数学家关于初等代数的纯形式或抽象特性的研究的影响，他也参与了这些工作。因此，通过使用“零”(加法的单位元)和“一”(乘法的单位元)的合适意义获得与普通代数一致的解释，从而追求代数中加法和乘法“定律”的逻辑解释，不算是对永恒真理的亵渎。对由此得到的符号逻辑系统的充分的基本解释，在几乎每一种文明语言的教科书和专题论文中都很容易地找到，因此我们就不描述布尔最初的体系，也不描述经过从1854年到20世纪40年代的进化而(在有些方面)得到了改进的布尔代数了。

有两处细节不只具有历史价值。布尔关于逻辑加法的等价物“或”的解释不如在布尔代数中的那么方便，而且对于逻辑加法他也没有一个令人满意的逆。后一个缺陷在1916年P. J. 丹尼尔(Daniell，1889—1946年，英国人)引进的所谓对称差[4]中得到了修正。这样，布尔代数就有可能纳入包括环、理想等概念的现代代数。为了处理这一课题的这个方面，布尔代数经过了专业的现代化发展，基本上是1924年至1935年在美国完成的，主要贡献者是B. A. 伯恩斯坦(Bernstein，1881—1973年)、斯通和J. 冯·诺伊曼(von Neumann，1903—1957年，匈牙利人，美国人)。职业数学家比哲学家对以下情况更有兴趣：布尔代数一直受到一些研究数学基础的专家贬低，认为它太像数学，而太不像一种在基础分析上会有大用处的数理逻辑推演。无论如何，布尔代数第一次使莱布尼茨的梦想变成了现实，它也是后来更强大的数理逻辑的主要灵感。

与布尔同时代的德·摩根通过他1874年的专题论文《形式逻辑：必要与可能的推论的分析》又向前迈进了一大步。德·摩根在布尔的基础上进一步发展，在他著名的五篇(1846—1860年)关于三段论的论文的第四篇(1860年)中创立了关系逻辑。关于关系逻辑的重要性，我们可以回想德·摩根与苏格兰解剖学家、植物学家、律师、形而上学家W. 哈密顿[5](Hamilton，1788—1856

① 即上帝，见《旧约·创世记》1:3。——译者注

556 年)就谓词的定量化展开的滑稽争吵。这场激烈的论战激起了布尔对形式逻辑的兴趣,使他创造了自己的符号体系。那位律师兼形而上学家发了火,几乎失去了理智,他指责德·摩根剽窃。考虑到哈密顿对逻辑学贡献的质量,这种指责是一种侮辱。

在德·摩根之后,朝向数理逻辑的下一个突出进展是C. S. 皮尔士在美国做出的。皮尔士的工作没有立刻产生按照其质量应该产生的效果,具体原因我们这里不必叙述。对于人们对其工作缺乏认识,皮尔士本人的解释包含在下面的非学术评论中,有可靠根据表明这是他本人的评论:"我该死的脑袋里面有个结,它让我想东西跟别人不一样。"几个例子肯定足以说明皮尔士工作的质量。他在1867年注意到了几对对偶命题,但他显然漏掉了德·摩根1847年的定律。由施罗德(Schröder)在1877年陈述的布尔代数中的对偶原理(对每一个有关逻辑加法与乘法的命题,都存在一个与之对应的有关乘法与加法的命题),几乎只是这些定理的一个微不足道的推论。1870年,皮尔士描述了逻辑关系的一种符号表示法,它是"布尔的逻辑演算概念的一种扩展"。1880年至1883年,皮尔士继续进行相关研究。

有两个细节的预言意义不亚于其专业意义,在此应特别提及。1885年,在一篇副标题为《对于符号哲学的贡献》的文章中,皮尔士定义了一个命题的"真值":一个真命题具有常数值v,而一个假命题具有常数值f。这似乎是所谓矩阵方法(真值表)在数理逻辑中第一次留下线索。在二值逻辑中,通常的"值"是0(假)和1(真),在n值逻辑中其值为$0,1,\cdots,n-1$。19世纪30年代,人们又发明了连续统中的真值逻辑。

另一件带有预言性的新事情,是皮尔士在1880年把布尔代数中的逻辑常数"与""或"等约化成单一常数,可以用它表示一切结果。1913年H. M. 谢费尔(Sheffer,美国人)重新发现了这一约化,而据罗素称,它可以对《数学原理》的某些部分进行最显著的简化。在n值逻辑中也可以进行类似约化。随着皮尔士文集(第三卷在1933年,第四卷在1934年)的出版,人们意识到了皮尔士

557 在数理逻辑发展中本应享有的地位。然而历史就是这样,其他人重复了皮尔士走过的道路,并不知道他之前已走过了。

19世纪70年代,一种新方法在H. 麦科尔(MacColl,1837—1909年,英

国人)的工作中初现身影。麦科尔背离了布尔的传统,却发现了命题函数的概念。麦科尔在开始工作时并不知道布尔的工作,他发明了自己的符号逻辑,以便进行数学概率方面的研究。他称他的体系为等价陈述演算,不仅把它应用于概率论,还应用到积分顺序变换上。后者是一种对分析并无重大意义的纯形式算法。在他19世纪90年代的后续工作中,麦科尔试图从逻辑与数学中清除所有的绝对常数。他认为符号化的陈述可以具有不确定的真值,这一主张在他自己的体系中没有得到令人满意的发展,却重新以另一种形式出现在多值逻辑中。麦科尔坚持认为,命题与蕴涵在可以组成类并具有包含性质的数理逻辑中更有用;这一点使他成了那一代人中的独行侠。他未能使他的新观点进一步得出结论,某种程度上可能是因为他在初等代数运算方面缺乏单纯的技术能力,并反感可用的、有表现力的符号。

1906年,罗素评价了麦科尔的《符号逻辑及其应用》(1906年)。罗素注意到,麦科尔与其他符号逻辑学家不同,他专注于文字的表达,而不是其实际意义。如果麦科尔能够活到20世纪20年代,他会发现自己在这方面与许多著名人物有共同语言。希尔伯特学派的形式主义者努力想走出古典形而上学的泥潭,他们将数学符号游戏的"意义"和"解释"分离开来,试图重写规则,使它们"永远不再"给出矛盾的结果。麦科尔似乎隐约意识到,数理逻辑至少存在两大主要问题:让符号方法及操作规则自洽,解释符号方法以及使公式相互转化的操作规则。第一个问题是数学的形式问题,第二个问题是元数学问题。当麦科尔1906年完成了他的工作时,他还没有意识到其中的差别。我们后面会看到,到了1931年,这一点在K.哥德尔(1906—1978年,美国人)的工作中成了头等重要的问题。哥德尔的工作证明了,在某些方面,一个数理逻辑体系有内部和外部之分。命题可以在一个体系内展示,但无法被该体系的工具证明,因此必须在该体系外寻求证明。这只是这一情况的粗略类比,更详细的叙述将在后面给出。现阶段,以下说法似乎是公允的:尽管麦科尔可能并不清楚他的工作会指向何处,他还是踏上了那个时代通往数理逻辑的未来的希望之路。在这些充满争议的问题上做出明确判断,似乎比在其他数学分支上都更不安全,更容易被推翻。

558

1905年,随着F.W.K.E.施罗德(1841—1902年,德国人)完成长达

2 033 页的 4 卷本专著《逻辑代数教程》(1890、1891、1895 和 1905 年)，布尔的传统在某种意义上结束了。这部著作以德国学院式的严谨风格归纳并解释了世纪之交时的符号逻辑，19 世纪的教授界已经学会从德国学者那里期待这种作风。如果不是由于弗雷格和皮亚诺的首创精神让数理逻辑开始复兴，施罗德的长篇巨著可能会安然渡过千百年的风雨，成为莱布尼茨梦想的墓碑。然而数理逻辑的生命力太旺盛了，任何人都无法用 2 000 页精心撰写的饱学之谈将它草草埋葬。如同在有可能埋葬李氏理论的大部头巨著中证明的那样，这又一次证明，一部数学专业文献的生命力有时候与其长度成反比。20 世纪，在数学的任何分支获得无所不包的确定内容的尝试，即使不算自负，似乎都不怎么成功。如果真的有一天，人们有可能出版 2 000 页或10 000 页关于数理逻辑的书，而且其生命力不受影响地保持了一代人时间，数学本身就会消亡。

我们在谈到其他内容时已经看到了数理逻辑在近代的开端：首先是弗雷格关于符号化、逻辑分析和数学概念的工作(1879、1884、1893 和 1903 年)以及关于算术的基础的工作；其次是皮亚诺的算术和几何的公理分析(1889 年)，对逻辑符号进行了比之前更充分的阐释，以及他(在意大利合作者的帮助下)所编著的《数学公式汇编》(1895—1899、1901—1903 和 1905—1908 年)中用新符号方法改写了数学的许多领域；最后是希尔伯特对几何基础的公理化处理。我们已经提到过这些创新对 20 世纪代数、几何与分析的重大意义，它们对数理逻辑在 1900 年以后的发展同样具有重大意义。

559

皮亚诺在《数学公式汇编》中将专业数学转化成他发明的数理逻辑符号的计划，某种程度上导致了迄今为止(1945 年)最全面的数理逻辑符号化工作，即怀特海和罗素的《数学原理》(1910、1912 和 1913 年)。这部书详细阐述了罗素在 1903 年的《数学的原则》一书中规划的项目："以期证明，所有纯数学专门处理可以用少数基础逻辑概念定义的概念，其所有原则都可以由少数基础逻辑命题推出，并试图解释在数学中被认为无法定义的(假定的且未经进一步分析的)基本概念。"这段话陈述了怀特海-罗素学派对数学及其基础的研究计划，R. 卡尔纳普[6](Carnap，奥地利人，美国人)此后称之为逻辑主义。按照逻辑主义的观点，数学是逻辑的一个分支。尽管除了一种特定的数学哲学的作者以外，任何人对这种哲学的目的或成果做出断言都可说是蛮勇，但是逻辑比数学更基础，而且先于数学，这一点是逻辑主义的一条原则。如果这确实正确陈述了逻辑主义者的立场，那么它在这里就是很重要的，因为布劳威尔的更数学化的观点恰恰与之相反。

在布劳威尔的直觉主义中，数学是先于逻辑的。同样以上述保留为前提，布氏论文是一篇表达了直觉主义者相信如下信念的主要文章：人类天生具有一种"原始直觉"，能够感受每次增加一个对象(数?)，并如此连续而形成的无穷序列。这就是说，直觉主义以数学家的原始数论取代了神学家的原罪。在这篇论文中，直觉主义者关于他们信念的观点或许是无懈可击的，因为就像没有神学家能向不愿相信原罪的人证明原罪的存在，至今也没有直觉主义者证明一个新生婴儿的脑海中潜藏着数字语言习惯。但是这或许并不是神秘的"原始直觉"的含义，这可能是"内在意义"被所有非数学神秘主义者拒绝了。对这一信念的最根本的揭示隐藏在荷兰语中。它虽然有德语和英语的解说，可是根据拥有语言和数学专业知识的皈依者的说法，只有那些有能力用荷兰语思考的人才能掌握其中要义，如果缺少这些，直觉主义就是无法理解的。正确理解这个重要谜团似乎是理解直觉主义者的数学哲学的关键。从后文将点明的几个细节来看，上述观点并非无稽之谈。

560

直觉主义者的信念使我们想起了康德和他对数学中的"直觉"的坚持。起初布劳威尔认为康德哲学对他自己的哲学有启发，后来却强烈否认自己从康德那里得到了任何益处，并声称与康德及其过时的数学形而上学毫无关系。直觉主义者也强烈憎恶神秘主义的罪名——这罪名可能确实没有根据。按照一些直觉主义者的观点，数学其实就(直觉地?)等同于"我们思想中准确的部分"，而且先于逻辑和哲学。数学的源泉据称是"一种向我们直截了当地展示数学概念的直觉"。这就否认了直觉的神秘色彩，它只是"分别处理经常出现在一般思维中的某些概念和材料的能力"。在这里，把这种否认和其后的断言与标准英语词典(不是德语或者荷兰语词典，而是英语词典)中"神秘主义"词条下的一小段文字对照是很有趣的："有关上帝、精神真理、终极现实等的直接知识，是可以通过直接直觉、洞察、启示——简而言之，以一种与普通感官理解或推理不同的方式——获得的教义或信念。"据说，直觉主义数学中的"对象"

在思想中直接被理解，可能就像坚定的神秘主义者直接领会了神的或者他们确实理解了的任何事物的内在本质。这不禁让我们想起康德声誉扫地的“先天综合”几何，尽管两者不完全相同，这些直觉主义者的对象都独立于经验且依赖思想而存在。最后一条或许向直觉主义者提供了他们的“托词”。但是如果确实如此，这就只是一种狭窄的出路。直觉主义者坚持认为，人们能够通过把一次出现一个直至无穷的对象与他们设想过的对象联系起来，从而想象出一系列“独特的、单个的对象”，这种想法也是古代和中世纪教条的残余。直觉主义者从“一”和“加一”的概念操作开始，通过无限重复这个操作，凭直觉获知自然数的无穷序列。这就是直觉主义的“原始直觉”。其实，这只不过是原始人类中普遍存在的现象，原始人也属于人类范畴，尽管据推测他们不像20世纪40年代的其他人类那样与高等动物有重大的差别。文明民族好像是通过相当多的经验和一些近乎灵光一闪的创造性来获得这种“能力”的；当然，除非假定这种相当特别的“能力”是潜在的，虽然无法观察。一个彻底的有限论者（如克罗内克）也许会宣称，直觉主义者的无穷序列只是无意义的文字存在，并不是人头脑中的直觉存在。严格的有限论者认为，无限是从过时的哲学和混乱的神学那里继承的有害无益之物，因此坚决主张摒弃它；即使没有它，他们也可以得到他们想要的东西。

561

为了结束对直觉主义与神秘主义的这桩公案的报告，我们不妨叙述本书中不多的轶事中的一件。哥尔丹在读过希尔伯特的齐次多项式代数中的有限性证明后发出了愤怒的呐喊，下面这件事则恰恰与之形成了鲜明对照。一位虔诚的直觉主义者在平生第一次读完了《约翰福音》后合上了他的《新约全书》，狂喜地呼喊：“这不是神学，这是数学！”

《数学原理》中的一个基本部分发展了命题函数演算。一个含有变元 x 的陈述，在 x 给定任意固定的确定含义时，这个陈述成为一个命题，即称该陈述为一个命题函数；而“命题是非真即假的陈述”。后一个定义（罗素所做的）也许不像看上去那么单纯，我们稍后说到直觉主义的时候会发现这一点。

命题演算的目的之一是解决数学中的某些矛盾，诸如布拉里-福蒂悖论。它提出的解决方法借助了所谓恶性循环原则：凡包含一个集合的全体元素的对象，必不是该集合的一个元素；反之，“假如一个集合有一个总体，该集合含有只能由它的总体定义的成员,则该集体没有总体。"除了这个原则之外,还应用了其他两种方法,一个是类型论,另一个是一个著名的假定——可归约性公理。为了确保不出错,我们用作者本人的原话描述第一个方法。 562

[于是"在许多有关这一点的争论及其他之后",]无论从恶性循环原则还是通过直接检查,我们终于得到了结论:已知对象 a 可以是其主目的那些函数不能相互成为主目,它们与可以相互成为主目的那些函数之间毫无共同之处。因此,我们得以构筑一个等级关系。我们从 a 和其他项开始,这些项与 a 一样,都可以是那些以 a 为主目的函数的主目。下一步,就是那些可能以 a 为主目的函数,随后是可能以这些函数为主目的函数,如此等等。

由此出发,《数学原理》(顺便说一下,这个"原理"是作者对其工作的一种分析详尽的"描述")的作者将命题函数按照它们被允许的主目分成了不同的种类。可归约性公理假定,任何一种命题函数中的每一个函数都与最低类型中的某些命题函数等价。这只是对一种非常微妙的事物的极粗略描述,在原书中使用了整整 5 页文字阐述它。不过,为了那些更喜欢以经典逻辑的语言叙述公理的人,作者陈述他们的可归约性公理如下:"可归约性公理等价于'任何谓项的结合与分离都与一个单一的谓项等价'这个断言",应该理解的是"结合与分离应该是有意给出的"。这种虽粗略却是按照公理提出者原文照抄的公理陈述很快就遭到了批评,批评者或者称这一公理并不充分,或者说它误导读者;在 1910 年(以及 1925 年)让《数学原理》的作者感到满意的陈述并没有让《数学原理》的批评者满意。于是,作者更详细地——对一些反对者来说还是不够——用 4 条足够说清他们意图的陈述,总结了叙述类型的等级关系和可归约性公理的章节。首先,有必要回想一下《数学原理》中使用的"矩阵"定义:"让我们把矩阵这一名称赋予任何不包含明显变元的函数,无论这些函数可能带有多少变元。"关于"明显"的意义,有兴趣的读者必须参考相关的数理逻辑课本。在这样的陈述中,x 像"对所有 x, $f(x)$"一样是明显的,x 可以在令 $f(x)$ 有意义的整个值域内取值。对此的一个数学类比是定积分中的积分变量。这 4 条陈述分别是:(1)"一阶函数是除了个体变元——或者是明显变 563

元或者是主目——之外不包含其他变元的函数。”(2)“($n+1$)阶函数是一个带有至少一个 n 阶主目或 n 阶明显变元的函数,而且这一函数不包括不是个体变元或一阶函数或二阶函数或……n 阶函数的主目或明显变元。”(3)“一个谓词函数是一个不包括明显变元的函数,即一个矩阵。可以在不失一般性的情况下,不使用除了矩阵与个体变元之外的变元,只要不要求变元命题即可。”(4)“任何带有一个或两个主目的函数在形式上与带有同样主目的谓词函数等价。”罗素的类型论向哲学家、数理逻辑学家等专家发出了参与辩论的真诚邀请,而且得到了热烈的响应;因此在《数学原理》第二版(1925—1927 年)问世之前,已经出现了前驱理论的多个修正版或替代版本。然而在不到一代人的时间里,所有这些理论都未能逃脱荒废的命运;这或许说明自《数学原理》第一版(1910—1913 年)给数学的基础设置了一个更新更快的步调以来,人们对数理逻辑的兴趣大大增加了。20 世纪 40 年代,一种可用的类型理论基本上如此陈述:“人们将每一个实体视为严格属于某种等级关系的‘类型’的一种;只接受连续上升的类型在实体之间代表成员关系的公式,此外任何公式都被视为无意义而遭到排除,同样被排除的是这些实体的一切背景情况。”任何希望了解进一步细节的读者,可以参考奎因(Quine)1936 年和 1940 年的工作。

通过这种大胆的假设,那些悖论得到了解决,一时间让某些人得到了部分满足。在更正统的数学中,克罗内克所说的上帝创造的 1,2,3,…要求命题函数中有无限的“存在性”。必要的函数没有直接出现,而是在所谓的无穷公理中得到假定,但是存在性问题并没有得到解决。牵涉到自然数的逻辑主义就这样回到了中世纪的次数学分析上。正如分析挑起了无休止的争论,可归约性公理和无穷公理也挑起了无穷无尽的激辩。

《数学原理》中其他引起争议的地方也能引发兴趣,比如“命题”的基本概念。这里的困难是,缺少某种标准来判定某些陈述是命题还是无意义的废话,或者是否非真非假。无论经过修订的 1925 年至 1927 年版《数学原理》会保留些什么,1910 年至 1913 年的原始版本都将拥有开创了数理逻辑与数学基础的一个新纪元的历史地位。

564

这里我们对数理逻辑的主要兴趣是它与数学,尤其是数论的关系。由《数学原理》引发的争论至少澄清了事实；四分之一世纪之后，那些能通过运用理性获益的人不再持有在1913年看上去合理的信念。例如，罗素看到某些信念站不住脚就倾向于放弃，他因此受到了一些哲学家的严厉批评。但是他不理会这种批评，在他相信改变观点可以促进思想健康时，他会坚持改变观点。在《数学原理》的第二版(1927年)中他记录了一种数学家尤其会感兴趣的转变。在回顾了毕达哥拉斯命理学对后世的哲学和数学的影响之后，罗素说，他撰写《数学原理》的时候(大部分是在1900年)，"与弗雷格都相信柏拉图的数的实在性，在我的想象中，数居住在永恒的存在领域。这是一种令人心安的信念，后来我很无奈地放弃了它"。或许人类的突出特征是能够从最没有希望的东西中获得宽慰。但是，罗素并没有放弃对逻辑主义的信念，尽管他修正过它，以便适应针对细节的合理批评。在放弃了柏拉图的命理学的同时，"许多明显的实体，诸如类、点和时刻，都被放弃了"。类在《数学原理》中被抛弃了；而放弃时间的时刻概念和物质的质点概念，将它们交由元素概念统辖，并"用事件组成的逻辑结构代替它们"，这种斯巴达式的残忍被归咎于怀特海。从某种观点来说，相对论的数学物理及其与作为世界线交点的点事件，还有量子力学及其对可观测量的排他式关注，代表了一种与毕达哥拉斯的梦想类似的非物质的世界图像。如果一切事物不再仅仅是数字，它就是数学；而且，按照逻辑主义的观点，这就像数本身一样，也是逻辑。对于能够接受它的人来说，这是一种令人宽慰的信念。

565

似乎每一种教义都会滋生异教徒，就像它能随意发展信徒。在《数学原理》出版之前，布劳威尔曾在1907、1908和1912年向几乎所有数学先人都不加质疑就接受的信条发起了挑战。在尊崇正统方面的一个显著例外是克罗内克(1823—1891年)。在他对魏尔斯特拉斯的无情抨击中，克罗内克宣告，如果他本人不幸没有时间和力量来摧毁数学分析，他的后继者必将完成他开启的事业。虽然布劳威尔或者其他任何人至今(1945年)仍未摧毁数学分析，但是克罗内克的一个后继者似乎终于在1912年出现了。布劳威尔1907年的博士论文是有关数学基础的。随后，他在1908年抛出了关于"逻辑原理的不可靠性"的重磅炸弹，只有区区6页纸。1912年，一篇只有15页纸的有关直觉主义和形式主义的文章[7]凝聚了布劳威尔的信念——直觉主义，并同时攻击了与之对立的信念。人们记得，大卫用他小小的弹弓发射了一颗精确瞄准的石子就击杀了歌利亚①。在布劳威尔的15页纸的冲击下，逻辑主义和形式主义都没有垮台。然而两者都受到了震动。

布劳威尔首先向分析中广为接受的核心信念发起进攻，他否定排中律（其形式是，一个命题非真即假）在数学演绎推理上的普遍有效性。具体地说，直觉主义禁止对一个无限类做出一般断言，除非预先给定一种方法用有限步骤证明这一断言为正确或谬误；不是“构造性”的“存在性”也是禁止的。我们在此用布劳威尔的例子加以说明，其中细节有所简化：“数位顺序123456789出现在π（=3.141 592 6…）的小数表示中”是不可以用真或假描述的，因为在1945年以前还没有已知方法能够确认这个问题。由此出发，可以很容易地用文字描述一个不能证明或反证其收敛的级数。从逻辑主义的观点来说，该级数收敛这个陈述不能被称为命题；这一陈述既非真亦非假的可能性是存在的。与柏拉图的永恒几何学家所认为的相反，一个可能的“数学”的逻辑不需要由一种非此即彼的“真理”来捆绑它的双脚，“数学”可能比逻辑主义所构想的体系更加丰富。传统逻辑的另外一个变种是布劳威尔的定理：“A蕴涵A的荒谬的荒谬，但A的荒谬的荒谬并不蕴涵A。”到了这里，有些人也许倾向于放弃直觉主义，因为它本身就是荒唐的。但是如果他们果真这么做了，他们就会漏掉大量营养丰富的娱乐。

566

在布劳威尔的攻击之后，外尔随之在1918年发表了一篇破坏性的评论文章《连续统》，并得出了令人不安的结论：“在形式主义的意义上，分析之屋建基于上的‘坚定基石’”在批判考察下似乎是虚幻的，“那座房子的重要部分建立在沙子上面”。如果还记得《新约全书》中的一则寓言，我们不需要别人警告也会知道，把房屋建筑在沙子上是何等愚蠢。外尔放弃了形式主义的房屋，和直

① 迦特（非利士人的5个城邦之一）的歌利亚（Goliath）是一位非利士勇士。当时扫罗和以色列人在犹大的梭哥迎战非利士人。歌利亚在连续40天里，每天两次向以色列人挑战，令扫罗和全体以色列人都非常害怕。年轻的大卫（后来的以色列王）手中持杖和甩石的机弦（本书原文作“弹弓”），带上从溪中挑选的5块卵石与歌利亚对阵。大卫用机弦发出石子，击中歌利亚的前额，歌利亚仆倒。大卫抽出歌利亚的刀，割了他的头，获胜而回。是役以色列大获全胜。见《旧约・撒母耳记上》第17章。——译者注

觉主义者住到了一起，还有几位著名数学家也采取了和他同样的行动。

这种迁居让他们付出了一定的代价。例如，他们无法再相信实数多于有理数。他们保留的经典数学甚至比吝啬的克罗内克愿意允许他们保留的还要少。如果克罗内克能活到1918年，接到一个门徒的电话而赶来的治安官会采取没收行动，诱使他也搬出去。除了所有这些严重的损失之外，直觉主义者还放弃了形式主义学派的创始人、不妥协的希尔伯特的良好愿望。

我们已经叙述过，形式主义者和直觉主义者在20世纪20年代到30年代发生了一场"蛙鼠大战"。我们现在必须简要回答爱因斯坦的问题，说一下这场大战是怎么回事。与那位不记得布伦海姆战役[①]的缘由却知道有人赢得了一场难忘的胜利的领班不同，我们无法说出什么人取得了胜利，但是确实知道这场大战的由来。这是以希尔伯特为首的形式主义者和以布劳威尔为首的直觉主义者之间争夺数学领地的一场死战。交战双方似乎都没有想到，在他们试图消灭敌人时，某个衣衫褴褛的随军平民悄悄地偷走了彩头。他们也没有想到，无论己方在这场战役中获胜、失利还是双方打平，都不会对数学的未来造成一星半点的影响。这整场喧嚣和中世纪复杂的宗教教义引发的战争很相似，尽管理智的后人认为那些宗教问题是无意义的伪问题。

形式主义拒绝逻辑主义，希望驳倒直觉主义的结论。它忽视了逻辑上的技术困难，认为这些与数学无关，试图将所有数学按照确定的规则约化成"无意义的记号"的符号操作。这些规则极其简单，例如在演绎证明中，在某些预先给定的条件下允许将一种符号替换成另一种符号。顺便说一下，符号主义包括的符号远少于怀特海与罗素在《数学原理》中使用的。正如许多人一直说的，在形式主义者手中，数学成了一种国际象棋一般的游戏。人们下棋时，并不会问某种特定的游戏有什么"意义"。可以想象，说不定哪一天，人们会用天气、政治或精神病学的意义来解释象棋；那时候才需要意义的存在。当然，在应用数学中没有必要，例如，用现实世界中可观察的现象来解释数学物理方 567

① 布伦海姆战役(Battle of Blenheim)是西班牙王位继承战争中，奥地利、英国、荷兰联军与法国、巴伐利亚军队，于1704年8月13日在巴伐利亚的布伦海姆村附近进行的决战。此役奥地利的欧根亲王粉碎了巴伐利亚军队，联军胜利。——译者注

程;而形式主义者有意将对他们的游戏的所有这种“现实化”放到一边,仿佛它们与数学毫无干系。

几乎所有数学家都在某种程度上同意形式主义者的意见;因为,对一个了解自己职业的数学家来说,最让他揪心的就是听到几何被别人称为一门自然科学。无论数学家如何理解几何,也不管它在科学上有什么应用,它都不是一种物理测量意义上的科学。即使把世界上所有科学实验室里的那些机械小玩意加起来,也不足以证明欧几里得平面中的三角形内角和等于两个直角。如果形式主义者成功地根除了这一无知的错误理解——“几何是最简单的自然科学”,他们就会证明他们的存在价值。像某些人那样指责形式主义者的工作暂时使数学脱离了实际应用,也没有什么意义。如果数学史教过我们这个不堪教化的种族任何东西,那就是同时朝不同的方向迈出两步的尝试必然徒劳无功。为了取得一丝进展,形式主义者不得不一次只迈出一步。形式主义的中心问题是证明分析的一致性,进一步更普遍地证明大多数合格的专家所相信的一切数学本质上都是合理的,这已经足够困难了。数学的“意义”这个更富哲学性的问题也同样困难。现在人们还没有证明,第二个问题不是一个伪问题;而且,假如它不是一个伪问题,人们也还没有找出它与第一个问题的联系。无论结果是什么,形式主义者都已经开始假定,“各个击破”战术不仅在战争中可行,在数学上也同样如此。至于他们目前是否已经“击破”了对手,那要在我们考虑数论的一致性证明的命运时方能揭晓。

568

既然已经提到了伪问题,我们现在可以顺便提及希尔伯特形式主义的一个更具灾难性的后果。毫无疑问,20 世纪逻辑实证主义复苏的一个主要来源是对欧几里得计划重新产生了兴趣,这是从希尔伯特 1899 年出版《几何基础》开始的。数学中的公理化技巧,以及随后对数学基础更透彻的逻辑分析,特别启发了一项更广泛地探讨形而上学问题的工作——1921 年 L. 维特根斯坦(Wittgenstein,奥地利人)的《逻辑哲学研究》(1922 年以英文译名《逻辑哲学论》重印)。维特根斯坦的论点是,数学是一个庞大的重言式,它一再重复的仅仅是“a 就是 a”。完全的纯数学应该是一切可能的“符号语言”的一种“逻辑语法”。不过,这部作品本身并不是灾难,真正的灾难是由此产生的事物。

维特根斯坦的观点深刻地影响了所谓维也纳学派的实证主义者。维也纳学派是一个极度好斗、极具革新精神的团体，由 M. 石里克(Schlick，1882—1936 年)于 20 世纪 20 年代组织；石里克遇刺身亡之后，R. 卡尔纳普(维也纳人，芝加哥人)成了它的领袖。卡尔纳普的计划比其他任何研究数学基础的数学家都广阔得多，还包括逻辑、语言、科学，以及就其自身而言显得吊诡的形而上学①。大致地说，他的目标是分析语言及其语义学。1934 年，卡尔纳普在他的著作《语言的逻辑句法》(1937 年译成英文)中总结并进一步发展了他的结论，阐述了他"定理的定理"的句法。卡尔纳普在 1935 年的一篇很流行的短文《科学逻辑问题》中，用非专业的语言描述了逻辑句法与形而上学的关联。在这里，这位古典形而上学的老手发现很多让他感兴趣的内容，包括这个论题——从柏拉图到现在的许多哲学家都在思考的宏大的形而上学问题，是无意义的伪问题。我们现在开始感觉到，灾难即将来临。

569

难怪逻辑实证主义者被愤怒的哲学家严厉斥责，这是他们应得的。对于这种大规模的斥责，我们感兴趣的是，如果没有从毕达哥拉斯到希尔伯特的一系列数学家的劳动启发几位思想开放者去挑战传统权威的训诫，我们可能永远不会听说这种事情。而对于那些高兴地认为关于数学意义的争论并无人文意义的人，应该提醒他们注意石里克的命运。实证主义者的论题让保守分子极为不安，它们似乎让不止一个珍贵信念变得荒谬可笑，于是，一个狂热捍卫已有信条的人射出一颗子弹，打穿了石里克的身体。那一声枪响尽管没有震撼整个世界，却宣告了自伽利略以来这个世界所目睹的最有力地反理智战役的开始。数学家和其他自觉反对蒙昧主义的人实际上都保持沉默。从独裁者的立场来看，这一切才是合理的；因为如果无知愚昧能让他们获利，那么只有白痴才会给民众启蒙。但是，如果我们意识到，伽利略认为他已经扑灭的那种对科学的恐惧和仇恨[8]之火居然冒了 300 年烟，就不能不让人感到震撼了。

在逻辑数学方面，在更实用的论证终结学术争论之前，希尔伯特和布劳威尔都在为各自信念的尊严而英勇奋战。希尔伯特是已过盛年的普鲁士老数学家，布劳威尔是坚决不肯被强大传统的权威打压的 40 多岁的荷兰人。在这场言语粗暴的交锋中，原本不感兴趣的旁观者看出了令人兴奋的东西。尽管布

---

① 通常认为，否定形而上学的认知价值是维也纳学派的一个核心观点。——译者注

劳威尔也承认，希尔伯特用他的理论来论证数学并无矛盾的计划有可能成功，他还是高声吼道："用这种方式根本得不到任何数学价值；一个不被矛盾阻挡的谬论依然是谬论，就像刑事法庭无法阻止的犯罪策略依然是犯罪。"

对这种话的回应也同样强烈。"外尔和布劳威尔所做的，"希尔伯特呼喊道，"主要是在追随克罗内克的脚步。他们所谓的建立数学，就是把一切不合他们心意的东西扔进水中，并对它们制定禁运令。"叛逆者执意抛弃的数学规模之庞大令希尔伯特吃惊，他惊慌之下替形式主义做了一个意外精彩的广告，这个卓越广告的魅力令人战栗，吸引了许多买家。

570

> 其影响是肢解我们的科学，让我们冒着失去很大一部分最珍贵的财产的风险。外尔和布劳威尔谴责无理数的一般概念和函数的一般概念，甚至包括那些出现在数论中的函数，还有康托尔的超穷数等。他们谴责[分析中的基本]定理：一个正整数的无穷集合中有一个最小的正整数。他们甚至谴责排中律，例如以下断言：或者只有有限个素数，或者有无穷多个素数。这些都是他们打算禁止的理论和推理方式的一些例子。我相信，正如克罗内克无力摧毁无理数一样(外尔和布劳威尔的确允许我们保留一个躯干)，他们今天的努力同样将被证明是徒劳的。徒劳的！

最后那声呐喊不停回响，让灰心丧气的形式主义者大军振作了起来，冲向最后的胜利。"布劳威尔的计划不是一种革命，只是用陈旧的方法重复毫无作用的攻击；尽管他的攻击多了几分激情，依然无法逃脱彻底失败的命运。今天，我们借助弗雷格、戴德金和康托尔的工作[9]得到了彻底的武装。布劳威尔和外尔的努力注定没有意义。"

于是在许多天里，论战的喧嚣声整天不停，从阿姆斯特丹厮杀到哥廷根，又转战回阿姆斯特丹。纯数学家中间发生的这场不寻常的骚乱一时令物理学家感到震惊，他们很快恢复过来，往后退以躲避飞弹，并摇头大笑。同时，对立各派互相用粗话骂对方，却没有一次正中目标，于是他们开始巩固各自的成果。直觉主义者证明，他们可以修正数学中极为广阔的领域，令其符合他们的"原始直觉"，同时不超出有限主义所规定的严格限制；而形式主义者继续他们在希尔伯特的证明理论方面的劳动，相信他们将建立摆脱传统数学矛盾的永恒自由。与此同时，数理逻辑开始走上所有近代数学的老路。它开始分化，并像可怕的噩梦一样不断膨胀。

并非只有逻辑主义、形式主义和直觉主义这三大信条在用“无论如何都要相信某种东西的意志”迷惑内省的数学家；原来的三种信条的杂交品种在20世纪40年代竞相争取普遍认可，并发生了诱人的变异。许多十分有趣的东西得到了发展，但总体结果是无政府的混乱状态。不分伯仲的专家之间存在不可调和的意见分歧，这暗示着，整个数学基础的问题说不定是以现代面孔出现的形而上学的又一个伪问题。对于如何摆脱这个明显的僵局，有许多不成熟 571 的建议——或者说预言，我们此刻只对更有数学意义的那些感兴趣。

有人认为，数学的最终进程将与几何在非欧几何发明后所走的道路类似。如果数学的目标是科学应用，那么也许未必只能有一种数学存在；也没有理由假定，一种单一的、包罗万象的数学能容纳所有有用的东西，而且没有内在矛盾。但是，若在这个方向上更进一步，就会隐约感到，在一种实用的数学中，完全自洽与其说是必需品，倒不如说是一种奢侈品。有些由于其成果而有资格发表意见的人眺望未来，认为那些自芝诺的时代起就困扰着数学的悖论是无法解决的；连续性数学会被摒弃，接替它的将是一种不会产生无解的悖论的推理方式。假如这是可能的，它是什么当然还没有人能够预测。也许值得一提的是，20世纪最杰出的数学家之一实际上放弃了分析(他在该领域做过出色的工作)，因为他说服了自己：分析的基础靠不住，已经无法修复(这不是一个人愿意在今天发表的那种意见，明天他或许会改变主意)。量子力学中的类似情况提出了最后的可能性。由于自然科学中明显需要某种不确定性，经典的“真、假”二分法通过加入概率得到了改良。与此类似，数学也可以不再坚持二值逻辑，而按照三值或更多值的逻辑发展。

我们可以在此提及后《数学原理》时代的几件工作，因为它们与我们不久将遇到的数论的中心问题相关。在对《数学原理》做出的许多修正和更改中(主要涉及类型论和可归约性公理)，1926年F. P. 拉姆齐(Ramsey，1903—1930年，英国人)应用维特根斯坦的观点，使《数学原理》有望摆脱矛盾。L. 屈斯克特(Chwistek，波兰人)证明，《数学原理》中一个很重要的技术细节(省略辖域指标)是有矛盾的。他在1925年提出了自己的构造类型论，以便在废除 572

可归约性公理(以及另一个无须在此叙述的假定)的情况下,挽救《数学原理》的那一部分。屈斯克特发现,必须发明一种新的符号学,才能表达他的一些想法。为了摆脱类型论,屈斯克特在 1929 和 1932 年发展了他自己的元数学,取代了语言类型的等级分类,在这种分类中,等级中的任何语言都是下一个更高级语言的主题材料。出于我们以后描述哥德尔工作时会说明的理由,这些以及其他在新的方面修补《数学原理》的尝试在 1931 年开始了。

W. V. 奎因(美国人)通过证明涉及 n 项间一般关系的定理等方法,在若干方面对《数学原理》进行了普遍化,并于 1934 年建立了他的"数理逻辑体系"。据怀特海称,这项工作是一个根本的进步:"在逻辑的现代发展中,传统的亚里士多德逻辑在这一课题所展现的整个问题的简化上拥有一席之地。这就是说,它们之间的对比相当于原始部落的算术与现代数学的比较。"奎因的体系中 $n=2$ 时的特例就是《数学原理》中讨论的情况。

在这里写下怀特海对 H. M. 谢费尔以及"伟大的波兰数学家学派"——因他们对"奎因博士思想的影响"——的赞扬是很有趣的。这段颂词(1934 年 10 月 8 日)以令人宽慰的保证结束:"有规律的知识仍在持续发展。"4 年零 11 个月以后,在欧洲文明的一般发展过程中,也就是有规律的无知的发展过程中,"伟大的波兰数学家学派"受到了空袭轰炸。经过 20 年才凝聚起来的东西在大约 20 天内风流云散,部分被摧毁了。继维也纳学派消失之后,"伟大的波兰学派数学家"或是死去,或是流亡。

上述(数理逻辑的)发展符合逻辑主义的一般发展方向。直觉主义也在发展,特别值得一提的是 1930 年 A. 海廷(Heyting,荷兰人)对直觉主义逻辑的形式规则的讨论。与此同时,H. B. 柯里(Curry,1900—1982 年,美国人)提出了内容丰富的组合逻辑,一个新的分支。1933 年,柯里和 A. 丘奇(Church,1903—1995 年,美国人)构建了有更高自由度的形式逻辑,可以像表达函数值一样表达他们的公式。作为符号逻辑在 20 世纪 30 年代高速发展的一个表现,1935 年 S. C. 克莱尼(Kleene,美国人)和 J. B. 罗瑟(Rosser,美国人)证明这两种逻辑都有内在矛盾。罗瑟 1942 年的另一个结果出人意料,吸引了许多数理逻辑专家的注意。在试图避免布拉里-福蒂悖论(在本书前面一章中叙述过)的过程中,奎因实际上在他的《数理逻辑》(1940 年)中变相接受了这一悖

573

论，因此使其体系的一部分归于无效。按照罗瑟所述，这个疏忽的本质如下。序数与良序级数理论的4条基本原理是：(1)每一个良序级数都有一个唯一确定的序数与其对应；(2)基数级数是良序的；(3)若x是良序级数S中的一项，则包含S中所有在x之前各项的级数也是良序的，并有一个比S小的序数；(4)任何序数α都是所有α之前的序数的级数的序数。布拉里-福蒂悖论断言上述(1)～(4)不相容。人们试用了两种方法避免这一悖论：用一种类型论使(4)归于无效，在某些关键情况中有效地令(1)归于无效。奎因提出的方法本质上是这两者的结合。这种方法没有让(4)归于无效，在某些关键情况下也没有让(1)归于无效。奎因利用体系中一处细小但意义重大的缺漏，绕过了这个悖论。人们比较了经过修正的体系与包括策梅洛体系在内的其他体系。通过加入两个公理——其中一个假定存在最富包含性的类，策梅洛的体系与奎因体系等价，但是在奎因使用了元素公理之后不再等价。

由《思维规律的研究》(1854年)转变为怀特海和罗素的《数学原理》(1910—1913年)中的数理逻辑的符号逻辑，在J. 卢卡西维茨(Lukasiewicz)1921年发表了关于三值逻辑的两页论文后，突然迎来了逻辑意义上而非历史意义上的高潮。实际上，在完全独立于卢卡西维茨的工作(于波兰发表，因为作者是"伟大的波兰学派"的一员)的情况下，E. L. 波斯特(Post，1897—1954年，美国人)在同一时间从亚里士多德的二值逻辑直接跨到了m值真值系统，其中m是大于1的任意整数。

这一进步的数学意义不言而喻。回想一下，这段历史的开端是奥卡姆的威廉被埋没的一个有关三值逻辑的发现。于是，14世纪的次数学分析在20世纪的数理逻辑中复活了。一个最引人注目的事实是，像奥卡姆那样，多值逻辑的波兰发展者有些最微妙的推理没有使用符号。普通的数学家要进行一致的推理就必须受操作符号的束缚，奥卡姆以及波兰逻辑学家的这种技艺在他们看来简直难以置信。有一种解释可能说明这两种情况：有几位波兰逻辑学家像奥卡姆一样信奉天主教，他们无疑掌握了耶稣会会士或其他天主教信徒通常掌握的作为通才教育一部分的语言推理技巧。可是纯文字说理似乎不会超过波斯特m值真值体系中有限的m，达到带有连续真值范围的无限值逻辑，后者是由H. 赖兴巴赫(Reichenbach，1891—1953年，德国人，美国人)在

574

1932年作为概率论的数学理论基础而设计的。

1933年，F. 茨威基(Zwicky，1898—1974年，瑞士人，美国人)注意到了多值逻辑的另一个可能应用，认为这种逻辑应该可以运用于量子理论。物理学家对这种逻辑的接受程度，类似于他们在爱因斯坦发现黎曼几何的作用之前对非欧几何的态度。20世纪40年代，物理界似乎一边拒绝康德的空间理论，一边要求重新考虑他的时间概念。毕达哥拉斯似乎也要降低作为一切事物的量度及意义的"数"的普遍性，亚里士多德和他所珍爱的"同一性"也有同样的情况。在宏观现象中，对考虑的对象进行计数与区分没有困难。但是光量子据称是不可分辨、不可数的，而电子是不可分辨、可数的。如果这些说法正确，"数"的那个古老的称谓就不具有普遍性了。当探索到了原子核层次，空间和时间也失去了它们传统的普遍性。赖兴巴赫试图为20世纪40年代物理学的形而上学添加一种可以使用的逻辑，为此在1944年发表了对三值逻辑应用于量子理论的阐释。

在结束这个后《数学原理》数理逻辑的例子时，我们想起了那位著名的美国哲学家，他在1939年公开对学术界宣称，数理逻辑无论对数学还是认识论都没有做出任何新贡献。我们现在转而要叙述的，可能是自莱布尼茨以来整个数学发展过程中最有价值的工作。那是尝试运用现代数理逻辑的精华，证明数论的一致性所得出的结果。我们回想起希尔伯特在1898年至1899年强调过这一问题对几何的基本重要性。它对于分析的意义就无须强调了。

575

J. 埃尔布朗(Herbrand，法国人)在1929年开始了当时看来相当有希望的一次尝试，并在1931年至1932年基本完成，它是作者解决某些元数学问题的技术的产物。但是这一工作看来已经被淘汰了。G. 根岑(Gentzen，德国人)随后在1936年证明了数论一个部分的一致性，并于1938年简化了自己的结果。在简化过程中，根岑陈述了他的信念：在整体论证的某一阶段缺乏构造性证明的现象不久将得到改善。因此实际的论证并不完全符合克罗内克-布劳威尔对有限可构造性的要求。与希尔伯特用处理有限类的方法处理无限类的形式主义工作相反，布劳威尔接受某种无限类的必要条件是，当且仅当对于任何给定的有限类都可以取得一个更大的有限类。受布劳威尔限制的"无限"不足以填补根岑1945年初的证明中的缺口。根岑1943年改进了其中的超穷元素。这个在当时最接近于完整的证明能否留存，只能通过一个有能力完成它或是推翻它的人来预测。我们不在那种幸运的位置，因此继续在这个看上去是死胡同的方向上走到底。

1945年，许多人认为，凭借《数学原理》和希尔伯特的证明论发展起来的亏格数理逻辑来证明数论的一致性是注定无法成功的。希尔伯特和P.贝尔奈斯(Bernays)撰写的形式主义学派的正式宣言《数学基础》，在1934年和1939年分别以两卷大部头的形式出版。在1945年，我们还不清楚1939年的这部著作是否扭转了那场惨败(作者的原话)——导致证明论在1934年似乎崩溃了。根据两位作者的看法，用这一理论来证明分析的一致性是对它最后的考验。人们接受了根岑对于数论的证明。

那次明显的惨败是1931年由K.哥德尔(奥地利)证明的一个令人不安的定理引起的。根据哥德尔定理，在特定逻辑系统中，用该系统中的规则不可能证明属于这个系统的特定定理，即使这些定理从其他方面看是正确的。它可不是克罗内克所拒斥的非构造性的存在定理：哥德尔构造了这样一个真实定理，对它的形式证明导致了矛盾的结果。存在不可判定陈述：在一个系统内，某些断言既无法证明为真，也无法证明为假。哥德尔定理适用的逻辑系统包括被称为命题函数限制演算(定量化只能达到函数的主目，不能达到函数本身)的系统。脱离技术细节无法准确描述这一系统，不过我们可以粗略地说，哥德尔定理确定了，若系统S包括《数学原理》的基本体系，或是包含数论体系，则系统S内的证明方法不可能证明其自身的一致性。

576

哥德尔定理被称为现代数理逻辑中最关键的结果。在证明这一定理的过程中，哥德尔发明了一种新的符号方法：用一种通常用来表示整数的符号取代命题演算的常用符号。例如，一个能够证明的定理就可以用一系列整数表示，涉及这一定理的陈述也可以同样处理。由此得来的结果是一种数值算法。这一方法在应用于数论中的定理时似乎出现了一个恶性循环。但它是合乎规范的，其他任何可辨认的不同符号会像整数符号一样服务于这同一个目的。

哥德尔还证明了一个比上述定理更普遍的定理，由该定理可以推导出，命题函数演算不能通过这样的符号化方法得出希尔伯特证明论中考虑的那种一致性证明。1934年的证明论的另一个障碍，是A.丘奇在1936年证明的一个定理。他证明了希尔伯特的证明论最初提出的一个中心问题不可能有普遍解。这一问题过于专业,因此无法在这里叙述;不过希尔伯特-贝尔奈斯 1939 年在《数学基础》的《增补Ⅱ》中有相关讨论,有兴趣的读者可以参考那里的完整记述。

另一个结果与数论的一致性证明的可能性同源,涉及数论问题的潜在可解性。把一个数论定理定义为一个整数的命题函数——可使用来自 3 个基本关系 $x=y$, $x=y+x$, $x=yz$ 的逻辑符号构造这些整数——似乎是合理的。借助这一定义和已经证明的哥德尔与 S. C. 克莱尼(1909—1994 年,美国人)的命题,斯科朗(Skolem)论证了一般递归函数之间的每一个方程都与一个数论命题等价。所有数论命题组成的集合实际上是可枚举的。斯科朗也证明了,无法得到求解这些数论问题的普遍方法。与哥德尔定理一样,这种结论对 19 世纪的数学家来说可能是无法想象的。下面这个过去的另一个假设像前述问题一样谈不上深刻,它很容易被搁置一边:庞加莱坚持认为,出类拔萃的数学推理是反复重复数学(或完整)归纳的推理。人们当时可能认为所有数论定理都可以通过数学归纳证明。事实并非如此。

577

斯科朗定理属于完全性定理与判定问题的一般范畴。克莱尼在 1943 年给出了完全性定理的统一说明。他的主要非等价定理包括哥德尔和丘奇的定理。这些定理的大意是,那些不存在完备形式的归纳理论的定理存在单量词谓词,无解的判定问题也存在这种谓词。

综上所述,直至 1945 年,数论的一致性还没有得到证明。对于所有数学而言,这样一个证明的潜在意义,或者关于获得这种证明所需条件的一种可接受的解释的潜在意义,是不言而喻的。构造证明的努力所留下的遗产,是从莱布尼茨到哥德尔之间大约 250 年的符号逻辑对数学做出的最富启发意义的贡献。

关系代数

人们把数学描绘为(但不是定义)一门研究关系的学问。从对数学理论最早的系统探讨——公元前 4 世纪的欧几里得的初等平面几何开始,直到 20 世纪,关系问题都在数学推理的广阔领域中占据主导地位,几种关系的最简单的性质早就已为人们抽象地认识到了。除了欧几里得承认或者使用的关系外，初等几何中的相等与全等是一般等价关系的例子。欧几里得把相等关系的几个但不是全部等价性质纳入了他的公理。在需要证明时，全等的对应性质可用作不言而喻的假定，例如在《几何原本》第一卷命题 4 中出现的那样。甚至直到 20 世纪的前 10 年，在数学的许多领域，关于相等的公理也并非总是作为公理化的必要部分得到陈述。在 20 世纪的第二个 10 年中，关于代数与几何公理系统的经典论文依然忽视这个问题，没有意识到在证明中使用相等关系之前用一套公理来定义相等的必要性。虽然怀特海和罗素的《数学原理》无疑在一定程度上使 1920 年以后的公理系统更准确，但似乎只是在 20 世纪 30 年代初期，包容一套完整的有关相等关系的公理才普遍出现了。在此之前，这条本应该作为第一条的公理都被忽视了，或者仅仅以暗示方式给出。 578

就在数学关系的抽象理论跌跌撞撞地出现时，数理逻辑传统上的一种关系理论在一种发展不充分但能满足需要的代数中达到了相当成熟的阶段，这种代数包括包含关系和相关乘积等概念。逻辑学家可能比数学家对这种发展更有兴趣。现代抽象代数的方法似乎没有说明这种关系的逻辑学研究对专业数学有多少益处，而类代数由于斯通等人的工作被归入了现代代数的一般框架。最后，在 1942 年，在奥勒关于数学理论中常见的几种关系的性质的一般研究中，出现了不止一种独立的数学关系理论。这里主要强调代数，尽管逻辑学家也可能对有些被研究的性质感兴趣。

包含和中间性这样的经典数学关系让奥勒想到了一种更普遍的关系，他将其考虑为集合之间的对应 $A \rightarrow R_A$，此处与集合 A 对应的 R_A 同时取决于 A 中的元素以及这些元素的某种组合或排列。标记 aRA 表示集合中的元素 a 属于子集合 R_A。可以通过 aRA 一类关系的组合定义关系的标准形式。关系 R 的自同构或自同态是那些一一对应或多一对应的关系 α，它使任意关系 aRA 成为另一个有效关系，例如 $a^{\alpha}RA^{\alpha}$。确定所有自同构的问题与找出一个给定对应的所有可交换对应关系的问题有关，这个问题导致了对单项群以及一般伽罗瓦理论中的问题的研究，从而扩展了方程的伽罗瓦理论。 579

在一种更熟悉的层面上，由皮尔士和施罗德首次系统研究的二元关系理论成为布尔环上的一种矩阵（是代数意义上的矩阵，不是《数学原理》意义上的)理论。换一种表述，二元关系可以用图形画出；对称关系对应于对称矩阵，也对应于边不定向的图形。关系的矩阵表示将关系理论与高度发展了的特殊环上的向量空间理论结合了起来。和、相交、乘法和对偶乘法作为关系都是可定义的；因此存在环理论和二元关系的理想，线代数理论中的一部分就可以转换为关系理论。但是在其他方面，关系理论与经典的矩阵理论有所区别。在这种二元关系的理论中，自同构具有重要意义，自同构和可与关系矩阵交换的置换矩阵对应。射影几何与量子理论的有些状况可类比，这里的情况与其近似，因此至少对人们有所启发；而且，就"空间"本质的形而上学争论而言，这种近似可能暗示了使用二值逻辑的潜在必要性。

某些单元或某些求和关系的传递关系 R 是奥勒理论的特色，它们与关系环的幂等紧密相关。任何传递关系都可以分解成一个等价关系和一个偏序关系。对于等价关系给出了几个重要代数问题的完备解，因而人们的兴趣转移到了偏序集上。我们在讨论格的时候，以及在 20 世纪抽象代数、抽象几何和抽象分析的许多领域中都会看到，偏序问题在近代数学中具有基本重要性。格或结构属于偏序集中最有用的部分。它们在关系理论中的出现，补充了人们以前在经典布尔代数中对它们的认识。我们或许可以提到，在一个 n 值真值系统的范畴中，一种实用的代数算法，可用于发现并展示系统中具有规定性质的一切关系，例如自反性、交换性、传递性等。

580

一致性证明

经典数学分析中的技术困难及其晦涩之处，带来了 20 世纪数理逻辑中一些更微妙的发展。由此产生的逻辑分析的反应，要么澄清了晦涩难懂的问题，要么揭示了公认的推理中不为人知的缺陷。与此同时，过去的一些证明某些关键假设的计划在可能的情况下被替代；取而代之的工作是要证明，包含至少一个可疑假设的公理集合是无矛盾的。举一个典型例子，康托尔的广义连续统假设——实数系及几个世纪以来的分析和产生于该假设的形而上学的基础，在 1938 年完成第一阶段，进入了第二阶段。到 1938 年，假说的第一种情况经历了无数次尝试，人们试图从中推导出矛盾，或者得出有效的结论。如果后者成功了，而且得出结论的步骤是可以反推的，这个假说就得到了证明。直到 1934 年，W. 谢尔宾斯基（Sierpinski，波兰人）详尽阐释了朝这个方向做出的努力并发表，而他本人就是最多产的贡献者之一。

在 1938 年的苏黎世数学基础与方法论大会上，谢尔宾斯基对他本人及其他人的尝试做了一个基本总结，其中包括他们试图寻找包含或等价于连续统假说、选择公理或其他类似理论，或受这些理论启发的原理。此后不久，大部分波兰数学家关注的事情比两位德国数学家（康托尔和策梅洛）的猜测更加紧迫。举例来说，巴拿赫被苏联当局提拔为华沙大学校长，可是在苏联人突然从波兰撤离之后，他却不得不屈服于康托尔和策梅洛的同胞的热忱。不过这只是顺便说一下欧洲文化的一个脚注。它对数学的进展影响极小，或者根本就没有任何影响——除了可能作为一种提醒，告诉大家太多的脚注阻碍了学术的发展，是迂腐而非博学的证据。1945 年有悲观主义者自信地预言说，在 1960 年左右将出现大量“脚注”，无限期地阻止数学前进，消除一切仍存在的数学或其他逻辑和（或）理智推理的痕迹。

581

康托尔最初提出的形式最温和的连续统假设宣称，每一个非可数集都具有连续统的势。我们重提一些定义：若两个集合各自的元素之间存在一一对应关系，则称这两个集合等势；称与正整数集等势的集合为可数集；称与实数集等势的集合为具有连续统的势。人们试图发明或者发现一种既非有限又非可数，又不具有连续统的势的集合，可是没有成功；这些特性中是否有一种或另一种是一个集合的固有性质，也未可知。我们想起，康托尔集合论的一些引起争议的课题，源自他对集合的定义过于细致又全面得可疑。康托尔的连续统假设的另一种陈述是 $2^{A_0}=A_1$，此处为了印刷方便，将希伯来文的第一个字母①写为 A。这里的 A_0 是一个可数集的势，A_1 是连续统的势。所有其片段是可数或有限的非可数良序集都具有势 A_1。关于 $\alpha>1$ 时 A_α 的定义，我们必须参考有关超穷数的课本，只需注意，博雷尔等怀疑主义者最初否认这些改造的希伯来首字母有任何可以理解的意义，而相信者一旦彻底消化了 A_1 之后就再无理解上的困难。包括上述康托尔假设在内的广义连续统假设宣称，对任

---

① 希伯来文的首字母是$\aleph$。——译者注

意 α，$2^{A_\alpha}=A_{\alpha+1}$成立。与此同在的是选择公理的强形式，它允许同时选择集合总体中每一个非空集合的一个元素，这种选择是一个单关系。哥德尔在 1938 年至 1939 年证明了(1940 年发表)，如果集合论中的某一组公理是一致的，将原来的一组公理与广义连续统假设和强选择公理连接所形成的一组公理也是一致的。原来那组公理中有些内容本身存在争议，例如无穷公理。尽管如此，分析基础方面的专家一致认为，哥德尔的证明标志着在这个充满争议的领域向前迈进了一大步。

“自然的可靠依据”

“思想常新者，以自然为可靠依据！”华兹华斯如是说。有时他也将语言付诸行动：“快来吧，走进阳光下的万物；让大自然成为你的老师。”我们注意到了华兹华斯的召唤，将从数学的地下区域走上来，简单扫一眼四周，看看毕达哥拉斯之梦那“自然的”一半究竟变成了什么。

582

尽管 25 个世纪的沧桑让它发生了深刻的改变，这个梦仍然依稀可辨。20 世纪 20 年代后期，在被称为量子理论的数学抽象的迷雾中，“自然的可靠依据”从我们的脚下消失了。它是否还会在“阳光下的万物”中重新出现，这一点还不得而知；因为连“万物”本身也在“概率波”中逐渐消失，而“光”只不过是不连续光子的迅速流动而已。尽管如此，数字仍旧统治着精确科学的世界，而且自 20 世纪以来，数字甚至开始向不那么精确的科学领域渗透。无论何处，只要应用了统计方法，数学概率就隐含其中了，概率正是用数测度的。

如果说，数学概率在自然科学中的应用软化了这些科学，让它们没有在 19 世纪时那样确定和严格，在社会科学上的类似应用则通过一点决定论使其变得坚硬了。作为个体，人类或许仍旧像一份著名的文件宣称的那样，从他出生那天起就拥有自由；但是，1.3 亿人[①]的整体却不再如同他们曾经想象的那么自由。群体中的人受到随机定律的更专制的统治，比任何暴君的政令都更加严酷。如果我们这个笨拙的种族希望避免科学造成的自我毁灭，必须迈出

① 作者写作时美国的人口约 1.3 亿。——译者注

的第一步就是，每10万人中有6个人能够理解生物的群体反应；作为个体的生物，它们有时证明自己能挺直腰杆，像人类那样走路。要理解并分析群体反应——无论是原子的还是人类的，掌握现代统计方法是关键。统计方法是最卓越的社会数学。因此，我们接下来就简要说明这种人格化的数学发展的主要步骤，以便总结阐述数学为人类这个整体已经做出了哪些——或者可以做出哪些贡献。从专业方面来说，概率的数学理论似乎不如数学的其他主要分支那样，为现代纯数学做出过那么多贡献。从自身依附的科学身上汲取生命的精华，这是一种寄生行为。分析中有几个好方法来源于天文学、力学和数学物理，但是没有这样的方法源自概率论。 583

18世纪和19世纪早期有四项贡献，在对现代工作的重要性方面凌驾于其他工作之上。詹姆斯·伯努利（1654—1705年）在他死后发表的《猜度术》（1713年）中创建了一门基础理论方面的数学科学，而这一科学起源于他出生那年一些赌徒的争论。伯努利预见到了概率论的社会意义，据说还有一些逆概率方面的想法。他还陈述了以他命名的定理：观察次数足够多时，试验结果就可以达到任何预先给定的精度。作为前瞻，有影响的数学概率论俄国学派的创建人P. 切比雪夫利用他的大数定律对伯努利定律进行了普遍化。

随后，棣莫弗在1718年的《机会论》中向前跨出了几大步，设计了解决特殊问题的一些新方法，并发明了求取大数函数近似值的方法。由于他在1733年对二项展开式各项和的近似计算，现在人们普遍认为，棣莫弗是极重要的正态分布曲线概念的发明人。

在棣莫弗的时代，社会学与神学之间区别不大，他对概率论更富雄心的应用限于确信“伟大的第一因”①。T. 贝叶斯牧师（Bayes，？—1761年，英国人）的类似考虑使他得到了有关逆概率的定理——或者说公式（发表于1763年至1764年间），涉及从观察到的事件中推断出未知原因的概率。贝叶斯对他的公式的证明依赖于一个不能令人满意的假定，而且，在R. A. 费希尔（Fisher，1890—1962年，英国人）于20世纪30年代初使逆概率建立在一个可靠的基础上之前，这整个课题多少存有争议。不过，贝叶斯是用归纳的方法运用数学

① 指上帝。——译者注

概率的第一人,“即从特殊到一般的论证,或者是从样本到总体的论证”[9a]。这成就了贝叶斯的不朽声名。

这一时期的第四个杰出进展是拉普拉斯1812年的《概率的分析理论》,该书1820年的第三版包含三个附录。这部作品有近700页,充满了并不总是清晰易懂的推理和复杂的分析,拉普拉斯在前言中十分乐观[10]地评论道:“说到底,概率论只不过是把常识[11]化成计算。”人们通常认为,这部杰作是单个作者对概率论做出的最大贡献,包含了拉普拉斯在过去大约40年中的工作。我们不可能在简短的篇幅中让读者充分理解拉普拉斯工作的丰富性,不过我们可以说,他的工作因其对数学分析的自由运用而出类拔萃。拉普拉斯或许不是第一个理解了概率的连续分布的人,因为T.辛普森(1710—1761年,英国人)在1756年就把连续性引入了数学概率论。不过拉普拉斯实际上是第一个在组合数学的一个分支上持续而广泛地应用分析的人。这一方法的威力和灵活性上的改进是无法估量的。

584

拉普拉斯自己工作的具体细节,与前人在概率论上的具体研究加起来后总量惊人,但在整体重要性方面,二者之和与无穷小分析在离散数学中的应用几乎没有可比性。我们已经看到了分析在17世纪为几何做了些什么,为18世纪到20世纪的微分几何做了些什么,也看到了分析是如何控制数论的一些庞大领域的。拉普拉斯在方法论方面的进展同样改造了数学概率论。拉普拉斯总能针对他的问题发明有效的演算方法,他在概率论中应用生成函数的方法,并自如地运用现在称为拉普拉斯变换的方法。前文已提到,当人们看到,亥维赛的算子演算实际上是拉普拉斯变换的一个课题时,拉普拉斯变换在应用数学中拥有了新的重要意义。随着柯西和阿贝尔关于收敛的研究成果使人们变得过度谨慎,生成函数方法失去了其原有的地位。但是,就拉普拉斯对该方法的许多应用而言,收敛性是无关紧要的,而且可以很容易地用门格尔1944年称为代数分析的方式重写它的许多部分。

在历史方面,拉普拉斯在他的概率论杰作中,像往常一样克服了将功劳公正地给予同时代人的诱惑。对于一些数学史学家来说,区分哪些成就无可争议地是拉普拉斯的贡献,而哪些不是,将是一件有趣的工作。即使拉普拉斯不是第一个提出用定积分法求解线性微分方程的人,由于他广泛使用了这种方

585

法，人们通常也会把这个贡献算到他的头上；与此类似的还有偏差分方程的应用，有人认为那是拉格朗日首先做出的。

《关于概率的哲学随笔》中有拉普拉斯对概率的认识论的思考。由于形而上学家和数学家对概率的这个方面还有争论，拉普拉斯似乎不会做出总结性发言。一个细节就足以说明，理解“概率”在科学和数学上的意义的尝试或许具有现实意义。如果仅知在给定条件下，某一事件发生了 n 次，有 f 次没发生，那么在下次这种给定条件满足时，这一事件发生的概率是 $\frac{n+1}{n+f+2}$。得出这个公式的推理和公式本身都遭到了一些权威人士的反对，同时也有同样具有资格的人接受它们。我们不知道明天太阳是否会升起，这句深刻的老话在拉普拉斯运用公式进行推演之后被否定了。他给了我们一个令人宽慰的保证：明天太阳不再升起的可能性只有 $\frac{1}{1\ 826\ 214}$。如果问拉格朗日这个问题，他的回答可能是“我不知道”，他在没有理由相信或不相信时通常都这么回答。但是，那个人相信自己已经证明了太阳系是一个可用数学确定的永恒运转的机器（当它脱离它所属宇宙的其他部分时），他不会对这个问题抱有疑虑。如果对概率的基本假设的批判研究不亚于数学的其他部分，在这种情况下仍旧找不到任何毛病，那么 20 世纪的一些数学天文学家在为宇宙立法的时候，就不会像 18 世纪和 19 世纪的前辈们那样犹如上帝一般了。

拉普拉斯对概率的兴趣从属于他对天体力学的热情。因此，动力天文学中的问题间接导致了某些数学在经济事务中的应用。这些应用范围极广，比如通过随机抽样评估大批量生产的一批电话听筒的适销性；通过智力测试预测由征兵招募的炮灰的抗炮火能力，以保卫这个世界的民主。贝叶斯定理可以应用于这些项目中的第一个。

586

数学天文学也是更精确的社会科学——概然误差计算中的另一项不可或缺的方法产生的原因。它还是最小二乘法的源泉，在测量由于观察误差而具有的差别时，需要用最小二乘法找出观测数据测量分布。高斯在 1795 年使用了这一方法，后来勒让德在 1806 年重新发明了它。历史上对该方法的发明权充满了争议，最后高斯一方取胜，勒让德一方只好吞下苦果。高斯在 1809 年的天文学著作中假定，当对一未知“数量”进行任意次“同等可靠的”测量时，它们的算术平均值是最可能的值。

“同等可靠”“同等可能”一类词语引发了有关概率的“意义”的许多争论，并导致人们在 20 世纪试图获得一个一致的理论。证明正态分布“律”的早期努力似乎因一个默认的假设而白费了——一条“自然定律”可以不通过假设任何东西得到数学证明。这听上去好像很荒谬，但是欧几里得的方法论到 20 世纪才开始受到自然哲学家的重视。在人们意识到公理必须先于证明时，作为证明的“自然”基础的公理有时未必比他们要证明的“定律”更简单。现代科学实践日益倾向于把“定律”本身当作观察的事实。

动力天文学又一次（至少从历史上看）导致了 19 世纪和 20 世纪概率论最广泛的科学应用之一。麦克斯韦 1857 年对气体动理论的兴趣，（据说）直接源于他对土星环稳定性的研究。动力学理论可以追溯到德谟克利特、伊壁鸠鲁和卢克莱修的原子论；但是作为一门数学学科，它起源于丹尼尔·伯努利（1738 年），由麦克斯韦在 1859 年首先广泛发展。其他人很快追随麦克斯韦，特别是 L. 玻尔兹曼（Boltzmann，1844—1906 年，奥地利人），他的工作开始于 19 世纪 70 年代。这里的年份很重要：早些的年份在分析的严格化之前，晚些的年份与康托尔集合论的创立时间重叠。这一线索足以说明，从气体动理论演变而来的统计力学的一个基础部分，不可能在它第一次被提出时得到适当讨论。我们指的是各种形式的遍历定理或者遍历假说。[12]若介绍相关事件的历史梗概，就离题太远了；我们在此的兴趣是，经过改进的分析对概率论在现代科学应用中的必要性。直到 1932 年，当冯·诺依曼和 G. D. 伯克霍夫取得了重大进展时，人们才对遍历定理进行了第一次令人满意的统计力学处理[13]。

587

对此的严格讨论需要运用前面章节中提及的一些理论，例如线性积分方程、非线性微分方程、调和分析、希尔伯特空间以及测度与积分的现代理论。1937 年至 1938 年，N. 维纳差不多在同一个方向上探讨了湍流问题；在“概述”中提到过，这是气体动理论的基础。土星环与飞机之间似乎有很宽的鸿沟，但是鸿沟上方架设着数学概率论现代理论的桥梁。

在 20 世纪 30 年代以前，统计力学是概率论的物理应用中发展最完善的形式。[14]更近期的工作出现于 1945 年，说明人们正在修订为经典统计力学——无论是其前量子形式还是现代形式——提供了基础概率论的基本概念。一个有趣的历史巧合是，吉布斯的经典著作《统计力学的基本原理》发表于 1901 年，同年，较早版本的量子理论(其修改版开始于 1925 年)厘清了经典统计力学中许多不明朗的地方。但是，任何修正都不太可能影响吉布斯的声誉:他是直至 1945 年美国最伟大的数学物理学家，也是 19 世纪全世界最伟大的数学物理学家之一。19 世纪对概率论的应用进行的更深层次的修订与 20 世纪对纯数学的修订属于同一类型。它们影响了我们整个认识论的框架。不过我们必须继续向前了，因为罗素 1929 年的评论[15]至今依然有效:“概率论是现代科学中最重要的概念，尤其在没有人对它的含义有任何领悟时更加如此。”在接触由海森堡 1927 年发表的不确定性原理引发的自由意志与决定论的讨论时，我们可以更清楚地看出这句反语的正确性。人们抓住了自然科学中根深蒂固的不确定来证明:(1)人具有自由意志;(2)人没有自由意志。

这就在概率论发展中引出了有望对人类整体具有最重大意义的理论:现代统计方法。[16]无论个体是否拥有自由意志，似乎都可以证明群体没有自由意志。尽管如此，人类群体对于外界刺激的反应并非无规律可循。在同样环境下，未接种疫苗的人死于一次伤寒疫情的百分比是可以大致预计的，而接种了疫苗的死亡人数也有一个可以大致预计的百分比。同样，如果慈善家坚持与智力障碍的堂表亲戚结婚以便照顾他们，其后代(通常很多)出现智力障碍的比例是可以大致预测的，如此等等。看来，机会的数学定律是不可避免的。

588

统计方法的历史可以写一本大书。我们将只提及某种程度上带来了其现代发展的 5 段主要插曲。A. 凯特勒(Quetelet，1796—1874 年，比利时人)是首个对人口进行分项统计的人。他在 1829 年分析了比利时的第一次人口普查数据，注意到了年龄、性别、季节、职业和经济状况对于死亡率的影响。这种分析与人寿保险的关系是显而易见的。总体而言，我们可以说，精算学已经被研究得非常彻底了，很少有东西还能再吸引专业数学家。普通的精算学不需要什么独创性;有价值的精算师是那种具有足够的想象力，能够为他的公司带来新的保单(两种意义都有①)，从而为公司赢得经济效益的人。

---

① 即新的保单类型和新的保单订单。——译者注

凯特勒发明了有价值却又受人诟病的“平均人”概念——“l'homme moyen”。凯特勒的统计研究让他确信，在一个给定总体中，可以用数学大致预测犯罪率。他在充斥着虔信派的道德说教的黑暗年代里写作，有勇气直面非理性的反启蒙主义者——他们称凯特勒是唯物主义者，这在当时是最损人的名词——提出“道德品质”和“智力素质”也是可以测量的。数字已经侵入了天空，通过天体力学取代了迷信。现在它就要向无知的最后一道防线——人类心灵发起进攻了。在凯特勒那个时代的好人们看来，这是对主圣所的亵渎，实在是太过分了。要让现代人相信智力测试并非邪恶的东西，需要一次世界大战。美国陆军于1917年进行的测试，在几个月内就取得了凯特勒及其后继者花费70年仍未能达到的成就。到了1919年，智力测试作为一种在教育和犯罪学中十分有用的工具在美国得到认可，没有遭到太激烈的反对。

凯特勒最热情的皈依者中有佛罗伦斯·南丁格尔(Florence Nightingale)；按照皮尔逊所言，她认为“想要理解上帝的思想，就必须学习统计学，因为统计是对他的目的的测量”。这已经是对统计学研究无以复加的力荐了，所以我们转而介绍这一神圣数学的下一种值得注意的表现形式，并向凯特勒致以临别赞词，他在35年中(1837—1871年)一直在人类测量学领域辛勤耕耘。

589

与凯特勒同时代有一位当时不算出名但很有智慧的学者，将数论应用于探讨生物的内在秘密。他是G.孟德尔(Mendel，1822—1884年，奥地利人)，布隆一家修道院的院长，在1865年至1866年发表了绝妙的豌豆杂交科学实验的结果:《植物杂交实验》。有史以来第一次，遗传与数学有了交集。在他被埋没已久的论文于1900年被发现之前，孟德尔的工作一直为人忽视。1900年时有人已经发现了走向基因科学的类似道路，但现在人们普遍承认，孟德尔是这门庞大学科的奠基人。如果这位修道院院长预料到他的遗传算法有一天会被用作强制节育的论据，用来强行控制犯罪分子和智力障碍者的生育，不知他会作何感想？这是我们很想知道的。

1875年至1889年，F.高尔顿[17](Galton，1822—1911年，英国人，查尔斯·达尔文的表弟)在对相关的研究中结合了凯特勒和孟德尔的智慧，生成了他奇特的新品种，对人类数学做出了划时代的贡献。到了1877年，高尔顿已经得到了回归定律以及估计标准误差公式。他绘制图表所依据的数据来源广阔，从香豌豆、蛾子、猎犬，一直到人。显然是在1885年至1888年，高尔顿第一次得到了相关系数。1889年，他在《自然遗传》一书中总结了他对相关性的研究。他更早些时候的作品，1869年的《遗传的天才》和1874年的《英国科学家》，对那些喜欢探讨环境与遗传关系的人来说仍然具有很强的可读性。高尔顿的工作总体来说与卢梭的民主观念有抵触，可能也与启发了美国国父们的经过淡化的卢梭学说有抵触。

高尔顿本人对天下万物有着无可抵御的好奇心。他的兴趣广泛，包括犯罪学和指纹学、古币学和优生学，还有几种只能用德·摩根的语言形容的学问："你所能见到的最荒诞不经的念头。"高尔顿的能力是双重的：他通过遗传（或后天习得？）得到的第一流智力，他所接受的包括数学、园艺学和解剖学的教育。这位生物数学家是发明一种社会数学——现代统计方法的理想人选。高尔顿的数学专业技能很有限，但是他的想法本质上是数学式的，而且是全新的。某些初等变换问题困扰他的时候，他就向他的数学家朋友求教，其中就有凯莱。

590

W. F. R. 韦尔登（Weldon，1860—1906年，英国人）研究了不同个体之间和当地种族间的变异，在高尔顿工作的基础上跨出了关键性的一步。韦尔登的"总体"包括虾和浅水蟹，他的统计学是大师高尔顿亲自教授的。韦尔登在1890年测量了虾的器官，由此确信某些生理特征是可以通过相关关系和变异描述的。1892年，他发明了一种计算相关系数的方法。顺便提一下，计算机器的完善极大地加速了统计方法的应用。韦尔登所受的不是数学家的训练，而是生物学家的。1901年，他与K. 皮尔逊（Pearson，1857—1936年，英国人）一起创办了《生物计量》杂志，一份专注于生物统计学，即"有关生命测度的科学"的学术期刊。

皮尔逊继续沿着韦尔登的方向工作，给统计方法提供了自凯特勒以来最强有力的推动。在接触生物统计学之前，皮尔逊是一个受过严格训练的数学家，因此统计数学没有给他添什么麻烦。他早期的工作[18]是数学物理方面的，如他自己所述，研究的是解释物质存在的以太喷射这样的理论。但是，当他在一个刚刚开发出来的充满想象的新课题中找到了真正适合自己的职业时，这一课题甚至让他永无止息的想象也停了下来，他很快放弃了那些纯粹的学术练习。

对于大部分美国教育学家使用的数学方法，皮尔逊做出的贡献最大。也有其他方法，特别是那些由斯堪的那维亚学派发展起来的方法；但是美国教育界的主流更愿意使用英国学派的方法。R. A. 费希尔的工作证实了这一倾向，591 尤其在有关农业与园艺学实验的应用方面更是如此。尽管费希尔开创了自己的研究方向，但在美国人眼里，他仍然是皮尔逊的后继者。至于斯堪的那维亚学派的方法，说句公道话，它们与英国方法的差别更多的是计算方法上的，而没有增加任何新的统计概念。现代统计方法的基本想法或者说"哲学"，源于英国学派——不要忘记"已故牧师贝叶斯先生"。

自作者在1940年写下上述对费希尔工作的评论以来，出现了一种关于他对现代统计方法贡献的无知批评。这种批评出现在可能造成最大伤害的地方，即一份主要面向教育工作者的期刊上。考试数据的统计分析是教育方法中的一个重要部分，这里不妨引用美国著名的统计理论专家对该批评的评论，以免误判的作者以外的人被误导。1943年，H. 霍特林（Hotelling，1895—1973年，美国人）在回应这一错误批评时，这样纠正道：

> "除了小样本关系系数的分布以外，费希尔体系中没有任何新东西。"这种说法对统计方法历史上一位最伟大的开创者的工作毫无公正可言。如果没有R. A. 费希尔，统计理论和统计方法中就不会有诸多具有独创性的进步，根本不可能用一条简短的评注概括这些进步，哪怕只是进行列举也不可能。这些进步包括最大似然方法的系统使用与处理；充分统计量的想法；证明被普遍使用，并在学校中普遍教授的拟合频率曲线的唯一方法——矩量法的不足；样本（不仅仅是小样本）相关系数的准确分布；部分与多重关系系数的准确分布；方差比以及其他统计方法方面的发展。费希尔是在独立于列联表的测试中引入正确数量的自由度的主要带头人，也是通过随机化原理引入有效的实验设计的主要带头人。他对计算方法做出了许多有价值的贡献，包括找出逆矩阵的有用方法。

顺便提一下，上面提到的逆矩阵让人想起矩阵代数，特别是它的计算方面（霍特林本人在这方面取得了引人注目的进展，这是他对统计理论和方法的许多贡献之一)，已经成了现代统计中人尽皆知的一部分。代数学家一般不太关心矩阵的计算，但是在这方面还有许多工作可做。近来，现代代数专家的成果，比如 A. A. 阿尔伯特(Albert，1905—1972 年，美国人)的矩阵理论的实用方面表明，人们所需要的一些矩阵计算方法很快就会成形。原子和分子物理的需求也很迫切。

592

皮尔逊在一系列专题论文中提出了他最重要的一些贡献。这些论文开始于 1894 年，历时约 20 年，有一个相当新奇的总标题：《进化论的数学研讨》。遗传学家和其他实用生物学家的工作对象是活着的动物和植物——从果蝇和更大的智力障碍者的族群到月见草和曼陀罗杂草，他们对试图揭示遗传学中纠结的复杂关系的纯数学相当冷淡。尽管如此，在解释他们的基因学发现时，即使最坚定的实验主义者也使用统计方法。皮尔逊年迈时似乎丧失了年轻时的信念——数学可以给生物学提供指导。数学当然做不到这一点，它至多只是让自然学科不需要那么多实验室而已。

在专业方面，皮尔逊在 1893 年引入了矩量法，并定义了正规曲线和标准差。1900 年，他独立提出了非常好用的 χ^2 拟合良度检验。在这个问题上赫尔默特(Helmert)于 1875 年为他做了前期工作。如同费希尔指出的那样[9a]，“皮尔逊的文章中有一个重大错误，这使 1921 年以前的大部分拟合良度检验带有缺陷。而更正这一错误”只需小的数值改动。这一情况本身就暗示了概率论中的一个有趣的问题。

现代统计学要求它的研究者掌握大量纯数学方面的知识和技能。可应用于统计学的方法有 n 维空间球面三角、拓扑学和抽象空间。两个现代纯数学的细节就足以说明问题。A. 马尔柯夫(Markoff，1856—1922 年，俄国人)首创了链式概率的概念。这涉及连续概率链，在该链的任意给定位置上的变量的概率值都取决于之前的变量得到的值。俄国和法国学派都对这类概率进行了最广泛的研究。对现代工作的解释，可参看弗雷歇 1936 年的著作《概率分析的现代理论研究》。弗雷歇本人推广了经典概率理论，将其概括为他的抽象空间。在一般定理中，下面一个是最新奇的：只要某一确定事件发生的概率 p，不会因为知道有限多个结果而有所改变，则 p 值就不可能为 0 或 1。作为最后一个意想不到的例子，博雷尔坚信自己已经证明了如下令人吃惊的定理：

593

人类的大脑无法模拟机会。对于人类自由意志这种透明精灵的真实性，我们不轻易发表意见，仅仅在此提请读者注意，要掌握现代统计方法，人们必须拥有敏锐的头脑和大量数学知识。

在概率论的历史上，20 世纪 30 年代的纯理论终于第一次走到了产生全新数学的地步。R. 冯·米塞斯（von Mises，德国人）在分析"集体"时遇到了收敛性的新奇问题。为了避免对"同等可能""随机性"等术语的意义进行无穷无尽的形而上学讨论，冯·米塞斯考虑了实际上可能出现的数列，比如在掷骰子的时候得到数列 6，6，2，1，4，3，…的可能性。这样的数列称为集体；而且假定，若在一个集体的前 n 个数字中，一个特定数字出现了 m 次，则 m/n 将逐步趋近某个极限。"随机性"可以由如下假定代替：在一个集体中，如果在不知晓选择条件的值的情况下进行的选择可以得到另一个集体，那么前述极限值将保持不变。因此，有可能用可靠的数学代替概率论中可疑的形而上学。如果这一点可行，也许我们有一天会明白，为什么我们这个拥有理性的种族有时却表现得如此不理智。

回　顾

现在，我们终于来到了旅途的终点。回顾这漫长而曲折的道路，我们看到，数学在六七千年的已知发展历程中，为人类文明做出了两点具有持久价值的贡献：专业数学中发展出来的演绎推理方法，以及对自然的数学描述。

演绎推理正是在数学中首先出现的，它后续的扩展与改进也都由此源头而来。演绎推理最强有力的形式存在于数学中。数学中所使用的逻辑工具，比其他任何知识领域的都更加多样、更加精妙、更有创造性。在这个世界上，比数学方法更有效地让人类认识科学观察和实验结果的方法尚未发明出来。

594

与这两者相比，其他一切成就都只不过是具体的策略而已。例如，自 17 世纪以来，在对自然进行数学描述方面，分析已被证明比综合几何更灵活。这一事实具有历史意义，但并不一定会永远如此。几何过去相对于科学的地位与今天分析对科学的地位相同。一个世纪之后，拓扑学或者其他尚未问世的数学也许会让几何重获新生，并重新获得科学的青睐。可是除非数学方法演变成了另一种方法，它与今天的数学的差别类似于数学之前的经验主义与数学的差别，否则，对自然的描述数学将保留其重要意义。

替代方法是可以想象的，事实上是可能的。对神秘主义者来说，科学的思维习惯的可恶程度仅次于数学的准确性——一种冷酷而又锐利的清晰性。他们预言有一种比科学和数学方法更直观的方法。行家无须借助感官或者思想的努力，就可领会宇宙的本来面目。甚至更奇怪的事情已发生了，也许最奇怪的是：一个与类人猿同类的种族可以掌握数学。

一般参考文献,历史著作

1. *Encyklopädie der mathematischen Wissenschaften*, Leipzig, 1898—1935; revised, 1939—.

2. *Encyclopédie des sciences mathematiques pures et appliqués*, Paris, 1904—1915 (未完成)。

3. *Bibliotheca mathematica*, Stockholm, Leipzig, 1884—1915.

4. *Bolletino di bibliografia e storia delle scienze matematiche*, Torino, 1898—1917; *Bolletino di matematica*, 1919—.

5. *Isis*, Bruges, 1913—.

6. *Quellen und Studien zur Geschichte der Mathematik*, Berlin, 1929—.

7. M. Cantor, *Vorlesungen über Geschichte der Mathematik*, Leipzig, 1900—1908, 4 vols. (只到 1799 年。)

8. D. E. Smith, *History of mathematics*, Boston, 1923—1925, 2 vols. (到微积分为止。)

9. F. Cajori, *A history of mathematics*, ed. 2, New York, 1917.

10. W. W. R. Ball, *A short account of the history of mathematics*, ed. 5, London, 1912 (1927).

11. 文献 **8** 参考文献中的其他书籍。

12. G. Sarton, *Introduction to the history of science*, Washington, 1927—1931, 3 vols. (到 1300 年,偶尔提及数学。)

13. J. Tropfke, *Geschichte der elementar-Mathematik*, u. s. w., ed. 2, 1—6 (1921—1924).

14. R. C. Archibald, *Outline of the history of mathematics*, ed. 4, 1939 (Math. Assoc. of Amec.).

15. Vera Sanford, *A short history of mathematics*, Boston, 1930.

各章注释

第二章　经验主义的时代

1. O. Neugebauer，*Acta orientalia*，Copenhagen，17，1938，169.

2. 见 **A 6** 中 Neugebauer 及其他；R. C. Archibald，*Isis*，71，1936，63.

3. *The Rhind mathematical papyrus*，A. B. Chace，R. C. Archibald 等，Oberlin，Ohio，1927—1929.

4. S. Clarke and R. Engelbach，*Ancient Egyptian Masonry*，Oxford，1930.

5. W. W. Struve in **A**，*Quellen*，1.

6. 使用者是：安提丰（Antiphon，约公元前 430 年），布里松（Bryson，公元前 5 世纪），德谟克利特（公元前 460？—前 370 年？）。

7. O. Neugebauer，*Vorlesungen*，1934，203，其中的内容似乎更普遍。

第三章　牢固地确立

1. 一般参考资料：**A**（Tropfke），T. L. Heath's 版本的欧几里得、阿利斯塔克、阿基米德、阿波罗尼奥斯的著作以及他的其他著作，全部在 **A** 的（Smith）条中引用；柏拉图其他版本的对话；**A 8** 中的参考资料。

2. 古希腊的完美数字没有给出任何具有第一流重大意义的东西。

3. 印度历史学家 B. Datta 和 A. N. Singh 所宣称的；*Hist. Hindu Math.*，Lahore，1935—1938. F. Cajori，*Scientific Monthly*，9，1919，458. 有些人把数位系统和零归功于算盘与其他原始算术工具。

4. V. F. Hopper，*Medieval number mysticism*，New York，1939.

5. *Republic*，546. *Timaeus*，53—81，有关柏拉图的最成熟的命理学；亚里士多德的点评，*Metaphysics*，A，992a—，1083b，987b，1084.

6. J. H. Jeans.

7. *Republic*，527：“……作为几何追求目标的这种知识是永恒的，不会死亡或者仅仅昙花一现。”浪漫主义者经常带着赞扬引用这段话，数学家却摒弃它，认为那是垃圾，因为他们知道，数学是为了人类的需要，由人类创造的。

8. 有争议。据说狄诺斯特拉托斯(Dinostratus，在约 330 年)曾给出现存的使用间接法的第一个证明。(Tropfke，4，200) 传闻希波克拉底曾经对简化的等价命题使用了更一般的方法。将此方法归属于柏拉图的观点说服力不强。这一方法用于讨论芝诺悖论。

9. 公元 415 年希帕蒂娅之死造成的数学的结束。

10. 论据见希思(Heath)的 *Aristarchus*。

11. Plato，*Theaetetus*，147. 有关某些历史猜想的数学异议见 G. H. Hardy 和 E. M. Wright，*An introduction to the theory of number*，Oxford，1938，43—43，180—181；Tropfke，2，63—64.

第四章　欧洲的萧条

1. 吉本(Gibon)的《罗马帝国衰亡史》。

2. 穆斯林指一种普通宗教(伊斯兰教)的信徒，而无论追随者的国籍。

3. 对此更为赞同的观点见 Smith，**A 8**，Sarton，**A 12.**

4. 从我们对他的了解来看，在数字方面，魔鬼永远不会像热贝尔——据称是他的同谋——那样愚蠢。

5. 据说他是一本不很高明的益智问题集的作者，但很多人对此有所怀疑。即使“在他的时代”(老套的历史用语)他也无法跻身第一百流的数学家之列。

6. (原文无第 6 条。——译者注)

7. **A 11**，**12** 及许多其他材料。

8. 如同表现在他的作品中的那样，培根的基本数学知识很少能为他那些经常被引用的赞词(例如“数学是科学的大门与钥匙”等)提供说服力。有趣的是，对于数学最奉承的赞辞一直是(而且现在仍然是)来自那些不太明白这一学科的人的热情言论。在此不妨处理掉另外一个神话：列奥那多·达·芬奇(1452—1519 年)发表的数学短文并无多大意义，甚至可以说很幼稚；其中没有表现出任何数学天赋。

9. 最后一个短语没有意义，但这一事实并不能降低其他部分的价值。

10. *Mysil katolica wobec logiki wspólczsnej* (现代逻辑的天主教思想)，*Studia gnesiana*，15，Posen，1937.

第五章　通过印度、阿拉伯和西班牙的歧路

1. 可以在吉本的《罗马帝国衰亡史》中找到一份说明。

2. 仅为宗教上的称呼，包括阿拉伯人、波斯人等。

3. 第二章。(原书正文未标记此注释位置。——译者注)

4. 几乎被放弃了。

5. L. E. Dickson, *Hist. theory of numbers*, Washington, 2, 1920, 347.

6. F. Cajori, **A 9**, 96.

7. 正面引用的有:H. Hankel 在 *Geschichte der Mathematic*, u. s. w., Leipzig, 1874, B. Datta 在 *Bull. Calcutta Math. Soc.*, 19, 1928, 87—; S. K. Ganguli 在同一期刊的 151—中表达了欧洲批评界的批评;Sarton 在 **A 12** 中对此表示赞同。

597

8. F. Cajori, *Hist. math. notations*, Chicago, 1928, 1, 84.

9. **A 9, 8, 12.**

第六章 4个世纪的过渡期

1. 但不幸的是,却没有包括在教科书和基本指南中;因此那里有大量死去的内容和过时的思考方法,这模糊了它值得知道或记住的一点价值。

2. 很容易找到与此相反的评价。与其他地方一样,我们在这里不理会那些没有为数学做出显著贡献的教科书和编辑物——无论在当时多么著名或多么有用。对于作者也有同样的标准。因此,L. 帕乔利"总结了……他那个时代的一般数学知识的伟大工作[1494 年]是一个引人注目的汇总,但是几乎完全没有创新";**A 8.**

3. 有些人更喜爱 C. H. 格拉夫(Gräffe,1799—1873 年,瑞士人)的方法 (1837)。

4. 有关诽谤的法律禁止公布名字。

5. 关于方法,而不关于时间。欧拉在代数方程上的工作同样是依照前拉格朗日的传统。

6. 但没有使用。现代代数的发展与高斯的四个证明(其中有两个并不妥当)中的任何一个都完全不同。

第七章 现代数学的起步

1. *Philosophiae naturalis principia mathematica*.

2. 诸如斯特林求取 $n!$ 的工作。

3. Tropfke, **A 13**, 92—100, 104.

4. J. L. Coolidge, *Osiris*, 1, 1936, 231—250.

5. 由 D. E. Smith 与 M. L. Latham 复制并做英文翻译, Chicago, 1925.

6. 帕普斯的所谓平面问题启发了笛卡尔及其几个后继者:PL_i, PM_j ($i=1, \cdots, r$; $j=1, \cdots, s$) 是从 P 到 $r+s$ 条给定的直线沿一固定方向所画的线段;若

$$PL_1 \cdot PL_2 \cdot \cdots \cdot PL_r = c \cdot PM_1 \cdot PM_2 \cdot \cdots \cdot PM_s,$$

此处 c 是一常数,求 P 点位置。则牛顿的"四线"是 $r=s=2$ 时的一个出色的解。

7. *Opticks*：*Enumeratio linearum tertii ordinis*. 第一版附录。

8. Fermat，*Oeuvres*，1，91—100；3，161.

9. 法国人的一般意见，反对论据可参见 **4**。

10. 亚历山大的希罗知道从一个平面反射的特例。

11. *Oeuvres*，1，170—173；2，354，457.

12. *Methodus ad disquirendum maximum et minimum*，*Oeuvres*，1.

13. 如果 x 代表一个数，1 是单位"长度"，则 x^n 代表数字 $x^n \times 1$。

14. 涡旋理论。

15. "一个小男孩可能会编出来的那种故事。"——马德琳·德米特里克（Madeleine Dmytryk）。

16. *Leibnizens mathematische Schriften*，hsg. C. I. Gerhardt，Berlin，1850，Abt. 1，Bd. 2，20—35，尤见 21。

17. 在射影应用中，有一种几何命题的逻辑分析被莱布尼茨称为位置分析，但它与现代意义上的位置分析之间并无联系。

18. *Disquisitiones arithmeticae*，Lipsiae，1801，74—75，（§76）："…er cel. Waring fatetur demonstrationem eo difficiliorem videri，quod nulla notatio fingi possit，quae numerum primum exprimat. ——At nostro iudicio huiusmodi veritates ex notionibus potius quam notationibus hauriri debebant." 这就是他本人发表的那段话，在这里高斯随意使用了讽刺与挖苦（同时也是双关语）；或许是要表明，他比他的有些赞扬者更有人情味。在 **A 7** 中可以找到 M. Cantor 的有关表述法，特别是在微积分中的表述法的对立意见。

19. 见 **7**，牛顿在那里解释了他的表述法。

20. W. D. Ross，*Aristotle selections*，New York，1927，尤见 88—99（*Metaphysics*，1066—1067，1068—1069；*Physics*，231—233，239—240）. 598

21. 费马的 *Oeuvres* 中的通信。

22. *De ratiociniis in ludo alaeae*.

23. L. E. Dickson，*Hist. theory of numbers*，Washington，1919，1，59.

24. 作为一个出色的例子，见 S. Skewes，*Jour. London Math. Soc.*，8，1933，277.

25. H. J. S. Smith，*Coll. math. papers*，Oxford，1894，1，42.

26. Cajori，in *Napier tercentenary vol.*，London，1914.

27. *Discorsi e dimostrazioni matematice* etc.，Leyden，1638，E. Mach，*Die Mechanik in ihre Entwickelung*，1883；（trans.，T. J. McCormack）London，1902；A. Einstain and L. Infeld，*Evolution of physics*，New York，1938，Chap. 1.

28. A. S. Eddington，*The philosophy of physical science*，London，1939.

29. 两方都有许多学究式的非结论性论证。

30. *Portsmouth papers*.

31. *Horologium oscillatorium.*

第八章 数的扩展

1. 有些人把指数归功于他。

2. 对于形式主义来说，一个一致性证明应该来自外部。

3. *Mémoir sur la théorie des équivalences algébriques.* (*Exercices d'analyse*, etc., 4, 94).

4. *Schriften* (ed., Gerhardt) II(3), 12; V (3), 218, 360.

4a. Euler's, 5 May 1777.

5. *Harmonia mensurarum*, Cambridge, 1722, 28.

6. 不要与 Horst Wessel 混淆。

7. 由 A. Ostrowski 纠正，见高斯的 *Werke*, 10_2.

8. 1929 年以后的现代高等代数课本；O. 奥勒对其进行了简短总结，见 *L'algèbre abstraite*, Paris, 1936.

9. 参考文献及历史估计见高斯，*Werke*, 10_2, 1923, 56—.

10. *Report, British Assoc. Adv. Sci.*, 3, 1834; *Symbolical algebra*, 1845.

11. 术语"交换"与"分配"是由 F. J. Servios 在 1814 年引入的 (Gergonne's *Annales*, 5, 1814—1815, 93)；"结合"是哈密顿引入的。

12. **A 8**, 1, 460.

13. Dedekind, *Werke*, 3, 335.

14. *Allgemeine Function-Theorie*, 1882, 54. (原书正文未标记此注释位置。——译者注)

15. *Compte rendu du* 2me (1900) *congrès internationale des mathématiciens*, Paris, 1902, 72.

第九章 走向数学结构

1. 为高斯在 1831 年所预见，见 *Werke* 2, 176: "Der Mathematik…".

2. 交错数字。

3. 组合乘法。

4. *Über der Zahlbegriff.*

5. *Die lineale Ausdehnungslehre, ein neuer Zweig der Mathematik*, 1844; *Die Ausdehnungslehre, vollständig und in strenger Form bearbeitet*, 1862.

6. *Werke*, 8, 357—362, 尤见 360。

7. 莫比乌斯曾试图说服高斯发表他在拓扑分析上的想法，但未成功。

8. *Berichte... der Sächsischen Gesellschaft der Wissenschaften zu Leipzig*, 62, 1910, 189.

9. *Amer. Journ. Math.* 4, 1881, 97—.

10. *Proc. Amer. Assoc. Adv. Sci.*, 35, 1886, 37; *Collected works* of J. W. G., New York, 1928, 2, 90. *Vector analysis*, New Haven, 1881, 1884.

11. *Life*, etc., *of P. G. Tait*, Cambridge, 1911, 164.

12. *An elementary treatise on quaternions*, ed. 3, 1890, vi.

13. *Delle derivazione covariante e contravariante*, Padova, 1888.

14. L. E. Dickson, *Algebras and their arithmetics*, Chicago, 1923, 200; L. E. D., *Trans. Amer. Math. Soc.*, 4, 1913, 13; E. V. Huntington, 同前, 6, 1905, 181.

599

15. *Oeuvres*, Christiania, 1881, 2, 224, 330.

16. *Oeuvres*, etc.; *Journ. des Math.*, 11, 1846, 395, 417—418.

17. 第一篇论文, 1853; *Werke*, 4, 1929, 1.

18. 开始于 1858 年;*Werke*, 3, 439.

19. 20 世纪 30 年代,"结构"在抽象代数中以另一种含义出现;我们现在这种解释的"结构"最迟开始于 1912 年。

20.(原文无第 20 条。——译者注)

21. *Principia mathematica*, Cambridge, 1912, 2, *150; B. Russell, *The analysis of matter*, New York, 1927, Chap. 24.

第十章　数论的普遍化

1. 克罗内克 1875 年的故事由此开始:*Werke*, 1897, 2, 1.

2. 在相对域理论中得到了普遍化。

3. 见 H. J. S. Smith, *Report on the theory of numbers*, Oxford, 1894, 1, 93—. 库默尔将他形象模糊的理想数的看不见的行为,与当时尚未发现的元素氟的行为做了一个奇怪的类比。数论与化学的发展很快就证明了这种类比的荒谬,但是直至 1921 年还有一位著名数学家认同这一类比,并著文详加兜售。

4. 一个给定数域的理想利用其与有限类的数量的某种等价联系进行分类。有效确定这种"类数"在任何给定例子中都是必要的。

5. G. 佐罗塔耶夫(俄国)在 19 世纪 70 年代和 80 年代的工作被不适当地忽略了。

6. 历史上评点的记录可在 H. 哈塞(Hasse,德国人)的工作中找到:*Bericht über … Zahlkörper*, 1, 2, Leipzig, 1930。现代的普遍化来源于类-域理论,由希尔伯特在 1898 年开始;其里程碑为 P. 福特万格勒(Fürtwangler,德国人)1902 年至 1928 年间的理论、高木贞治(Takagi,日本人)1922 年的理论、E. 阿廷(德国人,美国人)1927 年至 1928 年的理论和 H. 哈塞 1924 年至 1930 年间的理论。经过现代更新的伽罗瓦域理论是其基础。

7. M. 诺特的女儿,数学家。按照 E. 兰道(德国数学家)的说法,"艾米是诺特家族的坐标原点"。

8. *Werke*, 1932, 1, 64.

9. *Acta eruditorum*, 2, 1683, 204.

10. 是 G. B. 杰拉德(Jerrard,英国人)在 1832 年至 1835 年间工作的特例。

11. *Oeuvres*, 3. 类似进展见 C. A. Vandermonde, *Mémoire sur la résolution des équations*, Paris, 1771; G. F. Malfatti (1731—1807, Italian), *De aequationibus* [of degree 6], Siena, 1771; *Tentativo per la risoluzione* [of equations of degree 5], Siena, 1772.

12. *Coll. Math. Papers*, 10, 402:"一个群是由它的符号的组合律定义的"。下面的陈述有时称为戴克定理(*Math. Annalen*, 20, 1882, 30):每一个有限群都可以表示为一个置换群。同前,403。

13. O. Hölder, 1889.

14. C. Jordan, *Traité des substitutions*, Paris, 1870, 42.

15. 伽罗瓦理论的一个现代化表述是从一个正规域的自同构群开始的。(见 A. A. Albert, *Modern higher algebra*, Chicago, 1937, Chap. 8.)

16. 一个带有历史注释的概要,见 F. 克莱因, *Lectures on the icosahedron* (trans., G. G. Morrice, London, 1913, of *Das Ikosaeder*, u. s. w., 1884).

17. 摩尔和赫尔德几乎同时在 1893 年发现了任何有限群的自同构群,其基础见 **15**。

18. 特别是 I. 舒尔(Schur,德国人)。

第十一章　结构分析的出现

1. 人们对于没有有限基的代数的研究要少得多。

2. 主要在类-域理论中。

3. 按弥尔顿的说法,这是上帝告诉夏娃的事情。

4. 至 1916 年的阐述与参考文献可见 L. E. Dickson, *Linear algebras*, Cambridge, 1916; 1916—1933 年,见 Dickson, *Algebras and their arithmetics*, Chicago, 1923; 从 1923 年至 1934 年,见 M. Deuring, *Algebren*, Berlin, 1935. 类似的理想理论可见 W. Krull, *Idealtheorie*, Berlin, 1935.

600

5. *Amer. Jour. Math.*, 4, 1881, 229. 在此之前可见于 Frobenius, *Journ. Fur Math.*, 84, 1878, 59.

6. 非结合代数的研究没有那么广泛,其中著名的一个是凯莱的八元数,这一理论在量子理论中得到了应用。

7. 这标志着线性结合代数的现代结构理论的开始。

8. 从 **4**, 1916, 66 开始。

9. *Werke*, 2, 169.

10. 数学家 G. D. 伯克霍夫的儿子。

11. 奥勒语。为了和我们的术语协调，改动了几个词。亦见于 S. MacLane，*Amer. Math. Monthly*，46，1939，3.

12. 前面说过的若尔当-赫尔德分解定理及其修改版本，以及韦德伯恩在线性代数结构上的定理都是其例子。

第十二章　直至 1902 年的基数和序数

1. W. F. Osgood，*Functions of real variables*，Peking，1936.

2. E. Landau，*Grundlagen der Analysis*，Leipzig，1930.

3. Galileo Galilei，*Discorsi e dimonstrazioni matematiche intorno a due nuove scienze*，Leida，1638，espec. 32—33.

4. 3 的第一个英文译本：Galilaeus *Mathematical discourses and demonstrations*，etc.，London，1665，25—27. 关于伽利略有关无限的论点该书翻译得比其他任何版本都更透彻。

5. 一些作者会混用这两个词。

6. *Paradoxien des Unendlichen*，1850（死后出版，F. Prinhonsky）.

7. *Phil. Werke*（ed.，Gerhardt），1，338. 莱布尼茨是正确的，但他给出的理由却不正确；见本章结尾。

8. Unter einer "Menge" verstehen wir jede Zuzammenfassung M von bestimmten wohlunterschiedenen Objecten m unsrer Anschauung oder unseres Denkens (Welche die "elemente" von M gennant warden) zu einen Ganzen. — G. Cantor，Ges. Abhandlungen，Berlin，1932，282. 在 12 个通晓英语和德语两种语言的数学家和科学家中只有一个人同意这一定义的含义，有两个人说这是没有意义的。这一定义是数学的基础中许多麻烦的来源。

9. E. V. 亨廷顿的。

10. E. Borel，*Théorie des fonctins*，Paris，1914，102—181. 在 1940 年也有同样的质疑。

11. *Cours d'analyse de l'Ecole Polytechnique*，Paris（ed. 3，1909，1，90）.

12. K. 哥德尔（1939 年）研究这一领域。

13. 有些人认为克罗内克是 1945 年时兴的一种科学哲学"运算主义"的创造者。

14. 主要著作有：*Begriffschrift*，1879；*Die Grundlagen der Arithmetik*，*eine logische-mathematische Untersuchung über den Begriff der Zahl*，1884；*Grundgesetze der Arithmetik*，1（1893），2（1903）.

15. 这在数学中很少见。

第十三章　从直觉到绝对严格

1. 亦见于 C. 麦克劳林的 *Treatise on fluxions*，Edinburgh，1742，流数问题上常被引用的权威著作。

2. Ostwald's *Klassiker*，u. s. w.，No. 211.

3. *Analyse des infiniment petits*，Paris，1730.

4. E. H. 摩尔曾被他的一些加拿大学生激怒，称"无"为"加拿大人的零"。

5. 与渐近展开相关时有例外情况。

6. The Diderot-D'Alembert *Encyclopédie*，*ou dictionnaire raisonné*，etc.，Paris，1754，Geneva，1772；Arts. *Limite*，*différentiel*.

601

7. *Oeuvres*，9，15—20.

8. *Oeuvres*，9，141.

9. 一位重要的数学家在拉格朗日的方法还处于较新阶段时为它辩护过，见 A. De Morgan，*Penny Encyclopedia*，London，1837；Art. *Differential Calculus*.

10. *Der Polynomische Lehrsatz* u. s. w.，*von Tetens*，*Klügel*，*Krampf*，*Pfaff und Hindenburg*，Leipzig，1796.

11. "Is. Uber，" *L'Intermédiare des Mathématiciens*，23，1916，164.

12. *Werke*，3，123.

13. 后面章节中将提及一个严重的失察。

14.（原文无第 14 条。——译者注）

15. 他在代数基本定理的一个证明中假定，若 $f(x)$ 是 x 的一个多项式，且 $f(a)$，$f(b)$ 符号相反，则对 $a < b$ 的实数 a，b，必有一 c，$a < c < b$，使 $f(c)=0$ 成立。

16. 将在后面某章中提及。

17. *The analytical theory of heat*（trans.，A. Freeman），Cambridge，1878. 傅里叶认为数学所具有的长处（p. 7），正是他的这一杰作所缺少的。

18. 同上，168。

19. 同上，184。

20. 法国的一般观点，但达布持不同看法。

21. 见 **17**，185. 欧拉几乎也发现了这一定理。后面章节将重提此事。

22. *Werke*，1，135.

23. 死后发表于 1867 年。

24. H. J. S. Smith，(*Coll. Papers*，2，313)在 1881 年修正并扩充了黎曼的某些陈述。

25. *Compte rendu du* 2me *congres international des mathimaticiens*... 1900；publ.，Paris，1902；120—122.

第十四章　费马之后的有理数论

直至1923年的有关文献参考书目(不包括分析理论)可见于L. E. Dickson, *History of the theory of numbers*, Washington, 1919—1923. 3 vols.

1.《算术研究》第299目中的灾难性失误(首先由迪克森在1921年发现)延迟并误导了丢番图分析长达120年之久;见Dickson, *Modern elementary theory of numbers*, Chicago, 1939, Chap. 9.

2. 习惯上错误地以一位不为人知的英国数学家J. Pell(1610—1685年)命名为佩尔问题。

3. 1913年重新推出。

4. 正如雅可比第一个指出的那样(Jacobi, *Journ. für Math.*, 30, 1845, 184),魏尔斯特拉斯的素因子概念是必需的。

5. 历史上因结晶学家布拉伐(Bravais)在晶体晶格上的工作而将此归功于他,然而这似乎是由于对数字几何所讨论问题的错误理解。

6. 1801年高斯用于二元二次型的构成。

7. 足以假定 $f(z)$ 的根不同,且 $c \neq 0$。

8. 一位美国著名数学史专家提出绝妙的建议,将同余的发明归结到一天12小时和一年365天上——这一事实高斯当然是知道的。该权威人士也在公元前2000年的巴比伦,甚至史前时代发现了有限群。一位不甘示弱的德国专家认为,任何曾经制作或使用过罐子的人都具有实际上的群论“意识”,依据在于那些原始陶器上重复出现的装饰图案。任何认识某位印度人的人如果对此有些怀疑是可以理解的——这两个猜想都被发展成了对数学史的重大贡献。或许如此。

9. *History*, 3, viii.

10. 高斯死后出版的二元二次类数的工作,表明他在1834年(或更早的时候)就运用了分析。狄利克雷在发表时间上优先,而且他的工作是完全独立的。　602

11. 例如素数定理。

12. 继他对由泰勒级数定义的函数的工作而来。巴黎论文,1892。

13. E. 兰道的 *Handbuch der Lehre von der Verteilung der Primzahlen*, Leipzig, 1909, 1,2中简要提到了截止1909年的历史;对切比雪夫的评价,见同书1,11—18;对黎曼的评价,见29—36。近期相关著作有兰道的 *Vorlesungen über Zahlentheorie*, Leipzig, 1927, 2。

14. $\xi(s)$ 的6个性质;Landau, *Primzahlen*, 31—33.

15. 关键点是找到所有满足下式的正整数 n,或证明其不存在:

$$\left(\frac{3}{2}\right)^n-\left[\left(\frac{3}{2}\right)^n\right]=1-\left(\frac{1}{2}\right)^n\left\{\left[\left(\frac{3}{2}\right)^n\right]+2\right\},$$

其中$[N]$表示小于正整数 N 的最大整数。

第十五章　来自几何的贡献

1. L. E. Dickson, in Miller, Blichfeldt and Dickson, *Finite groups*, New York, 1916.

2. Historical note in G. Salmon, *Geometry of three dimensions*, ed. 2, Dublin, 1865, 422.

3. 平稳状态下，由 **4**。

4. 由变分法。

5. D. M. Y. Sommerville, St. Andrews, 1911.

6. 一种几何学的解释并不在那种几何学之中。有关这一点，更多的说明包含在最后一章中。

第十六章　来自科学的推动力

1. 这一数字是通过点数文摘杂志中所含的期刊得到的。

2. 作为一个包括行业杂志在内的估计，1930 年的数字约为 70 000 份。

第十七章　从力学到广义变量

1. 旋量分析是最为创新的方法，但并不需要发明新的数学。

2. 人们经常引用的达朗贝尔对一位匿名先生的评论，认为可以把力学看成一种四维空间几何；这段话对力学后来的发展不存在任何影响。

3. 与数学物理形成鲜明对照的是，它们在现存的数学中几乎已经消亡了。

4. “理论物理的唯一目的就是计算结果可以与实验结果相比较。”——P. A. M. 狄拉克，*The Principles of quantum mechanics*, Cambridge, 1930, 7.

5. 如果存在位势函数，那么称这一体系为保守的。

6. 最速降线，摆线。

7. G. D. 伯克霍夫，*Dynamical systems*, New York, 1927.

8. 带有历史参考文献的目录见 E. T. Whittaker, *Analytical dynamics*, etc, Cambridge, 1917. K. F. Sundman (Finland), *Acta Soc. Scientatis Fennicae*, 1906, 1909, 其中证明了解析解存在，但不包括三体碰撞这个唯一例外；亦见于 *Acta Mathematica* (Stockholm), 36, 1912, 105.

9. 在 **7**, 55—58 中可找到数学比较。

10. 芝诺多罗斯(约公元前 150 年)，阿基米德。

11. 维吉尔的 *Aeneid*, I, 369：“…taurino quantum possent circumdare tergo.”

12. 伽利略在 1630 年的《对话》中陈述并错误地解答过。

603

13. 如何公正地让詹姆斯和约翰分享荣誉，一直是许多争论的起因。

14. 详细的说明和参考文献可见原始文献：G. A. Bliss，*Amer. Math. Monthly*，43，1936，598.

15. 此问题太过专业，在此不作讨论，可参见 Bliss，*Calculus of variations*，Chicago，1925，131；O. Bolza，*Lectures on the calculus of variations*，New York，1931 (reprint from 1904)，60—63.

16. 第一次授课不迟于 1872 年。

第十八章 从应用到抽象

1. 此处叙述的特殊函数的内容可在高等微积分中，或在数学物理方法的导论课本中找到。

2. 起源于欧拉（1755 年）和拉格朗日（1778 年）。他们运用不同的方法得到了普遍方程。

3. *Comm. Sci. Imp. Petrop.* (St. Petersburg) 6，publ. 1738.

4. *Leibnizens Ges. Werke*，3d seq.，Halle，1855，75.

5. *Novi Comm. Acad. Petrop.*，10，publ. 1766，243.

6. 三维∇^2是拉普拉斯算子$\partial^2/\partial x^2+\partial^2/\partial y^2+\partial^2/\partial z^2$，二维$\nabla^2=\partial^2/\partial x^2+\partial^2/\partial y^2$。

7. κ表示扩散率，t表示时间。傅里叶的第一篇论文在 1807 年送交巴黎科学院，在 1811 年使用了一种改进了的形式再次提交。在 1822 年的《热的解析理论》中，傅里叶实际上忽略了拉普拉斯、拉格朗日和勒让德对他较早的工作所提出的反对意见。

8. 简化了的要求。

9. 或者通过改变科学要求所施加的限制，或者通过由 3 个自变量向 n 个的转化，如在拉普拉斯方程及与之相应的“调和”函数的直接普遍化中所做的那样。后一类普遍化很优雅，但是现代分析学家认为其毫无意义。

10. 他也对置换群理论做出了引人注目的贡献。

11. 在任何位势论的现代课本中都可以找到详细的叙述。

12. O. D. Kellogg，*Foundations of potential theory*，Berlin，1929 (历史注释)。

13. W. H. 扬在 Proc. London Math. Soc.，24，1925—1926 中就是这样称呼的。“斯托克斯定理”应该以开尔文(W. 汤姆森)勋爵命名，他最迟在 1850 年就知道这一定理了；见 G. G. Stokes，*Mathematical and physical papers*，Cambridge，5，320。

14. 见 Young，13。

15. 这一哲学并无“版权所属”。可以用阿贝尔函数将其部分普遍化为时间的任意偶数维。这与复活的四维时间谬论一样荒谬，后者是英国工程师 J. W. 邓恩(Dunne)或英国小说家 J. B. 普里斯特利(Priestley)等人推出的解释梦的理论。任何经过训练的数学家都可以轻易地剥去这种时间神秘主义的外衣——只要他认为这值得自己花费精力。这种情况可以是：受过教育的人每人花上一到三个美元，去听一次有关此类“高等数学”的讲课。

16. 数学家黎卡提的儿子。

17. 欧拉有关椭圆积分的大部分工作发表在圣彼得堡科学院的出版物上。该出版物经常延误，以至于在实际印行与接受完整手稿之间会有两三年的间隔。

18. *London Roy. Soc. Phil. Trans.*，1771，1775.

19. De reductione... ac hyperbolae，*Novi Comm. Acad. Sci. Petrop.*，1766. 有关的段落是："Imprimis autem hic idoneus signandi modus desiderari videtur，cujus ope arcus elliptici aeque commode in calculo exprimi queant，ac jam logarithmi et arcus circulares ad insigne Analyseos per idonea signa in calculum sunt introducti."

20. 早在1825年即已做出。

21. 在高斯1828年3月30日给贝塞尔的信(*Werke*，10_1，247)中似乎隐含着阿贝尔只是为高斯工作的三分之一做出了前期工作的意思。即使这是高斯的本意，至今在他的文章中也找不到任何能证实这种说法的根据。阿贝尔的工作比高斯在所有椭圆函数上实际(死后)发表的工作都走得更远。

604

22. *Werke*，2，29. 在他的证明中，雅可比忽视了单值的必要限制。雅可比用了一个表示不可思议的脚注"!?"打发了格佩尔很有根据的反对意见(*Journ. für Math.*，35，1847，302)。

23. 这让勒让德大为震惊。

24. 直至1927年的现代记录见 R. Fueter，*Vorlesungen über die singulären Moduln*，u. s. w.，Leibzig，1924，1927。

25. 有关它们的文献是一大堆自相矛盾的表示法。

26. 亚纯函数。

27. 死后发表，是从他的数论-几何方法理论(现在几乎已经废弃不用)发展而来的。

28. 因此有了魏尔斯特拉斯受人欢迎的完整理论。

29. 光学中的波阵面是一个有趣的例子。它对几何应用很重要的原因将在后续章节中提到它与代数函数的关系时讲述。

30. 雅可比用椭圆函数做了第一次处理。由于地球是一个陀螺，人们写下了许多有关陀螺和回转仪的大厚本著作，其中都有大量椭圆 θ 函数和椭圆函数的内容作为调味品。为什么人们需要掌握这些工作，这在今天是不清楚的。

第十九章　微分与差分方程

1. *Methodus fluxionum et serierum infinitarum*，publ. 1736，写作时间或许是大约1671年。

2. 弗朗切斯科(J. Francesco)。

3. 从几何角度而言，莱布尼茨1692年至1694年有关包络线的工作可能是更早的相关研究。

4. 显然,约翰·伯努利 1697 年解决一阶一般线性方程 $dy/dx+fy=g$(f 和 g 只是 x 的函数)的工作是其首次应用。为讨论月球的运动,牛顿在 1687 年的《自然哲学的数学原理》一书中使用了一个几何等价物。

5. 一位美国作者由于使用了"美国式"的"calculuses",而不是"calculi",在 1939 年受到了一位英国批评家的严厉批判。但是复数形式"calculuses"源自英国。开尔文勋爵(死于 1907 年)与其他科学家一起,一步步为深受"calculi"折磨的学校校长式的迂腐实行了现代化语法的葬礼。"学校校长式的"一词(schoolmasterish)也源于英国。

6. 现在经常用一个硕大的大写"S"表示它。

7. 所述公式可参见任何有关插值或有限差分的课本。

8. *Ars conjectandi*, Basel, 1713.

9. E. Goursat, *Leçons sur le problème de Pfaff*, Paris, 1922; J. M. Thomas, *Differential systems*, New York, 1937.

10. 历史等,见 A. R. Forsyth, *Theory of differential equations*, Cambridge, 1890, vol. 1.

11. 1835 年以文摘形式发表;更完整的报道,参见 1844 年穆瓦尼奥(l'Abbe Moigno)关于柯西授课的文章。

12. W. 里茨 1908 年改进了瑞利(Rayleigh)勋爵 1870 年和 1899 年的方法。事实证明,里兹的方法对偏微分方程更实用。

13. 通过对奥利维尔普遍化了的圆函数和双曲函数的进一步普遍化。

14. R. A. Fisher, *The design of experiments*, ed. 2, Edinburgh, 1937.

15. P. A. MacMahon, *Combinatorial analysis*, Cambridge, 1915, Vol. 1.

16. 后来他成为法国的一位政治领袖和政府高官。

17. 他的一些原始工作在他的 *Treatise on differential equations*, London, 1859, *Supplementary volume*, 1865 中进行了重新加工。

18. N. W. McLachlan, *Complex variable and operational calculus with technical applications*, Cambridge, 1939 (附有 222 篇书目的参考文献)。

19. E. T. Whittaker, *Calcutta Math. Soc. Commemorative Vol.*, Calcutta, 1930, 216.

20. 见于多伊奇(G. Doetsch)的 *Theorie und Anwendung der Laplace Transformation*, Berlin, 1937。

21. 微分方程现存的工作足以证明亥维赛展开定理;见 F. D. Murnaghan, *Bull. Amer. Math. Soc.*, 1927。 605

22. 评论与历史见:A. R. Forsyth, *Atti del IV* (1908) *congresso internazionale dei matematici*, Rome, 1909, 86; *Theory of differential equations*, Cambridge, 1906, vol. 6。

23. J. Hadamard, *Lectures on Cauchy's problem*, New Haven, 1923.

24. F. R. Moulton, *Differential equations*, New York, 1930, 375 中的参考文献。

25. 维布伦。

第二十章 不变性

1. 现代观点的代数不变量普遍定义，见：H. Weyl，*Duke Math. Journ.*，5，1939，493；亦见于：Weyl，*The classical groups*，etc.，Princeton，1939。

2. 改写自：C. J. Keyser，*Hibbert Journ.*，3，1904—1905，313。

3. 变换行列式的平方。拉格朗日例子中的行列式等于 1。

4. 现代运用中对两种情况都倾向于使用“不变量”，如“不变量理论”。

5. 齐次多项式是一个前面已经定义过的代数型。西尔维斯特发展的这一理论拥有丰富的词汇，其中大部分是一种现在死了的语言。

6. 用在工程技术上时具有与代数上不同的含义。

7. 伽利略式的。

8. *Werke*，ed. 3，Leipzig，1892，402.

9. 可在李的 *Theorie der Transformationsgruppen*，3，xvii 中找到样例。

10. 有时认为是 1870 年。发表年份是 1872 年，而克莱因本人（*Ges. math. abhand.*，Leipzig，1921，1，411）并未表示应该是更早的年份——虽然他曾在 1871 年设想过一个不完全的计划。

11. 这样的一个不变量是一种扩展到一维或更多维空间的某一区域的积分，在此区域中任意点坐标上的函数变换之后积分的值不变。

12. O. Veblen and J. H. C. Whitehead，*Foundations of differential geometry*，Cambridge，1932；O. Veblen，*Atti del congresso internat. dei matematici*，Bologna，1928，1，81.

13. 至 1890 年的历史见 F. Meyer，*Bericht*，u. s. w.，in *Jahresbericht der deutschen Mathematiker-Vereinigung*，Berlin，1，1890—1891。

14. **A 8**，2，433.

15. 根据关孝和谦虚的同胞所言。

16. **A 8**，2，701.

17. 为了简洁，此处已将因子的性质包含在陈述之中；可以证明，此处陈述的因子是必需的。

18. 凯莱证明了上至六次的齐次多项式不变量的有限性，协变量则证至四次，从而发现了这些情况下的完整体系。

19. 由于发表日期比授课中解释的要晚，准确日期略有些不确定。

20. *Theorie der binären algebraischen Formen*，Leipzig，1872；*Vorlesungen über Geometrie*，Leipzig，1875，1876.

21. 人们发现了许多有趣的东西，例如西尔维斯特的标准型理论和埃尔米特的互反律。

但所有这些似乎都不再使用了，或者说，其中最有活力的也只是由于其特有的古董价值而留存下来。

22. 迟至 1940 年，还有几个 19 世纪 90 年代有限群大军的老兵和落伍者在收藏那些特殊群，仿佛不存在的饥馑仍盯着他们的脸凝视。

23. H. Weyl, *Duke Math. Journ.*, 5, 1939, 500.

24. 此处关于优先权有争议，李的要求最有根据。

25. 历史上早期有关群的不准确概念需要人们做出现有的专业定义。有些较早的工作需要据此重述。

26. *Theorie der Transformationsgruppen*, Leipzig, 1893, 3, Vorrede.

27. H. Weyl, *Göttingen Nachrichtung*, 1930, 293; 1931, 36.

28. 例如在一个适当约束的区域内，定义这一变换的函数 $f_1, \cdots, f_n$ 是具有非零雅可比行列式的解析函数。

29. 见 **25**。 606

30. 这 r 个参数必须是"本质参数"，并非所有变换都可以通过少于 r 个参数实现。

31. 不完全准确。

32. 严格地。

33. 这只是一个粗略的描述，参见任何变换群的现代课本。

34. *Ges. Abhand.*, Leipnig, 1924, 5, 583. 李的工作给出了有关他的理论的最佳历史描述，因为他总是公正地对待他的前人与同代人，尽管偶尔有欠宽厚。

35. *Traité d'analyse*, ed. 2, vol. 3, Paris, 1908, Chap. 17.

36. 至 1924 年的报告：*Proc. Internat. Math Congress*, Toronto, 1924, 1, 473。

37. 见 **38**。

38. *Differential equations from the algebraic standpoint*, New York, 1932.

39. *Differential systems*, New York, 1937.

40. 这或者是一个刚体的定义，或者是欧氏空间的一个假定。因此在欧几里得平面上，三角形可以任意滑动，而不会改变其边与角。

41. 外尔在连续群表达式上的工作开辟了一个新的领域。

42. 由于明显的原因，这一陈述不包括希尔伯特；也不包括自 1909 年以来的那些数理逻辑的带头人。

42a. 维布伦，见 Veblen and J. W. Young, *Projective geometry*, Boston, 1918, vol. 2, Chap. 3.

43. J. H. C. Whitehead, *Science Progress*, 34, 1939, 76.

44. 维布伦的术语。

45. 如果克雷莫纳理论与高维空间的双有理变换得到了足够发展，或许也可以包括代数几何——据信"施泰纳变换"在施泰纳之前已经有所应用。

46. 见 **12**,V. 与 W.,38.

47. 见 **12**,O. Veblen, *The invariants of quadratic differential forms*, ed. 2, Cambridge, 1933; T. Y. Thomas, *Differential invariants of generalized spaces*, Cambridge, 1934. 这些书目中包括大量参考文献。

48. A. S. Eddington, *The mathematical theory of relativity*, Cambridge, 1923, 70.

49. 例如在 1939 年 10 月初,德国大学中除柏林、慕尼黑、耶拿和维也纳之外都关闭了;22 所大学倒闭。

50. 见 **12**,V. 与 W.,17.

51. 见 **12**,V. 与 W.

52. 紧随其后的是 S. 莱夫谢茨的《拓扑学》(*Topology*,New York,1930)。

53. *Werke*,8,271,400;10_2,Abh. 4,46.

54. *Werke*,5,605;对于安培的基础定律的一个普遍化。(恕不在此罗列所有参与组结工作的人士。)

55. 它刚好包括了一个非常有趣的生成函数,其类型尚少有人涉猎。

56. 他没有发表这一工作。

57. 紧随其后的是 J. W. Alexander,*Trans. Amer. Math. Soc.*, 28, 1926, 301。

58. 例如 G. D. 伯克霍夫的工作:*Proc. Edinburgh Math. Soc.*, 2, 1930, 83。

59. 凯莱在 1878 年发表了这一问题,不过 1840 年莫比乌斯就知道了这一问题。维布伦在 1912 年将其约化为有限几何中的一个问题。有大量文献探讨了这一组合拓扑学中的"费马最后定理",但没有最终结论。

60. 此处这样称呼是将它作为德语中 mengentheoretische 的等价物。

61. 莱夫谢茨, 52, 391。

62. 回到安培、格林、高斯和斯托克斯(开尔文)在电磁学中的定理上。

63. P. Alexandroff and H. Hopf, *Topologie*, Berlin, 1935.

第二十一章 函数的某些主要理论

1. 根据贝特曼(Bateman)1940 年未完成的手册。其上限或许是 1 400 种。

607 **2.** 莱布尼茨在 1692 年引入的"函数"与后来使用的在概念上有所不同。约翰·伯努利在 1718 年给出了"由变量与常数以任何形式组成的一种量"的概念;欧拉在 1748 年重复了上述说法,但以"任何解析表达"代替了"一种量"。

3. *Oeuvres*, 6, 348.

4. K. Knopp, *Theory and application of infinite series*(R. C. 扬译), London, 1928. 历史注释。

5. *Analyse algébrique*, Paris, 1821.

6. 牛顿知道它在一种特殊情况下的重要性。

7. *Leçons sur les séries divergentes*, Paris, 1901.

8. 其他有贡献的人士见 **A 8**,2,507—511。

9. 据说麦克劳林曾给出了一个“几何等价物”;但是此处我们整个的着眼点是严格,因此很难看出这一主张有何意义。

10. $\sum_{n=1}^{\infty} a_n e^{-\lambda_n s}$,此处 λ_n 为实数,$\lambda_1 < \lambda_2 < \cdots < \lambda_n < \cdots$; s 是复数。

11. O. Perron, *Die Lehre von den Kettenbrüchen*, Leipzig, 1913. Selected bibliography (to 1913), 511—517.

12. 这一理论的基础部分应用在高斯的透镜系统理论上。

13. *Werke*,3,143.

14. 基本的 F. 里斯-费舍尔定理仅仅从 1907 年开始,其强有力的普遍化始于 1923 年。

15. E. Saks, *Theory of the integral*(R. C. 扬译),Warsaw,New York,1937.

16. 许多过去的尝试证明或许在当时是令人满意的,但其实什么都没有证明。

17. 达布在 1875 年证明,黎曼的定义产生了无穷多没有导数的连续函数。

18. 由于直到现在(1945 年)对此有研究的专家尚无定论,本书的有关叙述特意比较含糊其辞。

19. 勒贝格积分可以用黎曼积分重述,但这一约化很少有实用意义。

20. *Journ. für Math.*, 74, 1872, 188; *Annales de l'Ecole Normale*, 1895, 51.

21. *Proc. London Math. Soc.*, 35,1902, 387.

22. *Math. Annalen*, 59, 1904, 516.

23. *Bull. de la Société Math. de France*,1905.

24. *Mémoire sur les intégrales définies prises entre des limites imaginaires.*

25. 同样存在一种非解析函数的理论。见赫德里克(E. R. Hedrick)1930 年的报告: *Bull. Calcutta Math. Soc.*, 20, 1933.

26. 存在许多等价定义。解析性定义在 x-平面的一个特殊区域之内。

27. 在通常表示下的积分是黎曼积分(*Werke*,239)。

28. 定义等见 G. A. Bliss,*Algebraic functions*, New York, 1933: 一个区域或表面 S 是“连通”的,条件是其上任意两点都可由一完全在 S 上的连续弧联结起来。若 S 是连通的,且 S 上每一个封闭的轮廓线都将 S 分割为两个连通的部分——C 是其中一个部分的完全边界——则称 S 为单连通的。若一个单连通表面 S 上有一条边缘,则连接其边缘上两点的连线将 S 分为两个单连通表面。

29. *Oeuvres*,1,319 中 1814 年的一篇论文里,有关定积分的概念是不清楚的;注释 **24** 中发表于 1827 年著作中的概念是清楚的。

30. 柯西定理的一个逆定理由 E. Morera 证明,见 *Lombardi Rendiconti*, 22. 1889, 191.

31. 但不是太完善，它假定现在给出的展开式存在。参见任意课本中的积分定义。

32. 由庞加莱推广到带有两个复变量的函数。

33. 这是高斯的命名，*Werke*，5，200。

34. *Werke*，4，189.

608

35. *Oeuvres*，4，189.

36. *Werke*，4，259.

37. 自 1901 年以来此证明经过多次改进。直至 1929 年的叙述见 O. D. Kellogg，*Foundations of potential theory*，Berlin，1929。

38. 可以在任何现代课本中找到准确的详情，此处仅约略叙述。

39. 可以很容易地将可去奇异点包括在内。

40. 法国人把柯西放在首位，而德国人和在德国受过教育的美国人则把魏尔斯特拉斯放在首位。

41. 柯西实际上也做了同一件事。

42. 在任意两点之间还有第三个点。

43. 这一术语是由布里奥(Briot)和布凯(Bouquet)引进的(他们不同意用他们的名字为之命名)，*Théorie des fonctions elliptiques*，ed.，2，Paris，1875，15。

44. Paris，*Comptes rendus*，etc.，17，1843，938.

45. *Werke*，5.

46. 具有这一性质的函数称为单演函数，但此处令专业词汇成倍增加是没有意义的。

47. 符号与单位的详情在此意义不大。

48. 来自 H. 贝特曼未发表的历史记录。P. Stäckel，A3，1900，109 中对此的叙述是不完整的。

49. *Oeuvres*，1，471.

50. *Werke*，10_1，365.

51. 见 Bliss，**28**。

52. H. F. Baker，*Abel's theorem*，etc.，Cambridge，1897，209.

53. 严格地说，θ 函数不是周期的。变量乘以(伪)周期整数倍的同时维持原函数不变，需乘以某个常数。严格地说，$2p$ 重周期函数是 θ 函数的商，椭圆函数是其 $p=1$ 时的特例。

54. 他在 1849 年引入了带有 p 个变量的 θ 函数；*Werke*，1，111.

55. 有关代数几何的历史，见 *Bull. National* (U. S. A.) *Research Council*，Washington，63，1929；96，1934(由一个委员会撰写)。

56. *Journ. für Math.*，91，1881，301.

57. 至 1929 年的参考文献(约 300 篇)见 L. R. Ford，*Automorphic functions*，New York，1929。

58. *Vorlesungen über die Theorie der automorphen Funktionen*，(with R. Fricke)，

Leipzig,1897,1912.

59. 真不连续的。

60. 有些人认为是卡索拉蒂(F. Casorati,1835—1890 年,意大利人)的贡献。

61. *Darstellung und Begründung einiger neurer Ergebnisse der Funktionentheorie*, Berlin, 1929.

62. 物理学家玻尔(N. Bohr)的弟弟。

63. A. S. Besicovitch, *Almost periodic functions*, Cambridge, 1932.

64. 作为一个相当极端的例子,可将萨蒙任意版本的 *Geometry of three dimensions* 中的讨论与 O. Zariski 的 *The reduction of the singularities of an algebraic surface*, *Annals of Math.*, 45, 1939, 639 中的讨论相比较。

65. 克莱因的德国同事接受他的过程是很慢的;有些人从未改变他们早期的定论,以至于他们认定,无论克莱因在做什么,那都不是数学。但其他人承认,他是一个以奇特的个人方式揭示其他人(伽罗瓦、埃尔米特、克莱布什、李等)想法的有能力的人。

第二十二章 通过物理走向普遍分析和抽象性

1. 他忽视了这一展开式有效的限制区间。

2. H. Burkhardt, *Entwicklungen nach oscillirenden Functionen*, u. s. w. (history), *Jahresbericht der deutschen Math.-Verein.*, Leipzig, 10, 1908, 33.

3. 也可以提及索菲·热尔曼(Sophie Germain,1776—1831 年),尽管她的工作是否成立尚有争论。

4. *Ueber lineare Differentialgleichungen der zweiten Ordnung* (lithographed lectures), Gottinggen, 1894. 609

5. *Ueber die Reihenentwicklungen der Potentialtheorie*, Leipzig, 1894, 193—194(Historical sketch, 195).

6. 与 **2** 中给出的结论相反,那是在 1908 年,在"现代"物理真正开始之前给出的。

7. 一些把泰勒的带余式的展开式归功于约翰·伯努利的人对此有异议。这一展开式可以重新陈述为一个积分方程。其他人认为这是数学史上用将来的观点看待过去的一个典型例子。

8. 根据一些应该知晓此事的人的说法。但还有一种可能性,即:在有两个变量的情况下,与之对应的积分方程很难解出。

9. 在发展初期,专家们对此非常热情;然而面对那些与此相关的不可避免的计算,一些人就不再多说什么了。

10. *Grundzüge einer allgemeine Theorie der linear Integralgleichungen*, Leipzig, 1912.

11. 与边值问题相关的函数也是双正交函数,其中的微分方程不是自共轭的。

12. 这些主题的相关历史记录、参考文献和说明见：V. Volterra，*Leçons sur les équations intégrales et les équations integro-différentielles*，Paris，1913；*Theory of functionals and of integro-differential equations*（trans.），London，1930；G. C. Evans，*Functionals and their applications*，etc.，New York，1918。

13. 也有人认为惠更斯是该原理的发明人，但伯努利似乎是第一个清楚地陈述这一原理的人。

14. 这是充分的，不过这是否必要似乎还有讨论的余地。

15. 一阶近似至"很小的误差"。

16. *Journ. de l'Ecole Polytechnique*，13，1832，67.

17. 在将要讲述的线性算子理论中。

18. 莱布尼茨1695年建议考虑，欧拉在1729年讨论过。但在这样的原始阶段，没有任何适宜的工作是可能的，从早期的这些尝试中也没有得到任何结果。

19. 见**12**，Volterra。

20. 如果要采用一种度量的话。

21. 虽然没有明文规定，但自1927年以来，"希尔伯特空间"就意味着J. 冯·诺伊曼从经典的希尔伯特空间中抽象出来的空间。有关理论见 M. H. Stone，*Linear transformations in Hilbert space*，New York，1932。所谓经典空间就是由所有实向量$(x_1, \cdots, x_n, \cdots)$组成，且使$\sum_{n=1}^{\infty} x_n^2$收敛的空间。

22. H. Weyl，*Theory of groups and quantum mechanics*（trans.，H. P. Robertson），London，1931，尤见31—40。

23. *Sur quelques points du calcul fonctionel*，*Palmero Rendiconti*，22，1906，1.

24. 这一描述是从 R. W. Barnard 在 *General analysis* 1，2，*Memoirs Amer. Phil. Soc.*，Philadelphia，1935，1939 的概要中归纳而来的。

25. 直至1928年的历史，其中包括关键之处的评价，见 M. Fréchet，*Les espaces abstraits et leur théorie considérée comme introduction à l'analyse générale*，Paris，1928。

26. *Grundzüge der Mengenlehre*，Leipzig，1914（1917）. 但是这一多卷本的长篇文献忽视了在这个意义上"空间"的一次较早的明显运用。

27. 关于门格尔的工作与其他人——特别是 P. 乌雷松（Urysohn，俄国人）的工作在历史和其他方面的关系，见 Menger，*Dimensiontheorie*，Leipzig，1932。

第二十三章　不确定性与概率

1. A. Church，*Journ. Symbolic Logic*，1，1936；3，1938. 此处所有逻辑工作的参考文献都列于这一书目中。

2. 绝不会是"必定"。发掘过去的数学物理理论，并试图想象是什么让它们保持着生命力，这是一项极其诱人的消遣。

3. 布尔在符号逻辑上的扩展，是带有几个变量的函数分析的麦克劳林定理的类比。

4. C. S. 皮尔士可能在较早时就发现了这一点。如果是这样，他却没有把他的发现发表在吸引数学家注意的地方。 610

5. 与数学家 W. R. 哈密顿之间没有亲戚关系。

6. *Foundations of logic and mathematics*, Chicago, 1939.

7. *Bull. Amer. Math. Soc.* (trans., A. Dresden), 20, 1913—1914, 81.

8. 1940 年的美国有很多这种情况。

9. 如果这些工作代表了形式主义者的“齐格菲防线”，那么他们的对手都已经武装过度了。

9a. R. A. Fisher, *Statistical methods for research workers*, Edinburgh, 1938.

10. 或者是带讽刺意味的。拉普拉斯不是任何人的弄臣，连拿破仑的也不是。他有惊无险地度过了法国大革命和后来的王室复辟，还比这一切混乱开始之前更富有了。

11. “常识”的意义曾多次改变过。今天(1945 年)，“常识”是那种所谓“常人”不可能得到的东西。以欧洲的大部分人为例：他们表现出的是那种超出“计算”的意识，或者这种意识的欠缺。因此拉普拉斯一定是在说笑话。

12. 见 R. C. Tolman, *The principles of statistical mechanics*, Oxford, 1938。

13. 说明与历史见 E. Hopf, *Ergodentheorie*, Berlin, 1937。

14. 概率至 1899 年的历史见 E. Czuber, *Die Entwicklung der Wahrscheinlichkeitstheorie* u. s. w., *Jahresbericht der deutschen Math.-Verein.*, Leipzig, 1899, vol. 7。本书取代了 I. Todhunter 的一些较早的工作。

15. 在一次讲座中。

16. 在教育应用方面的历史，见 Helen M. Walker, *Studies in the history of statistical method*, Baltimore, 1929。

17. K. Pearson, *The life, letters and labours of Francis Galton*, Cambridge, 1914, 1924.

18. 无论是 W. K. 克利福德来自直觉的动力学和物理，还是他对于传统信念狂暴的敌意，皮尔逊都对之充满了热情；这至少对他早期的思想存在影响。克利福德和皮尔逊都是富有创造力的数学家，都不符合那种柔弱无力、矫揉造作的“伟人式”“伟大数学家”的理想形象，而那种形象似乎是在历史纪录中通常被接受的数学家楷模。他们中至少有一个人会对那种认为他是，或者将成为世代学生尊崇对象的想法嗤之以鼻。

索 引

（词条后的数字指英文版页码，即本书页边码；n 表示“注释”）

B

D

F

G

I

J

K

L

M

N

O

P

Q

S

T

U

V

Y

Z

读者联谊表

（电子文档备索）

姓名：　　年龄：　　性别：　　宗教：　　党派：

学历：　　专业：　　职业：　　所在地：

邮箱＿＿＿＿＿＿＿＿手机＿＿＿＿＿＿＿QQ＿＿＿＿＿

所购书名：＿＿＿＿＿＿＿＿＿在哪家店购买：＿＿＿＿＿

本书内容：满意　一般　不满意　　本书美观：满意　一般　不满意

价格：贵　不贵　阅读体验：较好　一般　不好

有哪些差错：

有哪些需要改进之处：

建议我们出版哪类书籍：

平时购书途径：实体店　网店　其他（请具体写明）

每年大约购书金额：　　藏书量：　　每月阅读多少小时：

您对纸质书与电子书的区别及前景的认识：

是否愿意从事编校或翻译工作：　　愿意专职还是兼职：

是否愿意与启蒙编译所交流：　　是否愿意撰写书评：

如愿意合作，请将详细自我介绍发邮箱，一周无回复请不要再等待。

读者联谊表填写后电邮给我们，可六五折购书，快递费自理。

本表不作其他用途，涉及隐私处可简可略。

电子邮箱：qmbys@qq.com　联系人：齐蒙

启蒙编译所简介

启蒙编译所是一家从事人文学术书籍的翻译、编校与策划的专业出版服务机构，前身是由著名学术编辑、资深出版人创办的彼岸学术出版工作室。拥有一支功底扎实、作风严谨、训练有素的翻译与编校队伍，出品了许多高水准的学术文化读物，打造了启蒙文库、企业家文库等品牌，受到读者好评。启蒙编译所与北京、上海、台北及欧美一流出版社和版权机构建立了长期、深度的合作关系。经过全体同仁艰辛的努力，启蒙编译所取得了长足的进步，得到了社会各界的肯定，荣获凤凰网、新京报、经济观察报等媒体授予的十大好书、致敬译者、年度出版人等荣誉，初步确立了人文学术出版的品牌形象。

启蒙编译所期待各界读者的批评指导意见；期待诸位以各种方式在翻译、编校等方面支持我们的工作；期待有志于学术翻译与编辑工作的年轻人加入我们的事业。

联系邮箱：qmbys@qq.com
豆瓣小站：https://site.douban.com/246051/